国家出版基金项目
NATIONAL PUBLICATION FOUNDATION

"十三五"国家重点图书出版规划项目

Precision Medicine

精准医学出版工程

精准预防诊断系列

总主编 詹启敏

环境与精准预防

Environment and
Precision Prevention

邬堂春 等

编著

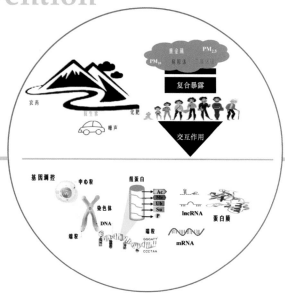

上海交通大学出版社
SHANGHAI JIAO TONG UNIVERSITY PRESS

内容提要

环境是人类生存和发展的必要条件。诸多环境因素的复合暴露将影响人类全生命周期及身心健康。倡导大健康理念,推动环境与精准预防的研究势在必行。

本书为"精准医学出版工程·精准预防诊断系列"图书之一。本书介绍了环境污染与精准预防相关的基本概念,以及暴露组学、代谢组学、基因组学、表观遗传学、转录组学、蛋白质组学等技术与方法在环境与精准预防研究中的应用与进展,并侧重介绍了环境理化因素所致健康损害的精准预防研究进展。本书由从事相关研究的学者和具有实战经历的研究人员执笔,可供从事环境与健康相关领域研究的人员和研究生参考。

图书在版编目(CIP)数据

环境与精准预防/邬堂春等编著. —上海:上海
交通大学出版社,2020
精准医学出版工程/詹启敏主编
ISBN 978-7-313-20472-1

Ⅰ.①环… Ⅱ.①邬… Ⅲ.①环境影响—健康 Ⅳ.
①X503.1

中国版本图书馆 CIP 数据核字(2018)第 269047 号

环境与精准预防

HUANJING YU JINGZHUN YUFANG

编　　著:	邬堂春 等			
出版发行:	上海交通大学出版社	地　　址:	上海市番禺路 951 号
邮政编码:	200030	电　　话:	021-64071208
印　　制:	苏州市越洋印刷有限公司	经　　销:	全国新华书店
开　　本:	787 mm×1092 mm　1/16	印　　张:	25.25
字　　数:	507 千字		
版　　次:	2020 年 1 月第 1 版	印　　次:	2020 年 1 月第 1 次印刷
书　　号:	ISBN 978-7-313-20472-1		
定　　价:	198.00 元		

精准医学出版工程·精准预防诊断系列

编 委 会

总主编

詹启敏(北京大学常务副校长、医学部主任,中国工程院院士)

编 委
(按姓氏拼音排序)

卞修武[中国人民解放军陆军军医大学第一附属医院(西南医院)病理科主任,全军病理学研究所所长,中国科学院院士]

崔大祥(上海交通大学转化医学研究院副院长,纳米生物医学工程研究所所长,讲席教授)

段会龙(浙江大学生物医学工程与仪器科学学院教授)

府伟灵[中国人民解放军陆军军医大学第一附属医院(西南医院)检验科名誉主任,全军检验专科中心主任,教授]

阚 飙(中国疾病预防控制中心传染病预防控制所副所长,研究员)

刘俊涛(北京协和医院妇产科副主任、产科主任,教授、主任医师)

刘烈刚(华中科技大学同济医学院公共卫生学院副院长,教授)

罗荣城(暨南大学附属复大肿瘤医院院长,南方医科大学肿瘤学国家二级教授、主任医师)

陶芳标(安徽医科大学卫生管理学院院长,出生人口健康教育部重点实验室、人口健康与优生安徽省重点实验室主任,教授)

汪联辉(南京邮电大学副校长,江苏省生物传感材料与技术重点实验室主任,教授)

王 慧(上海交通大学医学院公共卫生学院院长,教授)

魏文强(国家癌症中心、中国医学科学院肿瘤医院肿瘤登记办公室主任,研究员)

邬玲仟(中南大学医学遗传学研究中心、产前诊断中心主任,教授、主任

医师)

邬堂春(华中科技大学同济医学院副院长、公共卫生学院院长,教授)

曾　强(中国人民解放军总医院健康管理研究院主任,教授)

张军一(南方医科大学南方医院精准医学中心副主任,主任医师)

张路霞(北京大学健康医疗大数据国家研究院院长助理,北京大学第一医院肾内科主任医师、教授)

张　学(哈尔滨医科大学校长、党委副书记,教授)

朱宝生(昆明理工大学附属医院/云南省第一人民医院遗传诊断中心主任,国家卫健委西部孕前优生重点实验室常务副主任,教授)

学术秘书

张　华(中国医学科学院、北京协和医学院科技管理处副处长)

《环境与精准预防》
编 委 会

主 编

邬堂春（华中科技大学同济医学院副院长、公共卫生学院院长，教授）

副主编

袁　晶（华中科技大学公共卫生学院教授）

骆文静（中国人民解放军空军军医大学教授）

阚海东（复旦大学公共卫生学院教授）

陈卫红（华中科技大学公共卫生学院教授）

编 委

（按姓氏拼音排序）

安广洲（中国人民解放军空军军医大学讲师）

陈仁杰（复旦大学公共卫生学院副教授）

陈筱鸣（中国人民解放军空军军医大学讲师）

邓棋霏（中山大学公共卫生学院副教授）

丁桂荣（中国人民解放军空军军医大学教授）

郭　欢（华中科技大学公共卫生学院教授）

何美安（华中科技大学公共卫生学院教授）

黄素丽（深圳市疾病预防控制中心副主任医师）

鲁文清（华中科技大学公共卫生学院教授）

王　齐（华中科技大学公共卫生学院副教授）

王　霞（复旦大学公共卫生学院副教授）

温　莹（深圳市疾病预防控制中心助理研究员）

杨晓波（广西医科大学公共卫生学院教授）

曾　强（华中科技大学公共卫生学院副教授）

张文斌（中国人民解放军空军军医大学副教授）

赵　涛（中国人民解放军空军军医大学副教授）

周　芸（华中科技大学公共卫生学院讲师）

朱晓燕（苏州市疾病预防控制中心主管医师）

邬堂春，1965 年出生。同济医科大学（现为华中科技大学同济医学院）医学博士，现任华中科技大学同济医学院副院长、公共卫生学院院长，国家重点学科劳动卫生与环境卫生学学术带头人，省部共建环境卫生学国家重点实验室培育基地和教育部环境与健康重点实验室主任，教授、博士生导师。长期致力于生产、生活环境中空气污染致健康损害的规律和热休克蛋白等在环境因素致健康损害中的作用研究。一直坚持在教学科研工作的第一线，建成东风-同济队列等多个队列。先后获得国家杰出青年科学基金（2005 年）、973 计划和国家重点研发计划项目首席科学家（2010 年和 2016 年），"新世纪百千万人才工程"国家级人选（2009 年）、教育部长江学者特聘教授（2009 年）、全国优秀科技工作者（2014 年）等荣誉，是湖北省有突出贡献的中青年专家、国务院政府特殊津贴获得者和国务院学位委员会委员。研究成果获国家自然科学二等奖（排名第一）、国家科学技术进步二等奖（排名第二）。指导研究生 1 人获全国百篇优秀博士学位论文、3 人获提名奖。注重把学科和科研优势转化为本科教学资源优势，主持获国家教学成果二等奖 2 项。曾任国际细胞应激学会主席（首位华人学者），同时兼任中国医师学会副会长、中华预防医学会（劳动卫生分会、环境卫生学会和呼吸病防控分会）副主任委员、*Environ Health Perspect* 杂志编委、《中华劳动卫生与职业病学杂志》和《中华预防医学杂志》副主编。以通讯作者在 *JAMA*、*J Clin Oncol*、*Circulation*、*Circ Res*、*PLoS Med*、*Gut*、*Environ Health Perspect* 和 *Int J Epidemiol* 等国际权威期刊上发表论文 400 余篇，其中 *NEJM*、*JAMA*、*Nature* 等杂志大量正面引用和评论，为我国乃至世界环境相关政策、卫生标准的修订以及环境相关疾病发生机制的阐明提供了大样本、长周期、高可信度的环境与健康数据。

　　"精准"是医学发展的客观追求和最终目标,也是公众对健康的必然需求。"精准医学"是生物技术、信息技术和多种前沿技术在医学临床实践的交汇融合应用,是医学科技发展的前沿方向,实施精准医学已经成为推动全民健康的国家发展战略。因此,发展精准医学,系统加强精准医学研究布局,对于我国重大疾病防控和促进全民健康,对于我国占据未来医学制高点及相关产业发展主导权,对于推动我国生命健康产业发展具有重要意义。

　　2015年初,我国开始制定"精准医学"发展战略规划,并安排中央财政经费给予专项支持,这为我国加入全球医学发展浪潮、增强我国在医学前沿领域的研究实力、提升国家竞争力提供了巨大的驱动力。国家科技部在国家"十三五"规划期间启动了"精准医学研究"重点研发专项,以我国常见高发、危害重大的疾病及若干流行率相对较高的罕见病为切入点,将建立多层次精准医学知识库体系和生物医学大数据共享平台,形成重大疾病的风险评估、预测预警、早期筛查、分型分类、个体化治疗、疗效和安全性预测及监控等精准预防诊治方案和临床决策系统,建设中国人群典型疾病精准医学临床方案的示范、应用和推广体系等。目前,精准医学已呈现快速和健康发展态势,极大地推动了我国卫生健康事业的发展。

　　精准医学几乎覆盖了所有医学门类,是一个复杂和综合的科技创新系统。为了迎接新形势下医学理论、技术和临床等方面的需求和挑战,迫切需要及时总结精准医学前沿研究成果,编著一套以"精准医学"为主题的丛书,从而助力我国精准医学的进程,带动医学科学整体发展,并能加快相关学科紧缺人才的培养和健康大产业的发展。

　　2015年6月,上海交通大学出版社以此为契机,启动了"精准医学出版工程"系列图书项目。这套丛书紧扣国家健康事业发展战略,配合精准医学快速发展的态势,拟出版一系列精准医学前沿领域的学术专著,这是一项非常适合国家精准医学发展时宜的事业。我本人作为精准医学国家规划制定的参与者,见证了我国精准医学的规划和发展,欣然接受上海交通大学出版社的邀请担任该丛书的总主编,希望为我国的精准医学发展及医学发展出一份力。出版社同时也邀请了吴孟超院士、曾溢滔院士、刘彤华院士、贺福初院士、刘昌孝院士、周宏灏院士、赵国屏院士、王红阳院士、曹雪涛院士、陈志南院士、陈润生院士、陈香美院士、徐建国院士、金力院士、周琪院士、徐国良院士、董家鸿院士、卞修武院士、陆林院士、田志刚院士、乔杰院士、黄荷凤院士等医学领域专家撰写专著、承担审校等工作,邀请的编委和撰写专家均为活跃在精准医学研究最前沿的、在各自领域有突出贡献的科学家、临床专家、生物信息学家,以确保这套"精准医学出版工程"丛书具有高品质和重大的社会价值,为我国的精准医学发展提供参考和智力支持。

编著这套丛书,一是总结整理国内外精准医学的重要成果及宝贵经验;二是更新医学知识体系,为精准医学科研与临床人员培养提供一套系统、全面的参考书,满足人才培养对教材的迫切需求;三是为精准医学实施提供有力的理论和技术支撑;四是将许多专家、教授、学者广博的学识见解和丰富的实践经验总结传承下来,旨在从系统性、完整性和实用性角度出发,把丰富的实践经验和实验室研究进一步理论化、科学化,形成具有我国特色的精准医学理论与实践相结合的知识体系。

"精准医学出版工程"丛书是国内外第一套系统总结精准医学前沿性研究成果的系列专著,内容包括"精准医学基础""精准预防""精准诊断""精准治疗""精准医学药物研发"以及"精准医学的疾病诊疗共识、标准与指南"等多个系列,旨在服务于全生命周期、全人群、健康全过程的国家大健康战略。

预计这套丛书的总规模会达到 60 种以上。随着学科的发展,数量还会有所增加。这套丛书首先包括"精准医学基础系列"的 10 种图书,其中 1 种为总论。从精准医学覆盖的医学全过程链条考虑,这套丛书还将包括和预防医学、临床诊断(如分子诊断、分子影像、分子病理等)及治疗相关(如细胞治疗、生物治疗、靶向治疗、机器人、手术导航、内镜等)的内容,以及一些通过精准医学现代手段对传统治疗优化后的精准治疗。此外,这套丛书还包括药物研发,临床诊断路径、标准、规范、指南等内容。"精准医学出版工程"将紧密结合国家"十三五"重大战略规划,聚焦"精准医学"目标,贯穿"十三五"始终,力求打造一个总体量超过 60 种的学术著作群,从而形成一个医学学术出版的高峰。

本套丛书得到国家出版基金资助,并入选了"十三五"国家重点图书出版规划项目,体现了国家对"精准医学"项目以及"精准医学出版工程"这套丛书的高度重视。这套丛书承担着记载与弘扬科技成就、积累和传播科技知识的使命,凝结了国内外精准医学领域专业人士的智慧和成果,具有较强的系统性、完整性、实用性和前瞻性,既可作为实际工作的指导用书,也可作为相关专业人员的学习参考用书。期望这套丛书能够有益于精准医学领域人才的培养,有益于精准医学的发展,有益于医学的发展。

本套丛书的"精准医学基础系列"10 种图书已经出版。此次集中出版的"精准预防诊断系列"系统总结了我国精准预防与精准诊断研究各领域取得的前沿成果和突破,将为实现疾病预防控制的关口前移,减少疾病和早期发现疾病,实现由"被动医疗"向"主动健康"转变奠定基础。内容涵盖环境、食品营养、传染性疾病、重大出生缺陷、人群队列、出生人口队列与精准预防，纳米技术、生物标志物、临床分子诊断、分子影像、分子病理、孕产前筛查与精准诊断，以及健康医疗大数据的管理与应用等新兴领域和新兴学科，旨在为我国精准医学的发展和实施提供理论和科学依据，为培养和建设我国高水平的具有精准医学专业知识和先进理念的基础和临床人才队伍提供理论支撑。

希望这套丛书能在国家医学发展史上留下浓重的一笔！

北京大学常务副校长

北京大学医学部主任

中国工程院院士

2018 年 12 月 16 日

序

　　"精准"是医学发展的客观追求和最终目标,也是公众对健康的必然需求。"精准医学"是生物技术、信息技术和多种前沿技术在医学临床实践的交汇融合应用,是医学科技发展的前沿方向和推动健康中国建设的国家战略。随着我国社会经济的不断发展,公众对环境与健康的需求与日俱增。习近平总书记指出,"没有全民健康,就没有全面小康。要把人民健康放在优先发展的战略地位""绿水青山就是金山银山"。特别是党的十九大报告指出,我国社会主要矛盾已经转化为人民日益增长的美好生活需要和不平衡不充分的发展之间的矛盾,这些均充分强调环境与健康的研究与预防对策,是国家的重大需求。

　　20世纪生物学的最大成就是染色体、DNA双螺旋结构、基因克隆测序和DNA重组技术等的发现,由此将整个生物学推进到以核酸和蛋白质为中心的分子生物学时代。跨世纪的标志性事件是从解释第一个基因到解释整个基因组而诞生的人类基因组计划,它使得人类探索生命奥秘、破译"生命天书"成为可能,也促进了环境基因组学的诞生和发展。基因组学技术虽在环境、基因和疾病相关性方面提供了许多科学根据,但大部分环境相关的健康损害与疾病却不仅是基因改变所致,还因为基因的表达方式错综复杂,同样的基因在不同环境、不同时期、不同时间可能会起到不同的作用。随着人类基因组测序的完成和理化分析的高通量、智能化,众多"组学"如雨后春笋般应运而生,如表观遗传学、蛋白质组学、转录组学、代谢组学、暴露组学等,这些无疑为环境精准健康时代的到来奠定了基础并提供了技术支撑。

　　本书作为"精准医学出版工程·精准预防诊断系列"的分册之一,系统总结了环境与健康研究的理论成果,提供了相关研究技术的实践经验。本书以三级预防理念为基础,以精准医学为切入点,以公众最为关注、健康危害严重的空气污染、生产性粉尘、水污染、土壤污染及其复合污染为例,首先介绍了环境与健康关系科学证据的精准求证和病因预防的重要性;其次介绍如何运用多种前沿技术促进从环境与健康的"黑箱"流行病学到系统流行病学的发展,阐明环境与健康的机制,实现早期检查与早期干预;最后介绍在环境与精准健康研究中,多学科合作将加快环境相关性健康损害的精准解读、精准预测、精准干预,实现健康中国与建设生态文明。本书的编著者大多是国内环境与健康研究领域的中坚力量,内容绝非纸上谈兵,篇篇都是他们心血和智慧的结晶。无论你是处在科研一线的研究人员还是科普工作者,本书都是一本不可多得的参考书。

北京大学常务副校长
北京大学医学部主任
中国工程院院士
2018 年 11 月

环境是人类生存和发展的必要条件。环境因素种类繁多、成分复杂。生活环境、工作环境和社会环境中诸多因素(包括物理因素、化学因素、生物因素、经济因素、文化因素和吸烟、饮酒、锻炼与休闲、睡眠、饮食习惯等生活方式)构成了复合环境(称为大环境,即广义的环境因素),并影响人类全生命周期(包括出生、生长发育、繁殖、死亡)身心健康。因此,良好的环境有益于人类的健康和生长发育,而不良的环境则可影响人们的生活质量,并危及机体健康,导致遗传物质损伤、心率变异性下降、心肌梗死甚至死亡等。我国的发展已经进入新时代,随着社会需求与国民疾病谱的改变,应倡导大健康的全局理念,人们不仅应关注个体的身体健康,还应关注精神、心理、生理、社会、环境、道德等方面的完全健康,提倡科学的健康生活、正确的健康消费和自我健康管理等。如今,人类已不再满足于基于患者"定制"的精准医疗模式,而是推崇"精准健康管理"的理念:倡导良好的环境和健康的生活方式,追求高质量的健康生活,保障人民对美好生活的向往和追求。

随着科学技术的进步,人类已经进入信息化和"大数据"时代,生物-社会-心理医学模式的发展赋予预防医学新的内涵。个性化医疗(personalized medicine)、精准医学(precision medicine)、精准健康(precision health)、精准预防(precision prevention)等概念应运而生。精准医学是根据患者不同的基因型、代谢状态、生活方式以及环境,为其制订最合理的治疗方案,其核心是将组学大数据与临床医学相结合来提高医疗诊断的准确度和治疗的效果。精准医学促使医疗的基本概念从当前的疾病诊断和治疗转变为健康保证,因此在世界范围内得到普遍重视,并成为新一轮国家科技竞争与引领国际战略的制高点。精准健康源于精准医学,是将精准医学的理念和工具延伸到公共卫生的多个领域,对整个人类社会产生积极影响。精准健康的主要目标是健康评估、健康干预和健康促进。"预防为主"是中华人民共和国成立以来我国卫生工作的指导方针,其主要理念与策略是三级预防。其中,最为有效的是一级预防(又称病因预防),此外还有与临床医学等相结合进行的二级预防(又称"三早"预防)和三级预防(又称康复治疗)。三级预防与精准健康相结合将是本书的理念和重点。

由于精准预防系列书籍的分工和篇幅限制,本书以环境因素中的物理因素和化学因素为主线。首先,介绍了环境因素、三级预防与精准健康的基本概念和三者相结合的理念。其次,介绍了暴露组学、代谢组学、基因组学、表观遗传学、转录组学、蛋白质组学等技术与方法在环境与精准健康研究中的应用与进展,其中特别强调了环境与健康关系的科学证据、等级求证的优先顺序和病因预防的有效性及重要性,也指出将这些前沿技术运用于环境与健康研究,将大力推动从环境与健康的"黑箱"流行病学到系统流行病学的进展,并阐明环境与健康关系的机制,实现早期检查与预防干预。最后,以健康危害严重的空气污染、生产性粉尘、水污染、土壤污染及其复合污染为例,重点介绍在环境与精准预防研究中的研究进展与展望。需要特别说明的是,在环境与精准健康研究中,预防医学、生物学、医学、遗传学、临床医学、分析化学、生物信息学等众多领域的学者需通力合作,对环境相关性健康损害进行深入的科学研究,尤其应探究环境相关性疾病早期损害的评估指标,并对其进行精准的解读。这不仅能对个体健康进行预测和预警,而且可为在高风险人群中实施适当的干预措施提供科学依据,从而降低高风险人群进一步罹患重大环境相关性疾病的风险,进而推进健康中国和生态文明的建设。当前,环境与精准健康研究面临诸多挑战,包括克服共享壁垒、原有资源的标准化、专业人才的短缺以及多学科的深度融合等,任重而道远。

本书由华中科技大学邬堂春教授主持编著。衷心感谢詹启敏院士为本书作序!华中科技大学、复旦大学、中山大学、中国人民解放军空军军医大学、广西医科大学、深圳市疾病预防控制中心和苏州市疾病预防控制中心的专家和学者参与了本书的编写工作。其中第1章由邬堂春、袁晶和郭欢执笔,第2章由袁瑜、肖飔、柳依依、余艳秋、陈慧婷和邬堂春执笔,第3章由邱高坤、王豪和邬堂春执笔,第4章由杨晓波、黄路路和吕应楠执笔,第5章由邓棋霏、黄素丽、朱晓燕、温莹和邬堂春执笔,第6章由沈妙言、王秋红、蒋竞、田静和邬堂春执笔,第7章由喻快、龙品品、刘康、何诗琪、蒋竞和邬堂春执笔,第8章由骆文静、丁桂荣、张文斌、赵涛、陈筱鸣和安广洲执笔,第9章由阚海东、陈仁杰和王翠平执笔,第10章陈卫红、周芸、马继轩和周敏执笔,第11章由鲁文清、曾强、王霞和汪一心执笔,第12章由鲁文清和王齐执笔,第13章由袁晶和何美安执笔。本书引用了一些作者的论著及其研究成果,在此向引用文献的原作者表示衷心的感谢!因本书编写时间仓促和编者水平有限,书中错误与不足在所难免,敬请读者批评指正。

邬堂春
2018 年 11 月

目录

第一篇 概　　论

第一篇　概　论

1 环境因素与精准健康研究简介

近年来,伴随我国经济高速增长和综合国力大幅度提高,环境问题日益突出,国民的生命和健康受到不同程度的威胁。我国居民的疾病谱及死因构成,从以罹患营养不良和传染病为主向以环境污染密切相关的慢性非传染性疾病为主转变,环境污染性重大疾病(主要包括心脑血管疾病、恶性肿瘤、糖尿病、慢性阻塞性肺疾病、精神心理性疾病等)已严重危及国民健康。与 1990 年相比,在 2010 年我国各种疾病对预期寿命损失的贡献排位中,脑卒中从第 2 位上升到第 1 位,心脏病从第 7 位上升到第 2 位,慢性阻塞性肺疾病仍维持第 3 位,肺癌从第 13 位跃升到第 5 位,肝癌也从第 12 位跃升到第 6 位。这些环境相关性疾病所导致的死亡人数占我国公民总死亡人数的 80%,并占疾病负担的 70%。因此,迫切需要对重大环境相关性疾病开展精准预测、诊断、治疗和采取适当的干预措施,以促进患者的康复,提高其生活质量。

环境因素暴露的复杂性决定了评估个体暴露环境污染物水平的难度。新兴的暴露组学技术和代谢组学技术可高通量、高灵敏性解析复杂环境污染物的外暴露来源(空气、水、饮食等)、内暴露和生物效应,使得利用不同层面的环境污染物监测数据估测机体内暴露剂量和早期生物学效应成为可能。随着人类基因组计划的完成和精准医学计划的提出,在建立大样本的人群生物样本库的基础上,采用多维度组学,如基因组学、表观基因组学、转录组学、蛋白质组学、宏基因组学等的新技术和新方法,将有助于人们从基因和分子水平认识环境相关性复杂疾病的发生、发展规律。这一系列新技术和新方法的推进和发展是实现环境相关疾病精准预测与防治的重要前提和主要手段。

1.1 环境因素与精准健康的相关概念

1.1.1 环境因素的相关概念

1.1.1.1 环境

环境(environment)是指围绕人群的空间和可以直接或间接影响人类生存、发展和健康的各种因素的统称,包括生活环境、工作环境和社会环境中的物理因素、化学因素、生物因素、经济因素、文化因素和生活方式(如吸烟、饮酒、锻炼与休闲、睡眠、饮食习惯等)。各种环境因素按其属性可分为物理性因素、化学性因素、生物性因素和社会性因素四大类。物理性因素包括微小气候、噪声、非电离辐射和电离辐射等。成分复杂、种类繁多的化学性因素包括来自空气、水、土壤等的各种化学成分。生物性因素包括细菌、真菌、病毒、寄生虫和变应原(如花粉,动物皮屑和真菌孢子等)。社会性因素主要有经济、文化、人际关系、工作应激、社会风俗和习惯、生活方式等,这些因素所构成的复合环境(称为大环境或广义的环境因素)共同影响人类的生长发育和健康(大健康)。环境是人类赖以生存和发展的条件,环境与健康本质上是相辅相成、互相促进的。良好的环境促进健康和生长发育,如适宜的温度、气压和适宜的化学成分是人类生存并维持身体健康和生长发育所必需的。反之,不良的环境则引起健康损害,如高温致中暑、化学污染物致心肺疾病等[1]。人类对环境的作用是双向性的。人类既可改善环境,避免和消除恶劣环境因素对人类健康的影响;又可破坏环境,给人类带来多种健康危害,甚至无穷无尽的灾难,如全球气候变暖、臭氧层破坏等全球性环境问题。环境、行为生活方式与人体的相互作用是决定人类健康与否的基础和关键。由于环境监测与分析技术、系统生物学技术的快速发展,环境因素与精准健康的相关研究不断进步,必将促进人类健康。本书以环境因素中的物理因素和化学因素为主,介绍环境因素与精准健康的研究方法和最新进展。

1.1.1.2 环境污染

环境因素对健康的影响是双重的,包括有害的和有益的影响。本书着重介绍有害的环境污染。环境污染(environmental pollution)是指因自然原因(如地震、火山、海啸)或人类活动引起环境质量恶化,导致生态平衡破坏,影响人类及其他生物的正常生存和发展,造成资源破坏、经济损失和健康损害的现象。环境污染具有污染物的多样性、污染范围的广泛性、污染的持续性和污染危害的严重性 4 个特征。环境污染有多种分类方法,如按环境要素分为大气污染、水体污染和土壤污染;按环境污染的性质分为物理污染、化学污染和生物污染;按人类活动分为工业环境污染、城市环境污染和农业环境污染。

(1)工业环境污染。工业环境污染是指工业生产过程中所形成的废气、废水、废渣、废热和噪声等对环境造成污染,不仅引起职业工人的各种健康损害,而且释放到生活环境中的污染物会危害更大的人群,破坏生物的生存环境,尤其是重金属和难降解的有机物在人类生活环境中可循环、富集,可对人体健康构成长期威胁,甚至导致公害病(如水俣病等)。工业污染物既可显性排放,又可隐性排放,且排放的污染物成分复杂,包括二氧化硫、重金属、氰化物、氨氮等。

(2)城市环境污染。城市环境污染是指在城市的生产和生活中排放的各种污染物已超出自然环境的自净能力,引起自然环境各种因素的性质和功能发生变异,导致生态平衡破坏,危害了人类的身体、生产和生活。例如,城市空气主要污染物包括颗粒物、二氧化硫、臭氧。世界卫生组织在 2016 年发布的全球前 10 个严重空气污染城市中,我国的保定和邢台位居第 9 位和第 10 位。

(3) 农业环境污染。自然的或人为的因素致土壤和水中含有害物质过多,超出土壤和水的自净能力,致土壤的组成、结构和功能发生变化,并抑制了微生物活动,人体可通过"土壤→食物→人体"或"土壤→水(和/或食物)→人体"模式暴露于土壤的有害物质和(或)其分解产物中,致其健康受到损害。土壤污染源包括农药和化肥的滥用、工业废水和废渣以及生活污水和垃圾的无序排放等。

1.1.1.3 环境污染物

环境污染物(environmental pollutants)是指进入环境后致使环境的正常组成和性质发生变化,并对人类的健康产生直接或间接影响的物质。环境污染物按其性质分为化学性污染物、物理性污染物和生物性污染物三类。

(1) 有毒污染物。有毒污染物(toxic pollutants)是指能被直接或者间接摄入生物体内,导致该生物或其后代出现生理功能失常、发生遗传变异、发病甚至死亡的污染物,如甲醛、重金属(铬、铅、镉、汞等)、挥发性有机化合物(volatile organic compounds,VOC_s,氯乙烯和过氯乙烯等)。

(2) 有害物质。有害物质(harmful substance)是指用于清洁、消毒、设备运作、害虫防治、化验过程中的清洁剂、消毒剂、杀虫剂、机器润滑油、试剂等化学物质对生物体能产生危害,包括金属(铅、镉、汞、锑等)、多氯联苯(polychlorinated biphenyls,PCB_s)、多溴联苯醚(polybrominated diphenyl ethers,PBDE)、壬基苯酚(nonyl phenol,NP)、磷酸三苯酯(triphenyl phosphate,TPP)、多氯化萘(polychlorinated naphthalene,PCN)等。

(3) 持久性生物累积性污染物。持久性生物累积性污染物(persistent bio-accumulative toxins,PBT)是常见的一类有毒有害物质。这类污染物的毒性非常持久,在环境中难以降解,并随着食物链的延长和营养级的增加呈现生物富集和生物放大作用,导致免疫反应抑制、内分泌紊乱、发育障碍、中枢神经系统损害甚至癌症等广泛的毒性效应。

(4) 微量有机污染物。微量有机污染物(micro-organic pollutants,MOP)是指在环境中浓度低但难降解的有机污染物,可引起环境的正常组成发生变化,并对生态系统和人体健康造成直接或间接的危害。环境中微量有机污染物种类繁多,主要包括直链脂肪烃、多环芳烃(polycyclic aromatic hydrocarbons,PAH_s)、多氯联苯、硝基芳烃化合物、有机磷、有机氯等有机农药和金属有机化合物等,其中以直链脂肪烃、环烷烃、多环芳烃等烃类污染物最常见。

(5) 持久性有机污染物。持久性有机污染物(persistent organic pollutants，POP$_s$)是指能在大气、水、土壤等环境介质中持久存在，并通过食物链积聚对环境和人类健康造成不利影响的有机污染物。POP 具有高毒、持久、生物积累性和远距离迁移性的特性。2001 年 5 月 22 日在瑞典的斯德哥尔摩通过了《关于持久性有机污染物的斯德哥尔摩公约》(2004 年 5 月 17 日生效，以下简称《斯德哥尔摩公约》)，该公约将持久性有机污染物分为杀虫剂、工业化学品和生产中的副产品三类。中国在 2001 年 5 月率先签署了《斯德哥尔摩公约》。2009 年 4 月 16 日，环境保护部会同国家发展改革委员会等 10 个相关管理部门联合发布公告(2009 年 23 号)，兑现了中国关于 2009 年 5 月停止特定豁免用途、全面淘汰杀虫剂 POP 的履约承诺。

(6) 持久性有毒化学污染物。持久性有毒化学污染物(persistent toxic substance，PTS)是指毒性强，在环境中难降解，可远距离传输，具有生物富集和生物放大作用、致癌致突变性和内分泌干扰等特性的污染物。联合国环境规划署(United Nations Environment Programme，UNEP)制订的持久性有毒化学污染物目前包括艾氏剂(aldrin)、氯丹(chlordane)、滴滴涕(dichlorodiphenyl trichloroethane，DDT)、狄氏剂(dieldrin)、异狄氏剂(endrin)、七氯(heptachlor)、六氯代苯(hexachlorobenzene)、灭蚁灵(mirex)、毒杀芬(toxaphene)、多氯联苯(PCB)、二噁英(dioxins)、多氯代苯并呋喃(furans)、十氯酮(chlordecone)、六溴代二苯(hexabromobiphenyl)、六六六(hexachlorocyclohexane，HCH)、多环芳烃(PAH)、多溴二苯醚(polybrominated diphenyl ethers，PBDE)、氯化石蜡(chlorinated paraffins)、硫丹(endosulphan)、阿特拉津(atrazine)、五氯酚(pentachlorophenol)、有机汞(organic mercury compounds)、有机锡(organic tin compounds)、有机铅(organic lead compounds)、酞酸酯(phthalates)、辛基酚(octylphenols)、壬基酚(nonylphenols)共 27 种。POP 可抑制免疫系统，引起代谢紊乱和精子数降低，有神经毒性，可导致骨骼发育障碍、青春期提前、婴儿出生体重降低、发育不良、各种慢性疾病等。

(7) 内分泌干扰物。内分泌干扰物(endocrine disrupter，ED)又称环境激素(environmental hormone)。存在于环境中的这类化学物质因为类似雌激素，能作用于人类或动物内分泌系统的诸多环节，引起异常生物学效应。ED 可经多途径进入生物体，其本身并不直接作为有毒物质产生毒性效应，但在极低浓度即可致生物体内分泌失调，引起免疫系统、神经系统和生殖系统的生理功能异常，导致学习注意力下降和记忆障碍、生殖行为异常、生殖能力下降，甚至导致消化道肿瘤和淋巴癌等。内分泌干扰物主要分为以下类型：农药和除草剂(六氯苯、六六六、艾氏剂、狄氏剂等)、工业化合物[双酚 A(bisphenol A)、2,3,7,8-四氯二苯并-对-二噁英(2,3,7,8-tetrachlorodibenzo-p-dioxin，TCDD)]、类固醇雌激素[17β-雌二醇(17β - estradiol，E$_2$)、己烯雌酚(diethylstilbestrol，DES)等]、植物和真菌雌激素(三羟基异黄酮和香豆雌酚)、金属

（镉、汞、有机汞）等。

有些外源性干扰内分泌系统的化学物质又称环境内分泌干扰物（environmental endocrine disruptors，EED$_s$），常以低浓度存在于环境中。经摄入等途径进入生物体的EED类似雌激素，可干扰生物体内分泌系统诸环节而导致其内分泌失调，出现多种异常现象，如神经系统发育延迟、精子和卵子的质量与数量下降等。EED具有亲脂性、不易降解、易挥发和残留期长等特点，并可通过生物富集和生物放大作用影响生物体。

（8）新型污染物。新型污染物（new type of pollutant）是指人类各种活动产生的、目前确已存在但尚无环保法律法规予以规定或规定不完善的、危害生态环境和人体健康的环境污染物。如全氟有机化合物、人用和兽用药物制剂、饮水消毒副产物、人造纳米材料、药品和个人护理用品（pharmaceuticals and personals care products，PPCP$_s$），包括抗生素、止痛药、抗精神病药、β受体阻断药、调血脂药、合成麝香、遮光剂（防晒霜）、汽油添加剂、溴化阻燃剂、苯并三唑类化合物、抗生素抗性基因。新型污染物在环境中含量极低（甚至低至纳克级），但稳定性很高且难以降解，故普遍存在并易在生态系统中富集，对生态环境中各类生物体构成潜在危害，因此对这些污染物的预评价尤为重要。

1.1.2 精准健康的相关概念

1.1.2.1 医学模式

医学模式（medical model）是对人类健康与疾病等医学问题的思维方法。医学模式是在不同社会经济发展时期和医学科学发展阶段人们认识和解决医学问题的思考，是对生命健康和疾病的根本观点以及指导各历史时期医疗活动和医学研究的总原则。医学模式的演变经历了神灵主义医学模式、自然哲学医学模式、近代机械论医学模式、现代生物医学模式和生物-心理-社会医学模式等多个阶段。之后是"4P"医学模式［即预测性（predictive）、预防性（preventive）、个体化（personalized）、参与性（participatory）］和TIDEST模式［找靶点（targeted）、整合（integrated）、以数据为基础（data-based）、循证为基础（evidence-based）、系统医学（systems medicine）、转化医学（translational medicine）］。

1.1.2.2 精准医学

精准医学是对"4P"医学模式和TIDEST模式的兼收并蓄。

（1）精准医学。精准医学（precision medicine）是基于个体化医疗、基因组测序技术及生物信息与大数据科学的交叉应用而发展起来的一种新型医学概念与医疗模式。2015年，人类基因组计划定义了精准医学，即在个体基因特征、环境以及生活习惯的基础上找出对疾病进行干预和治疗的最佳方法，并向临床实践提供科学依据。通过对疾病重新分类,实现对疾病的精准预测、评估、诊断、治疗和预防,促进患者康复,并实现治疗价值最大化是精准医学的精髓,即在疾病的预防与处置中根据个人特征量体裁衣式地制订个体化的精准措施。

经历了传统医疗、现代医疗阶段,精准医学开启了未来医学发展的新时代。精准医学促进了技术原始创新、科技成果转化到医学临床应用的发展,是转化医学研究的重要内涵和目标。循证医学是现代医学发展新的里程碑,而精准医学是循证医学新的历史要求,它也是实现"4P"医学模式的重要手段。精准医学的关注点涵盖多个科学研究层面,包括阐释疾病发生与发展机制,发现标志物和肿瘤早期诊断,研发特异、有效治疗疾病的靶向药物,使用分子分型及分子分期进行疾病治疗和预后的个体化判断,在分子水平对疾病采取综合防控措施,开展医学与材料、工程、信息等多学科的交叉研究。精准治疗结合个性化治疗和预后判断,避免对疾病的治疗不足或治疗过度。个体化治疗即考虑了药物安全性和有效性的个体差异而实行的靶向治疗。

(2) 精准医学的提出。2011 年,美国科学院、美国工程院、美国国立卫生研究院(National Institutes of Health,NIH)及美国科学委员会共同发出了"迈向精准医学"的倡议,随后美国国家智库报告《走向精准医学》正式发表。该报告提出了通过遗传关联研究和与临床医学紧密结合来实现人类疾病的精准治疗和有效预警。2015 年 1 月 20日美国总统奥巴马在国情咨文演讲中提出了"精准医学计划(Precision Medicine Initiative)",呼吁美国增加医学研究经费来推动个体化基因组学研究,量身制定个体医疗方案,并于同年 1 月 30 日正式推出了"精确医学计划"。精准医学的核心是将组学大数据与医学有机结合来提高医疗诊断的准确度和治疗效果。美国科学院设计了精准医学的模型,即基于基础研究发现和医学发现建立一个共同的生物学信息数据库,该数据库收集了个体的暴露组学(exposomics)、代谢组学(metabonomics)、基因组学(genomics)、表观遗传学/表观基因组学(epigenomics)、蛋白质组学(proteomics)、临床症状、临床检测指标等数据,并结合个体的环境暴露、生活方式等社会因素及体内微生物学信息,搭建个体信息的共用信息平台(common information platform)。借助大协作建立的这个共用信息平台,可寻找疾病发生、发展的分子基础及驱动因素,对疾病重新进行分类及对症用药,为疾病诊疗、健康管理提供信息与线索,实现"精准"的个体化的疾病诊疗和预防。

(3) 精准医学的目标。精准医学贯穿疾病预防和诊疗的全过程。目前基因组学已形成表观遗传学、功能基因组学(functional genomics)、比较基因组学(comparative genomics)、免疫基因组学(immunogenomics)、药物基因组学(pharmacogenomics)等多个分支,在基因组序列测定与分析、基因组序列比较、新基因发掘、基因组表达谱、表观遗传修饰、蛋白质组、代谢组检测等多个层面涉及一些新型基因组学标志物及组学信息,从而使人们能更全面、深刻、准确地反映疾病的本质特征,并有助于找到疾病主因的精确缺陷,指导精准用药。

美国 NIH 主任弗朗西斯·柯林斯(Francis S. Collins)曾描述,"精准医学计划"的核心目标是整合人类基因组学及技术、第二代测序技术、计算机生物学分析、医学信息学、临床信息学、疾病特异性动态标志物、网络、精准药物研发、毒性敏感监测、疗效依赖性治疗的预测,从而精准促进个体健康。因此,精准医学对疾病风险的"精确"预测、诊断和分类,对患者"精确"用药的指导以及对疾病疗效的"精确"评估和疾病的"精确"预后是公众的需求,也是临床发展的需要。我国精准医学的奋斗目标是:原创性研发更多的新型药物、疫苗、器械和设备,自主掌握核心关键技术,建成具有国际一流水平的精准医学研究平台和保障体系,制订/修订国际认可的疾病预防和临床诊疗的指南和临床技术操作规范、干预措施,提升重大疾病的防治水平,推动生物医药、医疗器械和健康服务等相关产业的发展,为医药卫生体制改革和医疗模式变革提供支撑,从而为民众提供更精准、更高效的医疗健康服务。当前,应加强精准防控技术及防控模式的研究,重视分子标志物的发现和应用、分子影像学和病理学的精准诊断以及临床精准治疗,尤其应重视生物样本库的建设,因为优化和整合丰富的生物样本资源是掌握医学科技主动权,占据医学竞争制高点和推动精准医学的重要支撑。

(4) 精准医学的要求。精准医学是对目前的医疗体系进行一次革命性变化,需建立评估个体健康状态、对疾病在正确的时间节点进行干预以达到保护个体健康为目标的新的诊疗体系。因此,精准医学不应限于为攻克当前困扰人类健康的主要疾病而提出医学方向,还应面对 21 世纪的医学发展整合多种高精尖技术去解决人类面对的医学问题。

(5) 转化医学与精准医学。美国 NIH 提出转化医学旨在通过强强联合,在基础和临床之间搭建一座桥梁,促使最好的新药和诊疗技术以最快的速度用于最适宜的患者。科研是发明的第一步,而推广科研成果则是一项复杂而巨大的工程,尤其是新技术和新方法的推广常需通过跨地区或跨国界的合作才能得以实现。针对任何一种疾病的精准医学计划亦是如此。因为疾病的发生是多因素共同作用的结果,并可能累及机体的多个器官和多个系统,所以应基于个体特征的差异来制订有针对性、个性化的疾病预防和诊疗方案。此过程应遵循科学原则和精神,通过一代甚至几代人的努力建立一系列标准化的疾病治疗方法。

1.1.2.3 健康管理

健康管理(health management)是以防控疾病的发生与发展、降低医疗费用和提高生命质量为目的,针对个体及群体进行健康管理教育,提高自我管理意识和水平,并对其生活方式相关的健康危险因素,通过健康信息采集、健康检测、健康评估、个性化监管方案、健康干预等手段持续加以改善的过程和方法。20 世纪 50 年代末,美国首次提出了健康管理的概念,旨在发现和寻找生活方式中影响健康的因素,并努力让人们规避这些有害因素或选择更健康的生活方式，以最小投入获得最大健康收益。传统的健康管理曾提出"合理膳食、适量运动、心理平衡、戒烟限酒"十六字箴言来说服人们重视影响健康的主要因素，这种普适性健康管理由于缺乏有效的方式和手段，公众依从性差，作用并不明显。

1.1.2.4 医学大数据

医学大数据（medical big data）泛指所有与医疗和生命健康相关的大数据。依据其来源分为生物大数据、临床大数据和健康大数据。生物大数据是指生物标本相关信息的大数据，其中组学大数据是重要的构成部分，它具有数据容量大、动态性强、复杂性高等特点，并能将碎片化的遗传学、生物化学等基础研究系统化。临床大数据源于医院常规临床诊治、科研和管理过程，包括门/急诊记录、住院记录、影像记录、实验室记录、用药记录、手术记录、随访记录和医疗保险等数据，它具有数据量庞大、产生速度快、数据结构复杂、价值密度低等特点。健康大数据可来自专门设计的基于大量人群的医学研究或疾病监测，如全国营养学和健康调查、出生缺陷监测研究、传染病及肿瘤登记报告等数据。大数据信息收集的规范化、标准化和准确性是关键，以避免"垃圾进"和"垃圾出"，因此，在有良好设计的流行病学研究基础上产生的大数据是精准医学和精准健康实践的重要基础和前提条件。

1.1.2.5 精准健康

随着精准医学的蓬勃发展，精准健康（precision health）的理念应运而生，因为基于医学大数据不仅能有效预防重大疾病，而且能预测人群和个体的健康风险，同时借助对暴露组、代谢组和基因组等数据与临床数据之间联系的解析可提高诊断精度，提高疾病的疗效，预测疾病风险、实施健康干预，通过个人健康管理来防控疾病，由此达到提高疗效，减轻药物不良反应，避免无效或过度治疗，提高人类生活质量，并最大限度地节约医疗卫生资源和促进健康的目标。

1.1.2.6 精准健康管理

"精准健康管理"是一个新概念，它是建立在精准医学基础上，并基于个体特征（包括环境因素、遗传特征和生活方式等）数据进行精准的疗效评价、健康风险评估、干预、督导（监测）以及健康教育管理服务，以达到有效预防疾病的目的。这种新的精准医学理论推动传统的健康管理进入"精准健康管理"的新高度。精准健康管理用科学的数据提高人们对规避致病因素并选择更健康的生活方式理念的信服程度，强化了个体的依从性。

1.1.2.7 健康风险评估

健康风险评估（healthy risk assessment，HRA）是用于描述和评估某一个体未来发生某种特定疾病或因为某种特定疾病导致死亡的可能性的一种方法，它是健康管理过程中关键的专业技术部分。它是基于收集的大量个人健康信息，分析建立环境、遗传、生活方式等危险因素与健康状态之间的量化关系,并预测个人在一定时间内发生某种特定疾病或因为某种特定疾病导致死亡的可能性,进而可据此对人群提供有针对性的控制与干预措施,从而降低国家和个人的疾病负担。

1.2 环境因素与精准健康研究的重要性

"预防为主"是新中国成立以来卫生工作的指导方针。以人群为对象,以健康为目标,以消除影响健康的危险因素为其主要内容,以促进健康、保护健康、恢复健康为目的的公共卫生策略与措施可有效控制国家、单位和个人的疾病负担以及医疗成本。疾病的预防分为三级。一级预防(primary prevention)又称病因预防,是从根本上消除或控制环境有害因素对人的作用和损害。如以科学证据为基础的国家政策和法规是最强大的、有效的措施和对策;又如通过改进各种工艺和设备,减少污染物的产生和排放等;合理利用防护设施和个人防护用品也能减少或消除人群接触的机会,其特点是成本低、效益高。二级预防(secondary prevention)又称"三早"预防,即早发现、早诊断、早治疗,在发病期就采取措施(如筛查、普查)阻止疾病的发展和蔓延。尽管一级预防措施是最有效的方法,但所需费用较大,有时在现有的技术条件下难以达到理想效果,仍然可出现不同健康损害的人群。因此,二级预防也是十分必要的。尽管早期健康损害的检查和发现是二级预防的重要环节,但是积极、正确、有效的干预措施与方案更为重要[2],因为环境有害因素所导致的早期健康损害可发展成两种完全相反的结局:健康或疾病。三级预防(tertiary prevention)又称临床预防包括治疗患者、防止病情恶化、减少患者痛苦、恢复有效功能、防止并发症、残疾或死亡。例如,对已丧失劳动能力或残疾者通过康复治疗,促使其身心早日康复,使其恢复劳动能力,病而不残或残而不废,保存其创造经济价值和社会劳动价值的能力(见图1-1)。三级预防体系是分工各有侧重、预

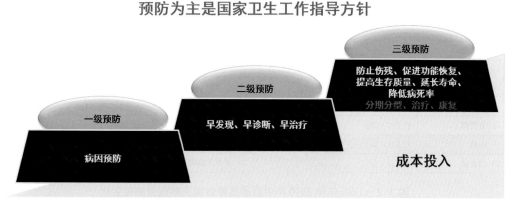

图 1-1　疾病的防控体系与效益分析

防与临床医学等相结合的整体。一级预防针对整个人群是最重要的,二级和三级
预防是一级预防的延伸和补充。全面贯彻和落实三级预防措施,做到源头预防、早
期检测、早期处理、促进康复、预防并发症、改善生活质量,构成环境与健康的完整
体系。

城镇化、人口老龄化、环境污染以及不健康的生活方式等多重因素给中国带来一系
列公共卫生和社会问题,中国疾病谱的构成已发生变化(见图 1-2)。《2012 中国肿瘤登
记年报》显示,全国每年新发肿瘤病例约为 312 万例。世界卫生组织早在 20 世纪 80 年
代就曾提出控制癌症的 3 个 1/3 战略,即 1/3 癌症可以预防,1/3 癌症可以早发现和早
治愈,另外 1/3 癌症患者能通过现有医疗措施提高生存质量。由于环境相关性疾病的
患病和死亡与经济、社会、人口、行为、环境等因素密切相关,若能采取一级预防和二级
预防(早预防、早筛查和早治疗)措施,将能提高个人和全人类的生存质量,降低社会和
个人的医疗成本,实现健康中国的伟大目标。

1990

疾病	平均位次 (95% UI)
1. 下呼吸道感染	1.6 (1～3)
2. 脑卒中	2.2 (1～3)
3. 慢性阻塞性肺疾病	2.2 (1～3)
4. 先天性畸形	5.2 (1～3)
5. 溺死	5.7 (1～8)
6. 新生儿脑病	7.1 (1～10)
7. 缺血性心脏病	7.6 (1～12)
8. 自我伤害	7.7 (1～10)
9. 早产儿并发症	8.6 (1～14)
10. 交通伤害	9.9 (1～13)
11. 胃癌	10.5 (1～14)
12. 肝癌	10.5 (1～13)
13. 肺癌	12.5 (1～13)
14. 肝硬化	14.6 (1～14)
15. 肺结核	14.7 (1～18)
16. 腹泻	15.8 (1～16)
17. 风湿性心脏病	17.5 (1～19)
18. 食管癌	17.7 (1～20)
19. 跌倒	19.3 (1～21)
20. 白血病	20.7 (1～24)

2010

疾病	平均位次	% 变化 (95%UI)
1. 脑卒中	1.0 (1～1)	21 (−13～37)
2. 缺血性心脏病	2.1 (2～3)	81 (23～103)
3. 慢性阻塞性肺疾病	3.3 (3～5)	−45 (−51～−40)
4. 交通伤害	4.1 (2～6)	64 (−9～188)
5. 肺癌	4.9 (3～7)	81 (27～112)
6. 肝癌	5.7 (3～6)	37 (17～76)
7. 胃癌	7.3 (7～9)	−11 (−24～5)
8. 自我伤害	7.9 (6～9)	−30 (−55～37)
9. 下呼吸道感染	9.0 (8～11)	−81 (−84～−75)
10. 食管癌	11.5 (9～18)	1 (−40～35)
11. 溺死	12.2 (9～16)	−64 (−74～−32)
12. 先天性畸形	12.4 (9～18)	−66 (−79～−48)
13. 结直肠癌	13.5 (10～16)	38 (20～98)
14. 糖尿病	14.1 (11～18)	67 (10～91)
15. 跌倒	14.1 (11～19)	2 (−30～26)
16. 肝硬化	14.9 (9～19)	−38 (−57～17)
17. 高血压性心脏病	16.8 (13～20)	21 (−8～42)
18. 白血病	18.9 (16～23)	−13 (−33～5)
19. 早产儿并发症	19.0 (14～23)	−71 (−82～−58)
20. 新生儿脑病	19.7 (13～26)	−75 (−86～−60)

图 1-2　1990 年和 2010 年中国居民寿命损失的疾病顺位变化

(图片修改自参考文献[3])

中国已进入人口老龄化社会,与年龄密切相关的慢性病模式已发生变化,个体的治疗正向群体和自我健康管理蜕变。在当今"互联网+"和人工智能的时代,尽快建成医疗卫生信息共享大数据平台,并结合互联网医疗、移动医疗、物联网技术、基因和蛋白质组合技术,健康云服务、协同网络服务、家庭远程医疗监测、生物指标动态监测等模式可促进疾病的早预防、早发现和早治疗,对疾病的精准防治可起到事半功倍的效果。

疾病是环境因素、遗传因素和生活方式共同作用的结果。机体每天不可避免地复合暴露于多种环境污染物中,由于个体遗传特征存在差异性,个体的生活方式又明显不同,这些因素均可影响人的生命周期(life cycle),因此在研究人类疾病的发生与发展中,这些因素是重要的研究内容(图1-3)。人们应拓宽视野,不仅监测多种环境中的污染物浓度,还应收集和分析影响环境污染物浓度的相关信息,发展与应用新技术和生物信息技术等阐明环境污染物对人体的生物效应,促使人们认识疾病发生、发展的本质和规律。如今,精准医学的发展促进了人们医疗健康理念的变化,即从当前的疾病诊疗转变成健康保证。随着精准医学相关研究领域和产业的发展,以及个体信息港共用信息平台的建立,在人们尚未得病时测得的医学大数据信息将可用于评估健康风险,并指导给予适当的干预措施,由此使得整个医疗健康体系的关口前移。基于规范收集人体生命信息与生活轨迹信息,借助人工智能数据分析技术平台等构建精准医学大数据平台,实现生命数字化和生活轨迹数据化,根据体征信息、生活方式及偏好制订智能健康干预方案,这种个体化的精准健康管理将从根源上防治疾病、提高生存质量、延长预期寿命。

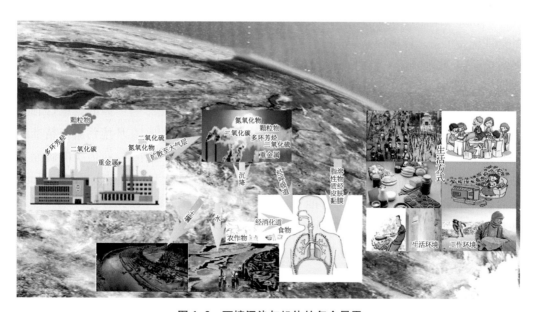

图1-3　环境污染与机体的复合暴露

1.3 环境因素与精准健康的研究内容

1.3.1 环境污染水平及个体暴露水平的精准评价

1.3.1.1 环境污染和个体暴露水平的评估

人在生命周期中暴露于不同的复杂环境,这使环境污染评价与精准健康研究面临巨大挑战。传统的环境污染水平评估一般借助国家级官方公布的数据,如国家级环境空气自动监测点数据、国家水质自动监测站数据、全国土地普查数据及基于某项研究目的进行的界定范围的环境污染物浓度监测值。但是,现代人的生活方式已经发生巨大变化,个体的活动地点和活动时间存在明显的差异,进行室内外不同场所的环境暴露测量及个体暴露水平测量,并分析其规律性是客观评估个体暴露水平的重要基础。

研究表明,人类70%~90%的慢性病是由于暴露外源性和内源性化学物质与机体交互作用所致[3]。另外环境因素相互作用的复杂性也加大了评估个体暴露环境污染物水平的难度。如人的暴露组包含机体内循环的不受遗传控制的10万种化学物质,如对其进行研究将有助于认识减少暴露这些物质的方法和开发个性化药物的作用途径。如今,新兴的暴露组学技术和代谢组学技术已为评价内暴露源(炎症、氧化应激、感染、肠道菌群)和外暴露源(空气、水、饮食、生活习惯),发现致病的环境因素,阐明致病机制和识别诊疗疾病的新标志物提供了有力支持,也使得利用不同层面环境污染物监测数据估测机体内暴露剂量成为可能[4]。

1.3.1.2 影响个体暴露水平的相关因素

人和环境是不可分割的整体。人与环境已形成一种相互对立、相互制约、相互依赖的辩证统一关系。环境因素(如工作环境和生活环境)、心理因素(如兴奋、沮丧、消极等)、遗传因素(如基因)、生理因素(青春期、经期、孕产期)、营养因素(营养素的摄取和搭配)、生活习惯(饮食习惯、锻炼习惯、睡眠习惯、抽烟及饮酒习惯等)、医疗资源配置(医疗设备、医护人员、医疗水平、医疗费用等)等诸方面都可能影响个体的健康,因此,大环境、大健康的理念在环境与精准健康研究中尤为重要。此外,在环境污染与精准健康研究中应考虑来自多方面的危险因素之间的联合作用和交互作用,而传统的研究方法和技术却难以客观反映机体的污染物内剂量、早期理化反应和早期健康损害。因此,结合各种组学、生物信息学、人工智能等新技术探索环境相关性疾病的危险因素,可为疾病诊断和治疗相关生物标志物(biomarker)的筛选和鉴定、靶点药物的研制以及精准健康措施的实施提供支撑(见图1-4)。

1.3.2 环境污染与精准健康的研究特点

运用现代新技术监测和分析环境与人体内的有害物质浓度,捕获机体的微小生物

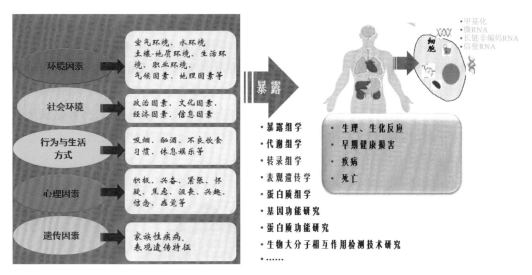

图 1-4 新理论和新技术在环境与精准健康研究中的应用

学变化,在多个水平精确微调机体的生理病理功能,才能达到促进人群精准健康的目的。

1.3.2.1 环境相关健康效应谱的研究方法

环境与机体的交互作用所致的机体反应是复杂多样的,呈现金字塔形的"健康效应谱"(spectrum of health effect),即从健康到死亡分为 5 层效应:健康→生理、生化指标改变→早期健康损害→疾病→死亡(见图 1-5)。因此,在制订环境相关性疾病的精准防治对策时应考虑已获得的科学证据。环境相关性疾病的研究方法及其提供的证据等级

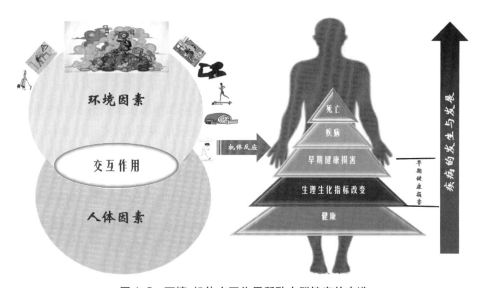

图 1-5 环境-机体交互作用所致人群健康效应谱

在制订政策和国家卫生标准中的作用是不同的,由高至低分为五级:Ⅰ级(系统性综述、荟萃分析、随机对照试验)、Ⅱ级(队列研究)、Ⅲ级(病例-对照研究、病例报道)、Ⅳ级(临床经验、横断面调查)和Ⅴ级(细胞/动物实验)。尤其是大样本、多中心前瞻性队列研究结果将为制订有效防治环境相关性疾病的对策提供重要依据(见图1-6)。尽管每个研究方法的优缺点不同,但是不同的方法在不同研究阶段中的作用不同,大多数是从低级别研究中的发现,到大样本、多中心的前瞻性研究,甚至是队列的系统性综述和荟萃分析。

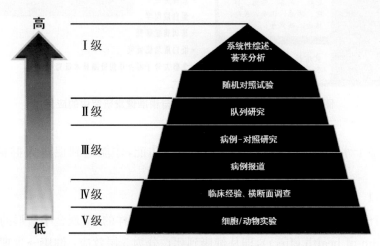

图1-6 环境相关性疾病精准防治的证据等级与研究方法

1.3.2.2 环境污染与精准健康研究技术的前沿性

精确评估机体暴露环境污染物的水平及其相应毒性作用与健康风险是亟待攻克的技术难点。

(1) 个体污染物暴露剂量的评估方法。精准评估个体暴露环境污染物的水平是评估环境因素与毒性作用的剂量-效应关系,进而用于研究其与遗传因素的交互作用,阐明环境相关性疾病发生、发展机制的重要前提,也是实现环境污染物控制和疾病一级预防的基础证据。高通量、高灵敏度生物标志物分析技术的发展,为实现全面深入的个体外暴露和内暴露水平的评价提供了技术可行性。从环境污染物的暴露到疾病的发生往往是多阶段复杂的过程,这里不仅包括复杂的环境暴露,也包括更复杂的人对环境的反应。在环境污染与精准健康研究中,研究对象不限于某种环境相关性疾病的患者,还应包括已发生早期健康损害(如高血压前期、高血脂、高血糖、遗传损伤增加、肺功能下降、动脉粥样硬化加剧、心率变异性下降等)尚未发病的健康者,由此需要在大样本人群中开展前瞻性队列研究,评价全生命过程的全部环境污染物暴露组,实现对早期健康损伤效应和疾病的精准预防这一终极目标,这给筛查和鉴定反映机体早期损伤的指标带来了技术难度。因为环境污染物多以低浓度长期存在于环境中，进入体内能在多个水平引起复杂的生物学效应，导致不同的健康结局，而且该过程又受多种因素（如个体遗传特征、生活方式、心理因素等）影响，所以在大样本前瞻性流行病学研究的基础上，整合环境科学、多组学（暴露组学、基因组学、表观遗传学、转录组学、蛋白质组学、代谢组学等）、分子生物学新技术和新方法，从环境、基因和两者交互作用的角度着手研究，进而对环境相关性疾病及其相关早期健康损害的发生机制作出更全面、更完整的解释和阐明，对环境相关性疾病的精准预测与防治具有重要作用。在机体不同层面（基因、RNA和蛋白质等）阐明环境污染物所致复杂的生物效应与调控机制面临极大挑战。暴露组学、代谢组学、环境污染多来源暴露评估模型为全面评价个体环境污染物暴露水平提供了技术手段，科学技术的不断创新与发展也极大地推动了在多个水平研究环境污染物的毒性效应，细胞的超微结构改变及相关分子表达变化已成为当今相关领域的研究热点。

（2）多组学研究方法的综合运用。基因组学涉及基因作图、测序和整个基因组功能分析，可提供基因组信息以及相关数据。根据生物系统特征可将基因组学分为结构基因组学（structural genomics）和功能基因组学。前者包括绘制基因组图谱和测序、基因组的组织结构、基因组调节、网络结构和蛋白质结构特征等研究内容，后者包括转录组学（transcriptomics）、蛋白质组学和代谢组学（metabolomics）等研究内容。

功能基因组学又称后基因组学（postgenomics），它是利用结构基因组信息，发展和应用新的实验手段，使得生物学研究从单一基因或蛋白质研究向多个基因或蛋白质同时进行系统研究深化，从而在基因组或系统水平上全面分析基因的功能，包括生物学功能、细胞学功能、发育上的功能等。相关的经典实验手段有减法杂交、差示筛选、cDNA代表性差异分析以及 mRNA 差异显示技术等，新的技术包括基因表达的系列分析（serial analysis of gene expression，SAGE）、cDNA 微阵列（cDNA microarray）、DNA芯片（DNA chip）和序列标志片段显示（sequence tagged fragments display）。基因组注释（genome annotation）是当前功能基因组学研究的一个热点，即利用生物信息学方法和工具对基因组所有基因的生物学功能进行高通量注释，包括基因识别和基因功能注释。

比较基因组学是基于基因组图谱和测序信息对已知基因和基因组结构进行比较，通过运用模式生物基因组与人类基因组在编码顺序上和结构上的同源性，克隆人类疾病基因，从而了解基因的功能、表达机制和物种进化。

表观遗传学是指在基因的核苷酸序列不发生改变的情况下，基因表达发生了可遗传的变化，即基于非基因序列改变所致基因表达水平的变化。表观遗传学机制主要涉及 DNA 甲基化（DNA methylation）、组蛋白修饰（histone modification）和 RNA 干扰（RNA interference）。表观遗传的修饰方式多样，如对基因进行调控的表现形式有

DNA 甲基化、基因组印记(genomic impriting)、母体效应(maternal effect)和基因沉默(gene silencing)、组蛋白修饰(即组蛋白在相关酶作用下发生甲基化、乙酰化、磷酸化、腺苷酸化、泛素化、ADP 核糖基化等修饰的过程)、染色质重塑(chromatin remodeling)和非编码 RNA(non-coding RNA,ncRNA)调控等。表观遗传学被认为是环境、基因和疾病之间的"桥梁"。虽然一个多细胞个体只有一个基因组,但可具有多种表观基因组,反映为在生命的不同时期,DNA 序列之间的关系及修饰状态可发生动态变化,这些特征是机体对自然变异、环境因素适应性反应的过程,对机体健康与疾病会产生深远的影响。同时,具备不同表观遗传特征的个体在环境因素作用下,也可能出现不同的早期损伤和疾病效应。如环境因素(如吸烟产生的烟雾、多环芳烃、重金属镉和砷等)的暴露可通过改变机体的表观遗传学特征,从而改变关键基因的表达,影响个体的表型和疾病发生风险。关于吸烟导致基因的 DNA 甲基化改变,在中国和欧洲人群研究中一致发现,吸烟可导致芳香烃受体抑制因子(aryl hydrocarbon receptor repressor,AHRR)基因第三内含子 cg05575921 出现低水平甲基化,进而提高 AHRR 表达水平[5];也有研究发现,在吸烟的肺癌患者正常肺组织和体外培养肺上皮细胞中使用吸烟产生的烟雾染毒后同样也有 AHRR 基因低甲基化改变,提示吸烟引起的 AHRR 基因低甲基化改变可能是吸烟导致肺癌发生的重要生物学机制[6]。此外,AHRR cg05575921 低甲基化是吸烟行为的一个重要标志,可对吸烟相关疾病,尤其是慢性阻塞性肺疾病(COPD)和肺癌的发病率和病死率提供潜在的临床相关预测[7]。因此,由于表观遗传的作用和可改变、可干预特性,该领域权威杂志 *Environ Health Perspect* 近年来尤其偏爱环境因素与表观遗传的作用与意义方面的研究热点。

机体在 DNA、RNA 和蛋白质不同层面的分子调控网络给环境污染物与精准健康研究提出了更高的技术要求,可以遵循 DNA→RNA→蛋白质、DNA→基因组、RNA→转录组和蛋白质→蛋白质组等思路或制订多种策略(如基因组→转录组→蛋白质组、基因组学→转录组学→蛋白质组学等),在 DNA、RNA 和蛋白质不同层面阐明环境因素与健康的作用、机制,寻找干预靶点和有效的预防对策。

由于 DNA 和蛋白质的不完全对称性,继基因组学后转录组学兴起。转录组(transcriptome)即特定细胞在某一功能状态下所能转录出来的所有 RNA 的总和,它涉及蛋白质基因转录的时空关系及其生物学意义。研究细胞在某一功能状态下所含 mRNA 的类型与拷贝数可反映生物细胞中转录组发生变化的规律。在转录组学研究中常涉及基因组拷贝数变异(copy number variation,CNV)和基因组结构变异(structure variation,SV)。前者是基因组变异的一种形式,表现为基因组中大片段 DNA 形成非正常的拷贝数量。后者是指在染色体上发生了大片段插入、缺失、翻转颠换或重组。此外,还可有序列相近的一些 DNA 片段串联组成的串联重复,称为 SD 区域(segment duplication)。基于转录组谱可推断相应未知基因的功能,揭示特定调节基因的作用机制,这种基于基因表达谱的分子标签可鉴别细胞的表型归属,不仅有助于疾病诊断,而且有助于对环境与健康关系的理解和认识。

RNA 组学(RNomics)是指系统性研究细胞中 RNA 分子的结构和功能,从整体水平阐明 RNA 的生物学意义。RNA 分为核糖体 RNA(ribosomal RNA,rRNA)、转移 RNA(transfer RNA,tRNA)、信使 RNA(messenger RNA,mRNA)、非编码 RNA(ncRNA)等,其中 rRNA 基因和 tRNA 基因只转录产生相应的 RNA 而不翻译成多肽链,而由内含子编码的核仁小 RNA(small nucleolar RNA,snoRNA)有多种功能,可介导其他 RNA 分子的化学修饰(如反义 snoRNA 可指导 rRNA 核糖甲基化)。微 RNA(microRNA/miRNA)是由其具有发夹结构的单链 RNA 前体(pre-miRNA,70~90 个碱基)经 Dicer 酶酶切形成的长度为 20~25 个碱基的单链小分子 RNA,可调控基因的表达。miRNA 基因大多位于基因间隔区,以单拷贝、多拷贝或基因簇的形式存在。miRNA 在不同生物体中普遍存在且具有一定的保守性,呈现出明显的表达阶段特异性和组织特异性。小干扰 RNA(small interfering RNA,siRNA)是细胞内一类双链 RNA(double-stranded RNA,dsRNA),在特定条件下,由核糖核酸酶(RNase)Ⅲ家族中对双链 RNA 有特异性的 Dicer 加工成 21~23 个碱基短片段双链 RNA 分子,它能以同源互补序列的 mRNA 为靶目标降解特定的 mRNA,从而阻断翻译过程。由 siRNA 介导的基因表达抑制作用又称 RNA 干扰(RNA interference,RNAi)。miRNA 和 siRNA 无论在前体、结构、功能、靶 mRNA 的结合及生物学效应方面都存在差异。非编码 RNA 虽不翻译成蛋白质,但仍具有重要的调控功能。真核生物的总 RNA 中有 96% 是功能性 RNA(有 pre-rRNA、pre-tRNA、snRNA、snoRNA、miRNA 和 siRNA 多种类型),其余 4% 是编码性 RNA[包括 mRNA 前体(pre-mRNA/hnRNA)]和之后形成的 mRNA。真核转录组中大量的环状 RNA(circRNA)在不同物种中具有保守性和在不同发育阶段、不同组织表达的特异性,因其具有闭合环状结构,且大部分在细胞浆中富集,对核酸酶有高耐受性,故比线性 RNA 更为稳定。circRNA 在不同物种中能竞争性结合 miRNA,调控靶基因的表达,又称竞争性内源 RNA(ceRNA)。环状 RNA m^6A 高通量测序等技术揭示了环状 RNA 上 m^6A 甲基化修饰的普遍性,提出了环状 RNA 全新的生理机制。由于 circRNA 这种竞争性结合疾病相关 miRNA 的特点,近年它在新型临床诊断标志物开发应用上的优势凸显[8],在环境与健康研究中也有独特的作用和地位。

长链非编码 RNA(long non-coding RNA,lncRNA)是指转录本长度大于 200 个核苷酸(nt)的非编码 RNA 分子[包括内含/外显 lncRNAs、反义 lncRNAs、折叠 lncRNA 和长基因 ncRNA(lincRNAs)]。lncRNA 不仅与细胞周期和分化、发育、生殖、性别调控、衰老等密切相关,还可编码微肽并有特定的生物学功能,是近年的研究热点。

研究表明,细胞的生物学功能、调控机制的物种多样性和复杂性无法用基因数量的变化来解释。目前认为与蛋白质组的多样性和复杂性有关(即翻译后修饰),涉及蛋白质磷酸化、泛酸化、乙酰化、苏素化（SUMOylation）和棕榈酰化（palmitoylation）的研究内容正不断丰富，相关研究技术也在不断推陈出新。

计算生物学是指开发和应用数据分析及理论的方法进行生物学研究的一门学科。它在组学研究中具有重要意义，因为在当今医学大数据时代，生物学数据量和复杂性不断增长，必须依靠大规模计算模拟技术，从海量信息中提取最有用的数据。

1.3.2.3 新型生物标志物的科学性

生物标志物能反映正常生理过程或病理过程，疾病早期和预防、靶向治疗相关的新型生物标志物已成为研究热点。借助基因组学、蛋白质组学、肽组学、代谢组学、纳米技术、生物信息学、抗体芯片、高内涵筛选技术、无标记相互作用分析技术等多种前沿技术和技术平台，环境新型生物标志物的筛选、发现、鉴定以及临床应用进入了从实验室向临床转化（from bench to bedside）和环境监测评价发展的新阶段。一些基于多组学的筛选技术、高通量测序、芯片、纳米颗粒跟踪分析、组织活检、液体活检[9]等技术鉴定出的新型生物标志物（包括外体标志物、体液标志物、循环标志物等）应运而生，相关的研究工作如火如荼。Wei 等将实验室研究与临床研究相结合，运用多种现代生物学分析方法（包括微阵列分析、Transwell 实验、3′非翻译区报告基因测定法等）探索外体 miR-222-3p 水平与患者对吉西他滨的反应之间的相关性，其结果表明外体 miR-222-3p 通过靶向细胞因子信号转导抑制因子 3（suppressor of cytokine signaling 3，SOCS3）作为吉西他滨抗性和恶性特征的主要调节剂；血清中外体 miR-222-3p 水平可能是预测非小细胞肺癌患者吉西他滨敏感性的潜在预后生物标志物[10]。

（1）体液标志物。近年来，有关生物标志物的发现途径与应用领域已得到极大拓展。在细胞、DNA、RNA、蛋白质、外体、表观遗传层面运用纳米技术、芯片、深度测序以及高内涵筛选技术、无标记相互作用分析技术平台筛查和鉴定各种体液（包括血液、尿液、唾液、乳液、精液、汗液、淋巴液、脑脊液等）新型生物标志物具有广阔的前景，尤其外周体液标志物以及无创性检测方法是未来的发展方向。

（2）外体标志物。外体（exosome）是由多种活细胞（免疫细胞、心肌细胞、神经细胞、干细胞、肿瘤细胞）的分泌晚期核内体（又称多囊泡体）释放，它是直径为 30～150 nm 的脂质包裹体结构，含有细胞特异性的蛋白质、脂质、核酸、功能性的 RNA（mRNA 和 miRNA）等。外体参与抗原呈递、RNA 转运和组织修复等，形成全新的细胞间信息传递系统，可影响心脑血管、神经退行性疾病、肿瘤转移、代谢重建等多种生理或病理过程。外体特性研究包括：① 外体颗粒的提取、纯化和分析、外体检测芯片、测序等；② 生物标志物与检测，包括 miRNA 诊断标志物、癌症早期诊断标志物、非编码 RNA 分子标志物筛选；③ 外体与疾病，外体介导癌症转移及表观调控、外体表面整合素与靶器官特异性研究、exo-circRNA 在癌症中的作用以及外体在肺部疾病、心血管疾病等领域的研究；④ 外体载体，外体药物递送系统、红细胞外体载体、间充质干细胞源性外体载体等。

由于外体天然存在于血液、唾液、尿液和母乳等体液中,其在体内存在的广泛性和获取的便捷性特点使其成为疾病诊治的潜在有效方式,并可能在疾病的早期预测指标研究中凸显优势,其潜在的生物学意义有待在相关医学研究中进一步揭示[11]。

(3) 循环标志物。外周血循环生物标志物种类繁多,可以是蛋白质、多肽、脂质、类固醇、核酸类物质和氧化应激反应产物。液体活检新型循环标志物是目前研究的热点,但是从中鉴定出敏感性和特异性高且应用方便的新型标志物仍是难点。研究表明,循环肿瘤微囊泡、循环肿瘤细胞和循环肿瘤核酸作为肿瘤新型循环标志物已显现出极大的临床应用价值。Abela 等研究报道,心脏病患者的心脏中由脂肪、钙和其他物质组成的胆固醇晶体可从沉积的斑块中释放出来,并逐渐在动脉中积累变硬(动脉粥样硬化),增加心脏病的发作风险。胆固醇晶体或可作为心脏病的诊断标志物[12]。

1.3.2.4 精准健康相关指标的可行性

依赖于血液检测及超声成像的传统临床诊断指标的普适性受限,无法满足现代预防医学发展的需求。生物标志物是实施个体化医疗的基础,是环境污染物和机体生物效应之间的纽带,它既可揭示机体的环境污染物暴露浓度(外暴露水平和内暴露剂量),又能反映环境污染物的毒性。生物标志物是指在系统、器官、组织、细胞及亚细胞结构或功能中检出的因环境污染物影响而异常化的信号指标。它既可反映细胞分子结构和功能的变化,也可反映生命活动相关过程中某环节的变化,如某一生化代谢过程的变化、生成异常的代谢产物或其含量异常、某一生理活性物质或生理活动异常,并且在个体和群体中均能观察到这些异常变化。因此,生物标志物是机体发生严重伤害的早期警报,可用于疾病诊断、疾病分期、疗效监测、新药或新疗法安全性及有效性评价以及疾病风险预测。从功能上可将生物标志物分为接触(暴露)生物标志物(biomarker of exposure)、效应生物标志物(biomarker of effect)和易感性生物标志物(biomarker of susceptibility)。生物标志物应具有以下特征:① 敏感性应高于一般生物检测指标,在低剂量可测出,并可微量操作;② 具有反应的时效性,可快速反应且能稳定一定时间;③ 效应生物标志物在分子和生化水平的效应与整体水平的效应(如生长、繁殖、衰老)紧密相联系,在各级水平的效应有因果关系;④ 具有一定野外应用价值;⑤ 对受试者损害较小,易于操作;⑥ 具有特异性与预警性。研究筛查出的相关指标的检测应方便快捷、廉价、易于推广,并具有安全、准确、有效和可靠的特点。

1.4 精准健康相关指标的研究技术

筛查和确定反映机体早期健康损害的指标在精准健康管理中具有重要意义。

机体早期健康损害可发展成两种完全相反的结局：健康或疾病。若能采取积极、正确的预防措施，早期健康损害多可恢复健康；反之，则发展为疾病。除传统医学诊疗技术可提供评价机体早期健康损害的评价指标外（见图1-7），应用现代系统生物学和多组学研究技术也有助于早期发现和捕获机体异常相关的生物信息变化以及功能异常变化。

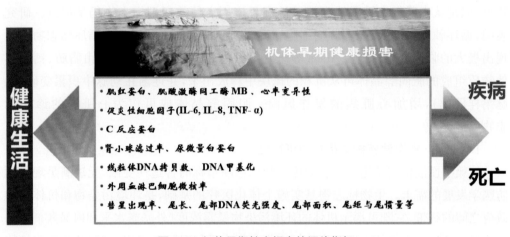

图1-7 机体早期健康损害的评价指标

1.4.1 暴露组分析技术

2005年Wild首次提出暴露组学的概念。暴露组学是指对从受精卵开始的各个关键时点到贯穿整个人生的环境暴露因素（包括生活方式）的全面评价。得益于高通量、广谱、高效的检测技术，包括高分辨率色谱-质谱联用技术（气相色谱-质谱联用技术、液相色谱-质谱联用技术、电感耦合等离子体质谱法等）、光谱和传感器阵列技术的发展，研究者可以从以往仅对若干环境因素的测量发展到可以对一组或多种化合物含量同时进行测定的全景式分析模式，从而建立个体的暴露组学特征。除强调对环境全面评价外，暴露组学更关注暴露标志物，以内暴露评价环境暴露，进而用于研究其与遗传因素和疾病的关系。暴露组理念的提出加上高效准确的分析技术的快速发展，使全暴露组关联研究（exposome-wide association study, EWAS）成为可能。在EWAS研究中，并不针对单一或少数几种暴露物质，而是检测所有可能的暴露标志物，通过统计学分析发现病例组和对照组差异最显著且有统计学意义的暴露标志物，再在单个或多个独立样本中重复测定，最终获得验证后的暴露标志物。对得到验证的暴露标志物，可进一步采用动物实验或其他研究方法验证或进行致病机制研究。

1.4.2　基因组分析技术

人类基因组计划(Human Genome Project,HGP)是 21 世纪人类科学史上的三大工程之一,其宗旨在于测定组成人类染色体中所包含的 30 亿个碱基对组成的核苷酸序列,从而绘制人类基因组图谱,并且辨识其载有的基因及其序列,达到破译人类遗传信息的最终目的。人类基因组计划是人类为了探索自身的奥秘所迈出的重要一步,2001年,人类基因组工作草图的发表被认为是人类基因组计划成功的里程碑。截至 2005 年底,人类基因组计划的测序工作已经完成。人类基因组计划所绘制的人类基因组图谱为解码生命、了解生命的起源、了解生命体生长发育的规律、认识种属之间和个体之间存在差异的起因、认识疾病产生的机制以及长寿与衰老等生命现象提供了遗传基础,同时也是开展精准医学研究的必要前提。环境与健康相关研究是人类基因组计划的重要组成部分。1997 年,美国国立环境卫生科学研究所首先提出环境基因组计划(Environmental Genome Project,EGP),并于 1998 年投资 6 000 万美元正式启动。环境基因组计划的主要目标是推进有重要功能意义的环境应答基因的多态性研究,确定引起环境暴露致病危险性差异的遗传因素,并以开展和推动环境-基因相互作用对疾病发生影响的人群流行病学研究为最终目的。

人类基因组计划通过基因测序发现了多个种族人群中广泛存在的单核苷酸序列多态性(single nucleotide polymorphism,SNP)位点。单核苷酸序列多态性或单核苷酸位点变异(single nucleotide variants,SNV)是由个体间基因组 DNA 序列同一位置单个核苷酸发生替代、插入或缺失变异所致。某些单核苷酸位点变异与表现形式间存在关系,即基因型与表型(genotype and phenotype)。不同物种、个体的基因座、基因组 DNA 序列同一位置上的单个核苷酸的差别等是遗传变异的重要依据。目前已生产出 Illumina HumanOmni1-Quad BeadChip、Infinium Human Core Exome BeadChip、HumanOmni ZhongHua-8 BeadChip、Affymetrix Genome-Wide Human SNP Array 6.0 等多种人全基因组 SNP 芯片,进一步推动了后续一系列疾病和人群特征的全基因组关联分析(genome-wide association study,GWAS)。这些研究建立在大样本量研究人群(单中心或多中心、单人种或多人种)的基础上,颠覆了传统研究假设基础上的研究设计,GWAS 无明确的研究假设(hypothesis free),以海量数据作为驱动,目的是在人类基因组范围内筛选出与疾病或特征有统计学关联的 SNP 位点。

随着测序技术的进一步升级,目前开展的第二代和第三代测序,通过对人类基因组进行更深度、覆盖度更广的测序,将有助于发现更多与疾病发生有关的基因遗传变异。高通量测序(high-throughput sequencing,HTS)技术可一次测定几十万到几百万条核酸分子序列,使得对一个物种的转录组和基因组进行细致全貌的分析成为可能,故又称深度测序(deep sequencing)。包括如下技术: ① 全基因组重测序(whole genome resequencing），即对基因组序列已知的个体进行基因组测序，并在个体或群体水平上进行差异性分析。由于人类疾病的致病突变研究已从外显子区域扩大至全基因组范围，该技术可在全基因组水平上检测疾病关联的常见、低频甚至罕见的突变位点以及结构变异等。② 从头测序（de novo sequencing），是指无须任何现有序列信息即对某物种进行测序，结合生物信息学分析手段拼接和组装序列，由此获得该物种的基因组图谱，成为当今高效、低成本地测定并分析所有生物的基因组序列的重要手段。③ 全外显子组测序（whole exome sequencing），是利用序列捕获技术将全基因组外显子区域 DNA 捕捉并富集后进行高通量测序的基因组分析方法。该方法对研究已知基因的 SNP、插入缺失（InDel）等有较大的优势，但却无法研究基因组结构变异等。

此外，基因本体（gene ontology，GO）分类法、通路分析法（pathway analysis）、外显子关联研究（exome-wide association study，EXWAS）、基于体素点的全基因组关联分析（voxelwise genome-wide association study，vGWAS）、基于基因的通路分析（gene-based pathway analysis）、基因集富集分析（gene set enrichment analysis，GSEA）、宏基因组关联分析（metagenome-wide association studies，MWAS）、全暴露组关联研究（exposome-wide association study，EWAS）、环境关联分析（environment-wide association study）、全基因全环境交互作用研究（gene-environment-wide interaction study，GEWIS）和全基因全环境关联分析（gene-environment-wide association study，GEWAS）等技术也已用于环境相关性疾病的研究中。

1.4.3　表观遗传分析技术

人类基因组计划的完成标志着后基因组时代的到来，如果说基因组学的任务是构建各种基因图谱，最终获得完整的序列信息，那么后基因组时代的主要任务就是去解析这些序列的功能。在众多后基因组时代的研究中，表观遗传学是一个重要的热点研究方向，通过这一领域的最新研究，科学家正在以一种全新的视野理解生命现象。表观遗传的表现很多，包括 DNA 甲基化、组蛋白修饰、染色质重塑和非编码 RNA 调控等。这些分子标志在不改变基因组序列的情况下，通过影响染色体的架构、完整性和装配，影响 DNA 接近它的调控元件，以及染色质与功能型核复合物的相互作用能力，导致基因表达水平的变化。表观遗传修饰被认为是基因、疾病和环境之间的"桥梁"。目前研究表观遗传修饰的主要技术有：

（1）DNA 甲基化研究技术。DNA 甲基化是指在 DNA 甲基转移酶（DNMT）的作用下将甲基基团添加到胞嘧啶的 $5'C$ 位置上。为了高效准确地分析基因组中所有的甲基化位点，可采用全基因组亚硫酸氢盐测序（whole genome bisulfite sequencing，WGBS）技术，将亚硫酸氢盐处理方法和高通量测序平台相结合，进行全基因组范围内的精确甲基化研究。WGBS 可以达到单碱基分辨率，利用这种技术可以精确分析每一个胞嘧啶的甲基化状态,从而构建精细的全基因组 DNA 甲基化图谱。然而这种方法不易区分 DNA 甲基化和 DNA 羟甲基化(5 hmC),为了鉴定出 5 hmC,可将与 5 hmC 特异性结合的抗体加入变性的基因组 DNA 中,并富集嘧啶羟甲基化的基因组片段,然后对富集的片段进行高通量测序即可。与测序相比,基于芯片平台的全基因组甲基化分析无疑是性价比最高的甲基化图谱分析方式,目前主流的商品化人甲基化芯片平台主要是 HumanMethylation EPIC BeadChip 和 Human CpG Island Microarray。

(2) 组蛋白翻译后修饰的研究技术。组蛋白的翻译后修饰(post-translational modification,PTM)即甲基化、乙酰化、泛素化等,大多发生在赖氨酸位点,且能直接改变染色质的结构/动态变化,或通过招募组蛋白修饰蛋白和/或核小体改构复合体影响染色体的基因表达情况。染色质免疫沉淀测序(chromatin immunoprecipitation sequencing,ChIP-Seq)技术是直接识别某种组蛋白修饰位点的方法,它可通过抗翻译后修饰抗体有针对性地俘获和富集被修饰的组蛋白,进而获取与这些组蛋白结合的 DNA 片段,将其纯化后可用于高通量测序,获取特定 DNA 与组蛋白之间的相互作用和结合位点的完整信息。在近来的研究中,基于 ChIP-Seq 的研究技术取得了一定进展,RP-ChIP-Seq(recovery via protection-ChIP-Seq)可以从一个小鼠的晶状体中检测出衰老相关的表观遗传学改变,而 FARP-ChIP-Seq(favored amplification RP-ChIP-Seq)能够在小鼠的长期造血干细胞(long-term hematopoietic stem cell)、短期造血干细胞(short-term hematopoietic stem cell)和多能祖细胞(multipotent progenitors,MPP)中准确地同时定位组蛋白修饰 H3K4 me3 和 H3K27 me3。

1.4.4 转录组分析技术

随着后基因组时代的到来,转录组学、蛋白质组学、代谢组学等各种组学技术相继出现,其中转录组学是一门在整体水平上研究细胞中基因转录情况及转录调控规律的学科,是从 RNA 水平研究基因的表达情况。转录组学是研究特定细胞在某一功能状态下所能转录出来的所有 RNA(包括 mRNA 和非编码 RNA,如 lncRNA、rRNA、tRNA、snoRNA、snRNA、miRNA 等)的类型与拷贝数,是研究细胞表型和功能的一个重要手段。与基因组不同的是,转录组更具有细胞特异性和时间空间特异性,即不同细胞基因转录情况不一,而同一细胞在不同的生长阶段,基因表达情况也不完全相同。因此,对转录组水平的研究有助于从整体水平研究基因功能以及基因结构,揭示特定生物学过程以及疾病发生过程中的分子机制。目前,获得和分析转录组数据的方法包括:基于杂交技术的芯片技术(如 cDNA 芯片和寡聚核苷酸芯片)、基于序列分析的基因表达系列分析(serial analysis of gene expression,SAGE)和大规模平行信号测序系统(massively parallel signatue sequencing,MPSS)。美国 Illumina 公司的人类表达谱芯片 HumanHT-12 v4 Expression BeadChip 包含 47 231 个探针,靶定了 31 000 个注释基因,覆盖了人类整个基因组的转录范围。美国 Affymetrix 公司也开发了 GeneChip 系列人类表达谱芯片,可同时对 mRNA 和 lncRNA 水平进行检测。但上述芯片只适用于检测已知序列,无法捕获到新的 mRNA 和非编码 RNA 的信息,并且由于杂交技术灵敏度有限,芯片技术难以检出低表达丰度的 RNA,也无法发现表达水平的微小变化。随着基因测序技术的不断发展,基于第二代测序技术的转录组测序(又称 RNA-Seq),作为一种新的高效、快捷的转录组研究手段,正在改变着人们对转录组的认识。相对于传统的芯片杂交平台,RNA-Seq 无须预先针对已知序列设计探针即可对任意物种的整体转录活动进行检测,提供更精确的数字化信号、更高的检测通量以及更广泛的检测范围,是目前深入研究转录组复杂性的强大工具,目前已广泛应用于生物学研究、医学研究、临床研究和药物研发等领域。RNA-Seq 利用高通量测序技术对组织或细胞中所有 RNA 反转录而成的 cDNA 文库进行测序,通过统计相关读段(reads)数计算出不同 RNA 的表达量,发现新的转录本;如果有基因组参考序列,可以把转录本映射回基因组,确定转录本位置、剪切情况等更为全面的遗传信息。RNA-Seq 技术能够在单核苷酸水平对任意物种的整体转录活动进行检测,在分析转录本的结构和表达水平的同时,还能发现未知转录本和稀有转录本,精确地识别可变剪切位点以及编码序列单核苷酸序列多态性(cSNP),提供更为全面的转录组信息。近几年,新一代测序平台不断升级,相继推出 HiSeq 2000/2500/3000、NextSeq 500/550、HiSeq X Ten、NovaSeq 5000/6000 系列测序仪,不仅测序通量不断增加,而且运行时间和成本也有明显改进。

转录组表达谱已应用于检测基因突变(包括新剪接突变、基因融合、SNP、其他特异性的编码突变)、罕见转录本或新转录本,进行不同物种或不同生物学样本的基因组表达谱分析与比较等方面。例如,基因调控网络(genetic regulatory network)分析可用于鉴定新的转录因子、预测起始转录位置、预测转录因子结合位点、揭示转录因子相互作用调控、转录因子 DNA 识别偏好性分析、从表达谱推测转录调控关系、DNA 甲基化状态预测以及转录因子/DNA 结合蛋白设计等方面的研究。

非编码 RNA 研究是当今生命科学领域发展最迅速的前沿领域之一。

高通量研究 lncRNA 的主要技术包括:① 利用组学研究 lncRNA 的时空表达模式,即分析人的不同发育阶段和疾病发生与发展的连续生物学过程中 lncRNA 的种类、数量和表达丰度;② 用高通量技术筛选对照组和处理组处理不同时间后生物学相关的差异候选 lncRNA,并进行功能学研究或生物标志物研究;③ 利用 Genome-scale RNA interactome analysis(RIA-Seq)进行 lncRNA 与多种 mRNA 结合的调控生物学功能研究;④ 在转录层面开展 miRNA-dependent CeRNA 研究;⑤ 在基因组、转录组和表观组学等多层面研究 lncRNA;⑥ 利用高通量预测组学技术开展 lncRNA 编码肽段研究,对生物信息分析流程汇总保留的可编码的 lncRNA 进行后续研究[13,14]。

有关 lncRNA 功能的研究方法包括:对特定核酸序列进行精确定量定位的 RNA

原位杂交(RNA *in situ* hybridization)方法、检测 lncRNA 与 DNA 相互作用的 ChIRP (chromatin isolation by RNA purification)和 CHART(capture hybridization of RNA target)方法以及 lncRNA-DNA 三联体的体外同位素检测。在 RNA 维度可利用如下技术进行研究：① 主要鉴定 miRNA 与其靶 mRNA 相互作用的 CLASH(crosslinking-ligation and sequencing of hybrids)实验系统；② 可获得 DNA 结合序列信息的 CHART 方法；③ 分析非编码 RNA 或者 mRNA 的 3′非翻译区中是否含有 miRNA 靶位点的荧光素酶报告系统；④ 在蛋白质维度可将紫外交联免疫沉淀技术(crosslinking-immunoprecipitation,CLIP)与高通量测序技术相结合来鉴定与特定 RNA 结合蛋白相互作用的 RNA 分子,即紫外交联免疫沉淀结合高通量测序(crosslinking-immunoprecipitation and high-throughput sequencing，CLIP-Seq)技术；⑤ 利用多聚腺苷酸[poly(A)]尾的偶联磁珠与质谱分析相结合的 mRNA-蛋白质研究方法；⑥ 研究 RNA 结合蛋白和特定的 RNA 序列相互作用的凝胶迁移或电泳迁移率变动分析(electrophoretic mobility shift assay，EMSA)；⑦ 对组织或活细胞中 RNA-蛋白质复合物上的 RNA 进行分析鉴定的 RIP(RNA immunoprecipitation)。

此外,mRNA 测序技术可用于分析基因表达、cSNP、全新的转录、全新异构体、剪接位点、等位基因特异性表达和罕见转录等转录组信息。小 RNA 测序可对细胞或者组织中的全部小 RNA(miRNA、siRNA 和 piRNA)进行深度测序及定量分析等,由此获得物种全基因组水平的 miRNA 图谱,从中挖掘新的 miRNA 分子,并对其所作用的靶基因进行预测和鉴定、进行比较样品间的差异表达分析和 miRNA 聚类等。miRNA 测序可以一次性获得数百万条 miRNA 序列信息,快速鉴定出不同组织、不同发育阶段、不同疾病状态下已知和未知的 miRNA 及其表达差异。

1.4.5　蛋白质组分析技术

蛋白质是基因功能活动的最终执行者,是细胞增殖、分化、衰老和凋亡等重大生命活动的执行者,亦是生命现象复杂性和多变性的直接体现者。1994 年,澳大利亚的 Wilkin 和 Williams 等第一次提出了蛋白质组(proteome)的概念,蛋白质组是指由一个基因组或一个细胞、组织所表达的全部蛋白质。蛋白质组学是后基因组学的重要组成部分,亦是当前精准医疗和疾病个体化治疗的重要突破口。蛋白质组的研究不仅能为生命活动规律研究提供物质基础,也能为众多种疾病机制的阐明及实现精准健康目标提供理论依据和解决途径。通过对正常个体和病理个体间的蛋白质组进行比较分析,可以找到疾病特异性的蛋白质分子,它们有助于为疾病的早期诊断提供分子标志物,也可成为新药物设计的分子靶点。目前获取和分析蛋白质组的主要技术如下：

(1) 双向电泳技术。该技术是蛋白质组学研究的核心技术之一,它利用蛋白质等电点和分子量的不同来分离蛋白质,其局限性在于灵敏度较低、自动化程度低,分子量较大或较小、极酸性或极碱性、难溶的蛋白质较难分离。

(2) 质谱技术。质谱鉴定技术是蛋白质组学研究上最重要的突破,质谱和双向电泳技术的结合(如 MALDI-TOFMS)是现代蛋白质组学研究的基础。质谱技术的原理是先将样品离子化,再根据不同离子间的荷质比(m/z)差异分离蛋白质,并确定其分子量。由于基质辅助激光解吸电离质谱(matrix assisted laser desorption/ionization mass spectrometry,MALDI-MS)技术和电喷雾电离质谱(electrospray ionization mass spectrometry,ESI-MS)技术的发明,质谱技术取得了突破性进展。这两种质谱技术具有高灵敏度、高通量和高质量的检测范围等特点,使得在皮摩尔(pmol,即 10^{-12} mol)乃至飞摩尔(fmol,即 10^{-15} mol)的水平上准确分析分子量高达几万到几十万的生物大分子成为可能。质谱还可应用于定量蛋白质组分析、蛋白质翻译后修饰(如糖基化、磷酸化)及蛋白质相互作用等研究领域。质谱与液相色谱联用是目前对复杂样品分析定性最受重视的分析手段之一。目前,质谱可与大多数液相色谱分离模式连用,这种系统具有高峰容量、高灵敏度、分析速度快、易于实现自动化等优点。

(3) 蛋白质芯片。蛋白质芯片是新兴的用于研究蛋白质功能模式的一种鉴定方法,是指在固相支持物(载体)表面固定大量蛋白质探针(抗原、抗体、受体、配体、酶、底物等),形成高密度排列的蛋白质点阵,可以高通量地测定各种微量纯化的蛋白质的生物活性,以及蛋白质与生物大分子之间的相互作用。蛋白质芯片具有快速、高效、微型化、自动化、高通量的特点,但也存在信号检测方法灵敏度弱、载体材料表面的化学修饰方法及蛋白质固定方法还须进一步改进等问题。

(4) 染色质免疫沉淀技术。染色质免疫沉淀(chromatin immunoprecipitation,ChIP)技术常用于转录因子结合位点或组蛋白特异性修饰位点的研究,是研究体内蛋白质与 DNA 相互作用的有力工具。ChIP 与第二代测序技术相结合的 ChIP-Seq 技术能高效地获得全基因组范围内与组蛋白、转录因子等相互作用的 DNA 区段信息。ChIRP-Seq(chromatin isolation by RNA purification)是一种检测与 RNA 绑定的 DNA 和蛋白质的高通量测序方法,由此可获知该 RNA 与基因组的哪些区域相结合,但无法知道与该 RNA 结合的蛋白质。RNA 免疫沉淀是运用针对目标蛋白的抗体把相应的 RNA-蛋白质复合物沉淀下来,然后进行分离纯化并对结合在复合物上的 RNA 进行测序分析。RIP 技术下游结合微阵列(microarray)技术称为 RIP-Chip,该技术有助于更高通量地了解疾病整体水平的 RNA 变化。紫外交联免疫沉淀结合高通量测序(CLIP-Seq)是一项在全基因组水平揭示 RNA 分子与 RNA 结合蛋白相互作用的技术,通过将分子的高通量测序与生物信息学分析技术结合深入揭示 RNA 结合蛋白与 RNA 分子的调控作用及其生物学意义。

1.4.6 代谢组分析技术

机体在应对外界环境和体内病理生理刺激时,会引起体内代谢产物水平的变化。如果说基因组学、转录组学和蛋白质组学告诉你机体可能会发生什么,那么代谢组学则从代谢物的层面上告诉人们机体确实发生了什么。已有大量研究发现,体内代谢产物的水平与心血管疾病、糖尿病、肿瘤等疾病的诊断和疾病的严重程度有关。代谢组学研究方法目前广泛应用于毒理学、药学、基因功能研究、运动医学、营养学、食品科学、疾病诊断等多个领域。代谢组学的研究流程主要包括生物样本采集、样品预处理、样品制备、代谢物检测、分析鉴定(包括模式识别、生物标志物筛选和鉴定等)、数据分析和模型建立(包括代谢物的生物功能解释和代谢途径分析等)。代谢组学研究平台主要配备气相色谱-质谱联用仪(gas chromatography-mass spectrometry,GC-MS)、液相色谱-质谱联用仪(liquid chromatography-mass spectrometry,LC-MS)和核磁共振波谱仪(nuclear magnetic resonance spectroscopy,NMR spectroscopy)等先进仪器,通过检测生物样本(血液、尿液、组织等)中代谢物的信息并结合模式识别和专家系统分析计算方法,对所得的代谢组学数据进行处理,最后综合解析这些数据以探讨各种生命活动在代谢物层面上的规律和特征,用于评价药物毒性和疗效、诊断疾病和分析疾病状态等。由于代谢产物和生物体系的复杂性,目前尚无一个分析计算能满足整个代谢组学的要求,多种分析计算联用进行代谢组学研究已成为目前主要的研究趋势。代谢组学是功能基因组学和系统生物学研究中不可或缺的重要组成部分,其与基因组学、表观基因组学、转录组学、蛋白质组学的结果整合在一起,才能更加全面深刻地阐明生物网络的复杂性。

1.4.7 宏基因组分析技术

宏基因组(metagenome)是指整个微生物群落。宏基因组学(metagenomics,又称元基因组学、微生物环境基因组学、生态基因组学等)通过直接从环境样品中提取全部微生物的 DNA,构建宏基因组文库,利用基因组学的研究策略研究环境样品所包含的全部微生物的遗传组成及其群落功能。宏基因组的概念最早由威斯康星大学植物病理学部门的 Jo Handelsman 等在 1998 年提出,是源于可以将来自环境中的基因集在某种程度上当成一个单个基因组研究分析的想法,而宏的英文是"meta-",具有更高层组织结构和动态变化的含义。之后,加州大学伯克利分校的 Kevin Chen 和 Lior Pachter 将宏基因组定义为"应用现代基因组学的技术直接研究自然状态下的微生物有机群落,而不需要在实验室中分离单一的菌株的科学"。因此,宏基因组学研究的对象是特定环境中的总 DNA,不是某特定的微生物或其细胞中的总 DNA,不需要对微生物进行分离培养和纯化,这为人们认识和利用 95% 以上的未培养微生物提供了一条新的途径。随着新一代高通量低成本测序技术的迅猛发展,研究者可以对环境中的全基因组进行测序,在测序数据的基础上全面分析微生物群落结构以及基因功能组成等。

1.5 小结与展望

1.5.1 整合生物样本数据库,建立国家级规模的标准管理体系

收集、整合不同人群的健康相关因素信息(包括人口学特征、职业环境和生活环境有害因素的暴露情况、生活方式、个人和家族疾病史、疾病诊疗和卫生信息)等,构建规模化生物标志物(包括暴露标志物、效应标志物和易感性标志物)数据库,建立国家级规模的标准管理体系。

1.5.2 研发微量生物样本高通量快速检测技术与生物信息分析技术

可望在高通量微量生物样本检测技术上有更大突破,认知复杂疾病诊疗所面临的异质性和动态性等复杂特性;加强生物信息学分析,揭示特异标志物与疾病分期、分型的关联性,促进用于疾病早期诊断、早期治疗和预后的技术与方法发展,克服现有数据积累的缺陷以及现有计算模型和研究方式的局限性。

1.5.3 强化环境因素在疾病早期防控中的重要性研究

研究适于大样本人群现场液态活检的临床有效研究技术,采用多领域技术跨学科合作策略来研发基于生物标志物的靶向药物,并对临床试验及治疗靶点加以验证,造福人类。

参考文献

[1] 邬堂春. 防控空气污染　加强空气污染致健康危害研究[J]. 中华预防医学杂志,2016,50(8): 665-667.

[2] 邬堂春. 加强早期健康损害研究相关疾病[J]. 中华预防医学杂志,2013,47(7): 579-580.

[3] Yang G, Wang Y, Zeng Y, et al. Rapid health transition in China, 1991-2010: findings from the Global Burden of Disease Study 2010 [J]. Lancet, 2013, 381(9882): 1987-2015.

[4] 郑玉新. 暴露评估与暴露组研究——探索环境与健康的重要基础[J]. 中华预防医学杂志,2013, 47(2): 99-100.

[5] Zhu X, Li J, Deng S, et al. Genome-wide analysis of DNA methylation and cigarette smoking in a Chinese population [J]. E nviron Health Perspect, 2016, 124(7): 966-973.

[6] Stueve T R, Li W Q, Shi J, et al. Epigenome-wide analysis of DNA methylation in lung tissue shows concordance with blood studies and identifies tobacco smoke-inducible enhancers [J]. Hum Mol Genet, 2017, 26(15): 3014-3027.

[7] Bojesen S E, Timpson N, Relton C, et al. *AHRR* (cg05575921) hypomethylation marks smoking behaviour, morbidity and mortality [J]. Thorax, 2017, 72(7): 646-653.

[8] 张潆月, 马月辉, 赵倩君. 环状 RNA 的研究进展[J]. 生物技术通报, 2017, 33(7): 29-34.

[9] Wang J, Chang S, Li G, et al. Application of liquid biopsy in precision medicine: opportunities and challenges [J]. Front Med, 2017, 11(4): 522-527.

[10] Wei F, Ma C, Zhou T, et al. Exosomes derived from gemcitabine-resistant cells transfer malignant phenotypictraits via delivery of miRNA-222-3p [J]. Mol Cancer, 2017, 16(1): 132.

[11] He C, Zheng S, Luo Y, et al. Exosome theranostics: biology and translational medicine [J]. Theranostics, 2018, 8(1): 237-255.

[12] Abela G S, Kalavakunta J K, Janoudi A, et al. Frequency of cholesterol crystals in culprit coronary artery aspirate during acute myocardial infarction and their relation to inflammation and myocardial injury [J]. Am J Cardiol, 2017, 120(10): 1699-1707.

[13] Zhan S, Dong Y, Zhao W, et al. Genome-wide identification and characterization of long non-coding RNAs in developmental skeletal muscle of fetal goat [J]. BMC Genomics, 2016, 17: 666.

[14] Yang B, Xia Z A, Zhong B, et al. Distinct hippocampal expression profiles of long non-coding RNAs in an Alzheimer's disease model [J]. Mol Neurobiol, 2017, 54(7): 4833-4846.

2

暴露组学在环境与精准健康研究中的应用

分析暴露与疾病或健康结局之间的关系是流行病学研究的主要目标之一。环境暴露、遗传因素或基因-环境交互作用共同构成疾病发生的原因。相比快速发展的基因组学，环境暴露的研究进展相对缓慢。本章阐述了暴露组学的概念和发展过程，介绍了暴露组学的研究策略、方法、技术和生物标志物分类方式等，并运用科研实例介绍了暴露组学的应用，总结了暴露组学可能面临的挑战。

2.1　概述

Wild 首先将暴露组（exposome）概括为从产前期开始的生命全程的环境暴露[1]。Rappaport 等[2]进一步完善了暴露组的概念，认为暴露组不仅包含空气、水和食物等外源性化学物，还包含体内炎症反应和氧化应激产物、肠道菌群代谢物、感染期反应物等内源性物质，它是涵盖人体所有来源的暴露。之后，Wild[3]又对暴露组进行了深入的阐述，指出暴露组是从受精卵开始，贯穿整个生命过程的所有暴露；暴露源可分为外源性因素（气候、社会、经济、饮食、职业、医疗干预等）和内源性因素（炎症、感染、微生物等），内源性因素更侧重于机体代谢、生理活动及衰老过程中内生应激物的暴露。Miller 则认为某一指标的测量值并不能代表真正的暴露水平，或许将生命全程中环境、饮食、行为和内生过程的暴露累积作为暴露组的定义更为精确[4]。

美国国家环境保护局（United States Environmental Protection Agency，EPA）发布的暴露监测指南中认为，"暴露"是指"接触"，包括外暴露和内暴露，暴露涉及暴露的界面、速度、持续时间、强度、透过的途径、透过量以及吸收量等内容[5]。与此同时，EPA指出呼吸、饮食和皮肤接触是暴露的 3 个主要途径，机体的暴露量与潜在剂量之间呈现暴露-效应曲线或剂量-效应曲线关系[5]。白志鹏等[6]认为，暴露学科的发展是从职业病危险因素、室内外空气和水的暴露研究，逐渐演变为对个体暴露调查的关注，他们开展了精准化暴露评估，并总结了暴露科学的发展历程（见表 2-1）。

表 2-1 暴露科学发展历程

时　　间	暴露科学发展历程
20 世纪 20 年代	暴露学家联合流行病学专家开展作为职业病源的工作场所暴露研究
20 世纪 50—70 年代	对室内外空气和水的暴露研究
20 世纪 70 年代	暴露学家在制定职业场所的污染源调查和周围环境污染源调查的标准方面出现分歧;通过呼吸、饮食摄入和皮肤接触进入人体的化学物质的外部测量应用于个体暴露的调查
20 世纪 80 年代	内部标志物应用于个体暴露调查
20 世纪 90 年代	社区与个人暴露和环境污染物建立联系
21 世纪	暴露科学家开始用基于各种分类数据以及对生物体液和组织中污染物含量进行测量的各种模型来估测不同暴露水平

经济水平的快速发展和人们生活水平的提升,使得大气、水、土壤等环境污染和不良生活习惯(缺乏锻炼、酗酒、暴饮暴食等)所引发的疾病(心脑血管疾病、慢性阻塞性肺疾病、高血压、糖尿病、恶性肿瘤等)问题日益严重。因此,探究暴露和疾病的相互关系及其可能的机制既是重大的公共卫生问题,也是国家的迫切需求。暴露组学正是研究暴露以及暴露和疾病关系的一门科学[7]。它有助于阐明在不同居住环境下,不同种族个体的暴露组情况,使人们更清晰地了解暴露的类型多样性和个体差异性[8]。倪天茹等[9]阐明了个体暴露的细颗粒物(PM2.5)的来源和理化特性,为空气颗粒物的控制和疾病危害研究提供了科学依据和理论基础。袁晶等[10]通过时间序列和病例交叉的方法,发现不同种类的空气颗粒物与心血管和肺部疾病发病的单独效应及其剂量-效应关系。但环境所致疾病的发生、发展是一个较为复杂的过程,各种暴露因素之间可能存在联合效应关系。袁瑜等[11]通过电感耦合等离子体质谱仪测定血浆中 23 种金属离子浓度,发现钛、砷、硒与冠心病发病风险存在显著相关性,且具有联合效应。

目前,疾病病因的研究不再局限于对外在因素的探索,更多地关注基因与环境的交互作用。暴露组的概念使人们对环境的认识从狭隘的遗传学因素,拓展到了人类整个生命经历的所有非遗传因素,虽然准确的环境数据会增加昂贵的遗传信息的价值,但弥补了基因与环境研究的不平衡[12]。全基因组关联分析(genome-wide association study,GWAS)和全暴露组关联研究(exposome-wide association study,EWAS)的应用,能够筛选出与疾病或表型相关的单核苷酸序列多态性(single nucleotide polymorphism,SNP)位点和具有统计学差异的暴露标志物,这为研究与疾病发病风险相关的基因位点、环境因子以及基因-环境交互作用提供了有效的方法。暴露与暴露组学通过探索未知的关联,打开了通向疾病病因的大门,推动了环境因素与人类健康之间关系研究的发展(见图 2-1)。

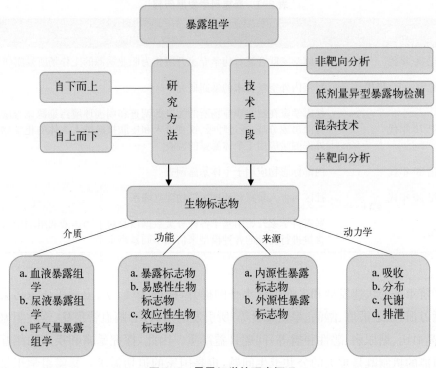

图 2-1 暴露组学的研究概况

2.2 暴露组学的研究策略与方法

2.2.1 暴露组学的研究策略

暴露谱长期处于变动之中,将终身暴露评价转化为关键时点评价可作为暴露组学研究的基本策略。暴露组学研究还应该注意以下问题:① 暴露指标的选取、测量方法的标准化、研究对象内部及研究对象之间暴露水平的变化;② 选取暴露指标较多的时候要严格控制出现假阳性结果的概率;③ 解释暴露组学结果时要注意排除混杂和偏倚。

2.2.2 暴露组学的研究方法

Rappaport 等[7]将暴露组学的研究方法分为"自下而上"和"自上而下"两种模式。"自下而上"方法强调通过测量病例组和对照组中空气、水、食物中所有暴露物的含量,寻找暴露因素与病例状态的关联性以及关联强度,并评估人体对特定物质的摄取及新陈代谢情况。而"自上而下"方法是收集病例组和对照组的血液、尿液等体液样本,并测量样本中所有待测物质,以此探索暴露与病例状态的相关性,进而识别重要的因子和确定暴露源[7]。

"自下而上"方法主要用于分析外暴露并且建立早期干预方法,关注每一类外暴露因素(如水、空气、食物、健康行为等),定量化每种暴露的强度,使用了累加的方式评估个体的暴露水平,探究病例组和对照组之间的暴露水平差异。但在生活方式、压力等对健康有影响的定量性指标的研究上还需进一步细化,以与化学物质的暴露相结合[6]。"自下而上"方法需要耗费大量时间精力估计庞大的未知外源暴露,而对于内源性暴露仍然存在评估不准确的可能性。暴露组中"自上而下"的方法关注使用"组学"的方法技术检测血液或其他生物样本中的暴露物成分和浓度,探寻各暴露物和疾病间的统计关联,由此推测致病原因和暴露来源,并估测暴露-反应关系[6]。考虑到暴露源存在于人体内外,同时暴露水平随着时间推移和个人外源和内源性的变化(如年龄、健康行为、生活环境、心理压力、患病情况等)会有很大的改变,因此,暴露学家更倾向于使用"自上而下"的方法,希望通过非靶向分析(untargeted analysis)的方法测量生物样本中的暴露浓度以估算暴露水平[6]。

2.2.3 暴露组学的研究技术

2017 年,Dennis 等归纳了暴露组学新技术[13]。

(1) 非靶向分析(untargeted analysis)。靶向分析技术每次只能检测几百个化学物质,对于半衰期较短的化学物质检测也存在一定局限性。而在日常生活中,人体每天会接触上千个外源性和内源性暴露物。通过非靶向生物检测技术,如高分辨代谢组学(high-resolution metabolomics,HRM),只需要少量的生物样本就可以一次性检测出至少 1 500 种代谢物。与此同时,这种非靶向技术只需要传统检测方法分析 8～10 个目标化学物质的花费。例如,液相色谱-高分辨质谱联用仪(liquid chromatography-high resolution mass spectrometers)可以探测到至少 3 万个小分子物质。这种高通量技术为发现暴露的健康损害提供了丰富的数据来源。

(2) 低剂量异型暴露物(low-level xenobiotic exposures)检测。如何确定长期存在的低浓度暴露物的正常参考值范围,并以此为依据对外源性暴露采取干预措施,一直是暴露组学研究所面临的挑战。因为血液中的异型暴露物浓度(飞摩尔级别到微摩尔级别)远比从食物、药品以及其他内源性化学物质的暴露接触剂量低,异型暴露物的非靶向分析相对吸入和内源性的化学物质检测欠缺可靠性,所以需进一步发展半靶向或多元方法来增强分子信号。

(3) 混杂技术(hybrid approaches)。考虑到靶向和非靶向分析都存在各自的优势和不足,使用混杂技术手段有助于在发挥各种技术优势时弱化缺陷。靶向分析不能像非靶向分析那样提供大量化学物质的检测,但却能提供相对可靠的定量和定性检测数据。而非靶向分析需要对化学物质进行提取,不同类别化学物质需要更特异化的提取方式,因此在提取过程中可能损失一些物质的信息。

(4) 半靶向分析(semi-targeted analysis)。半靶向分析运用了两步策略:先使用全定量靶向手段发现代谢物,然后用非靶向代谢组分析,以发现新的生物标志物和探寻代谢通路,阐明暴露的效应机制。

2.3 全暴露组关联研究

全基因组关联分析(GWAS),是指在人类基因组范围寻找序列变异情况,以此筛选出与疾病或者表型相关的 SNP 位点[14]。全暴露组关联研究(EWAS)又称全环境关联研究(environment-wide association study)[12],是对所有潜在的暴露标志物进行检测,采用统计学方法进行比较并找出病例组和对照组中有显著差异的暴露标志物,通过进一步研究验证获得验证后的暴露标志物[6],然后可通过动物实验或其他方法进一步验证,也可开展相关的机制研究[6]。

郑国巧等学者比较了 GWAS 和 EWAS 某些方面的异同点(见表 2-2),认为两者的共同点是数据驱动、无明确研究假设,能从众多的比较中筛选出可能与疾病相关的危险因素,进一步研究产生病因假设。但是两者在研究目的、疾病、设计、人群和检测技术等方面仍存在一定差异[12]。

表 2-2 全基因组关联分析(GWAS)与全暴露组关联研究(EWAS)的比较

	比 较	GWAS	EWAS
相同点	设计原理	先通过比较病例组和对照组(遗传变异/暴露状态)的差异,筛选可能的相关因素,产生病因假设,并进一步研究验证病因假设	
	研究特点	数据驱动,无明确的研究假设	
	研究目的	研究遗传变异与疾病的关系	研究非遗传暴露与疾病的关系
	研究疾病	遗传度较高的疾病(数量表型)	慢性非传染性疾病
不同点	研究内容变异性	一生中相对固定不变	动态变化(随时间、机体生理/生化状态等因素变化而变化)
	研究设计	单阶段研究(样本量足够大时)或多阶段研究	一般为多阶段研究
	研究人群	基于人群或基于家系	一般为基于人群
	检测技术	利用高通量的分子生物学技术测 DNA 序列(如基因芯片等)	利用分析化学方法(如 GC-MS、HPLC-MS、ICP-MS 等)测外源性化学物质或其代谢物

　　Patel 等[15]基于美国疾病控制与预防中心每两年进行一次的全国健康与营养调查(National Health and Nutrition Examination Survey,NHANES)数据和生物样本,用类似 GWAS 的办法进行 2 型糖尿病(type 2 diabetes,T2D)的 EWAS 分析,分析时控制假阳性率,并校正年龄、性别、体重指数(body mass index,BMI)和种族。首先从各次调查的血液或尿液样本中筛选出 37 种暴露标志物与 T2D 发病风险相关联;然后基于 4 次人群调查的数据对这 37 种暴露标志物进行初步"验证",结果发现只有 5 种暴露标志物与 T2D 发病风险相关联,分别为环氧七氯(heptachlor epoxide)、维生素 E、多氯联苯 170(PCB170)、顺式-β-胡萝卜素(cis-β-carotene)和反式-β-胡萝卜素(trans-β-carotene),其中环氧七氯、维生素 E 和多氯联苯 170 为 T2D 的危险因素,而 β-胡萝卜素为 T2D 的保护因素。虽然此横断面研究无法确定这些环境因子与 T2D 发病之间的因果关系,但可作为 EWAS 研究的雏形[12]。

　　EWAS 单独研究疾病发病风险时,往往难以探索该过程中基因与环境间的交互作用,故常将 GWAS 和 EWAS 结合起来。Patel 等[16]将上述 EWAS 中找出的与糖尿病发生相关的 5 种因素与 NHANES 队列中发现的与糖尿病发生相关的 18 个 SNP 结合起来,探究糖尿病中可能存在的环境与基因的交互作用,结果发现在反式-β-胡萝卜素与 SLC30A8(solute carrier family 30,member 8)基因 rs13266634 位点非同义 SNP 间存在交互作用,在反式-β-胡萝卜素水平较低的研究人群中,每个风险等位基因效应较边际效应提高了 40%(OR:1.8,95% CI:1.3~2.6)。这表明在与血清营养素的共同作用下,rs13266634 引起的功能缺损可能是糖尿病发病风险增加的重要原因,这也为探索糖尿病的病因以及采取个体化的精准预防、治疗措施提供了新的线索[12]。

　　对遗传因素与环境暴露进行综合分析,开展全基因全环境交互作用研究(gene-environment-wide interaction study, GEWIS)或全基因全环境关联分析(gene-environment-wide association study, GEWAS),可以更全面揭示产生健康效应的成因和机制[17,18]。

2.4　生物标志物与暴露组学

　　生物标志物涉及范围广,从外源性物质到血液中的代谢物。将暴露组学生物标志物进行分类有利于科学家对人类环境进行有效监测及可持续性评价,从而探究暴露组学与疾病的关联,为公共卫生管理者制订有效措施提供科学依据。基于研究设计和检测方法,Pleil 总结了暴露组学生物标志物的四种分类方法,即按生物标志物所在介质分类、按生物标志物功能分类、按生物标志物来源分类和按生物标志物动力学分类[19]。

2.4.1　生物学介质与生物标志物

从外源性物质到可以标志组织器官等结构或功能改变或可能发生改变的生化指

标,均属于生物标志物的范围。长期以来,血液被认为是用于暴露组学研究的主要生物介质,为此已投入大量的人力和物力,但目前血液生物标志物的研究成果远低于预期。近年来,尿液由于具有敏感性、低复杂性、无创性和可连续收集的特性,在新型生物标志物研究领域备受关注。国际上有关机体呼出气的分析起步较晚。1992年Menssana Research Inc. 的Phillips报道在呼出气中可检出肺癌标志物[20],之后呼出气分析取得了突飞猛进的发展。近年来,我国的研究主要集中在呼出气生物标志物的筛查和疾病早期诊断方面。Vineis等[21]介绍了暴露组学概念在大型队列研究中的应用。例如,欧洲癌症和营养的前瞻性调查(European Prospective Investigation into Cancer and Nutrition,EPIC)就是依赖于40余万种生物物质。在这些大型队列中,生物标志物被用以帮助理解环境因素和疾病的关系。

(1)血液暴露组(blood exposome)。由于血液转运化学物质进出组织,并且血液是机体内所有内源性和外源性化学物质在一定时间内的储存库,血液暴露组研究提供了一种新方法来探索生物相关暴露。2014年,Rappaport等[22]探讨了血液暴露组及其在探索疾病病因中的角色。通过人类代谢组数据库(Human Metabolome Database,HMDB)中1 451种化学物质和美国的全国健康和营养调查中110种化学物质所来源的健康人群样本,他们收集了人类血液中1 561种来源于食物、药物、污染物和内源性过程的小分子和金属的浓度数据。每种分子或金属物质皆可归入以下4种来源:① 内源性化学物质,来自人体内在的新陈代谢($n=1 223$);② 食物化学物质($n=195$);③ 污染物($n=94$);④ 药物($n=49$)。研究者根据它们的血液浓度、疾病风险引证和人类代谢途径的数量确定它们的化学相似性。结果发现,血液浓度范围跨越了11个数量级,且内源性化学物质的血液浓度和食物药物化学物质无明显差异,而污染物则低了1 000倍。根据疾病风险与根据来源种类所绘制的化学相似性地图基本相同,而根据代谢途径确定的化学相似性地图则主要由内源性分子和必需营养素决定。由于EWAS能够概括描述疾病病例组和对照组血液中的化学物质,研究者提倡运用该方法发现与疾病发生风险相关的未知暴露。他们认为将内源性代谢物扩展至血液暴露组,对系统生物学而言是一种更为全面的方法,因为血液暴露组代表了包括机体内部产生的全部来源的化学物质,而前瞻性队列研究也往往收集血液样本进行检测。血液暴露组的应用为EWAS发现新的疾病关联提供了优势[22]。

(2)尿液暴露组(urine exposome)。某些方面机体内环境的变化在尿液中体现得更加灵敏。与血液相比,尿液明显的不同是其没有稳态调控机制。血液稳态调控机制清除的对象正是尿液中的"废弃物",它反映了那些被机体产生但又不能被机体容纳的"变化"。在疾病早期血液还处于稳态调控机制的控制下,没有产生明显变化,而尿液是机体中最能够容纳各种"变化"的地方,因此尿液是最容易发现早期疾病生物标志物的地方[23]。以同样的检测标准对比两种抗凝药(肝素和阿加曲班)对血液和尿液蛋白质组学的影响,结果表明:肝素实验组和阿加曲班实验组大鼠血液蛋白质组前20种高丰度蛋白质都没有变化,而肝素实验组和阿加曲班实验组的大鼠尿液蛋白质组中高丰度蛋白质均产生变化[24]。随着研究的深入,尿液生物标志物研究不限于尿液蛋白质组学的研究,也探索蛋白质组学外的新型尿液标志物。新型尿液标志物对于改善疾病治疗与预防、推进"精准医学"的发展具有决定性的意义。

(3) 呼气暴露组(breath exposome)。人体的呼出气中含有多种痕量的挥发性有机化合物(volatile organic compounds,VOC),如丙酮、甲醇、乙醇等,其中某些内源性VOC可作为临床生物标志物。内源性VOC是人体组织的代谢产物,通过对内源性VOC进行成分分析和浓度检测,可以无创伤地获取人体组织代谢和健康状况的相关信息,有助于阐明相应生理过程、疾病发生、病情发展以及药理学响应等问题[25,26]。研究表明呼出气中一组VOC可以用于诊断和监测肠易激综合征[27]。解决内源性呼出气生物标志物的准确测定问题,确认呼出气中内源性部分占比,进而确定污染气体进入、滞留并排出人体的过程及其影响要素,将为人体内相关代谢过程研究、相关癌症早期诊断以及环境暴露评估提供支撑[28]。

2.4.2 生物标志物功能分类

按照功能不同,生物标志物可分为三类:暴露生物标志物(biomarker of exposure)、易感性生物标志物(biomarker of susceptibility)和效应生物标志物(biomarker of effect)。

暴露生物标志物是指机体暴露于外源性化学物质,化学物质通过生物学屏障进入组织或体液并产生健康效应,测定组织、体液或排泄物中的外源性化学物质及其代谢物或与内源性物质的反应产物,作为吸收剂量或靶剂量的指标,可提供暴露于外源性化学物质的信息。例如,苯或苯的化学标志物可以反映苯的暴露水平[29];某些细胞因子的产生或蛋白质的表达可能反映了由于吸入NO_2等化学物质引起的肺部炎症[30];心率变异性的改变可能反映PM2.5的暴露等[31]。

易感性生物标志物是指个体在受到物理、化学等外源性有害因素影响后,易于发生改变的一类标志物,它反映了机体暴露于外源化学物质后的反应能力。易感性生物标志物常由"组学"标志物组成[26],根据易感性获得途径不同分为先天遗传性和后天获得性的易感性生物标志物。如机体缺乏N-乙酰转移酶,会对芳香烃和多环芳烃类较为敏感,这属于先天遗传性的易感性生物标志物;获得性易感性体现在机体对环境因素的应激反应以及适应性上。易感性个体在外暴露导致疾病的每一个中间环节,均具有易感性,因此易感性生物标志物有助于筛选并发现易感人群,以便进一步采取针对性的预防和保护措施,以减少疾病的发生。基因多态性常作为易感性生物标志物的一种,机体易感性受DNA修复能力和代谢酶基因的影响。活性编码蛋白质的特定DNA序列不同可以使个体具有对某种化学物质的不同解毒能力;某种循环蛋白质本身的相对丰度可能反映了机体的修复能力；DNA畸变的一般标志，如姐妹染色单体交换则反映了暴露引起的持续损害[32-34]。

效应生物标志物是指机体中可测量的生理、生化、行为等方面发生改变的指标，可提示不同靶剂量的外源化学物质或其代谢物对健康的效应。例如，测量成年人循环血或脐带血中的多环芳烃-DNA加合物可以反映潜在的不良健康效应或出生结局[35,36]。这些参数也许不能严格地算作暴露组学的一部分，但可以反映暴露组某些成分的变化，而这些成分变化往往不能直接测量[26]。

2.4.3　生物标志物来源分类

暴露组学研究包含了对人体产生健康效应的外来化学物质的研究，也包含了对人体内生的存在于人体生物介质内的化学物质的研究。外源性暴露生物标志物（biomarker of exogenous exposure）是指暴露于原始化学物质后包含该化学物质的一系列产物。例如，来源于燃料暴露的血液苯代谢产生的氧化苯、苯酚，以及尿液中的苯二醇、苯巯基尿酸均属于外源性暴露生物标志物[37-39]。内源性暴露生物标志物（biomarker of endogenous exposure）则通常由挥发性含氧物（如醇、酮、醛和有机酸等）及生物大分子（如热休克蛋白和细胞因子等）组成[40,41]。根据生物标志物的来源不同，暴露组学采用不同的分析检测方法测量暴露水平及研究暴露与健康的关联。例如，在检测和分析燃料暴露过程中产生的非极性低分子量疏水化合物和人体氧代谢过程中产生的极性亲水化合物时，需要采用不同的策略[26]。

金属组学（metallomics）研究是暴露组学基于外源性暴露生物标志物的研究实例。金属暴露与人类生产生活紧密关联，机体可通过空气、饮食、饮水和皮肤吸收等多种途径摄入金属[42]。对于一般人群，大多数金属的摄入主要是通过饮食和饮水两种途径，但金属的化学性质和个体的年龄、营养状况等因素会影响胃肠道的吸收效率。比如，有些植物可以从土壤中吸收镉，而这些植物又是人体的重要食物来源；另外，吸烟也是重要的金属摄入途径；职业人群金属暴露的主要途径是烟尘的吸入。此外，人们使用的化妆品（如口红、眼影、爽身粉、美白乳霜）可经皮肤暴露重金属，而指甲油和染发剂中均富含重金属汞和铅；人体还可经玩具和糖果等暴露重金属[43]。

进入机体的金属被吸收后，随血液循环分布于全身，并进行代谢转化，参与或扰乱机体的正常生理功能。在23种已知生物学功能的元素中，金属占50%以上[43]。载体分子决定金属在体内的分布。如金属硫蛋白富含半胱氨酸，而半胱氨酸具有独特的与金属硫蛋白结合的能力，在机体内起分散和蓄积重金属的作用[44]。受诸多因素影响，金属在人体各器官的分布并不相同。在红细胞中约99%的砷与血红蛋白结合，然后被转运到肺、肝、肾和皮肤；其中无机砷进入机体后，在肝脏中可被甲基化，最终生成结合能力下降且低毒的甲基化砷代谢产物，如甲基砷酸和二甲基砷酸[42]。在安全低剂量镉浓度范围内,肠道吸收镉的平均分配吸收率达 5%;然而,高浓度镉的吸收速率高达 20%～40%[45]。一旦被吸收,镉与金属硫蛋白紧密地结合,长期滞留在人体内,特别是肾脏和肝脏内。研究提示,肾脏是镉最重要的蓄积部位和镉中毒的靶器官,超过 1/3 的镉沉积于肾脏,尤其是在低暴露环境条件下[46]。吸收的铅分散到血液、软组织和骨骼。红细胞几乎能与所有的铅结合,仅有 1%～2% 的铅会出现在血浆中。铅在体内的溶解能力可被某些饮食组分改变,如乳糖、蛋白质、氨基酸、脂肪、维生素 C 和维生素 D 等,导致其吸收强度提高[43,47]。

以往大多数有关金属和非金属的健康效应研究都集中于对单类别特定毒性金属或非金属(砷[48]、铅[49]、镉[50])或者必需微量元素(硒[51]、镁[52])的研究。但是,环境中多种金属共存,并被人体吸收、转运和代谢。有些金属的代谢过程会相互影响,或对健康效应存在交互作用。如钙的生理代谢过程可影响铅的吸收效率[53],虽然骨骼中铅的含量超过体内总蓄积量的 90%,但当骨周转增加的时候,铅进入骨骼与钙竞争转运,并在结合位点连同钙一起释放[52]。此外,一篇综述[54]报道硒的抗氧化作用对砷和镉的毒性有拮抗效应,减弱砷在人体内的积累及其所致的皮肤损伤。因此,同时对多种金属内暴露标志物进行监测对于完善个体暴露状态评估,进行精准化预防和治疗有重要意义。

冯伟等[43]以武汉市 2 004 名长期居住居民为研究对象,为探究尿金属、空腹血糖水平和 5 分钟心率变异性(heart rate variability,HRV)指标的相关关系开展了一个横断面研究。该研究采用电感耦合等离子体质谱仪(inductively coupled plasma mass spectrometer)测定尿液中 23 种金属的浓度,并测定空腹血糖浓度和心率变异性指数,包括正常间隔的标准差(SDNN)、相邻正态间间隔的根均方差(MSSD)、低频(LF)、高频(HF)和总功率(TP)5 个指标。研究提示,尿铝、钛、钴、镍、铜、锌、硒、铷、锶、钼、镉、锑、钡、钨、铅等均与空腹血糖(fasting plasma glucose,FPG)、空腹血糖受损(impaired fasting glucose,IFG)或糖尿病相关联[56];尿钛浓度与 5 个心率变异性指数之间均存在正相关关系;相反,尿镉浓度与 r-MSSD、LF、HF 和 TP 存在显著或建议性的负相关关系,尿铁、铜、砷浓度分别与 HF、SDNN 和 LF 呈现显著的负相关关系[57]。这一系列研究揭示了金属暴露对个体的早期健康损害效应,为开展前瞻性队列研究提供了重要的线索,同时也为个体化多金属暴露水平的健康风险评估提供了新的依据。

邬堂春教授研究团队[11]从东风-同济队列中选取了 1 621 例 2013 年新发冠心病病例,并根据年龄和性别 1∶1 匹配了 1 621 例对照,开展了一项关于血浆多金属与冠心病发病风险的前瞻性巢式病例-对照研究。研究发现,血浆金属钛和砷浓度的升高显著增加了冠心病的发病风险,而血浆金属硒浓度的升高降低了冠心病的发病风险。与金属浓度的最低分位参考值相比,相应的 OR 值分别为钛 1.43(1.12,1.83;P-trend= 0.007)、砷 1.73(1.25,2.39;P-trend=0.001)、硒 0.64(0.49,0.82;P-trend<

0.001)。此外,硒会减弱钛、砷对冠心病的毒性作用(P-interaction=0.009 和 0.03)。

2.4.4　生物标志物动力学分类

化学毒物在机体内的过程包括吸收、分布、代谢和排泄 4 个方面。化学物质的环境浓度、吸入率、摄入率以及活动度等可用于吸收的定量,天然化学物质相对数量的减少和其代谢物的产生可用于代谢的估计,排泄途径如呼吸、尿液和粪便中的化学物质可用于排泄过程的评估。例如,三氯甲烷吸入与呼出的差异可用于估算通过呼吸和皮肤接触产生的暴露[58,59];血液苯和呼出苯的测量是估算血液/呼吸分配系数的直接指标[60];甲基叔丁基醚进入人体后,经Ⅰ相反应产生叔丁醇,两者均可在人体的血液和呼吸中测量[61];杀虫剂毒死蜱的吸收可通过尿液中的代谢物三氯吡啶酚进行监测[62]。

暴露可以是短期间断的,也可以是长期持续的。在一次短期暴露后,靶部位的化学毒物浓度升高,但随后由于机体的代谢、排泄等作用,其浓度逐渐下降。如果在化学毒物浓度下降至 0 以前存在第二次暴露,则靶部位的浓度在原有残留的基础上将大大升高,反复多次后,靶部位的浓度将蓄积到有害水平。环境污染物的暴露往往是持续、低剂量的重复暴露。暴露的作用时间、化学物质的生物半衰期和摄入量都是影响体内或靶部位蓄积量的重要因素。

在工业生产过程中,环境中的多种化学物质在短时间内经皮肤、黏膜、呼吸道、消化道等途径进入机体,并对机体产生急性损害,如急性中毒等;而在多数情况下环境污染物以低浓度存在,长期暴露于环境污染物使之在机体内发生物质或功能蓄积,达到有害作用的水平,从而对机体产生慢性危害,因此评价环境污染物的长期暴露水平,对于探究暴露与健康结局的关联性尤为重要。袁瑜等[11]在血浆多金属与冠心病发病风险的关联性研究中,分别检测了 138 名东风-同济队列中的健康中老年人在 2008 年基线和 2013 年随访时采集的血浆中 23 种金属浓度,通过计算测量的稳定性及比较两次测得浓度的异同,探究血浆金属反映长期暴露的能力。研究发现,通过对比基线和随访时的浓度,血浆钛、钡、铜、铅、铷、锶的组内相关系数(intraclass correlation coefficient,ICC)大于 0.40,具有较好的稳定性,因此认为基线的血浆金属浓度反映了长期暴露水平,可评估长期暴露于金属污染物对健康的慢性危害。邬堂春课题组基于中国慢性病前瞻性研究项目(China Kadoorie Biobank,CKB),进行了固体燃料和心血管疾病发病风险的关联性研究。为探究个体的固体燃料长期暴露情况,研究者从 CKB 项目纳入的研究对象中随机抽取 19 788 人,对其基线及随访过程中的固体燃料使用情况进行重复性调查。调查结果表明,固体燃料使用的重复性较好(Weighted $\kappa > 0.6$),因此能评估长期固体燃料暴露对心血管疾病的慢性危害。

2.5 暴露组学研究实例

2.5.1 人类生命早期暴露组项目

人类生命早期暴露组(the Human Early-Life Exposome，HELIX)项目[63]是运用各种工具和方法描述生命早期一系列化学和物理环境因素的暴露特征，并关联主要儿童健康结局的数据，从而建立"生命早期暴露组"方法的新的合作研究项目。描述生命早期化学和物理环境因素暴露特征的工具和方法主要包括生物标志物、基于组学的方式、远程遥感和基于地理信息系统的空间法、个体暴露设备、混合暴露的统计工具和疾病负担方法。主要研究的儿童健康结局包括成长和肥胖、神经发育和呼吸系统健康等。为评估产前和产后广泛的化学和物理上的暴露，基于欧洲现有 6 个出生队列研究，HELIX 项目为 32 000 对母子开发了暴露模型，并在包含 1 200 对母子的子队列中测量生物标志物。嵌套重复抽样的群组研究($n=150$)将收集生物标志物易变性的数据，利用智能手机评估流动性和体力活动，并监测个体暴露。嵌套重复采样的定组研究($n=150$)将收集生物标志物的变化数据，用智能手机对机动性和体力活动进行评估，并采用组学技术监测个体暴露，确定与暴露相关的分子生物学特征。该项目采用统计学方法进一步评估胎儿和儿童生长、肥胖、神经发育和呼吸系统结局中的暴露-效应关系，并开展健康效应评估测试来评价组合暴露的风险和收益[64]。作为对暴露组学这一概念的验证，HELIX 项目是最早为描述欧洲人群生命早期暴露所做的尝试之一，并揭示了早期生命暴露与儿童的组学标志物和儿童健康之间的关系，该项目迈出了暴露组研究重要的一步[63]。

2.5.2 美国暴露组学发展

美国的国家儿童研究(the National Children's Study, NCS)[65]是一个提供了人生前 21 年相关数据和生物样本信息的前瞻性队列。暴露的生物标志物反映了生物体与环境因子相互作用所引起的任何可测定的改变(生理、生化、免疫和遗传等)，这些改变体现在整体、器官、细胞、亚细胞和分子水平上。

此外，美国疾病控制与预防中心每两年进行一次全国健康与营养调查，测定血样中不同种类和数量的生物标志物，包括临床或环境暴露标志物。Patel 等[15]就使用了 4 次全国健康与营养调查数据进行 2 型糖尿病的 EWAS 分析。

2.5.3 亚洲暴露组学发展

为了监测全国范围内人群生物样本中化学物质的负荷水平，中国疾病预防控制中心于 2009—2010 年在中国 8 个省市的 24 个县区组织开展了大型人群调查研究。该研究以 18 000 名 6～60 岁的非职业接触人群作为研究对象,检测了采集血、尿样本中化学物质(包括 30 种金属和类金属、15 种农药和除草剂、7 种挥发性有机化合物)的浓度,最终获得我国一般人群 52 种化学物质的机体负荷水平,为相关卫生标准的制定和我国一般人群中污染物水平和趋势的进一步研究提供了大样本的基础数据[66-68]。

日本环境与儿童队列研究(the Japan Environment and Children's Study, JECS)[69]是一个基于 10 万对父母和儿童的数据评估环境因子对健康和发育影响的出生队列研究。2008 年开始展开预调查,并结合已有的 2 个队列(Hokkaido 和 Tohoku)制定暴露测量规范。专家组及公众对研究目标和假设进行历时三年的充分讨论后,于 2010 年 3 月提出了 JECS 的概念计划。JECS 计划于 2011 年正式发布,截至 2014 年 3 月,该研究招募了数十万名妊娠期妇女。该研究全面追踪调查了妊娠期妇女妊娠早期和晚期生活条件及环境内外暴露情况、出生结局、新生儿健康状况及内外暴露情况、哺乳期母婴内外暴露情况及 6 月龄之后的暴露情况。

2.6　小结与展望

暴露组学是研究人类全生命周期(包括出生、成长过程、衰老、生病和死亡的过程)环境暴露的一门学科,其基本研究策略是将终生暴露评价转化为关键时点评价,利用"自下而上"和"自上而下"的方法进行研究。利用非靶向分析、低剂量异型暴露物检测、混杂技术、半靶向分析等暴露组学研究技术,针对不同的暴露组学生物标志物进行的全暴露组关联研究,可以对所有潜在的暴露标志物进行检测,并采用统计学方法进行比较和验证,最终获得具有显著性差异的暴露标志物。暴露组学是针对重要环境问题需求而发展起来的,是环境与健康研究的必要方法,其对保障医疗健康、制定环境标准、实施预防措施等具有重要指导,它的发展给环境与健康关系的机制研究开拓了新的方向。

参考文献

[1] Wild C P. Complementing the genome with an "exposome": the outstanding challenge of environmental exposure measurement in molecular epidemiology [J]. Cancer Epidemiol Biomarkers Prev, 2005, 14(8): 1847-1850.

[2] Rappaport S M, Smith M T. Environment and disease risks [J]. Science, 2010, 330(6003): 460-461.

[3] Wild C P. The exposome: from concept to utility [J]. Int J Epidemiol, 2012, 41(1): 24-32.

[4] Miller G W, Jones D P. The nature of nurture: refining the definition of the exposome [J]. Toxicol Sci, 2014, 137(1): 1-2.

[5] United States Environmental Protection Agency. Guidelines for exposure assessment [C]//United States Environmental Protection Agency. Risk Assessment Forum, Washington, D. C., EPA/

600/Z-92/001，1992：16-18.

[6] 白志鹏,陈莉,韩斌. 暴露组学的概念与应用[J]. 环境与健康杂志,2015,32(1)：1-9.

[7] Rappaport S M. Discovering environmental causes of disease [J]. J Epidemiol Community Health，2012，66(2)：99-102.

[8] 任爱国. 暴露组与暴露组学[J]. 中华流行病学杂志,2012,33(9)：973-976.

[9] 倪天茹,韩斌,李彭辉,等. 天津市某社区老年人 PM2.5 个体暴露来源解析研究[J]. 中华预防医学杂志,2016,50(8)：698-704.

[10] 袁晶,韩斌,陈仁杰,等. 空气颗粒物致心肺损害的基础研究[J]. 中华预防医学杂志,2016,50(8)：747-752.

[11] Yuan Y，Xiao Y，Feng W，et al. Plasma metal concentrations and incident coronary heart disease in Chinese adults：The Dongfeng-Tongji cohort [J]. Environ Health Perspect，2017，125(10)：107007.

[12] 郑国巧,夏昭林. 暴露组与暴露组学研究进展[J]. 中华劳动卫生职业病杂志,2014,32(12)：945-948.

[13] Dennis K K，Marder E，Balshaw D M，et al. Biomonitoring in the Era of the Exposome [J]. Environ Health Perspect，2017，125(4)：502-510.

[14] Lioy P J，Rappaport S M. Exposure science and the exposome：an opportunity for coherence in the environmental health sciences [J]. Environ Health Perspect，2011，119(11)：A466-A467.

[15] Patel C J，Bhattacharya J，Butte A J. An Environment-Wide Association Study (EWAS) on type 2 diabetes mellitus[J]. PLoS One，2010，5(5)：e10746.

[16] Patel C J，Chen R，Kodama K，et al. Systematic identification of interaction effects between genome- and environment-wide associations in type 2 diabetes mellitus [J]. Hum Genet，2013，132(5)：495-508.

[17] Khoury M J，Wacholder S. Invited commentary：from genome-wide association studies to gene-environment-wide interaction studies — challenges and opportunities [J]. Am J Epidemiol，2009，169(2)：227-230；discussion 234-235.

[18] Thomas D. Gene — environment-wide association studies：emerging approaches [J]. Nat Rev Genet，2010，11(4)：259-272.

[19] Pleil J D. Categorizing biomarkers of the human exposome and developing metrics for assessing environmental sustainability [J]. J Toxicol Environ Health B Crit Rev，2012，15(4)：264-280.

[20] Phillips M. Breath tests in medicine [J]. Sci Am，1992，267(1)：74-79.

[21] Vineis P，van Veldhoven K，Chadeau-Hyam M，et al. Advancing the application of omics-based biomarkers in environmental epidemiology [J]. Environ Mol Mutagen，2013，54(7)：461-467.

[22] Rappaport S M，Barupal D K，Wishart D，et al. The blood exposome and its role in discovering causes of disease [J]. Environ Health Perspect，2014，122(8)：769-774.

[23] 井健,高友鹤. 尿液作为新型生物标志物来源的探索[J]. 生物化学与生物物理进展,2016,43(11)：1019-1028.

[24] Li M，Zhao M，Gao Y. Changes of proteins induced by anticoagulants can be more sensitively detected in urine than in plasma [J]. Sci China Life Sci，2014，57(7)：649-656.

[25] Cao W，Duan Y. Breath analysis：potential for clinical diagnosis and exposure assessment. Clinical chemistry [J]. Clin Chem，2006，52(5)：800-811.

[26] Pleil J D，Stiegel M A，Risby T H. Clinical breath analysis：discriminating between human endogenous compounds and exogenous (environmental) chemical confounders [J]. J Breath Res，

2013，7(1)：017107.

[27] Baranska A，Mujagic Z，Smolinska A，et al. Volatile organic compounds in breath as markers for irritable bowel syndrome：a metabolomic approach [J]. Aliment Pharmacol Ther，2016，44(1)：45-56.

[28] 杜振辉，甄卫萌，熊博，等. 呼出气体分析中内源性呼气生物标志物的定量测定方法[J]. 纳米技术与精密工程，2017，15(3)：212-216.

[29] Kim S，Vermeulen R，Waidyanatha S，et al. Modeling human metabolism of benzene following occupational and environmental exposures [J]. Cancer Epidemiol Biomarkers Prev，2006，15(11)：2246-2252.

[30] Hesterberg T W，Bunn W B，McClellan R O，et al. Critical review of the human data on short-term nitrogen dioxide (NO$_2$) exposures：evidence for NO$_2$ no-effect levels [J]. Crit Rev Toxicol，2009，39(9)：743-781.

[31] Liao D，Shaffer M L，He F，et al. Fine particulate air pollution is associated with higher vulnerability to atrial fibrillation-the APACR study [J]. J Toxicol Environ Health A，2011，74(11)：693-705.

[32] Benton M A，Rager J E，Smeester L，et al. Comparative genomic analyses identify common molecular pathways modulated upon exposure to low doses of arsenic and cadmium [J]. BMC Genomics，2011，12：173.

[33] Collins A R，Azqueta A. DNA repair as a biomarker in human biomonitoring studies：further applications of the comet assay [J]. Mutat Res，2012，736(1-2)：122-129.

[34] Hunter D J. Gene-environment interactions in human diseases [J]. Nat Rev Genet，2005，6(4)：287-298.

[35] McClean M D，Wiencke J K，Kelsey K T，et al. DNA adducts among asphalt paving workers [J]. Ann Occup Hyg，2007，51(1)：27-34.

[36] Perera F P，Rauh V，Whyatt R M，et al. A summary of recent findings on birth outcomes and developmental effects of prenatal ETS，PAH，and pesticide exposures [J]. Neurotoxicology，2005，26(4)：573-587.

[37] Funk W E，Li H，Iavarone A T，et al. Enrichment of cysteinyl adducts of human serum albumin [J]. Anal Biochem，2010，400(1)：61-68.

[38] Qu Q，Shore R，Li G，et al. Validation and evaluation of biomarkers in workers exposed to benzene in China [J]. Res Rep Health Eff Inst，2003(115)：1-72；discussion 73-87.

[39] Waidyanatha S，Rothman N，Li G，et al. Rapid determination of six urinary benzene metabolites in occupationally exposed and unexposed subjects [J]. Anal Biochem，2004，327(2)：184-199.

[40] Gupta S C，Sharma A，Mishra M，et al. Heat shock proteins in toxicology：how close and how far [J]. Life Sci，2010，86(11-12)：377-384.

[41] Hubbard H F，Sobus J R，Pleil J D，et al. Application of novel method to measureendogenous VOCs in exhaled breath condensate before and after exposure to dieselexhaust [J]. J Chromatogr B，2009，877(29)：3652-3658.

[42] Nordberg G F，Fowler B A，Nordberg M. Handbook on the Toxicology of Metals [M]. 4th ed. Burlington：Academic Press，2014.

[43] 冯伟. 社区人群金属暴露与早期心血管损伤的关联性研究[D].武汉：华中科技大学，2014.

[44] Hsu P C，Guo Y L. Antioxidant nutrients and lead toxicity [J]. Toxicology，2002，180(1)：33-44.

[45] Satarug S, Haswell-Elkins M R, Moore M R. Safe levels of cadmium intake to prevent renal toxicity in human subjects [J]. Br J Nutr, 2000, 84(6): 791-802.

[46] Lauwerys R R, Bernard A M, Roels H A, et al. Cadmium: exposure markers as predictors of nephrotoxic effects [J]. Clin Chem, 1994, 40(7 Pt 2): 1391-1394.

[47] Schwartz B S, Lee B K, Lee G S, et al. Associations of blood lead, dimercaptosuccinic acid-chelatable lead, and tibia lead with polymorphisms in the vitamin D receptor and [delta]-aminolevulinic acid dehydratase genes [J]. Environ Health Perspect, 2000, 108(10): 949-954.

[48] Moon K, Guallar E, Navas-Acien A. Arsenic exposure and cardiovascular disease: an updated systematic review [J]. Curr Atheroscler Rep, 2012, 14(6): 542-555.

[49] Navas-Acien A, Guallar E, Silbergeld E K, et al. Lead exposure and cardiovascular disease — a systematic review [J]. Environ Health Perspect, 2007, 115(3): 472-482.

[50] Larsson S C, Wolk A. Urinary cadmium and mortality from all causes, cancer and cardiovascular disease in the general population: systematic review and meta-analysis of cohort studies [J]. Int J Epidemiol, 2015, 45(3): 782-791.

[51] Rayman M P. Selenium and human health [J]. Lancet, 2012, 379(9822): 1256-1268.

[52] Dong J Y, Xun P, He K, et al. Magnesium intake and risk of type 2 diabetes: meta-analysis of prospective cohort studies [J]. Diabetes Care, 2011, 34(9): 2116-2122.

[53] Barton J C, Conrad M E, Harrison L, et al. Effects of calcium on the absorption and retention of lead [J]. J Lab Clin Med, 1978, 91(3): 366-376.

[54] Zwolak I, Zaporowska H. Selenium interactions and toxicity: a review [J]. Cell Biol Toxicol, 2012, 28(1): 31-46.

[55] Cygankiewicz I, Zareba W. Heart rate variability [J]. Handb Clin Neurol, 2013, 117: 379-393.

[56] Feng W, Cui X, Liu B, et al. Association of urinary metal profiles with altered glucose levels and diabetes risk: a population-based study in China [J]. PLoS One, 2015, 10(4): e0123742.

[57] Feng W, He X, Chen M, et al. Urinary metals and heart rate variability: a cross-sectional study of urban adults in Wuhan, China [J]. Environ Health Perspect, 2015, 123(3): 217-222.

[58] Lindstrom A B, Pleil J D, Berkoff D C. Alveolar breath sampling and analysis to assess trihalomethane exposures during competitive swimming training [J]. Environ Health Perspect, 1997, 105(6): 636-642.

[59] Pleil J D, Lindstrom A B. Exhaled human breath measurement method for assessing exposure to halogenated volatile organic compounds [J]. Clin Chem, 1997, 43(5): 723-730.

[60] Wallace L A, Nelson W C, Pellizzari E D, et al. Uptake and decay of volatile organic compounds at environmental concentrations: application of a four-compartment model to a chamber study of five human subjects [J]. J Expo Anal Environ Epidemiol, 1997, 7(2): 141-163.

[61] Pleil J D, Kim D, Prah J D, et al. Exposure reconstruction for reducing uncertainty in risk assessment: example using MTBE biomarkers and a simple pharmacokinetic model [J]. Biomarkers, 2007, 12(4): 331-348.

[62] Koch H M, Hardt J, Angerer J. Biological monitoring of exposure of the general population to the organophosphorus pesticides chlorpyrifos and chlorpyrifos-methyl by determination of their specific metabolite 3,5,6-trichloro-2-pyridinol [J]. Int J Hyg Environ Health, 2001, 204(2-3): 175-180.

[63] Vrijheid M, Slama R, Robinson O, et al. The human early-life exposome (HELIX): project rationale and design [J]. Environ Health Perspect, 2014, 122(6): 535-544.

[64] Vrijheid M，Slama R，Robinson O，等. 人类生命早期暴露组（HELIX）：项目理念与设计（待续）[J]. 环境与职业医学，2015,32(1)：90-95.

[65] Reardon S. NIH ends longitudinal children's study [J]. Nature，2014. doi：10. 1038/nature. 2014. 16556 (http://www. nature. com/news/nih-ends-longitudinal-children-s-study-1. 16556).

[66] 黄传峰，张敬，丁春光，等. 中国八省份一般人群尿中多环芳烃羟基代谢产物水平研究[J]. 中华预防医学杂志，2014,48(2)：102-108.

[67] 丁春光，潘亚娟，张爱华，等. 中国八省份一般人群血和尿液中砷水平及影响因素调查[J]. 中华预防医学杂志，2014,48(2)：97-101.

[68] 丁春光，潘亚娟，张爱华，等. 中国八省份一般人群血和尿液中铅、镉水平及影响因素调查[J]. 中华预防医学杂志，2014,48(2)：91-96.

[69] The Japan Environment and Children's Study (JECS)[EB/OL]. [2014-10-13]. http://www. env. go. jp/en/chemi/hs/jecs/index. html.

3 代谢组学在环境与精准健康研究中的应用

个体在基因型、代谢水平、生活方式和所处环境等不同层面上存在着差异，这给糖尿病、心血管疾病和癌症等疾病的预防和治疗带来了巨大的挑战。精准健康利用组学技术、大数据分析方法和高通量分子检测技术，为疾病的预防、发生和发展提供了新的思路。其中，代谢组是最接近疾病表型的一个组学层面，在寻找新的疾病风险标志物、探索与疾病发病机制相关的新代谢途径方面有巨大的潜力。本章对代谢组学的概念、研究历史、研究技术和方法进行了阐述，同时用众多实例介绍了代谢组学在环境和精准健康研究中的应用，并对代谢组学的发展进行了展望。

3.1 概述

代谢组是对生物体内所有小分子代谢物(分子量<2 000)的总称。代谢组学旨在对这些小分子代谢物进行定性和定量分析，是继基因组学、转录组学和蛋白质组学之后兴起的另一重要研究领域[1-3]。作为"组学瀑布"(即基因组→转录组→蛋白质组→代谢组)的最下游，代谢组是机体对上游基因组、转录组和蛋白质组变化以及外界环境因素影响的最终应答，基因和蛋白质表达的微小变化在代谢物水平会得到显著放大。因此，代谢组是对机体健康状态最接近的反映[3, 4]。如今，代谢组学已成为系统生物学研究领域最广泛使用的技术之一[5, 6]。

代谢组学研究的历史可追溯到 20 世纪 70 年代的代谢谱分析(metabolic profiling)。代谢谱分析采用气相色谱-质谱联用(gas chromatography-mass spectrometry, GC-MS)技术对患者体液中的代谢物进行定性和定量分析，以筛选和诊断疾病[7]。随后，陆续有科学家开始应用高效液相色谱(high-performance liquid chromatography, HPLC)、质谱(mass spectrometry, MS)、核磁共振(nuclear magnetic resonance, NMR)技术进行代谢谱分析，其应用主要集中于研究药物的体内代谢[8, 9]，也有研究提出通过代谢物的定量分析评估酵母基因的遗传功能及其冗余度[10]，从而将代谢物和基因功能联系起来。1999 年，Nicholson 等[11]提出 metabonomics 的概念，并将代谢组学定义为生物体对病理生理或基因修饰等刺激产生的代谢物质动态应答的定量测定。2000 年，Fiehn 等[12]提出了 metabolomics 的概念，并将代谢组学定义为对限定条件下特定生物样本中所有代谢产物的定性定量分析。在现今的研究中，对 metabolomics 和 metabonomics 这两个名词的区分已越来越少，基本等同使用[13]。

3.2 代谢组学的研究技术与方法

人体中的小分子代谢物包括内源性代谢物、外源性代谢物（药物、食物成分等）、内/外源性代谢物的代谢产物以及肠道菌群代谢物等[13]。这些代谢物在分子量、亲/疏水性、酸/碱性、沸点等理化性质上存在巨大差异，由此造成了检测上的难度。自从 2005 年启动人类代谢组计划（the Human Metabolome Project，HMP）以来，多种高通量检测技术已运用于相关研究中。截至 2013 年，HMP 已实现 20 900 种代谢物的检测[3]。

3.2.1 代谢组学的研究方法

代谢组学研究一般包括以下步骤（见图 3-1）：采集血液、尿液、组织、细胞培养液等生物样本，进行生物反应灭活、预处理；采用核磁共振、质谱或色谱等方法对生物样本中的代谢物进行定性和定量分析，获得代谢组学数据；结合研究目的进行数据分析，并进行解释。在整个样本处理和分析过程中，应尽可能保留和体现样本中的代谢物信息，各环节的标准化问题已越来越引起研究者的重视[14]。

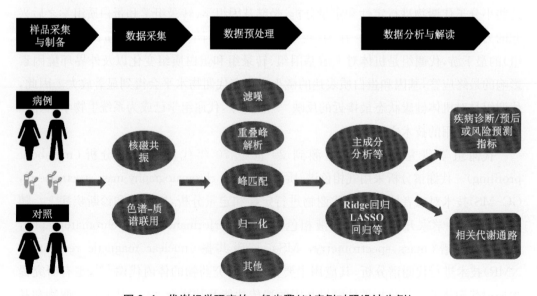

图 3-1 代谢组学研究的一般步骤（以病例对照设计为例）

3.2.1.1 样本采集与制备

样本的采集与制备是代谢组学研究的初始步骤,也是最重要的步骤之一。在研究设计之初,研究者应充分考虑样本数量、收集时间、样本群体等因素;若研究来自人体的血清、血浆、尿液或组织等样本,还需考虑性别、年龄、饮食以及地域等诸多因素的影响。生物样本中残留的酶可能催化氧化还原反应等反应过程,造成代谢物的降解并生成新的代谢产物,因此,在处理生物样本时通常需对样本进行快速淬灭(quenching)[13]。在代谢组学研究中,目前尚无一种能够适合所有代谢物的萃取方法,应该根据待测代谢物的理化性质差异选择相应的萃取方法,并对萃取条件进行优化。此外,不同的分析技术平台对样本的预处理也有不同的需求[15]:核磁共振技术只需对样本做较少的预处理即可以进行分析;而气相色谱或气相色谱-质谱联用技术则常常需要对样本进行衍生化处理,以增加样本的挥发性。

3.2.1.2 数据采集

完成生物样本的采集和预处理后,即可对样本中的代谢物进行定性和定量分析。理论上,代谢组学分析方法要求具有高灵敏度、高通量和无偏向性的特点。但由于不同代谢物的分子量大小、官能团、挥发性、带电性、电迁移率、极性等物理化学参数差异很大,在样本中的浓度差异也可达数个数量级,至今尚无一种代谢组学分析技术能满足上述所有要求。现有的分析技术都有各自的优势和适用范围,气相色谱(gas chromatography,GC)、液相色谱(liquid chromatography,LC)、质谱、核磁共振、毛细管电泳(capillary electrophoresis)等分离分析手段及其组合均已运用于代谢组学的研究中。其中,核磁共振,尤其是核磁共振氢谱(^{1}H-NMR)对含氢代谢物的分析具有普适性,而色谱-质谱联用技术兼具色谱的高分离度、高通量及质谱的普适性、高灵敏度和特异性,因此核磁共振技术和色谱-质谱联用技术成为代谢组学最主要的分析工具[13]。

(1)核磁共振技术。核磁共振波谱(nuclear magnetic resonance spectroscopy,NMR spectroscopy)技术[16]在代谢组学领域的应用始于 20 世纪 80 年代早期。NMR 利用某些原子核(如^{1}H、^{13}C、^{17}O 和^{31}P)的磁性确定生物样本中代谢物的结构及含量。在强磁场中,NMR 活跃的原子核会在特定的频率下吸收电磁辐射;一个原子核的 NMR 信号会受到其附近原子的影响,由此引起共振频率的化学位移,因此可以利用化学位移识别待测代谢物的局部分子结构。NMR 技术的主要优势在于其对样本进行非破坏性、非选择性的分析,无须使用同位素标记的标准品即可实现对待测物的绝对定量,重复性较好,并能够提供待测物分子结构方面的信息。但 NMR 技术对所检测样本的需求量较大、检测的敏感性低也是制约其应用的关键因素。随着高场磁体、低温探头与微量探头的引入,NMR 在技术上的进步使其正在克服上述局限性。

(2)色谱-质谱联用技术。质谱分析[14,17,18]是一种测量离子质量-电荷比(质荷比,m/z)的分析方法,其基本原理是将分析样本各组分在离子源中电离,形成不同质荷比的离子,经加速电场的作用形成离子束,在质量分析器磁场的作用下按质荷比分离,形成相应的质谱图,根据质谱峰进行物质的定性和定量分析。质谱技术极大地促进了代谢组学的研究进展。在现有的代谢组学研究技术中,质谱技术拥有最高的敏感性。质谱常与色谱技术联用,在质谱分析之前先对待测物进行色谱分离。色谱分离是基于不同物质在由固定相和流动相构成的体系中具有不同的分配系数,在采用流动相洗脱过程中呈现不同的保留时间,从而实现物质的分离。常与质谱联用的色谱技术为气相色谱和液相色谱。

气相色谱技术要求待测物在低于350℃的温度下气化以通过色谱柱后被分离,因此该技术适用于分离低沸点、非极性的代谢物。同时,气相色谱分离物质的分子量范围有限,而且热不稳定的物质由于在气相色谱分离条件下容易分解,也不适于进行气相色谱分析。对样品进行衍生化处理虽能在一定程度上解决上述问题,但会降低检测的通量。气相色谱-质谱联用常用的电离技术为电子轰击(electron impact,EI)电离,在电离过程中,高能量电子轰击样品分子,引起其裂解。气相色谱-质谱联用技术的色谱保留时间和电子轰击质谱在不同仪器间均有较好的重现性,并有代谢组标准谱图库如格勒姆代谢组数据库(Golm Metabolome Database)可供检索,从而极大简化了代谢物的鉴定过程。气相色谱-质谱联用技术能够实现对低分子量代谢物如氨基酸、有机酸、脂肪酸、糖类、磷酸化代谢物以及胆固醇的检测,但其覆盖面远不及液相色谱-质谱联用技术。

近十年来,液相色谱-质谱联用技术已得到广泛应用。液相色谱利用待测物在固定相和流动相中分配系数、吸附能力等的不同实现物质的分离,适于分析热不稳定、极性和分子量较大的物质。不同的色谱柱适于分离不同的物质,传统的反相液相色谱(reversed-phase liquid chromatography,RPLC)可分离许多具有不同化学性质的代谢物,适用性广,但无法分离亲水的小分子如氨基酸、核苷酸及有机酸等。这些小分子极性强、带电荷,在反相色谱柱上无保留或保留很弱,亲水相互作用液相色谱(hydrophilic interaction liquid chromatography,HILIC)的引入则解决了这一问题。极性亲水小分子在亲水反应色谱柱上有较强的保留,因此可很好地实现分离。两种技术联合使用,相互补充,即可实现最大的代谢物覆盖面[14, 15]。传统液相色谱的分离度低于气相色谱,但2004年超高效液相色谱(ultra-high performance liquid chromatography,UPLC)技术的引入使得液相色谱能够达到与气相色谱相当的分离度,并提高了敏感性。液相色谱-质谱联用常用的电离技术为电喷雾电离(electrospray ionization,ESI)。电喷雾电离经电喷雾过程在大气压力下将测试样品分子离子化。电喷雾电离是一种"软"电离方式,一般不会使样品分子产生碎片,形成的离子为分子离子。代谢物经电离后的带电情况取决于离子源电位以及代谢物本身的性质。例如,有机酸在热力学上更倾向于脱质子,因此电离后带负电荷。一个样品通常需要在正、负离子模式下各分析一次。超高效液相色谱技术与质谱联用能够实现数千个离子特征的检测,但因为其色谱保留时间和二级质谱受实验条件影响,尚无通用的标准谱图库可供检索,只能通过分子量来推断分子式,所以对代谢物的鉴定难度大于气相色谱-质谱联用技术。

3.2.1.3 数据预处理

代谢组学数据的预处理包括滤噪、重叠峰解析、峰匹配、归一化等。在实际操作中,并非以上步骤均须完成,应结合实际情况进行选择。其中,基于色谱-质谱联用技术的代谢组学方法,由于流动相组成的微小变化、流动相梯度的重现性以及柱温的微小变化和柱表面的状态变化常导致保留时间的微小差异,因此需对谱图实行峰匹配。中国科学院大连化学物理研究所代谢组学研究中心研究了"多区域可变保留值窗口"的峰匹配算法,解决了基于色谱技术的代谢组学分析方法中峰匹配的关键技术问题[19]。

3.2.1.4 数据分析

代谢组学分析得到的是大量的、多维的、多重共线的数据,需采用多种数据分析方法充分挖掘数据的信息。在早期的代谢组学研究中,主成分分析(principal component analysis,PCA)和偏最小二乘法(partial least squares,PLS)分析是最常用的分析方法,两者分别为无监督的(unsupervised)和有监督的(supervised)数据降维分析方法[13]。近年来,岭回归(ridge regression)、LASSO 回归以及弹性网络回归(elasticnet regression)等分析方法由于在处理多重共线数据方面具有优势[20],也开始用于代谢组学的数据分析中。

3.2.2 代谢组学的研究方案

代谢组学研究有两种不同方案,即非靶向(untargeted)研究和靶向(targeted)研究。两种方案各有优劣,当两者联用时,可以在很大程度上实现优势互补。非靶向研究[21,22]试图检测生物样品中的所有或者尽可能多的小分子代谢物,包括未知的化学物质。理论上,非靶向研究的覆盖面是无偏倚的,是真正意义上的"组学"研究,因此在发现新的生物标志物方面具有巨大的潜力。但在实际应用中,非靶向研究的代谢物覆盖面仍高度依赖于检测技术,且更倾向于检出样品中本身含量较高的代谢物,不过目前在技术上尚无法实现对所有代谢物的无偏倚分析。同时,非靶向研究检出的代谢物需做定性分析,这也是该方案面临的一个巨大挑战,因为代谢物的明确鉴定需要"在相同实验条件下分析其相应的标准品,并将其与标准品做至少两个独立参数的比对"。非靶向研究一般采用高分辨质谱仪的全扫描模式(full scan)进行代谢物的检测。与非靶向研究相对的靶向研究[23,24]则仅关注生物样品中一部分选定的代谢物。三重四极杆质谱仪的多反应监测模式(multiple reaction monitoring,MRM)为非靶向研究的首选。MRM 的线性动态范围宽,可检测样品中的低浓度代谢物,同时由于每个代谢物的扫描时间足够长,定量分析有很好的敏感性和重复性,因此 MRM 成为代谢物定量分析的金标准。

3.3　代谢组学在环境暴露研究中的应用

暴露组的概念涵盖了个体生命活动中所经历的所有暴露的总体,包括来自外环境的化学物质和生物毒素及其代谢产物、膳食营养因素、肠道菌群代谢物以及生活方式等[25]。暴露组学旨在对个体暴露组进行测量,暴露组学研究的开展依赖于相应分析技术的发展和完善,这使其能够同时评价多种环境暴露[26]。因此,自暴露组概念提出以来的数十年中,学术界一直对暴露评价方法的新进展保持着高度关注。众所周知,环境暴露在人类疾病的发生、发展过程中起着重要的作用,据估计,80%～85%的人类疾病均与环境暴露存在密切关联[27]。然而,学术界对环境暴露与其健康效应的关系仍所知甚少。人体无时无刻不面对来自外环境、膳食、行为以及内源性过程的暴露,但目前暴露的危险评价仍主要基于单个物质或物质种类的检测[25, 28, 29]。因此,暴露组学研究的开展有赖于分析物覆盖面广、灵敏度和特异度高的新分析方法的发展[30]。

暴露组学研究主要面临以下挑战[30]:① 不同类别的暴露物(包括膳食等)及其代谢产物在生物样本中的浓度差别可达数个数量级;② 缺乏能同时覆盖多类别暴露物的系统的分析手段;③ 现有化合物数据库覆盖面不足,有些还缺乏 MS/MS 串联质谱图谱以进行结构鉴别;④ 缺乏自动化的数据处理平台;⑤ 如何建立环境暴露与其健康效应的关联性。广义的环境暴露还包括生活环境、工作环境和社会环境中的物理、化学、生物因素、经济因素、文化因素和生活方式(如吸烟、饮酒、锻炼与休闲、睡眠、饮食习惯等),这使得用暴露组学研究探索环境暴露与健康效应的关联性更为复杂。近年来,系统生物学,尤其是代谢组学技术快速发展,为暴露组学研究的开展提供了新的前景。环境暴露在转录组或蛋白质组层面引起的一过性的干扰到代谢组层面可放大数倍,表现为一系列内源性和外源性代谢物的水平变化;应用代谢组学技术对机体异物代谢的生化反应过程中产生代谢产物进行尽可能完整的测量,从而进一步推进学术界对环境暴露与其健康效应的理解[31]。

近年来,化合物数据库资源不断完善。例如,毒素与毒素靶标数据库(Toxin and Toxin Target Database,T3DB)[32]目前已涵盖 3 673 种毒素(包括污染物、农药、药物、食物毒素等)、2 087 条相应的毒性靶标记录,以及 42 471 个毒素-毒素靶标关系对。该数据库提供了每种毒素的毒理学机制和相应的靶标蛋白,并与其他数据库如人类代谢组数据库(Human Metabolome Database,HMDB)和 DrugBank 数据库相互链接。此外,还有涵盖了超过 5 000 种毒物的有害物质数据库(Hazardous Substances Data Bank,HSDB);著名的代谢物与串联质谱数据库(Metabolite and Tandem Mass Spectrometry Database,METLIN)涵盖了外源化学物和毒物等,并提供经实验观察或经计算机模拟的串联质谱图谱[30]。这些宝贵的数据库资源为开展暴露组学研究创造了条件。

　　尽管目前尚无将代谢组学技术用于评价多类别暴露的暴露组学相关研究的报道，但代谢组学在特定环境暴露相关健康效应评价的研究中已取得显著进展。代谢组学最初由英国帝国理工学院的 Nicholson 教授提出，在将代谢组学技术应用于环境暴露健康效应评价的研究中影响最大的也是 Nicholson 团队所领导的毒物代谢组联盟（Consortium for Metabonomic Toxicology，COMET）项目[33，34]。该项目由英国帝国理工学院和 5 家制药公司共同完成，用 80 种已知毒性药物暴露后大鼠尿液的 ^{1}H-NMR 谱构建了肝毒性、肾毒性和其他毒性预测分类的专家系统，并用该系统对近 70 种药物的肝毒性或肾毒性进行预测，结果表明该系统对肝、肾毒性的预测敏感性分别为 67% 和 41%，而对肝、肾毒性的特异性则分别为 77% 和 100%。

　　除了应用于药物毒性评价外，代谢组学技术应用于环境污染物的毒性筛查和评估也具有较好的选择性，尤其对于亚慢性毒性或低毒性环境污染物的毒性评估具有很大的优势，是环境低剂量污染物和复合污染物健康风险评估的有效手段。Huang 等以大气细颗粒物（fine particulate matter，PM2.5）对人肺上皮细胞进行体外暴露，并采用代谢组学方法发现 PM2.5 暴露影响了人肺上皮细胞的三羧酸循环、氨基酸代谢和谷胱甘肽代谢[35]。Chen 等对大鼠进行 PM2.5 暴露，发现低剂量 PM2.5 暴露即能引起与氧化损伤相关的不饱和磷脂酰胆碱含量降低、与炎症相关的溶血磷脂酰胆碱显著减少[36]。Cabaton 等研究了小鼠围生期双酚 A 暴露对仔鼠组织及血清代谢组的影响，发现双酚 A 暴露主要影响能量代谢和脑的功能[37]。扩展到人群研究层面，Ellis 等也利用代谢组学技术发现，与线粒体代谢相关的 3 个代谢物（柠檬酸、3-羟基异戊酸、4-脱氧赤酮酸）和与一碳代谢相关的 3 个代谢物（二甲基甘氨酸、肌酐、肌酸）在尿液中的水平与镉（cadmium，Cd）暴露相关联[38]。Dudka 等采集了健康人群和长期暴露于砷（arsenic，As）、镉和铅（lead，Pb）的职业工人尿液，并以 NMR 对其尿液进行代谢组学分析，发现这 3 种物质的联合暴露可显著改变人体的脂类代谢和氨基酸代谢[39]。

　　从广义上讲，人的全部生活都处于一种暴露状态中。例如，饮食习惯和吸烟等生活方式均与机体环境污染物的暴露量有密切关系，而代谢组学能对环境污染物的暴露水平进行有效的评价。由于传统的膳食研究是利用食物频率表进行膳食调查，获得的信息极不准确，若能测定血液和尿液中营养素或环境化合物代谢物的浓度，则能更准确地反映饮食摄入，从而可有效地校正问卷调查中的错误信息。欧洲癌症与营养前瞻性研究（European Prospective Investigation into Cancer and Nutrition，EPIC）将半定量食物频率表与代谢组学技术相结合，结果发现，红肉摄入可能通过铁蛋白、甘氨酸及多种脂质［磷脂酰胆碱（C36：4 与 C38：4）、溶血磷脂酰胆碱（C17：0）与羟基鞘磷脂（C14：1）］水平调节 2 型糖尿病风险[40]；地中海膳食干预研究（Prevención con Dieta Mediterránea study）也发现，血浆中高水平的短链与中链酰基肉碱与增加心血管疾病及脑卒中的风险相关联，而对血浆短链与中链酰基肉碱水平高的个体进行地中海膳食干预则有效地降低了心血管事件发生的风险[41]。除膳食因素外,Xu 等也在前瞻性队列研究中发现了吸烟相关的 21 种代谢生物标志物,并发现其中大多数代谢物(19/21)的改变在戒烟后可以逆转,为戒烟后心血管疾病发病风险降低的发生机制研究提供了线索[42]。

综上所述,在环境暴露研究中,利用代谢组学技术发现了多个与环境暴露相关联的代谢应答产物,为环境暴露的健康影响及其相关机制提供了线索和依据,并为环境暴露影响的精准预测以及暴露个体的精准干预提供了可能。

3.4 代谢组学在精准健康研究中的应用

精准医疗理论的出现推动传统的健康管理进入"精准健康管理"时代,而精准健康的实现需要基于大数据的现代分子监测技术,如基因组学、蛋白质组学、转录组学以及代谢组学支撑。其中,机体代谢组能够充分表征个体的差异,满足精准健康"个性化"的要求;随着代谢组学分析技术的发展和多元统计学在生物信息学中的运用,高通量的代谢物分析及新代谢标志物的发现成为可能,促进了精准健康在疾病监测中的运用[43]。

3.4.1 代谢组学与心血管疾病

心血管疾病是全世界范围内引起死亡事件的最主要的疾病之一。根据最新的世界卫生组织(WHO)慢性非传染性疾病全球状况报告,在 2014 年,因心血管疾病死亡人数约为 1 750 万,占当年全球总死亡人数的 31.3%[44]。根据预测,因心血管疾病死亡人数还将逐年攀升,2030 年将达到 2 330 万[45]。随着我国社会经济的繁荣、居民生活方式的变化、人口老龄化及城镇化的进程加速,心血管疾病的发病率和病死率均呈逐年上升趋势。《中国心血管病报告 2012》指出,在我国,心血管病死亡已居各种死因之首,心血管疾病患病率持续上升,成为重大公共卫生问题。

(1) 冠心病。冠状动脉粥样硬化性心脏病,简称冠心病(coronary heart disease, CHD),是因心脏冠状动脉粥样硬化病变引起血管腔狭窄或阻塞、心肌供血不足,从而导致以心肌缺血、缺氧或心肌坏死为主要表现的心脏病[46],是一种严重的、受遗传和环境等多种因素影响和相互作用所致的慢性心血管疾病[47]。冠心病的预防有赖于已知的心血管危险因素,包括肥胖、高血压及血脂异常等,但基于这些指标的发病风险评估远不能满足冠心病预测和预防的要求,几乎一半最终发展为冠心病的人发病风险评估均为低风险或中等风险[48,49]。因此,寻找新的冠心病风险预测指标迫在眉睫。

代谢组学用于冠心病研究始于 2002 年,Brindle 等人利用非靶向代谢组学技术,发现血清中小分子代谢物的核磁共振谱可以很好地区分冠心病患者与对照(灵敏度、特异度均大于 90%),且可判定冠心病的严重程度[9]。这是代谢组学在心血管领域的最早探索,虽然研究中所测得的代谢物并未获得明确鉴定,但仍显示了代谢组学在探索疾病标志物方面的巨大应用前景。Shah 等也在对 314 名冠心病患者的研究中发现,一个主要代表短链二羧基酰基肉碱类(short-chain dicarboxylacylcarnitine,SCDA)的主成分与后续死亡或心肌梗死事件发生的风险相关联,该主成分每增加一个单位,死亡或心肌梗死事件发生的风险增加近两倍[50]。随后,短链脂肪酸与心血管事件发生风险的关联在一个 2 023 人的前瞻性队列[51]以及接受冠状动脉旁路移植术患者的前瞻性研究中相继得到验证[52]。

肠道菌群胆碱代谢途径中的 3 个主要代谢物胆碱(choline)、甜菜碱(betaine)与氧化三甲胺(trimethylamine-N-oxide,TMAO)是近年来代谢组学新发现的最受瞩目的冠心病风险标志物。Wang 等首次发现这 3 个代谢物水平的升高与心血管事件的发生相关联。该研究还发现,TMAO 是胆碱与甜菜碱经肠道菌群代谢的主要产物,而磷脂酰胆碱则是食源性胆碱的主要来源,并且该研究还在动物模型中证明了 TMAO 的促动脉粥样硬化作用,从而建立了膳食→肠道菌群→动脉粥样硬化→心血管事件这一机制联系[53]。随后,这 3 种代谢物与心血管事件尤其是冠心病的关联不断在其他研究中得到验证[54-56],并发表于 *The New England Journal of Medicine*、*Nature Medicine* 以及 *European Heart Journal* 等顶级期刊。这一发现强调了肠道菌群在心血管疾病发生中的作用,为心血管疾病发生的生理机制提供了新的思路。

冠心病的前瞻性代谢组学研究仍在持续,并不断有新的发现,包括支链氨基酸和芳香族氨基酸[51, 57, 58]、多不饱和脂肪酸[58]以及多种脂质[59, 60]等均与冠心病发病风险相关联。

(2) 高血压。高血压是最常见的心血管疾病之一,也是引起心血管疾病死亡事件的首要病因[61]。尤其在非裔美国人中,其高血压的患病率和严重性均高于欧裔美国人[62]。Zheng 等在一个 896 人、由非裔美国人构成的队列研究——社区动脉粥样硬化风险研究(the Atherosclerosis Risk in Communities study,ARIC)中发现,肠道菌群代谢物 4-羟基马尿酸基线水平每升高一个标准差,会引起高血压的发病风险相应增加 17%[63]。随后,Stamler 等在宏/微营养素与血压关系的国际合作研究项目中,通过对 369 名非裔美国人和 1 190 名非拉丁裔白种美国人的膳食、营养素、尿中代谢物水平进行对比研究发现,非裔美国人血压更高在很大程度上是由于饮食习惯所导致的[64]。此外,Menni 等则在一个由 3 980 名欧洲女性构成的队列中研究发现,血浆十六烷二酸与血压水平的升高显著相关,此关联先后在两个独立队列中(共 3 009 人)得到重复,并经动物实验验证[65]。

(3) 脑卒中。脑卒中是获得性神经功能障碍的首要病因之一[66]。据估计,脑卒中在 2013 年的全球死因顺位排名中位列第二,仅次于冠心病,脑卒中引起的死亡人数(约640 万)占当年全球总死亡人数的 12%[67]。代谢组学已应用于脑卒中风险的研究。病例-对照研究发现,在急性脑梗死发作时,患者血浆样本中谷氨酰胺和甲醇水平降低,尿液样本中柠檬酸、马尿酸盐和甘氨酸水平降低,而血浆中乳酸、丙酮酸、乙醇酸、甲酸盐水平则有升高[68];在急性心源性脑卒中发作时,血浆缬氨酸、亮氨酸和异亮氨酸水平均降低[69]。Jové等则通过对 131 名一过性脑缺血发作(transient ischemic attack,TIA)患者的随访研究发现,血浆溶血磷脂酰胆碱(C16∶0)水平的升高与脑卒中复发的风险相关联,此发现在另一个由 161 名患者构成的独立队列中得到验证[70]。

尽管心血管领域的代谢组学研究已取得一定进展,但尚无亚洲人群的相关研究报道。遗传背景、膳食结构等的不同可能造成机体代谢状态的巨大差异,而心血管疾病本身在不同的种族人群间的发病风险也有明显差异[71, 72]。因此,心血管疾病的代谢组学研究需要在不同种族、不同地区的人群中进行广泛探索。

3.4.2 代谢组学与 2 型糖尿病

2 型糖尿病是以持续的高血糖、胰岛素敏感性降低和胰岛素抵抗为特征的复杂代谢性疾病,患者人数占糖尿病患者人数的 90% 以上[73]。由于人口老龄化、肥胖以及久坐、高热量饮食等生活方式的改变,自 1980 年以来,2 型糖尿病患病率在全世界各国均呈上升趋势,总患病人数增加了近 3 倍[74]。据国际糖尿病联合会估计,2015 年糖尿病现患人数已达 4.15 亿;若按此态势发展,到 2040 年,全球糖尿病患病人数将达 6.42 亿[75]。2 型糖尿病的发生是遗传和环境因素交互作用的结果,但其具体病因仍不清楚[76]。

代谢组学在糖尿病研究领域取得了显著的成果。弗莱明翰(Framingham)心脏研究团队经过 12 年随访,发现血浆中 3 种支链氨基酸(亮氨酸、异亮氨酸、缬氨酸)和 2 种芳香族氨基酸(酪氨酸和苯丙氨酸)与糖尿病的发病风险相关联;在随后的代谢组学研究中,这些氨基酸与糖尿病发病风险的关联性先后得到验证,并且研究人员还发现了大量新的糖尿病风险标志物,包括糖异生代谢物(丙氨酸、谷氨酰胺、乳酸、丁酸)、酮体(乙酰乙酸、β-羟基丁酸)等[62,77]。华中科技大学同济医学院邬堂春教授课题组在东风-同济队列与江苏慢性病队列中开展了巢式病例-对照研究,检测了 52 种血浆小分子亲水代谢物,发现血浆丙氨酸、苯丙氨酸、酪氨酸、棕榈酰肉碱水平的升高与 2 型糖尿病发病风险的增加相关联[15]。以上发现为理解糖尿病发病的病理生理过程提供了新的思路;同时,这些新的糖尿病风险标志物对于鉴定高危人群、实现糖尿病的预防也具有重大意义。

3.4.3 代谢组学与肿瘤

代谢组学技术已广泛应用于肿瘤代谢标志物的寻找。Wu 等[78]运用代谢组学技术找到了人前列腺癌的代谢标志物(前列腺癌患者血浆中葡萄糖、脯氨酸、赖氨酸、苯丙氨酸、乙酰半胱氨酸的浓度高,脂质的浓度低),进而用这些代谢标志物预测人是否患前列腺癌,结果发现这些代谢标志物对前列腺癌的预测准确率可达到93%～97%。此外,中国科学院大连化学物理研究所许国旺教授与中国人民解放军海军军医大学王红阳院士、吉林大学第一医院牛俊奇教授、华中科技大学同济医学院邬堂春教授通过多中心合作,发现血清中苯丙氨酰色氨酸和甘氨胆酸水平可有效区分肝细胞癌与肝硬化,且判别能力优于甲胎蛋白(α-fetoprotein,AFP);在邬堂春教授所在中心进行的巢式病例-对照研究中,这两种代谢物的血清水平结合 AFP 可有效预测潜伏期肝细胞癌[79]。这些研究促进了人们对癌症发生机制的认识及对癌症初发征兆的预测,为临床癌症治疗提供了新的理论依据。

3.4.4　代谢组学与其他疾病

代谢组学技术用于乙型肝炎相关肝衰竭和慢性肾病等领域研究也取得了一定的成就。华中科技大学同济医学院宁琴教授与邬堂春教授通过合作研究发现,脂质代谢紊乱[溶血磷脂酰胆碱(C22：6)、胆固醇酯(C22：6)等]与肝脏炎症性损伤的严重程度密切相关。特异性的脂质代谢分子可作为乙型肝炎相关慢加急性肝衰竭(hepatitis B virus-related acute-on-chronic liver failure,HBV-ACLF)患者早期预测、诊断和预后评估的潜在生物标志物,可有效监测 HBV-ACLF 的发病风险及病情进展[80]。Yu 等运用代谢组学技术在非裔美国人中发现血浆中焦谷氨酸和脱水山梨糖醇浓度的升高能够降低慢性肾病的发病风险[81]。Shah 等[82]在 30 名非糖尿病慢性肾病的男性患者中运用代谢组学技术研究发现,瓜氨酸、鸟氨酸、纤维蛋白肽 A、羟脯氨酸等代谢物浓度在慢性肾病的不同阶段有明显的变化。这些研究为了解慢性肾病的病理生理过程提供了新的思路,对慢性肾病的预防和治疗具有一定意义。

综上所述,代谢组学技术既可以通过代谢标志物预测疾病发生风险,也可以通过代谢途径揭示疾病形成的机制,从而在全局上控制疾病的发生,为实现精准健康做出贡献。

3.5　小结与展望

利用高通量分子监测技术分析机体体液中的代谢物,可为病理学机制研究和疾病发病风险预测带来新的思路,进而可以根据个体的表型制订个性化的治疗方案,提高治疗的效果。作为分子监测技术之一的代谢组学技术能有效地监测人体从健康状态向疾病状态转变的全过程,同时,代谢表型也能充分体现个体的差异特征。因此,代谢组学技术是实现精准健康的"利器"。在环境暴露研究中,运用代谢组学技术可发现多个与环境暴露相关联的代谢应答产物,为环境暴露的健康影响及其相关机制研究提供了线索和依据,并为环境暴露影响的精准预测以及暴露个体的精准干预提供了可能;在疾病研究中,利用代谢组学技术可发现多个与疾病发生风险相关联的生物标志物,为这些疾病发病机制的进一步探索提供了线索,也为疾病的早期精准干预提供了可能的靶标。随着代谢组学研究技术的优化以及代谢组数据库的不断完善,代谢组学必将推动环境与精准健康研究的发展。

在组学研究逐渐成为研究主流的大环境下,对各层面组学数据的整合研究是大势所趋。将基因组学、蛋白质组学和代谢组学等多项组学技术相结合,建立个体的多组学信息库,可对人体的各项生理状态有全局的认识。通过基因测序找到疾病的控制基因,通过蛋白质测序研究基因如何调节下游的信号转导途径,最后通过代谢途径分析研究基因表达蛋白调控的最终结果。对3种组学技术的分析结果进行关联分析,可对疾病的发生有更全面的认识,为疾病的诊断、监测和治疗寻找新的切入点。此外,在不远的将来,通过代谢组学与其他组学数据的整合,将呈现出一个生物系统的完整图景,因而人们可以对环境因素导致健康损害、引起环境相关性疾病的过程有更全面、更系统的理解。

参考文献

[1] Wishart D S, Tzur D, Knox C, et al. HMDB: the Human Metabolome Database [J]. Nucleic Acids Res, 2007, 35(Database issue): D521-D526.

[2] Wishart D S, Knox C, Guo A C, et al. HMDB: a knowledgebase for the human metabolome [J]. Nucleic Acids Res, 2009, 37(Database issue): D603-D610.

[3] Wishart D S, Jewison T, Guo A C, et al. HMDB 3.0 — The Human Metabolome Database in 2013 [J]. Nucleic Acids Res, 2013, 41(Database issue): D801-D807.

[4] Bain J R, Stevens R D, Wenner B R, et al. Metabolomics applied to diabetes research: moving from information to knowledge [J]. Diabetes, 2009, 58(11): 2429-2443.

[5] Robinson S W, Fernandes M, Husi H. Current advances in systems and integrative biology [J]. Comput Struct Biotechnol J, 2014, 11(18): 35-46.

[6] German J B, Hammock B D, Watkins S M. Metabolomics: building on a century of biochemistry to guide human health [J]. Metabolomics, 2005, 1(1): 3-9.

[7] Gates S C, Sweeley C C. Quantitative metabolic profiling based on gas chromatography [J]. Clin Chem, 1978, 24(10): 1663-1673.

[8] Van der Greef J, Leegwater D C. Urine profile analysis by field desorption mass spectrometry, a technique for detecting metabolites of xenobiotics. Application to 3,5-dinitro-2-hydroxytoluene [J]. Biomed Mass Spectrom, 1983, 10(1): 1-4.

[9] Brindle J T, Antti H, Holmes E, et al. Rapid and noninvasive diagnosis of the presence and severity of coronary heart disease using 1H-NMR-based metabonomics [J]. Nat Med, 2002, 8 (12): 1439-1444.

[10] Oliver S G. From gene to screen with yeast [J]. Curr Opin Genet Dev, 1997, 7(3): 405-409.

[11] Nicholson J K, Lindon J C, Holmes E. "Metabonomics": understanding the metabolic responses

of living systems to pathophysiological stimuli via multivariate statistical analysis of biological NMR spectroscopic data [J]. Xenobiotica, 1999, 29(11): 1181-1189.

[12] Fiehn O, Kopka J, Dormann P, et al. Metabolite profiling for plant functional genomics [J]. Nat Biotechnol, 2000, 18(11): 1157-1161.

[13] 许国旺, 路鑫, 杨胜利. 代谢组学研究进展[J]. 中国医学科学院学报, 2007, 29(6): 701-711.

[14] Dunn W B, Broadhurst D, Begley P, et al. Procedures for large-scale metabolic profiling of serum and plasma using gas chromatography and liquid chromatography coupled to mass spectrometry [J]. Nat Protoc, 2011, 6(7): 1060-1083.

[15] Qiu G, Zheng Y, Wang H, et al. Plasma metabolomics identified novel metabolites associated with risk of type 2 diabetes in two prospective cohorts of Chinese adults [J]. Int J Epidemiol, 2016, 45(5): 1507-1516.

[16] Beckonert O, Keun H C, Ebbels T M, et al. Metabolic profiling, metabolomic and metabonomic procedures for NMR spectroscopy of urine, plasma, serum and tissue extracts [J]. Nat Protoc, 2007, 2(11): 2692-2703.

[17] Pan Z, Raftery D. Comparing and combining NMR spectroscopy and mass spectrometry in metabolomics [J]. Anal Bioanal Chem, 2007, 387(2): 525-527.

[18] Zhou B, Xiao J F, Tuli L, et al. LC-MS-based metabolomics [J]. Mol Biosyst, 2012, 8(2): 470-481.

[19] Yang J, Xu G, Zheng Y, et al. Strategy for metabonomics research based on high-performance liquid chromatography and liquid chromatography coupled with tandem mass spectrometry [J]. J Chromatogr A, 2005, 1084(1-2): 214-221.

[20] Ogutu J O, Schulz-Streeck T, Piepho H P. Genomic selection using regularized linear regression models: ridge regression, lasso, elastic net and their extensions [J]. BMC Proc, 2012, 6 Suppl 2: S10.

[21] Vorkas P A, Isaac G, Anwar M A, et al. Untargeted UPLC-MS profiling pipeline to expand tissue metabolome coverage: application to cardiovascular disease [J]. Anal Chem, 2015, 87(8): 4184-4193.

[22] Naz S, Vallejo M, Garcia A, et al. Method validation strategies involved in non-targeted metabolomics [J]. J Chromatogr A, 2014, 1353: 99-105.

[23] Koal T, Deigner H P. Challenges in mass spectrometry based targeted metabolomics [J]. Curr Mol Med, 2010, 10(2): 216-226.

[24] Dudley E, Yousef M, Wang Y, et al. Targeted metabolomics and mass spectrometry [J]. Adv Protein Chem Struct Biol, 2010, 80: 45-83.

[25] Miller G W, Jones D P. The nature of nurture: refining the definition of the exposome [J]. Toxicol Sci, 2014, 137(1): 1-2.

[26] Wild C P. The exposome: from concept to utility [J]. Int J Epidemiol, 2012, 41(1): 24-32.

[27] Uppal K, Walker D I, Liu K, et al. Computational metabolomics: a framework for the million metabolome [J]. Chem Res Toxicol, 2016, 29(12): 1956-1975.

[28] Vrijheid M, Slama R, Robinson O, et al. The human early-life exposome (HELIX): project rationale and design [J]. Environ Health Perspect, 2014, 122(6): 535-544.

[29] Vejdovszky K, Schmidt V, Warth B, et al. Combinatory estrogenic effects between the isoflavone genistein and the mycotoxins zearalenone and alternariol in vitro [J]. Mol Nutr Food Res, 2017, 61(3): 1600526.

［30］ Warth B, Spangler S, Fang M, et al. Exposome-scale investigations guided by global metabolomics, pathway analysis, and cognitive computing ［J］. Anal Chem, 2017, 89(21): 11505-11513.

［31］ Holland N. Future of environmental research in the age of epigenomics and exposomics ［J］. Rev Environ Health, 2017, 32(1-2): 45-54.

［32］ Wishart D, Arndt D, Pon A, et al. T3DB: the toxic exposome database ［J］. Nucleic Acids Res, 2015, 43(Database issue): D928-D934.

［33］ Nicholson J, Keun H, Ebbels T. COMET and the challenge of drug safety screening ［J］. J Proteome Res, 2007, 6(11): 4098-4099.

［34］ Ebbels T M, Keun H C, Beckonert O P, et al. Prediction and classification of drug toxicity using probabilistic modeling of temporal metabolic data: the consortium on metabonomic toxicology screening approach ［J］. J Proteome Res, 2007, 6(11): 4407-4422.

［35］ Huang Q Y, Zhang J, Luo L Z, et al. Metabolomics reveals disturbed metabolic pathways in human lung epithelial cells exposed to airborne fine particulate matter ［J］. Toxicology Research, 2015, 4(4): 939-947.

［36］ Chen W L, Lin C Y, Yan Y H, et al. Alterations in rat pulmonary phosphatidylcholines after chronic exposure to ambient fine particulate matter ［J］. Mol Biosyst, 2014, 10(12): 3163-3169.

［37］ Cabaton N J, Canlet C, Wadia P R, et al. Effects of low doses of bisphenol A on the metabolome of perinatally exposed CD-1 mice ［J］. Environ Health Perspect, 2013, 121(5): 586-593.

［38］ Ellis J K, Athersuch T J, Thomas L D, et al. Metabolic profiling detects early effects of environmental and lifestyle exposure to cadmium in a human population ［J］. BMC Med, 2012, 10: 61.

［39］ Dudka I, Kossowska B, Senhadri H, et al. Metabonomic analysis of serum of workers occupationally exposed to arsenic, cadmium and lead for biomarker research: a preliminary study ［J］. Environ Int, 2014, 68: 71-81.

［40］ Wittenbecher C, Muhlenbruch K, Kroger J, et al. Amino acids, lipid metabolites, and ferritin as potential mediators linking red meat consumption to type 2 diabetes ［J］. Am J Clin Nutr, 2015, 101(6): 1241-1250.

［41］ Guasch-Ferre M, Zheng Y, Ruiz-Canela M, et al. Plasma acylcarnitines and risk of cardiovascular disease: effect of Mediterranean diet interventions ［J］. Am J Clin Nutr, 2016, 103(6): 1408-1416.

［42］ Xu T, Holzapfel C, Dong X, et al. Effects of smoking and smoking cessation on human serum metabolite profile: results from the KORA cohort study ［J］. BMC Med, 2013, 11: 60.

［43］ Beger R D, Dunn W, Schmidt M A, et al. Metabolomics enables precision medicine: "A White Paper, Community Perspective" ［J］. Metabolomics, 2016, 12(10): 149.

［44］ Mendis S, Davis S, Norrving B. Organizational update: the world health organization global status report on noncommunicable diseases 2014; one more landmark step in the combat against stroke and vascular disease ［J］. Stroke, 2015, 46(5): e121-e122.

［45］ Mathers C D, Loncar D. Projections of global mortality and burden of disease from 2002 to 2030 ［J］. PLoS Med, 2006, 3(11): e442.

［46］ Libby P. Current concepts of the pathogenesis of the acute coronary syndromes ［J］. Circulation, 2001, 104(3): 365-372.

［47］ Humphries S E, Talmud P J, Hawe E, et al. Apolipoprotein E4 and coronary heart disease in middle-aged men who smoke: a prospective study [J]. Lancet, 2001, 358(9276): 115-119.

[48] Wang T J. Assessing the role of circulating, genetic, and imaging biomarkers in cardiovascular risk prediction [J]. Circulation, 2011, 123(5): 551-565.

[49] Hoefer I E, Steffens S, Ala-Korpela M, et al. Novel methodologies for biomarker discovery in atherosclerosis [J]. Eur Heart J, 2015, 36(39): 2635-2642.

[50] Shah S H, Bain J R, Muehlbauer M J, et al. Association of a peripheral blood metabolic profile with coronary artery disease and risk of subsequent cardiovascular events [J]. Circ Cardiovasc Genet, 2010, 3(2): 207-214.

[51] Shah S H, Sun J L, Stevens R D, et al. Baseline metabolomic profiles predict cardiovascular events in patients at risk for coronary artery disease [J]. Am Heart J, 2012, 163(5): 844-850. e1.

[52] Shah A A, Craig D M, Sebek J K, et al. Metabolic profiles predict adverse events after coronary artery bypass grafting [J]. J Thorac Cardiovasc Surg, 2012, 143(4): 873-878.

[53] Wang Z, Klipfell E, Bennett B J, et al. Gut flora metabolism of phosphatidylcholine promotes cardiovascular disease [J]. Nature, 2011, 472(7341): 57-63.

[54] Tang W H, Wang Z, Levison B S, et al. Intestinal microbial metabolism of phosphatidylcholine and cardiovascular risk [J]. N Engl J Med, 2013, 368(17): 1575-1584.

[55] Koeth R A, Wang Z, Levison B S, et al. Intestinal microbiota metabolism of L-carnitine, a nutrient in red meat, promotes atherosclerosis [J]. Nat Med, 2013, 19(5): 576-585.

[56] Wang Z, Tang W H, Buffa J A, et al. Prognostic value of choline and betaine depends on intestinal microbiota-generated metabolite trimethylamine-N-oxide [J]. Eur Heart J, 2014, 35 (14): 904-910.

[57] Magnusson M, Lewis G D, Ericson U, et al. A diabetes-predictive amino acid score and future cardiovascular disease [J]. Eur Heart J, 2013, 34(26): 1982-1989.

[58] Wurtz P, Havulinna A S, Soininen P, et al. Metabolite profiling and cardiovascular event risk: a prospective study of 3 population-based cohorts [J]. Circulation, 2015, 131(9): 774-785.

[59] Stegemann C, Pechlaner R, Willeit P, et al. Lipidomics profiling and risk of cardiovascular disease in the prospective population-based Bruneck study [J]. Circulation, 2014, 129(18): 1821-1831.

[60] Ganna A, Salihovic S, Sundstrom J, et al. Large-scale metabolomic profiling identifies novel biomarkers for incident coronary heart disease [J]. PLoS Genet, 2014, 10(12): e1004801.

[61] Danaei G, Finucane M M, Lin J K, et al. National, regional, and global trends in systolic blood pressure since 1980: systematic analysis of health examination surveys and epidemiological studies with 786 country-years and 5. 4 million participants [J]. Lancet, 2011, 377(9765): 568-577.

[62] Roger V L, Go A S, Lloyd-Jones D M, et al. Heart disease and stroke statistics — 2011 update: a report from the American Heart Association [J]. Circulation, 2011, 123(4): e18-e209.

[63] Zheng Y, Yu B, Alexander D, et al. Metabolomics and incident hypertension among blacks: the atherosclerosis risk in communities study [J]. Hypertension, 2013, 62(2): 398-403.

[64] Stamler J, Brown I J, Yap I K, et al. Dietary and urinary metabonomic factors possibly accounting for higher blood pressure of black compared with white Americans: results of International Collaborative Study on macro-/micronutrients and blood pressure [J]. Hypertension, 2013, 62 (6): 1074-1080.

[65] Menni C, Graham D, Kastenmuller G, et al. Metabolomic identification of a novel pathway of blood pressure regulation involving hexadecanedioate [J]. Hypertension, 2015, 66(2): 422-429.

[66] European Registers of Stroke (EROS) Investigators, Heuschmann P U, Di Carlo A, et al. Incidence of stroke in Europe at the beginning of the 21st century [J]. Stroke, 2009, 40(5): 1557-1563.

[67] GBD 2013 Mortality and Causes of Death Collaborators. Global, regional, and national age-sex specific all-cause and cause-specific mortality for 240 causes of death, 1990-2013: a systematic analysis for the Global Burden of Disease Study 2013 [J]. Lancet, 2015, 385(9963): 117-171.

[68] Jung J Y, Lee H S, Kang D G, et al. 1H-NMR-based metabolomics study of cerebral infarction [J]. Stroke, 2011, 42(5): 1282-1288.

[69] Kimberly W T, Wang Y, Pham L, et al. Metabolite profiling identifies a branched chain amino acid signature in acute cardioembolic stroke [J]. Stroke, 2013, 44(5): 1389-1395.

[70] Jové M, Mauri-Capdevila G, Suárez I, et al. Metabolomics predicts stroke recurrence after transient ischemic attack [J]. Neurology, 2015, 84(1): 36-45.

[71] Cooper R, Cutler J, Desvigne-Nickens P, et al. Trends and disparities in coronary heart disease, stroke, and other cardiovascular diseases in the United States: findings of the national conference on cardiovascular disease prevention [J]. Circulation, 2000, 102(25): 3137-3147.

[72] Karlamangla A S, Merkin S S, Crimmins E M, et al. Socioeconomic and ethnic disparities in cardiovascular risk in the United States, 2001-2006 [J]. Ann Epidemiol, 2010, 20(8): 617-628.

[73] Defronzo R A. Banting Lecture. From the triumvirate to the ominous octet: a new paradigm for the treatment of type 2 diabetes mellitus [J]. Diabetes, 2009, 58(4): 773-795.

[74] NCD Risk Factor Collaboration (NCD-RisC). Worldwide trends in diabetes since 1980: a pooled analysis of 751 population-based studies with 4.4 million participants [J]. Lancet, 2016, 387 (10027): 1513-1530.

[75] Federation I D. IDF Diabetes Atlas, 7th edn[M]. http://wwwdiabetesatlasorg/ 2015.

[76] Hu F B. Globalization of diabetes: the role of diet, lifestyle, and genes [J]. Diabetes Care, 2011, 34(6): 1249-1257.

[77] Wang T J, Larson M G, Vasan R S, et al. Metabolite profiles and the risk of developing diabetes [J]. Nat Med, 2011, 17(4): 448-453.

[78] Wu C L, Jordan K W, Ratai E M, et al. Metabolomic imaging for human prostate cancer detection [J]. Sci Transl Med, 2010, 2(16): 16ra8.

[79] Luo P, Yin P, Hua R, et al. A large-scale, multicenter serum metabolite biomarker identification study for the early detection of hepatocellular carcinoma [J]. Hepatology, 2017. doi: 10.1002/hep.29561.

[80] Wang X F, Wu W Y, Qiu G K, et al. Plasma lipidomics identifies novel biomarkers in patients with hepatitis B virus-related acute-on-chronic liver failure [J]. Metabolomics, 2017, 13: 76.

[81] Yu B, Zheng Y, Nettleton J A, et al. Serum metabolomic profiling and incident CKD among African Americans [J]. Clin J Am Soc Nephrol, 2014, 9(8): 1410-1417.

[82] Shah V O, Townsend R R, Feldman H I, et al. Plasma metabolomic profiles in different stages of CKD [J]. Clin J Am Soc Nephrol, 2013, 8(3): 363-370.

4

基因组学在精准健康研究中的应用

　　精准健康可以更快速、高效、准确地进行疾病的个体化检测、诊断、预测和治疗,而基因组学则是实现精准医学和精准健康的重要手段之一,尤其是基因测序、外显子测序、基因组数据的解读以及生物芯片的应用在精准医学、精准健康中发挥着重要的作用。世界上每个人的遗传信息都具有个体特异性,并且其生活方式、生活环境也不尽相同,如果对基因检测后的遗传数据与环境暴露信息进行精细分析和解读,获得全方位、可量化、有前瞻性和实效性的个体数据,则可以为每一个人量身定制最合适的健康管理、疾病预测以及疾病治疗的方案,从而实现个体化的精准健康管理。基因组学技术和方法的快速进化,生物信息学的高速发展,大数据和基因组学的加速融合,都有助于实现基因组学与精准健康的无缝衔接,改善人类健康。

4.1　概述

4.1.1　基因组学的相关概念

　　1865 年,奥地利遗传学家孟德尔(Gregor Johann Mendel)提出,生物的遗传性状是通过"遗传因子(hereditary factor)"进行传递的。丹麦遗传学家约翰逊(Wilhelm Ludwig Johannsen)在 1909 年的《精密遗传学原理》中首次提出"基因(gene)"一词。基因是具有遗传效应的 DNA 分子片段,是 DNA 分子上具有遗传效应的特定核苷酸序列的总称。基因组(genome)是指一个细胞或生物体所携带的一套完整的单倍体 DNA(部分病毒是 RNA)序列,包含全套基因和间隔序列。基因组学(genomics)是指通过基因组的分析手段,对所有基因进行核苷酸序列分析、基因定位分析、基因组结构及功能分析、基因组作图以及时序表达模式分析。

　　1985 年,美国科学家率先提出并于 1990 年正式启动的首个大规模生物学项目——人类基因组计划(Human Genome Project,HGP),是一项由多国科学家共同参与的复杂和伟大的工程。科学家们希望通过人类基因组计划阐明人类基因组的核苷酸序列,绘制图谱,识别其载有的基因及其序列,建立人类基因组图谱及测序的数据库,最终破译人类遗传信息。

4.1.2　基因组学的研究内容

基因组学研究的主要内容是结构基因组学和功能基因组学。结构基因组学是指以全基因组为基础的高通量蛋白质结构测定,通过将生物体基因组分解成小的易操作的结构区域,构建高分辨率的遗传图谱(genetic map)、物理图谱(physical map)、转录图谱(transcription map),并通过核苷酸序列分析确定基因的构成、结构和定位。目前全世界建立了许多结构基因组研究中心,用于开展包括快速高效测定蛋白质及其复合物的结构、筛选和提高蛋白质的表达及溶解性等的结构基因组学研究。目前,蛋白质数据库中已经储存了5万多个结构,包括被鉴定为新结构折叠的结构。功能基因组学又称后基因组学(post-genomics),是基于基因组序列提供的信息和产物,利用各种组学技术,在基因组或系统水平上将基因组序列与基因功能以及表型有机联系起来,全面分析基因功能,最终揭示自然界生物系统在不同水平的功能,以基因功能鉴定为目标。功能基因组学具有高通量、大规模实验方法、统计与计算机分析的特征,多应用于基因信息的发现、识别和鉴定,基因功能信息的提取和鉴定,基因多样性分析,基因组突变检测、表达及调控分析,比较基因组学等研究。新型的功能基因组学实验方法可以识别生物控制的表达数量性状基因位点,并描述人类遗传变异和生物结构在控制复杂疾病中的作用。

4.1.3　基因组学研究的意义

开展基因组结构和功能分析的研究在生物学研究、医学、生物技术、制药工业、社会经济、生物进化等方面均有重要的意义。

(1)通过基因组测序,可以在整个基因组结构的宏观水平上了解基因的功能和空间结构,基因在表达调控机制上相互之间的联系以及基因对 DNA 复制、基因转录和表达调控的影响和作用,也可以了解与生物 DNA 正常复制和重组有关的序列及其变化,比较不同物种之间在 DNA 序列和基因结构上的差异,认识生物的起源和进化。

(2)研究基因突变、重排和染色体断裂等方面的 DNA 病理改变,研究染色体和个体之间的多态性,了解人类各种疾病的分子机制,为诊断、预防和治疗疾病提供理论依据。

(3)利用基因组学的工具和方法,测定遗传因素与环境因素之间的关系,鉴定基因和代谢途径在健康和疾病中的角色,了解遗传因素、环境因素在人类健康和疾病中的作用,通过临床试验和观察性研究预测疾病的敏感性和药物反应,以及应用新的基因和代谢途径知识开发新的、有效的疾病治疗方法,进行疾病的早期筛查和诊断,评估、维持和改善人类的健康状况。

4.2　基因组学的研究技术与方法

4.2.1　基因组学的研究技术

近年来,相继出现的基因组测序、人类基因组计划等新技术,尤其是处于研究前沿的预测分析和精准医疗技术,具有快速、精准和便捷的特点。基因组研究工具的日益发展和普及,使人们可以通过了解、分析个体的基因组信息,将个体的基因组信息应用于个体健康管理和临床实践中,为精准健康管理、医疗诊断和靶向治疗提供了一种全新的方式,体现了基因组医学的真正价值。

1) 核酸测序(nucleic acid sequencing)和全基因组测序(whole genome sequencing)技术

1977 年第一代测序技术诞生,其代表是双脱氧链终止法测序技术(Sanger 测序技术)、化学降解法测序技术、焦磷酸测序技术和杂交测序技术。读取长度为 1 000 bp 的第一代测序技术有以下特点:方法简便、分辨率高、测序片段长、可测定未知 DNA 序列、序列分析简单和结果准确可靠,但同时具有成本高、测速慢、测序长度有限等缺点。第二代测序技术的基本原理是通过荧光检测新合成被标记的核苷酸,边合成边测序,测序长度达 1 000 bp,读取长度 200 bp,准确度高于 99%。目前世界上三大主流第二代测序公司的技术是罗氏(Roche)公司的 454 焦磷酸测序技术、Illumina 公司的边合成边测序技术及应用生物系统公司(Apply Biosystems,ABI)的连接法测序技术。第二代测序技术具有简单、快速、自动化、需要样品量少、高准确度、可扩展的超高通量、成本降低、测序速度提高等特点。第三代测序技术实现了以单个 DNA 分子作为测序对象,可以进行单分子实时(single molecule real-time,SMRT)测序、纳米孔测序(nanopore sequencing)、边合成边测序等,具有更高通量、更快测序速度(每秒 10 个 dNTP)、更长读取长度(高达 50～100 kb)、更短测序时间、更低成本、更高准确率(最高可达 99.99%)等优点。单分子实时测序是基于纳米孔的单分子读取技术,检测并区分匹配碱基与游离碱基,从而测定 DNA 序列,其代表是 Pacific Biosciences 公司的 SMRT 测序仪和 Helicos 公司的 Heliscope 测序仪。纳米孔测序是基于纳米孔技术,模拟自然通道的功能对允许通过生物和固态纳米孔的核酸进行实时、选择性、高通量的分析。该技术以 Oxford Nanopore 公司推出的 Nanopore 测序仪为代表。全基因组测序是对未知基因组序列的物种进行个体的基因组测序,可以利用全世界的公共人类基因组数据库和各个人类基因组测序项目提供的大量基因组序列进行基因组学研究,该技术是目前基因组学应用最广泛的技术之一。随着测序技术的发展和测序价格的逐渐下降,人们可用更低的成本处理大量数据,由此加速了人类基因组数据库的建立,也给提供合适的人类参考基因组研究带来了新的机遇和挑战,基于测序的科研和临床应用越来越被接受。核酸测序技术发展过程如图4-1所示。

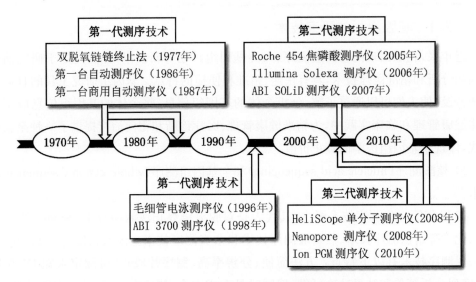

图 4-1　核酸测序技术发展过程

2) 生物芯片技术

生物芯片(biochip)是高密度固定在互相支持介质上的生物信息分子(基因片段、DNA片段或多肽、蛋白质、组织等)的微阵列杂交型芯片,具有高通量、平行化、微量化的特点。生物芯片根据用途可以分为基因芯片、蛋白质芯片和组织芯片三类(见图4-2)。生物芯片技术是基于生物分子间特异性相互作用的原理,将生命科学领域中不连续的分析过程集成于芯片表面,从而实现对DNA、RNA、多肽、蛋白质以及其他生物成分的高通量、准确、快速地检测,多应用于医学诊断、精准医疗、药物发现、疾病监测等方面,促进分子诊断学、精准医学、遗传学等的发展。

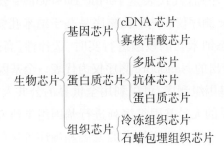

图 4-2　生物芯片的分类

基因芯片(gene chip)又称 DNA 芯片(DNA chip)或 DNA 微阵列(DNA microarray)，是最重要的一种生物芯片，也是基因组学研究中最常用的生物芯片，是利用原位合成技术将大量靶基因片段或者基因探针按一定的次序排列在固体基质上合成数以百万计的核酸探针，将目标 RNA 进行反转录、扩增和荧光标记，再进行大规模的杂交。基因芯片具有实时、高灵敏度、高准确度、操作简单、高通量、大规模、微型化、自动化等特点。基因芯片技术可以用于 SNP 芯片、比较基因组杂交芯片等基因组层次，表达谱芯片、miRNA 芯片等转录组层次，以及 ChIP-chip、DNA 甲基化芯片等表观遗传学层次的各项研究。光掩膜原位合成技术、喷墨打印技术和微珠芯片技术是基因芯片的主流技术。

蛋白质芯片(protein chip)是以体液、组织液中的蛋白质代替 DNA 作为检测对象，在蛋白质水平上检测表达模式。蛋白质芯片技术适用于细胞、血清、血浆及组织样本，可以用于蛋白质差异表达筛选、信号转导途径磷酸化水平检测、细胞因子定量检测等。

组织芯片(tissue chip)是将许多不同个体的组织标本以规则阵列的方式排布于同一载体上，进行同一指标的原位组织学研究。组织芯片可以用于研究同一种基因或蛋白质分子在不同细胞或组织中的表达，寻找致病基因以及与肿瘤发生、发展及预后相关的生物分子标志物等。

3) 全基因组重测序技术

全基因组重测序(whole genome resequencing)是从人类基因组扩展而来，是通过对基因组序列已知的个体进行基因组测序，再从个体或群体水平进行差异性分析的方法。生物中的基因、区域乃至整个基因组都可在多个生物个体中进行重新测序。全基因组重测序的基本原理是通过与已知序列的比对，寻找单核苷酸序列多态性(single nucleotide polymorphism，SNP)位点、插入或缺失(insertion or deletion，InDel)位点、结构变异(structure variation，SV)位点及拷贝数变化(copy number variation，CNV)。全基因组重测序是研究复杂疾病、致病性、进化和个体化基因变异的重要工具，但一直受目前技术成本和产量的限制。

4) 宏基因组测序技术

宏基因组测序(metagenome sequencing)是利用基因组学技术对微生物群体基因组进行序列测定，分析微生物群体基因组成，筛选、寻找和鉴定疾病相关的微生物、基因及其功能，探求微生物与环境、微生物与宿主之间的关系。宏基因组测序具有高通量和高性价比的特点，并且可以揭示绝大多数被传统培养方法所忽略的微生物和基因，目前已经广泛应用于基因组学研究领域。目前，人类肠道宏基因组计划(Metagenomics of the Human Intestinal Tract，MetaHIT)、人类微生物组计划(Human Microbiome Project，HMP)、全球海洋调查(Global Ocean Sampling expedition，GOS)和地球微生物组计划(Earth Microbiome Project，EMP)是宏基因组研究的热点。

5) 外显子组测序技术

外显子组序列约占人类基因组序列的 1%，外显子组测序是利用探针杂交富集外显子区域的 DNA 序列，通过高通量测序，发现与蛋白质功能变异相关遗传突变的技术手段。外显子组捕获常用芯片杂交、PCR 和液相杂交等捕获方法。与全基因组测序相比，外显子组测序覆盖度更深，数据准确性更高，更加经济，更加高效。全基因组测序主要是研究最小等位基因频率大于 5% 的 SNP 与疾病的关系，而外显子组测序可以发现低频变异和罕见变异与疾病的关联，并能检测到全基因组测序错过的小变异。但是，外显子组测序的缺点是只能检测到外显子区域内部或者边界的变异信息，无法检测到基因组内较大的结构性变异。Ion Proton™ System、HiSeq 和 NimbleGen 是目前外显子组测序的主流平台。

6) 目标区域测序技术

目标区域测序（target region sequencing）又称靶向基因测序，是通过定制感兴趣的目标基因组区域的探针，与基因组 DNA 进行杂交，将目标区域 DNA 富集后进行高通量测序的技术手段，更经济有效、更高通量、更短研究周期，获取指定目标 DNA 序列的方法主要有捕获法和 PCR 扩增法。该技术可有针对性地对特定区域进行遗传变异研究，能够获得指定目标区域的遗传信息，具有更深的覆盖度和更高的准确性，既提高了研究效率，又降低了研究成本，也更适合大样本研究。该技术多应用于疾病基因和易感基因的检测、单基因病遗传检测以及用药指导的基因检测等。HiSeq、NimbleGen 和 Agilent 是常用目标区域测序的平台。

7) 转基因技术和基因敲除技术

转基因技术（transgenic technology）是将某种生物体的基因或 DNA 转入另一种生物体的细胞基因组中，引起生物体性状稳定地表达和遗传的技术，可以使生物体出现预期的新性状，培育出新品种。基因敲除（gene knockout）技术是通过某种技术手段使机体特定的基因失活或者缺失的技术，具有位点专一性强、修饰准确、效果稳定的特点。目前转基因技术和基因敲除技术是改造生物遗传物质较为理想的实验方法，多应用于建立诊断和治疗人类疾病的动物模型、研究发育过程的特异性基因表达等。

8) 生物信息学技术

生物信息学（bioinformatics）是 20 世纪 80 年代末随着人类基因组计划的启动而兴起的一门新的交叉学科，通过运用数学、计算机科学和生物学的各种工具，获取、处理、储存、分发、分析和解释各种生物信息，揭示大量生物数据包含的复杂生物学意义。数学统计方法、人工神经网络技术、动态规划方法、生物分子的计算机模拟、机器学习与模式识别技术、互联网技术、数据库技术及数据挖掘、分子模型化技术、量子力学与分子力学计算等都是生物信息学常用的方法和技术。生物信息学多应用于序列比对、序列分析、功能基因组、基因表达数据分析、蛋白质结构预测、药物设计等方面。基因组学研究的每种技术和分析方法都涉及生物信息学分析。例如，对数据进行整理和质量控制分析，绘制多样性曲线，通过代谢途径分析、COG 注释、碳水化合物活性酶(CAZyme)注释等进行基因功能分析，进行基因差异性分析、聚类分析、主成分分析等个性化分析。生物信息学数据库及软件具有种类多样、更新和增长快速、复杂性增加、高度计算机化和网络化的特征，可以用于数据自动化管理、数据处理及分析、数据搜索、数据挖掘、基因及其结构功能的预测。

目前常用的基因组学生物信息数据库有：美国国家生物技术信息中心(National CenterforBiotechnology Information，NCBI) 的 GenBank 数据库(http://www. ncbi. nlm. nih. gov)，GenBank 的二级数据库表达序列标签数据库(dbEST)、序列标签位点数据库(dbSTS)、基因组调查序列数据库(dbGSS)，日本信息生物学中心(Center for Information Biology，CIB)的 DNA 数据库 DDBJ(http://www. ddbj. nig. ac. jp/)，欧洲生物信息学研究所的核酸序列数据库 EMBL(http://www. ebi. ac. uk/)，NCBI 的另一个核酸数据库 UniGene(http://www. ncbi. nlm. nih. gov/UniGene/)，中国自主开发的核酸序列公共数据库 BioSino(http://www. biosino. org/)，日本京都大学生物信息学中心的 KEGG 数据库(http://www. kegg. jp/)，基因本体联合会的 GO 数据库(http://www. geneontology. org/)，美国国立卫生研究院的 DAVID 数据库(https:// david. ncifcrf. gov/)等。常用的生物信息学工具有 ArrayVision(基因芯片分析软件)、GraphPad Prism(生物学统计、曲线拟合以及作图软件)、Origin(绘图与数据分析软件)、Cluster(大量微矩阵数据分析软件)、TreeView(用于显示 Cluster 软件分析的图形化结果的软件)、R 软件(用于统计计算和统计制图的软件)、SAS 软件(数据统计分析软件)、SPSS 软件(数据处理及统计软件)、Plink(全基因组关联分析工具集)、DNAStar(DNA 序列分析软件)、Primer Premier(引物设计软件)、DNATools(序列分析软件)、Phylip (进化树分析软件)、Cytoscape(基因蛋白质互相作用分析软件)、Haploview(单倍型分析软件)等。

4.2.2 基因组学的分析方法

基因组学数据基本都是大数据，不仅超高维数，而且变量之间的作用关系复杂，因此分析方法的选择也是一个大挑战。基因组学的数据分析多数是基于生物信息学方法，结合统计学方法，运用各种软件及程序进行研究。

1) 单核苷酸序列多态性分析

单核苷酸序列多态性(SNP)是指在基因组上单个核苷酸变异形成的遗传标记。一般而言，SNP 是指变异频率大于 1% 的单核苷酸变异，它是人类可遗传的变异中最常见的一种，占所有已知单核苷酸序列多态性的 90% 以上。SNP 与人体许多表型差异、对药物或疾病的易感性等都有关。SNP 分析被广泛用于群体遗传学研究和疾病相关基因的研究,常用方法包括 TaqMan 探针法、SNaPshot 法、高分辨率熔解曲线分析(HRM)法、MassARRAY 法和 Illumina BeadXpress 法等。

2) 表达序列标签分析

表达序列标签(expressed sequence tags,EST)是从互补 DNA(cDNA)分子所测得的部分序列的短段 DNA(通常为 300~500 bp)。EST 分析被广泛应用于基因识别、基因预测、基因组功能注释、基因表达谱分析、SNP 分析、基因表达水平分析、DNA 芯片制备等。EMBL、GenBank(dbEST)、DDBJ 等是常用的储存 EST 原始数据的一级数据库,UniGene、TIGR Gene Indices、STACK 等是对 EST 进行聚类拼接的二级数据库。

3) 基因表达系列分析

基因表达系列分析(serial analysis of gene expression,SAGE)是一种快速、有效分析基因表达信息的技术,是通过快速和详细分析成千上万个 EST 找出表达丰度不同的 SAGE 标签序列,从而可以获得接近完整的基因组表达信息,具备 PCR 和手动测序器具的实验室都可以进行基因表达系列分析。基因表达系列分析可应用于获取基因表达信息、绘制全基因组转录图谱、定量比较不同状态下的特异基因表达、寻找新基因等。基因芯片分析与基因表达系列分析是目前最常见的两种基因表达谱研究方法。

4) 基因预测及基因组注释

基因预测的基本原理是序列同源比、从头预测及一致性算法。基因预测常用序列相似性比较方法、马尔可夫模型与隐马尔可夫模型方法、神经网络方法等,常用 GeneMark、Glimmer、FGENESH、GENSCAN、HMMgene 等基于同源性的预测工具,以及 TwinScan 等基于比较基因组学的预测工具。基因组注释(genome annotation)是利用生物信息学方法和工具,对基因组中所有基因的生物学功能进行高通量注释,可应用于基因结构预测和基因功能注释、重复序列的识别以及非编码 RNA 的预测等方面。KEGG、Gene Ontology、InterPro、UniProt 等是目前使用最为广泛的蛋白质功能数据库。目前进行全基因组测序的基因功能注释普遍采用比对方法。

5) 基因芯片分析

芯片数据可以进行差异表达基因分析、基因共表达分析、基因表达数据的聚类等。芯片数据归一化处理后,常用倍数差异计算筛选、t 检验、基因芯片显著性分析(SAM)方法、主成分分析、聚类分析等统计分析方法寻找差异基因。对差异基因进行功能注释,可以通过差异基因基本信息注释、GO 富集分析、miRNA 关联查询、Pathway 富集度分析、蛋白质相互作用关联分析等方法实现。

6) 全基因组关联分析

全基因组关联分析(genome-wide association study,GWAS)是指以百万计的 SNP 作为分子遗传标记,在人类全基因组范围内找出存在的序列变异,进行全基因组水平上的对照分析或相关性分析,从中筛选出与疾病发生、发展及治疗相关的遗传基因。全基因组关联分析可以是基于无关个体的关联分析,也可以是基于家系的关联研究。例如,宏基因组关联分析、全外显子组关联分析等都是目前采用全基因组关联分析方法的热门研究。

7) 表观遗传学分析

表观遗传学(epigenetics)是指基于非基因序列改变所致基因表达水平变化,包括DNA 甲基化、染色体失活、染色质重塑、基因组印记、组蛋白修饰、母体效应、基因沉默等。DNA 甲基化是最常见的表观遗传现象,与众多疾病的发生和发展密切相关,如癌症、2 型糖尿病、自身免疫病等。MethDB、MethyCancer、MethCancerDB 和 PubMeth 是常用的 DNA 甲基化数据库。

4.3 基因组学是精准健康的科学基础

精准健康是考虑到个体间基因、环境和生活方式等差异进行疾病的预防和治疗,以最有效、最精准、最安全、最经济的方式推动健康促进的新策略。基因组学是研究生物基因组及如何利用基因的一门学科。作为 21 世纪发展最快且最有影响力的学科之一,基因组学的应用并非限于生物学领域,更与医学、环境学、生物学等多学科交叉融合,将促发药物基因组学(pharmacogenomics)、环境基因组学(environmental genomics)及宏基因组学等新技术和相关新领域的发展。随着医疗前沿技术的进步、大数据开发工具的出现、各种新兴组学趋于成熟,"从基因组结构到基因组生物学,再到疾病生物学和医学科学"的精准医疗(precision medicine)规划正在成为现实,进而为精准健康时代的到来奠定了基础。

自 2003 年以来,生物医学界已先后完成国际人类基因组计划、DNA 元件百科全书计划(encyclopedia of DNA Elements,ENCODE)、基因型-组织表达(Genotype-Tissue Expression,GTEx)项目等一系列具有里程碑意义的项目,带来海量基因组数据。2011年美国国家科学研究委员会发布了《迈向精准医学》的报告,首次提出"精准医学"的概念,并规划了"百万美国人基因组计划"(Million American genomes Initiative,MAGI)和"电子病历与基因组网络(eMERGE)"等一系列项目,2015 年美国投入 2.15 亿美元启动"精准医学计划"。此外,英国、加拿大及挪威等各国政府也纷纷启动了自己国家的基因组计划。我国"十三五"规划同样也对精准医学做了重点战略部署,将精准医学项目纳入国家重点研发计划,计划在 2030 年之前投资 600 亿元人民币用于精准医学项目研究。至此,人类初步完成基因组到生物学、生物学到健康、健康到社会的进阶。作为新型交叉领域,精准健康的应运而生及飞速发展离不开生命科学、基础医学、临床医学、预防医学、社会学和信息学等多学科的共同支撑和促进,而以基因组学为代表的组学研究无疑是促进精准健康的核心力量。

4.4　基因组学与精准诊疗

精准诊疗强调在传统临床发现和检查的基础上,结合基因或分子机制对疾病进行精细的诊断和治疗。精准诊疗以个人基因组信息为基础,结合蛋白质组、代谢组等相关内环境信息,为患者量身定制最佳的诊疗方案。目前人们将实施精准医学计划的探索首先聚焦在恶性肿瘤和慢性病等领域。

肿瘤的精准诊断是精准治疗的保障,而在精准诊断中,基因组学起着重要的作用。传统的病理诊断常常是通过各类显微镜、特殊染色和免疫组织化学等方法对肿瘤进行分类和分型。得益于基因组学技术的蓬勃发展与临床应用,生物学标本的检测将不仅限于常规检测,还可以利用各种基因测序方法对肿瘤进行分子诊断,找出突变基因以及药物的敏感或耐受基因,确定最佳治疗方案,进行个体化治疗。以肺癌为例,按照传统的组织学分型可将非小细胞肺癌(non-small cell lung cancer,NSCLC)分为腺癌、鳞状细胞癌和大细胞癌等亚型。而进一步按照基因表达谱对非小细胞肺癌进行分子分型可以预测不同分子亚型非小细胞肺癌的预后。目前,越来越多的非小细胞肺癌患者在临床上接受基因检测。《中国原发性肺癌诊疗规范(2015年版)》根据一系列研究成果推荐晚期非小细胞肺癌患者的一线药物治疗方案如下:IV期肺癌患者在开始治疗前,应依据患者的临床特征先行检测表皮生长因子受体(epidermal growth factor receptor,EGFR)基因是否存在突变,根据 EGFR 突变情况制订相应治疗策略。表皮生长因子受体酪氨酸激酶抑制剂(epidermal growth factor receptor-tyrosine kinase inhibitor,EGFR-TKI)推荐用于 EGFR 敏感突变患者的一线治疗,而不推荐用于 EGFR 野生型或基因型未检测患者的一线治疗。若在化疗前发现 EGFR 突变,则应首选 TKI 作为一线治疗药物,若在化疗过程中发现 EGFR 突变,则可在中断或完成化疗后继续 TKI 治疗,也可在化疗进行的同时加用 TKI。阿法替尼也适用于 EGFR 敏感突变的患者。对于 EGFR 野生型或未携带人间变性淋巴瘤激酶(human anapastic lymphoma kinase,ALK)融合基因且体力状况评分在 0~2 分的晚期非小细胞肺癌患者,首选含铂的两药联合化疗方案[1]。随着对 EGFR 信号通路研究的深入,EGFR 基因的活化突变已经成为公认的、预测 EGFR-TKI 疗效的最重要的生物标志物,EGFR-TKI 治疗 EGFR 活化突变阳性患者的有效率高达 71.2%。通过基因诊断可以有效指导疾病的诊断和治疗,延长患者的生存期,减少不必要的治疗,降低医疗资源浪费,体现了精准医学精准和高效的优势。

糖尿病是一种较为复杂的慢性代谢性疾病,其发生、发展以及分型受遗传和环境因素的双重影响。基因组学的发展推动了糖尿病诊断的精确化。当前,不仅可以根据临床特征诊断 1 型、2 型糖尿病和妊娠糖尿病,还能够通过基因检测发现特殊类型糖尿病。

至少 44 种单基因糖尿病已经明确病因，归属于特殊类型糖尿病的不同亚类；而这些类型的糖尿病以往常常依据患者的临床特点进行诊断而被误诊为 1 型或 2 型糖尿病，治疗效果欠佳。明确特殊类型糖尿病的诊断，采取精准的治疗措施，可大大提高治疗效果。研究发现编码胰岛 B 细胞细胞膜钾通道的重要基因 KCNJ11 亦为新生儿糖尿病的致病基因，试用磺脲类药物（药理机制为作用于细胞膜钾通道）治疗取得了良好的效果，使这类患者的治疗方案发生颠覆性的改变。故而临床上明确为磺脲类受体基因 KCNJ11 和 ABCC8 突变引起的新生儿糖尿病，首选磺脲类药物治疗而非胰岛素。对于特殊类型单基因糖尿病中青少年的成人发病型糖尿病（maturity onset diabetes of the young，MODY），其治疗方案和口服降糖药物的药效与 2 型糖尿病不同。例如，MODY1 与 MODY3 患者推荐使用磺脲类药物，因其对磺脲类药物高度敏感，治疗剂量仅为常用剂量的 1/10；MODY2 患者的高血糖症状通常较轻，一般不需用药治疗；而对于 MODY5 的患者则建议使用胰岛素治疗。虽然目前对于大多数糖尿病尚不能进行精准诊断及靶向治疗，但是，通过对糖尿病患者基因组学信息的收集与测定，人们有望在不久的将来迈入糖尿病的精准治疗时代。

4.5 基因组学与精准健康

精准健康不但关注疾病的诊疗，而且关注疾病的风险评估和预防保健。以基因组学为基础、个体化预防为特征的精准预防为疾病预防控制提供了新思路。有学者提出精准公共卫生的理念：利用组学技术和大数据及流行病学统计分析方法，研究基因与环境的交互作用，提高疾病风险预测的准确度，并促进精准的生活习惯干预及疾病预防、保健，最终使更广泛的人群获益，降低社会总体医疗支出。

全基因组关联研究和候选基因研究发现了大量与疾病相关的基因序列变异，其较有意义的公共卫生价值之一是可以通过疾病风险评估鉴定高危人群[2]，实施三级预防。

1）一级预防

在发病前对高危人群采取有针对性的干预措施以降低其发病风险。例如，对于肺癌高危人群可以采取有针对性的措施如戒烟、远离空气污染等控制环境危险因素以降低发病风险；有研究结果发现，携带 rs2965667-TT 基因型的人群长期规律服用阿司匹林可降低结直肠癌患病风险，而携带 rs2965667-TA 或 rs2965667-AA 基因型的人群患结直肠癌的风险增加[3]。研究结果提示可以运用基因组学信息适当开展个体化干预，提高精准预防水平。

2）二级预防

可针对不同风险人群采取差异化的肿瘤预防措施，遗传风险评分（genetic risk score，GRS）。高分人群适用更详尽的检查，而 GRS 低分人群则可采用相对较宽松的体检,以促进医疗资源合理配置。例如,根据 GRS 的高低选择性进行前列腺穿刺可降低临床上的过度有创性检查及过度治疗。另外,值得一提的是,一个为大众所熟知的案例,奥斯卡影后安吉丽娜·朱莉在 2013 年通过基因检测发现携带有 BRCA1 基因突变,可能有 87% 的乳腺癌患病风险、50% 的卵巢癌患病风险。而切除手术可使她的患病风险降低至 5% 以下。考虑到家族成员有明确的肿瘤史——外祖母因癌症去世、姨妈因乳腺癌去世、母亲因卵巢癌去世,她大胆接受了预防性乳腺切除术。由于担心罹患卵巢癌,她在 2015 年又接受了卵巢切除术。

基因组学技术正在以超乎人们想象的速度走向应用。检出携带有致病基因但尚未出现临床症状的个体,为评估健康人群的患病风险提供了重要的理论依据,可以及时进行预防性干预,防止或降低可能产生的严重临床后果。目前应用相对成熟的是在乳腺癌、前列腺癌、结直肠癌等恶性肿瘤中计算 GRS,进行遗传风险模型评估,筛选出高危人群。

4.6 新技术、新领域与精准健康

成簇的、规律性间隔的短回文重复(clustered regularly interspaced short palindromic repeat,CRISPR)是一种强大的基因组编辑(genome editing)技术,可对生物的 DNA 序列进行修剪、切断、替换或添加,CRISPR 是生命科学研究领域的热点。CRISPR 技术为一些遗传性疾病及自身免疫病等的治疗带来了新方法。有研究利用 CRISPR 技术成功地从活体动物基因组中切除了 HIV-1 DNA 中的一段序列,这一关键性突破可能有助于开发出抵抗 HIV 感染的新疗法[4]。有报道将 CRISPR 技术用于治疗地中海贫血(珠蛋白生成障碍性贫血),研究者将患者的皮肤细胞诱导分化为诱导性多能干细胞,随后利用 CRISPR 技术修复 HBB 基因,并将基因修复后的诱导性多能干细胞诱导分化成红细胞,该种红细胞能够稳定表达正常的 HBB 蛋白[5]。CRISPR 系统简化了对人类诱导性多能干细胞的修改和定制,有望更快地在治疗上取得成果,开发出用于疾病研究和药物测试的模型系统。可以预见,基因组编辑技术将会为精准的疾病预防及健康促进带来曙光。

微生物组(microbiome)是由大量的体内和体表细菌组成的生态系统,其数量是人体细胞数量的 10 倍以上。人体内共生菌群基因组的总和称为宏基因组(metagenome)。人体的生理代谢和生长发育等生物学现象除受自身的核基因控制外,还受大量共生菌群的影响。这些菌群所编码的基因数量是人体自身基因数量的 50～100 倍,其基因组被称为人体第二基因组(the second genome of human body)。研究表明,肠道菌群作为人体复杂系统的一个重要组成部分,广泛参与了机体的各种生理和病理活动。肥胖是迄今研究较多的与人体肠道菌群密切相关的健康问题。在肥胖患者与正常个体之间,肠道微生物的基因数目和肠道细菌的种类丰度存在明显差异,而这一差异又与个体在一定时间段内的体重增加相关,也与个体的高血脂、胰岛素抵抗和炎症症状显著相关。此外,研究发现肠道菌群也参与了冠心病的发生过程,与代谢性肝硬化等有关联。研究指出,肠道菌群中一种名为核粒梭菌的细菌能促进结直肠癌的形成[6]。微生物组研究已经取得了惊人的成果,如通过排泄物转移治疗严重感染,以及对细菌进行"重编程"来治疗癌症。显然,细菌生态系统对人类健康的潜在影响极大,要想完整地认识和有效地治疗复杂性疾病,不仅需要研究人体自身的基因、蛋白质、细胞和组织,而且对隐藏在机体内的菌群的研究也不可或缺。

4.7 小结与展望

任何新生事物总是机遇与挑战并存,尽管基因组学的迅猛发展给精准健康带来了诸多机遇,但也难免存在质疑,质疑主要集中在两个方面:一是精准健康受益人群少、在临床实践应用中取得的成果仍较有限以及可能导致医疗资源配置不合理;二是过于强调基因、药物与疾病,反而忽视了对环境暴露因素的关注。此外,目前仍然有部分人将精确健康等同于基因测序,这是明显的认识误区,因为绝大多数人类疾病的发生与发展都是遗传易感性和环境因子相互作用的结果。美国国立卫生研究院国家环境卫生科学研究所曾报道基因-环境暴露同时作用与膀胱癌发生风险的关系,N-乙酰转移酶1(NAT1)及NAT2是香烟所含致癌物芳香胺的代谢酶,当NAT1的一个基因变异可使吸烟者膀胱癌发生风险增加2倍,但仅存在NAT2的基因变异时却无风险性。但是,当两种基因变异均存在时,吸烟致癌的风险性最高。然而,目前关于多种环境因素与多基因的相互作用仍知之甚少。

遗传-环境交互作用影响了疾病的发生、发展以及预后。在精准医学的实践过程中,一方面需要强调基因组学新技术以及检测结果的科学解释,另一方面不能忽视环境和生活方式的作用。当通过基因组检测分析发现个体携带易感或危险等位基因时,必须强调这仅代表发病的风险大小,而不是必然发病;如果要降低疾病的发病风险,应进行环境暴露的改善或生活方式的干预,以及结合早期效应标志物进行早期精准诊断。

尽管在基因组学研究现状下精准医学的实现仍存在许多问题,但精准健康仍然是一个希望无限、可望可及的领域,有望在未来预防医学的三级预防体系中发挥重要作用。同时,随着各种生命组学技术成本的降低,将个体的基因组、蛋白质组以及代谢组等各种数据与临床信息、社会行为和环境等不同层级、不同维度的数据进行整合,并在医学领域逐步精准化应用,将可显著改善大众的健康。

参考文献

［1］ 中国癌症基金会、中国抗癌协会肿瘤临床化疗专业委员会、中国医师协会肿瘤医师分会. 中国原
发性肺癌诊疗规范(2015 年版)［C］//第九届中国肿瘤内科大会、第四届中国肿瘤医师大会、中国
抗癌协会肿瘤临床化疗专业委员会 2015 年学术年会论文集. 北京：［出版者不详］,2015：15.

［2］ Horne B D, Anderson J L, Carlquist J F, et al. Generating genetic risk scores from intermediate
phenotypes for use in association studies of clinically significant endpoints ［J］. Ann Hum Genet,
2005,69(2)：176-186.

［3］ Nan H, Hutter C M, Lin Y, et al. Association of aspirin and NSAID use with risk of colorectal
cancer according to genetic variants ［J］. JAMA, 2015, 313(11)：1133-1142.

［4］ Kaminski R, Bella R, Yin C, et al. Excision of HIV-1 DNA by gene editing：a proof-of-concept in
vivo study ［J］. Gene Ther, 2016, 23(8-9)：690-695.

［5］ Xie F, Ye L, Chang J C, et al. Seamless gene correction of beta-thalassemia mutations in patient-
specific iPSCs using CRISPR/Cas9 and piggyBac ［J］. Genome Res, 2014,24(9)：1526-1533.

［6］ Bullman S, Pedamallu C S, Sicinska E, et al. Analysis of Fusobacterium persistence and antibiotic
response in colorectal cancer ［J］. Science, 2017, 358(6369)：1443.

5 表观遗传学在精准健康研究中的应用

表观遗传学是研究基因表达发生了可遗传的改变而 DNA 序列不发生改变的一门生物学分支学科,其主要机制包括 DNA 甲基化、非编码 RNA 和组蛋白修饰,对细胞的生长分化及疾病的发生与发展至关重要。以下主要介绍 DNA 甲基化和常见的非编码 RNA[包括微 RNA(microRNA,miRNA)和长链非编码 RNA(long non-coding RNA,lncRNA)]在精准健康相关领域的研究进展。

5.1 DNA 甲基化与精准健康

5.1.1 DNA 甲基化概述

DNA 甲基化是指 DNA 序列上鸟嘌呤-胞嘧啶核苷酸序列(cytosine polyguanine,CpG)中胞嘧啶第 5 位碳原子在甲基转移酶的作用下,接受一碳甲基供体提供的甲基,变为甲基胞嘧啶(5mC)的一种真核生物中常见的表观遗传学修饰。DNA 甲基化常发生于基因启动子区域附近,也可发生于包括基因体在内的基因组其他区域,起到调节基因表达和基因组稳定性的作用,DNA 甲基化参与胚胎形成、细胞分化、生物体性状调节、疾病发生、发展和机体衰老等众多生理病理过程。自发现 DNA 甲基化以来,大量针对 DNA 的研究,无论是探讨 DNA 甲基化分子学功能机制的功能性研究,还是探讨机体 DNA 甲基化对环境污染应答的环境学研究,或是探索 DNA 甲基化与生物体性状和人类疾病关联的人群流行病学研究,都在不断推进人们对 DNA 甲基化的了解(见图 5-1)。

环境流行病学研究发现,基因组整体以及基因组不同特定区域的 DNA 甲基化水平,可能随着研究本体的急性或长期慢性的环境暴露而改变,甚至可以通过胚胎期暴露由母亲吸收影响胎儿。流行病学研究和体内、外模型研究也发现,DNA 甲基化的改变与很多生物学性状的变异和疾病的发生风险、发病和预后具有密切的关联,可能是疾病发生、发展的重要机制之一;并且可能独立于遗传变异的作用,解释和预测部分生物学

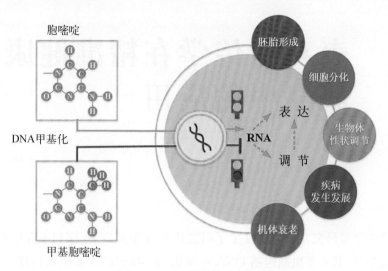

图 5-1　DNA 甲基化研究概况

性状的变异、疾病的发生风险、发病严重程度和预后转归。一些研究人员认为，DNA 甲基化既可以直接影响生物学性状和疾病，也可以对多种体内外环境因素做出反应，同时综合遗传信息，做出应答，作用于下游信号，继而对生物学性状和疾病的发病和进展做出调节。因此，探索与疾病及其主要危险因素相关联的 DNA 甲基化位点及其潜在的生理病理学功能，不仅可以增进对疾病病因和进展机制的理解，也有助于解开疾病危险因素与疾病之间的关联机制，为疾病的预防和诊疗，提供大量的、新的、潜在的思路和策略。

5.1.2　DNA 甲基化检测技术

在基于候选基因策略的研究中，检测单基因/位点 DNA 甲基化常见的方法包括：甲基化特异性 PCR、甲基化敏感性限制性内切酶 PCR 法、重亚硫酸盐测序法、焦磷酸测序法、MethyLight 法、MassARRAY 等。这些方法可以针对研究人员选定的特定基因区域或位点，对 DNA 甲基化的状况进行定性或定量的检测。这些研究方法虽然在过去的研究中，很大程度上促进了人们对甲基化了解，但同时也限制了人们发现的维度和思维的扩展。

随着人们对 DNA 甲基化研究的不断深入，对基因组研究维度需求的日益增加，传统的单基因或单区域的检测技术已无法满足研究人员的需要。受到全基因组测序技术和全基因组遗传变异检测技术的启发和技术支持，高通量的 DNA 甲基化测序技术和甲基化芯片技术逐渐兴起。基于第三代测序技术的 MeDIP-Seq（分辨率为 150 bp 左右）和 MethylC-Seq 等技术（单碱基分辨率），可以支持研究人员在全基因组范围内，制作高精度 DNA 甲基化图谱，但是由于费用昂贵，多用于样本量少、研究精度较高的机制性研究中。基于芯片检测技术的平台，包括 Agilent 和 NimbleGen、GoldenGate 和 Infinium 等，虽不能达到每个碱基对都检测到的广度，但由于其在对已知功能区域具有较高的覆盖度的同时可以达到单碱基分辨率，且因价格合理，被大量地应用于人群关联性研究。

在上述几种甲基化芯片中，IlluminaInfinium 平台的 HumanMethylation27k 和 HumanMethylation450k 芯片因其技术成熟、结果相对稳定、价格便宜而大量用于很多人群研究中。早期生产的 HumanMethylation27k 芯片，采用 Infinium I 类探针法，可以定量检测基因组上约 27 000 个 CpG 位点的甲基化值。随后，在该芯片的基础上，HumanMethylation450k 芯片则综合了 Infinium I 类和 II 类探针，扩展其检测范围到全基因组上 99% 的基因的多种基因组区域[启动子、5′非翻译区（5′ untranslated region，5′UTR）、外显子、基因体和 3′UTR]可以覆盖超过 96% 的 CpG 岛并且考虑到了岛岸及相邻区域的共 488 512 个 CpG 位点，成为目前全基因组甲基化研究中，使用最为广泛的方法。

随着 HumanMethylation450k 的广泛运用，科研技术人员也根据新的表观遗传发现和对 DNA 甲基化的认识，对传统的芯片位点设计和检测技术参数等不断进行更新。刚推出的基于靶向捕获的测序法 MCC-Seq、Illumina 甲基化检测芯片 HumanMethylation850k 可能会在未来几年的全基因组甲基化中成为主导。

5.1.3 DNA 甲基化与精准健康

全基因组甲基化检测技术和全基因组甲基化分析策略在科研中的广泛使用，不仅增加了研究人员发现功能性位点的效率，也促使人们利用新的思维方式和分析方法，思考、理解和阐释疾病机制，利用多手段、多维度，系统地开发疾病的个性化预测预警策略，研究思路如图 5-2 所示。本节列举了环境暴露、代谢性疾病和生物学性状、免疫性疾病、衰老四部分内容，将分别针对其与 DNA 甲基化之间的关系进行阐述。

5.1.3.1 体外环境因素

体外环境因素的暴露，不仅可以在短期内迅速改变 DNA 的甲基化水平；也可通过长期、慢性作用而影响 DNA 的甲基化程度；甚至可以通过胎盘屏障对子代的 DNA 甲基化水平产生长远的影响。

1）吸烟

烟雾为空气细颗粒物成分和来源之一，而吸烟则是目前世界上暴露最广、最受关注、研究最多且最易调查的环境暴露因素，其过程涉及吸烟者长期而稳定的主动行为。香烟烟雾中含有高浓度的上千种有害化学成分的气体，因此，也是全基因组甲基化中研究最多的环境有害因素。

（1）主动吸烟：Breitling[1]等率先运用 HumanMethylation27k 芯片，开展了吸烟的表观基因组关联研究（epigenome-wide association study，EWAS）。该研究检测了外周

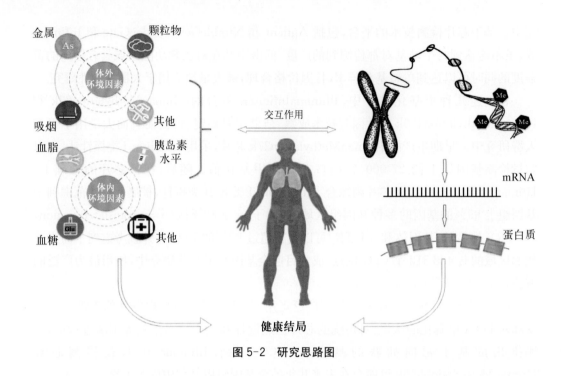

图 5-2　研究思路图

血 DNA2. 7 万多个位点(大部分位于启动子区)的甲基化水平,发现吸烟与 *F2RL3*
(cg03636183)的甲基化水平存在显著的负相关关系。值得注意的是,研究人员基于
Breitling 等的发现,结合 *F2RL3* 基因编码的蛋白具有激活血小板、炎性反应和调节血
管内皮增生的潜在功能[2],进一步采用单一候选基因的研究策略,在前瞻性队列中,进
一步研究了 *F2RL3* 基因甲基化与心血管结局的关系,发现其与冠心病预后和总死亡率
等具有显著的关联性[3, 4]。这不仅提示吸烟相关的 DNA 甲基化改变可能参与或介导
了吸烟所致不良健康结局的发生,也提示了一种研究思路,即首先采用全基因组甲基化
在全基因组水平上进行筛查、发现功能性甲基化为点,继而采用候选基因的策略,在更
大的人群流行病学研究中深入探讨其功能和预测意义;即全基因组甲基化在甲基化研
究中的"发现"作用。

　　此后,不少研究通过利用 HumanMethylation27k 和(或)HumanMethylation450k
芯片,在白种人、非裔美国人,及个别南亚人群中,发现并验证了大量与吸烟相关的甲基
化改变,涉及的基因(包括 *AHRR*、*GPR15*、*PTPN6* 等基因在内)和分子通路包括外源
物代谢、尼古丁依赖、血管内皮功能和炎性反应等[5~10]。值得注意的是,一些研究在发
现位点的基础上,也报道了一些值得深思的结果。例如,Shenker[9] 等基于全基因组甲
基化研究发现了人体外周血 *AHRR* 基因甲基化与吸烟有关,并进一步在人体和小鼠的
肺组织中验证了该基因甲基化与吸烟的关联性,并且发现全血总 *AHRR* 甲基化与乳腺
癌的危险相关,说明吸烟可以直接影响肺脏靶器官的表观遗传状态,并可在外周血中检

出。朱晓燕[11]等首次在多个中国人群中进行了吸烟的全基因组甲基化分析,发现一些吸烟相关CpGs的甲基化水平与所在基因的表达水平相关,且部分吸烟相关甲基化改变可能由烟雾中多环芳烃(polycyclic aromatic hydrocarbons,PAHs)介导,由此说明吸烟所致DNA甲基化改变可能与烟雾中多种有害物质的毒性作用有关;而与吸烟相关的甲基化改变,可能通过影响基因表达对人体健康起作用。Guida[7]等关于戒烟时间的全基因组甲基化分析发现,在戒烟者中有部分吸烟相关CpGs的甲基化水平可在戒烟后10年内恢复至对照相同的水平,但有些吸烟相关CpGs的甲基化水平在戒烟35年之后仍未恢复至正常,由此提示吸烟对人体内部分表观遗传状态的改变和对健康的潜在影响,甚至是维持终身的。

(2)被动吸烟:被动吸烟是室内空气污染物的主要来源之一,可对人类健康产生多方面的不良影响,包括增加癌症、心血管疾病和呼吸系统疾病的发病风险等。Scesnaite[12]等发现肿瘤抑制基因 *TSG* 的高甲基化与非主动吸烟者中被动吸烟暴露相关联,且其甲基化状态与主动吸烟者相似,可能在吸烟源性肺癌的发病过程中起重要作用。Wilhelm-Benartzi[13]等在膀胱癌患者中开展了吸烟与DNA甲基化的关联性研究,结果表明除主动吸烟外,被动吸烟也与相应位点的甲基化改变有关。因此,研究烟草烟雾暴露相关的甲基化改变及其可能产生的生理病理学影响,对认识被动吸烟引起人体健康危害的机制、预防和干预早期健康损害具有重要作用。

(3)孕期吸烟:胚胎形成期和发育早期是甲基化印记形成的重要时期,同时也是机体对各种环境暴露的敏感时期;宫内不良环境暴露会影响胚胎期、婴幼儿期、甚至成年后的多个系统的功能和健康。Markunas 等分别在MoBa队列和Norway Facial Clefts Study 中对脐带血和新生儿全血进行了全基因组甲基化的检测,发现包括 *AHRR*、*CYP1A1* 和 *GFI1* 等基因在内的一系列基因的甲基化水平与母亲孕期吸烟具有显著的关联性,其涉及的基因包括尼古丁依赖、戒烟行为和胚胎时期的胎盘发育等重要通路[14, 15],由此可见,母亲孕期的吸烟行为可能会对子代婴幼儿期的DNA甲基化谱产生影响。Richmond[16]等通过研究 Avon Longitudinal Study of Parents and Children 中800对母亲及其幼儿,检测了子代出生至青春期多个时间点的全血DNA甲基化谱,发现了许多与母亲孕期吸烟暴露相关的甲基化改变,其中一些可以在7岁或17岁时恢复至正常水平。但是有的甲基化位点(如位于 *AHRR*、*MYO1G*、*CYP1A1* 和 *CNTNAP2* 等基因座的甲基化位点)可被长期保留至青春期,且大多与母亲在胚胎暴露敏感期吸烟密切相关。由此可见,胚胎早期,尤其是暴露敏感期的不良环境暴露可能通过持久的DNA甲基化修饰对子代产生长远的影响。

(4)烟雾中有害化学物质:烟草中含有大量对人体有害的化学成分,包括尼古丁、酚类、醇类、醛类等。烟草烟雾中已鉴定出7 000多种化学物质(如尼古丁、一氧化碳、氮氧化物等)和69种人类致癌物(如亚硝胺、PAH、苯等)。

尼古丁是烟草烟雾中主要的有害成分，与烟碱型乙酰胆碱受体结合发挥作用，可随血流到达并透过血脑屏障和细胞膜，也可透过胎盘屏障影响胎儿发育。尼古丁现已被公认为是动脉粥样硬化症的危险因素之一。Soma[17]等选用人类食管鳞状上皮细胞开展了相关研究，结果表明尼古丁暴露可使 DNMT3a 的表达增加，进而引起 *FHIT* 启动子区的高甲基化。Chhabra[18]等发现，胚胎期尼古丁暴露与胎儿肺组织中 *PKP3*，*ANKRD33B*，*CNTD2* 和 *DPP10* 的甲基化水平改变相关，与胎盘组织中 *GTF2H2C* 和 *GTF2H2D* 的甲基化水平改变相关。因此，尼古丁可能通过改变 DNA 甲基化状态进而引起相关的健康损害。一氧化碳因香烟烟雾不完全燃烧产生，其与血红蛋白结合造成细胞和组织缺氧后，DNA 甲基化水平也随之发生变化。Robinson[19]等证实慢性缺氧可导致人肺纤维原细胞整体甲基化水平的升高，而这一过程可能通过影响 DNMT 的活性和 SAM 的水平实现。烟焦油主要由亚硝胺、PAH 和重金属构成。亚硝胺的致癌性极强，Lin[20]等发现亚硝胺可通过诱导 DNMT1 的累积，导致 *TSG* 启动子区高甲基化后促进肿瘤形成。PAH 是一类含有两个及以上苯环的碳氢化合物，主要来自有机物的不完全燃烧，研究表明 PAH 暴露可影响基因的表观修饰作用（如 DNA 甲基化），而这些表观改变与哮喘的发生关联显著[21]。另外，Herbstman 等发现产前 PAH 暴露可引起脐带血中整体甲基化水平的降低[22]。砷暴露与 *TSG*（如 *p15*，*p16*，*p53* 和 *DAPK*）启动子区的高甲基化状态相关，并具有剂量依赖性，且 DNA 甲基化改变可作为人体多种重金属暴露的生物标志物之一[23]。

综上所述，不同形式的烟草烟雾暴露可引起相似基因位点的甲基化改变，表明吸烟可能定向作用于表观基因组的特定区域。吸烟对 DNA 甲基化的影响也可能通过烟雾中各种有害化学物质发挥作用。

2）颗粒物

我国是颗粒物（particulate matters，PMs）污染严重的国家之一，但 PMs 来源和成分复杂，其污染特征以及对健康影响的研究目前尚处于起步阶段。由于 PMs 造成健康损伤的分子机制尚未研究清楚，此前的应对措施主要为大规模的排放控制政策。发现并制定针对个体水平的预防和干预措施，是解决这个重大公共卫生问题所面临的严峻挑战。

以 PM2.5 为例：PM2.5 可沉积于呼吸道细支气管及肺泡中，刺激局部或全身的炎症反应和氧化应激反应，进而对人体健康产生严重危害。PM2.5 暴露后，外周白细胞可以迅速改变 DNA 甲基化动态，而这种变化也被认为是 PM 诱导的全身炎症和氧化应激反应的基础。DNA 甲基化依赖于甲基营养素（即 B 族维生素，包括叶酸、维生素 B_6、维生素 B_{12}，以及氨基酸，包括甲硫氨酸、甜菜碱和胆碱）生化循环反应过程中提供的甲基。动物研究发现甲基营养素缺乏的饮食导致异常的 DNA 甲基化，并且补充含甲基营养素可恢复正常表观遗传状态。同样，人类研究也表明，含甲基营养素膳食干预可影响

DNA 甲基化。Zhong 等发表在《美国科学院院报》上的研究[24]提示,补充 B 族维生素可防止 PM2.5 诱导的 DNA 甲基化异常,B 族维生素个体干预将有可能成为保护人群少受 PM2.5 损害的防治手段。

3) 特定环境污染物

特定环境污染物的全基因组甲基化研究还比较匮乏,有待研究人员进一步探索。现有研究发现,砷暴露会增加人群总死亡率,是极受关注的一种重金属污染物,Broberg[25]等和 Koestler[26]等分别研究了母亲不同孕期(孕早期、孕中期和孕晚期)的砷暴露水平与脐带血中全基因组 DNA 甲基化谱改变的关联性。他们不仅发现了一批与母亲砷暴露相关的脐血 DNA 甲基化改变,还发现孕早期的暴露对婴儿甲基化的影响比孕晚期暴露更为严重。有趣的是,男婴发生低甲基化的基因要比女婴多,且多发生在癌症相关基因[25]。与砷暴露相关的甲基化改变中,位于 CpG 岛的位点,其甲基化水平多与砷暴露成正相关[26]。这些研究一方面提示,孕期的重金属暴露可能会通过影响子代的表观遗传水平来影响子代发育和健康,另一方面也呼吁社会重视环境保护,控制环境污染,以期减少暴露相关的健康损害,降低疾病发生的风险。

5.1.3.2 代谢性疾病、生物学性状和体内环境因素

1) 体重指数和肥胖

体重指数(body-mass index,BMI)的全基因组甲基化研究是生物学性状的全基因组甲基化研究中最具有代表性的。在高通量甲基化芯片出现后,早期 BMI 的研究样本量较小且缺乏验证,如 2013 年,Xu 等在年轻的美籍非裔人群中,利用 HumanMethylation450k 芯片检测了 48 对肥胖和偏瘦体型人的全基因组甲基化水平,发现了大量与肥胖相关的甲基化位点;但是该研究仅采用简单的分析方法,且并未对结果进行验证[27]。2014 年,*The Lancet* 上发表了 Dick 等关于 DNA 甲基化与 BMI 的全基因组甲基化分析,迅速提升了人们对全基因组甲基化的关注度。该研究首先采用 HumanMethylation450k 芯片对 Cardiogenics Consortium 的 459 名研究对象的外周血进行了全基因组甲基化的检测,并对 BMI 测量值进行了全基因组甲基化分析,发现了 5 个与 BMI 的关联具有全基因组显著性的 CpGs;其中 3 个位于 *HIF3A* 的 CpG(cg22891070,cg27146050,和 cg16672562),其外周血甲基化水平与 BMI 的关联性在另外两个大样本的独立的研究人群(MARTHA 队列和 KORA 队列)中获得了验证。研究人员进一步在 MuTHER 队列人群的脂肪组织中,验证了 cg22891070 的甲基化水平与 BMI 的关联,且发现其与 *HIF3A* 基因的表达水平显著相关。然而,研究人员并未发现与 cg22891070 相关的单核苷酸序列多态性位点与 BMI 相关,因此推测,cg22891070 的甲基化水平的变异,可能并非影响 BMI 变异的原因(即 *HIF3A* 甲基化改变并不是 BMI 的"因")[28]。

该研究火速掀起了人们对全基因组甲基化的关注和热议,在很多研究者提出 Dick 等的研究充分显示了全基因组甲基化在研究表观遗传改变、人体性状及临床疾病方面

可以提供重要的信息,发挥重要作用的同时,一些研究者也提出了该研究折射出的全基因组甲基化中仍存在的很多问题,研究结果的推论需要格外谨慎,如:由于甲基化水平具有组织特异性,外周血是否是研究 BMI 和其他性状和疾病有价值的靶器官;在外周血中发现的 BMI 相关甲基化改变的代表性意义;外周血作为细胞成分混杂的组织,其研究结果是否会受到细胞亚型变化的干扰;横断面分析中的发现的关联性,是否能确定甲基化和 BMI 的因果关系等。的确,虽然 HIF3A 与 BMI 或肥胖的相关性在其他研究中被验证[29, 30],但在 Dick 等推测 HIF3A 甲基化水平可能并非 BMI 变化的原因之后,2016 年 Richmond 等通过纵向分析和孟德尔随机化分析提出,BMI 的变化才是影响 HIF3A 甲基化水平的原因[31]。

在 Dick 等研究之后,另一组较大的 BMI/腰围的全基因组甲基化研究,采用 HumanMethylation450k 芯片,联合 ARIC 队列(2079 名研究对象的全血甲基化)、Framingham Heart Study 研究(2 377 名研究对象的全血甲基化)、GOLDN 队列(991 名研究对象的 CD4+ T 细胞甲基化)和 MuTHER 队列(648 名女性研究对象的脂肪组织甲基化),发现并相互验证了一系列与 BMI 和腰围相关的新老甲基化位点,涉及的基因包括 CPT1A、HIF3A、PHGDH、CD38、和 ABCG1 等[32, 33]。

李珺[34]等在 DNA 甲基化与 BMI、腰围关联性的 meta 分析中,发现了 20 个与 BMI、16 个与腰围相关联的 CpGs(其中 7 个 CpGs 与 BMI 和腰围均相关),其中包括 SREBF1、ABCG1、CPT1A、PRKCH 和 SOCS3 等之前报道过的 BMI 相关基因,以及 ACTB 等未被报道过的新位点,且这些位点甲基化改变可能对其所在/邻近基因表达水平具有调控作用。

在外周血和脂肪组织研究如火如荼开展的同时,其他组织,如乳房组织,甲基化与 BMI 的关联性也有常报道,但大多方法简单且没有进行验证。同时,特殊基因的甲基化,如 microRNA 等,也有所报道。例如,有研究发现 miR-1203,miR-412 和 miR-216A 的甲基化与儿童期肥胖相关。

相关研究结果的稳健,可为后续研究肥胖相关机制、以及肥胖作为危险因素与其他疾病之间的关系,提供大量表观遗传学证据。

2) 血脂水平

Guay 等早在 2012 年便先使用 HumanMethylation27k 芯片,在患有家族性高胆固醇血症的人群中检测了外周血甲基化水平,发现 TNNT1 的甲基化水平与 HDLC 相关,并提出该基因的甲基化可能参与了人群中高密度脂蛋白胆固醇水平的调节[35]。Irvin 等随后使用 HumanMethylation450k 芯片的检测数据,在 GOLDN 队列的 911 名研究个体中,进行了空腹血脂与 CD4+ T 细胞 DNA 甲基化的全基因组甲基化分析。他们发现,CPT1A 基因的甲基化与极低密度脂蛋白和三酰甘油的关联性具有全基因组显著性,并且可以解释高达 11.6% 的血浆三酰甘油的变异[36]。Pfeiffer 等通过在 KORA

F4、KORA F3 和 InCHIANTI 等几个队列中进行的空腹血脂的全基因组甲基化分析，发现并验证了数个外周血甲基化水平与空腹血脂水平相关联的 DNA 甲基化改变；其中，SREBF1 和 ABCG1 基因甲基化水平与血浆三酰甘油的水平的关联性，也可以在 MuTHER 队列中的 634 个脂肪组织中被验证；他们同时发现，ABCG1 基因甲基化水平与血脂的关联性可能与其对 ABCG1 表达水平的调节有关[37]。李珺[34]等通过对多个中国人群的全基因组 meta 分析，发现了一系列与血脂相关的 DNA 甲基化位点，其中包括 SREBF1、ABCG1、CPT1A、TXNIP 和 SCD 等最近报道过的血脂相关基因区域，以及 FDFT1 等未被报道过的新位点；该研究进一步发现上述部分与血脂相关的 CpGs，在全血和脂肪组织中的甲基化水平与其所在/邻近基因表达水平显著相关。

3）血糖代谢指标和糖尿病

关于血糖代谢指标，如空腹血糖水平、胰岛素水平和 HOMA-IR 等，Hidalgo 等在 GOLDN 队列中的 837 名非糖尿病患者中，对其进行了全基因组甲基化分析，发现，ABCG1 基因上的两个 CpGs 的甲基化水平与胰岛素水平和 HOMA-IR 相关[38]；在后续研究中，也发现该基因与糖尿病的危险度有关，而在很多全基因组甲基化研究中也发现 ABCG1 基因的甲基化水平与 BMI 和血脂密切相关[32,37]。

目前有关糖尿病的全基因组甲基化研究虽然不多，但是涉及较为全面：不仅涵盖了使用胰岛细胞作为靶组织的 DNA 甲基化研究，也有在全血中分析与糖尿病发病和发生风险相关联甲基化位点的研究；不仅有涉及患者个体的研究，也有涉及母体孕期糖尿病对其子代甲基化影响的研究。Dayeh 等较早便利用 HumanMethylation450k 芯片，检测 15 个 2 型糖尿病患者和 34 个非糖尿病患者的胰岛组织以及提纯的 B 细胞和 A 细胞的甲基化谱，并分析比对了各组样本甲基化谱的差异。他们发现，一系列参与了胰岛素的调节和糖代谢通路的基因（包括 CF7L2，FTO 和 KCNQ1）的甲基化水平在糖尿病患者的胰岛细胞中发生了异常改变，且部分基因同时伴有表达水平的改变（包括 CDKN1A，PDE7B，SEPT9 和 EXOC3L2）。糖尿病患者的胰岛细胞内，甲基化谱的变化也存在着一定的规律，即转录起始位点和 CpG 岛附近多发生低甲基化，而远离转录起始位点或远离 CpG 岛的区域则多发生高甲基化[39]。该研究结果，为理解糖尿病发生的分子机制，提供了大量表观遗传学依据。

最近，Chambers 等在 LOLIPOP 研究中前瞻性的随访了 8 年的亚洲印度人队列和欧洲人队列中，观察到亚洲印度人中糖尿病发病率在矫正了各种人群因素和传统危险因素后，仍远高于欧洲白种人；为寻求其他可以解释两种族人群发病率的差异的原因，他们在 LOLIPOP 的亚洲印度人队列和欧洲人队列中，分别选出 1 608 对糖尿病巢式病例-对照样本和 306 对欧洲人糖尿病巢式病例-对照样本，采用 HumanMethylation450k 芯片检测两巢式病例-对照人群基线时期（所有研究个体均为发病）的全血中的 DNA 甲基化水平，并对未来 8 年内发生糖尿病的风险进行了全基因组甲基化分析。他们发现了 5 个与糖尿病发生风险显著相关的 DNA 甲基化位点（位于 *ABCG1*，*PHOSPHO1*，*SOCS3*，*SREBF1* 和 *TXNIP* 基因座），其甲基化水平的加权组合评分（即甲基化评分），与 2 型糖尿病发病风险显著关联且独立于其他糖尿病危险因素（高低四分位相比，OR 达到 3.51）；而亚洲印度人群中，2 型糖尿病的甲基化评分也显著高于欧洲白种人中的甲基化评分。该研究提示，DNA 甲基化可能是影响不同人群发病率差异的机制的潜在机制之一；而糖尿病风险相关的外周 DNA 血甲基化改变，如该研究中计算的甲基化平分，可以用于预测 2 型糖尿病风险，以及对高危人群进行危险分层[40]。与 Chambers 等的研究几乎同时，Soriano-Tárraga 等在 3 个独立的西班牙白种人群的共 1 167 名研究对象中，进行了糖尿病发病的全基因组甲基化的分析，发现 *TXNIP* 基因甲基化水平，不仅与糖尿病发病相关，也与血 HbA1c 水平相关[41]。

值得注意的是，妊娠期糖尿病不仅会对孕产妇有严重影响，也可能通过改变子代甲基化水平，影响子代的生长和健康。Finer 等通过比对 27 名患有妊娠糖尿病产妇和 21 名非妊娠糖尿病产妇的胚胎胎盘组织和脐带血的全基因组甲基化水平，发现，患有妊娠糖尿病产妇的胎盘组织和脐带血与非妊娠糖尿病产妇的相比，有较多基因发生了甲基化水平的异常；且胎盘组织和脐带血中，有大量相同的基因发生甲基化异常；这些基因参与了胞吞、MAPK 信号转导和细胞内代谢等通路[42]，提示甲基化的改变可能是妊娠糖尿病影响子代健康的机制之一。

5.1.3.3 免疫性疾病

外周血中特定的细胞亚型，是一些免疫性疾病主要的致病靶器官，如嗜酸性粒细胞是过敏性疾病的主角；而巨噬细胞、B 细胞、T 细胞等多种免疫细胞，都在风湿性关节炎中起到重要作用。因此，采用全血组织作为靶细胞进行免疫性疾病的全基因组甲基化分析，虽然使用的是致病的靶器官组织，但是由于全血细胞成分混杂，疾病不同阶段不同免疫细胞活性及比例不断变化，仍然面临着细胞亚型比例变化影响全基因组甲基化结果可靠性的问题。

HumanMethylation450k 刚问世不久，Liu 等就在 354 名 RA 患者组和 337 名对照组中进行了 RA 的全基因组甲基化分析，并发现了大量与 RA 相关的 DNA 甲基化改变；他们同时结合遗传数据和因果推断分析，认为两组位于 MHC 区域的 CpG 簇甲基化水平可能介导了遗传效应对 RA 的风险作用[43]。在该研究中，研究人员为了降低全血细胞亚型比例变异带来的潜在干扰，采用了 Reinius 等建立的依据 DNA 甲基化谱预测免疫细胞亚型数目的方法[44]，对全血的细胞亚型进行了预测并在分析模型中进行了矫正。同时，为了证实阳性发现的可靠性，Liu 等进一步在 12 对 RA 病例-对照中，分离提纯了全血中单核细胞，并在纯化的单核细胞内证实他们的发现系单核细胞内的甲基化改变所致[43]。与 Liu 等的研究策略类似，Liang 等在 3 个独立人群中，通过对外周全血 DNA 甲基化和血清 IgE 的全基因组甲基化分析，发现并验证了 36 个与 IgE 水平相关的甲基化位点,其所在/邻近基因涉及了嗜酸性细胞分泌产物、炎性反应、特殊转录因子和线粒体蛋白等功能,最显著的 3 个 CpGs 加权对 IgE 变异的解释度达到 13%,远大于 GWAS 研究中发现的遗传变异对 IgE 的解释水平。Liang 在用矫正 Reinius 算法[44]预测的细胞亚型、证实其结果未被亚型比例所混杂的基础上,进一步在分离纯化了的嗜酸性粒细胞中验证了他们发现的位点,证实其全血中发现的 IgE 相关甲基化改变是由嗜酸性粒细胞内甲基化的变异所引起的[45]。以上两个研究,为以全血作为靶组织的炎性/免疫性疾病的全基因组甲基化研究,提供了一个可以借鉴的思路,即当人群流行病学研究难以获得分化提纯的单一功能性细胞时,可先使用全血甲基化、在矫正细胞分型的基础上进行研究(或通过矫正细胞亚型确认结果未被干扰),然后进一步在小样本的人群中,分离纯化特定的细胞亚型,再在各个单一的亚型细胞中,验证全血中的发现。

5.1.3.4 甲基化年龄和衰老

衰老是生物体随着时间的推移,自然发生的老化的过程,可以表现为机体结构、功能、心理和社会功能的衰退,与多种疾病的风险密切相关。每个人的衰老速率不一样,遗传因素、环境暴露、生活习惯、心理压力以及一些特定的病理状态等,都可能会影响人体的衰老进程。自 DNA 甲基化被发现以来,不断有研究发现,在广泛的年龄区间内,DNA 甲基化与年龄密切相关;同时,基因组整体的甲基化水平或特定基因位点的甲基化水平,也被发现与不少年龄相关疾病,如神经退行性疾病和癌症等,有显著的关联。

近年来,随着全基因组甲基化检测技术的应用,越来越多的年龄相关甲基化位点被发现。2012 年,Hannum 等率先利用全血 HumanMethylation450k 的数据,通过对 656 名研究对象的分析,发现一些年龄相关 CpGs 位点的甲基化水平可以很好地捕获生理年龄的变异,可用于检测人体在不同的生理病理情况下的衰老状态;Hannum 等继而建立和验证一个包含 71 个 CpGs 的,可以高度准确预测年龄的模型,并将其预测值定义为甲基化年龄(后文中称为 Hannum 年龄),其与编年年龄的比值定义为甲基化衰老率[46]。Hannum 等进一步发现,通过利用全基因组甲基化的数据,可以在不同的组织中建立稳健的甲基化年龄模型,且癌症组织的甲基化衰老率远大于正常的同类组织[46]。Horvath 随后通过利用公用数据库中来自 82 个研究、覆盖多种细胞组织共 8 000 样本的 HumanMethylation27k 和 HumanMethylation450k 数据,建立和验证了一个包含 353 CpGs 的、可以用于不同组织和细胞的甲基化年龄模型(该模型预测的甲基化年龄,后被称为 Horvath 年龄)[47]。自此,使用与年龄相关的 DNA 甲基化位点的甲基化值的加权和计算出的、值范围与编年年龄相仿、可高度预测年龄且能反映机体甲基化改变和生理衰老状态的值,被称为甲基化年龄。

甲基化年龄具有作为生理年龄标志物的潜在价值。Horvath 在建立 Horvath 年龄后,随后发现肝脏组织中的 Horvath 年龄的增长与肥胖有关[48];唐氏综合征的个体的 Horvath 年龄也远远大于实际编年年龄[49]。Marioni 等通过利用 Hannum 年龄和

Horvath 年龄,定义了衡量衰老程度的 Δage,即甲基化年龄与实际的编年年龄之差,并在 4 个长时间随访的老年人队列中,发现 Δage 每增加 5 岁,人群总体的死亡率增加 21%,且此效应独立于多种衰老相关因素[50]。Marioni 等还在其中一个老年人队列中发现,Horvath 年龄的增加,与研究对象的肺功能、认知水平和体能水平的减退相关[51]。

李珺等利用 539 名中国汉族人群的全基因组甲基化数据,建立甲基化年龄预测模型,并分别在双生子甲基化研究人群(来自中国的 225 对双生子)、哮喘家系研究人群(来自加拿大的 160 名研究对象)中验证模型的准确性。PAH 是空气细颗粒物的重要成分,通过检测 539 名研究对象尿中 10 种 PAHs 代谢产物,评估相应 PAH 暴露水平。研究表明,该团队建立的甲基化年龄预测模型在中国人群和高加索人群中均呈现出良好的预测精度;在职业性 PAH 暴露的焦炉工人群中,Δage、衰老率均高于其他人群;在 10 种 PAH 代谢产物中,1-羟基芘、9-羟基菲与两个衰老指标之间存在显著关联性。

这些证据表明,DNA 甲基化在人体衰老和长寿中起到了重要的作用;甲基化年龄在研究生理衰老机制以及衰老和疾病的关系时,具有广泛的应用前景。介于环境暴露会影响人体的衰老进程,而衰老又在代谢性疾病和免疫性疾病中发挥着重要的作用,甲基化年龄将在未来环境暴露和代谢/免疫/炎性相关疾病的研究中,起到重要的作用。

5.2 miRNA 与精准健康

5.2.1 miRNA 概述

miRNA 是一大类由内源基因编码的、长度为 21~25 个核苷酸的非编码单链 RNA 分子,又称微 RNA。它们广泛存在于真核生物中,参与转录后基因表达调控。当今分子生物学界的主流观点认为 miRNA 是重要的基因表达负调控因子,它们主要通过抑制特定靶基因 mRNA 的翻译或降解靶基因 mRNA,从而抑制蛋白质的合成。但也有少数研究发现某些 miRNA 可上调靶基因表达[52]。1993 年,Lee 等人[53]在秀丽隐杆线虫体内首次发现了这类重要的基因调控因子;同期 Wightman 等人[54]首次鉴定了 miRNA 的靶基因。这两项重要发现共同确认了这种新的基因调控机制。

5.2.1.1 miRNA 的特征

在 Lee 等人[53]首次发现 miRNA 之后的二三十年里,多个研究小组在包括人类、果蝇、植物等多种真核生物中鉴别出了越来越多的 miRNA,目前在人类细胞中就已发现 2 000 多种。尽管 miRNA 数量众多,但是大多数 miRNA 有以下共同特征:

(1) miRNA 的长度一般为 21~25 个核苷酸,但由于 miRNA 的 3′端可以有 1~2 个核苷酸的长度变化,因此目前对 miRNA 的具体长度范围尚无统一标准,在拟南芥和烟草中发现的长度为 26 个核苷酸的 RNA,以及在四膜虫中发现的长度为 28 个核苷酸的 RNA 均归于 miRNA 的范畴中。

（2）miRNA 不具有开放阅读框架，因此不能编码蛋白质。

（3）miRNA 前体具有发夹样或折叠的二级结构，不含有大的内部环状结构和突起，而成熟的 miRNA 位于发夹结构的颈部。

（4）miRNA 前体经过 Dicer 酶加工后生成的产物具有 3′端羟基和 5′端磷酸基的核苷酸片段，这一特点使得 miRNA 有别于大多数寡核苷酸和功能 RNA 的降解片段。

（5）miRNA 的 5′端的第一个碱基往往对尿苷具有强烈的倾向性，而对鸟苷却具有抗性，但第二到第四个碱基缺乏尿苷，除第四个碱基外，其他位置碱基通常都缺乏胞苷。

（6）大多数 miRNA 编码基因是以单拷贝、多拷贝或基因簇等形式存在于基因间隔区、编码基因的内含子区或非编码 RNA 的外显子和内含子区中，其中有许多 miRNA 基因是成簇的，并且多以顺反子的形式转录出前体转录本，其大部分位于独立的转录单位中。人类除 Y 染色体以外的其他所有染色体中均存在有 miRNA 编码基因。

（7）miRNA 在各个物种间具有高度的进化保守性，如在脊椎动物和非脊椎动物中约有 15% 的 miRNA 具有高度的保守性，有的保守性片段仅有 1 或 2 个碱基的差别，而在脊椎动物中约有一半的已知 miRNA 具有同源性，线虫中约 12% 的 miRNA 在果蝇和植物中呈现保守性。有研究者甚至认为，所有 miRNA 可能在其他物种中都有直向同源物（即起源于同一祖先、在不同生物体中行使同一功能的基因群）。

（8）在生物体（如线虫、马斑鱼和哺乳动物）发育的不同阶段有不同的 miRNA 表达，因此 miRNA 的表达具有时序特异性。

（9）miRNA 在不同组织中存在差异表达，即 miRNA 表达呈现细胞或组织的特异性。例如，miR-21 只在心肌组织中表达，在其他组织中往往检测不到，miR-122 在肝组织中特异性高表达。另外，正常细胞和异常细胞在 miRNA 表达谱上也存在着明显的不同，这在肿瘤学领域中研究正常细胞和肿瘤细胞的 miRNA 表达差异和功能判断上具有重要意义[55]。miRNA 表达的时间特异性和组织特异性提示 miRNA 可能决定了组织和细胞的功能特异性，也可能参与了复杂的基因调控。

5.2.1.2 miRNA 的生物合成与作用机制

在细胞核内，miRNA 编码基因在 RNA 聚合酶（RNA Pol）Ⅱ 或 RNA 聚合酶Ⅲ的作用下，转录成长度约为 1 000 个核苷酸的、具有帽子结构和多聚腺苷酸尾巴的 pri-miRNA，随后在 Drosha 酶、DGCR8 酶的作用下，pri-miRNA 被处理成 60~70 个核苷酸组成的、带有茎环结构的 pre-miRNA 前体产物，这一剪切过程形成了成熟 miRNA 的特征性 3′端，而且使 3′端具有 2 个核苷酸长度的突出。借助 Exportin-5 等的作用，pre-miRNA 可转运至胞核外，经胞质 Dicer 酶和 TRBP 酶切成 21~25 个核苷酸长度的 miRNA-miRNA* 双链。这种双链被引导进入 RNA 诱导的沉默复合体（RNA-induced silencing complex，RISC）中，miRNA 单链可以与 RISC 中 Argonaute 蛋白家族成员结合形成非对称性 RISC 复合体,最终形成具有直接生物学效应的 miRNA,而 miRNA*链则被迅速降解(见图 5-3)。

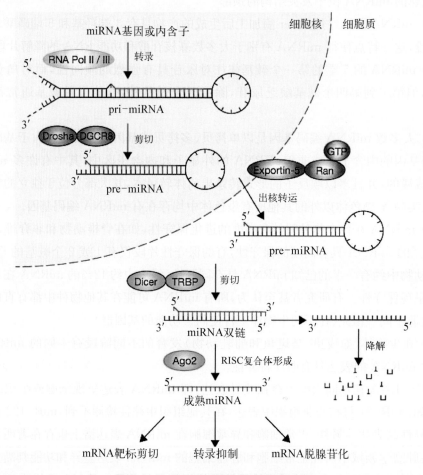

图 5-3　miRNA 合成与加工的经典途经

注:图片修改自"Winter J, Jung S, Keller S, et al. Many roads to maturity: microRNA biogenesis pathways and their regulation. Nat Cell Biol, 2009, 11(3): 228-234. (Figure 1)"

经典的 miRNA 基因沉默机制认为:成熟的 miRNA 与 Argonaute 蛋白结合形成 RISC 复合体后,通过完全或不完全碱基互补配对原则与特定靶基因的 mRNA 的 3'UTR 结合,从而抑制 mRNA 翻译或直接降解 mRNA,最终在转录水平和转录后水平上调控靶基因的表达。然而,一系列有关 miRNA 的深入研究却颠覆了 miRNA 经典基因沉默机制。例如,Kim 等人[56]发现,miRNA 既可在胞质中发挥作用,也可进入胞核内发挥作用。有研究发现,在哺乳动物的报告基因体系中开放阅读框区非完全互补的基因序列位点可以引发 miRNA 介导的基因沉默作用,抑制 mRNA 的翻译,从而影响蛋白质的表达[57]，由此说明 miRNA 的靶位点不仅局限于 mRNA 的 3′UTR 区，而且还作用于 mRNA 的 5′UTR 区、启动子区，甚至其编码区[58]。miRNA 对 mRNA 编码区的作用靶点可以是多个，从而确保 miRNA 的基因沉默功能的准确奏效。这些研究结果提示，mRNA 的编码区受到 miRNA 调控的同时，蛋白质的翻译过程可能也受 miRNA 调控，并且在 miRNA 浓度较低时，miRNA 的多靶点作用依然保证其行使正常的生物功能。这一系列重大发现不仅极大丰富了 miRNA 研究体系理论，而且为进一步探索 miRNA 的作用机制开辟了新领域。

miRNA 数量众多，目前在人类基因组中已发现 2 000 余种 miRNA 的编码基因，并成为最大的一类基因表达调控因子。一个 miRNA 可以与多个靶基因 mRNA 结合，而一个 mRNA 又可以是多个 miRNA 的靶标，因此 miRNA 可能调节了人类约 60%的基因（主要是基因沉默调控）[55]，并参与细胞的生长发育、增殖、分化、凋亡、肿瘤发生等一系列重要的生理病理过程。近年来，miRNA 成为基因表达调控研究的热点领域，随着 miRNA 研究的不断深入以及对新 miRNA 功能的不断了解，越来越多研究证据表明，miRNA 具有调控几乎整个生物学功能的潜力，而不单局限在调控某个生理过程。2002 年 miRNA 被《科学》杂志评为十大科技突破第一名。

5.2.2 miRNA 组学研究技术

研究表明，当机体暴露于环境污染物时，早期即可出现 miRNA 表达异常[59]，并且 miRNA 表达具有细胞或组织特异性，使得其在疾病，特别是癌症和心血管疾病的诊断、分型和治疗中起到了积极深远的作用。因此，研究特定细胞或组织的 miRNA 表达谱、探究 miRNA 的特定功能已经成为当前环境与精准健康研究的热点。

5.2.2.1 miRNA 的筛查

在上千种 miRNA 中，哪些 miRNA 在特定的环境暴露及其相关性疾病中发生了改变？这是环境与精准健康研究所面临的重要科学问题。miRNA 筛查技术可以快速有效地提供 miRNA 表达谱，通过比较暴露组样本和非暴露组样本，或者病例组样本与对照组样本中 miRNA 表达谱的差异，或者比较相同个体在暴露前后或发病前后 miRNA 表达谱情况，将有助于寻找与环境暴露及其相关性疾病有关的 miRNA。目前应用较广泛的高通量筛查技术包括 miRNA 微阵列芯片和深度测序，两者间的差别在于：miRNA 微阵列芯片主要检测已知的 miRNA，而深度测序不仅可以检测已知的 miRNA，也可以发现新的 miRNA。高通量筛查技术结合生物信息学分析技术，可以分析 miRNA 表达的时空特异性，以及不同暴露水平或健康状况下 miRNA 的差异表达和通路等。

5.2.2.2 miRNA 的验证

在高通量筛查技术发现与环境暴露或其相关疾病有关的 miRNA 之后，为了提高筛查结果的可靠性,往往还需进一步对所发现的相关性 miRNA 进行定量验证,以评价 miRNA 在不同暴露水平或健康状况下的表达情况。由于成熟的 miRNA 分子较小,家族成员间通常只有一两个核苷酸的差别,且部分 miRNA 表达水平较低,因此需要采用灵敏度高、特异性高且重复性好的方法来进行定量检测。目前主要检测方法包括 Northern 印迹法、原位杂交技术、实时逆转录 PCR(real time reverse transcription PCR,RT-PCR)。这 3 种技术各有利弊,但通过结合应用则能准确反映 miRNA 的真实表达水平。

(1) Northern 印迹技术是经典的探针杂交直接检测法,不需要对样本 RNA 进行预扩增,只需将待检测的 RNA 分子变性后,利用尿素变性聚丙烯酰胺凝胶电泳进行分离,随后按照 RNA 分子在凝胶中的位置转移到尼龙膜或硝酸纤维素膜上固定,再与同位素、地高辛或其他标记物标记的探针进行杂交,最后采用自显影或其他技术对 miRNA 进行定性或定量。Northern 印迹法的特异性和灵敏度并不高,并且在检测过程中由于使用了同位素标记的探针,因此存在放射污染等问题。为此研究者们开发出了锁核苷酸(locked-nucleicacid,LNA)探针,显著改善了 Northern 印迹法的灵敏度和特异性,提高了稳定性,解决了放射污染的问题,因此已广泛应用于 miRNA 的检测中。

(2) 原位杂交技术是一种在组织细胞原位进行的杂交技术,它不仅用于检测不同细胞系中单个细胞的 miRNA 表达,也可用于在细胞系未分类的情况下比较不同细胞系中 miRNA 的表达水平,是分析 miRNA 表达的组织特异性和时序特异性的有力工具。

(3) RT-PCR 技术是一种高精度和高灵敏度的定量方法,且样本消耗量少、操作简便,已成为研究人员所热衷的 miRNA 检测技术之一。miRNA 的 RT-PCR 法与常规的 RT-PCR 法不同,这是由于 miRNA 的长度过于短小,仅有二十几个核苷酸,因此,在对 miRNA 进行 PCR 之前需要延长待测 miRNA 的长度,构建出一个足够长的 PCR 模板后才能进行定量 PCR 检测。根据 miRNA 长度延伸方法的不同,可以将 miRNA 的 RT-PCR 法分为引物延伸法、加尾法和茎环法。引物延伸法利用加尾的 miRNA 特异性引物将 miRNA 反转录成 cDNA,然后利用 miRNA 特异性反向引物和与加尾序列一致的通用引物进行 PCR 扩增。加尾法是先用 poly(A)聚合酶在 miRNA 的 3′端加上 poly(A)尾,然后用 5′端含有接头序列的 poly(T)引物进行反转录,为 cDNA 加上一段接头,再利用 miRNA 特异性正向引物和反向通用引物进行 PCR 扩增。茎环法的反转录引物中含有茎环结构,可结合在 miRNA 的 3′端进行反转录,再利用 miRNA 特异性正向引物和反向通用引物进行 PCR 扩增。在这 3 种方法中,茎环法具有高特异性,可准确区分序列高度同源的 miRNA;并且具有超宽的定量线性范围,检测灵敏度高;样品消耗少,因此是最常用的 miRNA 表达水平检测方法。

5.2.2.3 miRNA 靶基因的鉴定

在确定哪些 miRNA 与特定的环境暴露或其相关性疾病有关之后,研究者们往往希望能深入了解这些 miRNA 的功能。由于 miRNA 主要通过调控靶基因的表达来发挥其生物学作用,因此 miRNA 靶基因的鉴定成为 miRNA 功能研究的关键。目前鉴定 miRNA 靶基因的常用策略是利用生物信息学软件预测,结合基因芯片分析以及生物学实验方法来寻找起重要作用的靶基因。生物信息学方法利用一系列特殊的算法对 miRNA 可能的靶基因进行评分和筛选。虽然不同的生物信息学方法所采用的预测原理各有不同,但它们均基于一定的 miRNA-mRNA 相互作用的规律,包括 miRNA 与其靶位点之间互补;miRNA 靶位点在不同物种之间具有保守性,且无复杂的二级结构;miRNA-mRNA 之间的热稳定性;miRNA 5′端与靶基因 mRNA 的结合能力强于 3′端。此外,不同的预测方法还会根据各自总结的规律对算法进行不同的优化和限制。因此为了更为可靠地预测靶基因,研究人员通常会综合多个预测方法,取其共同预测的基因作为研究重点,目前常用的预测软件包括 miRanda、TargetScan 和 PicTar。由于生物信息学方法在预测 miRNA 靶基因时存在一定的局限性(如靶基因假阳性、无法对基因数据库不全的物种进行预测、无法对靶位点位于靶基因的编码区或 5′UTR 区的 miRNA 进行预测),因此还需利用生物学试验来寻找 miRNA 靶基因或对生物信息学预测的靶基因进行鉴定。目前可以从 mRNA 水平与蛋白质水平来寻找或鉴定靶基因。从 mRNA 水平来寻找或鉴定靶基因主要是通过在细胞中过表达或抑制 miRNA 后,利用基因芯片或 RT-PCR 等检测方法分析 mRNA 的变化,从而确定 miRNA 与靶基因 mRNA 的对应关系。然而,由于 miRNA 所介导的转录后翻译抑制并不一定导致 mRNA 水平的改变,故依据 mRNA 水平的变化来鉴定 miRNA 靶基因的方法存在一定的局限性,而检测蛋白质水平的变化则可以有效地弥补此不足,极大提高靶基因的检出率与准确性。在确定了 miRNA 靶基因之后,找到 miRNA-mRNA 结合位点是研究者关心的下一个内容。最常用的方法是荧光素酶报告基因法,其基本原理是首先构建荧光素酶基因表达载体,将预鉴定的 miRNA 靶基因的 3′UTR 构建到荧光素酶基因的 3′UTR 中,然后将荧光素酶基因表达载体转染细胞,并采用 miRNA 拮抗物或模拟物改变细胞中相应 miRNA 的表达水平,通过检测荧光素酶的表达水平来判断转染的靶基因 3′UTR 中是否含有 miRNA 的靶位点。

5.2.3　miRNA 组学与精准健康

众所周知,大部分疾病的发生是一个由环境因素和遗传因素共同参与的复杂生物学过程。然而有研究指出,70%～90%的疾病风险可归因于环境暴露[60]。机体在暴露于各种环境有害因素(包括环境污染物、放射性物质、病原体、不良生活方式、心理应激等)之后,首先会出现一些微小的生理生化应答反应,随后机体可发生早期健康损伤,最终引发有症状的疾病。由于不同个体的遗传背景千差万别,所接触的环境有害因素的性质和剂量复杂多样,并且环境因素与环境因素之间[61]、环境因素与遗传因素之间还存在着复杂的交互作用[62]，因此，环境有害因素所引起的健康效应(包括应答反应、早期健康损伤和疾病等)也会存在性质和程度上的差别，这是精准健康和精准医疗所面临的主要挑战之一。尽管如此，目前有越来越多的研究成果表明，机体在暴露于各种环境有害因素之后，在环境相关性早期健康损害和疾病的发生过程中会出现特异性的 miRNA 表达谱，并且在环境监测中，miRNA 可作为识别环境中化学物质基因毒性和致癌性的生物标记物，并可用于预测环境化学物质对生物体的毒性，在疾病(特别是癌症)的诊断和治疗中也起到了积极的作用。

5.2.3.1　miRNA 与环境有害因素

研究表明，环境有害因素的暴露可以引起机体 miRNA 表达谱发生明显改变。在众多环境有害因素中，烟草燃烧时所释放的烟雾和大气 PM 是两类危害最广泛、最严重的混合污染物。世界卫生组织国际癌症研究中心分别在 1997 年和 2013 年时将烟草烟雾和 PM 确定为人类的 I 级致癌物。除了可以引起肿瘤以外，烟草烟雾和 PM 还可以导致各种心肺疾病。由于烟草烟雾和 PM 的成分复杂多样，各成分间还存在着交互作用，因此致病机制十分复杂。大量研究表明，烟草烟雾和 PM 能改变机体 miRNA 表达谱，进而影响其靶基因的表达水平，并最终影响机体的表型与疾病的发生、发展。Izzotti 等[63]发现烟草烟雾可以显著改变小鼠肺组织中 miRNA 表达谱，呈现大多数 miRNA 表达下调的趋势。Schembri 等人[64]也发现，吸烟者与非吸烟者气道上皮细胞的 miRNA 表达谱存在差异，其中 82% 的表达差异性 miRNA 在吸烟者中为表达下调。Rodosthenous 等人[65]从 Normative Aging Study Cohort 中随机选择了 22 名研究对象，并研究了 PM2.5 的暴露对血浆 miRNA 表达水平的影响，最终发现长期暴露(6 个月和 1 年)于 PM2.5 可以使机体血浆中的 miRNA 表达水平增加，并且这些 miRNA 主要参与了心血管疾病相关的信号通路，包括氧化应激、炎症反应和动脉粥样硬化等，提示其可能在 PM 诱导心血管疾病发生的过程中发挥了重要的作用。Fossati 等人[66]从该队列人群中随机选择了 153 名老年男性，并发现短期暴露(4 小时至 28 天)PM2.5 的水平与某些参与免疫应答反应的 miRNA 的表达水平呈负相关。柴油机尾气颗粒物(diesel exhaust particles，DEP)是 PM 的重要来源之一，有研究指出，DEP 能够改变 miRNA 表达谱，而 miRNA 表达谱的改变所引起的基因表达调节影响了 DEP 诱导的炎性反应，是 DEP 干扰细胞内环境稳定性，导致疾病发展的可能原因[67]。

烟草烟雾和 PM 不仅能够以混合污染物的形式来影响 miRNA 的表达情况，而且其中的某种或某些重要的致病成分也能够改变机体 miRNA 的表达谱情况。PAH 是烟草烟雾和 PM 中的一类重要致癌物。在有机物的加工、废弃、燃烧或使用环节均有可能产生 PAH，因此，PAH 广泛存在于人类的生产和生活环境中。PAH 暴露也可以引起 miRNA 表达发生改变。Deng 等人[68]研究发现，暴露于高浓度 PAH 的焦炉工人的血浆 miRNA 表达谱与对照工人的 miRNA 表达谱存在差异，大多数 miRNA 在高暴露工人中表达下调。苯并[a]芘是具有强效致癌作用的一种 PAH,而 miRNA 表达异常已被证明是苯并[a]芘致癌作用的关键分子事件[69, 70]。甲醛是烟草烟雾和 PM 中的另一类重要的强效致癌物,它能使人类肺上皮细胞和食蟹猴的鼻上皮组织中 miRNA 表达水平发生改变,而表达差异的 miRNA 主要参与调节肿瘤相关性信号通路、炎性免疫应答以及内分泌系统的发育/功能等,因此甲醛可能通过改变 miRNA 表达模式来调节相关的信号通路,最终引起了多种疾病[71, 72]。此外,重金属也是烟草烟雾和 PM 的主要致病成分。重金属的种类繁多,所引起的健康效应及其潜在致病机制是千差万别的。大量研究表明,miRNA 介导的基因调控可能是各种重金属的共同致病机制[73, 74]。

除了烟草烟雾、PM 及其致病成分以外,紫外线[75]、三亚甲基三硝胺[76]、肝脏毒物(如四氯化碳和对乙酰氨基酚)[77]、双酚 A[78] 等均被证实可影响 miRNA 的表达水平。显而易见,当机体暴露于环境有害因素时,miRNA 表达改变是机体一个重要的应答反应。

5.2.3.2　miRNA 与环境因素的早期健康损害

由于 miRNA 参与了大量重要的生理病理学过程,因此 miRNA 在环境有害因素所致早期健康损害的过程中也发挥了重要的调节作用。DNA 损伤和氧化损伤是致癌性环境有害因素的重要致病机制。Pothof 等人[75, 79]研究表明,在紫外线诱导产生 DNA 损伤之后,机体会启动一系列 DNA 损伤应答反应(DNA-damage response,DDR),包括 DNA 损伤修复、细胞周期停止、触发凋亡或导致不可逆的生长停滞等,而 miRNA 较早地能够在转录后水平上调节 DDR 通路上的关键基因,从而提高了细胞在受到紫外线照射以后的生存率。Wang 等人[80]发现,miR-138 过表达的细胞在暴露于紫外线、顺铂和 PARP 抑制药等可损伤 DNA 的环境因素后,其染色体断裂水平显著增高,而细胞生存率显著下降。miR-138 可调节一种重要的 DNA 损伤修复蛋白 H2AX,因此,miR-138 过表达可使细胞的 DNA 损伤修复能力降低,使细胞在 DNA 发生损伤后更容易出现较高的基因组不稳定性和细胞敏感性。Deng 等人[68, 81]的研究发现,在职业性 PAH 暴露人群的血浆中,miR-24-3p,miR-27a-3p,miR-142-5p,miR-28-5p 和 miR-150-5p 的表达水平与 DNA 损伤水平及氧化损伤水平存在着相关性,并且通过与环境因素(包括 PAH 暴露水平和生活方式等)交互作用来对工人的健康产生损伤。除了 DNA 损伤和氧化损伤以外,心率变异性(heartratevariability,HRV)也是一种重要的早期健康损害。HRV 可以反映自主神经系统活性,可用来定量评估心脏交感神经与迷走神经的张力及其平衡性,它是反映心脏自主神经功能障碍、心血管疾病的风险及其预后的一个有价值的非侵入性指标。Huang 等人[82]在职业性 PAH 暴露人群的血浆中发现,miR-142-5p、miR-24-3p、miR-27a-3p 和 miR-320b 与 HRV 的降低存在相关性,并且这些 miRNA 能与 PAH 交互作用来共同影响工人的 HRV 水平。以上研究表明,miRNA 可能是环境因素致健康损伤过程中的一个潜在机制。

5.2.3.3 miRNA 与环境相关性疾病

由于 miRNA 在整个生命活动过程中起到了不可替代的作用,并且能够调节环境暴露的生理学应答,因此,miRNA 在疾病(尤其是环境相关性疾病)的发生、发展中所扮演的角色也受到学者的关注。大量研究发现,在肿瘤和心血管疾病等环境相关性疾病的发生、发展过程中,存在着独特的 miRNA 表达模式[83~86],从而为这些环境相关疾病的病因研究、诊断和预后的预测提供了崭新的平台。此外,由于 miRNA 在这些疾病发生、发展过程中的重要作用,我们可以通过补充保护性 miRNA 或使用致病性 miRNA 的抑制物来调节靶 mRNA 及其蛋白的表达,从而在不改变人类遗传基因的伦理学前提下,达到精准治疗的目的。

1) miRNA 与肿瘤

(1) miRNA 与肿瘤的发生与发展:以往研究发现,蛋白编码基因的异常会导致肿瘤的发生、发展,而 miRNA 是重要的基因表达调控因子,因此深入研究 miRNA 在肿瘤发生、发展中的作用将有利于我们更全面深入地了解肿瘤的发病机制。2002 年,Croce 研究组最先报道了 miRNA 在肿瘤发生中的重要作用,他们发现在慢性淋巴细胞白血病患者中,有 68% 的患者存在着 miR-15a 和 miR-16-1 的表达下调或缺失,而这两个 miRNA 的编码基因恰好位于慢性淋巴细胞白血病患者的染色体 13q14 上,从而证明 miR-15a 和 miR-16-1 具有抑制肿瘤表达的作用[87]。随后,多个研究小组利用 microarray 和磁珠杂交技术发现良性和恶性肿瘤中 miRNA 的表达水平发生改变,并且不同肿瘤中的 miRNA 表达谱千差万别。例如,相对于正常组织,肿瘤组织中的某些 miRNA 的表达水平是明显下调的,如肺癌中的 let-7、结肠癌中的 miR-143/miR-145 表达簇和慢性淋巴细胞性白血病中的 miR-15a/miR-16-1 表达簇;而某些 miRNA 的表达水平在肿瘤组织中呈明显上调,如乳腺癌、肺癌和前列腺癌中的 miR-21、霍奇金淋巴瘤和 B 细胞型淋巴瘤中的 miR-155、乳头状甲状腺瘤和恶性胶质瘤中的 miR-221/miR-222 表达簇,以及睾丸生殖细胞瘤中的 miR-372/miR-373 表达簇等。但是这些研究仅阐明了 miRNA 表达水平在肿瘤组织和正常组织之间的差异,却无法说明 miRNA 表达水平的改变是肿瘤发生的"因"还是"果"? miRNA 在肿瘤病理机制中是否起了决定性的作用? 但是至少可以肯定 miRNA 在肿瘤的全过程中发挥着不可或缺的作用:有些编码 miRNA 的基因可能起着癌基因或抑癌基因的作用,或者调控重要的肿瘤相关基因,从而参与肿瘤细胞增殖、凋亡、侵袭或血管形成等过程。目前认为引起 miRNA 在肿瘤中表达水平发生改变的可能原因包括:① 大多数已经识别和鉴定的 miRNA 基因位于或靠近与肿瘤相关的染色体脆性位点(即经常发生缺失、扩增、易位的染色体片段)上,如在慢性淋巴细胞性白血病中表达降低的 miR-15a/miR-16-1 的编码基因,位于肿瘤中经常缺失的 13q14 区域上,而在淋巴中上调的 miR-17-92 表达簇则位于肿瘤中经常发生扩增的 13q31 区域上。② 由于肿瘤中甲基化水平异常,造成 miRNA 转录水平发生明显改变,如在前列腺癌和膀胱癌中的 miR-127。③ miRNA 加工过程中的关键蛋白的表达异常,如肺癌中 Dicer 表达水平的下调。④ miRNA 编码基因上的突变或多态性影响 miRNA 的加工、成熟或与靶位点的结合能力,如 miR-15a/16-1 前体的 C/T 多态位点、位于 miR-125a 成熟体的 G/T 多态位点等。

此外,miRNA 也可影响肿瘤的发展,如 let-7 和 miR-17 在肺癌中能够抑制细胞生长,减少肿瘤抑制蛋白的表达,最终影响肺癌患者的转归[88]。Asangani 等人[89]的研究发现,体外过表达 miR-21 可抑制抑癌基因 *pdcd4* 表达,导致直肠癌更加容易侵犯和转移,并且 miR-17-3p 和 miR-143 等与直肠癌有关[90, 91]。此外,miR-21 也可以抑制 *PTEN* 的表达,促进肝癌的生长[92]。

(2) miRNA 与肿瘤的诊断和基因治疗:在肿瘤的筛查和诊断领域中,发现并开发非侵入性诊断工具成为肿瘤研究的一个目标。大量研究发现,血清或血浆中存在的循环 miRNA 是非常稳定的,可用简单灵敏的方法将其检出,如在肿瘤患者的血浆和血清中已检出一些肿瘤源性 miRNA。因此,循环 miRNA 在不同的疾病特别是肿瘤中可能作为潜在的无创生物标记物,其生物学意义是既能反映早期肿瘤的存在,又能提示晚期肿瘤的状态和动态变化,以及肿瘤复发和药物的敏感性等。

miRNA 通过与靶 mRNA 结合,调控靶 mRNA 的转录和翻译,因此通过用 miRNA 抑制物或补充 miRNA 能调节靶基因 mRNA 及其蛋白的表达,达到控制肿瘤恶性增殖和促进肿瘤细胞凋亡的目的。miRNA 作为重要的"肿瘤干涉基因",对肿瘤的基因治疗具有很大影响。近年来,已研发出系列拮抗 miRNA 的药物,称为"Antagomirs",如反义 2'-O-甲基核苷酸和锁定核苷酸,它们具有与天然的成熟 miRNA 互补的序列,主要通过降低 miRNA 的转化来发挥作用,因此毒性较小,可以有效地控制 miRNA 在各个器官中的活动,从而发挥治疗作用。动物实验发现,对小鼠静脉注射拮抗 miR-16、miR-122、miR-192 和 miR-194 的"Antagomirs",致使小鼠多个器官组织(例如肝、肺、肾、心、小肠、皮肤、肌肉、卵巢等)中相应的 miRNA 明显减少。相反,通过补充与天然 miRNA 序列相同的小分子核苷酸,则可增强 miRNA 的作用。例如将人工合成的 let-7 补充到 let-7 低表达的肺腺癌细胞株 A549 中,则可以抑制 RAS 蛋白的翻译,进而抑制肿瘤细胞的生长。这一方法类似于 RNA 干扰技术[即利用人为设计的一段小干扰 RNA(small interfering RNA,siRNA)来进行基因干涉]。不过利用 siRNA 进行肿瘤基因治疗会使机体产生较强烈的免疫反应。而 miRNA 序列来源于细胞基因组,并且机体本身存在 miRNA 表达的调控机制,可以通过激活内源性 miRNA 机制来指导正确的 miRNA 加工和靶基因抑制过程。显然,miRNA 为肿瘤的基因治疗提供了更好的选择,有望成为更先进的 RNA 干扰药物。

2) miRNA 与心血管疾病

除肿瘤以外,miRNA 在心血管疾病的发生、发展、早期诊断和治疗等方面同样具有重要的价值。miRNA 表达水平不仅与心血管细胞和组织的发育、生长、凋亡、代谢、功能及舒张压等相关联,而且与心血管疾病(如冠心病、心力衰竭、心律失常等)的重要危险因素(如血脂异常、高血压、糖尿病等)密切相关,进而影响其发生与发展。Huang 等人[93]在比较了急性心肌梗死患者和健康对照的血浆 miRNA 表达谱后,选择 5 个 miRNA 进行两阶段验证,最终发现 miR-320b 和 miR-125b 在急性心肌梗死患者中表达水平显著低于对照组,这两种 miRNA 与急性心肌梗死的发病风险呈负相关,而进一步的功能研究表明,miR-320b 和 miR-125b 能调节冠心病发病过程中重要信号转导通路(如 TGF-β 信号通路、细胞增殖、炎性免疫反应等)上的关键基因,此可能为冠心病的发病机制之一。Van Rooij 等人[94]分析了 186 种 miRNA 在两种心肌肥厚小鼠模型中的表达情况,发现有 21 种 miRNA 在主动脉缩窄小鼠模型组和显著表达激活钙磷酸酶 A(activated calcineurin A,CnA)小鼠模型组中的表达水平均高于对照组,而有 7 种 miRNA 在这两种心肌肥厚小鼠模型中表达水平低于对照组。进一步研究发现 miR-195 表达上调可诱发心肌细胞肥大,从而确定了 miRNA 在心肌肥大、心力衰竭等发病过程中的重要调节作用。糖尿病是众多心血管疾病的重要危险因素。研究表明,miRNA 在胰岛素分泌、胰岛发育、B 细胞分化、血糖调节和脂质代谢等方面发挥了重要作用[95]。Erener 等人[96]研究发现,细胞因子和链脲霉素可以诱导胰岛中的循环 miR-375 表达水平显著提高,而细胞死亡抑制剂则能使 miR-375 表达水平下降,提示循环 miR-375 可能是 B 细胞死亡和糖尿病预测的生物标记物。

5.3 lncRNA 与精准健康

lncRNA 是指长度超过 200nt 的 RNA,本身不编码蛋白,以 RNA 的形式从多层面对基因的表达进行调控。NONCODE 数据库目前已收录 90 000 余条人类 lncRNA 基因和约 140 000 条人类 lncRNA 转录本。lncRNA 通常存在于细胞质或胞核中。随着研究的不断推进,人们发现,lncRNA 对细胞生理功能发挥重要的调控作用,包括染色质重组装、基因转录和翻译、蛋白质运输和细胞信号转导等。

5.3.1 lncRNA 概述

5.3.1.1 lncRNA 的合成

lncRNA 种类和功能繁多,大体可将其分为 5 类:顺式 lncRNA、反式 lncRNA、双向 lncRNA、基因间 lncRNA 和内含子 lncRNA。lncRNA 的基因座类似于 mRNA,同样是由 RNA 聚合酶 II 转录、剪接,序列上含有单核苷酸序列多态性位点,且 5′端具有特有的帽子结构。lncRNA 具有自己独有的启动子、DNA 结合区和转录因子。对 RNA-Seq 数据进行生物信息学分析发现,lncRNA 的转录可独立于周围蛋白编码基因,并可影响这些基因的表达[97]。lncRNA 表达同样受表观遗传的调控,如甲基化的影响[97]。总体而言,lncRNA 的表达低于蛋白编码基因的表达,但 lncRNA 具有更高的细胞特异性。

5.3.1.2 lncRNA 的功能

lncRNA 主要在表观遗传学调控、转录调控及转录后调控 3 个层面调控基因的表达水平。

1) 表观遗传学调控

lncRNA 招募染色质重构复合体到特定位点,介导基因的表达沉默。如 lncRNA 基因高频率出现在印迹基因形成的印迹区,提示 lncRNA 基因的转录可能受基因组印迹的调控。印迹区 lncRNA H19 为母源表达,是 miR-675 的前体。miR-675 可抑制结直肠肿瘤中 RB 转录抑制因子 1(RB transcriptional corepressor 1,RB1)的表达。结肠癌发生时 H19 转录上调,导致 miR-675 上调,提示 H19 具有促癌作用。定位于 X 染色体失活中心(X-inactivation center,XIC)的 lncRNA XIST 能招募并结合染色质重构复合体,介导基因沉默。X 染色体转录生成的 XIST 附着于该 X 染色体,通过招募 DNA 甲基化酶及组蛋白去乙酰化酶,修饰该 X 染色体。

2) 转录调控

lncRNA 能通过多种机制在转录水平实现对基因表达的沉默,表现在如下方面:lncRNA 的转录影响邻近基因的表达。蛋白质编码基因启动子区域的 lncRNA 可封阻启动子,阻碍启动子结合转录因子,阻止蛋白质编码基因的表达。lncRNA 能结合 RNA 结合蛋白,将其定位于基因启动子区,调控基因的表达。lncRNA 也可调节转录因子的活性,从而抑制基因表达。

3) 转录后调控

lncRNA 能在转录后水平通过与其他 RNA 配对形成双链的形式调控基因表达。此外,lncRNA 还可通过竞争性内源 RNA(competing endogenous RNA,ceRNA)机制进行转录后调控,即 lncRNA 通过 miRNA 应答元件,与 mRNA 竞争性地结合 miRNA 影响 miRNA 对编码基因的沉默,起到"分子海绵"的作用。

lncRNA 的调控形式如图 5-4 所示。

5.3.1.3 lncRNA 作用机制的研究方法

lncRNA 作用机制的研究包括两个方面:一是鉴别 RNA 分子间的互作,二是分析 RNA 与蛋白质的相互作用。在 lncRNA 与 RNA 的相互作用的研究中,以 ceRNA 机制研究较多,采用的方法包括 RNA 过表达或干扰、RNA 结合蛋白免疫沉淀(RNA binding protein immunoprecipitation,RIP)与荧光素酶报告基因实验。在 lncRNA 与蛋白质的相互作用的研究中,运用 RNA pulldown 与蛋白质芯片或质谱联用技术能挖掘与特定 RNA 相互作用的所有蛋白质,通过 RIP 与基因芯片或高通量测序能挖掘与特

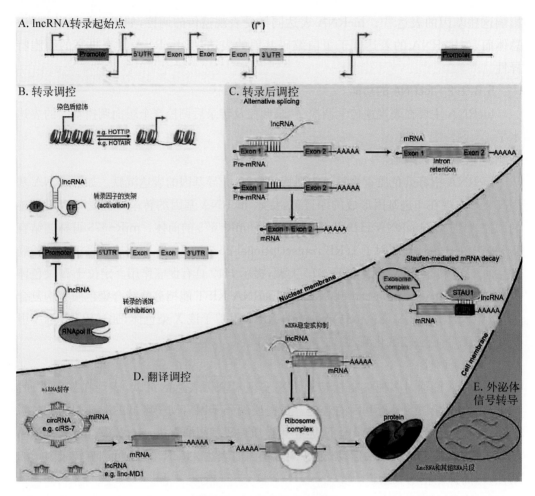

图 5-4 lncRNA 合成与功能

注：图片修改自"Dempsey J L, Cui J Y. Long Non-Coding RNAs: A Novel Paradigm for Toxicology. Toxicol Sci, 2016. 155(1): 3-21. (Figure 1)"

定蛋白质结合的所有 lncRNA。此外，RNA 纯化染色质分离技术（chromatin isolation by RNA purification，ChIRP）为发现与目标 lncRNA 存在相互作用的基因组 DNA 及蛋白质提供了有利的帮助；与 RIP 技术类似，ChIRP 也可结合基因芯片或测序方法，在全基因组范围内寻找 lncRNA 的结合位点。lncRNA 作用机制复杂，运用多种方法相结合的方式在 lncRNA 的研究中极为重要。尽管已发现 lncRNA 的不少功能，但大多数 lncRNA 的功能仍有待研究。目前已知功能的 lncRNA 还不足 1%，并且普遍性转录产生的 lncRNA 并不意味着具有普遍性的功能。从转录谱着手深入阐明 lncRNA 的功能是至关重要的。

与花费高昂且耗时耗力的传统分子实验技术相比，生物信息学为 lncRNA 的研究提供了一条高效便捷的道路。目前最常见的是对基因芯片数据进行挖掘分析，包括差异表达基因分析、聚类分析、GO 差异基因功能富集分析、KEGG 通路分析及共表达网络等。此外，lncRNA 还有一些特有的生物信息学分析方法，如 lncRNA 与多数据库转录本的同源比对技术、lncRNA 与其他 RNA 的互作预测技术及 lncRNA 与蛋白质的互作预测技术等。由于 lncRNA 的研究尚处于起步阶段，lncRNA 数据库较杂乱且许多 lncRNA 的功能并不明确，在线分析工具可通过将 lncRNA 序列与各大数据库的信息进行比对整合，以鉴别那些更有可能发挥重要生物学功能的 lncRNA。

5.3.2 lncRNA 的检测方法

lncRNA 的检测方法包括表达文库克隆、Northern blot、荧光定量 PCR、基因芯片技术和高通量测序技术等。

实时荧光 qRT-PCR 可定量检测目的基因的表达及筛选生物学功能相关的 lncRNA，它是一种高通量、灵敏的基因表达检测技术，已被广泛应用于 lncRNA 检测，该技术可迅速发现疾病组织或组织特异的 lncRNA 生物标志物。

基因表达系列分析技术（serial analysis of gene expression，SAGE）一样同属于高通量的研究技术。此方法首先通过逆转录得到 cDNA，获得 SAGE 双标签，然后连接、扩增双标签片段并进行克隆、测序，统计此标签在某组织中的出现频率，此频率即可反映出该标签基因的表达丰度。

此外，lncRNA 的检测方法还包括微阵列芯片检测技术。首先需在微阵列上固定大量探针分子，然后将标记样本与探针分子进行杂交，通过杂交信号强度检测，反映不同样本中测定基因的表达丰度。现在 lncRNA 研究面临的一个主要挑战是设计带有不同 lncRNA 检测探针的芯片。Arraystar 公司自 2009 年就开始设计 lncRNA 芯片，近日发布了可同时检测 mRNA 和 lncRNA 的第四代 lncRNA 芯片，此芯片设计将公共数据库与论文中重要的 lncRNA 信息结合起来，建立了一个可靠的综合性 lncRNA 数据库表达谱。此探针能够靶标外显子和剪接点，检测单个基因的不同转录本。目前 lncRNA 的研究主要是通过传统的原位杂交技术、过表达技术、基因沉默技术等，这些传统研究方法效率低下。因为 lncRNA 的调节方式是一种大量聚集、协同作用的形式，单个 lncRNA 的影响很可能不产生明显的表型变化。新近发展起来的高通量测序-芯片杂交技术结合生物信息学，能快速高效地发现具有重要调控功能的 lncRNA，这也是未来 lncRNA 研究的发展趋势。

5.3.3 lncRNA 与精准健康

5.3.3.1 lncRNA 在环境因素致健康损害中的作用

环境质量与人类的健康息息相关，但经济发展带来的环境污染问题使人类健康受到不同程度的威胁。因此,研究环境污染因素对人体健康的影响具有重要意义。有毒化学物质可以通过调节特定 lncRNA 来调控相关基因的表达。检测生物体 lncRNA 的表达变化比组织病理变化灵敏度更高。其次,在 RNA 水平检测环境毒素对生物体的影响有利于早期监测到环境中的有害物质。然而,关于 lncRNA 在环境因素致健康损害中的研究目前仍处于起步阶段。过去 5 年的文献结果表明,lncRNA 的表达调控受到各种异型生物质的影响,如 PAH、苯、重金属、氯吡硫磷(毒死蜱甲酯)、双酚 A、邻苯二甲酸酯、酚和胆汁酸等[98]。关于 lncRNA 在生物体暴露于不同有毒外源化学物质后特异性的差异以及相关毒理学机制的研究,可为环境毒理学研究中利用检测 lncRNA 的表达变化评价环境污染物提供一条新思路。

1) lncRNA 与化学致癌物

在 lncRNA 相关研究中,化学致癌物对 lncRNA 表达的影响尤其引人关注。苯对人体具有血液毒性,是一种潜在的致白血病物质。人体暴露于苯物质后,血液样本中 lncRNA NR_045623 和 NR_028291 表达水平上调,并且随苯暴露水平增加而增加。这些 lncRNA 普遍都与免疫应答、造血作用、B 细胞受体信号转导和慢性髓细胞样白血病发病有关,表明 NR_045623 和 NR_028291 可能是与苯血液毒性相关的关键基因[99]。吸烟是肺癌发生、发展的一个重要危险因素。人支气管上皮细胞(human bronchial epithelial cells,HBE)被广泛应用于化学物致肺癌发生的相关研究,是一个很成熟的细胞模型。研究人员将 HBE 细胞用烟草提取物进行染毒,发现 miR-218 表达下调,lncRNA 结肠癌相关转录 I(colon cancer associated transcript 1,CCAT1)表达上调。CCAT1 基因沉默后,可抑制烟草提取物暴露导致的 miR-218 表达下调,提示 miR-218 表达受到 CCAT1 基因的调控。同时,研究人员还发现,CCAT1 基因还可通过调控 miR-218,影响原癌基因 BMI1 的表达,诱导细胞周期转变,从而影响肺癌的发生、发展[100]。焦炉逸散物暴露是焦炉工肺癌的一个重要危险因素。焦炭是一种固体含碳物质,煤经高温燃烧后生成,富含挥发性和半挥发性的致癌或可疑致癌物质如 PAH。研究表明,男性焦炉工外周血淋巴细胞中 lncRNA HOTAIR、MALAT1 和 TUG1 的表达水平与 PAH 外暴露呈正相关,并且 HOTAIR 和 MALAT1 也与 PAH 内暴露水平(尿 1-羟基芘)和 DNA 损伤水平呈正相关[101]。

2) lncRNA 与重金属

镉是一类在工业生产尤其是在镍-镉电池的制造过程中被广泛使用的重金属物质。人体暴露于镉的途径主要包括食用镉污染区的大米和小麦、吸烟和经呼吸道接触。镉的毒性效应广泛,包括肾毒性、神经毒性、致癌性、致畸性、内分泌和生殖毒性等,并可干扰 DNA 损伤修复,促进氧化应激,诱导细胞凋亡。研究表明,lncRNA ENST00000414355 在镉染毒的 16HBE 细胞和大鼠肺组织中表达上调,并呈现剂量反应关系。且在职业暴露工人血液中,lncRNA ENST00000414355 的表达量与尿镉浓度和 DNA 损伤程度都呈正相关。在 16HBE 细胞中沉默 lncRNA ENST00000414355 后,DNA 损伤的细胞生长受到抑制,DNA 损伤相关基因表达下降,DNA 修复相关基因表达上调[102]。该研究结果提示我们,lncRNA ENST00000414355 可作为镉暴露诱导 DNA 损伤的效应标志物。

3) lncRNA 与内分泌干扰物

母源性 lncRNA *H19* 位于人类第 11 号染色体上,与父源性胰岛素样生长因子 2(*Insulin-like growth factor 2*,*IGF2*)基因相距 100 kb 的距离。*H19/IGF2* 基因在内分泌干扰化合物对生长发育影响中的作用被广泛研究。邻苯二甲酸酯是一种增塑剂,暴露可导致健康危害,尤其是在孕期和儿童生长发育期。研究人员发现,人胎盘中 *H19* 甲基化水平与邻苯二甲酸酯代谢物总浓度以及低分子量的邻苯二甲酸酯浓度之间呈负相关[103]。氯吡硫磷是一类广谱有机磷酸酶杀虫剂,被广泛应用于农业生产中,具有抗雄激素等内分泌干扰作用。小鼠孕期接触一定剂量的氯吡硫磷,可导致原始生殖细胞和胚期肝脏、肠道中 *H19* 基因甲基化的改变[104]。四氯二苯并-p-二噁英是一类剧毒且在环境中持续存在的环境污染物,能激活转录因子芳香烃受体。将胚胎植入前的小鼠胚胎暴露于四氯二苯并-p-二噁英后,研究人员发现胎鼠重量下降,*H19* 和 *IGF2* 的表达也显著下降,且暴露组中转甲基酶活性显著高于对照组[105]。以上研究表明,孕期或生长发育期接触外源性环境污染物可导致 lncRNA *H19* 表观遗传改变(比如甲基化改变),从而影响胎儿的生长发育和健康。双酚 A(bisphenol A,BPA)是一类雌激素复合物,主要用作日常消费品的增塑剂。在新生儿期暴露于 BPA 的雄性小鼠,原代小鼠精子和子代胚胎中 *IGF2* 和 *H19* 表达量均下降,并伴随 *H19* 印迹控制区的 DNA 低甲基化。这为 BPA 暴露后导致的胚胎植入后损失及男性不育提供了科学解释[106]。

4) lncRNA 与胆汁酸

胆汁酸主要由肝脏中的胆固醇合成并分泌,用于调节饮食中脂质营养物的消化和吸收。除此之外,胆汁酸也可作为信号转导分子介导异型生物质在肝脏、肠道以及其他器官中的代谢,如棕色脂肪和骨骼肌等。在极高浓度情况下,比如胆汁淤积,胆汁酸可对肝细胞膜造成损伤,并引起一系列的毒性反应,如坏死、炎症反应以及癌症等。研究表明,高表达抗凋亡蛋白(B cell lymphoma 2,BCL2)可诱导小鼠肝脏 *H19* 基因的表达,并伴随血清胆汁酸和胆红素水平的增加,以及胆汁酸合成酶和转运酶表达的下降[107]。在 BCL2 高表达的小鼠中 *H19* 基因表达增加的原因主要归结于失去核受体微小异源二聚体伙伴基因(*small heterodimer partner gene*,*SHP*)对其的转录抑制作用,而 *H19* 敲低或 *SHP* 基因高表达能逆转 BCL2 引起的肝脏损伤。

5) lncRNA 与热量

研究表明,热量摄入异常以及由此带来的营养不良,包括饥饿和肥胖,可致多器官的损伤。动物实验表明,饥饿状态下肝脏组织中 lncRNA lncLSTR 表达下调,而 lncLSTR 缺失后,无论是在饥饿还是喂食状态下,均能有效降低血浆三酰甘油的水平[108]。相反,lncRNA lncLGR 在饥饿状态下表达上调。在高脂饮食或转基因致肥胖的老鼠中,lncRNA 的表达也发生异常。研究表明,lncRNA *lnc-HC* 位于线粒体肉碱转运蛋白基因(*Solute carrier family 25 member 14*,*SLc25a14*)的 3′端,在高脂饮食的大鼠肝脏中表达显著上调[109]。体内敲除 *lnc-HC* 并给予大鼠高脂饮食后,胰岛素抵抗得到改善,血清高密度脂蛋白胆固醇浓度上升。由此提示,*lnc-HC* 可能作为治疗肥胖和代谢综合征的潜在靶标[109]。

5.3.3.2　lncRNA 与环境相关疾病

lncRNA 调节着复杂的细胞功能网络,其参与核小体形成、染色体组建及 mRNA 的可变剪切等过程。如果 ncRNA 突变或功能异常则会引发一系列复杂疾病,其中 miRNA 与疾病的相关研究已不胜枚举,有些已用于临床。与 miRNA 不同的是,lncRNA 能通过多种机制起作用,而且很难依据其序列来推断其功能,实际上目前已知功能的 lncRNA 尚不足 1%。然而,越来越多的研究显示 lncRNA 在肿瘤、心脑血管疾病、糖尿病和神经系统疾病发生中都具有重要作用。随着人们逐渐认识到正常和疾病状态下非编码 RNA 表达的差异,未来可将非编码 RNA 作为生物指标进行疾病诊断和预测。

1) lncRNA 与癌症

自从在非小细胞肺癌(NSCLC)中发现 lncRNA 转移相关肺腺癌转录 1(*metastasis-associated lung adenocarcinoma transcript 1*,*MALAT1*)以来,人们一直在探讨 *MALAT1* 在肺癌癌变中的机制。Schmidt 等[110]采用原位杂交技术分析了 352 例 NSCLC 及其癌旁组织 lncRNA 的表达水平,发现 35%组织高表达 *MALAT1*,其表达与腺癌和大细胞癌高度相关,*MALAT1* 高表达与鳞状细胞癌患者的不良预后有关。在小鼠胚胎成纤维细胞 NIH3T3 中过表达 *MALAT1*,显著增加了该细胞的迁移能力,同时发现细胞生长、运动、增殖、信号传导和免疫调控等相关基因表达均上调。抑制 NSCLC 细胞系 A549 中 *MALAT1* 的表达,在体外能明显抑制细胞迁移,在体内则明显抑制细胞生长。这些结果提示 *MALAT1* 具有促进肿瘤生长的功能,其表达水平与肿瘤患者的生存期呈负相关。Gutschner 等[111]通过锌指核酸酶(zinc finger nucleases,ZFNs)技术建立 *MALAT1* 敲除的肺癌细胞,发现与野生型的肿瘤细胞相比,*MALAT1* 缺失模型的肿瘤体积更小、转移程度更低,其缺失是通过下调基因的表达而不是选择性剪接发挥作用,*MALAT1* 的反义寡核苷酸则能抑制其对瘤体转移的促进作用。这也为肺癌的治疗提供了新的潜在的靶点。Nakagana 等[112]采用 qRT-PCR 的方法对 77 例 NSCLC 组织中 lncRNA HOTAIR 表达水平进行检测,发现其中 17 例 NSCLC 中的 HOTAIR 表达水平是正常组织中的 2 倍以上,并且肿瘤体积越大、TNM 分期越高、淋巴转移越严重、术后患者的无癌间期越短,以及脑部转移能力越强,HOTAIR 的表达水平也就越高。体外实验表明,高表达 HOTAIR 的 A549 细胞迁移能力及非贴壁生长的能力增强。这些都显示了 HOTAIR 与肺癌的发生、发展相关。

lncRNA 在胃癌领域的研究才刚刚起步。Yang 等[113]通过对 20 例胃癌患者的胃癌组织进行 qRT-PCR 分析发现,与正常的胃组织相比,胃癌组织中的 lncRNA CCAT1 显著升高,且其高表达与原位瘤的生长、淋巴结转移及远端转移呈正相关。CCAT1 的高表达可以促进细胞的增殖和迁移,转录因子 c-myc 可通过直接结合到 CCAT1 启动子区域的 E-box 元件上启动 CCAT1 的转录,从而促进胃癌细胞的增殖与迁移,下调 c-myc 的表达则降低 CCAT1 的表达水平,胃癌细胞的增殖和迁移也减缓。Yang 等[114]发现,H19 在胃癌组织和胃癌细胞系中表达显著升高,上调 H19 的表达可促进胃癌细胞的增殖,而下调 H19 后可导致胃癌细胞的凋亡。RNA 免疫共沉淀及 RNA Pull down 实验结果显示,H19 可以与 p53 蛋白相结合,上调 H19 表达水平可以抑制 p53 蛋白的表达并降低 p53 靶基因凋亡相关基因 BAX 的表达水平。这些结果表明 H19 高表达与胃癌的分子病因学密切相关,并且在胃癌治疗方面具有潜在的应用价值。

肝癌是医学研究的重点之一。Lai 等[115]研究发现 lncRNA MALAT1 在 9 株肝细胞癌(hepatocellular carcinoma,HCC)细胞系中均高表达,在 52 对肝癌和相应的癌旁组织中,38 例肝癌组织中的 MALAT1 表达水平明显高于癌旁组织。为了研究 MALAT1 在肝癌进展中的作用,研究人员进一步检测了 60 例接受肝移植治疗的肝癌患者的肝癌组织中 MALAT1 的表达水平,发现高表达 MALAT1 与年龄、性别、肿瘤大小、组织学分期及门静脉癌栓没有相关性,而与肿瘤数量及术前甲胎蛋白含量呈正相关,与 3 年无疾病生存率呈负相关,尤其是超出米兰标注(用于衡量和定义早期肝癌,指单个肿瘤直径不超过 5 cm 或较多发的肿瘤少于 3 个并且最大直径不超过 3 cm,没有大血管侵犯现象,也没有淋巴结或肝外转移的现象)的患者更可能在肝移植后肝癌复发。此外,下调肝癌细胞 HepG2 中 MALAT1 的表达能明显抑制细胞增殖、迁移和浸润,增加细胞对凋亡刺激的敏感性。这都表明 MALAT1 在肝癌的发展及转移中起着重要作用,可以作为肝移植后肿瘤复发的标志物及药物治疗的新靶点。

Yang 等[116]采用 qRT-PCR 方法检测了 110 对肝癌及癌旁组织(其中 60 个肝癌患者进行了肝移植)中 HOTAIR 的表达,发现 HOTAIR 在肝癌组织中明显高表达,且在肝移植患者中可能作为肝癌复发的独立标志物,在超出米兰标准的患者中,HOTAIR 高表达患者的无复发生存期明显缩短。细胞水平的研究也显示下调肝癌细胞中 HOTAIR 的表达能明显降低细胞活力及迁移能力,增加细胞对 TNF-α 诱导凋亡的敏感性及对化疗药物顺铂和多柔比星(阿霉素)的敏感性。随后,Geng 等[117]检测了 63 例肝切除 HCC 患者中 HOTAIR 的表达情况,结果也显示 HOTAIR 在癌组织中表达水平升高,与淋巴结转移呈正相关,HOTAIR 高表达 HCC 患者肝脏切除后复发的风险性也升高。体外研究的结果表明,下调 HCC 细胞中 HOTAIR 的表达可明显抑制细胞增殖,并降低与细胞运动及转移相关的分子基质金属蛋白酶 9(matrix metalloproteinase-9,

MMP9)和血管内皮生长因子(vascular endothelial growth factor，VEGF)在细胞内的表达量。这些结果提示 HOTAIR 可能作为 HCC 淋巴结转移的潜在标志物。

食管癌是人类常见的恶性肿瘤。Lu 等[118]采用原位杂交和 qRT-PCR 方法分别检测了 93 对石蜡包埋和 30 对新鲜的食管鳞癌(esophageal squamous cell cancer，ESCC)及对应的癌旁组织中 HOTAIR 的表达水平，发现 HOTAIR 在 ESCC 组织中表达显著升高，并且和瘤体大小、临床分期、淋巴结转移呈正相关，与肿瘤分化程度及 5 年生存率呈负相关。细胞研究显示，下调 HOTAIR 后，细胞增殖、克隆形成及侵袭迁移能力均被明显抑制。该研究提示 HOTAIR 在 ESCC 的发展中起着重要作用，有可能成为其诊断标志物。

2) lncRNA 与心脑血管疾病

心肌梗死是全世界人口的主要死因之一，目前我国每年新发心肌梗死 250 万例。研究发现，miRNA-539 可以抑制抗增殖蛋白 2(prohibitin 2，PHB2)的功能，PHB2 是一种抑制线粒体裂变和凋亡的蛋白，在正常心肌细胞中大量表达，并且维持细胞线粒体的稳态。心脏凋亡相关 lncRNA(cardiac apoptosis-related lncRNA，CARL)可作为 miRNA 海绵吸附 miRNA-539，从而解除 miRNA-539 对 PHB2 的抑制作用，该发现为心肌梗死和心肌细胞凋亡的治疗提供了新的方向[119]。另有研究显示，用小鼠心肌梗死模型的心肌组织进行 RNA 测序，发现许多差异表达的 lncRNA 主要参与心脏生成和病理性重构，用寡核苷酸介导的敲减法发现这些差异表达的 lncRNA 主要调控心脏结构蛋白的表达[120]。氯吡格雷是心肌梗死的常规用药之一，目前许多药理机制尚不明确。有研究发现，在棕榈酸诱导人脐静脉内皮细胞凋亡的模型中，给予氯吡格雷后可减轻棕榈酸诱导的脐静脉内皮细胞的凋亡。运用 RNA 微阵列的方法比较氯吡格雷处理组和对照组的 lncRNA 表达谱，发现与对照组相比，氯吡格雷组 HIF1α 反义核糖核酸-1(HIF1alpha-antisense RNA-1，HIF1A-AS1)的表达水平发生显著改变，通过小干扰 RNA 抑制该 lncRNA 后可减少棕榈酸诱导的细胞凋亡并促进内皮细胞的增殖；研究者还发现，HIF1A-AS1 是通过线粒体凋亡通路引起内皮细胞的凋亡。说明氯吡格雷可以通过抑制 lncRNA HIF1A-AS1 而减少棕榈酸诱导的脐静脉内皮细胞凋亡，揭示了氯吡格雷治疗心肌梗死的新机制[121]。

心力衰竭是心血管疾病的终末阶段，也是构成世界范围的主要死因之一。lncRNA 不仅参与心力衰竭的发展，还可作为预测心力衰竭患者心血管事件发生的标志物之一。研究表明，循环中的 lncRNA uc022bqs.1 与心力衰竭患者远期心血管死亡事件具有显著相关性[122]。另有研究运用微阵列技术发现，在血管紧张素Ⅱ刺激的肥大心肌细胞中，miRNA-489 显著降低；而在心肌细胞中过表达 miRNA-489 可以减轻血管紧张素诱导的细胞肥大效应。一种名为心肌肥厚相关因子(cardiac hypertrophy related factor，CHRF)的 lncRNA，可作为 miRNA 海绵结合 miRNA-489 并降低其表达，从而抑制 miRNA-489 对其靶基因骨髓分化初反应蛋白基因 88（*myeloid differentiation primary response gene 88*，*Myd88*）的负调控作用，促进心肌肥厚的进程[123]。

研究显示，lncRNA 参与高血压相关基因的调控。血管紧张素 II 可以促进动脉粥样硬化和高血压的发生。研究发现，血管紧张素 II 可以调控 lncRNA 的功能，用小 RNA 干扰技术敲除 lncRNA Ang362 后可以减少血管平滑肌细胞的增殖[124]。慢性血栓栓塞是引起严重肺动脉高压的病因之一。一项研究通过微阵列技术发现，来自慢性血栓栓塞性肺动脉高压患者肺动脉的内皮细胞和正常人的肺动脉内皮细胞中，有 185 个 lncRNAs 表达发生显著变化，进一步分析证实 464 个调节型的启动子样的 lncRNAs 的基因序列与临近的 mRNA 序列重叠。lncRNA NR-036693，NR-027783，NR-033766 及 NR-001284 的表达都发生了显著变化。通过差异基因的 GO 分析和信号通路富集分析发现，这些 lncRNAs 都与内源性刺激引起的炎症反应相关[125]。

脑缺血能显著改变脑组织中 lncRNA 的表达。在模型鼠短暂大脑中动脉闭塞后再灌注 3～12 h 间有 359 个 lncRNA 表达上调，84 个 lncRNA 表达下调，62 个脑卒中应答 lncRNA 与蛋白编码基因外显子有＞90％序列同源性[126]。还有研究发现，脑缺血后血管内皮细胞受损会导致血-脑脊液屏障破坏，脑微血管内皮细胞在缺氧缺糖的条件下有 362 种 lncRNA 发生明显变化，这些 lncRNA 的调控机制有待进一步研究[127]。

ANRIL 是一个新近发现的 lncRNA，可能作为动脉粥样硬化、脑卒中发病和复发相关的标志基因，研究发现 9p21.3 区基因型 rs10757278 GG 及 rs10757274 GG 能增加卒中发生及复发风险。rs10757278 的 GG 基因型与 AA 基因型相比，在粥样硬化斑块中 MTAP、ANRIL 短转录子 DQ485454 和 EU741058 表达显著降低，而 P16INK4a 和 ANRIL 长转录子 NR-003529 表达升高[128]。

3）lncRNA 与糖尿病

Moran 等[129] 全面报道了人类胰岛 B 细胞 lncRNA 的表达，在该研究中，作者通过对人类 B 细胞转录组测序发现了 1 128 个胰岛特异性 lncRNA，且许多 lncRNA 与胰岛分化具有一定的关系。Nica 等[130] 通过 RNA 测序发现，与非 B 细胞相比，148 个 lincRNA 在 B 细胞中过表达。这些研究说明人类胰岛细胞中存在细胞特异性 lncRNA 的表达。Moran 等[129] 研究还发现人类胰岛 lncRNA 表达具有阶段特异性的特点：lncRNA 在胚胎胰腺祖细胞中并不活跃，但在内分泌细胞最终分化阶段变得活跃。为了确定胰岛特异 lncRNA 与糖尿病发病机制的关系，作者选取了 16 个糖尿病患者和 19 个对照样本为实验材料，利用 RT-PCR 方法检测了 14 个 lncRNA，结果发现在患者样本中，KCNQ10T1 表达下调而 HI-LNC25 表达上调，提示 KCNQ10T1 和 HI-LNC25 可能与糖尿病发生有关。

目前关于 lncRNA 对糖、脂代谢的影响研究较少。Gao 等[131] 研究显示，lncRNA *H19* 在 2 型糖尿病患者和胰岛素抵抗的动物骨骼肌中表达显著下降，*H19* 低表达与人和小鼠葡萄糖的稳态破坏相关;体外实验发现 *H19* 消耗导致肌细胞胰岛素信号受损和葡萄糖摄取下降;体内实验中,用胰岛素处理非糖尿病小鼠造成急性高胰岛素血症,结果发现小鼠肌肉中 *H19* 表达下调,提示 *H19* 在糖代谢中发挥作用。另一种 lncRNA SRA 在脂肪组织生物学和血糖的稳态中起重要作用。Zhao 等[132] 研究团队采用 Arraystar Mouse lncRNA V2.0 芯片对诱导前后的棕色脂肪细胞以及脂肪组织进行 lncRNA 和蛋白编码基因的表达谱检测,发现一种新的 lncRNA Blnc1,该 lncRNA 的表达随着棕色脂肪细胞的分化过程逐步升高,且在米色脂肪中其表达量也显著上升。过表达或敲除体外培养的棕色脂肪前体细胞中的 Blnc1,发现 Blnc1 可诱导线粒体以及产热相关基因的表达,并导致细胞内线粒体数目以及 DNA 含量的显著升高,细胞氧化能力和解偶联呼吸功能增强;活体实验进一步证明 Blnc1 具有促进棕色脂肪形成的作用,提示 Blnc1 在棕色脂肪代谢中的新作用。Li 等[108] 通过生物信息学手段大规模地对生物芯片及测序数据进行深度挖掘,筛选出 3 条在肝脏中特异表达的 lncRNA 基因。进一步分析发现,其中的一条 lncRNA 基因 *LncLSTR* 与小鼠能量代谢水平呈很强的相关性。通过同时含有 mRNA 与 lncRNA 的双色共表达网络对 *LncLSTR* 基因的功能进行预测,发现该 lncRNA 具有与脂类代谢相关的功能;动物实验发现,*LncLSTR* 敲除的小鼠,血浆三酰甘油水平明显下降,载脂蛋白 C_2(apolipoprotein C_2,$apoC_2$)表达水平明显上升。该研究提示 lncRNA 的异常表达在糖尿病病理形成中具有重要意义。

4) lncRNA 与神经系统疾病

阿尔茨海默病(Alzhimer disease,AD)是最常见的神经系统变性疾病,其发病机制目前仍然不清楚,其中一个主要机制为 β 分泌酶 1 裂解淀粉样前蛋白(amyloid precursor protein,APP)形成的淀粉样斑块在神经元聚集,打破了 β-淀粉样蛋白 Aβ42/Aβ40 的平衡状态,产生神经毒性。随着对 AD 研究的不断推进,一系列异常表达的 lncRNA 被发现与 AD 的发病及进展密切相关。lncRNA BC200 在神经突触可塑性中有着重要作用,它在正常老化大脑的额叶皮质中减少,而 AD 患者中表达增加;在 AD 早期 BC200 就异常定位并聚集在核周围,且其增加的水平与疾病严重程度呈正相关[133]。Ciarlo 等[134] 发现 lncRNA 51A 在 AD 患者脑中过表达,通过驱使分拣蛋白相关受体 L1(Sortilin related receptor 1,SORL1)可变性剪切增加 Aβ 生成。

帕金森病(Parkinson disease,PD)是神经系统分泌多巴胺细胞丢失导致的一种慢性、进展性运动障碍的疾病。lncRNA 在 PD 白细胞中广泛表达,通过 RNA 测序对 lncRNA 进行研究发现,5 个 lncRNA 在 PD 白细胞中过表达,脑深部电刺激术后表达减少,包括 U1 剪切体 lncRNA 和 *RP11 - 462G22.1*,它们与多个 miRNA 存在互补序列[135]。lncRNA AS Uchl1 是近期发现的泛素 C-末端水解酶 L1(ubiquitin C-terminal hydrolase L1,UCHL1)的反义转录物,通过调控 Uchl1 mRNA 促进 Uchl1 蛋白的表达,参与脑功能和神经退行性疾病等生理病理过程。研究发现核受体相关蛋白 1

(nuclear receptor related 1 protein，NURR1)与中脑多巴胺能神经元的发生、发育和存活有密切关系，并能调控 AS Uchl1 的表达[136]。lncRNA NaPINK1 来源于 PINK1 基因座反义转录，它有稳定 PINK1 表达的功能。NaPINK1 沉默可以引起 PINK1 在神经元中表达减少[137]。

在成人中枢神经系统中神经胶质瘤是最常见的肿瘤，占原发脑肿瘤的 80%。神经胶质瘤中异常表达的 lncRNA 能通过调节染色体重构、DNA 甲基化、组蛋白修饰等发挥作用。lncRNA 可与 miRNA 形成调控网络，参与肿瘤发生的过程：① 与 miRNA 形成互相抑制反馈通路。如恶性胶质瘤细胞中 lncRNA XIST 表达上调，XIST 沉默能使 miR-152 表达上调从而抑制肿瘤发生，此外，miR-152 过表达也能抑制 XIST 表达，XIST 与 miR-152 互相抑制形成反馈通路[138]。② 作为 miRNA 前体，产生成熟的 miRNA：研究发现 *H19* 是 miR-675 的前体，两者表达水平与胶质瘤等级呈正相关，*H19* 通过生成 miR-675 调控胶质瘤细胞侵袭性[139]。lncRNA 还可与蛋白形成调控网络：lncRNA 可作用于染色质修饰复合物、转录因子等。如 lncRNA HOTAIR 能维持肿瘤细胞增殖，与胶质瘤的分子亚型、分期、等级及预后相关，它能结合 PRC2，增加组蛋白 H3 第 27 位赖氨酸三甲基化，减少组蛋白 H3 第 4 位赖氨酸去二甲基化，从而发生表观遗传学沉默。

5.4 小结与展望

不同于基因组的遗传变异，表观遗传因素具有动态变化的潜力，既可以随时间推移和年龄的增长发生广泛的变化，又可以被不同的内外环境所改变，还可以因为健康和疾病状态的变化而变化。同时，由于其具有广泛的基因调节功能，表观遗传因素又可以通过调节各种基因的表达和基因组的稳定性，在机体的不同生理阶段和疾病的不同发展阶段中（如环境刺激的应答、污染物的代谢、机体稳态的调节、疾病危险因素引发的疾病早期病变、亚临床病变的进展和疾病的爆发、调节对药物的反应、影响疾病的预后等），扮演不同的角色。然而，揭示表观遗传学机制在环境有害因素应答、环境相关性早期健康损害和疾病中的作用及其相关机制是亟待破解的科学问题。欲揭示这一科学问题，系统的研究必不可少，未来表观遗传学研究应该在充分了解所要研究的生物学性状和疾病的生理病理机制的基础上，合理设计和选择样本，进行多人群交叉验证，合理地分析数据，谨慎结论。此外，还需要发展高通量、高分辨率的成像及实验技术以及生物信息学技术来推进表观遗传研究。

大量临床和亚临床研究证实，大多数表观遗传学改变是可逆的，因此表观遗传因素作为环境相关性疾病的早期预防、发病风险预测、早期诊断和早期治疗的分子靶标的深入研究也是值得期待的。未来表观遗传因素的相关研究有助于人们阐明环境相关性疾病发生与发展的表观遗传学机制，开展针对与表观遗传因素有关的疾病病因一级预防。而且利用疾病特异性表观遗传组学标志物开展疾病筛查和早期诊断（即二级预防），研发出以表观遗传因素为靶点的新治疗药物（三级预防），为环境相关性疾病的精准预防、精准诊断乃至精准治疗带来新的希望。

参考文献

［1］Breitling L P，Yang R，Korn B，et al. Tobacco-smoking-related differential DNA methylation：27K discovery and replication ［J］. Am J Hum Genet，2011，88(4)：450-457.

［2］Leger A J，Covic L，Kuliopulos A. Protease-activated receptors in cardiovascular diseases ［J］. Circulation，2006，114(10)：1070-1077.

［3］Zhang Y，Yang R，Burwinkel B，et al. F2RL3 methylation in blood DNA is a strong predictor of mortality ［J］. Int J Epidemiol，2014，43(4)：1215-1225.

［4］Breitling L P，Salzmann K，Rothenbacher D，et al. Smoking，F2RL3 methylation，and prognosis in stable coronary heart disease ［J］. Eur Heart J，2012，33(22)：2841-2848.

［5］Dogan M V，Shields B，Cutrona C，et al. The effect of smoking on DNA methylation of peripheral blood mononuclear cells from African American women ［J］. BMC Genomics，2014，15：151.

［6］Elliott H R，Tillin T，McArdle W L，et al. Differences in smoking associated DNA methylation patterns in South Asians and Europeans ［J］. Clin Epigenetics，2014，6(1)：4.

［7］Guida F，Sandanger T M，Castagne R，et al. Dynamics of smoking-induced genome-wide methylation changes with time since smoking cessation ［J］. Hum Mol Genet，2015，24(8)：2349-2359.

［8］Harlid S，Xu Z，Panduri V，et al. CpG sites associated with cigarette smoking：analysis of epigenome-wide data from the Sister Study ［J］. Environ Health Perspect，2014，122(7)：673-678.

［9］Shenker N S，Polidoro S，van Veldhoven K，et al. Epigenome-wide association study in the European Prospective Investigation into Cancer and Nutrition (EPIC-Turin) identifies novel genetic loci associated with smoking ［J］. Hum Mol Genet，2013，22(5)：843-851.

［10］Zeilinger S，Kuhnel B，Klopp N，et al. Tobacco smoking leads to extensive genome-wide changes in DNA methylation ［J］. PLoS One，2013，8(5)：e63812.

［11］Zhu X，Li J，Deng S，et al. Genome-Wide Analysis of DNA Methylation and Cigarette Smoking in a Chinese Population ［J］. Environ Health Perspect，2016，124(7)：966-973.

［12］Scesnaite A，Jarmalaite S，Mutanen P，et al. Similar DNA methylation pattern in lung tumours from smokers and never-smokers with second-hand tobacco smoke exposure ［J］. Mutagenesis，2012，27(4)：423-429.

［13］Wilhelm-Benartzi C S，Christensen B C，Koestler D C，et al. Association of secondhand smoke exposures with DNA methylation in bladder carcinomas ［J］. Cancer Causes Control，2011，22(8)：1205-1213.

［14］Joubert B R，Haberg S E，Nilsen R M，et al. 450K epigenome-wide scan identifies differential DNA methylation in newborns related to maternal smoking during pregnancy ［J］. Environ Health Perspect，2012，120(10)：1425-1431.

[15] Markunas C A, Xu Z, Harlid S, et al. Identification of DNA methylation changes in newborns related to maternal smoking during pregnancy [J]. Environ Health Perspect, 2014, 122(10): 1147-1153.

[16] Richmond R C, Simpkin A J, Woodward G, et al. Prenatal exposure to maternal smoking and offspring DNA methylation across the lifecourse: findings from the Avon Longitudinal Study of Parents and Children (ALSPAC) [J]. Hum Mol Genet, 2015, 24(8): 2201-2217.

[17] Soma T, Kaganoi J, Kawabe A, et al. Nicotine induces the fragile histidine triad methylation in human esophageal squamous epithelial cells [J]. Int J Cancer, 2006, 119(5): 1023-1027.

[18] Chhabra D, Sharma S, Kho A T, et al. Fetal lung and placental methylation is associated with in utero nicotine exposure [J]. Epigenetics, 2014, 9(11): 1473-1484.

[19] Robinson C M, Neary R, Levendale A, et al. Hypoxia-induced DNA hypermethylation in human pulmonary fibroblasts is associated with Thy-1 promoter methylation and the development of a pro-fibrotic phenotype [J]. Respir Res, 2012, 13: 74.

[20] Lin R K, Hsieh Y S, Lin P, et al. The tobacco-specific carcinogen NNK induces DNA methyltransferase 1 accumulation and tumor suppressor gene hypermethylation in mice and lung cancer patients [J]. J Clin Invest, 2010, 120(2): 521-532.

[21] Klingbeil E C, Hew K M, Nygaard U C, et al. Polycyclic aromatic hydrocarbons, tobacco smoke, and epigenetic remodeling in asthma [J]. Immunol Res, 2014, 58(2-3): 369-373.

[22] Herbstman J B, Tang D, Zhu D, et al. Prenatal exposure to polycyclic aromatic hydrocarbons, benzo[a]pyrene-DNA adducts, and genomic DNA methylation in cord blood [J]. Environ Health Perspect, 2012, 120(5): 733-738.

[23] Hou L, Zhang X, Wang D, et al. Environmental chemical exposures and human epigenetics [J]. Int J Epidemiol, 2012, 41(1): 79-105.

[24] Zhong J, Karlsson O, Wang G, et al. B vitamins attenuate the epigenetic effects of ambient fine particles in a pilot human intervention trial [J]. Proc Natl Acad Sci U S A, 2017, 114(13): 3503-3508.

[25] Broberg K, Ahmed S, Engstrom K, et al. Arsenic exposure in early pregnancy alters genome-wide DNA methylation in cord blood, particularly in boys [J]. J Dev Orig Health Dis, 2014, 5(4): 288-298.

[26] Koestler D C, Avissar-Whiting M, Houseman E A, et al. Differential DNA methylation in umbilical cord blood of infants exposed to low levels of arsenic in utero [J]. Environ Health Perspect, 2013, 121(8): 971-977.

[27] Xu X, Su S, Barnes V A, et al. A genome-wide methylation study on obesity: differential variability and differential methylation [J]. Epigenetics, 2013, 8(5): 522-533.

[28] Dick K J, Nelson C P, Tsaprouni L, et al. DNA methylation and body-mass index: a genome-wide analysis [J]. Lancet, 2014, 383(9933): 1990-1998.

[29] Wang S, Song J, Yang Y, et al. HIF3A DNA Methylation is Associated with Childhood Obesity and ALT [J]. PLoS One, 2015, 10(12): e0145944.

[30] Pan H, Lin X, Wu Y, et al. HIF3A association with adiposity: the story begins before birth [J]. Epigenomics, 2015, 7(6): 937-950.

[31] Richmond R C, Sharp G C, Ward M E, et al. DNA Methylation and BMI: Investigating Identified Methylation Sites at HIF3A in a Causal Framework [J]. Diabetes, 2016, 65(5): 1231-1244.

[32] Demerath E W, Guan W, Grove M L, et al. Epigenome-wide association study (EWAS) of BMI,

BMI change and waist circumference in African American adults identifies multiple replicated loci [J]. Hum Mol Genet, 2015, 24(15): 4464-4479.

[33] Aslibekyan S, Demerath E W, Mendelson M, et al. Epigenome-wide study identifies novel methylation loci associated with body mass index and waist circumference [J]. Obesity (Silver Spring), 2015, 23(7): 1493-1501.

[34] Li J, Zhu X, Yu K, et al. Genome-Wide Analysis of DNA Methylation and Acute Coronary Syndrome [J]. Circ Res, 2017, 120(11): 1754-1767.

[35] Guay S P, Voisin G, Brisson D, et al. Epigenome-wide analysis in familial hypercholesterolemia identified new loci associated with high-density lipoprotein cholesterol concentration [J]. Epigenomics, 2012, 4(6): 623-639.

[36] Irvin M R, Zhi D, Joehanes R, et al. Epigenome-wide association study of fasting blood lipids in the Genetics of Lipid-lowering Drugs and Diet Network study [J]. Circulation, 2014, 130(7): 565-572.

[37] Pfeiffer L, Wahl S, Pilling L C, et al. DNA methylation of lipid-related genes affects blood lipid levels [J]. Circ Cardiovasc Genet, 2015, 8(2): 334-342.

[38] Hidalgo B, Irvin M R, Sha J, et al. Epigenome-wide association study of fasting measures of glucose, insulin, and HOMA-IR in the Genetics of Lipid Lowering Drugs and Diet Network study [J]. Diabetes, 2014, 63(2): 801-807.

[39] Dayeh T, Volkov P, Salo S, et al. Genome-wide DNA methylation analysis of human pancreatic islets from type 2 diabetic and non-diabetic donors identifies candidate genes that influence insulin secretion [J]. PLoS Genet, 2014, 10(3): e1004160.

[40] Chambers J C, Loh M, Lehne B, et al. Epigenome-wide association of DNA methylation markers in peripheral blood from Indian Asians and Europeans with incident type 2 diabetes: a nested case-control study [J]. Lancet Diabetes Endocrinol, 2015, 3(7): 526-534.

[41] Soriano-Tarraga C, Jimenez-Conde J, Giralt-Steinhauer E, et al. Epigenome-wide association study identifies TXNIP gene associated with type 2 diabetes mellitus and sustained hyperglycemia [J]. Hum Mol Genet, 2016, 25(3): 609-619.

[42] Finer S, Mathews C, Lowe R, et al. Maternal gestational diabetes is associated with genome-wide DNA methylation variation in placenta and cord blood of exposed offspring [J]. Hum Mol Genet, 2015, 24(11): 3021-3029.

[43] Liu Y, Aryee M J, Padyukov L, et al. Epigenome-wide association data implicate DNA methylation as an intermediary of genetic risk in rheumatoid arthritis [J]. Nat Biotechnol, 2013, 31(2): 142-147.

[44] Reinius L E, Acevedo N, Joerink M, et al. Differential DNA methylation in purified human blood cells: implications for cell lineage and studies on disease susceptibility [J]. PLoS One, 2012, 7(7): e41361.

[45] Liang L, Willis-Owen S A G, Laprise C, et al. An epigenome-wide association study of total serum immunoglobulin E concentration [J]. Nature, 2015, 520(7549): 670-674.

[46] Hannum G, Guinney J, Zhao L, et al. Genome-wide methylation profiles reveal quantitative views of human aging rates [J]. Mol Cell, 2013, 49(2): 359-367.

[47] Horvath S. DNA methylation age of human tissues and cell types [J]. Genome Biol, 2013, 14(10): R115.

[48] Horvath S, Erhart W, Brosch M, et al. Obesity accelerates epigenetic aging of human liver [J].

Proc Natl Acad Sci U S A，2014，111(43)：15538-15543.

[49] Horvath S，Garagnani P，Bacalini M G，et al. Accelerated epigenetic aging in Down syndrome [J]. Aging Cell，2015，14(3)：491-495.

[50] Marioni R E，Shah S，McRae A F，et al. DNA methylation age of blood predicts all-cause mortality in later life [J]. Genome Biol，2015，16：25.

[51] Marioni R E，Shah S，McRae A F，et al. The epigenetic clock is correlated with physical and cognitive fitness in the Lothian Birth Cohort 1936 [J]. Int J Epidemiol，2015，44(4)：1388-1396.

[52] Vasudevan S，Tong Y，Steitz J A. Switching from repression to activation：microRNAs can up-regulate translation [J]. Science，2007，318(5858)：1931-1934.

[53] Lee R C，Feinbaum R L，Ambros V. The C. elegans heterochronic gene lin-4 encodes small RNAs with antisense complementarity to lin-14 [J]. Cell，1993，75(5)：843-854.

[54] Wightman B，Ha I，Ruvkun G. Posttranscriptional regulation of the heterochronic gene lin-14 by lin-4 mediates temporal pattern formation in C. elegans [J]. Cell，1993，75(5)：855-862.

[55] Garzon R，Calin G A，Croce C M. MicroRNAs in Cancer [J]. Annu Rev Med，2009，60：167-179.

[56] Kim D H，Saetrom P，Snove O Jr，et al. MicroRNA-directed transcriptional gene silencing in mammalian cells [J]. Proc Natl Acad Sci U S A，2008，105(42)：16230-16235.

[57] Saxena S，Jonsson Z O，Dutta，A. Small RNAs with imperfect match to endogenous mRNA repress translation. Implications for off-target activity of small inhibitory RNA in mammalian cells [J]. J Biol Chem，2003，278(45)：44312-44319.

[58] Xu W，San Lucas A，Wang Z，et al. Identifying microRNA targets in different gene regions [J]. BMC Bioinformatics，2014，15 Suppl 7：S4.

[59] Izzotti A，Pulliero A. The effects of environmental chemical carcinogens on the microRNA machinery [J]. Int J Hyg Environ Health，2014，217(6)：601-627.

[60] Rappaport S M，Smith M T. Epidemiology. Environment and disease risks [J]. Science，2010，330(6003)：460-461.

[61] Bai Y，Feng W，Wang S，et al. Essential Metals Zinc，Selenium，and Strontium Protect against Chromosome Damage Caused by Polycyclic Aromatic Hydrocarbons Exposure [J]. Environ Sci Technol，2016，50(2)：951-960.

[62] Hu Z，Wu C，Shi Y，et al. A genome-wide association study identifies two new lung cancer susceptibility loci at 13q12. 12 and 22q12. 2 in Han Chinese [J]. Nat Genet，2011，43 (8)：792-796.

[63] Izzotti A，Calin G A，Arrigo P，et al. Downregulation of microRNA expression in the lungs of rats exposed to cigarette smoke [J]. FASEB J，2009，23(3)：806-812.

[64] Schembri F，Sridhar S，Perdomo C，et al. MicroRNAs as modulators of smoking-induced gene expression changes in human airway epithelium [J]. Proc Natl Acad Sci U S A，2009，106(7)：2319-2324.

[65] Rodosthenous R S，Coull B A，Lu Q，et al. Ambient particulate matter and microRNAs in extracellular vesicles：a pilot study of older individuals [J]. Part Fibre Toxicol，2016，13：13.

[66] Fossati S，Baccarelli A，Zanobetti A，et al. Ambient particulate air pollution and microRNAs in elderly men [J]. Epidemiology，2014，25(1)：68-78.

[67] Jardim M J，Fry R C，Jaspers I，et al. Disruption of microRNA expression in human airway cells by diesel exhaust particles is linked to tumorigenesis-associated pathways [J]. Environ Health

Perspect，2009，117(11)：1745-1751.

［68］Deng Q，Huang S，Zhang X，et al. Plasma microRNA expression and micronuclei frequency in workers exposed to polycyclic aromatic hydrocarbons［J］. Environ Health Perspect，2014，122 (7)：719-725.

［69］Gordon M W，Yan F，Zhong X，et al. Regulation of p53-targeting microRNAs by polycyclic aromatic hydrocarbons：Implications in the etiology of multiple myeloma［J］. Mol Carcinog，2015，54(10)：1060-1069.

［70］Halappanavar S，Wu D，Williams A，et al. Pulmonary gene and microRNA expression changes in mice exposed to benzo(a)pyrene by oral gavage［J］. Toxicology，2011，285(3)：133-141.

［71］Rager J E，Smeester L，Jaspers I，et al. Epigenetic changes induced by air toxics：formaldehyde exposure alters miRNA expression profiles in human lung cells［J］. Environ Health Perspect，2011，119(4)：494-500.

［72］Rager J E，Moeller B C，Doyle-Eisele M，et al. Formaldehyde and epigenetic alterations：microRNA changes in the nasal epithelium of nonhuman primates［J］. Environ Health Perspect，2013，121(3)：339-344.

［73］Bollati V，Marinelli B，Apostoli P，et al. Exposure to metal-rich particulate matter modifies the expression of candidate microRNAs in peripheral blood leukocytes［J］. Environ Health Perspect，2010，118(6)：763-768.

［74］Vrijens K，Bollati V，Nawrot T S. MicroRNAs as potential signatures of environmental exposure or effect：a systematic review［J］. Environ Health Perspect，2015，123(5)：399-411.

［75］Pothof J，Verkaik N S，van I W，et al. MicroRNA-mediated gene silencing modulates the UV-induced DNA-damage response［J］. EMBO J，2009，28(14)：2090-2099.

［76］Zhang B，Pan X. RDX induces aberrant expression of microRNAs in mouse brain and liver［J］. Environ Health Perspect，2009，117(2)：231-240.

［77］Fukushima T，Hamada Y，Yamada H，et al. Changes of micro-RNA expression in rat liver treated by acetaminophen or carbon tetrachloride—regulating role of micro-RNA for RNA expression［J］. J Toxicol Sci，2007，32(4)：401-409.

［78］Avissar-Whiting M，Veiga K R，Uhl K M，et al. Bisphenol A exposure leads to specific microRNA alterations in placental cells［J］. Reprod Toxicol，2010，29(4)：401-406.

［79］Pothof J，Verkaik N S，Hoeijmakers J H，et al. MicroRNA responses and stress granule formation modulate the DNA damage response［J］. Cell Cycle，2009，8(21)：3462-3468.

［80］Wang Y，Huang J W，Li M，et al. MicroRNA-138 modulates DNA damage response by repressing histone H2AX expression［J］. Mol Cancer Res，2011，9(8)：1100-1111.

［81］Deng Q，Dai X，Guo H，et al. Polycyclic Aromatic Hydrocarbons-Associated MicroRNAs and Their Interactions with the Environment：Influences on Oxidative DNA Damage and Lipid Peroxidation in Coke Oven Workers［J］. Environ Sci Technol，2014，48(7)：4120-4128.

［82］Huang S，Deng Q，Feng J，et al. Polycyclic Aromatic Hydrocarbons-Associated MicroRNAs and Heart Rate Variability in Coke Oven Workers［J］. J Occup Environ Med，2016，58(1)：e24-31.

［83］Lujambio A，Lowe S W. The microcosmos of cancer［J］. Nature，2012，482(7385)：347-355.

［84］Esteller M. Non-coding RNAs in human disease［J］. Nat Rev Genet，2011，12(12)：861-874.

［85］Kingwell K. Cardiovascular disease：microRNA protects the heart［J］. Nat Rev Drug Discov，2011，10(2)：98.

［86］Pagdin T，Lavender P. MicroRNAs in lung diseases［J］. Thorax，2012，67(2)：183-184.

[87] Calin G A, Liu C G, Sevignani C, et al. MicroRNA profiling reveals distinct signatures in B cell chronic lymphocytic leukemias [J]. Proc Natl Acad Sci U S A, 2004, 101(32): 11755-11760.

[88] Osada H, Takahashi T. let-7 and miR-17-92: small-sized major players in lung cancer development [J]. Cancer Sci, 2011, 102(1): 9-17.

[89] Asangani I A, Rasheed S A, Nikolova D A, et al. MicroRNA-21 (miR-21) post-transcriptionally downregulates tumor suppressor Pdcd4 and stimulates invasion, intravasation and metastasis in colorectal cancer [J]. Oncogene, 2008, 27(15): 2128-2136.

[90] Slaby O, Svoboda M, Fabian P, et al. Altered expression of miR-21, miR-31, miR-143 and miR-145 is related to clinicopathologic features of colorectal cancer [J]. Oncology, 2007, 72(5-6): 397-402.

[91] Ng E K, Chong W W, Jin H, et al. Differential expression of microRNAs in plasma of patients with colorectal cancer: a potential marker for colorectal cancer screening [J]. Gut, 2009, 58(10): 1375-1381.

[92] Meng F, Henson R, Wehbe-Janek H, et al. MicroRNA-21 regulates expression of the PTEN tumor suppressor gene in human hepatocellular cancer [J]. Gastroenterology, 2007, 133(2): 647-658.

[93] Huang S, Chen M, Li L, et al. Circulating MicroRNAs and the occurrence of acute myocardial infarction in Chinese populations [J]. Circ Cardiovasc Genet, 2014, 7(2): 189-198.

[94] Van Rooij E, Sutherland L B, Liu N, et al. A signature pattern of stress-responsive microRNAs that can evoke cardiac hypertrophy and heart failure [J]. Proc Natl Acad Sci U S A, 2006, 103(48): 18255-18260.

[95] Tang X, Tang G, Ozcan S. Role of microRNAs in diabetes [J]. Biochim Biophys Acta, 2008, 1779(11): 697-701.

[96] Erener S, Mojibian M, Fox J K, et al. Circulating miR-375 as a biomarker of beta-cell death and diabetes in mice [J]. Endocrinology, 2013, 154(2): 603-608.

[97] Popadin K, Gutierrez-Arcelus M, Dermitzakis E T, et al. Genetic and epigenetic regulation of human lincRNA gene expression [J]. Am J Hum Genet, 2013, 93(6): 1015-1026.

[98] Dempsey J L, Cui J Y. Long Non-Coding RNAs: A Novel Paradigm for Toxicology [J]. Toxicol Sci, 2017, 155(1): 3-21.

[99] Bai W, Yang J, Yang G, et al. Long non-coding RNA NR_045623 and NR_028291 involved in benzene hematotoxicity in occupationally benzene-exposed workers [J]. Exp Mol Pathol, 2014, 96(3): 354-360.

[100] Lu L, Xu H, Luo F, et al. Epigenetic silencing of miR-218 by the lncRNA *CCAT1*, acting via BMI1, promotes an altered cell cycle transition in the malignant transformation of HBE cells induced by cigarette smoke extract [J]. Toxicol Appl Pharmacol, 2016, 304: 30-41.

[101] Gao C, He Z, Li J, et al. Specific long non-coding RNAs response to occupational PAHs exposure in coke oven workers [J]. Toxicol Rep, 2016, 3: 160-166.

[102] Zhou Z, Liu H, Wang C, et al. Long non-coding RNAs as novel expression signatures modulate DNA damage and repair in cadmium toxicology [J]. Sci Rep, 2015, 5: 15293.

[103] LaRocca J, Binder A M, McElrath T F, et al. The impact of first trimester phthalate and phenol exposure on *IGF2/H19* genomic imprinting and birth outcomes [J]. Environ Res, 2014, 133: 396-406.

[104] Shin H S, Seo J H, Jeong S H, et al. Exposure of pregnant mice to chlorpyrifos-methyl alters

embryonic H19 gene methylation patterns [J]. Environ Toxicol, 2014, 29(8): 926-935.

[105] Wu Q, Ohsako S, Ishimura R, et al. Exposure of mouse preimplantation embryos to 2, 3, 7, 8-tetrachlorodibenzo-p-dioxin (TCDD) alters the methylation status of imprinted genes H19 and Igf2 [J]. Biol Reprod, 2004, 70(6): 1790-1797.

[106] Doshi T, D'Souza C, Vanage, G. Aberrant DNA methylation at *IGF2 - H19* imprinting control region in spermatozoa upon neonatal exposure to bisphenol A and its association with post implantation loss [J]. Mol Biol Rep, 2013, 40(8): 4747-4757.

[107] Zhang Y, Liu C, Barbier O, et al. Bcl2 is a critical regulator of bile acid homeostasis by dictating Shp and lncRNA *H19* function [J]. Sci Rep, 2016, 6: 20559.

[108] Li P, Ruan X, Yang L, et al. A liver-enriched long non-coding RNA, lncLSTR, regulates systemic lipid metabolism in mice [J]. Cell Metab, 2015, 21(3): 455-467.

[109] Lan X, Yan J, Ren J, et al. A novel long noncoding RNA Lnc-HC binds hnRNPA2B1 to regulate expressions of Cyp7a1 and Abca1 in hepatocytic cholesterol metabolism [J]. Hepatology, 2016, 64(1): 58-72.

[110] Schmidt L H, Spieker T, Koschmieder S, et al. The long noncoding *MALAT - 1* RNA indicates a poor prognosis in non-small cell lung cancer and induces migration and tumor growth [J]. J Thorac Oncol, 2011, 6(12): 1984-1992.

[111] Gutschner T, Hammerle M, Diederichs S. *MALAT1* — a paradigm for long noncoding RNA function in cancer [J]. J Mol Med (Berl), 2013, 91(7): 791-801.

[112] Nakagawa T, Endo H, Yokoyama M, et al. Large noncoding RNA *HOTAIR* enhances aggressive biological behavior and is associated with short disease-free survival in human non-small cell lung cancer [J]. Biochem Biophys Res Commun, 2013, 436(2): 319-324.

[113] Yang F, Xue X, Bi J, et al. Long noncoding RNA *CCAT1*, which could be activated by c-Myc, promotes the progression of gastric carcinoma [J]. J Cancer Res Clin Oncol, 2013, 139(3): 437-445.

[114] Yang F, Bi J, Xue X, et al. Up-regulated long non-coding RNA *H19* contributes to proliferation of gastric cancer cells [J]. FEBS J, 2012, 279(17): 3159-3165.

[115] Lai M C, Yang Z, Zhou L, et al. Long non-coding RNA *MALAT - 1* overexpression predicts tumor recurrence of hepatocellular carcinoma after liver transplantation [J]. Med Oncol, 2012, 29(3): 1810-1816.

[116] Yang Z, Zhou L, Wu L M, et al. Overexpression of long non-coding RNA *HOTAIR* predicts tumor recurrence in hepatocellular carcinoma patients following liver transplantation [J]. Ann Surg Oncol, 2011, 18(5): 1243-1250.

[117] Geng Y J, Xie S L, Li Q, et al. Large intervening non-coding RNA HOTAIR is associated with hepatocellular carcinoma progression [J]. J Int Med Res, 2011, 39(6): 2119-2128.

[118] Lu X B, Lian G Y, Wang H R, et al. Long noncoding RNA *HOTAIR* is a prognostic marker for esophageal squamous cell carcinoma progression and survival [J]. PLoS One, 2013, 8(5): e63516.

[119] Wang K, Long B, Zhou L Y, et al. CARL lncRNA inhibits anoxia-induced mitochondrial fission and apoptosis in cardiomyocytes by impairing miR-539-dependent PHB2 downregulation [J]. Nat Commun, 2014, 5: 3596.

[120] Ounzain S, Micheletti R, Beckmann T, et al. Genome-wide profiling of the cardiac transcriptome after myocardial infarction identifies novel heart-specific long non-coding RNAs [J]. Eur Heart J,

2015, 36(6): 353-368a.

[121] Wang J, Chen L, Li H, et al. Clopidogrel reduces apoptosis and promotes proliferation of human vascular endothelial cells induced by palmitic acid via suppression of the long non-coding RNA HIF1A-AS1 in vitro [J]. Mol Cell Biochem, 2015, 404(1-2): 203-210.

[122] Kumarswamy R, Bauters C, Volkmann I, et al. Circulating long noncoding RNA, LIPCAR, predicts survival in patients with heart failure [J]. Circ Res, 2014, 114(10): 1569-1575.

[123] Wang K, Liu F, Zhou L Y, et al. The long noncoding RNA CHRF regulates cardiac hypertrophy by targeting miR-489 [J]. Circ Res, 2014, 114(9): 1377-1388.

[124] Leung A, Trac C, Jin W, et al. Novel long noncoding RNAs are regulated by angiotensin II in vascular smooth muscle cells [J]. Circ Res, 2013, 113(3): 266-278.

[125] Gu S, Li G, Zhang X, et al. Aberrant expression of long noncoding RNAs in chronic thromboembolic pulmonary hypertension [J]. Mol Med Rep, 2015, 11(4): 2631-2643.

[126] Dharap A, Nakka V P, Vemuganti R. Effect of focal ischemia on long noncoding RNAs [J]. Stroke, 2012, 43(10): 2800-2802.

[127] Zhang J, Yuan L, Zhang X, et al. Altered long non coding RNA transcriptomic profiles in brain microvascular endothelium after cerebral ischemia [J]. Exp Neurol, 2016, 277: 162-170.

[128] Zhang W, Chen Y, Liu P, et al. Variants on chromosome 9p21. 3 correlated with ANRIL expression contribute to stroke risk and recurrence in a large prospective stroke population [J]. Stroke, 2012, 43(1): 14-21.

[129] Moran I, Akerman I, van de Bunt M, et al. Human beta cell transcriptome analysis uncovers lncRNAs that are tissue-specific, dynamically regulated, and abnormally expressed in type 2 diabetes [J]. Cell Metab, 2012, 16(4): 435-448.

[130] Nica A C, Ongen H, Irminger J C, et al. Cell-type, allelic, and genetic signatures in the human pancreatic beta cell transcriptome [J]. Genome Res, 2013, 23(9): 1554-1562.

[131] Gao Y, Wu F, Zhou J, et al. The *H19/let-7* double-negative feedback loop contributes to glucose metabolism in muscle cells [J]. Nucleic Acids Res, 2014, 42(22): 13799-13811.

[132] Zhao X Y, Li S, Wang G X, et al. A long noncoding RNA transcriptional regulatory circuit drives thermogenic adipocyte differentiation [J]. Mol Cell, 2014, 55(3): 372-382.

[133] Mus E, Hof P R, Tiedge H. Dendritic BC200 RNA in aging and in Alzheimer's disease [J]. Proc Natl Acad Sci U S A, 2007, 104(25): 10679-10684.

[134] Ciarlo E, Massone S, Penna I, et al. An intronic ncRNA-dependent regulation of SORL1 expression affecting Abeta formation is upregulated in post-mortem Alzheimer's disease brain samples [J]. Dis Model Mech, 2013, 6(2): 424-433.

[135] Soreq L, Guffanti A, Salomonis N, et al. Long non-coding RNA and alternative splicing modulations in Parkinson's leukocytes identified by RNA sequencing [J]. PLoS Comput Biol, 2014, 10(3): e1003517.

[136] Carrieri C, Forrest A R, Santoro C, et al. Expression analysis of the long non-coding RNA antisense to Uchl1 (AS Uchl1) during dopaminergic cells' differentiation in vitro and in neurochemical models of Parkinson's disease [J]. Front Cell Neurosci, 2015, 9: 114.

[137] Scheele C, Petrovic N, Faghihi M A, et al. The human PINK1 locus is regulated in vivo by a non-coding natural antisense RNA during modulation of mitochondrial function [J]. BMC Genomics, 2007, 8: 74.

[138] Yao Y, Ma J, Xue Y, et al. Knockdown of long non-coding RNA XIST exerts tumor-suppressive

functions in human glioblastoma stem cells by up-regulating miR-152 [J]. Cancer Lett，2015，359(1)：75-86.

[139] Shi Y，Wang Y，Luan W，et al. Long non-coding RNA H19 promotes glioma cell invasion by deriving miR-675 [J]. PLoS One，2014，9(1)：e86295.

6 转录组学在精准健康研究中的应用

6.1 概述

转录组学作为承接基因组学和蛋白质组学的桥梁,是研究细胞在某一功能状态下基因的转录水平及转录规律的学科,在研究疾病的表观遗传等领域具有重要的研究价值。随着转录组测序技术和生物信息学技术的日趋成熟,转录组学在基因与环境交互作用研究中的重要作用已不言而喻,为实现精准健康奠定了坚实的基础。本章将介绍转录组学的基本概念和转录组学相关研究技术的发展与应用,讨论转录组学未来在精准健康领域的发展趋势,并着重介绍如何利用转录组学对各类疾病的发生、发展进行精准预防与精准医疗。

6.1.1 转录组学的相关概念

转录组(transcriptome)概念最先由 Veclalesuc 和 Kinzler 等人于 1997 年提出[1]。转录组广义上是指某个细胞在特定生长阶段或生长条件下所转录出来的 RNA 总和,包括信使 RNA(messenger RNA,mRNA)、转运 RNA(transfer RNA,tRNA)、核糖体 RNA(ribosome RNA,rRNA)、非编码 RNA(non-coding RNA,ncRNA);狭义转录组即通常所说的表达谱,是指转录出来的 mRNA,此处仅讨论狭义的转录组。转录组学(transcriptomics)是指以转录组分析为研究内容,即研究细胞在某一功能状态下所含 mRNA 的类型与拷贝数[2]。

6.1.2 转录组学的研究内容

由中心法则可知,遗传信息的流向是从 DNA 经转录形成 RNA,再通过有编码能力的 RNA 即 mRNA 翻译成蛋白质的过程。mRNA 作为承接 DNA 与蛋白质的桥梁,携带着重要的遗传信息,通过研究转录模式可以发现疾病进展过程中的关键分子,而对特定条件下细胞中转录组的研究,将有助于研究相关基因的表达水平。

转录组学的研究内容主要包括两方面：

1）转录本结构研究

包括可变剪接（alternative splicing）与编码序列多态性；可变剪接是指一个前体 mRNA 经过不同的剪接方式生成不同的 mRNA 剪接异构体，从而生成具有不同化学性质和生物功能的蛋白质的过程。它是高等真核生物调控基因表达与产生蛋白质多样性的重要机制之一。当可变剪接的丢失或变异发生在一些重要基因上时，可能会导致疾病如神经系统疾病甚至癌症[3,4]。因此可以采用可变剪接的差异分析来研究其生物学效应和调控机制。编码序列多态性研究通过分析 mRNA 的转录调控模式，在 mRNA 水平上解释遗传信息改变的过程。加拿大 Michael Smith 基因组科学研究中心等处的研究人员发现乳腺小叶癌患者体内有一种新的 RNA 编辑（RNA editing）模式，重新编码 SRP9 和 COG3 的氨基酸序列，从而导致乳腺癌低水平的扩散[5]。

2）基因表达水平研究

通过研究生物体内 mRNA 表达谱水平，发现差异表达的基因，可用于复杂疾病的诊断和治疗。通过转录组测序对母体血浆中的婴儿 RNA 进行定性和定量研究，为产前无创诊断异倍体奠定了基础[6]。

6.1.3 转录组学的研究意义

近年来，以转录组学、蛋白质组学、代谢组学为代表的系统生物学迅速发展，使得研究者们逐渐从传统的研究思路转变到生物系统的整体性分析研究，为疾病的病因研究和预防诊断提供新的途径和思路。目前的研究已表明，冠心病、糖尿病和癌症等慢性复杂性疾病是由遗传和环境共同作用的结果，其中环境因素，包括吸烟、饮酒、饮食习惯等生活方式和环境中有害因素的暴露是疾病发生、发展中的关键因素，对机体遗传变异、转录调控和翻译模式都具有重要影响。

转录组上承基因遗传信息，下接蛋白质生物功能，是连接基因组结构和功能的桥梁与纽带，更是基因调控研究的主要层面，其表达模式的改变必然影响到下游生物学效应和机体稳态。因此，转录组学研究无论是在系统生物学研究中，还是在环境与遗传交互效应研究中都具有重要作用。通过系统地研究转录组而得到转录组谱，可以提供基因在特定条件下的表达信息，这些信息能用于补充已知基因或推断未知基因的功能，揭示特定调节基因的作用机制，从而有利于更深入地了解基因表达的调控机制。

人类基因组有数亿个碱基对，其中只有数万个基因转录成分子，而转录后能被翻译生成蛋白质的仅占整个转录组的 40% 左右。显然，转录组学的研究有着重要的意义。随着转录组学的发展，它已成为揭示疾病的基因突变规律、阐明疾病发生、发展的重要机制、发现致病基因调控的关键靶点等领域的最佳研究手段，被广泛应用于疾病预防、诊断、个性化治疗和预后等领域。

6.2 转录组学的研究技术与方法

转录组学发展初期,相关研究仅局限于极少数特定基因的结构功能分析和表达。20 世纪 90 年代基因芯片技术[7]和后续高通量测序技术的建立,极大地推动了转录组学的发展。这些转录组学的新技术使得对整个基因组和多个调控网络的研究成为可能。目前,转录组学研究技术主要分为两大类:一类是基于杂交技术的基因芯片技术或微阵列技术(microarray);另一类是基于测序技术的方法,主要包括基于 sanger 测序法的表达序列标签技术(expression sequence tags technology,EST)、基因表达系列分析技术(serial analysis of gene expression,SAGE)和大规模平行测序技术(massively parallel signature sequencing, MPSS),基于第二代测序技术的 RNA 测序技术(RNA sequencing,RNA-Seq),以及单细胞 RNA 测序技术(single-cell RNA-Seq)。

6.2.1 转录组学的研究技术

1)基因芯片技术

基因芯片技术(微阵列技术)是利用光导化学合成以及固相表面化学合成等技术,将大量已知序列的寡核苷酸探针分子固定于固相表面上,并与荧光或放射性核素标记的样本 mRNA 反转录成的 cDNA 分子进行杂交,通过高分辨率荧光扫描仪检测每个探针分子杂交产生的荧光信号强度,进而推测出样品分子的数量和序列信息[8]。基因芯片技术包括 cDNA 微阵列和寡核苷酸微阵列,微阵列技术的出现改变了生物学研究的方法,随着时代的发展此技术也在向高密度化和微量化两个方向发展。通过对微量样品进行快速高通量的分析,使得大规模队列研究中人群表达谱的测定成为可能,帮助寻找可能的致病基因、疾病相关基因以及环境易感基因等。

2)表达序列标签技术(EST)

表达序列标签技术是指将 mRNA 反转录成 cDNA 并克隆到载体中构建成 cDNA 文库后,随机挑选 cDNA 克隆对其 5′ 或 3′ 端进行单向测序后获得的 cDNA 部分序列。由于 EST 序列来源于一定环境下特定组织的总 mRNA,因此根据每个基因在相应组织中出现的相对数量,可以说明该组织中基因表达的大致水平[9]。在对 cDNA 测序后,用该基因 mRNA 所对应的 EST 的数目,即可估计出该 mRNA 的丰度,再除以 EST 总数,即可得到该 mRNA 绝对丰度的估计值。White 等人[10]称这种通过 cDNA 测序来估计基因表达水平的方法为"电子 Northern"(electronic Northern)或"数字 Northern"(digital Northern)。

3)基因表达系列分析(SAGE)

基因表达系列分析的原理是从单个 mRNA 中分离出长度为 9～10bp 的特定序列

标签,并将这些标签按顺序连接成长链 DNA 分子,进行统一测序[11]。SAGE 有两个特点:① 在 cDNA 3′端特定位置内的短核苷酸序列(标签 9~10 bp)中包含足够的信息,能够特异性识别转录本;② 将标签以串联的方式集中测序,并用计算机处理连续的短序列核苷酸数据,能极大地提高 mRNA 转录本的分析效率[12]。SAGE 不仅可以获得真核生物的表达谱,还能发现机体某一生长阶段、生理、病理状态下的组织细胞中特异基因,甚至可以应用于环境有害因子致癌途径的分子机制研究。

4) 大规模平行测序技术(MPSS)

大规模平行测序技术是一种高通量大规模转录组分析新技术,通过建立标签文库、连接微珠与标签、酶切连接反应和数据生物信息分析等步骤,获得基因表达序列信息。MPSS 可同时对数百万个序列标签进行测序,是全基因组测序的理想选择。特别是应用于表达谱测序时,MPSS 几乎可以准确地显示出样本中每个转录本的表达水平[13]。MPSS 和 SAGE 同样是基于转录本计数并对每个 mRNA 产生标签序列的方法,SAGE 的标签长度为 14 bp,而 MPSS 为 17 bp。MPSS 在基因组中可产生约 95% 的特异性数据,为在转录水平上分析基因的表达提供了有力的定性和定量手段,使其可用于不同丰度基因的差异表达分析以及制作基因转录图谱。

5) RNA 测序技术(RNA-Seq)

RNA 测序技术是指采用高通量测序技术对 cDNA 序列进行测序,获得大量的、高质量的 reads 数。通过对其中的一段特殊基因组区域进行比对并获取该基因组区域中的 reads 数,来判断这段特殊基因组区域的转录水平[14]。RNA-Seq 能够在单核苷酸水平对任意物种的整体转录活动进行检测,可以用于分析真核生物复杂的转录本结构及表达水平,提供全面的转录组信息。RNA-Seq 除了可以确定已知的转录本,还可以检测出低丰度的转录物,是从总体上全面研究基因表达、构建基因表达图谱的首选策略。

6) 单细胞转录组测序技术

单细胞测序是指在单个细胞的水平上对基因组进行高通量测序分析的一项新技术。首先,将采集的组织完整地分离成单个细胞;然后,用酶裂解液将单细胞溶解,并用 oligo-dT 引物将带有 poly(A)尾的 mRNA 逆转录为首链 cDNA,随着剩余 mRNA 的降解,poly(A)尾添加到首链 cDNA 的 3′末端并使其均匀扩增;最后,可以通过 qPCR 对扩增的单细胞 cDNA 进行质检,选择合格的样品通过 cDNA 微阵列或深度测序来进一步分析[15]。单细胞转录组测序技术适用于任何细胞类型的基因表达分析,把活细胞成像与单细胞测序技术结合将有助于理解细胞分化,及相关基因表达网络的动态调节机制。单细胞测序理论上只需从组织或体液中分离出单个细胞,从而以非侵入的方式来分析基因表达谱,监测人类疾病的发展,对疾病进行早期诊断,确定肿瘤的亚型并推测特定的癌症干细胞等。

三类转录组分析技术的比较如表 6-1 所示。

表 6-1　转录组分析技术特点的比较

	优　点	局　限　性
基因芯片	(1) 快速、准确、特异性高,重复性好; (2) 数据分析方法较成熟,分析软件多	(1) 需要对转录本有先验知识; (2) 难以获得 mRNA 表达的绝对丰度
Sanger 测序	(1) 可以进行定量分析并发现新基因; (2) 灵敏度高、序列独立	(1) 价格昂贵,测序前样本准备复杂; (2) 标签序列短,特异性不高
RNA 测序	(1) 可以进行定量分析并发现新基因; (2) 数字化信号、灵敏度高、序列独立; (3) 不需要克隆,可获得转录可变剪接序列; (4) 注释更准确,标签序列更长; (5) 应用范围广	(1) 耗费高,测序前样本准备复杂; (2) 缺少生物信息分析工具

注: 本表修改自"李靖,陈宁光,孔祥银. 基因表达系列分析技术的新进展[J]. 生物工程学报,2001,17(6): 613-616.(表1)"

6.2.2　转录组学的分析方法

基因芯片的数据分析随着该技术的大量应用已经趋于成熟,以主流的 Agilent mRNA 表达谱芯片为例,可用 Feature Extraction 软件预处理分析杂交扫描后的图片数据,然后用 GeneSpring GX 软件计算基因表达差异和统计学显著性 P 值。EST 最基本的分析方法就是通过序列同源查找的方法从 dbEST 等数据库中寻找对应的 EST 序列,序列同源查找可以借助 NCBI 的 BLAST 等软件来实现[16]。对于 SAGE 数据的分析依赖于数据库和软件的帮助,如用于比较各种 SAGE 数据的 USAGE 和 eSAGE,可以提供每个基因详细信息,并可提供 mRNA 的表达整体模型的 ExProView 等[17]。在 MPSS 数据分析过程中,一些商业软件包如 DecisionSite、Partek Pro、GeneSpring 和 Resolver 均适用于 MPSS 数据库的数据挖掘[13]。随着高通量测序技术的快速发展,测序技术已成为转录组分析的主要手段,因此,灵活运用测序分析方法在转录组学研究中至关重要。首先,将高通量测序技术产生的 FASTQ 格式数据通过序列映射定位到参考基因组,然后对基因表达水平进行估计和标准化处理,实现读段的可视化与注释,还可对剪接异构体的表达水平进行推断,发现新基因。以上数据分析过程中还包含大量数据库和相关软件的应用,测序产生的海量数据对数据分析提出了更高的要求,这促进了生物信息学的发展与应用。

6.3　转录组学与精准健康

随着转录组学的深入发展,产生了与医药领域交叉的疾病转录组学等研究领域,吸引众多研究人员从转录的角度突破人类对疾病的传统认知。通过机制研究和人群研究两个维度精确寻找疾病产生的原因和治疗的靶点,从而逐步革新现有的预防、诊断和治疗模式,并最终实现精准健康的目标。

6.3.1 转录组学与环境因素所致早期健康损害

随着人类生活方式的复杂化和环境污染的加重,环境中有害因素对人体的影响日益突出,如香烟烟雾、PM2.5、多环芳烃(polycyclic aromatic hydrocarbons,PAHs)、重金属、紫外线等。基因环境交互作用决定了环境因素在疾病危险因素研究中的重要地位,然而如何量化环境因素对人类表型的影响仍然是后基因组时代一项亟待解决的难题。现有的很多全基因组关联研究和流行病学研究都存在环境变量复杂多变,难以检测和控制机体实际效用等困难。研究人员从不同组学的角度分析其对机体造成的影响,转录组学作为其中重要的部分也取得了长足发展,已有研究发现多种环境因素均可影响遗传信息的转录、转录后调控和翻译过程,引起 mRNA 表达和蛋白质谱的明显改变,对机体产生早期健康损害(见图 6-1)。

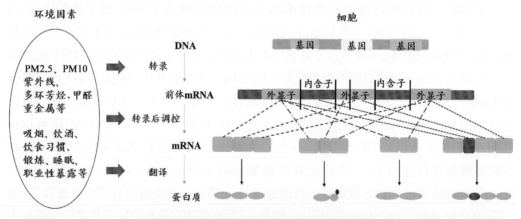

图6-1 环境因素影响遗传物质表达过程

注: 图片改自"Lara-Pezzi E, Gomez-Salinero J, Gatto A, et al. The alternative heart: impact of alternative splicing in heart disease[J]. Journal of cardiovascular translational research, 2013, 6 (6): 945-955. (Figure 1)"

大气污染和室内空气污染是当前时代背景下人们关注的焦点,空气污染涵盖范围广、涉及面广,已有大量研究从来源和成分的角度具体分析其对机体的影响,尤其在与吸烟、PM2.5 和 PAHs 等环境因素相关的研究中。吸烟会不同程度地影响机体尤其是支气管上皮细胞 mRNA 和蛋白质的表达,Heijink IH 等[18]比较了吸烟者与非吸烟者肺组织发现,香烟烟雾提取物显著增加了慢性阻塞性肺疾病(COPD)患者 WNT-5B 的

mRNA 表达,并进一步证实 COPD 患者支气管上皮组织在吸烟暴露下的 WNT-5B 过表达会导致 TGF-β 介导的 SMAD3 依赖性基因的表达,影响气道重塑。

PM2.5 作为大气污染物重要的组成成分,具有粒径小、在大气中的停留时间长、输送距离远的特点,由于富含有毒、有害物质,对人体健康具有较大影响。大量流行病学证据表明 PM2.5 具有急性和慢性健康效应,在转录组学方面,Rumelhard M 等[19]综合分析了 PM2.5 对气道上皮细胞中表皮生长因子受体的表达谱的影响,发现 PM2.5 暴露增加了包括双向调节蛋白、转化生长因子-α 和肝素结合 EGF 样生长因子在内的多种表皮生长因子受体的 mRNA 表达和蛋白质分泌,这些配体可能诱发并维持颗粒物引起的气道促炎反应并导致支气管重塑。

PAHs 主要来源于有机物的燃烧,车辆尾气中富含的 PAHs 是形成 PM2.5 的主要成分。有研究将来自柴油机尾气颗粒物(diesel exhaust particles,DEP)的聚芳烃(polycyclic aromatic hydrocarbons-diesel exhaust particles,PAH-DEP)提取物作为黏膜佐剂进行体外研究,结果表明 PAH-DEP 在白细胞介素-4 和 CD40 单克隆抗体存在下增强了扁桃体 B 细胞的 IgE 产生,并且使 IgE 的性质发生改变,用于分化产生 IgE 的 B 细胞标志物和 M2′变体增加[20]。香烟烟雾也富含 PAHs,Zhu 等[21]通过表达谱芯片和甲基化芯片的关联分析,研究了 PAHs 介导的吸烟致全血甲基化和转录水平的改变,结果显示尿中的 2-羟基萘与 15 个吸烟相关的 CpGs 甲基化显著相关,同时也影响甲基化注释基因的表达,评估了 PAHs 在吸烟相关的甲基化和表达谱改变中的介导作用。

重金属污染目前已相当严重,其易富集在食物链顶端,并在生物体内的肝、肾等脏器中蓄积,具有很长的半衰期,其急性和慢性毒性作用会对机体造成难以挽回的损害,因此这一污染问题受到人们的日益重视。Al Bakheet SA 等[22]评估了长期暴露于环境中的 3 种重金属铅(Pb)、镉(Cd)和汞(Hg)对人体排毒、异种生物代谢和 DNA 修复的影响,发现暴露组的 NQO1、HO-1、GSTA1、MT-1 和 HSP70 等 mRNA 表达水平明显低于对照组,表明长期暴露于环境重金属改变了机体与解毒代谢相关的基因表达,增加了疾病易感性。提示在重金属污染地区生活的人群必须进行定期的健康检查,以便尽早发现早期暴露损伤,实现精准预防。

紫外线是环境暴露作用于机体中最常见的因素之一,紫外线有助于人体维生素的合成,在杀菌消毒、精密仪器清洁中具有广泛应用。受紫外线照射的影响,机体转录的起始和延长会发生相应变化。研究人员在转录组水平上检查了新生转录和转录本同种型表达,发现了紫外线诱导的替代性外显子(alternative exon,ALE)剪接对 DNA 损伤反应的重要证据,ASCC3 ALE 不同亚型对 DNA 损伤后的转录恢复具有相反的作用[23]。紫外线照射引起的转录反应是多层次且复杂的,由于紫外线同样会导致某些蛋白质和反馈途径的激活,相关机制还有待整体性研究的进一步探索。

可以预见,通过系统性研究环境因素对转录模式的影响,可明确更多基因在特定环境下的表达信息,并推断某些未知基因的功能,从而揭示特定基因的作用机制,进而更深入地了解环境有害因素与基因表达的调控机制。在外部有害环境不断得到治理和改善的同时,从内部也能有针对性地减小甚至消除机体在相应暴露下的影响,亦即达到精准健康的目标。

6.3.2 转录组学与环境相关性疾病

目前利用传统基因芯片技术或新型的测序技术进行转录本结构研究和基因表达水平研究,使得转录组学广泛应用于环境相关性疾病,包括肿瘤、心血管系统和神经系统等相关性疾病,以实现深度发掘新基因和基因家族鉴定、调控可变剪接和发现低丰度转录本的目的,最终达到对环境相关性疾病的精准预防。

6.3.2.1 转录组学与肿瘤

大多数人类恶性肿瘤多为基因遗传性肿瘤,研究发现肿瘤发病早期即已存在特定的生物大分子的结构与功能改变,而且在肿瘤进展的过程中,这种改变是动态变化的。近年来的研究证实肿瘤在发生、发展的过程中均涉及关键信号转导通路中关键分子的急剧变化,从而引起整个通路的功能失调。生物信息学分析技术和二代测序技术被越来越广泛地应用到癌症基因组和转录组中融合基因的挖掘。在此契机下,现已存在很多对人类癌症转录组数据的研究,最终为癌症研究提供了潜在靶标。

1) 转录组学与消化系统肿瘤

胃癌是全球死亡率第三的癌症。腺苷到肌苷的 RNA 编辑是一种新发现的胃癌表观遗传机制,其受 RNA 序列改变而不是 DNA 水平变化的影响,起主要介导作用的是作用于 RNA 的腺苷脱氨酶(Adenosine DeAminase that act on RNA,ADAR)。Chan 等[24]利用二代测序技术划分 GC RNA 编辑区域并研究 ADARs 在胃癌发生过程中的作用。研究发现相对于正常胃组织,几乎所有胃癌组织都显示出明显的因 ADAR1/2 调节异常导致的 RNA 错译表型,而 ADAR1/2 失调分别是在胃癌组织 ADAR1 和 ADAR2 基因增加或缺失引起的。这一发现提供了通过抑制 ADAR1 酶活性或恢复 ADAR2 酶活性这两种方法治疗胃癌的新思路。Nakagawa 等[25]对 500 多位肝癌患者的转录物组进行荟萃分析,发现在体内抑制药理学通路可减小肿瘤以及逆转标记基因,这一发现也在体外实验中得到了验证,同时也说明了转录组学是一种有效的癌症精准预防的研究方向。

2) 转录组学与乳腺癌

全球乳腺癌发病率自 20 世纪 70 年代末开始一直呈上升趋势,据国家癌症中心和国家疾病预防控制中心 2012 年公布的 2009 年乳腺癌发病数据显示:全国肿瘤登记地区,乳腺癌发病率位居女性恶性肿瘤的首位,成为当前社会的重大公共卫生问题。在乳腺癌患者的诊疗过程中,治疗方式的选择和预后取决于临床个体因素以及生物标记物

HER2、ER、Ki67 和 PgR 的表达状态。目前检测此四个标记的最常见方法为免疫组化方法，但此法存在较大的异质性。基于此，现已发展了一种新型的体外诊断方法，通过逆转录定量实时聚合酶链反应量化四个关键标记基因 ERBB2、ESR1、PGR 和 MKI67 的 mRNA 表达水平，从而达到体外诊断的目的[26]。

3) 转录组学与血液系统肿瘤

对癌症进行高通量 RNA 测序往往能获得潜在的生物标记物，从而提供新的疾病诊断标志物，进而指导临床个体化治疗。单细胞转录组学的最新进展目前已理想地用于揭示肿瘤内异质性，以及癌症干细胞（stem cell，SC）亚群对分子靶向癌症治疗的选择性抗性。然而，现行单细胞 RNA 测序方法缺乏可靠的检测体细胞突变所需的灵敏度。Giustacchin 等[27]开发了一种将高灵敏度突变检测与同一单细胞全转录组分析相结合的方法，并将这种技术应用在整个疾病过程中，分析来自慢性骨髓性白血病（chronic myelogenous leukemia，CML）患者的超过 2 000 个 SC，揭示慢性骨髓性白血病干细胞（CML-SCs）的异质性。

6.3.2.2 转录组学与心脑血管疾病

随着社会、经济和环境的不断改变，人类疾病模式正在发生巨大转变，慢性非传染性疾病已成为全人类健康的头号杀手。在所有慢性非传染性疾病中，心血管疾病造成的疾病负担比重将超过 50%，已成为重大的公共卫生问题。严重威胁人类健康的心脑血管疾病是环境与机体共同作用的结果，但其发病机制仍不清楚，尚缺乏有效的预防对策和措施，转录组学通过发现心脑血管系统在疾病发生、发展过程中转录组的改变，结合转录组学研究技术获得潜在的生物标记物，从而挖掘疾病转录调控过程中关键的分子事件，提供新的疾病诊断标志物，进而实现精准预防。

1) 转录组学与冠心病（coronary heart disease，CHD）

CHD 是由环境因素和遗传因素引起的复杂疾病。Framingham 心脏研究是一项大型观察性研究，有助于识别和阐明 CHD 的危险因素。Joehanes 等[28]从 Framingham 心脏研究队列中选择了按年龄、性别匹配的 188 对 CHD 患者和健康对照者。该研究使用微阵列评估来自全血的 RNA 的基因表达，识别与 CHD 相关的通路，并指出潜在的预防和治疗靶点。Healy 等[29]研究了急性 ST 段抬高型心肌梗死（ST-segment elevation myocardial infarction，STEMI）和稳定型冠状动脉疾病患者的血小板 mRNA 水平，分析血小板转录组，构建单基因模型以鉴定具有差异表达的候选基因。该研究发现了 54 个差异表达的血小板转录物，其中 STEMI 之前 MRP-14 表达的增加及健康个体血浆 MRP-8/14 浓度升高提示了未来心血管事件的发生风险。

2) 转录组学与脑卒中

脑卒中是全球死亡率和发病率最高的疾病之一。García-pupo 等[30]评估了一种新型的半合成螺类固醇皂苷元衍生物"S15"在大鼠短暂性中脑动脉阻塞局灶性缺血模型中的治疗潜力,结合转录组 RNA 测序和整合分析,为 S15 的神经保护特性提供了证据支持,并为局部缺血的大鼠脑神经元损伤提供了新的线索,从而为治疗中风开辟了新的前景。Joonki 等[31]通过 RNA 测序研究了不同时间间隔的禁食对小鼠脑转录组的影响,实验分别探索了小鼠未患缺血性中风、患病过程中和患病后不同时间节点的脑转录组的表达差异,反映了缺血损伤随时间的进展情况。此外,通过对这些基因的功能和通路富集分析,发现了与中风和神经保护有关的新的基因和信号通路。

3) 转录组学与 2 型糖尿病(T2D)

糖尿病是由遗传和环境共同介导的复杂代谢紊乱疾病。Lawlor 等[32]研究了来自非糖尿病(nondiabetic, ND)和 T2D 人胰岛样品的 638 个细胞的单细胞转录组。ND 单细胞转录组的分析鉴定出不同的 α、β、δ 和 PP /γ 细胞型特征,与罕见和常见类型的胰岛功能紊乱以及糖尿病相关的基因在 α 和 PP /γ 细胞类型中表达。此外,这项研究显示,α 细胞特异性受体可接受并协同来自瘦素、生长素和多巴胺信号通路的系统信号的受体,并作为胰岛中央和外周代谢信号的整合器。不过,单细胞转录组分析显示 2 型糖尿病患者与非糖尿病患者在 α、β 和 δ 细胞中差异调控的基因,在整个配对的胰岛分析中并未发现。这项研究确定了胰岛功能的基本细胞型特异性特征,为胰岛生物学和糖尿病发病机制的综合理解提供了关键资源。

6.3.2.3　转录组学与神经系统疾病

1) 转录组学与阿尔茨海默病(Alzheimer disease, AD)

人体组织中,特别是在中枢神经系统中,许多调节途径都依赖于 mRNA 的稳定水平。阿尔茨海默病的特征是突触损伤,其通常与 β-淀粉样蛋白的聚集有关。Alkallas 等[33]发现 RBFOX1 的下调导致编码突触传递蛋白的 mRNA 的不稳定性,这可能是引起阿尔茨海默病中突触功能丧失的原因。mRNA 的丰度主要由 RNA 转录和衰变的速率决定,研究人员根据这一点提出了一种通过模拟 mRNA 代谢动力学,从 RNA 测序数据对差异 mRNA 衰减速率进行无偏估计的方法。Alkallas R 等的研究结果显示,大脑部分的脑 mRNA 稳定性分布可以通过 2 个 RNA 结合蛋白家族(RBFOX 和 ZFP36 家族)和 4 个 miRNA(miR-124、miR-29、miR-9 和 miR-128)的功能来解释。RBFOX 靶标富集编码突触传递蛋白的 mRNA,并且在 AD 患者脑中不稳定。RBFOX1 的敲除可以部分地重建 AD 稳定性分布,其表达改变了正常的转录组,这表明 RBFOX1 和 AD 的失调之间有联系。

2) 转录组学与帕金森(Parkinson disease, PD)

帕金森病作为第二常见的神经退行性疾病,是一种以多巴胺能神经元严重丧失为特征的运动障碍。Costa 等[34]的研究揭示了 parkin 在转录控制中的泛素连接酶功能,并发现 parkin 作为转录抑制因子通过抑制 p53 转录,从而影响帕金森病发展的功能联系。ChIP 实验表明,内源性 parkin 与 p53 启动子能够相互作用,并且其致病突变能解除 p53 与 DNA 的结合以及抑制 p53 启动子的反式激活。Parkin 降低 p53 mRNA 水平,并通过其 Ring1 结构域抑制 p53 启动子反式激活。另一方面,parkin 的消耗增强了成纤维细胞和小鼠脑中的 p53 表达和 mRNA 水平,并增加细胞中的细胞内 p53 活性和启动子反式激活。最后,遗传性 Parkin 错义突变和删失突变增强了受 AR-JP 影响的人类大脑中的 p53 表达。Labbé 等[35]研究了基因中有 SNCA 基因的重复和三重重复的 PD 家族,证实了基因剂量与 SNCA mRNA 和蛋白质的表达增加相关,并与疾病的聚集表现相关。

6.3.3 转录组学结合多组学研究与精准健康

近年来,随着人类基因组计划的完成,以转录组学、蛋白质组学、代谢组学和宏基因组学为代表的系统生物学迅速发展,疾病研究已从单一组学研究过渡到整合多组学研究进而挖掘疾病靶点和分子机制的阶段。精准医学的重要性之一,在于通过对多组学的生物样本综合分析和高通量数据联合探讨,紧密结合环境对疾病的影响因素,系统地研究疾病发生、发展机制,精确地导向疾病和药物最佳作用靶点,全面地验证诊断和治疗在不同人群中的有效性,为疾病的病因研究、一级/二级预防和个体化治疗提供新的途径和思路[36]。

1) 转录组学与环境暴露组学

目前的研究表明,疾病的发生归因于遗传和环境的交互作用,因此,结合暴露组学分析转录组在初级预防和个体化诊治中显得尤为重要。Alfonso 等人运用 RNA-Seq 结合环境暴露分析方法在 428 对欧洲女性双胞胎中进行了脂肪、皮肤和血液的等位基因特异性表达分析(allele-specific expression analysis,ASE),并提出了环境和基因交互作用对等位基因特异性表达影响程度的计算模型[37]。人类生命早期暴露组(the human early-life exposome,HELIX)项目利用欧洲六个出生队列,检测产前和产后的转录组谱和化学、物理暴露水平,提供胎儿和儿童生长、发育的暴露-效应评价。HELIX 计划的提出旨在结合转录组学等方法全面探索生命早期环境暴露对儿童健康成长的影响[38]。这些研究反映出环境暴露在基因转录中起到的重要作用,为慢性疾病和疑难杂症的早期预防提供理论依据。

2) 转录组学与基因组学

自 2000 年以来,全基因组关联研究(genome wide association study,GWAS)得到了长足的发展。GWAS 为揭开人类慢性疾病和复杂性疾病的神秘面纱做出了巨大贡献。近年来,运用先进的转录组高通量技术结合 GWAS 分析,在表达水平上证明遗传变异在疾病演变中的作用,可以更为有效和更具针对性地为疾病的早期诊治提供依据。

最新的研究通过结合可变剪切深入分析遗传变异与表达在多发肿瘤形成过程中的影响[39],提示 *NUMA1* 基因的可变剪切位点诱导了乳腺上皮细胞增殖和中心体扩大,对于精准预防和精准治疗提供新的思路与方法。同时,Reuter 等人[40]提出了一种结合 DNA 和 RNA 高通量测序的新方法 Simul-Seq,该方法可以从微量的细胞与组织中同时进行 DNA 和 RNA 的建库测序,为基因组和转录组的结合在分析方法上开辟了新的途径。

3) 转录组学与表观遗传学

众所周知,顺式调控原件(启动子、增强子和沉默子等)和反式调控作用(转录因子、DNA 甲基化、组蛋白修饰、非编码 RNA 调控等表观遗传作用)共同参与调控基因表达,而反式调控作用在此过程中起着较为决定性的作用。因此,通过结合分析转录和修饰过程中的表观遗传作用,可以更为精准有效地了解疾病的生物学过程,这也是精准医学的主要关注点之一。然而,一项针对生殖细胞在迁移阶段和性腺分化阶段的研究表明[41],两阶段的原始生殖细胞都展现相同的转录模式,即同时存在的多潜能分化基因和种系特异性基因的表达。而同时对原始生殖细胞进行甲基化水平检测,在妊娠后的第 10~11 周,原始生殖细胞几乎检测不到 DNA 甲基化,这对生殖细胞分化全能性的研究以及细胞重获分化全能性提供重要线索。Yang 等人[42]采用高通量测序技术检测了 8 对缺血-非缺血性心力衰竭患者和健康对照的心脏组织中 mRNA、lncRNA 和 miRNA 表达水平,包括他们在进行左心室支持装置(left ventricular assist device,LVAD)安置术前后的心脏组织样本,以及 8 个健康对照的心脏组织样本。结果显示,只有 lncRNA 可以通过聚类显著区分缺血和非缺血性组织,以及动态地反映 LVAD 安置术前后的变化。以上的研究启示,通过分析转录组和表观遗传学水平,可以更加明确基因转录水平的调控模式,为精准防治提供理论依据。

4) 转录组学与蛋白质组学

继进入后基因组时代,蛋白质组学已受到国内外学者的密切关注,因为将转录组和蛋白质组联合分析可以完整地勾画从转录到翻译的人类遗传信息,结合蛋白质作用模式和功能分析可以为疾病的靶向治疗和药物筛选提供理论基础。一项研究分析了亚热带地区常见的花粉过敏症[43],通过检测 64 个花粉过敏症患者的转录组和蛋白质组的模式水平,分析出了花粉中的主要致敏成分 Sor h 1 和 Sor h 13。同时,不同致敏成分中起主要作用的 cDNA 转录本和蛋白质谱的发现对于不同致敏成分所导致的花粉过敏的靶向诊断和治疗提供了重要的理论依据。在另一项研究中,通过对脑脊液中浆母细胞进行单细胞转录组测序和蛋白质谱联合分析[44]揭示,在视神经脊髓炎患者中找到了种系突变的 IgG,并发现脑脊液中的转录本序列仅 50% 与脑脊液的 IgG 蛋白序列重合,其余序列与脑脊液或血清中的 IgG 序列部分重合。由此表明,在视神经脊髓炎的恶化过程中,蛛网膜下腔的 B 细胞群有重要作用,提示可通过对蛛网膜下腔的 B 细胞群进行靶向治疗来控制视神经脊髓炎的急性恶化。以上研究提示转录组和蛋白质谱作用模式的结合,有助于探明疾病发展的特异生物学途径,推动精准医学中重要的靶向治疗和个性化诊治的发展。

5）转录组学与代谢组学

代谢组学是系统生物学的又一重要分支，通过研究生物体受到内外刺激而引起的代谢产物变化有助于疾病诊断和药物筛选。目前，通过整合转录组和代谢组高通量数据可以了解基因表达和生物体内小分子代谢物的关联性，进而揭示影响疾病生物学机制中代谢通路的重要因素。

一项研究中[45]通过高通量检测技术分析 25 对前列腺癌和癌旁组织的转录组和代谢组水平表明，半胱氨酸和甲硫氨酸在转录和代谢水平上存在异常通路。进一步在 51个前列腺癌和 16 个前列腺增生对照者的验证研究显示，鞘氨醇通过影响其下游信号通路沉默肿瘤抑制基因。这一机制的发现，可为寻找前列腺癌特异性药物作用靶点提供依据。另一项 BMIT 研究[46]整合了德国 KORA F4 队列中 712 个研究对象的全血转录组和代谢组信息，关联性分析发现在 522 个转录本和 114 个代谢物中存在 1 109 个显著关联网，利用这一关联网络有助于在体循环的层面更为精准地进行疾病的早期预防和早期诊断，为探明疾病的生物学机制奠定基础。

6.4　小结与展望

在转录组学的研究过程中，通过对转录本结构的研究和基因表达水平的研究，有助于了解特定条件下细胞中相关基因的表达水平。借助于 RNA 测序技术的快速发展，特别是单细胞测序技术，使转录组学的应用更加广泛。结合转录组学与基因组学、蛋白质组学和代谢组学等综合研究，可从系统生物学的角度分析环境因素与遗传因素的交互作用及其对疾病发生与发展的影响。转录组学技术的发展促进了各类疾病的精准预防与精准医疗有长足的发展，尤其在肿瘤和慢性病方面，推动了疾病的发生与发展的机制、靶向药物等研究，从而实现在转录水平对疾病进行早发现、早诊断、早治疗。虽然转录组学的发展已较成熟，但是随着科学技术的发展以及其他学科的不断进步，转录组学技术及其应用也充满机遇与挑战。

6.4.1　技术发展与技术创新

目前，传统的基因芯片技术存在敏感性较低，难以检测出融合基因转录、多顺反子转录等异常转录产物，无法发现未知基因等缺陷。EST 的不足之处在于可获得的基因组信息不全，生物体在某一特定时期特定组织的基因表达频率不同，因此该技术不利于有效地获取有用的、新的 EST。而在转录组研究的新技术中，SAGE 技术和 MPSS 技术克服了传统 EST 技术的缺点，但大多数依赖于价格昂贵的 Sanger 测序技术，并且短的标签序列的有效部分不能特异性地匹配到参照基因组上。相比之下，RNA-Seq 技术虽然具有诸多独特优势,但也面临着一系列问题,如怎样针对长链的 mRNA 构建合适的基因文库,如何应用生物信息学方法来处理测序产生的大量数据等[47]。与第二代高通量测序相比,单细胞测序不仅能分析相同表型细胞的遗传异质性,还能获取难以培养的微生物的遗传信息,具有广阔的应用前景。目前大规模生成单细胞转录组数据的技术仍需突破,尽管用于分析来自多细胞群体的 RNA-Seq 数据分析工具可以应用于单细胞 RNA-Seq 数据,但仍需更新的计算策略在单细胞水平进行数据信息的挖掘。

6.4.2　转录调控机制的深入挖掘

中心法则的确立为机制研究打开了大门,随着转录和翻译模式的深入探讨,转录调控机制的关注度日益增加,然而,受到顺式和反式作用元件以及环境因素的联合作用,转录调控的模式网络能被清晰勾画的只是冰山一角,还需要大量的基础实验以及在细胞模型和模式生物的有效验证,才能为探寻临床诊断和药物作用靶点提供理论支持。

6.4.3　结合环境因素与人群验证

环境和遗传因素的相互作用增加了疾病攻克的复杂性,随着人类生存环境的日益复杂,环境污染物(如紫外线、多环芳烃、PM2.5 等)的内外暴露量均有可能影响基因转录调控的任意环节。因此,基因转录水平的研究应结合人群的环境暴露因素,探讨暴露有害环境因素对疾病的潜在影响,从而系统、有效地实现精准预防和精准健康。

任何一项科研成果的提出应经受历史的考验,从基础走向临床,人群试验是必不可少的环节,只有在跨越地区和时区的大样本人群中得到证实的成果才有可能在临床得到有效运用。而多中心、前瞻性队列的建立,生物样本的广泛收集和有效储存,临床和流行病学资料库的建立和完善,为基础研究的验证提供了绿色通道,如何高效地利用和创建队列和生物银行,与基础研究相联结验证实验成果,达到临床应用的标准,还需要进一步的探讨与实践。

6.4.4　多组学综合与大数据整合

随着大数据时代的到来,各组学数据库不断完善,如何整合海量的多组学数据,并结合环境因素、临床检验信息进行系统分析是一个重大课题。近年来,转录组学结合其他组学的分析研究层出不穷,并为生命科学信息库创造了海量的珍贵数据。然而,全面地整合这些大数据,综合暴露组、基因组、蛋白质组、代谢组以系统性构建生物体机制网络仍然是一个重大难题。无论是在生物信息学层面还是在技术方法层面,都有待不断发展和完善。

6.4.5 结合精准医学实现三级预防

精准医学概念的提出,倡导疾病的个体化医疗、精准诊断和靶向用药,任何一项研究如果不能运用到临床诊疗和预防,那就无法体现其科研价值。在经过基础实验,大样本人群验证之后,如何有效地实施随机、对照、双盲的临床试验以检测药物的治疗效果或新标准的诊断功效,实现基础和临床的有效对接,完善从早期预防、早期诊断和早期治疗的精准防治链,尽可能提高生存率和生存质量,是我们每一位科研工作者应该思考的问题。

参考文献

[1] Lockhart D J, Winzeler E A. Genomics, gene expression and DNA arrays [J]. Nature, 2000, 405 (6788): 827-836.

[2] 药立波. 医学分子生物学[M]. 3版. 北京:人民卫生出版社,2008:93.

[3] Grabowski P J, Black D L. Alternative RNA splicing in the nervous system [J]. Prog Neurobiol, 2001, 65(3): 289.

[4] Shapiro I M, Cheng A W, Flytzanis N C, et al. An EMT — driven alternative splicing program occurs in human breast cancer and modulates cellular phenotype [J]. PLoS Genet, 2011, 7 (8): e1002218.

[5] Shah S P, Morin R D, Khattra J, et al. Mutational evolution in a lobular breast tumour profiled at single nucleotide resolution [J]. Nature, 2009, 461(7265): 809.

[6] Go A T, van Vugt J M, Oudejans C B. Non-invasive aneuploidy detection using free fetal DNA and RNA in maternal plasma: recent progress and future possibilities [J]. Hum Reprod Update, 2011, 17(3): 372-382.

[7] 吴明煜,郭晓红,王万贤,等. 生物芯片研究现状及应用前景 [J]. 科学技术与工程,2005,5(7): 421-426.

[8] Quackenbush J. Microarray analysis and tumor classification [J]. N Engl J Med, 2006, 354(23): 2463-2472.

[9] Cohen M M, Emanuel B S. Expressed sequence tags [J]. Science, 1994, 266(5192): 1790-1791.

[10] White J A, Todd J, Newman T, et al. A new set of Arabidopsis expressed sequence tags from developing seeds. The metabolic pathway from carbohydrates to seed oil [J]. Plant Physiol, 2000, 124(4): 1582-1594.

[11] Yamamoto M, Wakatsuki T, Hada A, et al. Use of serial analysis of gene expression (SAGE) technology [J]. J Immunol Methods, 2001, 250(1-2): 45-66.

[12] Velculescu V E, Zhang L, Vogelstein B, et al. Serial analysis of gene expression [J]. Science, 1995, 270(5235): 484-487.

[13] Zhou D, Rao M S, Walker R, et al. Massively parallel signature sequencing [J]. Methods Mol Biol, 2006, 331: 285-311.

[14] Ansorge W J. Next-generation DNA sequencing techniques [J]. N Biotechnol, 2009, 25(4): 195-203.

［15］ Tang F，Lao K，Surani M A. Development and applications of single-cell transcriptome analysis ［J］. Nat Methods，2011，8(4 Suppl)：S6-S11.

［16］ Benson D A，Karsch-Mizrachi I，Clark K，et al. GenBank ［J］. Nucleic Acids Res，2012，40 (Database issue)：D48-D53.

［17］ 李靖,陈宇光,孔祥银. 基因表达系列分析技术的新进展［J］. 生物工程学报,2001,17(6)：613-616.

［18］ Heijink I H，de Bruin H G，Dennebos R，et al. Cigarette smoke-induced epithelial expression of WNT-5B：implications for COPD［J］. Eur Respir J，2016，48(2)：504-515.

［19］ Rumelhard M，Ramgolam K，Hamel R，et al. Expression and role of EGFR ligands induced in airway cells by PM2.5 and its components ［J］. Eur Respir J，2007，30(6)：1064-1073.

［20］ Diaz-Sanchez D. The role of diesel exhaust particles and their associated polyaromatic hydrocarbons in the induction of allergic airway disease ［J］. Allergy，1997，52(38 Suppl)：52-56；discussion 57-58.

［21］ Zhu X，Li J，Deng S，et al. Genome-wide analysis of DNA methylation and cigarette smoking in a Chinese population ［J］. Environ Health Perspect，2016，124(7)：966-973.

［22］ Al Bakheet S A，Attafi I M，Maayah Z H，et al. Effect of long-term human exposure to environmental heavy metals on the expression of detoxification and DNA repair genes ［J］. Environ Pollut，2013，181：226-232.

［23］ Williamson L，Saponaro M，Boeing S，et al. UV Irradiation induces a non-coding RNA that functionally opposes the protein encoded by the same gene ［J］. Cell，2017，168(5)：843-855. e813.

［24］ Chan T H，Qamra A，Tan K T，et al. ADAR-mediated RNA editing predicts progression and prognosis of gastric cancer ［J］. Gastroenterology，2016，151(4)：637-650. e610.

［25］ Nakagawa S，Wei L，Song W M，et al. Molecular liver cancer prevention in cirrhosis by organ transcriptome analysis and lysophosphatidic acid pathway inhibition ［J］. Cancer Cell，2016，30(6)：879-890.

［26］ Varga Z，Lebeau A，Bu H，et al. An international reproducibility study validating quantitative determination of ERBB2，ESR1，PGR，and MKI67 mRNA in breast cancer using MammaTyper (R) ［J］. Breast Cancer Res，2017，19(1)：55.

［27］ Giustacchin A，Thongjuea S，Barkas N，et al. Single-cell transcriptomics uncovers distinct molecular signatures of stem cells in chronic myeloid leukemia ［J］. Nat Med，2017，23(6)：692-702.

［28］ Joehanes R，Ying S，Huan T，et al. Gene expression signatures of coronary heart disease ［J］. Arterioscler Thromb Vasc Biol，2013，33(6)：1418-1426.

［29］ Healy A M，Pickard M D，Pradhan A D，et al. Platelet expression profiling and clinical validation of myeloid-related protein-14 as a novel determinant of cardiovascular events ［J］. Circulation，2006，113(19)：2278-2284.

［30］ García-Pupo L1，Sánchez JR2，Ratman D，et al. Semi-synthetic sapogenin exerts neuroprotective effects by skewing the brain ischemia reperfusion transcriptome towards inflammatory resolution ［J］. Brain Behav Immun，2017，64：103-115.

［31］ Joonki K，Sung-Wook K，Karthik M，et al. Transcriptome analysis reveals intermittent fasting-induced genetic changes in ischemic stroke ［J］. Human Molecular Genetics，Hum Mol Genet，2018，27(9)：1497-1513.

[32] Lawlor N，George J，Bolisetty M，et al. Single-cell transcriptomes identify human islet cell signatures and reveal cell-type-specific expression changes in type 2 diabetes [J]. Genome Res，2017，27(2)：208-222.

[33] Alkallas R，Fish L，Goodarzi H，et al. Inference of RNA decay rate from transcriptional profiling highlights the regulatory programs of Alzheimer's disease [J]. Nat Commun，2017，8(1)：909.

[34] da Costa CA，Sunyach C，Giaime E，et al. Transcriptional repression of p53 by parkin and impairment by mutations associated with autosomal recessive juvenile Parkinson's disease [J]. Nat Cell Biol，2009，11(11)：1370-1375.

[35] Labbé C，Lorenzo-Betancor O，Ross O A. Epigenetic regulation in Parkinson's disease [J]. Acta Neuropathol，2016，132(4)：515-530.

[36] 谢兵兵，杨亚东，丁楠，等. 整合分析多组学数据筛选疾病靶点的精准医学策略[J]. 遗传，2015，37(7)：655-663.

[37] Buil A，Brown A A，Lappalainen T，et al. Gene-gene and gene-environment interactions detected by transcriptome sequence analysis in twins [J]. Nat Genet，2015，47(1)：88-91.

[38] Vrijheid M，Slama R，Robinson O，et al. The human early-life exposome (HELIX)：project rationale and design [J]. Environ Health Perspect，2014，122(6)：535-544.

[39] Sebestyen E，Singh B，Minana B，et al. Large-scale analysis of genome and transcriptome alterations in multiple tumors unveils novel cancer-relevant splicing networks [J]. Genome Res，2016，26(6)：732-744.

[40] Reuter J A，Spacek D V，Pai R K，et al. Simul-seq：combined DNA and RNA sequencing for whole-genome and transcriptome profiling [J]. Nat Methods，2016，13(11)：953-958.

[41] Guo F，Yan L，Guo H，et al. The transcriptome and DNA methylome landscapes of human primordial germ cells [J]. Cell，2015，161(6)：1437-1452.

[42] Yang K C，Yamada K A，Patel A Y，et al. Deep RNA sequencing reveals dynamic regulation of myocardial noncoding RNAs in failing human heart and remodeling with mechanical circulatory support [J]. Circulation，2014，129(9)：1009-1021.

[43] Campbell B C，Gilding E K，Timbrell V，et al. Total transcriptome, proteome, and allergome of Johnson grass pollen, which is important for allergic rhinitis in subtropical regions [J]. J Allergy Clin Immunol，2015，135(1)：133-142.

[44] Kowarik M C，Dzieciatkowska M，Wemlinger S，et al. The cerebrospinal fluid immunoglobulin transcriptome and proteome in neuromyelitis optica reveals central nervous system-specific B cell populations [J]. J Neuroinflammation，2015，12：19.

[45] Ren S，Shao Y，Zhao X，et al. Integration of metabolomics and transcriptomics reveals major metabolic pathways and potential biomarker involved in prostate cancer [J]. Mol Cell Proteomics，2016，15(1)：154.

[46] Bartel J，Krumsiek J，Schramm K，et al. The human blood metabolome-transcriptome interface [J]. PLoS Genet，2015，11(6)：e1005274.

[47] Wang Z，Gerstein M，Snyder M. RNA-Seq：a revolutionary tool for transcriptomics [J]. Nat Rev Genet，2009，10(1)：57-63.

7 蛋白质组学在精准健康研究中的应用

蛋白质是人体生命的物质基础，人体的一切生命活动都离不开蛋白质。蛋白质的本质是基因经转录翻译后产生的生物大分子。在精准健康的研究领域中，蛋白质组学是必不可少且十分重要的组成部分。蛋白质种类繁多，其活性与复杂的空间结构相关，增加了蛋白质研究的难度。近年来蛋白组学取得了长足的发展，出现了众多如蛋白质芯片等快速、高通量检测、分析和处理蛋白质样品的技术，拥有极大的发展前景。本章将对蛋白质组学的基本概念、蛋白质组学的主要研究技术与方法、蛋白质组学在精准健康领域的应用等进行介绍，并对蛋白质组学与精准健康未来的发展提出展望。

7.1 概述

7.1.1 蛋白质组学的相关概念

蛋白质组(proteome)的概念最早出现在 20 世纪 90 年代初期，被定义为"一个基因组，一种生物或者一种细胞或组织所表达的全套蛋白质"[1]。蛋白质是由基因经转录翻译后产生的生物大分子，但基因转录后加工产生的可变剪接、蛋白质翻译后修饰等因素使蛋白质的结构更为复杂，也大大增加了蛋白质组的复杂性。此外，蛋白质在时间和空间上的特异性表达使其具有动态变化的特点。因此，蛋白质组是在特定条件下，特定组织器官或细胞在特定时间下表达的所有蛋白质。蛋白质组学以研究蛋白质组为核心，通过大规模、高通量、系统化的研究某一类型的细胞、组织、体液中的所有蛋白质的特征组成、功能及蛋白之间的相互作用，获得在蛋白质水平上关于疾病发生、细胞代谢等过程的整体而全面的认识[2]。

7.1.2 蛋白质组学的研究内容

根据研究目的和方法的不同，蛋白质组学分为结构蛋白质组学、表达蛋白质组学和功能蛋白质组学。结构蛋白质组学以绘制出蛋白质复合物的结构或存在于一个特殊的细胞器中的蛋白质为研究目标,用于建立细胞内信号转导的网络图谱并解释某些特定蛋白的表达对细胞产生的特定作用。表达蛋白质组学用于细胞内蛋白质样品表达的定量研究,在蛋白质组水平上研究蛋白质表达水平的差异与变化,是应用最为广泛的蛋白质组学的研究模式。功能蛋白质组学以细胞内蛋白质的功能及蛋白质–蛋白质之间的相互作用为研究目的,对选定的蛋白质组进行研究和描述,能够提供有关蛋白质的糖基化和磷酸化、蛋白质信号转导通路、疾病机制或蛋白质–药物之间的相互作用等重要信息[3]。在不同生理或病理条件下,研究蛋白质的功能分布和相互作用,筛选关键代谢通路,分析关键代谢通路中差异蛋白质的分布等,有助于我们理解疾病发生、发展的分子机制,寻找潜在的生物标志物。

7.1.3　蛋白质组学的研究意义

大多数复杂疾病的发生和表征的形成是基因与环境共同作用的结果(见图 7-1)。基因和环境的共同作用影响基因的表达、mRNA 的转录翻译,最终影响蛋白质的表达及功能。蛋白质在人体内含量最丰富,参与的生理功能也最多,在各种生化过程中发挥核心作用。可通过检测,蛋白质在不同生理、病理进程下和不同疾病状态下的相对表达水平寻找潜在的分子标志物,这使蛋白质组学的研究具有重大的意义。在研究冠心病的发生与发展过程中的潜在生物标志物时,Zhang[4] 等人发现,循环系统中热休克蛋白 60 (heat shock protein 60,HSP60)的升高与冠心病发病风险的增加有关,HSP60 水平与抗 HSP60 抗体水平的升高与冠心病发生风险的增加呈显著的正相关关系,并且发现急性心肌梗死促进了坏死的心肌细胞和内皮细胞释放 HSP60,HSP60 水平或许可以作为

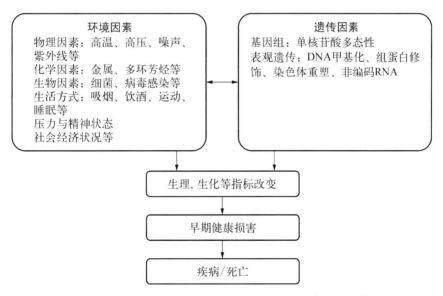

图 7-1　环境和基因的交互作用对疾病发生与发展的影响

评价冠心病发生风险及预后评估的一个潜在的蛋白质分子标志物。因此,蛋白质组学的快速发展促进了更多特异的生物标志物的发现,这将有助于监测机体的生理变化、预防疾病的发生、促进疾病的预后。另一方面,环境有害物质对机体影响很大,对特定职业人群的影响尤为显著。长期连续暴露于作业环境中有毒有害因素可能是职业人群发病的重要原因。焦化厂的主要职业有害因素是焦炉逸散物(coke oven emissions,COEs),Yang[5]等人研究发现,长期暴露于COEs的焦化厂工人外周血淋巴细胞内热休克蛋白70(heat shock protein 70,HSP70)水平升高,对机体可能起到保护的作用,血浆高水平的HSP70可能可作为提示机体受到有害环境暴露影响的生物标志物。通过对高危人群血液中的HSP70水平的检测,可以影响人体健康的早期损害并及时采取措施,以达到疾病预防与控制的目的。

随着人类基因组计划的实施和推进,生命科学研究已经进入后基因组时代。基因组测序技术的快速发展对个体疾病的诊断和预后起到了很大的推动作用,但大部分基因测序的结果对复杂性状的疾病如心脑血管疾病、糖尿病及癌症等并不能起到很好的解释作用,复杂性状的疾病可能与多个不同的基因和分子通路相关[6, 7]。另一方面,对基因表达调控的复杂性使得细胞内的mRNA和蛋白质水平并非总是线性相关,且蛋白质存在复杂的可变形式、修饰、相互作用、亚细胞定位以及在不同时间和空间上的动态变化的特点,这些现象在基因组和基因表达水平分析中无法得知[8]。在此背景下发展的蛋白质组学的核心在于大规模地对蛋白质进行综合分析,通过对某个物种、个体、器官、组织或细胞的全部蛋白质性质(包括表达水平、结构、分布、功能、丰度变化、翻译后修饰、细胞内定位、蛋白质与蛋白质的相互作用、蛋白质与疾病的关联性)的研究,对蛋白质的功能做出精确的阐述。蛋白质组学最具价值的优势是可观察在特定的时间下,不限于在整个细胞或组织水平,而且可在亚细胞结构、蛋白质复合物和生物流体中发生的变化。有利于发现疾病早期发展和诊断相关的新型生物标志物,有利于识别治疗疾病、药物开发和毒性作用潜在的新靶点。因此,通过蛋白质组学研究将基因组信息与分子表达相结合将对疾病的发生、发展、治疗、预后和疾病的预测等有推动作用。

7.2 蛋白质组学的研究技术与方法

蛋白质组学的研究对象一般是在细胞或组织内整体蛋白质水平,需要高通量自动化的检测技术帮助鉴别蛋白质点。质谱(mass spectrometry,MS)、蛋白质芯片(protein microarray)等技术的出现,蛋白质组数据库的建立以及分析软件的应用和开发极大地促进了蛋白质组学的发展[9]。随着各种新技术的蓬勃发展,其应用范围也不断拓宽。

7.2.1 蛋白质组学的研究技术

建立高通量、自动化、可靠、有效的技术是获取和分析蛋白质的首要任务。蛋白质组研究技术的基本工作流程包括蛋白质样本的制备、分离、定量及鉴定。双向凝胶电泳(two-dimensional electrophoresis，2-DE)、质谱技术、酵母双杂交系统(yeast two hybrid system)、蛋白质微阵列技术(protein microarray，PMA)、大规模数据处理的计算机系统和软件、软电离技术及生物信息学技术构成了蛋白质组学研究的主要技术体系。

在蛋白质组学的主要相关技术中，30多年前就已开发的双向凝胶电泳技术，现已被广泛应用于蛋白质组学研究中，是进行蛋白质组学研究的核心技术；差异凝胶电泳技术(differential in-gel electrophoresis，DIGE)可进行大样本统计分析，灵敏度高；质谱技术常与双向电泳等蛋白分离技术相联是蛋白质鉴定的关键技术，包括生物质谱(biological mass spectrometry)、飞行时间质谱(time of flight mass spectrometer，TOF-MS)、电喷雾电离质谱(electrospray ionization mass spectrometry，ESI-MS)等，这些技术具有灵敏、准确、自动化程度高的优势。此外，近年来蛋白质芯片技术、酵母双杂交系统和生物信息学分析也应用于蛋白质组学。由于其操作简便，所需样品量少，并能对多个样品进行平行检测，蛋白质芯片技术与其他常规方法相比具有明显优势。酵母双杂交系统之前主要用于活细胞蛋白质的研究，现已用于检测DNA-蛋白质、RNA-蛋白质以及小分子-蛋白质之间的相互作用。目前，最重要的蛋白质组学分析技术为生物信息学技术。通过双向电泳、质谱或蛋白质芯片所获得的数据通常数据量巨大且十分复杂，通过生物信息学分析能充分利用所得数据对蛋白质的种类、结构和功能进行分析鉴定[10]。本节将对蛋白质组学中的核心技术和分析方法进行介绍。

7.2.1.1 蛋白质组高通量分离技术

1) 双向凝胶电泳(2-DE)

2-DE技术是蛋白质分离的最常用的技术。1975年，O'Farrell[11]在对大肠埃希菌、小鼠等的蛋白质研究中发明了双向电泳技术。2-DE的原理是从两个维度上实现对蛋白质混合样本的分离，在第一维中蛋白质分子根据等电点线性分离，在第二维中蛋白质分子根据相对分子量大小的不同而分离。其基本技术流程为：样本制备→固相预制胶条水化→第一相等电聚焦→平衡胶条→第二相十二烷基硫酸钠聚丙烯酰胺凝胶电泳(sodium dodecyl sulfate polyacrylamide gel electrophoresis，SDS-PAGE)→凝胶染色→图像扫描。

样本制备是2-DE实验能否成功的关键步骤。样本制备的基本原则是使待测样本中的所有蛋白质处于溶解状态，样本制备的要求是：① 去除核酸和多余蛋白质，降低干扰；② 防止蛋白质在聚集时沉淀、降解和变性等；③ 防止制备过程中发生样本品抽提后的过度修饰;④ 保证样本制备方法的可重复性、可靠性和简便性。常见的样本来源有重组蛋白、组织和细胞等,一般要进行样本的分级处理。具体的样本制备方法需根据不同的研究目的、不同的蛋白质特性进行选择。胶条水化的步骤可查询所购实验耗材的官方网站,根据其成熟的技术流程进行操作。第一相等电聚焦电泳的原理是基于蛋白质等电点不同实现蛋白粗分离,可采用 IPGphor 仪。IPGphor 仪主要由半导体温控系统(18~25℃)和程序化电源构成。其优点在于仅需一步即可在普通胶条槽实现胶条的水化、上样和电泳,使实验操作变得简单。IPGphor 需采用高电压(8 000 V)以缩短聚焦时间。在进行第二相 SDS-PAGE 电泳前需平衡胶条两次,每次约 15 分钟。胶条的平衡目的是使分离的蛋白质与 SDS 完整结合,确保下一步的 SDS-PAGE 电泳顺利进行。平衡缓冲液主要成分为 6M 尿素和 30%甘油,可减少电内渗,有利于蛋白质从第一相到第二相的转移。第一步平衡在平衡液中加入二硫苏糖醇(dithiothreitol,DTT),使变性的非烷基化的蛋白质处于还原状态;第二步平衡步骤中加入碘乙酰胺,使蛋白质巯基烷基化,防止其在电泳过程中被重新氧化,碘乙酰胺还能使残留的 DTT 烷基化。第二次平衡结束后,需彻底去除胶条平衡缓冲液,进行第二相 SDS-PAGE 电泳。把经过处理的凝胶条放在 SDS-PAGE 电泳浓缩胶上,加入熔化的琼脂糖溶液使其固定与浓缩胶连接。在第二相电泳过程中,结合了 SDS 的蛋白质从等电聚焦凝胶中进入 SDS-PAGE 凝胶,在浓缩胶中浓缩,在分离胶中根据分子量大小而分离。至此样品中的蛋白质根据等电点和相对分子量大小而被分离。凝胶染色一般有四种染色方法,分别为考马斯亮蓝法(coomassie blue)、银染法(silver staining)、荧光标记法(fluorescent labeling)、放射同位素标记法(radioisotope labeling),这几种染色法各有优劣,可根据实际情况选择最合适的方法。图谱分析也是 2-DE 技术的重要步骤,其作用是量化和评价蛋白质分离的结果,通常借助图像分析软件进行扫描、加工和分析。

2-DE 技术除上述优点外,也存在灵敏度低、操作繁杂、对极酸或极碱以及相对分子质量较大或较小的蛋白质分离困难等局限性。针对此局限,Unlü[12]等提出了差异凝胶电泳(DIGE)。DIGE 是一种双向电泳技术,利用荧光染料标记结合了多重荧光分析方法,即将两种样品中待鉴定蛋白质采用不同的荧光标记后混合,使其在同一凝胶内进行电泳分类,凝胶在成像仪上用两种不同的波长激发成像,再用相应分析软件进行定量分析。与普通双向电泳技术相比,DIGE 操作简便了许多,并且由于在同一块胶内进行分离,避免了在电泳时不同操作者及不同凝胶所带来的误差,大大提升了结果的可重复性、准确性和可靠性,使双向电泳在蛋白质组学研究中的应用更加广泛。

2) 高效液相色谱(high performance liquid chromatography,HPLC)

20 世纪 60 年代,Kirkland[13]等人发明了世界上第一台高效液相色谱仪,从此高效液相色谱被广泛应用于生物化学和分析化学中。HPLC 与高通量的质谱仪联用,应用于蛋白质组学的预分离。多维液相色谱技术是蛋白质组学最重要的色谱分离技术,这种分离方法与串联质谱联用可以检测动态范围 10 000：1 内的低丰度肽段，可快速、高通量地鉴定复杂蛋白质混合物。在蛋白质组学研究的多维液相色谱技术中，反相液相色谱（reverse-phase high-performance liquid chromatography，RP-HPLC）和离子交换色谱（ion exchange chromatography，IEC）是最常用的。反相液相色谱是基于溶质疏水性的差异而实现分离的色谱技术，其固定相是非极性或疏水性的介质，而流动相是比固定相极性强的溶剂。蛋白质分子由于疏水性的不同在两相中的分配不同而洗脱分离。RP-HPLC 以其高分辨率、快速、重复性好等优点广泛应用于蛋白质的分离。离子交换色谱是通过溶质在离子交换色谱固定相上具有不同的保留能力而实现样品分离的色谱技术，当选择的流动相的酸碱度合适时可维持蛋白质的生物活性，因此 IEC 成为分离检测蛋白质的重要方法[14]。根据不同的分离目的，也可采用亲和色谱（affinity chromatography，AC）、色谱聚焦（chromatofocusing，CF）、体积排阻色谱（size exclusion chromatography，EC）等模式。现在各种模式色谱联用的多维色谱分离技术（multi-dimensional liquid chromatography，MDLC）成为蛋白质分离的常用手段。MDLC 具备高分辨率、高重现性及能够与质谱良好兼容等优点。其中应用最广泛的是离子交换色谱反相液相色谱与质谱联用（ion exchange chromatography-reversed phase liquid chromatography mass spectrometry，IEC-RPLC-MS）。此方法是在同一色谱柱的前半部分装填强阳离子填料，后半部分装填反相液相色谱填料，与电喷雾电离质谱（electrospray ionization mass spectrometry，ESI-MS）源的串联质谱联用。进样到强阳离子交换色谱柱上时以阶梯方式增加盐浓度，依次洗脱后进样到反相液相色谱柱上，在反相色谱柱上实现进一步分离，并用质谱在线检测。液相色谱质谱联用技术是蛋白质组学的发展方向，可分离双向电泳难以分离的膜蛋白或者极酸极碱的蛋白，且具有进样量少、精确度高、方便快捷等优点，缺点是设备昂贵，需要专业人员的维护。双线电泳和多维色谱技术各有优缺，二者目前不可互相替代，这两种技术的互补和完善在蛋白质组学的发展中起到十分重要的作用。

7.2.1.2 蛋白质组高通量鉴定技术

1）质谱技术（MS）

蛋白质组学研究上最重要的突破就是用质谱鉴定蛋白，质谱和双向电泳技术的结合是现代蛋白质组学研究的基础。自 Thomson[15] 发明质谱以来，质谱技术逐渐成为分析、鉴定生物大分子最先进的方法。质谱技术的原理是将样品离子化，根据不同离子间的荷质比差异来分离蛋白质，并确定其相对分子质量。基质辅助激光解析电离质谱技术（matrix assisted laser desorption ionization，MALDI）和电喷雾电离质谱技术（ESI-MS）的发明，使得质谱技术取得了突破性进展。

MALDI 是以脉冲离子化方式使样品电离，常与飞行时间质谱（TOF-MS）联用，称为基质辅助激光解吸电离飞行时间质谱（matrix-assisted laser desorption/ionization time of flight mass spectrometry，MALDI-TOF-MS)。MALDI[15] 的原理是用激光照射样品与基质形成的共结晶薄膜，基质从激光中吸收能量传递给生物分子，而电离过程中将质子转移到生物分子或从生物分子得到质子，而使生物分子电离的过程。因此它是一种软电离技术，适用于混合物及生物大分子的测定。TOF 的原理是离子在电场作用下加速飞过飞行管道，根据到达检测器的飞行时间不同而被检测，测定离子的质荷比（m/z）与离子的飞行时间成正比[16]。

ESI 利用电喷雾将高电压施加到液体上以产生气雾。ESI 特别适用于从大分子产生离子，因为它克服了这些分子在离子化时碎裂的倾向。ESI 与其他大气压电离过程如 MALDI 不同，因为它可以产生多电荷离子，有效地扩展了分析仪的质量范围，以适应观察到的千道尔顿至兆道尔顿（Kilodalton-Megadalton，kDa-MDa）数量级蛋白质及其相关的多肽片段，ESI 已应用到很多串联质谱中，如三四级（triple-quadrupole）质谱、离子肼（ion-trap）质谱等，这两种质谱技术具有高灵敏度、高通量和高质量的检测范围等特点，使准确分析相对分子质量高达几万到几十万的生物大分子成为可能。

质谱还可应用于定量蛋白质组分析、蛋白质翻译后修饰（如糖基化、磷酸化）及蛋白质相互作用等研究领域[17]。液相色谱技术与质谱技术联用是目前对复杂样品分析定性最重要的分析手段之一。目前质谱可与大多数液相色谱分离模式连用，这种系统具有高峰容量、高灵敏度、高调率、高自动化等优点。但是，质谱法还存在固有的局限，如不能区分亮氨酸、异亮氨酸、赖氨酸和谷氨酰胺，不能测定某些多肽的固有序列，无法区分相对分子质量和带电荷相同的同分异构体等[18]。

2）同位素标记亲和标签（isotope-coded affinity tags，ICAT）

同位素标记亲和标签是一种同位素标记方法，通过化学试剂标记的质谱进行蛋白质的定量。这些化学探针[19]由 3 个元件组成：用于标记氨基酸侧链的反应基团（如用于修饰半胱氨酸残基的碘乙酰胺），同位素标记的接头和亲和反应基团。为了定量比较两种蛋白质组，一种样品用同位素轻（d0）型探针标记，另一种用同位素重（d8）型探针标记。为了降低误差，将两种样品合并，用蛋白酶（即胰蛋白酶）消化，并进行抗生物素蛋白亲和层析以分离用同位素标记肽。然后通过液相色谱-质谱技术分析这些肽，通过信号强度比可确定两个样品中蛋白质的相对水平。ICAT 可以对混合样品直接进行鉴定，且能快速地定性和定量鉴定低丰度蛋白，应用十分广泛。由于 ICAT 与普通肽段相比，其相对分子质量较大，这将增加数据分析的难度。

7.2.1.3 蛋白质功能研究

1）蛋白质芯片（protein microarray）

蛋白质芯片是一种高通量的蛋白功能分析技术，用于蛋白质表达谱分析，研究蛋白质与蛋白质、DNA-蛋白质、RNA-蛋白质的相互作用，以及筛选药物作用的蛋白靶点等。其原理为在固相支持物（载体）表面固定多种蛋白探针（抗原、抗体、受体、配体、酶、底物等），形成高密度排列的蛋白质点阵，可以高通量地测定各种微量纯化的蛋白质的生物活性，以及蛋白质与生物大分子之间的相互作用。其特点为快速、高效、微型化、自动化、高通量，但也存在信号检测方法灵敏度弱、载体材料表面的化学修饰方法及蛋白质固定方法还需进一步改进等问题。当前蛋白质芯片主要包括5种形式，即固相表面型芯片（plain-glass slide）、毛细管电泳型芯片（chip-based capillary electrophoresis）、微孔型芯片（microwell chip）、液相载体型芯片和细胞组织性芯片。

蛋白质芯片类似DNA芯片，但比DNA芯片的制备要复杂得多，因为蛋白质难以在载体表面合成，并且在载体表面固定后蛋白质的活性极有可能发生变化，选择合适的载体十分重要。蛋白质芯片的载体应满足以下条件：① 探针固定后能保持蛋白质的活性；② 满足高密度点样要求；③ 均一性好；④ 分析复杂样品时信噪比良好。根据载体不同可将蛋白质芯片分为蛋白质微阵列、微孔板蛋白质芯片、三维凝胶块芯片等。为了使蛋白质更好地与芯片结合，需对芯片载体进行表面修饰，常用一种硅烷连接分子作为一种自组装的层膜（self-assembled monolayer，SAM），这种层膜具有两个功能基团，一个功能基团与玻璃表面的羟基结合，另外一个功能团（醛基或还氧基）直接与蛋白质氨基结合或者进行化学修饰以达到最大程度特异化的目的；金膜也用于载体表面的修饰，在载体表面固定一层金膜形成SAM，金粒子能够和硫代烷基或蛋白质中SH-基团结合，可固定特定基团的探针。蛋白质芯片的检测技术主要为荧光染料标记法，和以质谱技术为基础的直接检测法。表面等离子共振[17]（surface plasmon resonance，SPR）技术是近年发展起来的检测蛋白质芯片的技术。

近年来，蛋白质芯片技术不断改进并取得了很大发展，如表面增强激光解析离子化等非探针标记检测法、表面激源共振生物传感器的及时动态检测法和滚环信号扩增（rolling-circle signal amplification，RCA）探针标记检测法等[20]。另外，光学蛋白质芯片、糖芯片、反向芯片等也逐步发展起来。蛋白质芯片可同时检测上千种蛋白质，可研究抗体特异性、酶活性、配体受体交互作用等。蛋白质芯片的应用十分广泛，主要包括：① 疾病诊疗生物标志物的检测。Ciphergen公司的研究者们利用蛋白质芯片检测了不同阶段的前列腺癌患者和健康对照的血清样品，发现了6种潜在的前列腺癌的生物学标志，大大提高了生物标志物的发现效率，可辅助诊断多种癌症，建立针对特定疾病的可靠的疾病指纹图谱。② 研究蛋白质间的相互作用。Snyder等用该技术迅速鉴定到与数千个排列的酵母蛋白质相互作用的蛋白质。③ 发现药物/毒物作用靶点及作用机制。利用蛋白质芯片对众多候选化学物进行筛选，可直接筛选出与靶蛋白作用的化学物，这将大大推进药物的开发和毒性作用靶点的鉴定。蛋白质芯片技术可直接检测出蛋白质谱，在允许药物或毒物作用机制尚未研究清楚时将化学物的作用和疾病联系起来，并建立和扩展化学物与蛋白质表达谱的数据库，促进了毒理学和药理学的发展。

2) 酵母双杂交系统(yeast two hybridsystem)

1989年,Field等[21]在当时对真核生物转录起始过程调控的认识的基础上,提出并建立了酵母双杂交系统。酵母双杂交系统被广泛应用于鉴定已知蛋白质之间的相互作用、发现新种类蛋白质以及探索蛋白质的新功能等。其原理是转录激活因子如酵母转录因子 Gal4 在结构上是组件式的,往往由2个或2个以上结构上可以分开、功能上相互独立的结构域构成。其中 DNA 结合结构域(DNA binding domain,DBD)和 DNA 转录激活结构域(DNA activation domain,DAD)是转录激活因子发挥功能所必需的,单独的DBD 虽然能和启动子结合,但是不能激活转录;而不同转录激活因子的 DBD 和 DAD 形成的杂合蛋白仍然具有正常的激活转录的功能。

目前使用的酵母双杂交系统主要有 LexA 和 Gal4 系统两种。以 Gal4 系统为例,DNA 结合结构域和 DNA 转录激活结构域分别由 1-147aa 和 768-881aa 构成。在研究蛋白质的相互作用时,BD 与靶蛋白结合,AD 与需验证蛋白结合,将 AD 和 BD 导入酵母菌 AH109,利用基因工程技术在 Gal4 中构建3个已报道基因 HIS3、ADE2、MEL2,可通过酵母表型的改变鉴定两个蛋白质间是否存在交互作用。在酵母双杂交系统的基础上发展出了反向双杂交系统(reverse two hybrid system),其遵循反选择筛选策略。此技术的关键是在 Gal4 的结合位点中引入可生成毒性表达产物的 URA3 基因的启动子,检测蛋白质间的相互作用。URA3 基因表达产物是尿嘧啶合成所必需的,同时可催化5-氟乳清酸(5-fluoroorotic acid,5-FOA)转化为毒性物质,改造的酵母菌株在缺乏尿嘧啶的选择性培养基上,只有当相互作用激活 URA3 基因的表达时才能生长。在缺乏尿嘧啶的培养基上需要 Gal4 的 DB 和 AD 融合蛋白相互作用的表达;在含有5-FOA 的完全培养基上,GDB 和 GAD 融合蛋白的相互作用则抑制细胞的生长。若与 DB 或 AD 融合的蛋白质发生了突变或由于外加药物的干扰不再相互作用,URA3 基因不表达,则细胞能在含有5-FOA 的完全培养基上生长。反向双杂交系统可更精细地鉴定出蛋白质间作用的关键位点或起决定作用的个别氨基酸,进而分析蛋白结构和功能的关系。此外反向双杂交系统还可筛选蛋白间相互作用的小分子物质用作临床治疗制剂。

酵母双杂交广泛用于鉴定蛋白质-蛋白质相互作用。通常酵母双杂交筛选产生的阳性克隆被测序以鉴定诱饵蛋白质,并选择与研究中的模型潜在相关的相互作用,利用生物化学方法进一步验证(如免疫共沉淀和共定位)。随着酵母双杂交系统的广泛应用和不断完善,又在其基础上发展出了单杂交系统、三杂交系统等一系列相关技术。

7.2.2 蛋白质组学数据分析方法

数据库和分析软件是蛋白质组学不可缺少的分析手段,在生物信息学的基础上建立这些分析蛋白质组学相关数据的方法甚为重要。生物信息学[22]是在生命科学、计算机科学和数学的基础上融合发展的一门新兴交叉学科，它以数学和计算机为工具进行大数据生物信息资源的收集、整合、存储、处理、搜索和共享的科学，主要由数据库、应用软件和计算机网络三部分构成。利用生物信息学将质谱分析得到的结果与蛋白质数据库中的氨基酸序列进行比对从而实现蛋白质的鉴定。其数据库主要有氨基酸序列数据库、蛋白质交互作用数据库、蛋白质高级结构及分类数据库、蛋白质功能研究数据库等。

7.2.2.1　蛋白质组学常用数据库

1) Database of Interacting Proteins(http://dip. doembi. ucla. edu/dip/Main. cgi)

该数据库是一个提供蛋白质与蛋白质交互作用的数据库。除详细描述蛋白质交互作用细节，还提供蛋白质相互作用网络构建、蛋白质功能分析和预测等。

2) BioGRID 数据库(https://thebiogrid. org/)

该数据库提供蛋白质交互作用及蛋白质与基因相互作用的数据库。

3) MINT(http://mint. bio. uniroma2. it/)

该数据库是研究分子间相互作用的数据库，数据来源主要为验证蛋白质相互作用关系的文献。

4) SWISS-PROT(http://www. gpmaw. com/)

该数据库是经过注释的蛋白质序列数据库。由欧洲生物信息学研究所(European Bioinformatics Institute，EBI)维护。

5) Uniprot 数据库(http://www. uniprot. org/)

该数据库是提供蛋白质序列和功能信息的数据库。

6) Worldwide Protein Data Bank(http://www. wwpdb. org/)

该数据库提供免费的、单一的全球性的实验确定的生物大分子结构数据档案。

7) KEGG 数据库(http://www. genome. jp/kegg/)

KEGG 数据库是由分子水平的信息，特别是基因组测序和其他高通量生成的大规模分子数据集。可用于了解生物系统的高级功能和功用，如细胞、生物体和生态系统的数据库资源。

7.2.2.2　蛋白质组学常用分析软件

1) 蛋白质序列分析软件

蛋白质序列分析软件主要包括：① GPMAW-General Protein/Mass Analysis for Windows，蛋白质质谱与序列分析软件。主要用于蛋白质与多肽的质谱分析，也具有其他蛋白质序列分析功能，如比对、二级结构分析等；② STORM(systematic tailored orf-data retrieval & management)，可同时对蛋白质序列进行 BLAST/FASTA/Pfam/ProtParam 分析，并将结果输出到数据库中；③ FASTA，基于网络的数据库，主要进行蛋白质的序列对比分析。

2) 蛋白质相互作用分析软件

蛋白质相互作用分析软件主要包括：① InterViewer 4.0,显示和分析蛋白质交互作用软件,运行速度快;② Osprey 1.2.0,将蛋白质相互作用网络可视化的软件,软件本身和 BIND,GRID 数据库整合,涉及蛋白质、核酸序列又和 GenBank 交叉链接;③ PIVOT 2.0,IVOT 是一个基于 Java 的工具,用于可视化蛋白质-蛋白质相互作用,它有丰富的功能,可以帮助用户导航和解释交互图,以及图形理论算法,可以轻松地将远程蛋白质连接到显示的地图上。

3) 蛋白质二级结构预测分析软件

蛋白质二级结构预测分析软件主要包括：① PredictProtein(http://cubic. bioc. columbia. edu/predictprotein/),国内镜像(http://www. cbi. pku. edu. cn/predictprotein/),蛋白质序列被作为查询序列在 SWISS-PROT 库中搜索相似的序列。当相似的序列被找到后,一个名为 MaxHom 的算法被用来进行一次基于特征简图的多序列比对;② nnPredict(http://www. cmpharm. ucsf. edu/~nomi/nnpredict. html),算法使用了一个双层、前馈神经网络去给每个氨基酸分配预测的类型。对于最佳实例的预测,nnPredict 的准确率可超过 65%;③ SOPMA(http://pbil. ibcp. fr/),利用 5 种不同的方法独立预测,最后将结果统一。SOPMA 库中的每个蛋白质都在相似性的基础上进行二级结构预测。利用次级库中的信息去对目标序列进行二级结构预测。

目前对正常人和患者的血清与组织的差异表达的蛋白质进行定量分析和鉴定,并联合应用多种蛋白质组学技术开展高通量、自动化筛查相关蛋白的表达图谱是常见的研究策略,并已广泛用于遗传性疾病和肿瘤的研究中,确定的生物标志物为多种疾病的早期诊断、进程监测、确定诊疗新靶点提供了重要依据[23]。值得一提的是,蛋白质组学与基因组学、转录组学和代谢组学交叉形成的系统生物学研究模式将是日后生命科学发展的重要方向。

7.3 蛋白质组学与精准健康

精准医疗是在现代医学的基础上,随着对核酸、蛋白质等生物大分子进行深入研究,在基因组学和蛋白质组学的水平上研究疾病的发生与发展规律,建立个体化精准诊断、精准治疗和精准预防的技术体系是十分重要的。精准医疗类似于个体化医疗,又不同于个体化医疗。个体化医疗只强调不同个体需要不同方案,但其治疗靶标和有效物质等都可以是模糊综合的,如中医的药方虽然是因人而异的,是个体化的,但这不是精准医疗。而精准医疗是建立在对个体基因组信息和病变细胞,突变信息以及相应的蛋白质组信息基础上的,强调个体、疾病、靶标和药物有效成分的精准性。它是在分子水平上全面把握控制疾病的发生、发展与转归的一系列精准预防、精准诊断和精准治疗的技术体系;是建立在对人、病、药物深度认识基础上采取的高水平医疗技术,因此比个体化医疗更重视疾病的深度特征和药物的高度精准性。人类期待精准医疗能推动难治性疾病(如肿瘤、糖尿病和心血管疾病等)的治疗水平,进一步提高人类生活质量,延长人类预期寿命。

7.3.1 蛋白质组学与环境因素和早期健康损害

机体以蛋白质的形式存在,并且与外部环境之间存在复杂的交互作用,不断进行着新陈代谢,环境污染打破了机体与环境的平衡,从而引发机体疾病。许多研究表明环境因素可改变人体蛋白质的表达,了解环境有害因素引起机体蛋白质水平的变化情况有助于发现高危人群,为疾病预防和早期诊断等提供依据。

流行病学研究显示,空气颗粒物(particle matter,PM)污染与心血管疾病易感人群心血管健康影响之间存在正相关关系。目前尚不清楚肺内沉积的 PM,尤其是 PM2.5 对心血管系统的影响机制,这也是研究的持续热点之一。复旦大学阚海东[24]等在国际心血管权威杂志 *Circulation* 上发表的研究表明,空气中较高的 PM 可能诱发代谢改变,PM2.5 可以激活人体下丘脑-垂体-肾上腺轴,使体内各种应激激素水平升高,可诱发炎症反应及引起血压升高等不良后果,影响心血管健康。此研究还表明室内空气净化后短期内压力激素将减少。

苯并(a)芘是公认的聚芳族烃,以其对肺癌等癌症的致癌性而闻名。在既往的毒性研究中,双向凝胶电泳是常用的蛋白质组学方法。而 Verma 等[25]则将双向凝胶电泳和 SDS-PAGE 技术和代谢组学相结合的方法,来阐明在细胞中调节细胞代谢的蛋白质-蛋白质相互作用,以解释其对膀胱癌的作用。MALDI-TOF-MS 分析差异蛋白发现糖酵解途径相关蛋白质的下调和涉及磷酸戊糖途径蛋白质的上调。除此以外,还观察到几种线粒体蛋白质的改变。该研究对苯并(a)芘暴露的细胞代谢产物的变化提供了初步的探索方向。流行病学和实验研究表明,空气污染,特别是柴油机尾气颗粒(diesel exhaust particles,DEP)可能在呼吸道过敏性疾病的发病率和严重程度上发挥作用。Takenaka 等[26]研究了 DEP 的聚芳烃对 B 细胞的影响,发现增加免疫球蛋白(eimmunoglobulin,IgE)的产生。并进一步认为暴露 DEP 而导致人气道中 IgE 产生增加可能是气道过敏性疾病增加的重要因素。此外,也有多环芳烃受体相关研究表明,该受体在心脏高效化疗药物代谢中起重要作用[27]。

一系列流行病学数据显示生物活性金属(如铅和镉)的积累是心血管疾病的重要危险因素[28]。从环境进入人体的金属离子可以与人体组织中的许多分子结合,包括蛋白质和多糖。此外,许多金属具有生物活性,并能参与各种不同的生理、病理生理反应。在医学治疗中,螯合作用是将有机螯合剂分子引入血液中,在血液中以高亲和力结合目标金属离子。螯合剂和金属离子的复合物保留在血液中,直到被肾脏过滤或被肝脏排出,从而从体内除去金属离子。近来临床试验表明金属螯合剂在减少人群中的心血管事件的二级预防作用具有惊人的积极结果,加强了金属暴露与心血管疾病之间的联系[29]。金属在糖尿病患者中的特殊不良反应已经被广泛讨论。糖尿病并发症可以通过糖基化终产物和晚期糖基化终产物与下游的炎症级联。糖基化终产物通过葡萄糖与蛋白质、脂质和核酸的相互作用而产生。最终的糖化终产物的形成需要金属催化的氧化过程。金属与糖基化终产物结合并促进自催化反应中活性氧的形成。由此产生的氧化终产物积累在组织中,促进炎症和氧化应激,这亦是动脉粥样硬化的特征,因此也进而增加了心血管疾病的风险[30]。

越来越多的证据表明,电磁辐射可对人体健康产生负面影响。Liu 等[31]将 24 只大鼠暴露于 900 MHz 的电磁辐射下,50 天后观察各项指标的变化。研究发现,与对照组相比,暴露于电磁辐射的大鼠 bcl-2 蛋白和 mRNA 的表达大大降低,bax 蛋白、细胞色素 C 和半胱氨酸蛋白酶-3 的表达水平增加,表明电磁辐射增加大鼠精子的活性氧水平并降低了抗氧化能力。过度的氧化应激改变了凋亡相关基因的表达水平,并通过bcl-2、bax、细胞色素 C 和半胱氨酸蛋白酶-3 信号通路诱导精子凋亡,提示电磁辐射可对男性生殖健康产生不利的影响。电磁辐射相关的健康危害还包括诱发癌症、影响心血管系统、引起儿童智力下降、引起视力下降等。

蛋白质组是空间和时间上动态变化着的整体,生活方式的变化也会使蛋白谱的表达发生改变。吸烟已成为全世界所面临的重大公共卫生问题和环境问题之一。烟草烟雾中已鉴定的化学物质高达 7 000 余种,其中包括 69 种公认的致癌物。研究证明,吸烟可诱导基因突变和表观遗传学改变,也可损伤血管内皮和支气管上皮细胞功能,与多种疾病(如呼吸系统疾病、心血管疾病、生殖系统疾病和癌症)的发病和死亡风险有关[32-34]。烟草烟雾成分,进入机体内通过与受体、蛋白质、基因调控原件、DNA 以及多种生物学过程结合,影响基因表达等,最终影响蛋白质的功能。随着技术的发展,蛋白质组学可以精确检测细胞或者复杂组织中蛋白质的表达、转录后修饰以及蛋白质与蛋白质之间的交互作用。通过对吸烟人群特定的细胞或者组织进行蛋白质组学的检测,可以发现吸烟所致疾病的生物标志物及其潜在的作用通路,为疾病早期的诊断与治疗提供新方案。除了吸烟,饮酒[35]等,其他生活方式对机体的影响也可以借助蛋白质组学的方法发现其分子标志物及作用通路。因此,通过蛋白质组建立起环境有害因素暴露与蛋白质表达改变的关系网,从而有效地揭示环境有害因素对机体有害影响的作用机制,同时建立起有效的预防方法,维护机体健康。

通过检测环境有害物质引起机体蛋白水平变化的情况,可更加精确评估环境改变对人体健康的影响,找到疾病的标志物。并且有助于更深入地了解疾病的发生、发展过程,找到疾病潜在的生物学机制,实现疾病的预防、早期诊断和靶向治疗。

7.3.2 蛋白质组学在临床医学研究中的应用

目前,蛋白质组学在医学方面应用的重点主要在于探索人类疾病的发病机制与治疗途径、发现新的疾病标志物、鉴定疾病相关蛋白质作为早期临床诊断的工具、明确致病微生物的致病机制、耐药性及发现新的抗生素为主。人类许多疾病如肿瘤、心脑血管疾病、神经系统疾病、传染性疾病等均已从蛋白质组学角度展开了深入研究,并已取得了一系列进展。

1) 蛋白质组学在肿瘤的诊断与治疗

蛋白质组学在临床肿瘤方面有广泛的应用前景,它主要通过运用蛋白质分离分析技术比较正常组织和肿瘤组织,从中找出肿瘤的早期标志蛋白分子,并建立相应的疾病诊断模型[36]。如 Chambers 等[37]对膀胱肿瘤细胞和尿道蛋白进行了大规模的 2-DE 后,建立了膀胱恶性肿瘤及膀胱癌患者尿液中分泌蛋白的数据库,从中得到了一种鳞状细胞癌的候选诊断标志物牛皮癣素(psoriasin)。表面增强激光解吸离子化飞行时间质谱(surface-enhanced laser desorption/ionization-time of flight-mass spectrometry, SELDI-TOF-MS)技术的应用更为癌症的早期诊断提供了可靠的依据[38],如 Hu 等[39]运用 SELDI-TOF-MS 技术已成功得到乳腺癌新的标志蛋白分子,并建立了乳腺癌诊断模型。基质辅助激光解吸电离飞行时间质谱(matrix assisted laser desorption/ionization-time of flight-mass spectrometry, MALDI-TOF-MS)和表面增强激光解吸电离(surface-enhanced laser desorption ionization, SELDI)技术可用于诊断早期肺癌,并有较高的准确率[40]。

慢性淋巴细胞性白血病是一种不可治愈的疾病,其特征在于克隆 B 淋巴细胞的积聚,其由细胞增殖和凋亡之间的复杂平衡引起。Prieto 等[41]报告了疾病进展期间来自患者血浆外体的不同蛋白质组学特征,并发现蛋白 S100-A9 在慢性淋巴细胞白血病(chronic lymphocytic leukemia, CLL)进展期间作为核因子活化 B 细胞 κ 轻链增强子(nuclear factor kappa-light-chain-enhancer of activated B cells, NF-κB)途径的激活剂具有优势作用,并且提示白血病克隆可以通过 S100-A9 表达、NF-κB 活化和外体分泌产生自激活环。

前列腺的临床管理需要改进预后测试和治疗策略。因为蛋白质是大多数细胞反应的最终效应物,是药物作用的靶标并可能是潜在的生物标志物,因此对前列腺癌(prostate cancer, PCa)发生和发展期间蛋白质组变化的定量系统综述可获得临床相关的发现。Iglesias-Gato 等[42]运用质谱法对 28 个前列腺肿瘤和邻近的非恶性组织进行基因层面的定量蛋白质组谱分析,发现肿瘤组织表现出涉及多种合成代谢过程的蛋白质表达升高,包括脂肪酸和蛋白质合成、核糖体生物合成和蛋白质分泌,但未观察到增殖增加的明显证据。在前列腺癌中表达改变的蛋白质为疾病诊断和病因相关的机制研究提供了新的信息,研究人员希望在今后研究中探寻更多这个蛋白质组数据集对开发新型疗法和生物标志物的价值。

此外,蛋白质组学在肝脏肿瘤[43]、肠肿瘤[44]、卵巢肿瘤[45]等恶性肿瘤的诊断研究中发挥了重要的作用,在提示肿瘤的病理过程、发现肿瘤标志蛋白、治疗及诊断方面具有极大的优势,为肿瘤的临床诊断提供了可能的分子标志物途径。

2)心脑血管疾病

心力衰竭是社会的一大疾病负担,但目前还缺乏易于应用的筛选技术,尤其是无症状左心室功能障碍的早期检测。Kuznetsova 等[46]应用毛细管电泳耦合质谱比较了 19 位无症状左心室舒张功能不全的高血压患者与 19 位健康对照受试者,结果发现了一组特异性左心室舒张功能不全的原发性高血压尿液多肽,能够将高血压患者从健康对照中区分出来。该研究表明尿蛋白质组可能为高血压患者亚临床左心室功能障碍的筛查和后续监测提供临床有用的工具。

心房颤动是最常见的持续性心律失常。Yang 等[47]比较了 17 例心房颤动患者(8 例阵发性、9 例持续性)和 7 例窦性心律患者的 HSP60、热休克蛋白 72(heat shock protein 72,HSP72)、热休克同源蛋白 73(the heat shock cognate protein,HSC73)和热休克蛋白 27(heat shock protein 27,HSP27)水平,研究结果表明 HSP27 和 HSC73 的表达可能与房颤的不同阶段有关,HSP60 的表达可能与心房肌溶解程度有关。

心脏祖细胞是一类有希望用于再生的细胞类型,但其心肌重塑的机制仍不清楚。Sharma 等[48]研究了来自成人(adult cardiac progenitor cells,aCPCs)和新生儿(neonatal cardiac progenitor cells,nCPCs)细胞的表型特征和分泌物,以及它们恢复受损心肌细胞的潜能。研究人员利用反相液相色谱分离和质谱的高分辨率精确质谱法鉴定了一个 CPCs 和 nCPCs 分泌蛋白质组中的蛋白质,并且基于文献的网络软件确定了在心肌梗死情况下受 CPCs 分泌组影响的特定途径。该研究用蛋白质组学的方法深入分析了年龄对心肌细胞受损恢复能力的影响。

英国 Harefield 医院的 Dunn 及同事几年来致力于蛋白质组学在心脏疾病中的主要临床应用。这项工作建立在坚实的蛋白质组学数据库的基础之上,近年的研究工作包括识别扩张性心肌病的疾病特异性蛋白质以及抗内皮细胞抗体作为潜在的预测慢性心脏移植排斥的实验。近几年,与血液相关的蛋白质学研究已逐步开展,分离鉴定了 1 500 多种血液蛋白质[49],其对研究与血液相关的疾病有重要的临床意义。

3)神经系统疾病

神经退行性疾病包括阿尔茨海默病、帕金森病和亨廷顿病,其早期诊断和有效的治疗方法已有很多相关研究,但仍然尚未完善。研究发现,这些疾病的共同上游特征是特定的肽和蛋白质,包括阿尔茨海默病中的 Aβ 和 tau,帕金森病中的 α-突触核蛋白和亨廷顿舞蹈病中的亨廷顿蛋白,错折叠并聚集形成具有特征性交叉 β 的淀粉样蛋白组装结构。Ciryam 等[50]发现许多蛋白质的天然状态由于其细胞浓度超过其临界值而维持在亚稳态,这些蛋白质有很明显的聚集倾向,并且在与神经退行性疾病相关的特定生物化学途径中过表达。图 7-2 列出了影响蛋白质聚集的因素。这些观察结果表明,提高细胞维持蛋白质溶解度的能力可作为针对神经退行性疾病的一种治疗方法。后续研究可着眼于蛋白质过饱和为何能作为蛋白质聚集的主要驱动力,并探究蛋白质不能维持其功能性可溶状态时导致神经退行性病变的多重病理机制。由于未能控制蛋白质溶解度可能是这些复杂神经系统疾病的主要原因。新型治疗策略不仅可针对性的治疗,而且可以做到一级、二级预防来降低这些蛋白质聚集和触发的倾向蛋白质稳态的丧失,以及通过化学干预来增强调节蛋白质聚集反应的质量控制过程。

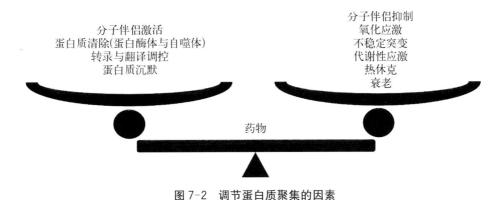

图 7-2　调节蛋白质聚集的因素

注：图片修改自"Ciryam P, Kundra R, Morimoto R I, et al. Supersaturation is a major driving force for protein aggregation in neurodegenerative diseases [J]. Trends Pharmacol Sci, 2015, 36(2): 72-77. (Figure 4)"

新西兰的奥克兰大学组建了人脑海马区的蛋白质图库,鉴定出了在精神分裂症中 18 个异常表达的蛋白质,其中一些被发现定位在 6 号染色体的同一区域。此外,应用蛋白质组学研究技术可对阿尔茨海默病的发病机制及治疗方法进行研究,并可进一步开发治疗药物[51]。如 Pasinetti 等人[52]利用互补 DNA 微阵列(complementary DNA microarray, cDNA microarray)发现 AD 患者大脑皮质某些基因产物的表达发生改变,并发现突触活动中的蛋白质表达在 AD 早期也有改变,这项研究将有利于 AD 患者的早期诊断和治疗。

4) 传染性疾病

近年来,人类越来越重视传染性疾病对人类健康的影响。除结核、多重耐药链球菌感染及机会致病菌外,出现了一些新的感染因素如人类免疫缺陷病毒(human immunodeficiency virus, HIV)、伯氏疏螺旋体及埃博拉病毒等。因此,对那些致病微生物的蛋白质组进行分析,以了解其毒性因子、抗原及疫苗的制备都非常重要,而对其相关疾病的诊断、治疗和预防也同样重要[53]。目前,研究发现应用蛋白质组学检测技术,可对伯氏疏螺旋体、弓形体、白色念珠菌、幽门螺杆菌等致病微生物进行检测。

人体疾病与蛋白质密切相关,是由蛋白质的结构、活性,蛋白质的数量、比例,蛋白质的运动等发生错误所致。少数蛋白质的变化可以用常规的生化分析方法测定,作为某种疾病的生物标志物,如体检中可通过检测白蛋白、球蛋白来评价肝功能,而碱性磷酸酶活性与肝癌、甲状腺功能亢进有关,肌酸激酶水平与急性心肌梗死、病毒性心肌炎、脑炎等有关。但是,人体是由成千上万种蛋白质相互作用的、复杂的网络,许多疾病是逐渐发展的,特别是一些疑难杂症、退行性疾病往往有复杂的病因、病理,难以用一个或几个指标说明。需要测定几十种至几千种蛋白质的数量、修饰和相互作用,直至发现病灶细胞出现的异常状况才能准确地诊断疾病,并找到精准的治疗方法。以肿瘤为例,所有肿瘤均由体细胞突变造成的,而且不同个体的体细胞突变位点很少相同。基因突变会致相应蛋白质发生突变,并进一步诱发产生新生抗原。针对新生抗原的抗体就能够区分正常细胞和肿瘤细胞,因此,可以用于制备抗体偶联药物,也可以利用特异性嵌合抗原受体 T 细胞免疫疗法(chimeric antigen receptor T-cell immunotherapy, CAR-T)进行治疗,这种疗法可以治疗肿瘤而不伤及正常细胞,为肿瘤的精准治疗带来了很大希望。

7.3.3　蛋白质组学在药物开发中的应用

蛋白质组学最重要的应用前景在药物开发领域。在新药研究方面,蛋白质组学方法主要应用于受体或标志物的鉴定、蛋白质相互作用及其功能的研究、还可用来进行药物毒理学分析及药物代谢产物的研究等方面。此外,蛋白质不仅是多种致病因子对机体作用最重要的靶分子,也是大多数药物的靶标乃至直接的药物。据统计,在 20 世纪90 年代中期,全世界制药业用于找寻新药的药靶共计 483 个,其中 73% 为蛋白质,而当时全球正在使用的药物约有 2 000 种,其中 85% 是针对上述 483 种药靶。Savitski 等[54]将细胞热漂移测定(cellular thermal shift assay, CETSA)方法与定量质谱相结合来研究药物对包含超过 7 000 种蛋白质的细胞蛋白质组的热分布的影响,通过基于配体诱导的蛋白质热稳定性改变的 CETSA 来评估药物靶向参与。细胞蛋白质组的热分析能够对蛋白质配体结合和其他蛋白质修饰进行差异分析,为多个靶标提供药物靶标占有率的无偏差测量,并有助于鉴定药物功效和毒性的标记物,甚至能够监测药物靶点和下游效应器。

蛋白质组学已应用于药物效应及诊疗靶点的研究,加速了药物研究的发展。通过药理蛋白质组学的研究更能反映个体的差异并进行个体化治疗[55]。正是由于蛋白质组学研究所获得的巨大的经济效益及其对未来医药领域的深远影响,蛋白质组学在近年来越来越受国际大型跨国制药集团的垂青。蛋白质组学的研究不仅能为阐明生命活动规律提供物质基础,也能为探讨重大疾病的机制、疾病诊断和防治、新药开发提供重要的理论依据和实际解决途径。

7.3.4 蛋白质组学在基础生物学中的应用

蛋白质组学研究方法已广泛应用于基础生物学的各相关领域,如细胞生物学、神经生物学等各种学科领域。在研究对象上,覆盖了原核微生物、真核微生物、动物、植物和人类自身等范围,涉及各种重要的生物学现象,如细胞分化、信号转导、蛋白质折叠、细胞内蛋白质相互作用、蛋白质功能和癌变相关的蛋白质组研究等。如孟山都医院已获得资助进行大规模信号传导网络的研究;新加坡 Grame R. Guy 系统报道了运用双向电泳技术研究细胞信号传导中的磷酸化蛋白;Uetz 等[56]通过大规模酵母双杂交技术对啤酒酵母近 6 000 种蛋白质之间相互作用进行了全面研究;Klose 等[57]在小鼠蛋白质组研究项目中发现许多蛋白质的修饰与具体的基因相关,使人们认识到一个蛋白质是许多基因而不是一个基因的表现型,而且一个基因发生突变会影响许多蛋白质的表现。这些基础性的研究为应用研究的高速发展奠定了坚实的基础。目前解决基础生物学问题的蛋白质组学项目的数目已经很大并仍呈增长的趋势,从蛋白质组学浮现出来的对普通生物学的一个最重要的主题是深入探索基因和蛋白质关系的本质。

7.3.5 多组学研究

解决人体不同组织和器官中蛋白质组变化的分子细节将极大增加我们对人类生物学和疾病的认识,通过蛋白质组学与其他组学的结合更能带给我们一个整体宏观的认识。Uhlén 等[58]提出了一个基于集成组学和组织器官水平的定量转录组合,通过以组织微阵列为基础的免疫组化,实现蛋白质的空间定位到单细胞水平的人体组织蛋白质组图。该研究中检测到超过 90% 的假定的蛋白质编码基因,并进一步使用这种方法来探索人类分泌蛋白质组、膜蛋白质组、药物蛋白质组、癌症蛋白质组以及 32 种不同组织器官的代谢功能。所有数据都集成在一个交互式网络数据库中,可以在人体所有主要组织和器官中探索单个蛋白质,以及全局表达模式的导航。

Price 等[59]在 9 个月的时间内收集了 108 个人,在 3 个时间点的个人数据,包括全基因组序列、临床试验、代谢组学、蛋白质组和微生物组,并生成了一个相关网络,用于揭示与生理和疾病相关的分析物群落。在分析群体内的连接能够识别已知的和候选的生物标志物(例如,γ-谷氨酰酪氨酸与临床分析物密集地相互关联用于心脏代谢疾病)。该研究计算了 127 个性状和疾病全的基因组关联研究(genome-wide association study,GWAS)的多基因评分,并用它们来发现多基因风险的分子关联(如炎性肠病的遗传风险与血浆胱氨酸呈负相关)。最后,通过个人数据进行的行为辅导有助于参与者改善临床生物标志物。这项研究结果显示,随着时间的推移测量个人数据云可以提高我们对健康和疾病的认识,尤其是对疾病状态的早期转变的了解。

多组学联合也已广泛用于心血管疾病的研究。反映心血管系统分子状态的血浆生物标志物是临床决策的关键。常规使用的血浆生物标志物包括肌钙蛋白、利尿钠肽和脂蛋白颗粒,但仅涉及与心血管疾病相关的部分通路。对循环血浆蛋白(血浆蛋白质组)进行系统分析可能有助于发现新的标志物以提高诊断甚至早期预测的准确性。全面的蛋白质组学分析的障碍包括蛋白质组的大小和结构异质性,以及长跨度的水平范围。蛋白质组可以在组织和细胞中使用串联质谱法进行非靶向分析。然而,由于需要复杂的分析前样品制备阶段限制样品通量,等离子体的应用受到限制,因此基于捕获和检测特定蛋白质的靶向方法在血浆蛋白质组学中受到越来越多的关注。免疫亲和性测定是测量单个蛋白质的主要方法,但是仍存在时间长、交叉反应、特异性欠佳以及在丰度谱的较低范围(低于皮克/毫升)中检测蛋白质的敏感性有限等局限性。解决这些问题的新兴技术包括核苷酸标记的免疫测定和适体试剂,可以自动化、高通量的方式高效复制数千种蛋白质,将亲和捕获方法与质谱联用以提高特异性。此外,蛋白质组学现在可以与现代基因组学工具整合,将蛋白质组学谱与遗传变异体全面联系起来,这既可能影响亲和试剂的结合,也可用于验证亲和力分析的目标特异性。随着新兴的亲和方法的应用,对大群体的深度定量蛋白质组分析已经变得越来越可行。

7.4　小结与展望

7.4.1　蛋白质组学研究技术发展与挑战

目前,蛋白质组学研究的主要应用技术包括双向凝胶电泳(2-DE),表面增强激光解吸(surface-enhanced laser desorption ionization, SELDI),质谱(MS),激光捕获显微切割(laser capture microdissection, LCM),酶联免疫吸附测定(enzyme linked immunosorbent assay, ELISA),免疫组织化学(immunohistochemistry, IHC),蛋白质印迹(western blot),以及最新的组织微阵列(tissue microarray, TMA)和蛋白质微阵列(PMA)等[60]。在现有工作基础和科学技术不断进步和创新的背景下,蛋白质组学研究新技术正不断产生和发展,多学科技术的综合应用促进了蛋白质组学研究的高通量和高精度分析过程。例如,Ngo[61]等人在试点研究中用基于核酸适体(aptamer)的蛋白质组学扫描方法检测到新的心肌损伤生物标志物,化学修饰的DNA-适体可作为高度多路复用的免疫样分析,为心脏生物标志物发现提供高通量的优势。

近年来,蛋白质组学研究已发现大量潜在的蛋白质生物标志物。然而,由于缺乏后续的验证研究,如何在临床中应用这些生物标志物仍是一个重大挑战。另外,将鉴定的蛋白质生物标志物投入临床实用也需要高稳健性、高灵敏度、高特异性、高通量的高度开发成熟的工具和工作流程。尽管如此,随着对疾病的蛋白质组学更进一步的理解与蛋白质组学技术的快速发展，这些新型的蛋白质生物标志物转化为常规临床应用实践仍具有很大的潜力。

7.4.2 深入研究相关机制

蛋白质组学与转录调控规律紧密相关。随着高通量测序的发展，越来越多的研究将转录组学与蛋白质组学结合进行关联分析，从而能够更好地从机制上解释疾病的发生与发展。首先，将转录组测序分析结果与蛋白质的关联性分析相结合，即将转录组数据翻译后成为蛋白搜索数据库，这将大大提升肽段及蛋白的鉴定数量。其次，在转录组和蛋白的表达相关性分析中，综合两组数据将能鉴定可靠性蛋白，与其对应的基因的转录本进行关联分析，再根据表达量数据对关联上的差异表达蛋白和相对应的差异基因进行比较分析，从而实现差异表达基因与差异蛋白表达进行关联性分析。另外，通过蛋白质组与转录组表达模式聚类分析，能在两组学水平上更加直观地展示不同基因或蛋白表达水平变化的目的；转录组和蛋白质组功能、通路（pathway）的关联性比较分析有助于挖掘出通路中代表性的关键基因或者蛋白，对疾病发生、发展的机制研究与关键生物标志物的发现与筛选至关重要。

在疾病的研究中运用蛋白质组学和代谢组学数据的整合分析，可以更系统地揭示疾病发生、发展过程中的信号通路和代谢重编程，避免单一组学技术的局限性。而如何把这两个组学的数据有效结合用于科学研究仍是一个研究的难点。在有关 T 细胞的新陈代谢、生存以及抗癌机制的一项研究中，Geiger[62]等人将蛋白质组学与代谢组学结合，在组学范围进行了大规模筛选，发现 L-精氨酸代谢相关的蛋白和代谢物都发生了显著变化；接着对靶向代谢通路进行体外细胞以及小鼠动物模型验证，揭示了细胞内高水平的 L-精氨酸能影响 T 细胞的激活、分化、生存进而促进机体抗肿瘤的能力，并发现了 3 个 L-精氨酸敏感的转录因子与 T 细胞的生存密切相关。结合两个组学的分析结果可使研究更加系统，另一方面也可对两个组学分析结果进行交叉验证，使研究结果更加准确，有利于实现临床个体化治疗，并为药物研发提供潜在的靶点。

近年来，新兴的蛋白质基因组学（proteogenomics）[63]利用蛋白质组数据，尤其是高精度的串联质谱数据，结合基因组数据 DNA、转录组数据 RNA 来研究基因组注释问题。基于高通量测序数据可以构建蛋白质搜索库，大幅度提高蛋白质鉴定数目。同时，基于蛋白质组数据可以验证 RNA 和 DNA 鉴定到的编码序列变体和新的转录本。此外，以序列为中心的蛋白质基因组数据整合，结合转录组和蛋白质组的定量分析可以为多水平基因表达调控、信号网络、疾病亚型和临床预测提供新的见解。蛋白质基因组学联合建模，用于疾病分型、疾病诊断、预后、药物反应和药物毒性预测，促进对信号通路和分子机制的理解。

7.4.3 结合精准医学实现三级预防

精准医学是在现代医学的基础上，随着对核酸、蛋白质等生物大分子进行深入研究，开始在基因组学和蛋白质组学的水平上掌握疾病的发生与发展规律，从而建立个体化的疾病精准诊断、精准治疗和精准预防的技术体系。精准医学是以个人基因组信息为基础，结合蛋白质组、代谢组等相关内环境信息，为患者量身设计出最佳治疗方案，以期达到治疗效果最大化和不良反应最小化的一种定制医疗模式。作为机体功能的执行者，蛋白质在精准医学的研究体系中至关重要。与基因组学相比，蛋白质组学通过其对体内外暴露的快速精确反应的特性，能更加精确地反映细胞内部的遗传编码和其直接受外部环境动态变化的影响。如某些特定的蛋白质可以反映机体内部接触有害暴露的水平，通过监测体内该类指示蛋白可以从源头降低甚至消除有害因素的暴露，达到一级预防的目的。此外，通过观察对应生理状态的动态分子变化有助于设计和应用个性化的健康监测、诊断、预后和治疗，从而达到对疾病进行三级预防的目的。

参考文献

[1] Wasinger V C, Cordwell S J, Cerpa-Poljak A, et al. Progress with gene-product mapping of the Mollicutes: Mycoplasma genitalium [J]. Electrophoresis, 1995, 16(7): 1090-1094.

[2] Anderson N L, Anderson N G. Proteome and proteomics: new technologies, new concepts, and new words [J]. Electrophoresis, 1998, 19(11): 1853-1861.

[3] 尹稳, 伏旭, 李平. 蛋白质组学的应用研究进展[J]. 生物技术通报, 2014, 1(31): 32-38.

[4] Zhang X, He M, Cheng L, et al. Elevated heat shock protein 60 levels are associated with higher risk of coronary heart disease in Chinese [J]. Circulation, 2008, 118(25): 2687-2693.

[5] Yang X, Zheng J, Bai Y, et al. Using lymphocyte and plasma Hsp70 as biomarkers for assessing coke oven exposure among steel workers [J]. Environ Health Perspect, 2007, 115(11): 1573-1577.

[6] Chen R, Mias G I, Li-Pook-Than J, et al. Personal omics profiling reveals dynamic molecular and medical phenotypes [J]. Cell, 2012, 148(6): 1293-1307.

[7] Ezkurdia I, Vazquez J, Valencia A, et al. Analyzing the first drafts of the human proteome [J]. J Proteome Res, 2014, 13(8): 3854-3855.

[8] Rogers S, Girolami M, Kolch W, et al. Investigating the correspondence between transcriptomic and proteomic expression profiles using coupled cluster models [J]. Bioinformatics, 2008, 24(24): 2894-2900.

[9] M. R. 威尔金斯, R. D. 阿佩尔, K. L. 威廉斯, 等. 蛋白质组学研究: 概念、技术及应用[M]. 2版. 张丽华, 梁振, 张玉奎, 等译. 北京: 科学出版社, 2010.

[10] Altelaar A F, Munoz J, Heck A J. Next-generation proteomics: towards an integrative view of proteome dynamics [J]. Nat Rev Genet, 2013, 14(1): 35-48.

[11] O'Farrell P H. High resolution two-dimensional gel electrophoresis of proteins [J]. Biol Chem,

1975,250(10):4007-4021.

[12] Unlü M, Margan M E, Minden J S. Difference gel electrophoresis: a single gel method for detecting changes in protein extracts [J]. Electrophoresis, 1997, 18(11):2071-2077.

[13] 于世林. 高效液相色谱方法及应用[M]. 2 版. 北京:化学工业出版社, 2005:1-10.

[14] 高明霞, 关霞, 洪广峰, 等. 多维高效液相色谱技术在蛋白质分离研究中的进展[J]. 色谱, 2009, 27 (05):551-555.

[15] Fenselau C. MALDI MS and strategies for protein analysis [J]. Anal Chem, 1997, 69(21): 661A-665A.

[16] Wu K J, Odom R W. Characterizing synthetic polymers by MALDI MS [J]. Anal Chem, 1998, 70(13):456A-461A.

[17] Domon B, Aebersold R. Mass spectrometry and protein analysis [J]. Science, 2006, 312(5771): 212-217.

[18] 赵楠, 王桂媛, 王玲姝, 等. 蛋白质组学关键技术进展[J]. 生物技术通讯, 2011, 4(29):580-583.

[19] Fields S, Song O. A novel genetic system to detect protein-protein interactions [J]. Nature, 1989, 340(6230):245-246.

[20] McDonnell J M. Surface plasmon resonance: towards an understanding of the mechanisms of biological molecular recognition [J]. Curr Opin Chem Biol, 2001, 5:572-577.

[21] Gygi S P, Rist B, Gerber S A, et al. Quantitative analysis of complex protein mixtures using isotope-coded affinity tags [J]. Nat Biotechnol, 1999, 17(10):994-999.

[22] O' Donovan C, Apweiler R, Bairoch A. The human proteomics initiative (HPI) [J]. Trends Biotechnol, 2001, 19(51):178-181.

[23] Hanash S. Disease proteomics [J]. Nature, 2003, 422(6928):226-232.

[24] Li H, Cai J, Chen R, et al. Particulate matter exposure and stress hormone levels: a randomized, double-blind, crossover trial of air purification [J]. Circulation, 2017, 136(7):618-627.

[25] Verma N, Pink M, Boland S, et al. Benzo [a]pyrene-induced metabolic shift from glycolysis to pentose phosphate pathway in the human bladder cancer cell line RT4 [J]. Sci Rep, 2017, 7 (1):9773.

[26] Takenaka H, Zhang K, Diaz-Sanchez D, et al. Enhanced human IgE production results from exposure to the aromatic hydrocarbons from diesel exhaust: direct effects on B-cell IgE production [J]. J Allergy Clin Immunol, 1995, 95(1 Pt 1):103-115.

[27] Volkova M, Palmeri M, Russell K S, et al. Activation of the aryl hydrocarbon receptor by doxorubicin mediates cytoprotective effects in the heart [J]. Cardiovasc Res, 2011, 90(2): 305-314.

[28] Cosselman K E, Navas-Acien A, Kaufman J D. Environmental factors in cardiovascular disease [J]. Nat Rev Cardiol, 2015, 12(11):627-642.

[29] Lamas G A, Navas-Acien A, Mark D B, et al. Heavy metals, cardiovascular disease, and the unexpected benefits of chelation therapy [J]. J Am Coll Cardiol, 2016, 67(20):2411-2418.

[30] Hodgkinson C P, Laxton R C, Patel K, et al. Advanced glycation end-product of low density lipoprotein activates the toll-like 4 receptor pathway implications for diabetic atherosclerosis [J]. Arterioscler Thromb Vasc Biol, 2008, 28(12):2275-2281.

[31] Liu Q, Si T, Xu X, et al. Electromagnetic radiation at 900 MHz induces sperm apoptosis through bcl-2, bax and caspase-3 signaling pathways in rats [J]. Reprod Health, 2015, 12:65.

[32] Rea T D, Heckbert S R, Kaplan R C, et al. Smoking status and risk for recurrent coronary events

after myocardial infarction [J]. Ann Intern Med, 2002, 137(6): 494-500.

[33] Anantharaman D, Marron M, Lagiou P, et al. Population attributable risk of tobacco and alcohol for upper aerodigestive tract cancer [J]. Oral Oncol, 2011, 47(8): 725-731.

[34] Cunningham T J, Ford E S, Rolle I V, et al. Associations of self-reported cigarette smoking with chronic obstructive pulmonary disease and co-morbid chronic conditions in the United States [J]. COPD, 2015, 12(3): 276-286.

[35] Bell R L, Kimpel M W, Rodd Z A, et al. Protein expression changes in the nucleus accumbens and amygdala of inbred alcohol-preferring rats given either continuous or scheduled access to ethanol [J]. Alcohol, 2006, 40(1): 3-17.

[36] Hoeben A, Landuyt B, Botrus G, et al. Proteomics in cancer research: methods and application of array-based protein profiling technologies [J]. Anal Chim Acta, 2006, 564(1): 19-33.

[37] Chambers G, Lawrie L, Cash P, et al. Proteomics: a new approach to the study of disease [J]. J Pathol, 2000, 192(3): 280-288.

[38] Seibert V, Ebert M P, Buschmann T. Advances in clinical cancer proteomics: SELDI-TOF-mass spectrometry and biomarker discovery [J]. Brief Funct Genomic Proteomic, 2005, 4(1): 16-26.

[39] Hu Y, Zhang S, Yu J, et al. SELDI-TOF-MS: the proteomics and bioinformatics approaches in the diagnosis of breast cancer [J]. Breast, 2005, 14(4): 250-255.

[40] MS R. The application of proteomics for the early detection of lung cancer [J]. Curr Proteomics, 2006, 3(1): 23-31.

[41] Prieto D, Sotelo N, Seija N, et al. S100-A9 protein in exosomes from chronic lymphocytic leukemia cells promotes NF-kappaB activity during disease progression [J]. Blood, 2017, 130(6): 777-788.

[42] Iglesias-Gato D, Wikstrom P, Tyanova S, et al. The proteome of primary prostate cancer [J]. Eur Urol, 2016, 69(5): 942-952.

[43] Feng J T, Shang S, Beretta L. Proteomics for the early detection and treatment of hepatocellular carcinoma [J]. Oncogene, 2006, 25(27): 3810-3817.

[44] Beaven S W, Abreu M T. Biomarkers in inflammatory bowel disease [J]. Curr Opin Gastroenterol, 2004, 20(4): 318-327.

[45] Boyce E A, Kohn E C. Ovarian cancer in the proteomics era: diagnosis, prognosis, and therapeutics targets [J]. Int J Gynecol Cancer, 2005, 15 (Suppl 3): 266-273.

[46] Kuznetsova T, Mischak H, Mullen W, et al. Urinary proteome analysis in hypertensive patients with left ventricular diastolic dysfunction [J]. Eur Heart J, 2012, 33(18): 2342-2350.

[47] Yang M, Tan H, Cheng L, et al. Expression of heat shock proteins in myocardium of patients with atrial fibrillation [J]. Cell Stress Chaperones, 2007, 12(2): 142-150.

[48] Sharma S, Mishra R, Bigham G E, et al. A deep proteome analysis identifies the complete secretome as the functional unit of human cardiac progenitor cells [J]. Circ Res, 2017, 120(5): 816-834.

[49] Thadikkaran L, Siegenthaler M A, Crettaz D, et al. Recent advances in blood-related proteomics [J]. Proteomics, 2005, 5(12): 3019-3034.

[50] Ciryam P, Kundra R, Morimoto R I, et al. Supersaturation is a major driving force for protein aggregation in neurodegenerative diseases [J]. Trends Pharmacol Sci, 2015, 36(2): 72-77.

[51] Papassotiropoulos A, Fountoulakis F, Dunckley T, et al. Genetics, transcriptomics, and proteomics of Alzheimer's disease [J]. J Clin Psychiatry, 2006, 67(4): 652-670.

［52］Pasinetti G M，Ho L. From cDNA microarrays to high-throughput proteomics. Implications in the search for preventive initiatives to slow the clinical progression of Alzheimer's disease dementia ［J］. Restor Neurol Neurosci，2001，18(2-3)：137-142.

［53］潘竹林，李津婴，闵碧荷. 蛋白质组在医学研究中的进展［J］. 国外医学临床生物化学与检测学分册，2002，23(1)：43-45.

［54］Savitski M M，Reinhard F B，Franken H，et al. Tracking cancer drugs in living cells by thermal profiling of the proteome ［J］. Science，2014，346(6205)：1255784.

［55］Jain K K. Role of pharmacoproteomics in the development of personalized medicine ［J］. Pharmacogenomics，2004，5(3)：331-336.

［56］Uetz P，Giot L，Cagney G，et al. A comprehensive analysis of protein-protein interaction in Saccharo myces cerevisiae ［J］. Nature，2000，403(6770)：623-627.

［57］Klose J，Nock C，Herrmann M，et al. Genetic analysis of the mouse brain proteome ［J］. Nat Genet，2002，30(4)：385-393.

［58］Uhlén M，Fagerberg L，Hallstrom B M，et al. Proteomics. Tissue-based map of the human proteome ［J］. Science，2015，347(6220)：1260419.

［59］Price N D，Magis A T，Earls J C，et al. A wellness study of 108 individuals using personal，dense，dynamic data clouds ［J］. Nat Biotechnol，2017，35(8)：747-756.

［60］Luo L，Dong L Y，Yan Q G，et al. Research progress in applying proteomics technology to explore early diagnosis biomarkers of breast cancer，lung cancer and ovarian cancer ［J］. Asian Pac J Cancer Prev，2014，15(20)：8529-8538.

［61］Ngo D，Sinha S，Shen D，et al. Aptamer-based proteomic profiling reveals novel candidate biomarkers and pathways in cardiovascular disease ［J］. Circulation，2016，134(4)：270-285.

［62］Geiger R，Rieckmann J C，Wolf T，et al. L-arginine modulates T cell metabolism and enhances survival and anti-tumor activity ［J］. Cell，2016，167(3)：829-842. e813.

［63］Jaffe J D，Berg H C，Church G M. Proteogenomic mapping as a complementary method to perform genome annotation ［J］. Proteomics，2004，4(1)：59-77.

第二篇　环境因素与精准预防

8 物理因素与精准预防

物理因素囊括了自然环境因素与理化因素：包括低温环境、低氧环境、电离辐射和非电离辐射环境等。人类发展与自然环境因素与理化因素密切相关，面对低温、低氧自然环境，人体会产生一系列的生理功能、代谢变化反应，以适应自然环境。当机体这些代偿反应失代偿就会导致物理环境相关疾病发生。从人类发现电离辐射至今，其健康危害和防护问题一直为公众所关注。各种电器、通信产品等在给我们工作、生活带来便利的同时，其产生的非电离辐射对环境的污染也日益严重。本章通过介绍低温、低氧环境监测，电离辐射与非电离辐射环境监测，环境暴露的健康效应，环境损伤机制研究进展及三级预防措施，围绕环境暴露-损伤-防治关键环节论述，建立精准预防观念。

8.1 低温环境与精准预防

8.1.1 低温环境概述

地理学所指的寒带地区是地球纬度在南北纬 66°34′的纬线圈内地区。依据中国科学院寒区旱区环境与工程研究所提出的寒区划分依据，即最冷月平均气温低于−3℃、平均气温高于10℃的月份不超过 5 个月和年平均气温低于或等于5℃的地区，一般将环境温度低于10℃称作冷，按照低温作业分级标准（GB/T14440-93）平均气温等于或低于5℃的作业为低温作业。

环境对机体致冷作用的强弱是环境中气温、风速、辐射、湿度综合作用的结果。环境冷强度主要取决于环境气温高低，气温越低，环境冷强度越强。风速促进人体散热，对人体的致冷作用增强。正辐射对人体有增温作用，负辐射有降温作用，当物体表面温度超过人体表面温度时，物体向人体传递热辐射而使人体受热称为正辐射，反之为负辐射。低温时，湿度增加促进机体散热，因此湿度越高对人体的致冷作用也越强。

环境气温和风速是影响环境冷强度的重要指标，通过测定环境气温和风速可计算环境冷强度，使用较多的评价指标有风冷指数（windchill index，WCI，W/m^2）、等价致冷温度（equivalent chill temperature，ECT，℃）、相当温度（equivalent temperature，Teq）。WCI 指的是人体裸露表面的散热率（W/m²），ECT 指散热率与该 WCI 相等的微风风速小于 2.2 m/s 环境时的气温。Teq 表示与有风环境的寒冷程度相当的无风环境的气温。

$$WCI = 1.163(10V^{0.5} + 10.45 - V)(33 - Ta)(W/m^2)$$

$$ECT = 33 - 0.039\,04WCI(℃)$$

$$Teq = Ta + [Ta - 36)/10] \times V$$

式中：V，风速（m/s）；Ta，气温（℃）。

使用温度计和风速计分别测定环境温度和风速，即可根据公式计算。

测定环境冷强度指标可以用于预测冻伤危险性大小，如美军根据风冷指数确定了环境冷强度的三个等级界限，对冻伤危险性进行预测：$WCI < 5\,852$ kJ/(m²·h)时冻伤危险性小，$5\,852$ kJ/(m²·h) ≤ WCI ≤ $8\,360$ kJ/(m²·h)时冻伤危险性较大，$WCI > 8\,360$ kJ/(m²·h)时冻伤危险性大。

8.1.2　低温环境与健康效应

8.1.2.1　寒冷对人体体温的影响

人体受冷后首先是裸露皮肤的温度下降，手足末梢部位皮肤温度首先降低，而后逐渐波及四肢和躯干。开始时，皮肤潮红，继之出现冷、痛、麻等症状，皮肤感觉逐渐减弱，严重时可出现冻伤。皮肤温度持续下降将不可避免地导致皮下组织和肌肉温度降低，最终必然引起体温降低。低体温为全身性冷损伤，又称低体温症或冻僵。体心温度低于 35℃引起全身器官功能减退，伴有中枢神经系统，心脏和呼吸抑制的综合征称为低体温症。冷环境对机体的影响，体温是最有意义的生理指标。通过测定多点皮肤温度计算加权平均皮肤温度（weighted mean skin temperature，Ts）和体心温度（core temperature，Tc）、平均体温（mean body temperature，Tb）来评价寒冷对人体体温的影响。

Ts 一般采用测定体表 9 点或 12 点头、手、前臂、上臂、足、小腿、股内侧、股外侧、胸、腹、背上部、背下部的温度，再依据各测定部位面积占体表总面积的比例赋予不同的加权系数，计算加权平均皮肤温度（简称平均皮肤温度）。

如 12 点平均皮肤温度的计算公式为：$Ts = (0.061\,1T_{头} + 0.0809\,T_{上臂} + 0.064\,1T_{前臂} + 0.049\,3T_{手} + 0.132\,8T_{胸} + T_{腹})/2 + (0.163\,1T_{背1} + T_{背2})/2 + (0.246\,3T_{股1} + T_{股2})/2 + 0.132\,9T_{小腿} + 0.069\,5T_{足}$。式中：$Ts$ 表示平均皮肤温度。

Tc 是指心、脑、肝、肾、大小肠等重要器官的所在部位的温度，即身体内部温度。可用直肠温度、鼓膜温度、食管温度来表示。通常用直肠温度来代替。其正常变化范围为：36.9~37.9℃。维持人体正常功能的体心温度必须恒定在37℃左右,其变化范围仅限0.4~0.6℃,变化超过1℃则影响体力和脑力工作能力。

Tb通过Ts和Tc加权计算而来,全面反应机体真实的体温。计算公式：

$$Tb = 0.67Tc + 0.33Ts$$

8.1.2.2 寒冷环境对人体生理功能的影响

寒冷环境暴露可以通过调节下丘脑体温调节中枢,增加骨骼肌张力,促进寒战性产热,增强肝脏、肌肉组织代谢,增加非寒战性产热,调节内分泌系统促进腺垂体促肾上腺激素、促甲状腺素、肾上腺皮质激素和甲状腺素分泌增加,加速细胞能量代谢、肝糖原分解、糖原异生增加,提高组织代谢,增加产热,保持体温。增加交感神经兴奋,促进皮肤及皮下血管舒缩反应,减少机体散热。通过接触寒冷环境,机体生理功能调节逐步适应寒冷应激,表现为机体对寒冷耐受能力增强,称为冷习服(cold acclimatization)。冷习服是一个复杂的自身生理生化调节过程,由于受冷条件和生活条件不同,所产生的寒冷习服类型也不同,包括代谢性习服、隔热性习服、肢端血管反应性习服、神经系统习服4种类型。我军在《部队人员冷习服程度的评价》(GJB1338-92)中,规定了使用"血管寒冷反应指数"(index of vascular response to cold, VRCI)评价部队人员的冷习服程度。

8.1.2.3 低温环境常见疾病

1) 冻伤(frostbite)

按损伤性质可分为冻结性损伤和非冻结性损伤两类。非冻结性损伤包括冻疮、战壕足或浸渍足;冻疮(chilblain)是非冻结性冻伤中最常见的一种,多发生于湿冷地区,好发部位是手、足、耳及其他末梢部位,表现为皮肤的红斑(或紫红斑)及肿胀,皮下结节,水肿,伴有灼痛与瘙痒感。战壕足(trench foot)往往是因在寒冷或潮湿的战壕中长时间不活动、肢体下垂、鞋靴紧窄的条件下发生的。主观感觉症状为双脚寒冷、麻木、脚底有刺痛或钝痛感;脚部开始红肿,继之苍白,之后可出现点状出血、水肿或有水泡,重者部分浅层组织坏死。浸渍足(immersion foot)是指脚长时间浸泡在0~10℃的冷水里所引起的足部损伤。表现为四肢寒冷、麻木、水肿,麻木消失后患肢充血变热和发红,并有疼痛,水肿更加明显,可出现水泡,此期持续几小时、几天或几周。冻结性冻伤是指组织经历冻结和融化两过程发生的损伤,按照组织冻结程度,一般将冻伤分为四度,即Ⅰ、Ⅱ、Ⅲ、Ⅳ度冻伤:伤及表皮层为Ⅰ度冻伤,伤及表皮和真皮层为Ⅱ度冻伤,全层皮肤和皮下组织冻结为Ⅲ度冻伤,伤及全层皮肤及其下的神经、肌肉、骨骼等深层组织为Ⅳ度冻伤。

2) 急性呼吸道感染

寒冷环境是诱发急性上呼吸道感染的重要因素,是由病毒或者细菌感染引起,根据病因和病变范围的不同,临床表现可有不同的类型:感冒表现为喷嚏、鼻塞、流清水样鼻涕,或者咳嗽、咽部不适等,或有发热、不适、轻度畏寒、头痛等症状;急性上呼吸道感染迁延不愈进一步导致急性气管-支气管炎,主要症状是咳嗽、咳痰,冷空气加剧咳嗽,如支气管发生痉挛,可出现不同程度的喘鸣、胸闷、气促伴胸骨后发紧感。有慢性阻塞性肺疾病及其他损害肺功能的基础性疾病的患者可出现发绀和呼吸困难。

3）寒冷性荨麻疹

寒冷性荨麻疹是由寒冷刺激等物理因素引起的一种常见病。主要表现为局部皮肤出现红斑、风团或肿胀,伴有不同程度的瘙痒,也可泛发并累及口腔黏膜,严重者可出现疲乏、头晕、心动过速、腹泻、虚脱甚至过敏性休克等。

4）雪盲

寒冷环境积雪地区,紫外线对眼角膜和结膜上皮造成损害引起的炎症。出现眼睑红肿、结膜充血水肿、有剧烈的异物感和疼痛,症状有怕光、流泪和睁不开眼,发病期间会有视物模糊的情况称为雪盲,又称日光性眼炎。

8.1.3　低温环境的损伤机制

8.1.3.1　自然因素、个体因素与作业因素

冷损伤是寒冷及其他诱因共同引起的一类疾病。诱发冷损伤的自然因素可分为环境因素、个体因素和作业因素。环境因素包括了气温、风速、湿度、海拔高度、辐射的综合作用。严寒季节气温低,易发生冷损伤。凡气温低于 10℃ 的潮湿地区均可发生非冻结性冷损伤,环境气温长时间低于组织冻结温度的地区可发生冻伤,长时间严寒暴露可引起低体温。风速、湿度促进机体散热,加重冷损伤。海拔高度每上升 1 km,气温降低 5～6℃。寒冷环境中人体向外环境辐射的能量明显增多,如在寒冷的车辆及水泥掩体中,机体散热增多,易诱发冻伤。个体因素中营养不良、饥饿、疲劳、患慢性病以及创伤的人员,因全身抵抗力降低容易发生冻伤,个人防寒知识与经验不足、大量饮酒、吸烟、明显消瘦、冷习服不足的人员易发生冻伤。严寒环境中连续作业易导致疲劳,静息作业状态或在狭小空间作业时运动受限,发生冷损伤的危险性明显增高。身体直接接触极冷的金属质地的装备,或接触过冷的燃油、防冻剂、乙醇和石块等导热性极强的物品,可使手指和其他皮肤暴露部位的温度突然下降,迅速冷却,进而引起冻伤。防寒装备的数量不足,防寒装备损坏或防寒性能低下,均可导致保暖性降低,引发冷损伤。

8.1.3.2　病理生理改变

冻伤的形成是一个复杂的过程,其病理生理过程可分为冻结前反应期、冻结-融化期、炎症反应期及修复或坏死期。冷暴露后最初的反应是血管收缩,皮肤温度下降,当皮肤温度降至一定范围时,由于局部的轴突反射使血管扩张,即冷致血管舒张反应,皮肤温度回升。受冻肢端微血管以 5～10 min 的间隔收缩、舒张交替变化,使得

皮肤温度在一定范围内变化,即波动反应。波动反应对保持肢体末端功能,防止冻伤具有重要意义。波动反应的温度范围及持续时间取决于冷暴露时的环境冷强度、冷暴露持续时间和个体的反应性。随着冷暴露时间的延长,组织温度逐渐降低,血管功能出现衰竭,受冻组织血管持续收缩或麻痹,波动反应消失,组织温度继续下降而发生组织冻结。当局部组织温度降至-2.5℃以下,组织即冻结,细胞内、外同时形成冰晶体,组织缓慢冻结过程中,细胞外间隙的水分先冻结形成冰晶体,随着水分的不断凝结,冰晶体逐渐扩展。细胞外液冰晶体的形成使细胞外液渗透压增高,细胞内水分大量外移,造成细胞脱水、皱缩,进而导致细胞损伤甚至死亡。冻伤的自然融化复温过程属于慢速融化,其损伤细胞的机制包括冰晶体重结晶,在慢速融化过程中,重新形成冰晶体且相互凝聚扩大,加重了对细胞的损伤。另外慢速融化时,细胞外间隙冰晶体融化,水分重新分布,过量的水分进入细胞内,导致细胞肿胀、破裂,加重细胞损伤。冻伤组织融化后,冻区局部呈现红、肿、热、痛等炎症反应症状,出现大小不等的水泡及渗出,重度冻伤最终出现组织坏死。该期主要的病理生理改变是血液循环障碍、炎症反应及组织代谢紊乱。研究发现冻伤水泡液中血栓素 A_2 和前列环素的分解产物血栓素 B_2 和 6-酮-前列腺素 1α 的含量剧增,血栓素是一类由血小板合成并释放的前列腺素衍生的内过氧化物,可强烈诱导血小板聚集、血小板释放及血管平滑肌收缩。发现细胞线粒体的完整性破坏,氧化磷酸化功能障碍,骨骼肌中 ATP 和磷酸肌酸含量明显降低,也是寒冷诱导细胞损伤的重要机制。炎症反应期后,损伤程度不同的冻伤组织其转归也不同,浅表冻伤组织随血液循环障碍及代谢紊乱的逐渐恢复而修复,重度冻伤往往转入坏死形成期。

先前的研究对寒冷损伤机制尚有不同的认识。目前的观点有两种,一是物理性损伤,如冰晶体对细胞的机械损伤,电解质浓缩损伤导致细胞损伤。血管内皮细胞损伤,血管内皮细胞对冻结敏感,并引起内皮细胞层与基底膜层分离。复温融化后,血管内皮细胞损伤引起血小板聚集、管腔阻塞、缺血,冻区血液循环出现严重障碍,缺血、缺氧导致细胞死亡。二是血凝机制。由于血管内皮细胞受损,使得血管通透性增强、冻区血浆蛋白变性、红细胞变形等,可导致血液黏度增高、红细胞聚集增强、血液流变性恶化。缺血-再灌注损伤机制引起的血液循环障碍,最终导致组织缺血、缺氧引起组织细胞坏死。

8.1.3.3 影像学改变

学者和临床医师一直开展各种影像技术研究,以便能在冻伤早期准确地预测冻伤伤度和范围。目前可借助的医学影像学方法有激光多普勒血流图、红外热像图、[99m]锝骨扫描术、磁共振成像等。普通 X 线片可确定骨、软骨和关节的损伤,但不能确定组织坏死分界线的最终部位。激光多普勒是评价冻伤后局部血液循环状态的最好方法之一,但不能评估微循环或毛细血管功能。红外热像图法可以了解受冻部位组织代谢和血液循环状况,用于确定冻伤的伤度和范围,判断预后,评估治疗疗效。该技术为非介入性,测定时探头和电极不必附着于体表是其优点。临床使用 ^{99m}Tc -羟甲二磷酸钠盐作骨扫描可评估软组织和骨骼的微循环,准确判断组织坏死程度,便于制订治疗计划及评估预后。磁共振成像和磁共振血管造影术可直接观察阻塞的血管及周围组织的图像,能在临床上出现坏死征象前精确地确定组织缺血的范围。如 T2 加权影像表明,细胞膜崩解后肌肉信号增强和细胞外水分增多是细胞死亡的标志。有助于早期观察血管阻塞及周围组织的图像,尽早精确确定组织缺血范围,以便早期外科介入治疗,反而能缩短住院时间、节省治疗经费。

8.1.4　低温环境健康危害与精准预防

8.1.4.1　易感人群筛查

患有外周血管疾病如雷诺病、外周神经疾病、吸烟、嗜酒、疲劳、精神疾病、身体消瘦、不良卫生习惯、未获得冷习服、有既往冻伤史的人群冻伤危险性大。

8.1.4.2　相关药物与习服研究

凡在实验和应用中能提高机体耐寒能力、减轻或减少冻伤发生的药物或者食物,均有利于寒冷习服,以往研究发现补充膳食脂肪、维生素、微量元素可以提高机体耐寒能力。机体冷暴露时,机体脂肪组织可释放大量非酯化脂肪酸,为骨骼肌寒战产热提供重要的能量底物。棕色脂肪组织是非寒战产热过程中主要的产热组织,在寒冷刺激下交感神经兴奋,代谢增强。白色脂肪在寒冷应激下可分化为棕色脂肪细胞,发挥产热功能。细胞产热部位主要是在线粒体,线粒体通过生物氧化偶联磷酸化将糖和脂肪中储存的化学能转化为细胞生物活动所用的化学能,即含有高能磷酸键的 ATP。一般转化效率不足 50%,未转化的能量和细胞消耗 ATP 后产生的能量,以热能的形式释放,用以维持体温,动物实验表明:冷习服机制与交感神经调控棕色脂肪组织增加产热密切相关。解偶联蛋白(1uncoupling protein,UCP1)是棕色脂肪组织线粒体内膜特有的蛋白质,是通过线粒体氧化磷酸化脱偶联,能量以热量释放,增加机体产热。目前市面中尚未有促进冷习服的药物,需要开展针对冷习服的关键靶点的药物筛选及研发,UCP1 是一种潜在的分子靶点。

8.1.4.3　三级预防

开展防寒防冻卫生知识教育,推广有效的防寒经验,判断寒冷程度、掌握易冻时机、适时采取防寒措施、增强耐寒锻炼等方法是预防寒冷损伤发生的重要措施。对低温环境的适应性训练可以增强心肺功能,改善机体对能量代谢过程,提高机体最大抗寒能力,是预防寒冷损伤、促进寒冷习服的有效措施。训练应坚持循序渐进的原则,在具有一定寒冷强度暴露中锻炼,可以显著提高机体对寒冷环境的耐受能力。加强寒区部队作业训练医学监督,监测作业人群的健康状况,追踪、观察人群健康及疾病的变化,确定冷损伤的应急危险因素,早期发现冷损伤及冷环境相关疾病并予以相应的处置,这是预防冻伤最有效的方法之一。冻伤发生后,积极开展42℃温水复温治疗,判断冻伤程度,减少肢体坏死程度,尽可能保留存活组织。

8.2 低氧环境与精准预防

8.2.1 低氧环境概述

地理学上将海拔高于500 m以上地区称为高原,而医学上的高原是指海拔3 000 m以上地区,因为在此高度上,可对人体产生明显的生物学效应,是高原病的高发地区。我国是世界上高原面积最大、居住人口最多的国家,海拔3 000 m以上的高原占我国国土总面积的1/6。低氧是高原环境的主要环境特征。空气中的氧分压=大气压×氧体积分数。虽然高原上空气的氧体积分数与平原相同,均为21%,但由于高原地区空气中的气体分子密度减小,空气稀薄,气压降低,氧分压也随之降低,即高原上单位容积空气中氧的分子数较平原减少。吸入气体氧分压下降,使得肺泡气氧分压降低,弥散入肺毛细血管血液内的氧量减少,动脉血氧分压和氧饱和度降低,导致机体缺氧。氧分压降低引起的低压低氧是高原环境影响人体的最主要因素[1]。

8.2.2 低氧环境的健康效应

低氧可对机体的功能和代谢产生一系列影响,这种影响是广泛的、非特异性的,在各个水平和层次上均有表现。其影响的程度和结果,除了与海拔高度有关外,还取决于进入高原的速度、停留的时间及机体的功能代谢状态。一般来说,缓慢进入较低海拔高原时,机体的功能、代谢变化以代偿反应为主,快速进入较高海拔高原时,则主要引起组织、细胞代谢障碍和系统功能紊乱[2]。

8.2.2.1 急性高原病

急性高原病(acute high altitude disease,AHAD)是指由平原进入高原或由高原进入更高海拔地区,在短期内(数小时至数日)发生的各种临床综合征。其主要类型包括急性轻症高原病、高原肺水肿与高原脑水肿[3]。

1)急性轻症高原病

急性轻症高原病是最常见的急性高原病,多于进入高原后的数小时后开始发病。根据Lake Louise诊断标准,有下列表现之一或一种以上者应考虑本病:① 有头痛、头昏、恶心呕吐、心慌气短、胸闷、胸痛、失眠、嗜睡、食欲减退、腹胀、手足发麻等症状,经检查不能用其他原因解释者。评价症状的程度主要依据头痛和(或)呕吐的程度(轻、中、重度),并结合其他症状。② 休息时仅表现轻度症状,如心慌、气短、胸闷、胸痛等,但活动后症状特别显著者。③ 有下列体征者,如脉搏显著增快、血压轻度或中度升高(也有偏低),口唇和(或)手指发绀,眼睑或面部水肿等。④ 经吸氧,适应1～2周或转入低海拔区后上述症状或体征明显减轻或消失者。

2) 高原肺水肿

高原肺水肿平原或海拔较低地区人群迅速进入高原后1～3天发病,也有晚于7～14天发病者。表现与一般肺水肿相同。有急性高原反应者如出现不断加重的干咳、头痛、呼吸困难或发绀,系本病的早期表现。少数暴发型者表现为极度呼吸困难、烦躁不安或神志恍惚,咳大量粉红色泡沫样痰,两肺满布粗大湿啰音及哮鸣音。

3) 高原脑水肿

高原脑水肿大多先有急性高原反应的症状,继而出现明显的精神神经症状如剧烈头痛、精神异常、神志恍惚、顽固恶心、呕吐,重者昏迷。脑脊液检查仅有压力增高。

8.2.2.2 慢性高原病

常见的慢性高原病包括高原心脏病、高原红细胞增多症、高原血压异常以及高原衰退症等。高原心脏病是由急慢性或慢性缺氧直接或间接累及心脏引起的一种独特类型的心脏病。通常在海拔3 000 m以上地区发病,临床多呈慢性经过,个别急速进入高原地区者也可突然发病。高原心脏病的主要表现为劳力性呼吸困难、心悸、胸闷、头昏、疲乏等,有时咳嗽,少数咯血,声音嘶哑,最终发生右心衰。高原红细胞增多症是由于高原低氧环境引起的红细胞过度代偿性增生(即红细胞增生过度)的一种慢性高原病。与同海拔高度的健康人相比,高原红细胞增多症患者的红细胞、血红蛋白、红细胞容积显著增高,动脉血氧饱和度降低,并伴有多血症的临床症状及体征。高原血压异常包括高原高血压症与高原低血压症,并可产生继发损害[1]。

8.2.2.3 低氧环境相关神经系统损伤

低氧暴露下神经系统损伤的程度与其暴露的长短和海拔高度密切相关。就暴露时间长短来说,急性暴露一般指数周内的暴露,而慢性暴露一般趋向无限期长久暴露。目前主要的行为学研究方法包括:① 数字广度识别任务、数字生成任务、字母序列识别与n-back任务,用于测量工作记忆、学习与注意力。② 字母生成任务、字母自由回忆任务、单词联想任务与Rey听觉言语学习测试,用于测试语言流程度、语言相关工作记忆与情绪调节等。③ 卡片分类任务与连续反应时间测试,用于测试简单与复杂反应时间、决策与学习。④ 图像识别、图像识别完成模式与Rey-Osterrieth复杂图测试,用于测试心理想象与记忆。⑤ Stroop任务与单词测试任务,用于测试认知的灵活度、注意力与抑制性控制[4]。

1) 急性低氧暴露相关神经系统损伤

高原暴露急性期一般会出现显著的认知功能损伤,因此相关的研究比较多,并且还包括使用模拟性低氧舱的急性低氧暴露的实验性研究,其中使用的检测量表和任务模式多样,目前已有的报道中使用的神经心理检测任务,包括数字广度、数字或字母序列识别、n-back 工作记忆范式、模式完成任务、卡片分类任务、字母生成任务和字母联想任务。一般在包含多个过程的任务中可以分析多重认知过程,如简单反应时间/复杂反应时间,言语流畅度,认知的灵活性,情绪调节,语言和空间工作记忆以及决策执行等。在这些研究中,发现的认知功能损伤包括工作记忆损伤、语音的流利性改变、语言生成障碍、认知流畅性改变,元记忆(metamemory)损伤等,其中多系统、复杂认知功能相对较容易受到低氧损伤。此外,使用心理学测试方法的研究还有报道高海拔低氧暴露容易出现反应时间延长,推测可能与低氧下个体趋于通过延长反应时间来尽可能保留任务完成的准确性。

急性低氧暴露人群多为登山者或短期旅游人员,该类人群暴露所在海拔高度相互之间有较大差异。研究发现,急性低氧暴露认知功能损伤的严重程度随着海拔高度的升高而呈现加重的趋势。其中,2 000~3 000 m 高度区间可能有轻微的认知损伤,3 000~4 000 m 海拔高度区间出现明显的精神运动性障碍,更高海拔(高度>6 000 m)中,登山运动员会依次出现工作记忆障碍、学习障碍、记忆提取障碍,高于 7 500 m 海拔,据报道有约 32% 登山运动员出现过幻觉等精神症状[5]。

此外,一项研究还专门比较了急性低氧暴露对儿童认知功能的损伤,研究发现年龄较大的健康儿童(6~12 岁)在 24 h 急性低氧暴露后不同程度出现了语言口头记忆、情景记忆和执行力方面认知功能障碍,与成人急性暴露后出现的认知功能障碍类似,且有随暴露时间延长损伤加重的趋势[6]。

2) 慢性低氧暴露相关神经系统损伤

慢性低氧暴露相关认知功能损伤的报道相对较少,目前已有发表的研究主要是针对高原定居人群与平原对照人群的横断面研究。此外,一些针对类似于高原暴露的长期系统性缺氧性疾病(慢性阻塞性肺疾病、睡眠呼吸暂停综合征)的研究中也明确发现,机体慢性系统性缺氧下导致患者出现认知功能的障碍。例如,慢性阻塞性肺疾病(chronic obstructive pulmonary disease,COPD)患者除普遍存在焦虑和抑郁情绪障碍外,认知障碍也普遍存在,且随病程加重加剧。研究统计发现,64% 的严重慢性阻塞性肺疾病患者的临床精神状态检测量表(Mini-Mental State Examination,MMSE)的评分低于 24 分,其中异常内容包括词语回忆障碍(26%)、组词困难(39%)、注意力降低(31%)、语言障碍(13%)和定位障碍(24%)。睡眠呼吸暂停综合征(obstructive sleep apnea,OSA)患者除出现不同程度的认知功能障碍外,其脑中风、痴呆发生的风险也同时增加。因此随时间的延长,机体系统性低氧水平肯定会引起脑高级认知功能的功能性以至于器质性的损伤。

与其他细胞相比,神经细胞的生存更容易受到氧含量的影响。在全身各器官中,脑组织重量只占全身重量的 2%,但耗氧量占全身耗氧量的 20%。慢性低氧暴露使神经元长期处于低氧代谢状态,进而对神经元的形态和功能造成损伤,而这些神经元的损伤主要反映在慢性低氧暴露个体的认知功能障碍上。

既往研究在久居高原人群中观测到了慢性低氧暴露相关的认知功能损伤。Hogan等人以玻利维亚不同海拔地区（500 m、2 500 m 和 3 700 m）世居人群为研究对象，检测该人群中婴儿、儿童、成人的脑功能改变。该研究发现，与 500 m 海拔世居人群相比，2 500 m 海拔与 3 700 m 海拔世居人群在各个年龄段均可观测到运动反应速度、认知过程反应速度以及脑血流速度有明显的降低。在另一项人群研究中，Yan 等人比较了2 600～4 200 m 等高海拔世居 3～4 代人群中的青年个体与人口学、社会学指标相匹配的低海拔世居对照人群。研究涉及的认知功能测试全程在 500 m 海拔地区进行，结果显示，世居高海拔区人群在各项认知功能测试中反应速度均较低，同时言语工作记忆与空间工作记忆任务反应时间延长，提示世居后 3～4 代且自幼居住高海拔地区的人群中存在工作记忆与反应方面认知功能的降低。而与之相反的是，另一项研究对成年后在2 260 m 中等高海拔地区居住 7 个月的人群与其对照人群进行了认知功能测试，发现没有显著的认知功能降低，提示中等偏高海拔暴露可能不会对认知功能产生不利影响。上述结果的矛盾之处可能是由海拔高度与暴露时间的差异造成的[4]。

既往研究表明，虽然慢性低氧暴露后会出现代偿性的血管增生，但是低氧导致的神经损伤仍然不可逆。Kanaan 等人通过动物实验发现，低氧暴露引起的海马区的毛细血管密度的降低在富氧后可逆的，但低氧引起的胼胝体脱髓鞘改变在富氧后不可逆。Paola 等人通过结构 MRI 研究发现，与从未进入高海拔地区的人群相比，极地登山者的初级运动分区（Brodmann BA4）与补充运动分区（Brodmann BA6）的皮质下白质密度显著降低。另一项结构 MRI 研究发现，与世居低海拔地区人群相比，世居高原人群的脑皮质双侧前额叶区和双侧岛叶区灰质密度显著降低，且该变化在脱离高原环境后仍不可逆转，提示慢性低氧暴露可能导致神经元细胞的不可逆损伤，进而引起脑结构的改变。这些脑结构的变化很可能就是慢性低氧暴露相关功能损伤的结构基础。从另一个角度来说，由于慢性低氧暴露导致的神经元损伤不可逆转，因此在急性高原反应中效果显著的氧疗，对慢性低氧相关认知功能障碍治疗效果甚微。目前，对于慢性低氧暴露相关认知功能损伤尚无更有效的防治手段。

值得一提的是，既往慢性低氧暴露研究主要选择高海拔世居人群与低海拔对照人群进行对比，而这两种人群即便在年龄匹配之后，在人口学、社会学等方面仍存在巨大差异。因此在衡量两者认知功能差异时不得不考虑上述差异带来的偏倚。例如，Lu 等人在一项人群研究中对西藏地区本地小学二年级学生与年龄匹配的低海拔地区学生的算术能力进行比较，多因子分析结果显示，虽然两种人群在算数能力方面存在差异，但该差异可以用智力开发模式、稳定性、好奇心、自律性以及其他个体差异等多种非智力因素解释。因此，对不同海拔地区人群进行比较时，必须考虑地区性民族、文化、教育以及社会经济发展状况带来的影响，而不能妄下结论。

8.2.2.4 低氧环境对各系统的影响

1）低氧环境对循环系统的影响

轻度低氧时,机体通过神经反射和高层次神经中枢的调节、控制作用增加心输出量和循环血容量,补偿细胞内降低了的氧含量,从而提高耐受缺氧的能力,适应恶劣的低氧环境,以维持正常的生命活动。间歇性低氧适应或长期高原低氧适应可增强心肌对缺血损伤的耐受性,限制心肌梗死面积大小,抗细胞凋亡,促进缺血-再灌注心脏收缩功能的恢复,以及抗心律失常等,低氧使冠状动脉显著扩张,增加冠状动脉的血流,并可通过促进内皮生长因子等血管生长因子的形成和释放,刺激心肌毛细血管生长、侧支循环增加,从而改善心肌血供,对心脏具有明显的保护作用。低压低氧环境可以使交感神经、副交感神经活动显著减弱,二者的调节功能受到广泛抑制,交感神经相对占优势并逐渐增强,引起心率和血压改变。急性低氧引起心率和血压增加,也造成静息和运动状态下心输出量的增加。而长期低氧的直接后果是产生低氧性肺动脉高压,及因循环阻力增加引起右心室负荷改变所致的右心室肥厚、增大,导致肺心病,进而损害心肌的收缩功能,心输出量降低。

2）低氧环境对血液系统的影响

低氧环境刺激交感神经,肝脾收缩释放大量储备血液和红细胞进入血循环,故循环血液中红细胞、血红蛋白量及红细胞压积迅速增加,慢性缺氧时,肾红细胞生成刺激素产生增多,使骨髓红细胞成熟加速,出现代偿性红细胞增多。低氧导致血管内皮细胞损伤,暴露组织因子,从而激活外源性凝血途径;另外,低氧环境能刺激巨噬细胞和血管平滑肌细胞表达组织因子,也能激活外源性凝血途径。低氧使凝血-纤溶功能出现异常,血管内皮细胞损伤加重,致使内源性凝血系统启动,纤维蛋白原释放增加,血小板黏附和聚集增强,从而加重微循环郁滞、充血、出血和组织缺氧等。

3）低氧环境对呼吸系统的影响

低氧分压作用于颈动脉体和主动脉体的化学感受器,可反射性兴奋呼吸中枢,增强呼吸运动,使呼吸频率增快甚至出现呼吸窘迫,当缺氧程度缓慢加重时,这种反射性兴奋呼吸中枢的作用将变得迟钝,此时缺氧对呼吸中枢的直接作用是抑制作用。机体对低氧的环境逐渐适应,低氧反应的敏感性下降,反应阈值适应性升高,这种现象称为钝化。睡眠状态下呼吸中枢对低氧和(或)高 CO_2 刺激的反应减弱可以诱发呼吸紊乱、延迟患者的觉醒、延长呼吸暂停的持续时间,从而加重低氧血症,长期反复低氧血症可能会直接损伤患者的呼吸中枢神经元[1]。

8.2.3 低氧环境的损伤机制

8.2.3.1 急性高原病发病机制

当平原地区的人急速进入高原时,由于对高原低氧等环境不适应,造成机体氧供应不足,氧的运输和利用受到阻碍,有些人员就会产生急性缺氧反应,缺氧可引起交感神经兴奋和儿茶酚胺释放,引起心率加快,同时,可使脑血流量显著增高。在缺氧环境下,血管内皮释放一氧化氮减少,导致肺血管收缩。持续的肺血管收缩可导致肺血管阻力增加,并由此导致高原性肺水肿等严重的致命性并发症。目前认为参与中枢神经系统缺氧损伤的分子机制有兴奋性氨基酸的释放、Ca^{2+} 稳态失衡、自由基形成、蛋白酶激活、脑细胞水肿、间质水肿、血管内皮细胞肿胀和颅内出血,都可致颅内压升高,进一步加重缺氧和脑水肿,形成恶性循环,促进一氧化氮的生成以及基因表达的改变等。

8.2.3.2 慢性高原病发病机制

引发慢性高原病的机制较为复杂,现有研究认为与高原习服失衡有关。在持续低氧低压的环境因素刺激下,肺泡气体交换中血液携氧和结合氧在组织中释放的速度受限,致使机体供氧不足,产生缺氧,并逐渐影响靶器官的功能,导致慢性高原病的发生。更有研究表明,在高海拔环境中,垂体肾上腺髓质功能亢进,大量儿茶酚胺等血管活性物质进入血液循环,引起外周阻力增加,中心循环量剧增,同时在低氧刺激下,体内抗利尿激素和醛固酮分泌增加,致使体内水钠潴留,并引起红细胞增多。此外,据研究有少数平原人到达高原生活几个月至几年后,低氧通气反应呈现减弱,并出现红细胞增生过度、低氧血症和二氧化碳分压升高等。Ge 等人对青海省居住在特高海拔($>4\,500$ m)和中度海拔($<2\,500$ m)地区的人群进行了静息和运动通气反应测试,发现前者每分通气量/动脉血氧含量明显低于后者,表明通气反应的"钝化"与海拔高度有关,即与受低氧刺激的程度有关。

8.2.3.3 神经系统损伤机制

1) 影像学改变

既往研究表明,低氧暴露可能引起广泛的中枢神经系统损伤,包括灰质体积降低、神经元活动性降低等。既往研究利用基于体素的形态学(Voxel-based morphometry, VBM)方法分析标准 T1 加权 3D 解剖图像数据,比较暴露前后区域性灰质(Grey matter, GM)体积的变化,结果与运动以及认知功能相关的左侧壳核在暴露后区域性GM 体积降低,提示该区域神经元数目减少。利用束示踪空间统计(tract-based spatial statistics, TBSS)方法分析 DTI 数据,比较暴露前后部分各项异性指数(fractional anisotropy, FA)、平均扩散率(mean diffusivity, MD)、轴向扩散率(axial diffusivity, AD)、径向扩散率(radial diffusivity, RD)等白质(white matter, WM)弥散参数的变化,结果显示,连接皮质运动区与脑桥核的左侧前放射冠 FA 值升高,双侧上放射冠、矢状层、外囊、上额枕束以及穹隆 AD 值升高,提示上述 WM 区域纤维束排列一致度增强,同时右侧内囊等区域 RD 值升高,可能提示潜在的低氧相关脱髓鞘损伤。上述 GM 神经元数目降低以及 WM 重构可能是慢性低氧暴露相关认知功能损伤的脑结构基础。

另有研究比较暴露前后认知相关脑区局部一致性(regional homogeneity, ReHo)的改变并利用独立成分分析（independent component analysis，ICA）明确静息态网络（resting state network，RSN），利用双回归方法比较暴露前后 RSN 共激活的差异，结果显示双侧壳核 ReHo 降低，同时颞上回、顶上小叶、前扣带回等认知相关脑区 ReHo 均有降低，提示上述区域局部神经元活动性降低。RSN 分析显示暴露后默认模式网络与执行控制网络共激活降低（$p < 0.05$，FDR 校正），可能影响机体自我意识与执行控制功能。上述全脑神经元活动性与功能连接异常以及 RSN 共激活改变可能是慢性低氧暴露相关认知功能损伤的脑功能基础[7]。

2）神经生物学发现

大多数研究结果认为，急性低氧暴露可能诱导脑血流量代偿性增加，进而引起脑水肿并压迫神经细胞，产生水毒性（water intoxication）并引起神经细胞功能的一过性紊乱。低氧暴露早期（6 天内或是较低海拔内 2 000～2 500 m），机体会产生交感神经兴奋、心率增快、心输出量增加、呼吸频率、红细胞生成素生成增加等一系列代偿反应，且基本能够代偿与维持脑组织氧耗。脑血流量的增加是大脑应对低氧环境暴露下血氧水平降低的主要代偿反应。动物研究结果表明，当机体的 PaO_2 低于 60 mmHg 时，颈部动脉小球的化学感受器会感知到血氧水平的降低，通过副交感神经传递到同侧孤束核，通过活化儿茶酚胺能神经元的酪氨酸羟化酶，进而将神经信号传递到延髓的腹外侧区和下丘脑的室旁壁核，激活自主神经，释放儿茶酚胺递质。同时，蓝核也可被激活，释放去甲肾上腺素，激活脑内星型胶质细胞钙离子通道，释放血管舒张信号因子，扩张脑血管，增加脑血流。此外，低氧反应后颈动脉球小体释放的腺苷也可以通过刺激血管内皮细胞一氧化氮（NO）的释放，进而增加脑血流量。除了神经功能损伤外，其他生理因素也可能参与了急性低氧相关的认知功能障碍，例如，睡眠障碍也是高海拔暴露的常见症状之一，其主要特点是快速眼动期（rapid eye movement，REM）的缩短、后期睡眠时间的延长以及觉醒频率的增多。有研究报道，REM 的长度与工作记忆、抑制性控制行为有明确的负相关关系，即 REM 的缩短将导致工作记忆反应时间的延长。除此之外，急性低氧暴露导致的生理病理性反应也可能引发认知功能的显著改变，如急性高原反应中常伴有食欲不振、恶心、呕吐、虚弱、头晕、眩晕等症状[8]。

由于神经元特殊的供能体系，氧气对于神经元的代谢和功能维持均起重要作用，脑组织是全身单位质量耗氧最大的组织，持续性全身慢性低氧会影响脑神经元的功能和生长代谢。因此，与急性低氧暴露诱导的脑血管性水肿性损伤不同，慢性低氧暴露下出现行为水平的认知功能损伤的神经基础，主要是其功能主要承担细胞-神经元损伤所致。

这种由持续性血氧降低导致的脑低氧损伤又称弥漫性脑低氧（diffuse cerebral hypoxia）。慢性低氧暴露对神经元的损伤可能不可逆。有研究对实验室模拟低氧暴露大鼠的脑微观结构变化进行研究发现，长期慢行低氧暴露会导致大鼠海马区毛细血管密度的降低,且富氧后该变化不可逆。慢性低氧对神经元的损伤机制目前是低氧诱导的神经元去极化(hypoxia/anoxic depolarization)。低氧诱导的神经元去极化主要是由于维持神经元活动和功能的选择细胞膜通透性损伤和跨膜离子剃度的缺失导致的。通常神经元细胞膜 Na^+/K^+-ATP 酶泵维持跨膜 Na^+/K^+ 离子剃度差,但在低氧状态下,缺氧导致的 ATP 功酶泵功能能不足进导致神经元细胞膜通透性的改变。低氧诱导的神经元去极化的标志性改变是细胞外 K^+ 浓度的增加,细胞内 Na^+ 和 Ca^{2+} 离子浓度的增加,以及细胞外谷氨酸和天冬氨酸含量的增加。细胞外谷氨酸和天冬氨酸正常情况下为脑内主要兴奋性神经递质,低氧下谷氨酸在突触前膜的过量释放,进而导致谷氨酸受体通道 NMDA 受体和 AMPA 受体的不可逆的开放,细胞内环境 Ca^{2+} 迅速增高,进而引发自由基增加、NO 产物增加,进而神经元坏死和凋亡的级联反应信号通路,诱导神经元死亡。此外,低氧诱导的神经元去极化还由于缺氧状态下糖酵解副产物乳酸堆积和酸中毒引发的线粒体损伤导致。低氧除会导致神经元去极化损伤外,还会导致血脑屏障功能的损伤。

此外,研究还表明,不同部位的脑神经元细胞对缺氧损伤的敏感性不同,其中易受缺氧损伤的细胞称为 Anoxia-prone cells。Anoxia-prone cells 包括海马 CA1 锥体细胞、小脑浦肯野细胞、锥体皮质神经元、基底节细胞、丘脑网状神经元和脑干神经元。其中,海马 CA1 锥体细胞是低氧损伤最敏感的细胞,这也部分解释了学习记忆功能,特别是工作记忆功能容易慢性低氧损伤的原因。对神经元对缺氧损伤的敏感性差异的分子机制解释的一个可能原因是不同神经元释放的谷氨酸量的不同导致后续级联反应程度的不同[9]。

8.2.4　低氧环境健康危害与精准预防

8.2.4.1　易感人群筛查

近些年来,众多研究者基于人群研究提出了有效的高原病易感人群筛选策略。例如,利用心率变异性测定、肺功能测定、低氧反应与屏气反应、平原最大摄氧量、体成分分析等方法建立高原病预测模型。自主神经系统在心血管系统调节中起着重要作用。心率变异性分析是一种新的非侵入性测量方法,可以用来评估交感神经和副交感神经对心脏的调节作用。在高海拔低氧情况下,交感神经活动增加是一种常见的急性高原反应表现。一些研究通过探索心率变异性的顺序变化,预测在高海拔地区发生急性高原病的风险[10]。

8.2.4.2　相关药物与习服研究

凡在实验和应用中能提高机体缺氧耐力、减轻或减少急性高原病发生的药物,均有利于高原习服。近半个世纪以来,国内研究和使用的预防高原病、提高机体缺氧耐力的药物有很多,大多以中草药为主。这类药物包括红景天、党参、黄芪、茯苓、异叶青兰、唐古特青兰、多花黄芪、刺五加等。另外,也有一些以非抗炎药、氨茶碱、地塞米松等为主要成分的组方药被用于防治急性高原病。

乙酰唑胺是急性高原病的首选防治药物。使用乙酰唑胺 250 mg,每天 2 次,对大多数人来说都可以改善气体交换和运动效率,减轻急性高原反应症状。银杏提取物 EGb761 可有效预防阶梯登山过程中高原病的发生,160 mg,每天 2 次,服用者无急性高原反应脑症状发生,呼吸症状也仅占 13.6%,显著低于对照组(40.9%)[11]。

8.2.4.3 适应性训练

对低氧环境的适应性训练可以增强心肺功能,改善机体对氧的摄取、运输和利用,提高机体最大有氧能力,是预防急性高原病、促进缺氧习服的有效措施。高原现场实地训练是指定期以阶梯式的方式进入高原,停留一段时间,并辅以适当强度的训练,可以显著提高机体对高原环境的耐受能力。返回平原后对高原低氧的耐受能力的保持时间取决于在高原停留的时间和返回平原至再次进入高原的间隔时间。此外,利用大型人工低压舱模拟高原环境进行快速适应性锻炼(4 200～6 200 m)对预防急性高原病有显著效果[1]。

8.3 电离辐射与精准预防

8.3.1 电离辐射概述

自然界存在着各种辐射,根据辐射与物质作用方式的不同,又将辐射分为电离辐射和非电离辐射。凡引起物质的原子或分子发生直接或间接电离的辐射均称为电离辐射 (ionizing radiation)[12]。

电离辐射广泛应用于医学、工业、农业和国防领域,在医学上主要应用于放射诊断、肿瘤治疗、同位素示踪、放射免疫分析等。

电离辐射的来源包括天然辐射源和人工辐射源两大类。

8.3.1.1 天然辐射源

来源于太阳、宇宙射线和在地壳中存在的放射性核素。太空来源的宇宙射线包括光量子、电子、γ 射线和 X 射线、重离子等。氡气是最主要的天然辐射源,也是自然界释放的电离辐射之一,从土壤中释放,随空气扩散至人们生存的环境。此外,在地壳中发现的主要放射性核素有铀、钍和钋及其他放射性物质,这些放射性物质释放出 α、β 或 γ 射线。

8.3.1.2 人工辐射源

随着对辐射研究和利用的日益深入,人们接触电离辐射的机会日益增多,如:医疗上的影像诊断、肿瘤治疗、同位素显像;生活中机场安全检查、辐射加工、核电站泄露、工业上辐射探伤;军事上核武器、脏弹的使用等,人群皆可能接触到不同剂量的电离辐射。

1）医疗方面

由于电离辐射在医学上的广泛应用，使其成为人们接触电离辐射的主要途径之一。人类对 X 射线的首次医学应用是《柳叶刀》杂志报道的：X 射线被用来定位酗酒水手脊椎上的刀片，刀片在 X 射线定位下移除后该水手的瘫痪得以改善。这种新技术很快传遍欧洲和美国，放射诊断学随之诞生[13]。自此，放射诊断学作为一门新兴学科得到了飞速发展。此外，随着人们对电离辐射研究的不断深入，随后诞生了肿瘤放疗学、核医学等学科。在肿瘤的传统治疗方法中，放射治疗起着举足轻重的作用。核医学指利用含放射性核素的放射性药物，通过其在人体内不同组织器官及肿瘤的分布或放射性强度的变化来进行诊断（影像与非影像）或治疗。近年来放射免疫分析也得到了长足的发展，放射免疫分析是指利用标记了放射性核素的抗原与非标记的抗原特异性抗体进行竞争免疫反应，从而进行体外超微量分析。

2）核事故和辐射事故[14]

随着辐射应用的范围的不断扩展，相应的核事故和辐射事故时有发生。核事故中以苏联的切尔诺贝利核电站事故最为严重，事故后切尔诺贝利地区人群的甲状腺疾病发生率明显高于事故前。典型的核事故还包括英国温茨凯尔核反应堆事故、美国三哩岛核电站事故、日本福岛核电站事故等。而辐射事故在日常生活中更是层出不穷。在我国，辐射事故的发生主要是疾病治疗中机械故障导致的卡源事件、放射源保管不力、丢失引起的意外照射等。典型的有安徽三里庵核放射事故、山西忻州^{60}Co 源辐射事故、河南"4·26"^{60}Co 源辐射事故。

3）军事来源

核武器和"脏弹"的使用是产生电离辐射的又一重要来源。核武器的使用引起的人群受照包括：1945 年的广岛和长崎的原子弹爆炸引起的大量人员受照，1954 年马绍尔群岛上因放射性落下灰意外照射的马绍尔人所受到的照射。除核武器以外，恐怖分子对"脏弹"的使用也是电离辐射的可能来源之一。

8.3.2　电离辐射的健康效应

电离辐射将能量传递给机体引起的任何改变，统称为电离辐射生物学效应（ionizing radiation biological effect），简称辐射生物学效应或放射生物学效应[14]。大剂量电离辐射引起的放射损伤，辐射致癌和放射性白内障等均属于放射生物学效应。

8.3.2.1　急性放射病

急性放射病（acute radiation sickness，ARS）是机体在短时间内受到大剂量（>1 Gy）电离辐射照射引起的全身性疾病。外照射和内照射都可能发生急性放射病，但以外照射为主。急性放射病分为三型，即骨髓型（又称造血型）、肠型和脑型。这三型急性放射病的主要病变部位损伤不同，病情和病理发展、临床经过和主要临床表现乃至预后都有显著差别,救治原则各有特点。受救治水平所限,以骨髓型急性放射病为救治和研究的重点。

骨髓型急性放射病按照病情的轻重可分为轻度、中度、重度和极重度。以其最具代表性的中重度为例,病程可以分为初期、假愈期、极期和恢复期。其中造血损伤是骨髓型放射病的特征,它贯穿疾病的全过程,由造血损伤引起的感染和出血是其重要的病理学基础。

肠型放射病是以呕吐、腹泻、血水便等胃肠道症状为主要特征的非常严重的急性放射病。发病快、病情重、病程短,临床分期不明显,其临床表现特点为:初期症状重,假愈期不明显;极期突出表现为胃肠道症状,造血损伤严重,感染发生早,治疗能延长生存期。

脑型放射病是以中枢神经系统损伤为特征的极其严重的急性放射病。发病很快,病情凶险,多在 1～2 天内死亡。脑型放射病时,突出表现在中枢神经系统。虽然造血器官和肠道的损伤更加严重。但由于病程很短,造血器官和肠道损伤未充分显露。中枢神经系统的病变很快引起急性颅内压增高、脑缺氧,以及运动、意识等一系列神经活动障碍,导致在一天左右死亡。死亡原因主要为脑性昏迷、衰竭。

8.3.2.2 辐射致癌和辐射的遗传效应

如果辐射造成细胞出现损伤,但损伤未完全修复,它可能导致存活细胞发生变化或突变等修饰,使辐射暴露的遗迹保留下来。遗传效应和辐射诱发癌变等属于这一类。如果体细胞受到辐射暴露,致癌的概率会随着剂量增高而增加,但可能没有阈剂量,癌症的严重程度也与剂量无关,1 Gy 诱发的癌症并不会比 0.1 Gy 诱发的癌症更糟糕。但诱发癌症的概率随剂量增高而增加。电离辐射引起的生物效应的发生率(不是严重程度)与照射剂量的大小有关,不存在阈剂量的效应称为随机性效应(stochastic effect)。

辐射诱发的人类癌症主要有白血病、甲状腺癌、乳腺癌、肺癌、骨癌和皮肤癌等。人群暴露于电离辐射后,可能会在其后代出现有害的健康效应,这是生殖细胞诱导突变的结果,称为遗传效应。辐射可以诱导的常见的遗传效应包括基因突变引起的多指趾、镰状细胞贫血、色盲、血友病、染色体改变引起的唐氏综合征、胚胎死亡或智力迟钝、多因素遗传的神经管缺陷、唇裂及在成年发生的慢性疾病,如糖尿病、原发性高血压和冠心病。

8.3.2.3 放射性白内障

白内障通常与老龄化有关,而充分暴露于辐射照射(如 X 射线或γ射线、带电粒子或中子)可能会导致白内障。美国辐射防护与测量委员会(National Council on Radiation Protection and Measurements,NCRP)和国际放射防护委员会(International Commission on Radiation Protection,ICRP)都将辐射诱发的白内障归于"确定性效应"(deterministic effect),单次急性照射或长期照射于较高的剂量(5～8 Gy)时,其阈值为 2 Gy。这些是基于生命晚期接受照射的成年人且随访时间短的资料。但是针对原爆幸存者的研究发现,当年轻人受照射并且被随访至未受照人群普遍出现白内障时的年龄,很小的辐射剂量就会增加需进行手术摘除治疗的白内障的发生率。

8.3.3 电离辐射的损伤机制

电离辐射的损伤机制从不同层面分析,包括 DNA 和染色体的损伤和修复机制、细胞辐射敏感性、氧效应和再氧合以及相对生物学效应等。

8.3.3.1 DNA 和染色体损伤及修复的分子机制

1) DNA 损伤

大量证据表明,脱氧核糖核酸(DNA)是辐射生物效应的主要靶分子。其效应包括细胞死亡、致癌、致畸和致突变。电离辐射对 DNA 结构的影响比较复杂,其辐射分解产物也多种多样。从碱基损伤到糖基破坏,所导致的后果是: DNA 链断裂,DNA 交联及整个或部分高级结构的变化,最终影响其生物学功能。

(1) DNA 链断裂:链断裂是电离辐射所致 DNA 损伤中较常见和重要的形式。DNA 双螺旋结构中一条链断裂时,称为单链断裂(single strand break,SSB),两条互补链于同一对应处或相邻处同时断裂时,称为双链断裂(double strand break,DSB)。DNA 链断裂的形成可以直接由于脱氧戊糖的破坏或磷酸二酯键的断裂,也可以间接通过碱基的破坏或脱落所致。

(2) DNA 交联:DNA 双螺旋结构中,一条链上的碱基与其互补链上的碱基以共价键结合,称为 DNA 链间交联(DNA interstrand cross-linking);DNA 分子同一条链上的两个碱基相互以共价键结合,称为 DNA 链内交联(DNA intrastrand cross-linking),如嘧啶二聚体(pyrimdine dimer,PD)就是链内交联的典型例子。DNA 与蛋白质以共价键结合,称为 DNA-蛋白质交联(DNA-protein cross-linking,DPC)。电离辐射可引起上述各种形式的 DNA 交联。

(3) DNA 二级和三级结构的变化:DNA 双螺旋结构靠 3 种力量保持其稳定性。一是互补碱基对之间的氢键,二是碱基芳香环 π 电子之间相互作用而引起的碱基堆砌力,三是磷酸基上的负电荷与介质中的阳离子之间形成的离子键。

电离辐射作用时,DNA 大分子发生变性和降解。所谓 DNA 变性系指双螺旋结构解开,氢键断裂,克原子磷消光系数显著升高,出现了增色效应,比旋光性和黏度降低,浮力密度升高,酸碱滴定曲线改变,同时失去生物活性。DNA 降解比变性更为剧烈,伴随着多核苷酸链内共价键的断裂,相对分子质量降低。这些都是由于一级结构中糖基和碱基的损伤以及二级结构稳定性遭到破坏的结果。

2) DNA 损伤修复

电离辐射可造成 DNA 结构和功能损伤。由此而引起的一系列生物学后果,不仅取决于 DNA 的损伤程度,而且还决定于其修复能力。许多研究工作均证实了 DNA 辐射损伤后修复过程的存在。根据早期的研究工作,修复现象大体上可分为两种情况:第一,将预定的照射剂量分次给予,生物效应则明显减轻,这种修复称为亚致死损伤修复(sublethal damage repair,SLDR);第二,在照射后改变细胞所处的状态和环境,如延迟接种或给予不良的营养和环境条件,均能提高存活率,这种修复称为潜在致死性损伤修复(potentially lethal damage repair,PLDR)。

已经证明,辐射引起的DNA各类损伤在一定条件下都能发生不同程度的修复。通常观察到的修复现象有以下几种:单链断裂的修复、双链断裂的修复、碱基损伤的修复及DNA修复合成。

(1) DNA单链断裂的修复:绝大多数正常细胞都能修复单链断裂。多数实验结果表明,DNA修复与时间呈指数关系,修复速率依赖于温度。半修复期为10~40 min,因细胞类型和温度而异。一般在1 h内DNA重接可达90%左右。

(2) DNA双链断裂的修复:DNA双链断裂修复需要适宜的代谢条件和时间。在研究双链断裂修复与细胞存活及染色体畸变的关系时,经过计算和推导,Chadwick等人得出结论:延迟接种能提高细胞存活率与DNA双链断裂的修复有关。也就是说,双链断裂的修复与潜在致死损伤的修复有直接的联系。而在重接时如果发生倒易重组,则导致染色体重排,细胞的突变频率也随之增加。由此可见,照射后细胞中DNA双链断裂的修复是一个关系到细胞最终转归的极为重要的过程。

(3) 碱基损伤的修复:电离辐射造成的碱基损伤类型较多,分析比较困难。因此,对碱基损伤修复的研究往往以紫外线造成的嘧啶二聚体为模型。

(4) DNA修复合成:细胞受紫外线、电离辐射和某些化学因子作用后,经过一段时间保温,可以观察到一种DNA合成。这种合成不同于细胞增殖过程中的DNA复制,它的合成量相当低,合成起始于损伤后即刻,随时间延长而增加,但与细胞周期没有关系,经研究分析,确定这是一种修复合成,称为DNA期外合成或程序外DNA合成(unscheduled DNA synthesis,UDS)。

3) 染色体损伤和修复

当人员受到一定剂量电离辐射作用后,细胞中的染色体可以发生数量或结构上的改变,这一类改变称为染色体畸变(chromosome aberration,CA)。染色体畸变可以自发地产生,指人类由于受到宇宙射线等天然本底辐射的作用,在未受到附加照射的细胞看到的畸变,通常称为自发畸变(spontaneous aberration)。自发畸变率一般很低,其类型和辐射诱发的相同,只是频率很低。目前认为双着丝粒体的自发畸变率为1/3 000,无着丝粒断片的自发畸变率为1/1 000。也可以通过物理的、化学的和生物等诱变剂作用人为地产生畸变,称为诱发畸变(induced aberration)。电离辐射引起靶细胞DNA的损伤,有些损伤可在细胞内经自我修复系统得以修复,未修复和错误修复的损伤将导致点突变(point mutation)和染色体畸变。

8.3.3.2 细胞辐射敏感性

同一剂量的同一种辐射作用于机体后,体内不同细胞变化的差别很大,有些细胞迅即死亡,另一些细胞则仍保持其形态完整性。这就说明各种细胞对电离辐射的敏感程度存在很大差异。

1) 细胞和组织的辐射敏感性

1906 年法国的两位科学家 Bergonie 和 Tribondeau 经过大量的实验研究,总结出了细胞的辐射敏感性规律:即细胞的辐射敏感性同细胞的增殖能力成正比,与细胞分化程度成反比。但正常情况下不分裂的小淋巴细胞,卵母细胞、胸腺细胞具有很高的辐射敏感性。

体内的细胞群体依据其更新速率不同可分为三大类:第一类是不断分裂、更新的细胞群体,对电离辐射的敏感性较高;第二类是不分裂的细胞群体,对电离辐射有相对的抗性(从形态损伤的角度衡量);第三类细胞在一般状态下基本不分裂或分裂的速率很低,因而对辐射相对地不敏感,但在受到刺激后可以迅速分裂,其放射敏感性随之增高。

2) 细胞周期

细胞周期(cell cycle)是指细胞从上一次分裂结束开始生长,到下一次分裂终了所经历的过程,所需时间则称为细胞周期时间。细胞周期中,细胞分裂的过程称为分裂期(M 期),细胞生长的过程则称为分裂间期。间期细胞中进行着大量的蛋白质、核酸等物质的合成,其中一个重要的活动即为 DNA 的复制,细胞周期中的间期也因此细分为 G_1 期(Gap 1)、S 期(DNA synthesis)和 G_2 期(Gap 2)3 个时期。S 期为 DNA 合成期,G_1 期、G_2 期则分别为 S 期与 M 期之间的前后间隔期。G_1 期又称为 DNA 合成前期,该期细胞中进行的生化活动主要为 S 期的进行做准备。G_2 期则被称为 DNA 合成后期,为 S 期向 M 期转变的准备时期(见图 8-1)。通常将在细胞周期中连续分裂的细胞称为周期性细胞,如上皮基底层细胞等,这类细胞的分裂对于组织的更新有重要意义。而高等生物中,肝、肾等器官的实质细胞在一般情况下不分裂,但受到一定的刺激后,即可进入细胞周期,开始分裂,

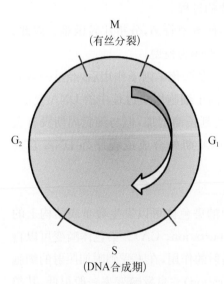

图 8-1 活性生长的哺乳动物
细胞有丝分裂各阶段

此类细胞称为 G_0 期细胞,生物组织的再生、创伤的愈合等均与此相关。

细胞周期普遍存在于高等生物中,但细胞周期时间在不同生物和不同组织的细胞间存在较大差异,为数小时至数年不等,G_1 期细胞则是调节细胞周期时间的关键。处

于 M 期的细胞对射线很敏感,当细胞受照时可引起细胞的即刻死亡或染色体畸变(断裂、粘连、碎片等)。G_1 期细胞对射线敏感性较低,但在这一期后期受照,可使 RNA、蛋白质和酶合成抑制,延迟进入 S 期。S 前期细胞对射线较为敏感,因为此期受照,可直接阻止 DNA 的合成;而在 S 期的后期,由于 DNA 的合成已经完成,即使受照使 DNA 合成受损,亦可修复,所以辐射敏感性降低。G_2 期对电离辐射极其敏感,此时受照,造成分裂所需的特异性蛋白质和 RNA 合成障碍,使 G_2 期进入 M 期受限,即所谓"G_2 阻断"。

8.3.3.3 氧效应和再氧合

哺乳动物细胞在有氧和缺氧条件下接受 X 射线照射的存活曲线说明,与缺氧比较,有氧条件下产生同样的生物学效应所需的辐照剂量更低。受照射的生物系统或分子的辐射效应随着介质中氧浓度的增加而增加,这种现象称为氧效应。一般用氧增强比(oxygen enhancement ratio,OER)来衡量氧效应的大小。

$$氧增强比 = \frac{缺氧条件下产生一定效应的剂量}{有氧条件下产生同样效应的剂量}$$

在肿瘤组织中,由于肿瘤细胞的快速生长,其血液供应不足,造成肿瘤细胞的乏氧,而乏氧细胞对射线的辐射敏感性要低于氧合细胞。在肿瘤的放射治疗中,有氧肿瘤细胞的死亡,会导致乏氧细胞的百分比大幅升高,降低肿瘤的辐射敏感性。为了解决这一问题,肿瘤的放射治疗中,采取分割放疗的方法。Van Putten 和 Kallman 测定了不同照射治疗后肿瘤内乏氧细胞的比例。研究发现在以某种方式进行分割治疗后,肿瘤内乏氧细胞的比例,与未治疗的肿瘤相同,说明在治疗过程中,一些乏氧细胞变成了氧合细胞。乏氧细胞在一定剂量照射后变为氧合细胞的现象,称为再氧合(reoxygenation),肿瘤中细胞的氧含量不是固定的,而是动态和不断变化的。

再氧合过程在肿瘤放疗实践中具有十分重要的意义。如果人类肿瘤细胞的再氧合也和大多数研究的动物肿瘤一样迅速而有效,那么经过长时间多次分割放疗,可能会有效地杀死人类肿瘤中所有的乏氧细胞。但分割照射方式的选择需要详细了解受照射肿瘤发生再氧合的时间,然而在人类肿瘤中很难获取相关数据。某些人类肿瘤对传统的放疗无效,或许就是因为这些肿瘤的乏氧细胞无法快速且有效地再氧合。

8.3.3.4 传能线密度及相对生物学效应

当生物物质吸收射线时,射线对生物物质的电离和激发并不是杂乱无序的,而是沿着带电粒子的运行轨迹以一定形式对物质进行电离和激发。在电离和激发的过程中带电粒子的能量沿着其运动轨迹进行消耗。传能线密度(linear energy transfer,LET)是指直接电离粒子在其单位长度径迹上所消耗的平均能量,专用单位为千电子伏/微米(keV/μm)。

以吸收剂量来表述射线的量或者数量,该物理量的单位是戈瑞(Gy)。吸收剂量度量的是单位质量组织吸收的能量。由于各种辐射的品质不同,在吸收相同吸收剂量下,不同类型射线并不会产生相同的生物学效应,如 1 Gy 的中子产生的生物学效应要大于 1 Gy X 射线产生的生物学效应,反映这种差异的量称为相对生物学效应(relative biological effectiveness,RBE)。通常用 X 射线作为标准来比较不同辐射。以 X 射线为参照,某射线的 RBE 是指 Do/D 的比值,其中 Do 和 D 分别指 X 射线的剂量和产生相同生物学效应所需该射线的剂量。

研究发现,RBE 与 LET 间的关系表现为开始时,RBE 随着 LET 的升高而缓慢增加,在 100 keV/μm 时,RBE 达到峰值,此后,RBE 随 LET 的升高而降低。为什么 100 keV/μm 左右的 LET 时的生物学效应是最佳的呢? 研究发现在此电离密度下,电离事件之间的平均间隔正好与 DNA 双螺旋的直径 2 nm 是一致的。该电离密度辐射产生 DNA 双链断裂的概率最大。

8.3.4　电离辐射的防护策略

基于电离辐射的危害,对电离辐射的防护一直是放射卫生领域研究的重点。

8.3.4.1　辐射防护的组织机构

首先,有专门的委员会负责对辐射诱发癌症和遗传效应进行数据汇总分析,提出危险评估建议。联合国原子辐射效应科学委员会(United National Scientific Committee on the Effects of Atomic Radiation,UNSCEAR)是专门负责对辐射诱发癌症和遗传效应进行数据统计分析,提出危险评估建议。该委员会由来自 21 个成员国的科学家组成,具有广泛的国际代表性。其次,有专门的委员会负责制定辐射防护领域的概念,推荐最大容许水平。国际上国际放射防护委员会(ICRP)经常牵头制订辐射防护概念并推荐剂量限值。此外,各国也有自己的辐射防护的专门组织。

8.3.4.2　辐射防护的任务和目的

放射防护的任务[12]是:既要积极进行有益于人类的伴有电离辐射的实践活动,促进核能利用及其新技术的迅速发展;又要最大限度地预防和缩小电离辐射对人类的危害,放射防护的研究范围非常广泛,而研究和制订放射防护标准是其重要的内容。

放射防护的目的是:防止确定性效应的发生;限制随机性效应的发生率,使之达到被认为可以接受的水平,确保放射工作人员、公众及其后代的健康和安全。

8.3.4.3　暴露限制基础

辐射暴露限制[13]:随着辐射生物信息的发展,暴露限制推荐依据的社会因素的变化而逐渐变化。目前,辐射所致的遗传效应、致癌、影响胚胎和胎儿发育等的危险估计是人们最为关注的内容。目前辐射的最大危险估计值,是孕妇在妊娠期受到 0.3 Gy 阈值以上的辐射照射,导致婴儿出现严重智力缺陷的概率是每希沃特 40%,其次致癌效应的概率是每希沃特 5%,遗传效应的概率是每希沃特 0.2%。

8.3.4.4　职业照射限值和公众照射限值

ICRP 推荐的暴露剂量限值如表 8-1 所示,这些限值不包括天然本地照射或医疗照射。

表 8-1　ICRP 推荐剂量限值[15]

职　业　照　射	限　值
随机性效应:有效剂量限值	
累积剂量	5 年内平均 20 mSv/年
年剂量	50 mSv/年
确定性效应:组织和器官的剂量当量限值(每年)	
眼晶状体	150 mSv/年
皮肤、手、足	500 mSv/年
胚胎/胎儿照射	
妊娠确诊后的有效剂量限值	腹部表面总计 1 mSv
公众照射(每年)	
有效剂量限值,连续或频繁照射	不区分短时多次照射和单次急性照射均为 1 mSv/年
有效剂量限值,偶尔照射	1 mSv/年
剂量当量限值,眼晶状体	15 mSv/年
皮肤和四肢	50 mSv/年

注:表中数据来自 International commission on radiation protection: recommendations of the ICRP. ICRP publication 103. New York, NY: Pergamon Press, 2007.

8.3.4.5　电离辐射的防护原则和措施[16]

目前在科研和医疗等领域使用的放射源包括密封源和非密封源两类。密封源对人体的危害主要是外照射。非密封源对人体的危害主要是内照射、体表污染以及外照射。

外照射防护的基本措施包括:① 时间防护,缩短受照射时间;② 距离防护,增加与放射源的距离;③ 屏蔽防护,人与源之间设置防护屏蔽。

内照射防护的基本原则是:积极采取各种有效措施,切断放射性核素进入体内的各种途径(呼吸道、消化道、伤口与皮肤),尽可能减少或避免放射性核素进入体内的各种机会,使进入体内的放射性核素的放射性活度低于相应限制,以减少或防止人体受到内照射危害。

体表污染的消除:尽早选择合适的去污方法和去污剂消除污染,避免扩大污染范围,并注意去污过程中的防护。

8.3.4.6 辐射防护剂

研究发现有部分物质,虽然不能直接影响细胞的放射敏感性,但可导致血管收缩或在某种程度上影响正常代谢过程,而降低重要器官的氧浓度,因而对动物产生防护作用。这类防护剂包括氰化钠、一氧化碳、肾上腺素、组胺及 5-羟色胺等。其中最值得关注的是巯基化合物,这当中最简单的是半胱氨酸,一种含有巯基的天然氨基酸。

巯基介导的细胞防护效应机制包括:自由基清除作用,可防护电离辐射或化疗药物产生的氧自由基。为 DNA 损伤区域提供氢原子以促进直接的化学性修复。

氨磷汀 WR2721 是唯一通过美国食品药品管理局(Food and Drug Administration,FDA)核准上市用于放射治疗的辐射防护剂,用于避免头颈部肿瘤患者接受放疗后产生口干等不良反应。临床上试验性使用氨磷汀的结果显示:氨磷汀对顺铂造成的肾毒性、耳毒性和神经病变,以及环磷酰胺引起的造血系统毒性均具有明显的防护作用。同时,该试验性研究并没有观察到辐射防护剂有明显的抗肿瘤作用,说明辐射防护剂在正常组织与肿瘤组织间存在不同的吸收途径。

8.4 非电离辐射与精准预防

8.4.1 电磁辐射概述

8.4.1.1 定义

非电离辐射是指能量较低,不能使分子或原子发生电离的辐射,即通常所说的电磁辐射。电磁辐射(electromagnetic radiation)又称电磁波,是相互垂直的电场和磁场,交替产生并交变震荡,以光速向前传播,具有波粒二相性。

8.4.1.2 电磁辐射分类

电磁辐射按其频率不同,由低至高依次分为极低频、射频、微波、红外线、可见光、紫外线、X 射线和 γ 射线等不同频段,形成电磁波谱(见图 8-2)。不同频段电磁辐射之间没有明显界限。广义的电磁辐射是指整个电磁波谱,包括电离辐射和非电离辐射。

8.4.1.3 电磁辐射主要物理参数及其单位

磁场的强度单位有特斯拉(T)和高斯(G)两种,1 T＝10 000 G。电场的强度单位一般用千伏/米(kV/m)表示。射频辐射和微波的主要描述参数是频率(Hz)、功率密度(mW/cm²)和比吸收率(specific absorption ratio,SAR),SAR 的单位一般用瓦/千克(W/kg)表示。

8.4.1.4 电磁辐射来源

生活和工作环境中产生电场、磁场、电磁场的仪器设备大致可分为 5 类。

(1)家用电器:如微波炉、电热毯、电脑、电子闹钟、电磁炉、吹风机等。除了其电源

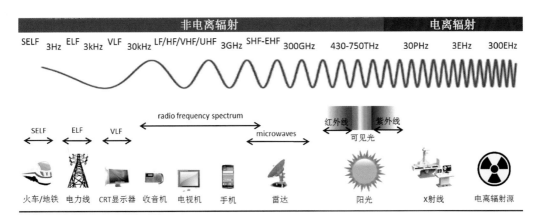

图 8-2 电磁波谱图

产生的工频(50 Hz 或 60 Hz)电磁辐射外,还有电器本身发射的中频(150 Hz～5 kHz)和射频电磁辐射(3 kHz～300 GHz),频率一般为 1 000 Hz～300 MHz,微波炉的工作频率多采用 915 MHz 或 2 450 MHz 的固定工作频率。

(2)广播电视发射系统:电视发射塔、广播传播台站等,主要产生射频电磁辐射。

(3)无线通信发射及接收系统:手机基站、雷达、卫星地球通信站、手机等,主要产生射频电磁辐射。

(4)电力设施设备:包括高压交流输电线、配线和变压器等,其所产生的主要是极低频电磁场(ELF-EMF),频率 0～300 Hz,其电场强度随电压或电势的升高而增强,磁场强度随电流的升高而增强。

(5)工业、科研、医疗用电磁能设施:如高频冶炼炉、射频感应及介质加热设备、射频及微波医疗设备等,主要产生射频和微波辐射(300 MHz～300 GHz)。

8.4.1.5 环境电磁辐射现状

随着社会经济的发展,电磁辐射在各个领域的应用日益广泛,人类暴露于电磁辐射的强度、时间和复杂性与日俱增。据世界卫生组织统计,空间电磁辐射能量以每年 30% 的速度递增,2001 年与 1991 年相比增长了大约 20 倍。1997 年,世界卫生组织(WHO)在组织美、英、日等几个发达国家联合开展环境电磁辐射健康危害评价的国际合作项目时,宣布环境电磁污染作为一种新的环境危害因素,与水污染、空气污染和固体垃圾污染共同构成了四大环境公害。因此,关于电磁辐射对健康的影响尤其是其脑效应已经引起国内外的广泛关注。

8.4.2 电磁辐射的健康效应

8.4.2.1 电磁辐射与自觉症状

流行病学调查显示,长期接触电磁辐射者,可出现头昏、头痛、疲劳、乏力、失眠、嗜睡、多汗、肢体酸痛麻木、胸闷、心悸等神经衰弱综合征。

有大量的调查研究了极低频电磁场暴露对人的情绪及超敏性的影响[17,18]。例如：生理性的反应、扰乱睡眠、疲倦、头痛、注意力丧失等。这些症状通常是间歇性的，并且难于进行临床上的研究。有些学者对有上述症状的人与极低频电磁场暴露的关系进行了研究。总的来说，除个别报道暴露于高水平的环境电场(31 V/m)人皮疹的发生率相对于对照组(31 V/m)高外，其余报道的结果是阴性的，如，已有研究表明，接触极低频电磁场1～2年、3～4年和5年及以上的居民与对照组比较，神经衰弱综合征阳性率的差异不显著，对内分泌系统，尤其是肾上腺功能也无明显影响。这些资料还不能提供足够的证据证明极低频电磁场暴露与情绪及超敏性之间有关联性。

已有研究结果显示，293名脉冲微波职业接触人群神经衰弱症候群的发生率达40.3%，其接触微波频率为400～9 400 MHz，功率密度为0.07～0.18 mW/cm²，348名连续微波职业接触者神经衰弱症候群的发生率为37.1%，而对照组仅为5.1%，其工作环境微波频率为3 400～8 600 MHz，功率密度为0.06～0.15 mW/cm²，说明微波电磁辐射可能与神经衰弱症候群的发病密切相关，进一步分析表明，神经衰弱症候群的发生率与微波职业接触者的工龄呈正相关；接触微波可导致睡眠质量降低；暴露在低强度微波(0.035 mW/cm²)环境中的50名作业人员发生明显的情感状态特征改变；雷达、电子对抗作业环境中的电磁辐射可诱导操作员产生疲惫感，导致他们的即时记忆力、注意力集中程度以及手部运动速度和准确性明显下降，提示该条件下的电磁辐射对职业人群的心理状态、手部作业能力和作业效率可产生明显影响。

流行病学研究还发现，居住在移动基站附近的人群较易出现睡眠障碍、过敏、抑郁、视力模糊、注意力不集中、恶心、食欲缺乏、头痛和眩晕等症状，并随着暴露水平的增强，认知准确度降低；自我感觉对手机信号敏感的手机辐射暴露组人群与对照组相比，头痛严重程度并未增加，暴露组人群暴露频率为900 MHz GSM，暴露时间为50 min；使用移动电话对头晕、手震颤、口吃没有影响，但是可以导致使用者头痛、极度兴奋、粗心、健忘、反射减弱和耳鸣；与不用移动电话的受试者相比，使用移动电话者头痛的患病率增加，且随着移动电话使用年限的增长，患病率显著增加；使用移动电话比使用电话模型的人表现出更多的主观症状，除了与射频辐射有关外，移动电话和电话模型在大小、形状和通话质量上都不同，通话质量可能导致应激和间接的神经衰弱症状；比吸收率、每天长时间的通话可能与受试者主观症状有关；每天打电话的时间长短与耳后/旁温度升高、头痛和疲倦之间存在统计学相关性，但是，与模拟信号电话相比，GSM数字电话的这些症状较轻。

8.4.2.2　电磁辐射对认知的影响

关于电磁辐射对认知影响的报道很多，但结果尚存争议。已有流行病学调查结果发现，头痛、头晕、乏力、记忆力减弱与每天使用移动电话时间、使用次数等有关；对志愿者在手机距左耳 4 cm 的射频辐射条件下进行认知试验结果表明,辐照组有 81.8% 的受试者听觉辨别能力下降,与对照组相比有显著性差异;手机使用者的简单反应时间延长,正确反应次数与使用手机年限呈负相关,最快和最慢反应时间与每天使用时间呈正相关;手机发射的射频辐射可加速人的反应速率,但是不影响记忆,学生暴露在模拟和 GSM 数字手机信号下 1.5 h,然后进行记忆、速度和精确的认知测试,发现手机信号功率越高,反应时间越快,表明手机信号确实能够影响脑的活力;蜂窝电话 902 MHz 辐照会引起脑反应加速;对 48 位暴露在蜂窝电话的健康成人进行测试,结果显示暴露加速了简单作用事件和警戒测试的反应时间,智力算数测试的反应时间减少,手机发射的电磁场可能有促进脑功能的效应特别是测试工作记忆中注意和操作的能力,但实验结果还有待进一步重复证实;儿童由于颅骨较薄,射频辐射能量易沉积于脑内,故对射频辐射相对敏感,NOKIA 移动电话暴露儿童的反应时间延长,但和对照组的差异没有统计学意义;长期暴露在 ELF-EMFs 中会对职业人群的心理状态、作业能力产生明显的影响,并与阿尔茨海默病等神经退行性疾病的发生有关。

Wang 用 SAR 值为 1.2 W/kg,2 450 MHz 的脉冲微波辐照大鼠 1 h 后,进行 Morris 水迷宫实验,发现受照射大鼠找到水下平台并爬上平台避难的速度明显减慢,辐射组与假辐射组相比,逃生时间和距离明显增加,但游泳速度与假辐射组相比并无显著差别,表明这种差别与运动能力无关,从而提示"参照"记忆可能在电磁辐射后受到了损伤,尽管大鼠受过训练,可以通过周边的参照物找到平台的位置,但它们"空间地图"的精确性在辐射后明显下降[19]。已有研究结果显示:2 450 MHz 的脉冲微波 SAR 值为 0.6 W/kg 照射大鼠 45 min,其"工作记忆"受到损害;小鼠暴露于 SAR 值为 0.05 W/kg、900 MHz 的射频辐射 45 min,用八臂迷宫分别在 0 min、15 min 和 30 min 时检测其行为,连续 10 d,辐射组动物最初的行为没有显著的差别,而辐射结束后立即测试的动物比对照组动物需要用更长的时间完成工作,同时出现更多不稳定的操作;在 SAR 值为 0.6 mW/kg 和 60 mW/kg 条件下,每周辐照大鼠 2 h,连续辐照 55 周,会损伤动物客观记忆,而对探索性行为和空间记忆没有效应。上述研究表明,电磁辐射可以引起动物学习和记忆功能的损害。然而,有些类似实验室研究却得出了不同的结果。如用 1 800 MHz 连续波,在功率密度分别为 0.5 mW/cm^2 和 1.0 mW/cm^2 的条件下,对大鼠孕期 0~20 d 连续全身照射,12 h/d,用 Morris 水迷宫对 10 周龄 F_1 代仔鼠进行学习和空间记忆功能的测定,结果显示,辐射组与假辐射组在学习记忆功能上的差异无统计学意义($P > 0.05$),即没有发现 1 800 MHz 射频场暴露对仔鼠的学习和空间记忆能力有影响。刘肖等将雄性 Wistar 大鼠放在 ELF-EMFs(50 Hz、400 μT、<1 V/m)中连续暴露 60 d,终止暴露后,采用 Morris 水迷宫实验检测大鼠的认知功能,最后采用光镜和电镜观察海马组织结构,并通过甲苯胺蓝染色和图像分析检测尼氏体含量,结果表明,大鼠体质量的增长速度于暴露期间显著延缓,终止暴露 2 周后恢复,大鼠的平均逃避潜伏期于终止暴露后即

刻显著延长($P<0.01$),7 d 后恢复,终止暴露后即刻可观察到部分海马神经元发生变性、早期凋亡、突触结构破坏,尼氏体含量减少($P<0.05$),终止暴露后 15 d,上述病变改善,30 d 后恢复[20]。

8.4.2.3　电磁辐射与肿瘤

1) 极低频电磁场与肿瘤

自 20 年前 Wertheimer 和 Leeper 报道了暴露于高水平环境电磁场的儿童发展成白血病和淋巴瘤的危险度,比暴露于低水平环境电磁场的儿童高 2~3 倍以来,公众及政府的注意力就关注着环境电磁暴露对肿瘤发生的影响。关于极低频电磁场暴露与成人肿瘤的关系,流行病学的研究结果很不一致。在美国进行的两次调查结果显示,磁场暴露与慢性淋巴细胞性白血病之间没有相关性。但是,也有几个较大规模的调查表明,极低频电磁场暴露显著提高了脑肿瘤和(或)白血病的危险度。法国和加拿大联合对水力发电工人的调查揭示,他们的急性髓细胞性白血病和慢性非淋巴细胞性白血病的发病率较一般人群明显增加。同样,在法国对电厂工人的一项调查表明,暴露于高水平的电场能增加脑肿瘤的危险度,但并不相应增加白血病的危险度。美国的一项对 5 个大公司的研究表明,累积暴露于磁场(磁场强度为 1.94 μT,诊断前暴露于磁场 2~10 年)轻微增加了脑肿瘤的发生率。据报道,儿童脑肿瘤与居住在输电线附近没有相关性,同样与儿童期或胎儿期暴露于电器产生的电磁场没有关系;居住在高压电线 500 m 内没有显著增加成人肿瘤的发病率。有关职业暴露与成人肿瘤相关性研究的报道也有很多,但结果大多是阴性的。

到目前为止,在报道的几个有关极低频电磁场的致癌作用研究中,实验者将大批动物暴露于磁场密度高于居住环境的磁场中 2 年,观察了极低频电磁场暴露对动物自发性肿瘤形成的影响,研究结果没有得出极低频电磁场暴露对肿瘤发生率有影响的一致结论。最具说服力的一个研究是由"National toxicology Program"这个组织完成的,他们设立了 4 个暴露组(对照、2 μT、200 μT 和 1 000 μT,每天连续暴露 18.5 h,还有 1 000 μT 的间歇性暴露)和 4 个性别/种属组,两年的研究没有获得任何极低频电磁场暴露对雌性大鼠和雌雄两性小鼠有致癌作用的证据,但是在雄性大鼠身上获得的证据模棱两可,因为极低频磁场暴露增加了甲状腺 C 细胞肿瘤的发病率。另外两个类似的实验也没有证据表明极低频电磁场暴露有致癌作用。

国际癌症研究机构于 2002 年将极低频电磁场列为人类可疑致癌物,归类为ⅡB。

2) 射频辐射与肿瘤

近年来,已有不少欧美国家开展研究了手机射频辐射与肿瘤发生的关系,尤其是手机射频辐射与脑部肿瘤、唾液腺肿瘤、听觉系统肿瘤的关系。一项回顾性的队列研究结果表明,手机射频辐射与脑部肿瘤、白血病和唾液腺肿瘤等的发生没有关系。Hardel 实验组开展了第一个病例-对照研究,发现手机射频辐射与人大脑枕部、颞部和颞顶部位的肿瘤发生有关。此外,他还报道了模拟手机射频辐射可增加听觉系统肿瘤发生的风险。2009 年一项 Meta 分析结果表明,使用手机超过 10 年的人脑肿瘤发病率比不使用者高约 2 倍,其中以胶质瘤和听神经瘤为主。总的来说,尽管进行了大量的流行病学调查,但由于大多数研究随访时间短暂,没有足够样本量,且受到一些混杂因素的干扰,现今还很难确定手机射频辐射与脑肿瘤发生的关系。

一些动物实验提示射频辐射与肿瘤发生有一定相关性,如,以 $Pim1$ 小鼠(6～8 周龄)为研究对象,观察射频辐射对 $E\mu$-$Pim1$ 小鼠淋巴瘤发生率的影响,将 101 只雌性 $E\mu$-$Pim1$ 杂合子小鼠暴露在 GSM 环境中,频率 900 MHz,时间 18 个月,平均 SAR 为 0.13～1.4 mW/g,100 只雌性 $E\mu$-$Pim1$ 杂合子小鼠作为对照组,结果显示:暴露于 GSM 射频辐射的 $E\mu$-$Pim1$ 小鼠的淋巴瘤发生率是假暴露组的两倍。但仍有很多动物实验提示射频电磁场与肿瘤发生无相关性,如,当雄性和雌性 B6C3F1 小鼠暴露在 SAR 最高为 40W/Kg 的 GSM 和 DCS 信号时,没有发现任何不良健康效应,也没有发现任何病变(肿瘤和非肿瘤背景)。鉴于动物实验实验条件、实验参数和实验结果的不一致,因此,动物实验结果尚无法确定射频辐射与肿瘤发生的关系。

国际癌症研究机构 2011 年将射频电磁场列为人类可疑致癌物,归类为ⅡB。

8.4.2.4 电磁辐射对生殖功能的影响

有研究发现,在受孕前 6 个月和(或)妊娠前 3 个月从事微波理疗的女性工作者发生早期流产的危险性明显增加。有关居住地电磁辐射暴露与妊娠的流行病学研究发现,冬天使用电热毯或水床导致妊娠妇女自然流产的危险性是对照组的 1.8 倍,低体重新生儿的发生率是对照组的 2.2 倍;当居住地磁场强度≥0.63 μT 时可使流产危险性增加 5.1 倍。一项前瞻性队列研究评估了自然流产与首次妊娠期间使用电热毯之间的相关性。结果发现,使用电热毯<1 h 的 20 人中,自然流产的校正后 OR 值为 3.0,但使用电热毯≥2 h 的 13 人中并没有出现自然流产,即电磁辐射暴露程度以暴露时间(加权平均值作为评价指标)与自然流产率并非呈正相关。另一项病例-对照研究发现,女性居住地个人暴露与自然流产呈正相关,研究者认为自然流产风险与电磁场暴露参数和剂量有关。将磁场暴露 30 周的数据包括暴露日变化量、暴露最大剂量和暴露时间(加权平均值)分成四分位数,以最低分位数作为参考值,最高分位数校正后的 OR 值和 95% CI 分别为:暴露日变化量 3.1(95%CI=1.6～6.0)、2.3(95%CI=1.2～4.4)和 1.5 (95%CI=0.8～3.1);暴露最大剂量 2.3(95%CI=1.2～4.4)、1.9(95%CI=1.0～3.5)和 1.4(95%CI=0.7～2.8);暴露时间加权平均值 1.7(95%CI=0.9～3.3)。但在 2003 年,Juutilaienn 认为虽然有少数报道显示特定参数磁场暴露会增加妊娠的危险性,但是还不能明确母体磁场暴露与妊娠不良影响之间关系。在性功能研究方面,流行病学调查发现,射频暴露女性的月经不调先兆症状发生率显著高于对照组,约为对照组的 1.66 倍,且月经不调发生率显著增高。但射频暴露环境非常复杂,除电磁辐射外还

有其他多种因素都可能对人体造成不良影响,例如职业暴露人员在作业过程中注意力高度集中、精神紧张等所引起的心理方面的不适,及对骨骼肌系统的损害均能对妊娠产生不利的影响。而流行病学研究不可能对射频电磁辐射进行单因素独立分析。

已有流行病学调查显示:雷达工作人员的精子畸形率增加,精子质量随着雷达频率、距离、强度、暴露时间和屏蔽物的变化而改变,并具有一定的剂量依赖关系,其中以精子畸形率增高为主;将移动电话放在裤子口袋和腰间的男性,精子活力比不带移动电话或把移动电话放在别处的男性低。但是关于移动电话持有者和非持有者间的人口统计学、社会学和经济学特性的研究很少,因此研究结果存在许多的混杂因素。关于电磁辐射对男性生殖功能影响的研究主要是选择门诊男性不育人群、职业人群,或采用体外实验的方法。根据移动电话使用时间对门诊就诊的 361 例不育男性进行分组研究结果发现,过多使用移动电话者的精子数量减少、活力降低、精子畸形率增加。精液参数与日常通话时间之间存在相关性,但与初始精液质量无相关性。通过检测 27 例使用移动电话男性的精子活力发现,900 MHz 移动电话暴露组中快速前向运动、慢速前向运动的精子比例轻度下降,不运动精子比例增加。据报道,在以过去两年内每周使用电脑超过20 h 的男性为研究对象的一项研究中,结果未发现其精子密度、精子活力、正常形态精子的比例等与对照组相比有显著不同。这些结果提示,射频辐射对男性生殖能力可能存在潜在的不良影响。但依据目前的数据,还不能得出确切的结论。

另一项流行病学研究发现,低体重新生儿的发生率与女性理疗师职业具有相关性,这些女性在工作时接触的射频辐射频率为 27.12 MHz。但也有研究结果相反的报道,如,发现女性理疗师生育先天性畸形胎儿和流产率较一般群体低;短波电热疗法不会对孕期女性产生潜在危害作用,没有发现自然流产、早产、死产或生育能力的下降。有研究发现母亲在妊娠期使用电热毯(<2 mG)可增加子代患肿瘤的风险,尤其是白血病和脑肿瘤的发生。一项病例-对照研究结果显示,女性使用电热毯时,全身体表接受的磁场强度为 20 mG 或 30 mG,其中卵巢接受磁场强度为 3~5 mG,对上述畸形的发生有一定的促进作用,但是在评估危险度时研究方法不够严密。也有报道认为,电热毯或水床产生的电磁辐射与神经管畸形、泌尿道畸形和胎儿宫内发育迟缓等无关。

父亲暴露于电磁辐射子代同样也可受到影响。已有研究结果显示,工作在高压装置附近的男性,其子代围生期死亡率增加 3.6 倍,先天畸形增加 3.2 倍;在广播电线工厂工作的男性,其子代不育症发病率增加 5.9 倍;在电力工厂工作的男性其子代尿道下裂危险性增加 2 倍;暴露于较高场强的极低频电磁场的父亲,如电工、养路工、焊工等,其子代神经母细胞瘤的发生率增加。

早在 1981 年 WHO 通过人群调查发现,受微波辐照者的子代女孩比例增加。一项病例-对照调查发现妊娠期暴露于低场强高频电磁辐射(300 KHz~300 MHz)的理疗师,其子代男/女性别比为 0.48;高场强暴露的理疗师,其子代男/女性别比则为 0.31;

每周暴露 11~20 h,其子代男/女性别比为 0.55;若暴露超过 20 h,其子代男/女性别比则为 0.21;而对照组子代男/女性别比为 1.51。在极低频电磁场(ELF-EMF)工厂工作的男性其子代男孩比例轻度减少,而在相同环境工作的女性其子代男孩比例则明显减少。进一步的流行病学调查显示,不仅是孕妇,在非妊娠妇女甚至是男性,暴露于电磁辐射均可引起子代女孩比例增加。如从事碳调节器工作的男性,其子代男孩比例明显降低;父亲受高频电磁场或强静电场辐射,或在高压电厂、雷达系统附近工作,其子代女孩比例增加。有学者据此认为子代的性别比例失调可作为电磁辐射如微波辐射后生殖危害的评价指标之一。

国外有学者对啮齿类动物暴露于极低频磁场的胚胎发育效应研究显示,ELF-EMFs暴露可能造成流产、胚胎异常率增加等不良妊娠结局,或对子代发育产生不良影响。Farrell 等曾通过 5 年的研究观察到,60 Hz、1 mT 的电磁辐射暴露会导致鸡胚胎异常率明显上升[21]。曹亚男的研究中将孕鼠于妊娠期全程暴露于 50 Hz、1.2 mT 电磁场,观测其体重变化、分娩情况以及仔鼠的生长发育情况,结果发现暴露组孕鼠妊娠后期的平均体重增长率为 29.0%,明显低于对照组(47.8%),差异有统计学意义($P<$ 0.05);分娩率明显降低,仅为对照组的 60%,并见有流产、早产及死胎、畸胎情况。暴露组仔鼠平均每窝胎数为 7 只,明显低于对照组(11 只);出生 2 周内平均体重增长率低于对照组,出牙和开眼时间迟于对照组,差异均有统计学意义($P<0.05$),研究结果表明极低频电磁场暴露很有可能引起胚胎死亡,造成流产或胎数减少,并导致孕鼠早产或死胎、畸胎比例增加[22]。也有部分研究表明电磁辐射对孕期及子代并无影响。Huuskonena[23]等研究了 50 Hz 正弦磁场对大鼠胚胎着床的影响及血浆 17β-雌二醇、黄体酮、睾酮、褪黑素水平和子宫内的雌激素受体(estrogen receptor, ER)以及黄体酮受体(progesterone receptor, PgR)的浓度在胚胎着床前和着床过程中的变化,排卵后当天将 Wistar 孕鼠置于磁场中暴露,磁场强度为 13 μT 或 130 μT,结果发现辐射对胚胎总着床数没有影响,13 μT 组夜间血浆褪黑素浓度下降 34%,而 130 μT 组下降 38%,血浆雌二醇、黄体酮水平无显著变化,子宫内 PgR 和 ER 密度在着床前有所下降,结果显示 50 Hz 的电磁辐射暴露不会削弱大鼠胚胎着床能力。Chung 等将 SD 大鼠分为 4 组,在孕 6~20 d 期间暴露于 0、5、83.3、500 μT 的 60 Hz 磁场中,结果未观察到任何明显的子代生物效应[24]。

李昱辰等研究发现,低功率微波连续辐照 14 d 和 21 d 后,小鼠的精子畸形率明显升高,表明低功率微波连续辐照对雄性小鼠具有遗传毒性[25]。蒋远春等研究表明,935 MHz、1 400 μW/cm² 移动电话电磁辐射可引起小鼠睾丸组织乳酸脱氢酶同工酶的活力降低,精子活动率下降及精子尾部线粒体的超微结构改变,表明一定强度的电磁辐射可能通过改变精子线粒体的超微结构来阻碍其能量代谢,从而产生生殖毒性[26]。然而还有一些阴性报道,Nishimura 等研究表明,暴露于 20 kHz、0.2 mT 或者 60 kHz、

0.1 mT 正弦中频电磁场后，SD 大鼠精子数量、精子活力、形态学及睾丸和附睾的重量均没有改变[27]。此外，也有研究报道了射频辐射能够促进雄性生殖系统的发育。Ozlem 等将出生 2 d 的雄性 Wistar 大鼠暴露于 1.8 GHz 和 0.9 GHz 电磁辐射，结果表明，1.8 GHz 电磁辐射组较对照组附睾精子活力的百分比增加，0.9 GHz 电磁辐射组较对照组正常精子比率增加，提示 1.8 GHz、0.9 GHz 电磁辐射能够促进正在发育大鼠的早熟[28]。

8.4.3 电磁辐射的损伤机制

从电磁学角度来看，生物体是由大量细胞构成的具有复杂电磁性质的容积导体。生物体接受电磁辐射后大多能产生电和磁场，然后变成热能。其中一种作用于细胞，使其温度升高而产生变化（即热效应）；另一种是作用于细胞膜等生物聚合体，不引起机体温度升高而改变机体生理生化过程（即非热效应）。累积效应是上述热效应和非热效应作用于机体后，对机体的损伤还未来得及修复之前，又再次接受电磁辐射的暴露，其生物学效应就可能会发生累积。

8.4.3.1 电磁辐射对认知影响的潜在机制

众所周知，大脑中的海马与空间学习、记忆能力密切相关，海马神经元之间的突触连接是产生记忆痕迹的细胞基础。在体外，通过制备海马切片直接测量神经元活性和突触传递效率的方法已经被广泛用于研究学习记忆相关的细胞机制。

已有研究结果显示：电磁波急性辐照具有使特异性的中枢神经直接发生损伤的效应，其导致的神经行为功能损伤早于组织病理损伤，电磁波诱导的海马神经细胞凋亡可能是学习记忆功能损伤的主要原因之一；暴露于 1.0 mW/cm^2 的电磁辐射的大鼠海马细胞 DNA 拖尾率和拖尾面积均高于假辐射组，提示海马神经元 DNA 在辐射后受损，同时辐射后 N-甲基-D-天氡氨酸受体（N-methyl-D-aspartate，NMDA）亚单位 NR2A 和 NR2B 的表达下调，提示该强度的电磁辐射可损害大鼠的学习记忆功能；功率密度为 0.5 mW/cm^2 的射频波对雄性大鼠海马感觉门控 P50 的试验-条件（T/C）比值和 P50 实验刺激（S2）峰-峰值大于对照组（$P<0.05$），提示该强度电磁辐射可影响雄性大鼠海马感觉门控 P50；空间学习能力可以被 SAR 值低于 1.0 W/kg 的辐射所干扰，但此结论值得商榷；经高频刺激后，突触后群峰电位（PS）峰幅度或潜伏期与不同组间 PS 斜率变化和高频刺激后长时程增强（LTP）的发生率的比较，差异无统计学意义（$P>0.05$），未发现该连续射频波对大鼠海马长时程增强有影响，即短时记忆没有受损；将动物暴露于 SAR 值为 0.3 W/kg 和 3.0 W/kg 的电磁辐射中，2 h/d，每周 5 d，连续 5 周，对雄性大鼠的行为和大脑的组织形态没有影响。

值得强调的是，人类的海马深埋在大脑深处，它所能吸收的移动电话发出的能量非常低。所以，移动电话对人类海马的影响，还需要进一步探讨。

除射频电磁场外,工频电磁场也具有多方面的神经效应,如调节皮层神经元外向 K^+ 离子流,影响信号通路,产生自由基和一氧化氮等。

已有研究结果显示,60 Hz 磁场暴露可以降低皮质和海马胆碱能神经系统的活性。中枢胆碱能递质是维持哺乳动物学习记忆正常进行的必要条件。动物注射拟胆碱药能增强学习记忆能力,而抗胆碱药则减弱学习记忆能力。据资料报道,大脑皮质、隔区、海马(这些区域富有胆碱能纤维)损伤可引起学习记忆功能缺陷,出现学习记忆功能下降,顺行性遗忘症等。给药改善学习记忆后,这些脑区乙酰胆碱和胆碱乙酰化酶有相应变化,说明大脑皮质和边缘系统胆碱能神经系统有调节学习和记忆的功能。

8.4.3.2　电磁辐射诱发肿瘤的潜在机制

1) 电磁辐射作为促癌因素

Cohen 和 Ellwein 提出所有的非基因毒性致癌物的致癌活性,源于其促进了细胞的增殖。根据流行病学证据以及在实验研究中电磁辐射一般无法引起基因突变及染色体畸变这些现象,电磁辐射被认为是促癌因素或非基因毒性致癌物。流行病学调查显示,居住在输电线附近的居民其发生肿瘤大约有 7 年的潜伏期,离开该居住环境 3 年以上者,肿瘤的发生过程被逆转,这种逆转被认为是电磁辐射作为促癌因素的特点。

2) 电磁辐射干扰细胞通讯

促癌因素在组织中建立了有利于癌变细胞生长的环境条件,其中之一就是破坏细胞间通讯。实验研究显示,电磁辐射作用后,细胞间失去缝隙连接、失去细胞间电子配对、细胞间染料转移消失,或在混合细胞培养中的代谢合作被阻断。但是,抑制细胞间通讯不一定是所有肿瘤促癌因素的特点,不会引起细胞恶性转化的低水平的促癌因素也可阻断细胞通讯。而且,如果细胞接近长满时,促癌因素可能只导致细胞间暂时的通讯阻断。

有学者推测,细胞通讯利用糖蛋白受体将信号传递至细胞内,内源性电磁场在细胞周围环境中提供协同电化学通信系统,调节组织对外界刺激的反应。外源性电磁场和这些受体的相互作用可能通过缝隙连接干扰细胞通讯,从而在诱导肿瘤发生中发挥作用。

3) 电磁辐射改变跨膜离子通道

对特定频率/强度的电磁辐射,研究较清楚的生物学效应之一是细胞膜钙流动的变化。钙在许多电生理过程中发挥关键作用,细胞内钙水平和钙离子流通过信号转导机制参与正常细胞生长和分裂调控。

由于细胞内钙离子流具有广泛的生物学作用,很难将电磁辐射生物学效应的特定结果归结于电磁辐射对钙离子的影响。实验研究显示,特定频率和强度的电磁辐射对某些细胞具有刺激作用,而对另一些细胞则具有抑制作用。有学者认为,电磁辐射对离子流和细胞通信的改变,可能通过普通的生物物理机制如电压调节膜通道,或者电磁辐射对磷脂结构域的变形作用等。

4）电磁辐射诱导自由基的产生

电磁振荡刺激可能通过增加局部活性氧或"自由基"导致基因组或基因以外成分的损伤。

5）电磁辐射激活特定基因

激活特定基因可能是电磁辐射致癌作用的一个机制，而且有结果显示，在多个系统中，特定电磁场信号可刺激某些致癌基因的表达。据报道，培养的果蝇胚胎纤维母细胞和转化的人类细胞系（如 HL60、IB4）在 72 Hz 正弦电磁场信号的作用下，C-myc 肿瘤基因的转录增强。在这些细胞系中除了 C-myc 以外，发生改变的还包括多肽结构、组蛋白 H2B、肌动蛋白转录等的改变。暴露于脉冲极低频电磁场的大鼠再生肝脏中也发现有类似的 C-myc 和 V-ras 转录的增强。在其他系统专门检测肿瘤基因的激活情况时，未发现对 60 Hz 旋转磁场有任何反应。

8.4.3.3 电磁辐射对生殖功能影响的潜在机制

电磁辐射对生殖影响的研究已有 50 多年的历史，越来越多的结果显示，一定剂量的电磁辐射具有明显雄性生殖损伤效应，可引起生精细胞结构与功能的损伤，其发生机制可能与能量代谢障碍、脂质过氧化、凋亡相关基因及蛋白异常表达、DNA 损伤等相关。

早在 1978 年，Udintsev 等发现小鼠暴露于 20 mT 磁场 24 h 引起睾丸组织葡萄糖-6-磷酸脱氢酶活性增加，辐射后 24~28 h 葡萄糖-6-磷酸脱氢酶、细胞色素氧化酶及己糖激酶活性均明显下降，而乳酸脱氢酶和琥珀酸脱氢酶活性增加，辐射后 7~14 d 恢复正常，重复暴露导致除乳酸脱氢酶外上述所有酶活性降低，直至辐射后 14~28 d 恢复正常，睾丸组织及血浆睾酮浓度呈类似的变化趋势[29]。

已有研究结果显示，小鼠暴露于 1 400 $\mu W/cm^2$ 的 935 MHz 微波 35 d（2 h/d），结果睾丸和精子特异性乳酸脱氢酶-X 活性明显降低，精子活动率下降、尾部线粒体超微结构异常；BALB/c 小鼠持续暴露于 14 μT 和 200 μT 的 ELF-MF 16 周，形态正常的生精小管数减少，生精细胞凋亡明显增加，TUNEL 染色阳性细胞主要为精原细胞，电镜见精原细胞染色质凝集。Kesari 等将大鼠暴露于 SAR 为 0.8 mW/kg 的 50 GHz 毫米波 45 d（2 h/d），结果睾丸 G_0/G_1 期细胞无明显变化，而 G_2/M 期和 S 期细胞比例明显减少，细胞凋亡率明显增加，电磁辐射引起的生精细胞凋亡增加常伴不同的凋亡相关基因及蛋白的异常表达[30]。Kesari 等将 Wistar 大鼠暴露 0.9W/kg 移动电话频段微波辐射 35 d（2 h/d），结果精子数明显减少，凋亡增加，蛋白激酶 C 活性明显降低[31]。季惠翔等采用 65 mW/cm² 和 90 mW/cm² 的 2.45 GHz 微波辐照小鼠 15 min，辐射后 0.5~48 h 睾丸组织 Caspase-3 mRNA 表达明显升高，4~48 h 细胞凋亡数增加[32]。

Esmekaya 等将 Wistar 大鼠暴露于 1.20 W/kg 的 900 MHz 脉冲调制射频辐射 3

周(20 min/d),引起肝、肺、睾丸和心肌组织 MDA 和 NO 明显增加,GSH 含量明显降低。脂质过氧化所致的雄性生殖损伤表现为多方面[33]。Amara 等发现大鼠亚急性暴露于 128 mT 恒定磁场 30 d(1 h/d),睾丸和附睾重量、睾丸 Cu Zn-SOD 活性、附睾精子数及精子活动度无明显变化,但睾丸组织 CAT、GPx、Mn-SOD 活性及睾丸和血清睾酮含量明显降低,MDA、金属硫蛋白、8-oxo-dG 明显增加[34]。

Aitken 等将小鼠暴露于 90 mW/kg 的 900 MHz 射频辐射 7 d(12 h/d),附睾精子数量、形态、存活率、精子 DNA 单链或双链断裂无明显改变,但定量 PCR 分析发现,精子线粒体基因组和 β 球蛋白基因组发生明显损伤[35]。有关电磁电磁辐射导致精子 DNA 遗传物质损伤更多倾向于自由基产生所致。

郭国祯等发现 2 450 MHz 微波热效应可引起小鼠睾丸生精细胞麦胚凝集素(WGA)和刀豆素 A(Con-A)受体的含量显著下降,形态异常的精子中 WGA、大豆凝集素(SBA)、Con-A 三种凝集素受体的含量均显著增加,且分布特性有改变[36]。另据报道,用手机持续辐射 SD 大鼠 18 周(3 h/次、2 次/d),发现精子细胞表面锚定蛋白(CAD-1 和 ICAM-1)mRNA 表达上调,精子间黏性增加,导致精子异常聚集且活动精子比例下降。电磁辐射可导致血睾屏障通透性增加,可能源于紧密连接相关蛋白 occludin、ZO-1、JAM-1、波形蛋白等表达下调。

8.4.4 电磁辐射的防护策略

8.4.4.1 物理防护

电磁辐射防护服装对电磁辐射能发挥较好的屏蔽作用,降低其对人体的伤害,是电磁辐射作业场所应用的主要防护装备。电磁辐射防护服装按原理主要分为两种:导电型和导磁型。导电型防护服在受到外界磁场作用时,产生感应电流,感应电流又产生与外界磁场方向相反的磁场,抵消外界磁场达到防护作用;导磁型防护服则通过磁滞损耗和铁磁共振损耗大量吸收电磁波的能量,并将其转化为其他形式的能量,达到对电磁辐射的衰减效果。根据屏蔽服装材料,又可以将市面上主要防护服装分为 4 类。① 碳纤维、不锈钢纤维等与纺织纤维制成的混纺材料:优点为手感柔软,透气性好。缺点为制成的防辐射织物屏蔽效率较低,一般为 15~30 dB,且不同频段差异很大,限制了其使用范围,目前正在逐步被取代。② 多离子织物:通过一定物理过程(真空喷洒法、真空镀法等)或化学反应(如电解法等)制成。优点:为屏蔽效率高,使用频段宽,性能稳定,并且兼具混纺织物柔软、透气的特点。③ 电磁辐射防护纤维制成的织物:主要包括本征型导电聚合纤维及复合型高分子导电纤维。④ 涂层防辐射织物:使用掺入金属氧化物或金属粉末、高分子成膜剂等制成的涂层制剂,使织物获得电磁辐射防护能力。

在无法避免的接触电磁辐射的情况下,选择一种具有特殊吸波性能的眼镜镜片材料对眼睛进行保护是在保证可见光能够正常进入眼内的一种可行的方法。应用于镜片镀膜的材料必须在超薄厚度的前提下具有良好的吸波作用和透明导电的特性,对于可见光区具有非常优良的透过率。抗辐射镜片按其作用原理可以分为吸收型抗辐射镜片和干涉型抗辐射镜片。吸收型抗辐射镜片是利用材料吸收入射的电磁波,并将电磁能转变成热能。干涉型抗辐射镜片是利用电磁波在传播过程中到达各膜层分界面以及膜层和镜片基体分界面上会发生反射、吸收和透射三种光学作用以此改变电磁波传播方向或者使电磁波产生干涉作用而相互抵消。

评价电磁屏蔽的效果,常用屏蔽效率(SE),单位为 dB。

8.4.4.2　合理膳食

注意微量元素的摄入。微量元素硒具有抗氧化的作用,含硒丰富的食物首推芝麻、麦芽和中药材黄芪,其次是酵母、蛋类、啤酒,海产类有大红虾、龙虾,再次是动物的肝、肾等肉类,而水果和大多数蔬菜含硒都不多。不过,大蒜、蘑菇的含量却相当多。注意补充维生素。具有抗氧化作用的维生素 A、维生素 C、维生素 E 是很好的抗氧化组合。维生素 C 是水溶性维生素,在各种蔬菜和水果尤其是水果中含量甚丰,所以可以多吃水果和蔬菜。此外,研究表明,真菌类食物诸如金针菇、香菇、猴头菇、黑木耳也可通过增强机体免疫力起到抗电磁辐射作用。通过这些饮食措施,可在一定程度上增强人体对电磁辐射的抵抗能力。

8.4.4.3　加强自我保健意识,增强抗辐射能力

注意加强生活和作业场所的电磁屏蔽防护和电磁污染监测,增强自我防护和保健意识,相关部门提供必要的心理咨询和健康保健服务。对于长期从事在电磁环境下工作的人员,应根据作业环境电磁辐射强度和国家相关卫生标准,建立轮岗制度,必要时使用防护装具,如穿戴防护服。日常生活注意各种营养素的摄入和补充,加强体育锻炼,增强自身的抗辐射能力。

8.5　小结与展望

物理环境暴露影响人类的健康与作业能力。对自然物理环境实施环境监测、开展健康损伤效应及机制研究,筛查易感人群、建立医学监督体系、实现三级精准预防。从电离辐射来源、生物学效应、损伤机制及防护策略等方面对电离辐射与精准预防进行介绍,强调放射实践过程中要遵循正当化原则。非电离辐射尤其是一定条件的电磁辐射可对机体各系统产生影响,神经系统和生殖系统是其主要敏感靶位,长期暴露还可能具有致癌和促癌效应,但机制尚不清楚。未来相关研究应采取多中心合作的方式进行物理环境暴露生物效应研究,进一步明确其生物学效应并阐明相关机制,为精准预防提供理论和实验依据。因此,进一步开展物理因素损伤及精准预防研究对维护人类在物理环境下的身心健康、防治损伤与疾病、维护和增强作业能力具有重要的意义。

参考文献

［1］程天民,晁福寰,李春明,等.军事预防医学[M].北京:人民军医出版社,2006.

［2］陈景元,骆文静,胡大海,等.寒区军事医学[M].北京:人民军医出版社,2015.

［3］Kayser B. The International Hypoxia Symposium 2015 in Lake Louise:A Report [J]. High Alt Med Biol, 2015, 16(3):261-266.

［4］Yan X. Cognitive impairments at high altitudes and adaptation [J]. High Alt Med Biol, 2014, 15(2):141-145.

［5］Nelson T O, Dunlosky J, White D M, et al. Cognition and metacognition at extreme altitudes on Mount Everest [J]. J Exp Psychol Gen., , 1990, 119(4):367-674.

［6］Rimoldi S F, Rexhaj E, Duplain H, et al. Acute and chronic altitude-induced cognitive dysfunction in children and adolescents [J]. J Pediatr, 2016, 169:238-243.

［7］Chen X, Zhang Q, Wang J Y, et al. Cognitive and neuroimaging changes in healthy immigrants upon relocation to a high altitude:A panel study [J]. Hum Brain Mapp, 2017, 38(8):3865-3877.

［8］Issa A N, Herman N M, Wentz R J, et al. Association of cognitive performance with time at altitude, sleep quality, and acute mountain sickness symptoms [J]. Wilderness Environ Med, 2016, 27(3):371-378.

［9］Busl K M, Greer D M. Hypoxic-ischemic brain injury:pathophysiology, neuropathology and mechanisms [J]. NeuroRehabilitation, 2010, 26(1):5-13.

［10］Song H, Ke T, Luo W J, et al. Non-high altitude methods for rapid screening of susceptibility to acute mountain sickness [J]. BMC Public Health, 2013, 30(13):902.

［11］Ke T, Wang J, Swenson E R, et al. Effect of acetazolamide and gingko biloba on the human pulmonary vascular response to an acute altitude ascent [J]. High Alt Med Biol, 2013, 14(2):162-167.

［12］曾桂英,任东青,郭国祯.放射损伤防治学[M].西安:第四军医大学出版社,2004:1-26.

［13］Eric J. Hall, Amato J, Giaccia. 放射生物学——放射与医疗学者读本(中文翻译版)[M]. 7版. 卢铀,刘青杰,译.北京:科学出版社,2015.

［14］徐辉,毛秉智,郭国祯,等.核、化、生武器损伤防治学[M].北京:人民军医出版社,2007:30-81.

［15］International commission on radiation protection:recommendations of the ICRP. ICRP Publication 103. New York, NY:Pergamon Press, 2007.

［16］电离辐射防护与辐射源安全基本标准(GB18871-2002).

［17］丁桂荣,谢学军,郭国祯.环境射频辐射与健康 [M].北京:海洋出版社,2015,51-65.

［18］丁桂荣,马亚红,赵涛.移动通信电磁辐射健康效应研究资料汇编[M].北京:海洋出版社,2015,43-63.

［19］Wang X W, Ding G R, Shi C H, et al. Mechanisms involved in the blood-testis barrier increased permeability induced by EMP [J]. Toxicology, 2010, 276(1):58-63.

［20］刘肖,左红艳,王德文,等.极低频电磁场曝露对大鼠认知功能和海马形态结构的影响[J].高电压技术.2013,39(1):156-162.

［21］Farrel J M, Litovitz T L, Penafiel M, et al. The effort of pulsed andsinusoidal magnetic fields on the morphology of developing chilkembryos [J]. Bioelectromagnetics, 1997, 18:431-438.

［22］曹亚男.极低频电磁场对小鼠雌性生殖和子代生长发育的影响[J].中华劳动卫生职业病杂志,

2006,248：468-470.

[23] Huuskonen H，Saastamoinen V，Komulainen H，et al. Effects of low frequency magnetic fields on implantation in rats [J]. Reprod Toxicol，2001，15(1)：49-59.

[24] Chung M K，Kim J C，Myung S H. Lack of adverse effects in pregnant/lactating female rats and their offsp ring following pre-and postnatal exposure to ELF magnetic fields ［J］. Bioelectromagnetics，2004，25：236-244.

[25] 李昱辰,陈昱,陈文芳,等. 连续低功率微波照射致雄性小鼠精子畸形的研究[J]. 环境与健康杂志,2009,26(4)：355-356.

[26] 蒋远春,江少波,孙洁. 微波辐射对雄性生殖系统损伤的研究进展[J]. 右江医学,2009,37(6)：728-731.

[27] Nishimura I，Oshima A，Shibuya K，et al. Absence of reproductiveand developmental toxicity in rats following exposure to a 20 kHz or 60 kHz magnetic field [J]. Regul Toxicol Pharmacol，2012，64：394-401.

[28] Ozlem N H，Nisbet C，Akar A，et al. Effects of exposure to electro-magnetic field (1.8/0.9 GHz) on testicular function and structure ingrowing rats [J]. Res Vet Sci,2012，93：1001-1005.

[29] Udintsev N A，Khlynin S M. Effect of a variable magnetic field onactivity of enzymes of carbohydrate metabolism and tissue respira-tion in testicular tissue [J]. UkrBiokhimZh，1978，50 (6)：714-717.

[30] Kesari K K，Behari J. Microwave exposure affecting reproductive system in male rats [J]. Appl Biochem Biotechnol，2010，162(2)：416-428.

[31] Kesari K K，Kumar S，Behari J. Mobile phone usage and male infertility in Wistarrats [J]. Indian J Exp Biol，2010，48(10)：987-992.

[32] 季惠翔,余争平,张家华,等. 2.45 GHz 微波辐照后小鼠睾丸 Caspase-3m RNA 及凋亡变化的研究[J]. 现代生物医学进展,2009,9(17)：3228-3231.

[33] Esmekaya M A，Ozer C，Seyhan N. 900 MHz pulse-modulated radiofrequency radiation induces oxidative stress on heart，lung,testis and liver tissues [J]. Gen Physiol Biophys，2011，30(1)：84-89.

[34] Amara S，Abdelmelek H，Garrel C，et al. Effects of subchronic exposure to static magnetic field on testicular function in rats [J]. Arch Med Res，2006，37(8)：947-952.

[35] Aitken R J，Bennetts L E，Sawyer D，et al. Impact of radio fre-quency electromagnetic radiation on DNA integrity in the malegermline [J]. Int J Androl，2005，28(3)：171-179.

[36] 郭国祯,郭鹞. 微波局部照射小鼠睾丸对睾丸、附睾和精子凝集素受体含量和分布的影响[J]. 中国病理生理杂志,1994,10(5)：482-486.

9 空气污染的健康危害与精准预防

　　人类离不开大气环境,通过呼吸作用与外界进行气体交换,即吸入空气中的氧气,呼出机体产生的二氧化碳,以维持生命活动的正常进行。空气环境的清洁程度及其理化性状与人类健康密切相关,各种原因引起的空气成分的改变均会对人体健康产生不同程度的影响。空气污染作为中国的主要环境污染因素之一,其与健康的关系一直是公共卫生和环境科学研究的热点。近十多年来,空气污染与健康关系的研究在中国取得了长足的进步,对促进环境保护和居民健康起了积极作用。但是由于空气中污染物种类繁多,对人体健康的影响复杂且涉及面广,其与人体健康之间的关系远未阐明,我们尚不能在某些大气污染健康危害的防护中提出针对性的对策和防治措施。因此,努力探索和及时确认复杂的大气污染物对机体健康的影响、作用模式、相互关系和影响因素,对阐明大气卫生与健康之间的关系和实现医疗服务效益最大化的诉求具有十分重要的意义。

　　精准医学是指应用现代遗传技术、分子影像技术、生物信息技术,结合个体生活环境和临床数据,实现精准的疾病分类及诊断,进行个体化健康指导和疾病干预的过程。我国正处在工业化中期,生产方式粗放、空气污染物排放负荷大,大气环境高污染局面短期内难以得到根本改变。在传统煤烟型污染尚未得到控制的情况下,以细颗粒物、臭氧和酸雨为特征的区域性复合型空气污染问题日益突出,区域内空气重污染现象大范围同时出现的频次日益增多。同时,城市化进程的加快也增加了空气污染暴露人口的数量和密度,这些都使空气污染对人体健康威胁的风险逐步增大,并且对健康的潜在影响将长期存在。在此严峻形势下,应用精准医学理论中大数据和个性化理念,充分将大气卫生学与相关学科整合交叉,探讨空气污染物对人群健康影响的发生、发展规律、特点和机制,助推精准预防在大气卫生学中应用的新发展,是未来大气卫生学的发展方向,也是大气卫生工作者面临的全新机遇和挑战。

9.1 概述

自然状态下的空气是由干洁空气、水汽和气溶胶组成。干洁空气主要成分是不同容积百分比的气体,如78.10%氮气、20.93%氧气、0.93%氩气、0.03%二氧化碳等。大气中的水分含量随时间、地域以及气象条件的不同变化很大,沿海温湿地区空气水分含量高,内陆干旱地区空气水分含量低。气溶胶是指固体或液体微粒均匀地分散在空气中形成的相对稳定的悬浮体系,自然状态下的大气气溶胶主要来源于岩石的风化、火山爆发以及海水溅沫等。根据颗粒物的物理(凝聚)状态的不同,气溶胶可分为固态的烟、尘、液态的雾和固液混合的霾、烟雾等几种类别。

空气污染(air pollution)指大气中一些物质的含量超过正常本底含量,对人体、动物、植物和物体产生不良影响的空气状况。空气中这些含量异常改变,并对人和环境产生有害影响的物质,统称为空气污染物(air pollutant)。

空气污染物的分类方式有很多种,按空气污染物的形成过程可将其分为一次污染物和二次污染物。一次污染物(primary pollutant)是指由污染源直接排入空气环境中,其物理和化学性质均未发生变化的污染物。二次污染物(secondary pollutant)是指排入空气的污染物在物理、化学等因素的作用下发生变化,或与环境中的其他物质发生反应所形成的理化性质不同于一次污染物的新污染物。光化学型烟雾(photochemical pollutant)是一种非常典型的二次污染物,是由汽车尾气中的氮氧化物和碳氢化合物在日光紫外线的照射下,经过一系列的光化学反应生成的臭氧、醛类以及各种过氧酰基硝酸酯,可强烈刺激人体皮肤、黏膜和呼吸系统,严重者可出现心肺功能障碍或衰竭。

除上述分类方式外,可按污染物在空气中的存在状态将其分为气态污染物和颗粒污染物两类。气态污染物包括气体和蒸汽。常见的气体状态的污染物主要为含硫化合物(二氧化硫、三氧化硫、硫化氢等)、碳的氧化物(一氧化碳、二氧化碳等)、含氮化合物(一氧化氮、二氧化氮、氨气等)、碳氢化合物(烃类、醇类、酮类、酯类以及胺类)和卤素化合物(主要是含氯和含氟化合物,如盐酸、氢氟酸和四氟化硅等)。大气颗粒物有固体和液体两种形态,常见的固态大气颗粒物有炭黑、燃烧颗粒核、土尘、煤尘等,液态大气颗粒物主要有雨滴、雾和硫酸雾等。

通常,空气污染物的来源分为自然污染源和人为污染源两类。自然污染源(natural pollution sources)是指自然原因向环境释放的污染物,例如火山喷发排放出的一氧化碳、二氧化碳、二氧化硫、硫化氢、氢氟酸及火山灰等颗粒物,森林火灾产生的一氧化硫、二氧化硫、二氧化氮等。人为污染源(artificial pollution sources)是指人类生活活动和生产活动形成的污染源,主要来源于燃料燃烧、工业生产过程、农业生产过程和交通运输。与自然污染源相比，人为污染的来源更多，范围更广。

目前，我国空气污染问题依然非常严峻，根据环保部《2016 年中国环境状况公报》，2016 年 338 城市细颗粒物的年均浓度范围为 12～158 $\mu g/m^3$，平均为 47 $\mu g/m^3$，远远高于我国环境空气质量年平均浓度二级标准；二氧化硫年均浓度范围为 3～88 $\mu g/m^3$，平均为 22 $\mu g/m^3$，高于我国环境空气质量年平均浓度一级标准；臭氧日最大 8 h 平均第 90 百分位数浓度范围为 73～200 $\mu g/m^3$，平均值为 138 $\mu g/m^3$。造成我国空气污染浓度高居不下的原因很多，一是产业结构转型升级缓慢，发展模式粗放，高耗能、高污染的重工业发展过快、比重过大、集中度高，给环境空气质量带来巨大压力。二是污染物排放强度高、污染物排放量大，如京津冀、长三角、珠三角区域占全国面积的 8%，消费了全国 43% 的煤炭，生产了全国 55% 的钢铁、40% 的水泥、52% 的汽柴油，而二氧化硫、氮氧化物、工业粉尘排放量占全国的 30%，单位面积主要大气污染物排放量远远高于全国平均水平。三是城市化加快带来空气污染压力，城市汽车保有量逐年提升，交通拥堵期间汽车长时间处于怠速状态，加大了尾气排放量，城市污染进而呈现出污染传统煤烟型污染、汽车尾气污染与二次污染物相互叠加的复合型污染特征，此外，市政建设和道路、施工扬尘等污染源也加剧了空气污染。四是不利的气象条件是诱发重污染发生的外部环境条件。2013 年 1 月，华北平原大气环流异常，出现了极端静稳天气，加上冬季地面夜间的辐射降温明显，使空气中的水汽迅速饱和并形成了雾，加快了空气细颗粒物生成，同时，极端静稳天气形成的低空大气逆温层使空气在水平、垂直方向的交换流通变弱，污染物难以扩散，从而导致空气污染的累积效应，形成了霾。高浓度的大气污染物持续暴露，致使大多数受影响的居民出现不同程度的喉痛、咳嗽、呼吸困难等呼吸系统疾病症状，并诱发或加重急性支气管炎、心血管疾病、肺癌等疾病，甚至导致敏感人群的急性死亡。相关研究显示，北京市 2013 年 1 月雾霾天气事件中，细颗粒物污染导致的超额死亡风险为 164 人/15 d，显著高于 2008—2011 年 1 月同期数据 57 人/15 d，由此造成严重的居民健康损害和经济损失[1]。

近年来，我国在大气环境保护方面采取了一系列措施并取得了积极成效。《2016 年中国环境状况公报》指出，与 2015 年相比，京津冀地区细颗粒物、可吸入颗粒物、二氧化硫、一氧化碳年浓度平均值较 2015 年均有不同程度的下降，但是臭氧、二氧化氮等浓度呈上升趋势（见表 9-1），说明我国空气污染治理压力仍然较大，需要继续加强空气污染物控制和大气卫生质量管理工作。2012 年我国环保部发布了新版《环境空气质量标准》，在中国环境保护历史上具有里程碑意义。新标准的出台使我国由世界最宽松空气质量标准的国家之一，成为与发达国家和部分发展中国家同步开展可吸入颗粒物（inhalable particles，PM1.0）、细颗粒物监测的国家，特别是将细颗粒物纳入新标准，对我国环境空气质量逐步与国际接轨，落实环保为民，保护人体健康具有重要意义。

表 9-1　2016 年京津冀地区污染物浓度变化

区域	指　标	年均浓度(一氧化碳：mg/m³,其他：μg/m³)	比 2015 年变化(%)
京津冀	细颗粒物	71	−7.8
	可吸入颗粒物	119	−9.8
	臭氧	172	6.2
	二氧化硫	31	−18.4
	二氧化氮	49	6.5
	一氧化碳	3.2	−13.5
北京市	细颗粒物	73	−9.9
	可吸入颗粒物	92	−9.8
	臭氧	199	−2.0
	二氧化硫	10	−28.6
	二氧化氮	48	−4.0
	一氧化氮	3.2	−11.1

注：表格修改自《2016 年中国环境状况公报》

9.2　空气污染毒理学研究

在毒理学研究中,可以根据研究目的和要求,人为的控制各项影响因素,使研究因素单一准确。同时毒理学研究的观察指标不受限制,可通过动物实验或细胞实验来详尽的分析空气污染物引起的机体病理改变及其作用机制,从而为空气污染的精准预防奠定理论基础和应用基础。

9.2.1　大气颗粒物

大气颗粒物(atmospheric particulates)是指分散在空气中的固态或液态颗粒状物体,燃煤排放烟尘、工业废气中的粉尘及地面扬尘是空气中大气颗粒物的重要来源,也是造成我国空气污染的重要原因之一。大气颗粒物污染程度与季节有关,北方秋冬季取暖燃煤多,且气温垂直递减率减小,常发生逆温现象,阻碍了空气污染物的扩散,导致大气颗粒物浓度上升,空气污染加重;而春夏季燃煤量减少,且气温垂直递减增大,使大气污染物易于扩散,大气颗粒物浓度相对较低。

不同环境下,大气颗粒物的化学组分和物相不同,其相应生态效应和毒性作用也不一样。与国外发达国家相比,我国城市大气总悬浮颗粒物浓度比国外发达国家的城市高,但有害金属(如铅、镉、锌、镍等)的含量较低,而苯并(a)芘等多环芳烃致癌物的含量则较高。大气颗粒物的许多性质如体积、质量和沉降速度都与颗粒物的大小有关。通常使用空气动力学等效直径(Dp)来表示颗粒物的大小。

（1）总悬浮颗粒物（total suspended particulate，TSP）：是指 $Dp \leqslant 100\ \mu m$ 的大气颗粒物，包括液体、固体或液体和固体综合存在，并悬浮在空气介质中的颗粒。TSP 中 $Dp > 10\ \mu m$ 的大气颗粒物通常沉积在上呼吸道、气管和主支气管中，不进入肺泡。

（2）可吸入颗粒物 PM10）：$Dp \leqslant 10\ \mu m$ 的大气颗粒物。PM10 可长期飘浮在空气中，可经过呼吸道沉积于肺泡。

（3）细颗粒物（fine particulate matter，PM2.5）：$Dp \leqslant 2.5\ \mu m$ 的细颗粒。在空气中悬浮的稳定度高、沉降速度慢，可进入下呼吸道并沉积于终末细支气管和肺泡内，其中某些较细的组分还可穿透肺泡进入血液。此外，PM2.5 比表面积大，活性强，易吸附毒性物质和病原体，对人体健康的危害极大。

（4）超细颗粒物（ultrafine particles，PM0.1）：$Dp \leqslant 0.1\ \mu m$ 的大气颗粒物。PM0.1 粒径小，可通过空气吸入沉积在肺部并参与体内循环。PM0.1 比表面积大，可以承载大量的易于吸附的毒性污染物（如氧化性气体、有机物、过渡金属等）进入机体组织内部，引发机体氧化应激反应和炎症反应，并可能诱发心脏病、肺病和其他疾病。

大量流行病学研究发现，大气颗粒物浓度的增高与人群呼吸道症状的发生、肺功能减退、心肺系统疾病的超额发病、死亡等存在密切关联。动物实验研究发现[2]，PM2.5 暴露（0.8 mg 剂量、每周气管滴注 2 次）可导致大鼠支气管黏膜脱落，黏膜下层和支气管管腔有淋巴细胞和浆细胞增生，同时部分黏膜上皮细胞出现磷酸化。当 PM2.5 气管滴注剂量提高到 3.2 mg 时，大鼠黏膜上皮细胞的脱落几乎遍布于整个支气管管腔，并伴有支气管黏膜下层慢性炎症细胞增生。PM2.5 除了直接损害大鼠肺部组织结构与功能外，还会对心脏结构功能产生影响。3.2 mg PM2.5 气管滴注暴露可导致大鼠心肌结构出现紊乱、肌丝溶解和过度收缩带，光学显微镜下可见颗粒物的沉积和炎症细胞聚集，这一结果表明心脏除了受到系统炎症的影响，也可能自身受到颗粒物的直接毒性作用。电镜下大鼠心肌细胞的损伤主要发生在线粒体，以线粒体数量增加、线粒体肿胀、空泡为主要特征，这可能是 PM2.5 污染致细胞凋亡的机制之一。

颗粒物中含有大量的自由基，进入机体可生成一系列活性氧自由基，进而打破机体内氧化和抗氧化之间的平衡。Gurgueira 等[3] 研究发现，SD 大鼠暴露于浓缩环境颗粒物气溶胶（$300 \pm 60\ \mu g/m^3$）内 5 h 后，大鼠出现氧化应激，肺组织和心脏组织乳酸脱氢酶（lactate dehydrogenase，LDH）水平升高，水含量亦显著性增加（约 5%），表示浓缩环境颗粒物可引起大鼠肺和心脏轻度氧化损伤。此外，浓缩环境颗粒物暴露还会引起肺组织和心脏组织内具有抗氧化作用的超氧化物歧化酶（superoxide dismutase，SOD）和过氧化氢酶（catalase，CAT）活性特异性增加。这表明，颗粒物暴露不仅导致组织氧化损伤，还可引发机体做出适应性反应。

大气颗粒物暴露可诱导呼吸系统炎症的发生。Schaumann F[4]分别收集了德国工业化地区(Hettstedt)和非工业化地区(Zerbst)内的PM2.5,制成悬浮液。通过支气管镜将收集到的工业化地区内富含金属的PM2.5(100 μg)滴注到12名健康志愿者的一侧肺段,将非工业化地区PM2.5滴注到健康志愿者的另一侧肺段。结果显示,富含金属的PM2.5可以引起气道炎症,具体表现为支气管肺泡灌洗液内细胞因子白细胞介素-6(interleukin-6,IL-6)和肿瘤坏死因子(tumor necrosis factor-α,TNF-α)浓度增加,以及单核细胞的浸润。另外,Shukla等[5]发现,颗粒物催化产生的活性氧可激活对过氧化敏感的核转录因子-κB(nuclear factor-κB,NF-κB)。NF-κB是一种多向性转录调节蛋白,能与TNF-α、白细胞介素-1基因(interleukin-1,IL-1)、IL-6及细胞间黏附分子-1基因(intercellular cell adhesion molecule-1,ICAM-1)的启动子和增强子中的κB序列位点特异性结合,诱导其的mRNA的表达,促进炎症反应的发生。

大气颗粒物暴露还可促进动脉粥样硬化的发生或发展。$ApoE$基因剔除小鼠模型表现有异常高血脂症状,在3月龄时即出现动脉脂肪堆积,随着月龄增加小鼠体内会出现大量类似动脉粥样硬化前期的损伤。Sun等[6]将$ApoE$基因剔除小鼠随机分为PM2.5暴露组和过滤空气(filtered air,FA)对照组,并暴露于含有浓缩PM2.5的空气或过滤空气中,6 h/d×5 d/周,共6个月。PM2.5采集于纽约大学的A J Lanza实验室东北方向区域,10倍压缩后用于实验暴露,平均浓度为85 $\mu g/m^3$;对照组进行空气暴露时在空气入口阀处放置高效空气颗粒物过滤器以除去气流中的PM2.5。在该项研究中,给予一部分PM2.5暴露组和FA组小鼠正常食物,另一部分PM2.5暴露组和FA组小鼠则食用高脂肪食物,观察小鼠胸主动脉和腹主动脉复合动脉粥样硬化斑块生成情况及血管舒缩变化。结果显示,在正常饮食组中,PM2.5暴露组和FA组复合动脉粥样硬化斑块面积分别为19.2±13.1%和13.2±8.1%,两组之间无显著性差异。在高脂饮食组中,PM2.5暴露组和FA组复合动脉粥样硬化斑块面积分别为41.5±9.8%和26.2±8.6%,两组比较差异有统计学意义;通过油红O染色进一步分析高脂饮食组中小鼠主动脉弓的脂质含量,结果显示PM2.5暴露组脂肪含量是FA组的1.5倍(95% CI:1.21~1.83,$P=0.02$)。与FA组比较,PM2.5暴露组小鼠胸主动脉受到去氧肾上腺素(134.2±5.2% vs. 100.9±2.9%,$P=0.03$)和5-羟色胺(156.0±5.6% vs. 125.1±7.5%,$P=0.03$)刺激后的血管收缩反应要比FA组大,而受乙酰胆碱刺激后的舒张反应比FA组弱,引起PM2.5暴露组血管舒张的1/2乙酰胆碱最大剂量显著高于FA组 [(8.9±0.2)×10^{-8} mEq/L vs. (4.3±0.1)×10^{-8} mEq/L;$P=0.04$]。此外,喂食高脂肪食物的PM2.5暴露组诱导型一氧化氮合酶(inducible nitric oxide synthase,iNOS)水平是相应FA组小鼠的2.6倍(95% CI:1.54~3.12,$P<0.001$);而喂食正常食物的PM2.5暴露组iNOS水平是相应FA组小鼠的4倍(95% CI:2.22~5.31,$P<0.001$)。总而言之,在$ApoE$基因剔除小鼠模型中,长期接触低浓度的

PM2.5可改变小鼠血管舒缩功能,诱导血管炎症和加重动脉粥样硬化。

9.2.2　二氧化硫

大气中二氧化硫(sulfur dioxide,SO_2)主要来源于含硫燃料的燃烧。SO_2气体的毒性属于中等毒性,对大鼠和小鼠的急性致死浓度、半数致死浓度均较高,在$1\,100\sim1\,400\ mg/m^3$的高浓度下才可危及人的生命。呼吸系统是SO_2毒理作用的主要靶器官。进入呼吸道的SO_2在气道上皮可形成SO_2的可溶性衍生物(亚硫酸氢盐和亚硫酸盐),对人和啮齿类动物的呼吸道产生刺激作用和腐蚀作用,进而诱导气管炎、支气管炎、哮喘、肺气肿等呼吸系统疾病的发生与发展。此外,SO_2还可引起啮齿类动物亚临床指标的改变。Sang等[7]将大鼠暴露于不同浓度的SO_2中,发现SO_2可引起大鼠大脑皮质内皮素-1基因(endothelin 1,Edn1)、环氧合酶-2基因(cyclo-oxygen-ase 2,COX2)、NOS2、ICAM-1的mRNA和蛋白质表达增加,并表现出剂量依赖性。

Bai等[8]使用实时逆转录聚合酶链反应和免疫组织化学方法分析大鼠吸入不同浓度的SO_2后肺组织抑癌基因P53、凋亡启动子Bax及凋亡抑制因子Bcl-2的mRNA和蛋白水平,同时检测了细胞凋亡蛋白酶3(Caspase-3)的含量。实验结果显示,P53和Bax的mRNA及蛋白质水平在SO_2暴露浓度为$28.00\ mg/m^3$和$56.00\ mg/m^3$时升高且以剂量依赖性方式增加,Caspase-3活性亦增加,而Bcl-2的mRNA和蛋白水平则表现为降低。上述结果表明,SO_2暴露可以改变凋亡相关基因的表达,诱导大鼠肺细胞凋亡。细胞培养实验发现[9],SO_2衍生物可诱导人支气管上皮细胞ICAM-1、COX2、表皮生长因子基因(epidermal growth factor,EGF)和表皮生长因子受体基因(epidermal growth factor receptor,EGFR)四种基因的mRNA和蛋白质水平剂量依赖性诱导表达。其中,EGFR与COX2的mRNA和蛋白质在暴露$0.5\ h$后的表达水平最高,而EGF与ICAM-1的mRNA和蛋白质在暴露$4\ h$后的表达水平最高。提示SO_2衍生物能够增加人支气管上皮细胞中EGF、EGFR、ICAM-1和COX2四种基因的转录和翻译,诱导黏液过度生成和炎症反应。这可能是SO_2加重哮喘的机制之一。单纯的SO_2暴露未见引起癌变或畸变作用,但与苯并(a)芘等致癌物表现有联合作用。Qin等[10]研究发现,与对照组比较,SO_2或苯并(a)芘单独暴露4周后,小鼠肝脏中Bcl-2、Bax和P53的mRNA水平以及Bcl-2 mRNA/Bax mRNA的比率未发生明显变化。而SO_2和苯并(a)芘共同暴露1天后即可检测到小鼠肝细胞凋亡信号的激活,Bcl-2 mRNA水平和Bcl-2 mRNA/Bax mRNA的比率低于对照组,P53的mRNA水平高于对照组。然而,随着暴露时间的延长,细胞凋亡相关基因的表达发生改变,与对照组比较,SO_2和(或)苯并(a)芘暴露13周后可观察到Bcl-2 mRNA水平和Bcl-2 mRNA/Bax mRNA的比率显著增加,SO_2和(或)苯并(a)芘的慢性暴露可能会抑制细胞的凋亡。不同暴露状态下 Bcl-2 和 Bax 相关蛋白的表达趋势与其 mRNA 表达趋势相似,且 SO_2 和苯并(a)芘共暴露后的蛋白表达变化较 SO_2 或苯并(a)芘单独暴露更为明显。

9.2.3 二氧化氮

大气中的氮氧化物主要源于化石燃料的燃烧和植物体的焚烧,以及农田土壤和动物排泄物中含氮化合物的转化。二氧化氮(nitrogen dioxide,NO_2)是常见氮氧化物中的一种,也是评价空气质量的重要指标之一。NO_2 是一种气态污染物,水溶性较差,对上呼吸道产生较小的刺激性,深部呼吸道是其主要作用位点,可对肺泡和细支气管产生腐蚀和刺激作用,造成呼吸系统损伤。较高浓度的 NO_2 短期暴露会引起支气管内皮增厚和管腔狭窄,并可能伴随炎性浸润、间质水肿、动脉血管壁厚度增大、内皮细胞坏死及组织纤维化等病理改变。长期 NO_2 暴露会产生较严重的毒性效应,诱导机体出现气道高反应、哮喘、肺炎、非心源性肺水肿等疾病,甚至昏迷或死亡。遗传毒性方面,NO_2 急、慢性暴露均可引起大鼠肺细胞 Olive 尾矩值增加,大鼠嗜多染红细胞的微核率显著增高,DNA-蛋白质交联系数上升,且上述反应呈明显的浓度-效应关系,表明 NO_2 是一种遗传毒性物质。

王晓东等[11]用不同浓度的 NO_2 气体对各组 Wister 大鼠进行熏气染毒处理后,检测大鼠肺组织和脑组织调控细胞凋亡相关基因的表达情况。结果显示,大鼠肺组织线粒体活性和线粒体膜电位的检测结果均随着 NO_2 暴露水平的升高而降低,即早基因 Jun 与 Fos 的 mRNA 表达量随着 NO_2 暴露浓度升高而升高,Bcl-2 mRNA/Bax mRNA 的比值也随着 NO_2 浓度的升高而升高,说明 NO_2 暴露可诱导肺组织细胞凋亡,这可能是 NO_2 导致呼吸系统损伤的机制之一。随着 NO_2 暴露的增加,大鼠脑组织 Jun mRNA 与 Fos mRNA 亦表现出上调趋势。此外,随着 NO_2 浓度的升高,大鼠脑组织的蛋白质羰基化水平也呈现出上升的趋势。已有研究表明,蛋白质的羰基化修饰参与了心血管疾病(如动脉粥样硬化)、神经退行性疾病(如阿尔茨海默病、帕金森病)等多种疾病的启动和发展过程。故,NO_2 暴露诱导的细胞凋亡相关基因表达的上调和蛋白质羰基化修饰可能是 NO_2 致大鼠的脑组织损伤的潜在机制之一。

NO_2 暴露可诱导机体哮喘的发生。Hodgkins 等[12]进行 NO_2 暴露实验发现,NO_2 暴露能够引起小鼠肺部 $CD11c^+$ 细胞摄入更多的抗原,并向淋巴结迁移,导致组织相容性复合体和共刺激分子表达量增加,进而激活原始 T 淋巴细胞,促进辅助性 T 细胞 Th2/Th17 分化,引发一系列哮喘症状。此外,韩明等[13]研究发现,NO_2 的长期暴露可通过激活大鼠肺组织 JAK/STAT6 信号转导通路、调控因子 NF-κB、细胞外调节蛋白激酶 ERK 和蛋白酪氨酸激酶 Lck 来调控 Th1/Th2 细胞因子的分泌,表现为 Th2 细胞因子白细胞介素-4 分泌增加,黏蛋白基因 $Muc5ac$ mRNA 表达量和黏附因子 ICAM-1 浓度依赖性上调,Th1 细胞因子 γ-干扰素下调,造成了大鼠 Th1/Th2 失衡和 Th2 优势应答,这可能是 NO_2 长期暴露诱导机体哮喘的机制之一。

9.2.4 一氧化碳

空气中的一氧化碳(carbonic oxide,CO)主要来源于化石燃料的不完全燃烧。CO 由呼吸道进入体内,在肺泡中通过气体交换作用进入血液循环。CO 与血液中血红蛋白 (hemoglobin,Hb) 的亲和力很大,是氧气与 Hb 亲和力的 300 倍。碳氧血红蛋白 (HbCO)不具备携氧的能力,干扰了机体正常的氧气运输,严重时可造成全身各组织器官缺氧甚至死亡。另一方面,HbCO 会阻碍正常的 HbO_2 解离,使其虽携带氧气,也不能释放供组织利用,进而加重组织缺氧。此外,CO 还可与细胞内还原型细胞色素氧化酶中的二价铁相结合,直接抑制细胞呼吸。但血液循环中含有二价铁的 Hb 大量存在,且 CO 与之有高度的亲和力,故一般情况下,进入体内的 CO 多与 Hb 结合,除非短时间内大量吸入高浓度的 CO,此时 CO 对细胞呼吸的直接抑制作用才具有临床意义。

CO 暴露可引发机体心律失常。Andre 等[14]将大鼠暴露于含富含 CO 的过滤空气中($30×10^{-6}$,每 24 h 5 个 $100×10^{-6}$ 浓度峰)4 周后,通过分析大鼠超声心动图、体表心电图和单个左心室心肌细胞的兴奋收缩偶联来评估大鼠心肌功能。结果显示,慢性 CO 暴露可促进左心室间质和血管周围纤维化,而心肌细胞大小并没有明显改变。与此同时,单个心肌细胞的收缩和舒张功能发生改变。正常情况下,心肌细胞膜上的 L 型钙离子通道因去极化而开放,胞外钙离子通过 L 型钙离子通道内流,并以钙诱导钙释放的方式激活胞内肌质网膜上的钙离子释放通道,使肌质网内钙离子顺浓度梯度流入胞质,引起胞内钙离子浓度的瞬时增加(钙瞬变)和肌细胞收缩。CO 暴露后,舒张期细胞内钙离子上升和钙离子再摄取受损,使细胞内钙离子超负荷,导致钙瞬变下降,同时肌丝对 Ca^{2+} 的敏感度降低,肌细胞收缩异常,从而引起心律失常的发生。此外,Iheagwara 等[15]研究发现,CO 暴露还可引起心肌细胞色素氧化酶(电子传递链的末端氧化酶)活性降低,心肌细胞色素氧化酶-1 蛋白水平下调。细胞色素氧化酶是细胞氧化呼吸链中电子传递的最后一个酶,具有质子泵的作用,可将 H^+ 由基质抽提到膜间隙,同时通过血红素中铁原子的氧化还原变化,把电子传递给还原的氧形成水。CO 暴露能够抑制细胞色素氧化酶的活性,从而造成细胞的"化学窒息",可能是 CO 引起的心脏功能障碍的机制之一。

动物实验结果显示,慢性 CO 暴露可使大鼠内皮素-1(Edn1)基因表达上调,同时诱导心肌肥大。Loennechen J 等[16]将一组 SD 雌性大鼠暴露于 $100×10^{-6}$ CO 1 周低(暴露组);将另一组大鼠暴露于 $100×10^{-6}$ CO 1 周后,第二周暴露浓度升到 $200×10^{-6}$(高暴露组)。结果显示,与对照组比较,低暴露组大鼠的 HbCO 含量为 12%±0.9%,而高暴露组大鼠 HbCO 含量为 23%±1.1%;通过反转录酶聚合酶链反应测量大鼠心脏 Edn1 mRNA 水平,低暴露组左心室 Edn1 mRNA 升高 43%±14%($P=0.06$),右心室

Edn1 mRNA 升高 $12\% \pm 16\%$($P = 0.29$),而 CO 高暴露组左心室 Edn1 mRNA 增加 $54\% \pm 12\%$($P < 0.001$),右心室增加 $53\% \pm 12\%$($P < 0.001$);此外,高暴露组右心室重量增加了 $18\% \pm 7\%$($P = 0.02$),低暴露组增加了 $16\% \pm 5\%$($P = 0.02$),上述变化均呈现一定的剂量-反应关系。

9.2.5 臭氧

臭氧(ozone,O_3)是一种浅蓝色气体,是光化学烟雾的主要成分之一。光化学烟雾是大气中的烃类和氮氧化物等污染物在强烈日光紫外线作用下,经一系列光化学反应生成的二次污染物,除了有 O_3 生成外,还包括过氧乙酰硝酸酯、醛类、酮类、过氧化氢,以及由硝酸盐、硫酸盐和某些高分子有机化合物所形成的气溶胶颗粒等物质。

O_3 及其他光化学氧化剂具有一定的急性毒性作用,高浓度短期暴露可导致机体出现呼吸道刺激症状、咳嗽和头痛。$0.52\ mg/m^3$ 的 O_3 染毒 $2\ h$,实验动物可出现急速浅呼吸,这种类型的呼吸起初速度较快,但通常在暴露停止后 $30\ min$ 内消失。虽然 O_3 对呼吸的影响是即刻发生的,但一次性 O_3 短期暴露后,肺功能其他方面的改变往往在暴露后 $1\ d$ 才达到高峰。

O_3 暴露会降低大鼠精子的数量,将 5 个月大的雄性大鼠暴露于 $0.5 \times 10^{-6}\ O_3$ 中,每天 $5\ h$,持续 $50\ d$。实验结果显示,与对照组相比,暴露组大鼠的精子浓度降低了 17%,但精子形态和运动参数均未有统计学差异,大鼠成功交配的次数和产后 1 年内每窝的新生儿的存活率亦无显著性差别[17]。

动物研究发现,不同肺部区域对 O_3 的敏感性不同。$0.4 \times 10^{-6}\ O_3\ 2\ h$ 染毒后大鼠气管还原型谷胱甘肽(glutathione, GSH)的浓度下降,$1 \times 10^{-6}\ O_3\ 2\ h$ 染毒后大鼠肺叶支气管和远端支气管的 GSH 的水平上调,而相同暴露条件下(0.4×10^{-6} 或 1×10^{-6},$2\ h$)猴的肺叶子区和末端细支气管 GSH 的含量比对照组分别高出 1 倍和 55%。O_3 长期暴露(1×10^{-6},$6\ h/d \times 5\ d/$周,$90\ d$),大鼠只有远端细支气管的 GSH 发生变化,比对照组高 64%,同样的,猴远端细支气管 GSH 水平也上调了 65%。上述研究结果表明,机体肺部对 O_3 短期暴露的反应随气管分段和物种的不同而不同,且 O_3 长期暴露会引起 GSH 浓度适应性上调[18]。

有研究认为,单独的 O_3 暴露不会引起肺组织致命性损伤,但 O_3 与其他大气污染物共同暴露时可产生联合作用,进一步加重肺部损害。王广鹤等[2]研究发现,O_3 单独暴露(0.8×10^{-6}),大鼠肺泡灌洗液中总细胞数和巨噬细胞、中性粒细胞、淋巴细胞占总细胞数的百分比与对照组比较没有显著性变化。不同浓度的 PM2.5 单独暴露($0.2\ mg$、$0.8\ mg$、$3.2\ mg$ PM2.5,每周气管滴注 2 次),大鼠肺泡灌洗液中总细胞数和中性粒细胞占总细胞数的百分比与对照组比较出现不同程度的增加,而巨噬细胞占总细胞数的百分比则表现为下降,以 3.2 mg PM2.5 暴露组为例,总细胞数较对照组增加 2.69×10^5/mL,中性粒细胞和淋巴细胞占总细胞数的百分比分别上调23.35%和6.78%,巨噬细胞占总细胞数的百分比下降20.15%,差异有统计学意义。而 O_3 和PM2.5联合暴露进一步加重了大鼠肺部损伤,与相对应剂量的 PM2.5 组比较,联合暴露组大鼠肺泡灌洗液中总细胞数和巨噬细胞、中性粒细胞占总细胞数的百分比均发生了明显改变,以O_3+PM2.5(3.2 mg)组为例,总细胞数较 PM2.5(3.2 mg)组增加 3.61×10^5/ml,中性粒细胞占总细胞数的百分比增加 17.12%,巨噬细胞占总细胞数的百分比下降13.54%,而淋巴细胞占总细胞数的百分比没有明显改变。此外,O_3+PM2.5(3.2 mg)组大鼠肺泡灌洗液中前炎症细胞因子 IF-6、TNF-α 水平和乳酸脱氢酶 LDH、碱性磷酸酶(alkline phosphatase,AKP)活力均较对照组、O_3 单独暴露组和PM2.5(3.2 mg)组明显增加。ICAM-1是血管损伤的标志,相关研究认为,TNF-α 可诱导肺血管 ICAM-1 表达上调,促进炎细胞由血管向肺部聚集,增加白细胞向肺组织的浸润,引发气道的局部炎性反应。在该项研究的 PM2.5 单独暴露组中,大鼠肺组织中 ICAM-1 基因表达与对照组比较没有明显的改变,但 O_3+PM2.5 联合暴露组不论是与对照组比较,还是与相应剂量的 O_3 或 PM2.5 单独暴露组比较,ICAM-1 基因的表达均明显上调,且与大鼠肺泡灌洗液炎细胞变化趋势一致。

9.2.6 铅

大气中的铅主要集中在大气颗粒物中,在汽油加铅时代,机动车尾气排放是大气铅的主要来源,而在汽油无铅化后,燃煤烟尘成为大气铅污染的最重要来源。长时间低剂量的铅暴露可引起机体多个系统的严重损伤。

钱春燕[19]等观察了3种铅化合物(硫酸铅、氯化铅、氧化铅)气管滴注和 PM2.5 急性暴露对大鼠肺部组织和血液的毒性作用。将大鼠随机分为对照组、硫酸铅、氯化铅和氧化铅染毒组[低、中、高染毒剂量分别为 13.5 μg/(kg·bw)、67.5 μg/(kg·bw)和 337.5 μg/(kg·bw)],以及 PM2.5 染毒组[低、中、高染毒剂量分别为 1.6 mg/(kg·bw)、8.0 mg/(kg·bw)、40.0 mg/(kg·bw)]。实验中所用 PM2.5 采集于上海市徐汇区某学校建筑物楼顶高 10 m 左右;周围没有明显的污染源,使用大流量采样器和玻璃纤维滤膜收集大气中的细颗粒物。经测量,采集的细颗粒物样品中铅平均含量为 1.69 mg/g。将滤膜上的 PM2.5 洗脱下来后用无菌生理盐水配制成所需的浓度。各实验组经气管滴注受试物,连续染毒 3 d,末次染毒 24 h 后,收集大鼠支气管肺泡灌洗液检测乳酸脱氢酶 LDH、碱性磷酸酶 AKP、酸性磷酸酶(acid phosphatase,ACP)、白蛋白(albumin,ALB)、总蛋白(total protein, TP)和全血中 δ-氨基-γ酮戊酸脱水酶(δ-aminolevulinic acid dehydratase,δ-ALAD)的活性。LDH 来源于血液或肺损伤后组织渗漏到肺泡,是反映毒物毒性的早期灵敏指标。AKP 主要由肺泡Ⅱ型细胞产生,部分由中性粒细胞产生,其含量提示了肺泡Ⅱ型细胞受损程度和中性粒细胞浸润程度。ACP为溶酶体酶,在巨噬细胞中含量较多,参与肺部的防御反应,肺巨噬细胞发挥吞噬作用而崩解死亡后,大量ACP进入肺灌洗液中。肺灌洗液中TP、ALB主要来源于血浆渗出,反映了肺泡上皮毛细血管屏障损伤程度。实验结果显示,PM2.5及3种铅化合物均可致大鼠支气管肺泡灌洗液中的中性粒细胞比例明显升高,巨噬细胞比例降低;随着染毒剂量的增加,支气管肺泡灌洗液中LDH、AKP、ACP、TP和ALB含量逐渐升高,且PM2.5引起的上述作用较铅化合物明显。3种铅化合物两两比较发现,硫酸铅组对中性粒细胞比例、巨噬细胞比例、AKP、ACP和TP的作用较为明显。相关研究认为,铅可以抑制δ-ALAD的活性,引起卟啉代谢障碍。在此项研究中,末次染毒24 h后,大鼠全血中δ-ALAD活性随染毒剂量的升高而降低,PM2.5作用较铅化合物明显;3种铅化合物中,硫酸铅的降低作用最明显,这可能与3种铅化合物的溶解度、相伴阴离子以及在体内微环境中的转化方式不同有关。

慢性铅中毒可出现神经衰弱症候群、多发性神经炎、中毒性脑病等临床症状。发育中的个体最易受到影响,慢性铅中毒易危及幼年个体的智能和行为,严重时可导致其认知障碍或行为缺陷。动物实验研究发现,铅可以抑制神经细胞的增殖。于德娥等[20]经饮水给予孕期和断乳后大鼠400 μmol/L的氯化铅,至观察终点采用免疫组化法检测大鼠海马CA3取神经元数目。结果显示,孕期铅暴露可导致仔鼠海马神经元数目减少,而出生后铅暴露则对海马组织神经元数目没有明显影响。Bourjeily等[21]报道,围产期低浓度铅暴露会引起大鼠海马区胆碱能神经元分布密度持续降低,导致机体海马区胆碱能神经支配障碍并一直持续到成年,这可能是早期铅暴露引起机体持续性认知障碍和不可逆神经损伤的重要原因。

铅可以抑制神经细胞的增殖和分化。Huang等[22]探讨了铅暴露对大鼠皮质、纹状体和腹侧中脑神经干细胞增殖和分化的影响。自由漂浮的神经球在标准培养基或含铅(0.1 μmol/L、1.0 μmol/L、10 μmol/L、50 μmol/L、100 μmol/L)培养基中生长5天,通过测量神经球的^{3}H-胸苷摄取量来评价其增殖状况,并在不同的时间点(1~7 d)收集培养基进行相关指标的检测。结果显示,与对照组比较,铅暴露不影响神经细胞的活力,但对不同来源神经干细胞增殖的影响不同,铅暴露可抑制纹状体和腹侧中脑神经干细胞的增殖,该作用呈剂量依赖性,但对皮质神经干细胞的增殖无明显抑制作用。此外,铅暴露还可干扰神经干细胞的分化,剂量依赖性地降低皮质、纹状体和腹侧中脑神经干细胞向成熟少突胶质细胞分化,而诱导神经干细胞向成熟星形胶质分化。

铅还可通过减少神经细胞突触数目,或以影响突触电压门控Ca^{2+}通道的方式来减少神经递质的释放。Tang等[23]发现铅暴露可以降低大鼠大脑海马区神经细胞突触结构的可塑性,具体表现为突触数目减少,突触间隙宽度增大,突触后致密物厚度、突触活性带长度及突触界面曲率减小。此外,铅对电压门控Ca^{2+}通道有高度亲和力,可以影响

由电压门控 Ca^{2+} 通道控制的神经递质的释放和重吸收,增强神经递质(如乙酰胆碱、多巴胺和氨基酸等)的基础释放,进而抑制其在激活状态下的释放[24]。Gill 等[25]研究发现,铅可以使大鼠神经细胞乙酰胆碱释放减少,且被动逃避实验结果显示乙酰胆碱释放的减少与大鼠认知功能和运动功能的损害呈平行关系。

9.2.7　苯并(a)芘

多环芳烃(polycyclic aromatic hydrocarbons,PAHs)是一类数量大、种类多、分布广且对人体危害极大的有机化合物。各类工业和生活用锅炉产生的烟尘、煤焦油的生产和使用过程、各种机动车辆尾气排放以及吸烟和烹调过程中产生的烟雾等是 PAHs的重要来源。目前已证实多种 PAHs 具有致癌、致畸和致突变的"三致"性,其中苯并(a)芘是 PAHs 的典型代表化合物。

BaP 是一种常见的高活性间接致癌物。BaP 的致癌性主要是通过其代谢终产物二氢二醇环氧苯并(a)芘[benzopyrene-7,8-diol-9,10-epoxide,BPDE]的致癌活性得以体现。BaP 进入人体后,被细胞色素酶系 P450 氧化成 7,8-环氧苯并(a)芘,7,8-环氧苯并(a)芘经环氧化物水解酶作用生成 7,8-二羟基苯并(a)芘,再经 CYP1A1 酶进一步氧化成 7,8-二羟基-9,10-环氧苯并(a)芘,即 BPDE。活性代谢物 BPDE 可以与 DAN、RNA、蛋白质等生物高分子共价结合形成加合物,引起生物高分子结构和功能的改变,进而引发 DNA 损伤修复、细胞周期校正等信号转导通路的激活以及相关靶基因的表达异常,从而引起细胞癌变。

BPDE 具有亲电子性,可以与 DNA 的亲核位点鸟嘌呤外环氨基端共价结合,形成BPDE-DNA 加合物,引起 DNA 碱基突变,如碱基的插入、缺失、移码突变和替换突变等。机体具有多种修复受损 DNA 的能力,BaP 所致的 DNA 损伤可能通过核苷酸切除修复途径来修复。切除修复交叉互补基因-1(excision repair cross-complementation group 1,*ERCC1*)是核苷酸切除修复机制中的关键基因之一。吴晓明等[26]采用反义RNA 技术抑制 *ERCC1* 基因的表达,探讨 *ERCC1* 基因在修复 BaP 所致 DNA 损伤中的作用。将含有 *ERCC1* 反义 RNA 的重组质粒转染至肺癌 A549 细胞,筛选出稳定转染的细胞克隆后检测细胞 *ERCC1* 基因 mRNA 表达水平、24 h 细胞生存力和 DNA 损伤程度。结果显示,*ERCC1* mRNA 表达水平在筛选出来的表达 *ERCC1* 反义 RNA 的 7个阳性克隆中,均有不同程度降低,表明反义质粒已成功导入 A549 细胞实现稳定整合,并抑制其内源 *ERCC1* mRNA 的表达。此外,表达反义 *ERCC1* 的 A549 细胞与亲本A549 细胞生长特性无显著性差异。细胞经 10 μmol/L BaP 作用 24 h 后,继续孵育24 h,观察细胞对损伤 DNA 修复情况,对照组 DNA 损伤修复程度与 *ERCC1* 表达水平显著正相关,而反义 *ERCC1* 的 A549 细胞的 *ERCC1* mRNA 表达下降,细胞修复受损DNA 的能力亦随之减弱,说明 *ERCC1* 在 BaP 致 DNA 损伤后的修复中发挥重要的作用。

BaP能影响多种癌症信号通路关键蛋白的表达。研究人员发现,BaP和P53蛋白信号通路之间存在紧密的联系。P53蛋白主要分布于细胞核质,是一种转录因子,与细胞周期的调控、DNA修复、细胞分化、细胞凋亡等重要的生物学功能有关。正常P53蛋白的生物功能类似"基因组卫士",能够与DNA特异性结合,监视基因组的完整性,在G_1期检查DNA损伤情况,如有损伤,可通过其下游蛋白$P21^{WAF1}$、CyclinB1等引发细胞G_1期阻滞,阻止DNA复制,以提供足够的时间使损伤DNA修复;如果修复失败,P53蛋白则引发细胞凋亡。Binková等[27]将人肺成纤维细胞暴露于不同浓度的BaP后,使用^{32}P-标记测量DNA加合物水平,Western印迹技术测定P53蛋白和$P21^{WAF1}$蛋白的表达,并通过流式细胞术分析细胞周期分布,来探讨BaP与P53蛋白信号通路之间的关系。结果显示,DNA加合物形成与BaP暴露浓度、暴露时间和细胞分期有关。DNA加合物与BaP之间的剂量反应关系呈钟状,实验中最低浓度的BaP暴露($0.01\ \mu mol/L$)即可观察到DNA结合物的生成,随着暴露剂量的增加,DNA加合物含量上升,在$1.00\ \mu mol/L$处达到峰值,之后DNA加合物的含量随着BaP浓度的升高而逐渐下降;DNA加合物的含量与BaP暴露时间呈正相关;不同细胞周期,DNA加合物的生成量不同,暴露24 h后在接近融合的细胞(G_0/G_1)期中观察到了最高的DNA加合物水平。P53蛋白和$P21^{WAF1}$蛋白的表达发生在DNA加合物生成之后,调整BaP暴露和细胞周期的影响后,DNA加合物水平与P53蛋白($R=0.859, P<0.001$)和$P21^{WAF1}$水平($R=0.797, P=0.001$)呈正相关。此外,实验中还观察到S期细胞数量增加,G_1和G_2/M期细胞数目下降。以上实验结果说明,BaP可能通过上调DNA加合物来诱导P53蛋白和$P21^{WAF1}$蛋白的表达,从而干扰正常的细胞周期。也有研究认为,BaP还可通过P53蛋白的另一个下游基因Bax诱导细胞凋亡。Bax是Bcl-2基因家族中的细胞凋亡促进基因,其蛋白是Bcl-2同源的水溶性相关蛋白。BAX过度表达可拮抗Bcl-2的保护效应而使细胞趋于死亡。Donauer等[28]发现,敲除Bax基因的人结肠癌细胞经BaP活性代谢物BPDE处理后,与野生型细胞相比,细胞凋亡率降低了50%,同时P53蛋白生成减少,但P53蛋白磷酸化不受影响,仍可通过P21诱导细胞死亡。

9.3 空气污染物暴露评价

大部分空气污染物通过呼吸道进入人体,少量通过皮肤、饮食等其他途径进入体内。对空气污染物暴露情况进行精准评价,是判断空气污染物与健康损害的重要前提。一般情况下,空气污染物暴露测量包括外暴露水平测量和内暴露水平测量两个方面。外暴露水平(external exposure level)是指个体接触的大气环境中空气污染物的浓度和含量,可通过环境监测或个体暴露监测获得;内暴露水平(internal exposure level)是指空气污染物被吸入人体或靶器官的含量,可经实验分析获得。

9.3.1 外暴露水平测量

9.3.1.1 环境监测网站法

环境监测网站法是指假定环境空气质量监测站周围的空气污染物浓度均匀,监测站周围人群暴露方式相同,以监测站测得的数据来反映室外空气污染物浓度对暴露的贡献。

环境监测网站法简便易行,适用于大范围地区的人群暴露水平研究。但该方法得到的暴露数据受监测点数目、位置的影响较大;同时,个人活动模式、生活环境、工作环境的不同,均会对个体空气污染物暴露量产生明显影响,故环境监测网站法的监测数据不能代表个体的真实暴露水平。

9.3.1.2 微环境模型法

微环境模型法,即求出个体在各种室内外微环境中暴露量的总和,是污染物浓度和停留时间乘积的积分。一般微环境包括室外、宿舍、办公室、餐馆、体育馆、商场等和封闭的交通工具内等。

$$E_i = \frac{\sum C_j t_{ij}}{\sum t_{ij}}$$

式中,E_i 为个体 i 在微环境 j 中某种空气污染物的综合平均暴露水平;C_j 为微环境 j 中某种空气污染物的浓度;t_{ij} 为个体 i 在微环境 j 中的时间。

微环境模型法能较好地反映研究对象在不同微环境中的暴露水平。胥美美等[29]采用定组研究设计,于 2007 年 7 月至 2008 年 8 月(取 8 个时间区段周期)对北京市某社区 60 名有心血管病既往病史的老年人进行室内外 PM2.5 暴露监测,并采用时间-活动模式问卷收集时间-活动数据,进行统计分析。结果显示,北京市某社区室外 PM2.5 日均质量浓度为 $85.5 \pm 48.7~\mu g/m^3$,室内 PM2.5 日均质量浓度为 $110.5 \pm 77.5~\mu g/m^3$,均高于我国环境空气质量标准二级浓度限值 $75~\mu g/m^3$。研究期间个体暴露加权浓度为 $113.3 \pm 79.0~\mu g/m^3$,与室内 PM2.5 浓度更接近,是因为此次调查对象大部分为离退休人员,每天在家中活动时间占 90% 以上,故室内污染物是该人群空气污染物个体暴露的主要组成部分。此外,夏季 PM2.5 个体暴露加权浓度变化趋势与室外 PM2.5 浓度变化趋势一致,春冬季则不相同,这可能是冬季通风时间较短,室内 PM2.5 受室外影响小所致。

相比环境监测网站法,微环境模型法考虑了个体所处的多个微环境,这与人体暴露的真实情况更相符,准确度更高。然而,在研究过程中,微环境监测需要配置一定量的仪器设备和人力资源,时间-活动模式调查问卷也可能存在误差,具有一定的局限性。

9.3.1.3 个体暴露水平监测

个体暴露水平监测是指使用个体采样器采集人体呼吸区域内的空气污染物,计算人体在一定时间内的大气污染暴露浓度。常用空气污染物个体采样器,分为有动力和无动力两类。有动力个体采样器是利用一个微型抽气泵采样,无动力个体采样器是根据分子扩散和渗透原理进行采样。

应用光散射原理监测大气 PM2.5 浓度的 MicroPEM 是目前技术较为成熟的 PM2.5 监测仪器。杜艳君等[30] 在北京市招募 7 名在职人员作为调查对象,应用 MicroPEM 对调查对象真实通勤过程中不同通勤方式的 PM2.5 个体暴露水平进行监测,并与同期相关站点的 PM2.5 环境监测数据进行比较。结果显示,除轻轨以外,步行、自行车、公交车和地铁 4 种通勤方式的 PM2.5 个体暴露数据与环境监测站数据差异有统计学意义。与固定的环境监测站点相比,个体采样器能更精确的评估调查对象 PM2.5 暴露情况。

个体暴露水平监测的优点是不需要收集污染源和地形等数据,能直接测量个体污染物暴露水平,精确度高。此方法的不足之处主要有:成本较高,需要耗费大量人力,对调查对象依从性要求较高,不适用于大规模的污染物暴露评估,亦不适用于长期的污染物暴露评价。

9.3.1.4 模型评价法

由于流行病学研究涉及的对象往往较多,全部开展个体暴露监测不现实。而以室外大气监测站的浓度作为个体暴露水平,会带来明显的暴露测量误差问题。故利用 GPS 技术、个体监测数据和个体时间-地点-活动模式等信息发展和推广个体暴露评估模型,将是我国空气污染流行病学研究的一个重要发展方向。目前,科学家已推出了多种暴露评估模型,如接近模型、大气扩散模型、土地利用回归模型、卫星遥感反演技术等。

1) 接近模型

接近模型(proximity models)是空气污染暴露评估最常见的空间模型,是以个体与污染源之间距离的远近来表示个体空气污染物暴露水平。一般来说,距离污染源越近,个体暴露水平越高。

本模型主要用于评估调查对象交通相关污染物的暴露水平。Blount 等[31] 以正在接受治疗的活动性结核病患者的住宅为圆心,划分半径为 100 m、200 m、300 m、400 m 的同心圆,收集各同心圆缓冲区内的道路交通量(每 24 h 通过一段路段的平均车辆数目)和交通密度(同心圆内调整道路长度后每小时的交通量)。统计分析发现,在调整了人口学、社会经济学和多个临床因素后,结核病患者住宅周围道路的交通量和交通密度与结核病治疗期间患者死亡率增加有关,随着缓冲区半径的减小,结核病患者死亡风险增加,表明结核病患者可能易受交通空气污染的影响而产生健康损害。

本模型的优点在于简单易行，耗费较少，通常只需要较少的资源即可完成，有时利用现有的资料就可以进行空气污染暴露评价，因此其可行性较高。缺点在于该模型只能进行定性的判断，无法定量描述研究区域内污染物的浓度水平，且结果易受某些因素的干扰，如气象、地形等，也可能会存在一定程度的报告偏倚，不适于复杂的暴露研究。

2）大气扩散模型

大气扩散模型（dispersion models）主要利用污染物排放数据，综合考虑各种环境变量（如气象数据风速、风向、压力、温度、相对湿度、云量）、地形等对污染物迁移、扩散和转化的影响，对大气污染物浓度进行时间和空间的暴露评估。目前，大气扩散模型在空气污染暴露评估中应用最为广泛。

ISC3 模型是开发应用较早的大气扩散模型，其理论基础是统计理论的正态烟流模式，使用的公式是目前广泛应用的稳态封闭型 Gauss 扩散方程，可计算点源、面源、体源和开放源等各种工业源排放的 TSP、PM10、SO_2、NO_x 和 CO 等污染物在环境空气中的浓度，模拟污染物在大气环境中的迁移扩散和时空分布。杜鹏飞等[32]采用 ISC3 模型和情景分析相结合的方法对南宁市 SO_2 控制策略进行模拟研究，取监测点实测值对模型参数进行验证，结果显示，模拟结果的相对偏差为 $-25.43\%\sim4.01\%$。ISC3 的主要优势在于模式的相对简单性和预测结果的稳固性，气象数据的需求量相对较小，但该模式不能提供湍流扩散过程的结果性预测。

美国环保局和美国气象学会基于大气边界层和大气扩散理论，联合开发了能替代 ISC3 模型的 AERMOD 大气扩散模型，杨洪斌等[33]在沈阳对 AERMOD 大气扩散模型进行了应用和验证，结果显示，颗粒物的监测日平均值与模拟日平均值的相关性较好，81%的数值落在模拟值与监测值的 2 倍误差范围内，模拟值与监测值的相关系数为 0.68；SO_2 有 72%的数值落在模拟值与监测值的 2 倍误差范围内，模拟值与监测值的相关系数为 0.64。AERMOD 模式也有其自身的局限性，需要地面气象数据文件和高空气象参数的垂直廓线文件支持，且预测模式仅能计算污染物浓度值，不能计算干沉降和湿沉降等。

ADMS 大气扩散模型是由英国剑桥环境研究中心（Cambridge Environmental Research Consultants，CERC）、英国气象局和 Surrey 大学等机构合作开发的新一代大气扩散模型，应用基于 Monin-Obukhov 长度和边界层高度描述边界层结构参数的最新大气物理理论，可以模拟单个或多个点源、面源、线源、体源和网格点源的大气污染物扩散过程。丁峰等[34]使用美国环境保护署 Epri Bowline 试验场的数据资料对 ADMS 大气扩散模型进行验证分析，结果显示 ADMS 预测值略低于监测值，回归线斜率为 0.89，吻合度较好。

CALPUFF 模型为三维非稳态拉格朗日扩散模式系统，可以处理空气污染物扩散过程中复杂的地形效应、海陆效应、水面过程、污染物干湿沉降、建筑物下洗和简单化学转换等过程,与传统的稳态高斯扩散模式相比,能更好地处理长距离(>50 km)污染物运输。杨多兴等[35]利用CALPUFF与MM5耦合系统,模拟2004年北京城区西南部门头沟排放的大气颗粒物的时空分布及其向北京主城区的输送过程,分析下垫面非均匀性和气象条件对输送过程的影响以及门头沟污染物对主城区颗粒物浓度的贡献。模拟结果显示,门头沟排放的空气污染物能够被输送到北京主城区,存在输送通道,且污染物浓度分布表现出强烈的时空非均匀性,门头沟排放的PM10对主城区近地面浓度的影响可达$0.1\sim15$ $\mu g/m^3$。与观测值对比,模拟值与观测值变化趋势具有很好的一致性,观测浓度和模拟浓度的相关系数及标准偏差分别为0.8 $\mu g/m^3$、0.03 $\mu g/m^3$,表明CALPUFF模型对PM10浓度分布和输送态势具有较准确的模拟能力。

大气扩散模型充分考虑了污染源、气象、地形等因素对大气污染物浓度的影响,不需要密集的监测网络,可提供高时空分辨率的空气污染物污染数据,常用于监测不同研究地区相对轻微的空气污染物浓度变化。该模型也存在不足之处:① 需要详细的气象数据和地形数据;② 需要较昂贵的硬件、软件设备和专业的操作人员;③ 需要对监测数据进行广泛的交叉检验;④ 模型的假设与现实存在差异,存在评价误差;⑤ 该模型未能充分考虑个体时间-活动模式对个体暴露的影响,不能评估人群在不同微环境下的暴露水平。

3)土地利用回归模型

土地利用回归模型(land use regression models,LUR)是一种空间插值方法,一般选$20\sim100$个监测点,以大气污染物NO_x、NO_2、PM2.5等监测数据的年均值为因变量,以人口密度、交通数据、土地利用类型、自然地理状况(海拔、距海距离、地形等)和气候数据(风向、风速等)为自变量建立多元线性回归方程,估算大气污染物浓度。国外已有多项环境流行病学研究运用LUR模型估计大气污染物浓度,建立了空气污染长期暴露与人群不良健康结局的关系。国外的研究经验显示,LUR估计的污染物浓度一般能解释$60\%\sim85\%$的区域大气污染物浓度变化情况,高于传统的统计学差值模型(如Kriging法)。目前我国正处于LUR模型的构建阶段,相关的流行病学研究鲜见报道。

Meng等[36]利用上海环境监测中心2008—2011年NO_2监测数据,建立了上海地区NO_2LUR估计模型。该模型中含有4个自变量:监测点周围2 km缓冲区内主要道路的长度、10 km缓冲区内工业源(不包括发电厂)数量、5 km缓冲区内农业用地面积和人口数量,空间分辨率为1 km×1 km。模型整体拟合R^2和缺一交叉验证法(LOOCV)R^2分别为0.82和0.75,均方根误差为4.46 $\mu g/m^3$,说明预测值与测量值吻合较好。此外,该项研究从LOOCV R^2、均方根误差和预测空间变化三个维度对LUR模型、Kriging法和IDW插值方法的精确性进行比较,结果显示LUR模型在NO_2预测精度和空间变异性方面表现优于后两者。汉瑞英等[37]利用LUR模型对杭州地区春、夏、秋、冬四个季节的PM2.5质量浓度空间分布进行模拟,拟合R^2均在0.70以上。江曲图[38]采用LUR与贝叶斯最大熵相结合的空间数据分析方法,得到了我国沿海地区部分省市高精度的 PM2.5 质量浓度格点分布，拟合 R^2 为 0.85。模拟结果显示，整体海岸带地区以长江三角洲为界，PM2.5 浓度呈现南低北高的趋势，且以京津冀及山东内陆区域秋冬季污染最为严重；以山东省为例，进行各市室外空气污染暴露分析，结果显示人均 PM2.5 暴露浓度从内陆至近海逐步递减，济南 85.5 $\mu g/m^3$ 最高，烟台、威海等沿海城市相对较低。

LUR 模型是模拟城市尺度空气污染物空间分布的常用模型，模型构建简便，可对空气污染物的空间分布进行高分辨率模拟，并有效地进行污染物的长期暴露评估。然而，LUR 模型也有一些不足之处：时间分辨率较低，不能用来估计短时间内空气污染物的平均浓度，因而难以运用在急性效应研究中；亦不能反映污染物浓度在局部区域的极端变化情况，比如交通干道附近空气污染物浓度的变化。

4）卫星遥感反演技术

近几年来，卫星遥感反演技术在大气环境监测中的应用越来越多，其主要原理是利用卫星测量大气散射、吸收和辐射的光谱特征值，反演出气溶胶光学厚度（aerosol optical depth，AOD），从而识别空气组分及其含量，实现空气污染物的有效监测。目前最常采用的 AOD 数据来自美国宇航局 Terra 和 Aqua 卫星上搭载的中分辨率成像光谱仪（moderate-resolution Imaging spectroradiometer，MODIS）所测量的数值。夏丰等[39]将中国气象局大气观测网络已有的 PM2.5 站点 2013 年 1 月至 2015 年 12 月逐小时观测数据，与分辨率为 10 km×10 km 的 MODIS/AquaAOD 数据进行时空匹配，考虑空气相对湿度、云量、边界层高度、吸湿增长因子等对 PM2.5 与 AOD 相关性的影响，通过统计分析与数据拟合等手段，建立了中国地区季节尺度的地表 PM2.5 浓度卫星遥感反演模型。模型验证结果显示，华北平原、长三角地区和珠三角地区 PM2.5 模型估算值与站点观测值季均相关系数普遍在 0.82 以上，反演准确性很高。Donkelaar 等[40]利用卫星遥感技术分析了 2001—2006 年全球 PM2.5 平均浓度水平分布情况（见图 9-1）。由图 9-1 可知，我国 PM2.5 污染整体水平较世界其他国家严重，京津冀、长三角地区和珠三角地区是我国 PM2.5 污染相对较重的区域，其中尤以京津冀地区污染最重。

卫星遥感反演技术在环境监测中具有时空分辨率高、范围广、成本低、便于长期性和周期性动态监测等优点。但同时 AOD 与大气污染物的关系易受多个具有时间趋势的变量（如气象条件、大气污染物垂直和昼夜分布特征、颗粒物光谱特征等）和 AOD 分辨率的影响。

5）大气化学模式

大气化学模式是指应用微量分析技术、实验室模拟技术和电子计算机技术，定量化和模式化地分析大气中主要成分和微量成分的组成、含量、起源和演化等内容。现国内外常用的大气化学模式有 CMAQ 模式、CAMx 模式、WRF-Chem 模式、CUACE/Haze-

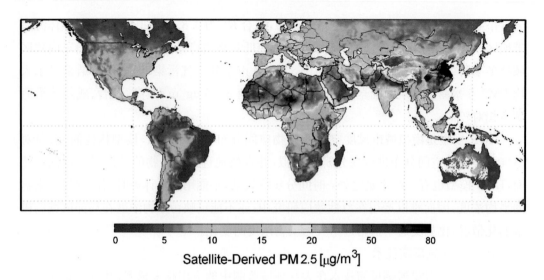

Satellite-Derived PM 2.5 [μg/m³]

图 9-1　2001—2006 年全球 PM2.5 平均浓度水平分布情况

注：图片修改自"Donkelaar A, Martin RV, Brauer M, et al. Global estimates of ambient fine particulate matter concentrations from satellite-based aerosol optical depth: development and application [J]. Environ Health Perspect, 2010, 1186: 847-855. (Figure 4)"

fog 模式和 NAQPMS 模式等。

贺瑶等[41]应用 Model-3/CMAQ 模式，结合观测资料和后向轨迹，分析了 2015 年 1 月 21~24 日长江三角洲地区 PM2.5 污染的时空分布特征和区域输送过程。结果显示，该模式能合理地再现上述期间长江三角洲地区 PM2.5 浓度的时空分布和变化：21 日时段的污染主要为短时大风北方输入污染，PM2.5 的主要正贡献过程依次为局地源排放（35.0%）、水平平流（27.1%）、气溶胶化学生成（20.9%）和垂直平流（14.1%）；22~24 日地面小风，存在逆温，是静稳本地积累时段，PM2.5 的主要正贡献过程依次为局地源排放（50.1%）、气溶胶化学生成（27.1%）、垂直平流（17.4%）。其中，水平平流、源排放、气溶胶化学过程在上述 2 个污染时段中的贡献率存在显著性差异。

薛文博等[42]利用 CAMx 模型的颗粒物来源追踪技术对 2010 年我国部分省市 PM2.5 的空间来源进行分析，并在此基础上建立了全国 31 个省市（源）向 333 个地级城市（受体）的 PM2.5 传输矩阵，解析了全国 PM2.5 及其化学组分的跨区域输送特征。模型分析结果显示，跨区域传输对重点区域、省及京津冀典型城市的 PM2.5 污染均有显著贡献，其中京津冀、长江三角洲、珠江三角洲及成渝城市群 PM2.5 年均浓度受区域外省市的贡献分别为 22%、37%、28%、14%；全国各省市间跨区域输送规律显著，但 PM2.5 污染大多以本地源为主，受外来源影响较大的省份包括海南、上海、江苏、浙江、吉林、江西，其 PM2.5 年均浓度的省外源贡献均超过 45%；北京、天津、石家庄除受京津冀 3 省市影响外，亦受区域外影响，其 PM2.5 年均浓度的省外源影响分别为 37%、

42%、33%。

WRF-Chem 是由美国国家大气研究中心与国家海洋与大气管理局等机构联合开发的气象-化学双向耦合模式,对气体与气溶胶浓度的时空分布特征具有较好的模拟预报能力。常炉予等[43]应用 WRF-Chem 大气化学模式,结合 PM2.5 质量浓度、能见度、气象要素等地面实测资料,分析了气象条件在 2013 年 1 月 23~24 日上海 PM2.5 持续重污染过程中的作用。结果显示,前期(1 月 23 日 12:00 至 24 日 05:00)风速下降、小风维持(静稳形势),受弱气压场控制 10 h 后上海 PM2.5 质量浓度达到重度污染水平,之后夜间稳定(边界层地面静风和低层逆温)使 PM2.5 重度污染维持了 7 h,期间 PM2.5 平均质量浓度为 172.4 $\mu g/m^3$;后期(1 月 24 日 06:00~18:00)地面风速开始增大并转为西北风,虽然改善了局地扩散条件,但同时也产生了明显的周边污染物输送,使得本地 PM2.5 质量浓度升高并达到峰值($280\ \mu g/m^3$),期间 PM2.5 平均质量浓度为 213.6 $\mu g/m^3$。整个污染过程周边区域输送对上海 PM2.5 平均贡献率为 23%,而上述两个阶段的周边区域输送的平均贡献率分别为 17.2% 和 32.2%,可见在不同污染天气条件下周边污染源的贡献不同,因此可以根据污染天气类型的预判制定相应的应急减排方案。

大气化学模式具有较稳定的系统性能和完善的科学理论基础,能够定量揭示特定空间内一系列大气成分的时空演变规律,是研究区域大气污染问题的重要手段,在大气污染过程模拟与机制研究、空气质量预报和敏感性分析等方面有着普遍的应用。

9.3.2 内暴露水平测量

内暴露剂量(internal exposure level)是指在过去一段时间内吸收进入人体内的大气污染物的量,可通过测定人体生理介质(如体液、血液、尿液、唾液、母乳)、组织(如头发、指甲)、呼出气体等生物样本中某种污染物或其代谢物的浓度,来评估该污染物在个体体内的实际负荷水平。与大气污染物外暴露评价相比,内暴露水平的测量对人体健康风险评价、病理学或毒理学研究更具实际意义。为了确定环境中人群可能暴露的有毒有害物质,为管理者提供准确及时的应对策略,美国、德国、韩国等国家已经开始定期检测居民体内的环境污染物水平。

气道巨噬细胞(airway macrophages,AM)的碳黑(carbon black,CB)载量常被用来评价大气颗粒物的个体暴露水平。通常情况下,AM 中 CB 的定量分析包括呼吸道巨噬细胞取样、样本处理和图像分析 3 个步骤。AM 可以通过支气管肺泡灌洗或中央气道的诱导痰获得,这两种取样方法各有优缺点:诱导痰中细胞种类复杂,巨噬细胞数量较少,而支气管肺泡灌洗可提供含有大量巨噬细胞的样本;不同尺寸的大气颗粒物在肺组织中沉积的位置不同,尺寸越小,沉积位置越深,故一般情况下支气管肺泡灌洗中 AM 颗粒物的尺寸小于诱导痰中 AM 颗粒物的尺寸,且支气管肺泡灌洗中颗粒物大多来源于石化材料的燃烧,相比较而言诱导痰中颗粒物的来源更为复杂;支气管肺泡灌洗是一种侵入性手术,而诱导痰是一种非侵入取样方法,成本低、速度快,适用于大规模的筛检。依据图像分析对 AM 中 CB 进行定量的方法有 3 种:计算含有 CB 的 AM 占样本总 AM 的百分比;根据胞内颗粒物的大小,对 AM 内的 CB 进行半定量分级;计算 AM 内颗粒物的面积。巨噬细胞的颗粒物负荷可以有效地反映大气颗粒物对人体的侵害程度。研究发现[44],AM 碳负荷中值面积与儿童肺功能呈负相关:碳负荷中值面积每增加 $1.0~\mu m^2$,儿童第 1 秒用力呼气量降低 17%,用力肺活量降低 12.9%,最大呼气中期流量降低 34.7%。

1-羟基芘是芘在哺乳动物体内主要的代谢产物。芘是一种非致癌性 PAHs,含量占 PAHs 的 2%~10%。荷兰的 Jongeneelen 最先发表尿中 1-羟基芘的分析方法,并发现尿 1-羟基芘水平与不同环境中芘浓度和总 PAHs 浓度之间存在良好的相关关系,证明尿 1-羟基芘是一个有效、可靠的 PAHs 内暴露指标,常被用来评价 PAHs 混合物在人体内的暴露情况。由于尿液中的 1-羟基芘的半衰期为 4~48 h,故该指标只能用来反映 PAHs 的短期暴露水平。

随着工业化和城市化的快速发展,大量的铅被排放到外环境中。铅可以通过呼吸道、消化道和皮肤进入人体,损害机体神经系统、消化系统、造血系统、泌尿系统和免疫系统。血铅的半衰期为 30 天左右,是常用的反映机体短期铅暴露水平的敏感指标。骨铅的半衰期为 5~20 年,且成人体内 95% 的铅负荷存于骨骼中,因此骨铅常被用来表征铅在人体内的累积效应,目前可用 X 线荧光仪进行体外无创性骨铅测定,该方法操作方便,数据准确性和重复性均很好。静脉注射 EDTA 后,机体软组织及骨骼储存库中的活性铅会被释放出来,进入血浆,随尿排出,此时的尿铅称为尿中铅动员量。尿中铅动员量可以反映机体储存库中活性铅的水平。Nordberg 等[45]研究发现,血铅<800 $\mu g/L$ 时,尿中铅动员量与血铅浓度密切相关($r=0.85$)。

上述内暴露生物标志物仅能够反映出一段时间内通过呼吸、皮肤、消化道等各种途径进入人体内的大气污染物总暴露量,无法分割计算不同途径分别产生的暴露量。故选择有效的接触生物标志物对评价人体空气污染物接触剂量、筛选高危和易感人群、中毒诊断、制订治疗方案及评估疗效等有重要意义。

9.4 空气污染流行病学研究

空气污染对人群的健康影响分为急性作用和慢性作用两种,其相关的健康效应终点包括从出现亚临床症状、发病到死亡的一系列过程。由于空气污染物暴露特征(时间、剂量、期限等)、个体健康状况和易感性的不同,暴露于同一大气环境下的个体可能产生不同的健康效应,大部分人仅出现生理负荷增加,部分人群出现生理代偿性改变,少部分人出现生理反应异常,只有极少数的人出现患病或死亡。在健康效应谱的各个阶段,都可以选择相应的效应指标进行大气污染健康结局的剂量-反应关系评估。

9.4.1 急性健康效应研究

空气污染物浓度短期波动对人群健康影响的急性健康效应研究,一般采用时间序列研究、定组研究和病例交叉研究等方法进行。全球不同地点、不同大气污染背景下,不同人群的大气污染急性健康效应研究均取得了相似的结果,初步证实空气污染物浓度的短期变化与居民相关疾病发病率或逐日死亡率等健康效应终点密切相关。

9.4.1.1 死亡率

在过去的 20 年中,全世界范围内进行的一系列环境流行病学研究显示,空气污染物的短期暴露与人群总死亡率和呼吸道疾病、心血管疾病、脑血管疾病等疾病的病死率之间存在正相关关系。

Chen 等[46]为评估国内 PM2.5 急性暴露对居民逐日死亡率的影响,进行了一项全国性的时间序列研究(2013 年 1 月至 2015 年 12 月)。逐日死亡率数据来源于全国疾病监测点系统(该系统包含国内 322 个城市 605 个社区,3.328 亿人口占中国总人口的24.3%)的疾病监测数据。死亡数据类型包括非意外死亡率和心血管疾病、高血压、冠心病、中风、呼吸系统疾病、慢性阻塞性肺疾病等的病死率。空气污染物监测数据来源于全国城市空气质量实时发布平台。综合分析结果显示,城市 PM2.5 年均浓度的平均值为 56 $\mu g/m^3$(最小值 18 $\mu g/m^3$,最大值 127 $\mu g/m^3$);PM2.5 的 2 天滑动平均值每升高 10 $\mu g/m^3$,人群死亡率显著性增加,其中 0.22% 的升高源于非意外死亡率、0.27% 源于心血管疾病、0.39% 源于高血压、0.30% 源于冠心病、0.23% 源于中风、0.29% 源于呼吸系统疾病,以及 0.38% 源于慢性阻塞性肺疾病。但是,不同地区 PM2.5 与死亡率之间的相关性表现不同。大部分地区的暴露-反应曲线比较平稳。一般来说,东北和西北地区 PM2.5 对各种疾病(呼吸系统疾病除外)的病死率影响较弱或非显著;对心血管疾病病死率的影响在西南、中南、东部地区较为明显;对呼吸系统疾病病死率的影响在西北、中南和北部地区更为显著。该项研究还观察到,PM2.5 对 75 岁以上人群总死亡率的影响显著高于 5~64 岁人群($P=0.02$),而对各年龄组呼吸系统疾病病死率的影响无显著性差异。此外,Chen 等[47]还分析了国内 17 个城市 SO_2 短期暴露与居民逐日死亡率之间的关系,该项研究也是中国大气污染与健康效应研究(China Air Pollution Health Effects Study,CAPES)的一部分。分析结果显示,SO_2 的 2 天滑动平均值每升高 10 $\mu g/m^3$,人群总死亡率升高 0.75%(95%PI:0.47%~1.02%),心血管疾病病死率升高 0.83%(95%PI:0.47%~1.19%),呼吸系统疾病病死率升高 1.25%(95%PI:0.78%~1.73%),该趋势在老年群体中更为明显。上述 SO_2 与死亡率之间的联系不受 PM10 影响,但在调整 NO_2 后发生改变。

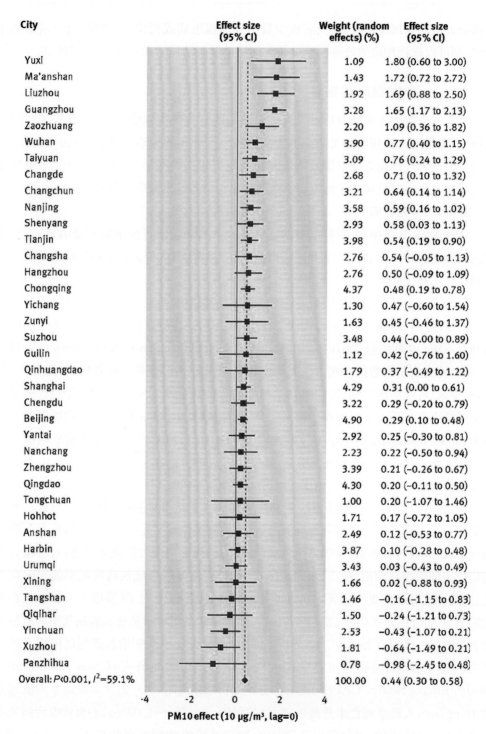

图 9-2　中国 38 个城市中 PM10 对人群总死亡率的影响[48]

注：中国 38 个大型城市中 PM10 10 $\mu g/m^3$，lag＝ 0（对人群总死亡率影响的最大似然估计百分比）及其95％置信区间。实心方块表示效应大小，线段表示 95％置信区间

Yin 等[48]对国内主要城市 PM10 暴露与人群死亡率之间的关系进行时间序列研究。结果显示,2010 年 1 月 1 日至 2013 年 6 月 29 日期间,PM10 浓度每增加 10 $\mu g/m^3$ 的当天,居民逐日总死亡率增加 0.44%(95%CI:0.30%～0.58%),其中,心肺疾病死亡率增加 0.62%(95%CI:0.43%～0.81%),其他原因引起的死亡增加 0.26%(95%CI:0.09%～0.42%)。随着滞后时间的延长,相关的超额总死亡率逐渐降低。同时对比 38 个城市的回归系数可以看到,PM10 的死亡效应存在区域差异(见图 9-2)。此外,一系列时间序列研究结果显示[49~51],我国城市 PM10 暴露水平的升高与人群中风、冠心病和慢性阻塞性肺疾病死亡率的增加显著相关,暴露-反应曲线近似为线形且没有阈值,提示应继续加强我国环境空气 PM10 标准浓度限值和加强空气颗粒物的控制。

钟梦婷等[52]搜集国内 2005—2015 年间公开发表的探讨空气污染物 PM10、PM2.5、SO_2、NO_2、O_3 短期暴露与居民非意外死亡率、心血管疾病死亡率、呼吸系统疾病死亡率关系的时间序列研究或病例交叉研究文献,Meta 分析得到的我国空气污染物短期暴露与人群死亡效应的暴露-反应关系(见表 9-2)。从研究设计上讲,此类研究均属于生态学研究,资料可得性高,人财物的花费较少,出结果快,常作为人群研究的起点。但是,以群组为分析单位的结果推论到个体水平时容易发生效应估计偏差,且多种空气污染物对人群的健康影响可能存在多重共线性问题,这使得各变量的独立效应不易区别。

表 9-2　污染物浓度每增加 10 μg/m³ 人群死亡率增加的百分数[52]　　单位:%

	非意外死亡		心血管疾病		呼吸系统疾病	
	β	95%CI	β	95%CI	β	95%CI
SO_2	1.17	0.97(1.43)	1.27	0.93(1.72)	0.83	0.21(3.22)
NO_2	1.32	1.12(1.57)	1.15	0.83(1.61)	1.83	1.08(3.10)
PM10	0.40	0.28(0.58)	0.54	0.32(0.91)	0.43	0.23(0.80)
PM2.5	0.47	0.27(0.84)	0.75	0.45(1.25)	0.56	0.39(0.81)
O_3	0.56	0.42(0.74)	0.84	0.61(1.15)	0.89	0.46(1.71)

9.4.1.2　发病率

大量流行病学研究表明,空气污染物的短期暴露可增加呼吸系统疾病、心脑血管疾病的发病率。Tsai S[53]研究发现,在 PM2.5 单一污染模型中,PM2.5 浓度四分位差升高(36.31 μg/m³)在气温低于 23℃时可增加肺炎、哮喘和慢性阻塞性肺疾病患者的入院风险,OR 值分别为 1.50(95%CI:1.45～1.55)、1.40(95%CI:1.25～1.58)和 1.46(95%CI:1.36～1.57),调整 SO_2、NO_2、CO 或 O_3 的影响后,PM2.5 的作用仍具有统计学意义。

Shah 等[54]综合分析了有关 CO、SO_2、NO_2、O_3、PM2.5、PM10 短期暴露与中风入院率或病死率之间关系的文献,结果显示 PM2.5 和 PM10 浓度的增加与中风入院率或病死率相关。PM2.5 和 PM10 每增加 10 $\mu g/m^3$,RR 分别为 1.011(95%CI:1.011~1.012)和 1.003(95%CI:1.002~1.004),该效应当天即出现并持续 2 天。中风入院率或病死率亦与 CO、SO_2 和 NO_2 暴露相关。CO 浓度每升高 $1×10^{-6}$,SO_2 和 NO_2 浓度每升高 $10×10^{-9}$,其相对危险度分别为 1.015(95%CI:1.004~1.026)、1.019(95%CI:1.01~1.027)和 1.014(95%CI:1.009~1.019)。中风入院率或病死率亦与 O_3 暴露的相关性最弱,O_3 每升高 $10×10^{-9}$,其相对危险度为 1.001(95%CI:1.000~1.002)。气态污染物和中风事件之间的相关性在污染物暴露当天最强,随着暴露滞后时间的增加,相关性逐渐降低,调整事件结果、性别、年龄($>$65 岁)和研究设计的影响后,上述效应仍存在。

Ye 等[55]收集了 2005—2012 年间冠心病患者的就诊情况和当天大气 PM2.5 和 PM10 的平均浓度,利用泊松回归模型来分析 PM2.5 和 PM10 暴露与冠心病发病之间的关系,调整年龄、季节、星期、假期和气象因素等后,结果显示,PM10 和 PM2.5 浓度每增加 10 $\mu g/m^3$(滞后 1 天),冠心病的发病风险分别增加 0.23%(95% CI:0.12%~0.34%)和 0.74%(95% CI:0.44%~1.04%)。

Wang 等[56]根据 2013 年 11 月至 2014 年 4 月间上海市浦东区急救中心接诊的急性心肌梗死患者数据和当地 PM2.5、PM10、NO_2、SO_2 和 CO 污染数据,分析空气污染物暴露与急性心肌梗死发病之间的关系。结果显示,PM2.5、PM10 和 CO 每升高 10 $\mu g/m^3$,急性心肌梗死的患病风险(OR)分别为 1.16(95%CI:1.03~1.29)、1.05(95%CI:1.01~1.16)和 1.08(95%CI:1.02~1.21),而 NO_2 和 SO_2 对急性心肌梗死发病的作用无统计学意义。

2008 年,北京奥运会的举办,为空气污染的干预研究提供了很好的机会。国家为改善奥运期间的空气质量采取了一系列空气污染控制措施,奥运期间 PM2.5 的浓度从污染控制措施实施前的 78.8 $\mu g/m^3$ 降至 49.2 $\mu g/m^3$,下降了 37.5%。与此同时,北京市某医院的哮喘门诊数从 12.5 次/天降到了 7.3 次/天,发病风险显著性降低 OR=0.58(95% CI:0.58~0.70)[57]。

9.4.1.3 亚临床指标

空气污染物暴露除了与呼吸道疾病、心血管疾病、脑血管疾病等疾病发病率和死亡率相关外,还会引起机体亚临床指标的改变。

肺功能是评价空气污染及其他有害因素对呼吸系统不良影响和反映肺部疾患的早期效应指标。常用的肺功能检测指标包括用力肺活量(forced vital capacity,FVC)、第 1 秒用力呼气量(forced expiratory volume in one second,FEV_1)、FEV_1/FVC、呼气流速峰值(peak expiratory flow,PEF)、最大呼气中段流量(maximal mid-expiratory flow curve，MMEF）、25%FVC 时的用力呼气流量（V_{25}，或 FEF_{75}）、75%FVC 时的用力呼气流量（V_{75}，或 FEF_{25}）等。挪威的一项研究表明[58]，PM2.5 浓度每升高 10 $\mu g/m^3$，学龄儿童 PEF 值降低 0.8%；NO_2 浓度每升高 10 $\mu g/m^3$，学龄儿童 PEF 值则降低 3.2%。墨西哥学者[59]对 3 170 名 8 岁儿童的队列研究同样发现大气颗粒物的长期暴露与肺功能下降有关。大气颗粒物暴露对成年人肺功能下降也有影响，有研究者对欧洲空气污染队列（European Study of Cohorts for Air Pollution Effects，ESCAPE）的研究结果进行了 Meta 分析，结果显示，PM10 每增加 10 $\mu g/m^3$，可引起 FEV_1 下降 44.6 mL，且这种关系在肥胖人群中更加明显[60]。

Cosselman KE[61]通过一项随机双盲交叉试验探讨了柴油机废气暴露对人体血压影响。45 名非吸烟调查对象随机暴露于柴油机废气含 200 $\mu g/m^3$（PM2.5）和净化空气中 120 min，洗脱期 2 周。测量暴露前和暴露开始后 30 min、3 h、5 h、7 h、24 h 时的血压。结果显示，与暴露于净化空气中相比，柴油机废气暴露后试验对象的收缩压在每个血压测量时间点都比暴露前高，峰值出现在暴露开始后 30~60 min。其中，暴露 30 min 后收缩压较暴露前上升了 3.8 mmHg（95%CI：-0.4~8.0 mmHg）；暴露 1 h 后收缩压较暴露前上升了 5.1 mmHg（95%：0.7~9.5 mmHg）。与暴露于净化空气中相比，柴油机废气暴露后试验对象的舒张压和心率没有发生明显改变。Brook RD[62]亦进行了一项随机双盲交叉试验，分析 PM2.5（150 $\mu g/m^3$）和 O_3（120×10^{-9}）暴露对血压的影响。暴露条件为 PM2.5+O_3；PM2.5；O_3；过滤空气。结果显示，舒张压只在有 PM2.5 暴露时上升，PM2.5 和 PM2.5+O_3 条件下调查对象的舒张压分别增加了 2.9 mmHg 和 3.6 mmHg。

9.4.2 慢性健康效应研究

空气污染的慢性健康效应研究一般采用横断面研究和队列研究两种方法。横断面研究是指通过比较不同空气污染物浓度地区人群的健康状况来获得空气污染物暴露对人群健康影响的资料。该种生态学研究方法具有一定的局限性，对混杂因素如吸烟、肥胖等较难控制，亦难以明确暴露与健康效应之间的时序关系，因此对横断面研究结果的评价须慎重。队列研究是将特定人群分为暴露于某因素与非暴露于某因素的两种人群或不同暴露水平的几个亚群，追踪观察其各自的发病结局，比较两组或各组的发病率或死亡率，从而判断暴露因子与发病有无因果关联及关联大小。队列研究具有暴露与健康效应时序关系明确、能在个体水平控制混杂因素的优点，是目前国际上公认的评价空气污染对人群健康影响的方法。

9.4.2.1 死亡率

队列研究如前瞻性队列研究得出的结果，不仅包含上述的急性健康效应，还包括大气污染对人群长期慢性积累的影响，如增加人群慢性疾病的易感性、患病率和病死率等,因此可以较全面地反映空气污染对人群健康的影响,对因果关系的判定和相关环境空气质量标准的修订、制订等亦具有重要价值。20 世纪 90 年代美国哈佛六城市研究[63]在控制年龄、性别、吸烟等混杂因素后,评估空气污染对人群死亡率的影响。结果显示,在 PM2.5、PM10、硫酸盐污染最严重的城市斯托本维尔,居民心脑血管疾病调整死亡率比空气污染程度最轻的城市波蒂奇高 26%。该项研究还发现空气污染与肺癌死亡率和心肺疾病死亡率密切正相关,而与其他疾病的死亡率无显著性关系。该研究首次建立了空气污染物与人体健康效应之间的关系,对美国空气污染的标准制修订、健康风险评估和经济损失评估有重要意义。Michael Jerrett 在[64]美国癌症协会(American Cancer Society,ACS)癌症预防 II(the Cancer Prevention Study II,CPSII)队列加州地区研究中分析了空气污染物暴露与居民死亡率之间的关系。该队列纳入了大约 76 000 加州调查对象,于 2000 年结束了 18 年的随访,共计 20 432 人死亡。应用卫星遥感反演技术、土地利用回归模型和贝叶斯模型来模拟评估空气污染物的时空分布情况,使用标准多级 Cox 比例风险模型分析空气污染暴露与居民死亡率之间的关系。结果显示,PM2.5 每升高 10 $\mu g/m^3$,人群总死亡率、脑血管疾病和缺血性心脏病的病死率显著增加,HR 分别为 1.08(95% CI:1.00~1.15)、1.15(95% CI:1.04~1.28)和 1.28(95% CI:1.12~1.47)。Fischer PH 等[65]利用 PM10、NO_2 的 LUR 估计模型和荷兰大规模人口登记数据(2004—2011 年)来分析空气污染长期暴露与非意外死亡率和死因别死亡率之间的关联。校正混杂因素后结果显示,PM10 和 NO_2 每增加 10 $\mu g/m^3$,非意外死亡[HR=1.08(95% CI:1.07~1.09);HR=1.03(95% CI:1.02~1.03)]、呼吸系统疾病[HR=1.13(95% CI:1.10~1.17);HR=1.02(95% CI:1.01~1.03)]和肺癌[HR=1.26(95% CI:1.21~1.30);HR=1.10(95% CI:1.09~1.11)]的死亡风险显著增加。此外,PM10 暴露与居民循环系统疾病死亡率之间显著性相关 HR=1.06(95% CI:1.04~1.08),但 NO_2 与其没有显著性关联 HR=1.00(95% CI:0.99~1.01)。调整 NO_2 之后,PM10 与上述疾病死亡风险的关联表现稳健;调整 PM10 之后,NO_2 与非意外死亡率和肺癌死亡率间的关联仍保持统计学意义。Crouse DL 等[66]通过一项为期 16 年(1991—2006 年)的加拿大空气污染队列研究发现,PM2.5、O_3 和 NO_2 在单一污染物模型中与非意外死亡率和某些疾病的死亡率相关,但单独的 PM2.5 暴露不足以充分表征大气混合物相关的死亡风险。随后的多污染物模型分析结果显示,PM2.5+O_3、PM2.5+NO_2、O_3+NO_2、PM2.5+O_3+NO_2 均会增加人群非意外死亡率和肺癌、糖尿病、心血管疾病等疾病死亡率的风险比,而与脑血管疾病、呼吸系统疾病或慢性阻塞性肺疾病的死亡率无明显关联。

上述队列研究大多来自空气污染浓度较低的地区,比如美国哈佛六城市报道中 PM2.5 的最高浓度约为 29.6 $\mu g/m^3$,加拿大空气污染队列研究中 PM2.5 最高浓度约为 17.6 $\mu g/m^3$,欧洲的一些研究报道也是类似的浓度水平。近年来,我国的经济发展世界瞩目,同时也带来了非常严重的污染问题,目前中国已成为世界上空气污染最严重的地区之一。根据中国环保部的环境状况公报,在 2016 年,全国 338 个地级及以上城市 PM2.5 年均浓度范围为 12～158 $\mu g/m^3$,平均年均浓度为 47 $\mu g/m^3$,空气污染形势依然严峻。目前,国内的环境与健康研究大多还停留在时间序列研究和横断面研究,作为公认的评价空气污染长期暴露对人群慢性健康影响的方法——队列研究在国内开展的较少。Cao 等[67]基于"全国高血压跟踪调查(1990—1999 年)"的空气污染队列研究发现,TSP、SO_2、NO_X 每增加 10 $\mu g/m^3$,我国居民心血管疾病死亡风险分别增加 0.9%(95% CI:0.3%～1.5%)、3.2%(95% CI:2.3%～4.0%)、2.3%(95% CI:0.6%～4.1%)。由于环境监测数据的局限,该研究未能观察 PM10 和 PM2.5 对人体健康的长期影响。薛晓丹等[68]根据中国北方天津、沈阳、太原、日照四城市约 4 万人为期 12 年的队列资料进行回顾性队列研究,发现 PM10 与全死亡、心脑血管系统疾病死亡间存在显著的统计学关联。PM10 每升高 10 $\mu g/m^3$,全死亡和死因别死亡的 RR 值分别为:全死亡 1.24(95% CI:1.22～1.27)、心脑血管疾病死亡 1.23(95% CI:1.19～1.26)、缺血性心脏病死亡 1.37(95% CI:1.28～1.47)、心律失常、心搏骤停疾病死亡 1.11(95% CI:1.05～1.17)、脑血管疾病死亡 1.23(95% CI:1.17～1.28)。该项研究为回顾性队列研究,资料收集过程易受回忆偏倚的影响。相比较而言,前瞻性队列研究的回忆偏倚小,且研究对象的选择和资料的收集均从疾病发生之前开始,在因果推断方面更具意义。当前,我国环保部门已建立了覆盖全国的大气环境监测网络,卫生部门也建立了全国疾病和死亡监测系统,因此我国完全有条件开展自己的大气污染前瞻性队列研究,这将为我国未来制订、修订环境质量标准提供最重要的本土科学依据。

9.4.2.2 发病率

空气污染物的长期暴露会增加人群心脑血管疾病、呼吸系统疾病和相关癌症的患病风险。美国国家空气污染物-发病和死亡效应研究项目(National Morbidity, Mortality and Air Pollution Study,NMMAPS)[69]分析了 14 个城市大气颗粒物的发病效应。收集 1985—1994 年的空气污染物数据、气象资料以及人群发病资料中的逐日医院入院情况,着重研究大气颗粒物暴露对 65 岁以上老年人相关疾病发病水平的影响。结果显示,PM10 对 14 个城市居民的脑血管疾病、慢性阻塞性肺疾病和肺炎的发病均有影响,其中以滞后 2 天效应最大,PM10 每增加 10 $\mu g/m^3$,脑血管疾病、慢性阻塞性肺疾病和肺炎患者的入院人数分别增加 1.17%(95% CI:1.01%～1.33%)、1.98%(95% CI:1.49%～2.47%)和 1.98%(95% CI:1.65%～2.31%)。

空气污染物的长期暴露可能会增加人群高血压的患病风险。Coogan[70]对美国成年黑人女性展开了为期 16 年(1995—2011 年)的健康随访(the Black Women's Study,BWHS),分析 NO_2 和 O_3 长期暴露与随访对象高血压发病之间的相关性。结果显示,长期暴露在较高浓度的 NO_2 和 O_3 会增加人群高血压的患病风险,NO_2 浓度每升高

9.7×10^{-9},高血压的发病风险为 $0.92(95\% \, CI: 0.86 \sim 0.98)$；$O_3$ 浓度每升高 6.7×10^{-9},高血压的发病风险为 $1.09(95\% \, CI: 1.00 \sim 1.18)$。控制其他污染物后,$O_3$ 的长期暴露仍会增加高血压的发病风险($HR > 1$),但未表现有统计学意义。

为了探讨空气污染物暴露下人群患阿尔茨海默病的风险,Jung 等[71] 在台湾进行了一项 O_3 和 PM2.5 长期暴露与阿尔茨海默病发病率相关性研究。该研究在 2001 年至 2010 年期间纳入了 95 690 名 65 岁及以上的老年人。暴露数据来源于台湾环境保护局。使用 Cox 比例风险模型评估 O_3 和 PM2.5 与阿尔茨海默病发病率之间的关系。基线研究结果显示,O_3 浓度每升高 $20.6 \, \mu g/m^3$,阿尔茨海默病的发病风险显著增加,HR 为 $1.06(95\% \, CI: 1.00 \sim 1.12)$。随访期间,$O_3$ 浓度每升高 $23.3 \, \mu g/m^3$,阿尔茨海默病的患病率增加 211%$(95\% \, CI: 2.92 \sim 3.33)$；PM2.5 每增加 $4.34 \, \mu g/m^3$,阿尔茨海默病患病率增加 138%$95\% \, CI: 2.21 \sim 2.56)$。上述研究结果表明,长期接触美国 EPA 标准以上的 O_3 和 PM2.5 会显著增加老年人阿尔茨海默病的发病风险。

BaP 具有致畸、致癌、致突变的毒理性质。Su[72] 进行了一项病例对照研究来分析 BaP 暴露与肝细胞癌之间的相关性。该病例对照研究包含 345 例肝细胞癌患者和 961 例健康对照。采用酶联免疫吸附法测定血液中 BPDE-DNA 加合物的浓度,多变量 Logistic 回归分析 BPDE-DNA 加合物与肝细胞癌其他危险因素的相互作用。结果显示,病例组血液 BPDE-DNA 加合物的平均浓度显著高于对照组。随着 BPDE-DNA 加合物的浓度升高,肝细胞癌的患病风险增加($P_{\text{trend}} < 0.001$),第一个四分位数 BPDE-DNA 加合物水平与第四个四分位数 BPDE-DNA 加合物水平相比肝细胞癌的患病风险 OR 为 $7.44(95\% \, CI: 5.29 \sim 10.45)$。此外,研究发现 BPDE-DNA 加合物与乙型肝炎病毒表面抗原间存在交互作用,BPDE-DNA 加合物与饮酒间亦存在交互作用,其相对超额危险度分别 34.71 和 54.92,归因百分比分别为 41.53% 和 75.59%。该项研究表明,血液中高水平的 BPDE-DNA 加合物与肝细胞癌相关,BaP 环境暴露可增加肝细胞癌的患病风险,特别是在乙肝感染者和(或)饮酒个体中。

9.4.2.3 亚临床指标

已有研究报道空气污染可引起机体肺功能指标和循环系统亚临床指标如血压、内-中膜厚度等改变,进而诱导相关疾病的发生。

在欧洲 ESCAPE 的队列中,Gehring[73] 研究发现 $6 \sim 8$ 岁儿童肺功能的降低与 PM2.5、NO_2 浓度的升高显著相关,与 PM10 浓度的变化无关。PM2.5 浓度每升高 $5 \, \mu g/m^3$,FEV_1 降低 1.77%$(95\% \, CI: -3.44\% \sim -0.18\%)$；$NO_2$ 浓度每升高 $20 \, \mu g/m^3$,FEV_1 降低 0.86%$(95\% \, CI: -1.48\% \sim -0.24\%)$。

Jedrychowski 等[74] 对出生前和出生后空气源性 PAHs 暴露与非哮喘儿童肺功能的相关性进行研究。研究对象为哥伦比亚大学儿童环境与健康中心出生队列研究中克拉科夫市的 195 例不抽烟母亲的非哮喘儿童。采用个体采样器监测孕妇空气源 PAHs 暴露水平;儿童 3 岁时评估其空气源性 PAHs 暴露水平;5～8 岁时进行室内过敏原过敏性皮肤试验,以筛选非哮喘儿童;5～9 岁时每年进行一次标准肺功能检测(FVC、FEV_1、$FEF_{25～75}$)。结果显示,产前 PAHs 暴露与儿童 FVC 之间无显著性关联;与出生前 PAHs 暴露水平＜9.0 ng/m^3 的儿童比较,出生前 PAHs 暴露＞37.0 ng/m^3 的儿童 FEV_1 下降了 53 mL($P=0.050$),$FEF_{25～75}$ 降低 164 mL($P=0.013$)。与出生后 PAHs 室内暴露水平＜8.0 ng/m^3 的儿童比较,出生后 PAHs 室内暴露水平＞42 ng/m^3 的儿童 FEV_1 和 $FEF_{25～75}$ 分别降低了 59 mL($P=0.028$)和 141 mL($P=0.031$)。与出生后 PAHs 室外暴露水平＜10.0 ng/m^3 的儿童比较,出生后 PAHs 室外暴露水平＞92 ng/m^3 的儿童 FEV_1 降低了 71 mL($P=0.009$)。研究结果表明,宫内 PAHs 暴露可能会影响胎儿呼吸道的正常发育,出生后 PAHs 暴露亦会对儿童呼吸道功能产生不良影响。

MESA Air 项目是由美国环境保护署资助的一项队列研究,主要是探讨空气污染物长期暴露与亚临床动脉粥样硬化发展间的关联[75]。该项队列研究结果显示,5 362 名调查对象的颈总动脉内-中膜厚度平均进程为 14 μm/年。较高浓度的 PM2.5 长期暴露与内-中膜厚度进展增加相关,随访期间 PM2.5 浓度每增加 2.5 $\mu g/m^3$,内-中膜厚度进程增加 5.0 μm/年(95% CI:2.6～7.4 μm/年)。降低空气 PM2.5 浓度可有效延缓动脉粥样硬化的发展,PM2.5 浓度每降低 1 $\mu g/m^3$,内-中膜厚度进程减缓 2.8 μm/年(95% CI:1.6～3.9 μm/年)。此外,该项目还发现动脉直径缩小与 PM2.5 长期暴露相关。PM2.5 两年平均浓度每上升 10 $\mu g/m^3$,基线肱动脉直径减小 0.3 mm(95% CI:−0.45 ～−0.07 mm)。PM2.5 暴露浓度越大,血管就越细小。

9.5 空气污染健康危害的精准预防

9.5.1 空气污染健康危害的三级预防

为了有效地控制空气污染对人体健康的危害,提高人群健康水平,可根据大气污染引起的疾病的自然史的不同阶段,采取不同的措施,来阻止相关疾病的发生、发展或恶化,即空气污染健康危害的三级预防。

9.5.1.1 一级预防

一级预防又称病因学预防。古人云"上医治未病,中医治欲病,下医治已病",在疾病尚未发生时针对致病因子或可疑致病因子采取措施,是预防疾病发生和消灭疾病的根本措施。大气卫生的一级预防包括两个方面:一是环境保护,二是卫生防护。

环境保护的目的是防治空气污染,创造有利于健康的大气环境,减少疾病的发生。控制污染源污染物的排放是防治空气污染最根本的方法。我国城市空气污染以煤烟型污染为主,为改善当前局面,在城市应尽量选择使用低硫和低灰分的燃煤,并因地制宜地开发水电、地热、风能、海洋能、核电以及太阳能等绿色能源来改善我国能源结构。其次,空气污染物自污染源排出后,在大气湍流的作用下逐渐分散稀释,其扩散过程主要受风向、风速、气流温度分布、大气稳定度等气象条件和地形条件的影响。为了降低居民生活环境中空气污染物的浓度,应结合城镇规划,全面考虑工业布局:工业建设应多设在远郊区和工矿区;避免在山谷内建立有废气排放的工厂;工业生产区设在城市主导风向的下风向;在工业企业与居民区之间设置卫生防护距离,并完善城市绿化系统,阻挡、滤除和吸附风沙灰尘,吸收有害气体。

卫生防护是指对某些病因明确并具备预防手段的疾病所采取的措施,在疾病的预防和控制中起着重要作用。大量流行病学研究已证实,短期高浓度 PM2.5 暴露可引起人群呼吸系统疾病急性死亡风险大幅增加,故在 PM2.5 超标的区域和时段,居民应采取关闭门窗、减少户外锻炼、外出佩戴防护口罩等措施避免过多的 PM2.5 暴露。

9.5.1.2 二级预防

二级预防亦称"三早"预防,即早发现、早诊断、早治疗,是在空气污染引起的健康效应发生之后为了阻止或减缓疾病发展而采取的措施,常用的方法包括易感个体的筛查、疾病普查、群众的自我监护等,及时发现易感人群和疾病初期患者,并使之得到合理的防护和治疗。

1) 易感个体的筛查

空气污染对健康的影响,不仅取决于空气中有害物质的种类、性质、浓度和持续时间,还与个体的易感性有关。多数人在常见环境有害因素作用下仅表现出生理负荷增加或生理性改变,但仍有少数人会出现机体功能失调、中毒,甚至死亡。通常把这类对环境有害因素作用反应更为敏感和强烈的人群称为易感人群,识别潜在易感个体具有重要的公共卫生意义。影响个体易感性的因素主要有两类,一类是遗传因素,一类是年龄、健康状况、行为(如吸烟、饮酒、运动习惯等)等因素。

对环境因素的作用产生应答反应的基因称为环境应答基因,环境应答基因的多态性是造成人群易感性差异的重要原因。采用全基因组测序或全基因组关联分析技术可以发现人群中的易感基因,筛选高危人群,实现真正意义上的早期诊断。基因诊断可以在出生时甚至是出生前进行风险预测,因为这种"病/不病"的可能性,有的早已存在于一个人的基因蓝图上了。

不同的个体状态、生活环境和生活方式是影响个体易感性的另一类重要因素。在多起急性空气污染事件中,老人、儿童、心血管疾病患者或呼吸系统疾病患者出现病理性改变,症状加重,甚至死亡的百分比远远高于普通人群。在大气卫生防护工作中,儿童是铅污染的重点监控对象。由于空气中铅比重大,大部分气铅聚在离地面 1 m 左右的大气中,而距地面 75~100 cm 处正好是儿童的呼吸带。儿童的户外活动多,单位体重的呼吸次数显著高于成人，且儿童的血脑屏障和多种功能尚未发育成熟，致使儿童对铅的毒性，特别是其神经毒性比成人更为敏感。铅可以选择性的蓄积并作用于脑的海马部位，损害神经细胞的形态和功能，造成儿童行为功能和智力的损伤。铅的神经毒性是无阈值的，往往在出现明显的临床表现之前便可造成儿童智能发育的损害。在大气铅污染严重的地区推行定期儿童铅中毒筛检，可以起到早发现、早诊断、早治疗的良好效果，对儿童铅中毒的二级预防有着重要的意义。

2）效应标志物的测量

环境中空气污染物的暴露量超过了机体的耐受范围，则会导致人体出现生理、生化、结构或功能改变。效应标志物是指暴露于亚致死剂量空气污染物后机体发生异常改变的信号指标，是生物体最早可测得的污染物诱导反应，能有效地指示机体早期的生理生化改变。通过有效组合一系列生物标志物，构筑污染物健康影响预警体系，可显著提高预防和控制环境污染危害的效益。一般情况下，将效应标志物分为非特异性标志物和特异性标志物两类。

（1）非特异性标志物：非特异性标志物是指环境污染物暴露引起的机体遗传物质改变、氧化应激、炎症反应、代谢改变等非特征性健康效应。DNA 甲基化是常见的空气污染非特异性遗传物质效应指标。DNA 甲基化主要是通过 DNA 甲基转移酶（DNA methyltransferases，DNMT）家族催化来实现，DNMT 家族包括 DNMT1、DNMT3a 和 DNMT3b。DNA 甲基化常发生在基因的 $5'$-CpG-$3'$序列，基因组中 $60\%\sim90\%$ 的 CpG 都被甲基化，未甲基化的 CpG 成簇地组成 CpG 岛，位于结构基因启动子的核心序列和转录起始点，细胞可以通过启动子 CpG 岛甲基化程度的高低调控某一组织特异性基因表达。CpG 岛甲基化程度越高，基因越沉默；CpG 岛甲基化程度越低，基因越表达。Tarantini L[76]发现，与基线水平相比，PM10 短期暴露可以引起启动子区域的 *INOS* 发生甲基化改变，差异为$-0.61\%5$ mC（$P=0.02$），但对 *LINE1* 和 *ALU* 基因甲基化则没有影响。PM10 长期暴露，机体 *LINE1*（$\beta=-0.34\%5$ mC；$P=0.04$）和 *ALU*（$\beta=-0.19\%5$ mC；$P=0.04$）甲基化水平与 PM10 暴露水平呈负相关。

呼出气一氧化氮（exhalednitricoxide，eNO）是常用的气道炎症生物标志物，由气道细胞产生，其浓度与炎症细胞数目高度相关，发炎时浓度升高，消炎时浓度下降。目前可通过口呼气一氧化氮或鼻呼气一氧化氮两种方法测定 eNO 浓度，并广泛应用于多种呼吸系统疾病的诊断与监控，如支气管哮喘、慢性咳嗽、慢性阻塞性肺疾病等。Berhane K[77]分析了大气颗粒物日间变化对加利福尼亚儿童 eNO 的影响，结果显示，PM2.5、PM10、O_3 每升高四分位距（$7.5\ \mu g/m^3$，$12.97\ \mu g/m^3$，15.42×10^{-9}），均会引起儿童 eNO 水平的上升［17.42%（$P<0.01$），9.25%（$P<0.05$），14.25%（$P<0.01$）］，上述作用在暖季时更为明显。

（2）特异性标志物：特异性效应标志物可反映特定空气污染物的不良健康效应，有助于建立较为明确的暴露-反应关系。在混合空气污染物暴露时,高特异性效应标志物可用于确定是否有相应空气污染物的存在及其引起的健康效应强度。特异性标志物的选取十分困难,目前应用于大气卫生监测的特异性标志物较为少见。

9.5.1.3 三级预防

三级预防又称临床预防,即对已患病患者采取及时、有效地对症治疗和康复治疗,其目标是阻止病残和促进功能恢复,提高生存质量,延长寿命和降低病死率。精准医学的三级预防致力于对一种疾病不同状态和过程进行精确亚分类,并根据患者特征进行个性化的精确治疗,最大化的提高疾病预防与诊治的效益。

9.5.2 空气污染物的精准预防

9.5.2.1 大气颗粒物

不同物相、不同化学组分的大气颗粒物以各种化合价态、复合离子、活性基团等化学状态出现,具有不同的物理化学特征和不同的环境影响、生态效应和毒性作用。

研究表明大气颗粒物的化学成分主要包括水溶性无机盐、含碳组分、有机物和无机元素。其中水溶性无机盐和含碳组分是 PM2.5 的主要组分,其质量浓度之和超过 PM2.5 质量浓度的 50%。硫酸盐、硝酸盐和铵盐是水溶性无机盐的主要组成组分,占水溶性无机盐的 70% 以上。硫酸盐和铵盐一般来源于碳燃料高温燃烧和机动车尾气排放,而硝酸盐一般来源于机动车尾气排放的二次转化。含碳组分以有机碳(organic carbon,OC)和元素碳(elemental carbon,EC)两种形式存在,元素碳又称炭黑(carbon black),来源于化石燃料的不完全燃烧。2011 年 10 月 1 日至 10 日周敏等[78]对上海市城区含碳气溶胶进行了连续观测,结果显示在大气灰霾过程中 PM2.5 中 OC 和 EC 的质量浓度分别为 $20.38\pm7.11\ \mu g/m^3$ 和 $4.07\pm1.97\ \mu g/m^3$。以灰霾天气的起始点作为参照点,灰霾期间 OC 和 EC 的增长率分别为 641%±258% 和 409%±246%,其中 OC 浓度的升高与含碳组分的光化学反应有关。

大气颗粒物中有机物的构成非常丰富,PAHs 是大气颗粒物有机成分的重要组成部分,直接或间接地影响着大气环境质量和人体健康。段凤魁等[79]对北京市细颗粒物中 PAHs 的污染特征和来源进行分析,结果显示,不同月份 PAHs 环数分布特征明显不同。冬季以 4 环 PAHs 为主,燃煤特征明显;夏季以 5 环、6 环 PAHs 为主,汽车尾气特征明显。

大气颗粒物的无机元素构成极其复杂,不同地区不同时间大气颗粒物的元素种类和元素含量各不相同。现常用富集因子分析法分析颗粒物中元素成分,富集指数等于污染元素浓度与参考元素浓度的比值与背景区中二者浓度比值的比率。张弼等[80]应用富集因子分析法对贵阳市 PM2.5 主要排放源的污染元素进行分析。结果显示,城市扬尘、道路尘、建筑水泥尘中富集指数最高的为 Ca,分别为 56.48、72.81 和 117.64;钢铁尘富集指数最高的为 Zn(971.42);燃煤尘中富集指数最高的为 Se(427.93);机动车尾气尘中 Ca 和 Zn 富集指数相近,分别为 69.92 和 66.12。

大气颗粒物内不同的化学组分引起的健康效应不同。Chen 等[81]在一项定组研究中发现,PM2.5(含有 Cl^-、NO_3^-、SO_4^{2-}、NH_4^+、Na^+、K^+、Mg^{2+}、Ca^{2+}、OC 和 EC)的急性暴露可引起慢性阻塞性肺疾病患者 Ⅱ 型一氧化氮合酶基因(*NOS2*)甲基化和 eNO 水平改变,其中 OC、EC、NO_3^- 和 NH_4^+ 是引起慢性阻塞性肺疾病患者 *NOS2* 甲基化水平降低和 eNO 水平升高的重要因素。也有研究发现,与低剂量暴露组相比,暴露于高浓度富含金属的大气颗粒物(PM1)的个体转移核糖核酸苯丙氨酸基因(*MT-TF*)和 12 s 核糖体核糖核酸基因(*MT-RNR1*)的甲基化水平显著增加[82]。此外,大气颗粒物成分的不同还会影响 mRNA 的表达,Bollati 等[83]发现,miR-222 表达与颗粒物中铅暴露量呈正相关($\beta=0.41$,$P=0.02$),miR-146a 表达水平与大气颗粒物中铅($\beta=-0.51$,$P=0.011$)和镉($\beta=-0.42$,$P=0.04$)暴露量呈负相关。

不同空气动力学直径的大气颗粒物,引起的健康效应亦不相同。Chen 等[84]在一项定组研究中观察到不同粒径大气颗粒物($0.25\sim10$ μm)的急性暴露可引起机体炎症指标、凝血指标和血管收缩指标改变。该项研究中的炎症指标有纤维蛋白原(fibrinogen,Fib)、C 反应蛋白(C-reactive protein,CRP)、细胞间黏附分子-1(ICAM-1)、血管细胞黏附分子-1(vascular cell adhesion molecule-1,VCAM-1)、单核细胞趋化因子(monocyte chemoattractant protein-1,MCP-1)、血小板(blood platelet,PLT)、白细胞介素-1(Binterleukin-1b,IL-1b)、白细胞介素-6(IL-6)、肿瘤坏死因子-α(TNF-α);凝血指标有血管性血友病因子(von Willebrand factor,Vwf)、纤溶酶原激活物抑制物-1(plasminogen activator inhibitor,PAI-1)、CD 40 配体(CD 40 ligand,CD40L);血管收缩指标为内皮素-1(ET-1)。研究结果显示,大气颗粒物的急性暴露与 10 种生物标志物(Fib,CRP,ICAM-1,VCAM-1,MCP-1,PLT,Vwf,PAI-1,CD40L,ET-1)有关。大气颗粒物的粒径越小,相关性越强:粒径为 $0.25\sim0.40$ μm 的大气颗粒物的数量浓度影响最强,而粒径<1 μm 的大气颗粒物的质量浓度影响最强。例如,PM0.25~0.40 的日均数量浓度升高一个四分位数,炎症指标水平增加 7%~32%,凝血指标增加 34%~68%,血管收缩指标增加 45%。PM1 的日均质量浓度升高一个四分位数,可观察到相似的效应。此外,急性暴露后 2 h,即可观察到上述生物标志物的明显改变。在暴露后的 12~24 h 内效应最强,且炎症指标的反应速度比凝血指标和血管收缩指标更快。

Bind 等[85]研究发现,空气污染物会引起心血管疾病相关血液标志物(Fib、CRP、ICAM-1 和 VCAM-1)改变,且该作用在 DNA 甲基化模式不同的个体中表现不同。结果显示,颗粒物数目、炭黑、NO_2 和 CO 的三天滑动平均值升高一个四分位间距,研究对象(老年男性,平均年龄为 73 岁)Fib 分别增加 2.4%($95\%CI$:0.1%~4.81%)、2.6%($95\%CI$:4.3%~4.3%)、4.5%($95\%CI$:2.6%~6.4%)和 2.5%($95\%CI$:0.9%~

4.0％)。相反,PM2.5、SO_4^{2-} 和 O_3 对 Fib 未表现出明显的作用。O_3 日均值升高一个四分位间距,CRP 增加 10.8％($95％CI$:2.2％～20.5％),而 ICAM-1 和 VCAM-1 水平与 O_3 暴露呈负相关。空气污染物的上述作用在 *Alu* 高甲基化或 *LINE-1*、*F3*、*TLR-2* 低甲基化个体中更为明显。

Li 等[86]应用代谢组学技术探讨了大气颗粒物暴露与机体血清代谢物变化之间的关系。该项随机双盲交叉试验中,在调查对象的宿舍里随机放置真/假空气净化器 9 天,洗脱期 12 天。使用空气净化器期间个体 PM2.5 暴露水平为 24.3 $\mu g/m^3$,使用假空气净化器(移除过滤网)期间个体 PM2.5 暴露水平为 53.1 $\mu g/m^3$。收集血压、血清代谢物(葡萄糖、氨基酸、脂肪酸)、氧化应激生物标志物(超氧化物歧化酶、丙二醛、8-异前列腺素 F2α、8-羟基脱氧鸟苷)、炎症反应生物标志物(可溶性 CD40 配体、CRP、IL-1b、IL-6,TNF-α 和 ICAM-1)、3 种激素(胰岛素、促肾上腺皮质激素释放激素、促肾上腺皮质激素)和胰岛素抵抗的稳态模型评估(HOMA-IR)数据。使用正交偏最小二乘判别分析和混合效应模型分析不同处理方式下的指标差异。结果显示,与初始血压相比,无滤膜净化器期间试验对象血压无明显改变,真净化器期间试验对象收缩压和舒张压均明显下降;与真净化器期间比较,无滤膜净化器期间实验对象收缩压上升了 2.61％,且 PM2.5 每升高 10 $\mu g/m^3$,收缩压增加 0.86％($95％CI$:0.10～1.62％),舒张压虽然也有升高趋势,但未表现出统计学意义。较高水平的 PM2.5 暴露与血清糖皮质激素(肾上腺皮质酮和皮质醇)、儿茶酚胺(肾上腺素和去甲肾上腺素)及褪黑激素水平升高相关。与真净化器期间相比,使用无滤膜净化器机体胰岛素、血糖和 HOMA-IR 指数显著升高。此外,不同处理方式间血清葡萄糖、氨基酸、脂肪酸和脂质代谢不同,氧化应激生物标志物(8-羟基脱氧鸟苷、丙二醛、8-异前列腺素 F2α、超氧化物歧化酶)水平和炎症生物标志物(可溶性 CD40 配体、CRP、IL-1b)水平亦不相同。该研究表明,较高水平的 PM2.5 暴露可诱导与下丘脑-垂体-肾上腺和交感神经-肾上腺髓质轴的激活一致的代谢改变,这可能是大气颗粒物引起机体健康损害的潜在机制之一。

识别 PM2.5 个体暴露的主要来源,是开展空气污染危害防控的重要途径之一。正矩阵因子分解法(positive matrix factorization,PMF)是目前常用的大气污染物源解析方法。在倪天茹等[87]对天津市某社区老年人 PM2.5 个体暴露来源解析研究中,PMF 模型解析出的老年人 PM2.5 个体暴露的主要来源包括以地壳类元素(如 Si、Al、Ca、Mg、Fe 等)为代表的扬尘源类,以有机碳(OC)和 SO_4^{2-} 为标识元素的燃煤源类,以无机碳(EC)、NO_3^{3-} 为标识元素的机动车排放源类,以 NO_3^{3-}、SO_4^{2-} 和 NH_4^+ 为主的二次粒子,以重金属元素(如 Mn、Ni、Cu、Zn、Pb 等)为代表的工业排放源类和以 OC、K、Si、Al 等为标识元素的室内源类。上述六类污染源在夏季个体 PM2.5 暴露的贡献率分别为:机动车尾 33.6％、燃煤污染 19.9％、二次粒子 27.4％、扬尘 8.5％、室内源 6.6％、工业排放 4.1％;在冬季个体 PM2.5 暴露的贡献率分别为:机动车尾气 24.2％、燃煤污染

24.1％、二次粒子 29.1％、扬尘 10.7％、室内源 7.5％、工业排放 4.4％。其中,夏、冬季的 PM2.5 个体暴露中机动车尾气、二次粒子和燃煤排放贡献较大。

佩戴个人防护装置有过滤净化系统的空气净化呼吸器或防护口罩,可以有效地减轻大气颗粒物对人体的健康损害。2014 年 Shi 等[88]在上海市区进行了一项随机交叉实验,24 名健康受试者随机分为两组,干预组佩戴 $3M^{TM}$ 8210CN 防尘口罩 48 h,对照组不做处理,洗脱期 3 周。在每次干预的第 2 个 24 h 期间连续监测心率变异性(heart rate variability,HRV)和动态血压,干预结束后测量受试者血液循环生物标志物水平。实验结果显示,干预期间 PM2.5 的日均浓度为 74.2 $\mu g/m^3$。与对照期间相比,干预期间受试者的收缩压下降了 2.7 mmHg(95％CI:0.1～5.2 mmHg);HRV 参数出现明显变化,高频增加 12.5％(95％CI:3.8％～21.2％),相邻 RR 间期差值的均方根增加 10.9％(95％CI:1.8％～20.0％),相邻窦性心搏 RR 间期之差大于 50 ms 的个数占总窦性心搏个数的百分比增加 22.1％(95％CI:3.6％～40.7％),而高频/低频的比率下降了 7.8％(95％CI:−12.1％～−3.5％);血液循环生物标志物(ET-1、VCAM-1、Fib、vWF)未发生显著性变化。该项研究表明,短期佩戴防护面罩可有效地改善机体自主神经功能,降低血压,起到保护人群健康的作用。

Zhong[89]探讨了摄入 B 族维生素对 PM2.5 引起的急性心脏自主神经功能障碍和炎症的影响。在一项人体干预交叉试验中,给 10 名健康志愿者服用安慰剂,然后服用 4 周 B 族维生素补充剂(叶酸 2.5 mg/d,维生素 B_6 50 mg/d 和维生素 B_{12} 1 mg/d),按照预定的顺序,给予每名志愿者 3 次 2 h 的医疗空气或 PM2.5(250 $\mu g/m^3$)暴露。收集试验对象静息心率、心率变异性、白细胞计数、外周 $CD4^+$ Th 细胞中 DNA 甲基化概况和线粒体 DNA 含量。结果显示,与医用空气相比,PM2.5 暴露后试验对象静息心率升高 3.8 次/min(95％CI:0.3～7.4 次/min,P=0.04);心率低频段降低 57.5％(95％CI:2.5％～81.5％,P=0.04);总白细胞计数增加 11.5％(95％CI:0.3％～24.0％,P=0.04);淋巴细胞计数增加 12.9％(95％CI:4.4％～22.1％,P=0.005);$CD4^+$ Th 线粒体 DNA 含量降低了 8.11％(95％CI:3.31％～12.91％,P=0.002);基因位点 cg06194186、cg07689821、cg00068102、cg00647528、cg15426626 甲基化水平上调,cg10719920、cg21986027、cg17157498、cg08075528 和 cg26995744 甲基化水平下降。补充 B 族维生素可有效地减轻 PM2.5 对机体的作用,使 PM2.5 对静息心率、低频功率、总白细胞计数、淋巴细胞计数和线粒体 DNA 含量的影响分别减弱了 90％(P=0.003)、96％(P=0.01)、139％(P=0.006)、106％(P=0.02)和 105％(P=0.02)。此外,补充 B 族维生素可减轻 PM2.5 引起的基因位点 cg06194186、cg07689821、cg00068102、cg00647528、cg15426626、cg10719920、cg21986027、cg17157498、cg08075528 和 cg26995744 甲基化改变(P=0.003,P=0.01,P=0.0007,P=0.13,P=0.01,P=0.001,P=0.004,P=0.0004,P=0.0002,P=0.07)。该项研究说明,在健康成年人中,2 h 的

PM2.5暴露可引起机体急性心脏自主神经功能障碍、炎症反应、相关DNA甲基化改变和CD4$^+$Th细胞线粒体DNA耗竭,而这些作用可以用B族维生素补充剂来缓解。

9.5.2.2　二氧化硫

SO$_2$对人体呼吸道有刺激和腐蚀作用,长期或短期SO$_2$暴露可诱导气管炎、支气管炎、哮喘、肺气肿等呼吸系统疾病和心血管疾病的发生与发展。

哮喘病患者对吸入性SO$_2$非常敏感,即使短时间低剂量的SO$_2$暴露也能引起哮喘患者肺功能下降,但是个体间对SO$_2$暴露的反应有很大的差别。Winterton[90]探讨了哮喘相关基因β$_2$-肾上腺素能受体基因ADRB2,白细胞介素-4受体α亚基基因IL4R,Clara细胞分泌蛋白基因SCGB1A1,肿瘤坏死因子α基因TNFA启动子和淋巴毒素α基因(LTA的第一内含子)的多态性与SO$_2$引起的支气管高反应之间的关系。测量哮喘患者SO$_2$($0.5×10^{-6}$)暴露于前与暴露10 min后的肺功能。若哮喘患者SO$_2$暴露后FEV$_1$降低幅度大于或等于12%,则被定义为SO$_2$易感人群。取颊细胞分析个体DNA多态性。结果显示,62名实验对象中有13名对SO$_2$易感,且TNFA基因启动子的野生型等位基因与SO$_2$暴露反应的差异性有关,而其他基因未表现出相关性。

系统性炎症可能是介导空气污染与心血管疾病发病和死亡之间关联的机制之一。IL-6和Fib是全身炎症的生物标志物,也是心血管疾病的独立危险因素。Thompson等[91]收集2次随访研究期间(1999—2003年、2004—2006年)O$_3$、NO$_2$、SO$_2$和PM2.5的小时和日均浓度数据,以及45位非吸烟调查对象血液样本数据,应用混合线性回归模型分析空气污染物对IL-6和Fib的影响。结果显示,IL-6与SO$_2$之间存在正相关关系($0.25SD/SO_2IQR$;95% CI:$0.06～0.43$);IL-6和O$_3$之间亦存在正相关关系($0.31SD/O_3IQR$;95% CI:$0.08～0.54$)。而Fib与空气污染物暴露之间无显著相关性。不同季节空气污染物引起的健康效应不同,其中在夏季作用最为明显。

9.5.2.3　二氧化氮

谷胱甘肽S转移酶(glutathione S-transferase,GSTs)是一组具有多种生理功能的蛋白酶,在机体代谢有毒化合物、保护细胞免受化学物质急性毒性攻击中起到重要作用,是体内代谢反应中Ⅱ相代谢反应的重要转移酶。许多外源化学物经机体内生物转化第Ⅰ相反应后极易形成某些生物活性中间产物,它们可与细胞生物大分子发生共价结合,对机体造成损害。GSTs可催化亲核性的谷胱甘肽与各种亲电子外源化学物的结合反应,防止类似共价结合的发生,起到解毒作用。GSTs主要家族成员谷胱甘肽转硫酶M$_1$(GSTM$_1$),谷胱甘肽转硫酶T$_1$(GSTT$_1$)及谷胱甘肽转硫酶P$_1$(GSTP$_1$)的基因具有多态性。有研究表明,糖尿病的发生可能与空气污染物的暴露有关。Kim等[92]在韩国老年人环境健康定组研究(Korean Elderly Environmental Panel,KEEP)中探讨了胰岛素抵抗(insulin resistance,IR)标志物与空气污染物之间的关联以及GSTM1、GSTT1和GSTP1等基因型的调节作用。在2008—2010年间招募了560名60岁及以上的老年人，采集血液样本，检测样本人群的空腹血糖和胰岛素水平。收集大气 SO_2、NO_2、O_3 和 PM2.5 的监测数据作为空气污染暴露数据。使用混合效应模型分析同一天或滞后长达 10 d 的空气污染物暴露与 IR 指数之间的相关性，以及 *GSTM1*、*GSTT1* 和 *GSTP1* 基因型的调节作用。结果显示，PM10、O_3 和 NO_2 暴露水平与老年人 IR 指数呈正相关，且 *GSTM1* 基因缺失型、*GSTT1* 基因缺失型和 *GSTP1* 基因为 AG 或 GG 基因型的个体对这一影响的敏感性更高。然而，在 Castro-Giner 等[93]进行的 GSTs 基因多态性对 NO_2 和哮喘之间关联的影响的研究中，NO_2 暴露与哮喘发病之间的相关性在 *GSTM1* 基因、*GSTT1* 基因和 *GSTP1* 基因的所有基因型间无显著性差异，而在炎症反应相关的 *TNFA* 基因的所有基因型间和免疫应答相关的 NAD(P)H：醌氧化还原酶1基因[NAD(P)H quinone dehydrogenase 1，*NQO1*]的所有基因型间存在显著性差异。NO_2 暴露后 *TNFA* rs2844484 基因型和 *NQO1* rs2917666 基因型的发病率显著高于其他基因型。

反复 NO_2 暴露可诱导机体出现呼吸道炎症反应。在 Pathmanathan 等[94]组织的一项交叉实验中，将 12 名非吸烟实验对象置于含有 $2×10^{-6}$ 的 NO_2 或过滤空气 FA 的暴露室中（4 h/d，4 d），期间轻度运动（15 min）和休息（15 min）交叉进行，洗脱期为 3 周。在 NO_2 或 FA 终末暴露 1 h 后进行纤维支气管镜检查，并检测支气管活检标本中 NF-κB、TNF-α、嗜酸细胞活化趋化因子、粒细胞-巨噬细胞集落刺激因子、IL-5、IL-6、IL-8、IL-10、IL-13 和 ICAM-1 的表达。结果显示，与 FA 暴露结果相比，NO_2 重复暴露 4 天后，IL-5（$P=0.01$）和 IL-13（$P=0.04$）的表达中位数升高了 5 倍；ICAM-1（$P=0.05$）和 IL-10（$P=0.01$）表达中位水平升高了 2 倍；在其他生物标志物未观察到显著变化。IL-5，IL-10，IL-13 是 Th2 细胞的主要分泌物，Th2 细胞主要调节体液免疫反应，在诱发过敏反应中起着决定性的作用。NO_2 暴露引起 IL-5，IL-10 和 IL-13 改变，说明 NO_2 的反复暴露可能对支气管上皮发挥着"过敏性"的作用。ICAM-1 是细胞间黏附分子的一种，它可以增强炎症细胞与内皮细胞间的黏附作用，促进内皮细胞活化，使炎症细胞更容易穿透内皮而表现出炎症效应。在 Ezratty 等[95]进行的一项哮喘患者 NO_2 反复暴露实验中，亦观察到了呼吸道过敏反应炎症细胞的聚集。与基线值相比，$600×10^{-9}$ NO_2 暴露后哮喘患者痰液中嗜酸性粒细胞百分比增加了 57％（$P=0.003$），嗜酸性粒细胞阳离子蛋白亦显著增加（$P=0.003$）；而 $200×10^{-9}$ NO_2 暴露后哮喘患者痰液中嗜酸性粒细胞百分比和嗜酸性粒细胞阳离子蛋白与基线值相比未发生明显变化。

9.5.2.4　一氧化碳

CO 中毒可造成以中枢神经系统功能损害和心血管系统功能损害为主的全身各系统组织损伤。部分急性 CO 中毒患者经治疗神志清醒后，经过 3～60 d 表现正常或接近正常的假愈期，会出现急性 CO 中毒后迟发性脑病（delayed encephalopathy after acute carbon monoxide poisoning，DEACMP）。甄龙等[96]研究发现，DEACMP患者发病初期血清中IL-1b、IL-8、IL-10水平明显高于急性CO中毒DEACMP未发病组，且DEACMP患者恢复期血清中IL-1b、IL-8、IL-10水平明显低于发病初期，故推测DEACMP的发生机制可能与神经免疫损伤有关，细胞因子参与了DEACMP的病理生理学过程。然而目前尚未有研究发现相关细胞因子基因（*TNFA*、*TYK2*、*CDH17*、*LRP1B*、*IL2RA*）多态性与DEACMP易感性之间存在显著性关联。DEACMP的发生机制和细胞因子在DEACMP发病过程中的作用还有待进一步研究[97-100]。

急性CO中毒可引发心肌功能障碍、局部缺血、梗死、心律失常、心搏骤停等心血管疾病。Hancı等[101]通过病例对照试验分析急性CO中毒引起的心脏传导改变。P波是左右心房除极时产生的波形，QT间期是指心电图QRS起始到T波结束的时间段，反映了心室除极到复极的电位变化过程，P波和QT异常容易引发心律失常。研究结果显示，与正常对照组比较，急性CO中毒组P波离散度Pd（56.33 ± 17.11 ms vs 28.33 ± 11.16 ms，$P<0.001$）和QT离散度QTd（63.33 ± 26.69 ms vs 42.16 ± 7.84 ms，$P<0.001$）显著较对照组长，校正后的QT离散度（cQTd）亦明显长于对照组，说明急性CO中毒引发的心率失常可能与Pd和QTd的延长有关。CO的慢性暴露也会引起人体心电图指标的变化。Sari等[102]研究了室内CO慢性暴露与暴露人群心电图P波参数[最大P波宽度（P_{max}）、最小P波宽度（P_{min}）、Pd、最大QT间期（QT_{max}）、最小QT间期（QT_{min}）、QTd和cQTd]之间的关系。与对照组相比，CO慢性暴露人群COHb水平、P_{max}、Pd、QT_{max}、QTd和cQTd测量值显著高于对照组。同时Pearson相关分析发现，COHb水平与Pd（$r=0.315$，$P<0.005$）、QT_{max}（$r=0.402$，$P<0.001$）、QTd（$r=0.573$，$P<0.001$）和cQTd（$r=0.615$，$P<0.001$）之间显著相关，CO慢性暴露可能会引起机体心率异常。

Davutoglu等[103]通过测量颈动脉内-中膜厚度（carotid intima-media thickness，CIMT）和高敏C反应蛋白（high-sensitivity c-reactive protein，hs-CRP）来探讨CO长期暴露与动脉粥样硬化的关系。长期暴露于室内CO的非吸烟男性调查对象的血压、血清总胆固醇、高密度脂蛋白胆固醇、低密度脂蛋白胆固醇和三酰甘油水平与对照组比较无显著性差异；COHb（$6.4\pm1.5\%$ vs $2.0\pm1.1\%$）、hs-CRP（2.7 ± 2.0 mg/L vs 1.1 ± 0.8 mg/L）和CIMT（1.1 ± 0.3 mm vs. 0.9 ± 0.1 mm）显著高于对照组。Pearson相关分析发现，CIMT与COHb浓度（$r=0.635$，$P<0.001$）和hs-CRP水平（$r=0.466$，$P<0.001$）显著相关；在多变量分析中，COHb浓度是CIMT的唯一独立预测因子（$\beta=0.571$，$P<0.001$），表明CO长期暴露可能会增加动脉粥样硬化心血管疾病的患病风险。

Wu等[104]收集了美国6个城市1999—2004年间CO、NO$_2$和SO$_2$监测数据，以及SWAN（Study of Women's Health Across the Nation）研究中2 306名中年妇女反复测

量的炎症指标、凝血指标和血脂指标数据。利用接近模型评估调查对象的空气污染物暴露水平,使用混合效应线性回归模型分析空气污染物暴露与生物效应标记物之间的关联。结果显示,CO 短期暴露与纤维蛋白原增加有关,CO 周暴露浓度每升高一个四分位间距,纤维蛋白原增加 1.3%(95% CI:0.6%~2.0%)。NO_2 和 SO_2 的长期暴露与高密度脂蛋白和载脂蛋白 A I 的降低有关:NO_2 年暴露浓度每升高一个四分位间距,高密度脂蛋白和载脂蛋白 A I 分别降低了 4.0%(95% CI:1.75%~6.3%)和 4.7%(95% CI:2.8%~6.6%);SO_2 年暴露浓度每升高一个四分位间距,载脂蛋白 A1 降低 2.1%(95% CI:0.9%~3.3%)。PM2.5 是 CO/NO_2 与炎症/止血标记物之间相关关系的混杂因素,CO/NO_2 与脂蛋白的相关性不受 PM2.5 影响。上述研究表明,CO、NO_2 和 SO_2 暴露可能会干扰机体脂质代谢和诱导血栓形成,增加中年妇女心血管疾病的患病风险。

Vigeh 等[105]招募了 2 707 名健康、非肥胖、非吸烟单胎孕妇,研究 CO 长期暴露与妊娠高血压妊娠第 20 周后(收缩压>140 mmHg 和(或)舒张压>90 mmHg)的关系。结果显示,CO 高暴露组($14.1×10^{-6}$)孕妇产后舒张压($69.5±9.8$ mmHg)高于 CO 低暴露组($1.8×10^{-6}$)孕妇的产后舒张压($68.0±8.3$ mmHg,$P<0.01$)。同时,CO 高暴露组孕期高血压的患病率是 CO 低暴露组的 2 倍(调整后 OR=2.02,95% CI:1.35~3.03),表明 CO 长期暴露可能会孕期高血压的患病风险。

9.5.2.5 臭氧

遗传因素可影响 O_3 引起的机体凝血功能改变。血栓调节蛋白(thrombomodulin,TM)是使凝血酶由促凝转向抗凝的血管内凝血抑制因子。组织因子(tissue factor,TF)可通过与凝血因子Ⅶ/Ⅶa 结合而启动血液凝固级联反应。Poursafa P[106]研究了空气污染物暴露与 TM 和 TF 基因多态性的关联。对 Isfahan 的 110 名青少年($12.7±2.3$ 岁,52.8%的女孩)进行横断面研究。通过聚合酶链反应-限制性片段长度多态性技术(PCR-RFLP)测定 $TMG33-A$ 和 $+5466A>G$ 的基因型,并用 ELISA 法测量血清 TM 和 TF 水平。结果显示,TM 基因多态性分布:GG 为 69.2%,GA 为 27.2%,AA 为 3.6%。TF 基因多态性分布:108 调查对象是 $+5466A$ 等位基因的纯合子,2 名调查对象是 $+5466AG$ 基因型。上述基因型个体间血清 TF 和 TM 水平没有显著性差异。收集为期 7 天的 O_3、PM10、NO_2、SO_2 日均暴露水平。结果显示,高水平的 O_3(50.72~56.14 $\mu g/m^3$)和 PM10(224.88~281.55 $\mu g/m^3$)暴露条件下,与 $TM-33GG$ 基因型个体相比,$TM-33GA$ 基因型或 $TM-33AA$ 基因型有引起 TM 水平下降的风险,也就是增加机体凝血的风险,OR 分别为 1.25(95% CI:1.07~2.11)和 1.34(95% CI:1.17~1.81)。

Bergamaschi 等[107]研究了谷胱甘肽转硫酶 M1 基因 $GSTM1$(多态性和 NADP)H:醌氧化还原酶 1 基因($NQO1$)多态性对 O_3 急性暴露引起的机体反应的作用。24 名非吸烟健康个体在暴露浓度为 $32\sim103\times10^{-6}$ 的 O_3 环境中骑车 2 h。在骑行前后检测受试者肺功能指标和血样中的 clara 细胞蛋白(CC16)水平。并基于聚合酶链反应对 $NQO1$ 和 $GSTM1$ 多态性进行表征。结果显示,当 $O_3>80\times10^{-9}$ 时,受试者肺功能下降,血清 CC16 水平升高,表明其呼吸功能轻度受损,肺上皮通透性增加。$NQO1$ 野生型和 $GSTM1$ 缺失型受试者在 O_3 急性暴露后均表现有肺功能变化和血清 CC16 升高,而其他单倍型个体仅血清 CC16 升高,肺功能无明显改变。

O_3 长期暴露会引起机体代谢组分的改变。Chuang KJ 等[108]研究发现,随着 O_3 暴露浓度的升高,机体血糖空腹血糖、糖化血红蛋白、血脂、总胆固醇均有不同程度的升高。例如,O_3 浓度每升高 $8.95\ \mu g/m^3$,空腹血糖和糖化血红蛋白分别升高 21.10 mg/dL(95% CI:12.03~30.17 mg/dL)和 1.30%(95% CI:0.97%~1.63%),总胆固醇升高 56.47 mg/dL(95% CI:47.26~65.69 mg/dL)。

O_3 暴露会引发机体循环系统炎症反应。Devlin RB 等人[109]的随机双盲交叉试验结果显示,与过滤空气(FA)暴露比,0.30×10^{-6} O_3 暴露 2 h 后,机体炎症相关生物标志物 IL-8 升高 85.3%(95% CI:32.5%~213.9%),IL-1b 和 TFN-α 升高但未表现出统计学意义。暴露结束 24 h 后 IL-8 升高 103.8%(95% CI:32.5%~213.9%),C 反应蛋白升高 65.4%(95% CI:8.1%~152.9%)。除诱导炎症反应之外,O_3 暴露还会引起与纤维蛋白溶解相关的生物标志物的改变,具体表现为:O_3 暴露 2 h 后纤溶酶原激活物抑制剂 1 开始下降 -32.8%(95% CI:$-53.8\%\sim-2.4\%$),效应持续 24 h 下降 -42.7%(95% CI:$-65.5\%\sim-5.1\%$);试验结束 24 h 后,相比于 FA 组,暴露组血浆中的纤溶酶原也下降了 41.5%(95% CI:$-67.1\%\sim-16.0\%$);组织纤溶酶原激活物(tPA)在 O_3 暴露后存在上升的趋势,尽管这种趋势不显著。纤溶酶原的降低提示 O_3 暴露可能造成纤维蛋白沉积;而纤溶酶原的增加和纤溶酶原激活物抑制剂 1 的降低表明纤维蛋白溶解系统被激活,以调节 O_3 所导致的血液高凝状态。

9.5.2.6　铅

神经组织是铅暴露的主要损伤部位和蓄积部位。有关研究发现,铅可促进大脑萎缩和神经原纤维变性,在铅暴露的动物或人群中,可以观察到老年痴呆患者所特有的神经原纤维缠结和老年斑,并伴有大量神经元损失。

铅的神经毒性与个体相关基因多态有关。δ-氨基-γ 酮戊酸脱水酶(δ-ALAD)是卟啉及血红素合成的必要酶之一。铅在红细胞内竞争性结合 ALAD 蛋白,使血红素合成受阻,ALAD 蛋白的催化底物氨酰丙酸浓度升高,影响脑内 γ-氨基丁酸/谷氨酸代谢,从而导致神经元氧化代谢和兴奋抑制功能异常,促进其凋亡。ALAD 基因多态性可影响人体对铅神经毒性的易感性。人类 $ALAD$ 基因有 $ALAD*1$ 和 $ALAD*2$ 两个显性等位基因,在相同的铅暴露环境下,$ALLAD*2$ 基因携带者的血铅浓度明显高于 $ALAD*1$ 基因携带者[110]。此外,有研究发现[111],铅暴露可提高 $ALAD$ 基因 CpG 岛的甲基化水平,下调其转录,与 *ALAD* 基因启动子未甲基化的个体比较,*ALAD* 基因甲基化个体铅中毒风险明显增加(调整后 OR=3.57,95%*CI*:1.55~8.18)。

Wright 等[112]研究了 DNA 甲基化与铅生物标志物之间的关系。研究对象来自标准老龄化研究(Normative Aging Study,均为男性)。使用原子吸收分光光度法检测研究对象血铅含量,K-X 荧光射线技术测量髌骨和胫骨铅含量,亚硫酸氢盐-焦磷酸测序法分析研究对象血液样本中 2 个通用的 DNA 甲基化标志物 *LINE1* 基因和 *ALU* 基因反转录转座子 CpG 岛的甲基化平均值。结果显示,*ALU* 基因的平均甲基化水平为 26.3%±1.0%5 mC,*LINE1* 的平均甲基化水平为 76.8%±1.9% 5mC。经混合效应模型分析,髌骨铅水平与 *LINE1* 基因甲基化水平呈负相关($\beta=-0.25$;$P<0.01$),与 *ALU* 基因甲基化水平无明显相关性($\beta=-0.03$;$P=0.4$)。胫骨铅和血铅水平与 *ALU* 基因或 *LINE-1* 基因的甲基化之间亦无明显相关性。铅暴露和 *LINE1* 基因甲基化之间的关联可能是铅诱导不良健康效应的机制之一,同时可考虑将 DNA 甲基化的变化作为铅过去暴露的生物标志物。

驱铅治疗中常用的螯合药物有二巯基丁二酸、二巯基丙磺酸盐、二甲基半胱氨酸、依地酸二钠钙、二氨基四乙酸环己烷和二乙烯三胺五乙酸三钠钙[113]。上述巯基螯合剂具有驱铅效果良好、易于给药、不良反应较小等优点,但它们均不易穿透细胞膜驱除细胞内的铅。近年来研究发现,在用螯合剂进行驱铅治疗的同时给予某些辅助药物,不仅可增进螯合剂的驱铅效果,还可以减轻其不良反应。常用的辅助药物有复合维生素 B、维生素 C 和维生素 E、蛋氨酸和必需微量元素(Zn、Cu、Fe、Se)等。

9.5.2.7 苯并(a)芘

多环芳烃在大气中多以附着于颗粒物质的形式存在,可通过呼吸和饮食等途径进入人体。基于国家重点基础研究发展计划项目"空气颗粒物致健康危害的基础研究(2010—2015 年)"建立的武汉-珠海社区队列研究[114]结果显示,居民肺功能水平随其尿中总多环芳烃单羟基代谢物水平的升高而下降:尿 2-羟基萘、2-羟基芴、9-羟基芴、1-羟基菲、2-羟基菲、3-羟基菲、4-羟基菲、9-羟基菲、1-羟基芘及总多环芳烃单羟基代谢物每增加一个对数单位,FEV_1 相应降低 23.79 mL、41.76 mL、19.36 mL、39.53 mL、34.35 mL、27.37 mL、36.87 mL、33.47 mL、25.03 mL 和 37.13 mL;尿中 2-羟基萘、2-羟基芴、1-羟基菲、2-羟基菲、4-羟基菲以及总多环芳烃单羟基代谢物每增加一个对数单位,FVC 相应降低 24.39 mL、33.90 mL、28.56 mL、27.46 mL、27.15 mL 和 27.99 mL;排除吸烟干扰后,不吸烟女性通过饮食和室外通勤暴露 PAHs 均与其尿总多环芳烃单羟基代谢物水平正相关,并且尿总多环芳烃单羟基代谢物水平对吸烟者肺功能的影响大于不吸烟者。

苯并(a)芘(BaP)是一种常见的多环芳烃,可通过胎盘与胎儿 DNA 结合形成加合物,引起胎儿 DNA 损伤,导致胎儿生长受限、早产、出生缺陷、甚至是肿瘤的发生。转录因子 E2F1 是由人类 *E2F1* 基因编码出的蛋白质,其高表达可激活 ATM/ATR/CHK1 和 CHK2 等激酶的活性,在控制 DNA 损伤修复、细胞周期阻滞或细胞凋亡方面起到重要作用。*NUDT2* 基因是候选抑癌基因,其产物参与 *MutT* 基因序列的修饰。*MutT* 基因的表达产物 MutT 酶是一种特定的核苷焦磷酸酶,可通过水解致突变核苷结合底物如 8-oxo-dGTP 来防止 DNA 复制错误。*RPL27A* 基因的一个内含子保存有转录调控因子、Box-A 和 GABP 序列,具有转录活性,可调控细胞周期。李永红等[115]为探讨宫内 BaP 暴露对胎儿癌症相关基因(*E2F1*、*NUDT2* 和 *RPL27A*)表达的影响,用高效液相色谱法检测 20 份新生儿脐带血血清中 BaP 的浓度,实时荧光定量 PCR 检测脐带血 *E2F1* 基因、*NUDT2* 基因和 *RPL27A* 基因的表达,分析不同 BaP 暴露水平与癌症相关基因表达的关系。结果显示,20 份脐带血血清 BaP 平均浓度为 $0.38 \pm 0.31\ \mu g/L$。根据血清 BaP 浓度,将 20 份样本分成 5 个不同水平的暴露组,进一步分析发现,随着 BaP 暴露水平的增高,*RPL27A* 基因和 *NUDT2* 基因表达呈上调的趋势,而 *E2F1* 基因表达呈下调的趋势,说明宫内 BaP 暴露可引起胎儿癌症相关基因表达的改变,增加妊娠异常结局的风险。

BaP 经细胞色素 CYP1 物转化生成活性物质 BPDE 后表现其致癌性,*CYP1A1* 和 *CYP1B1* 是负责该过程的主要基因。BPDE 可与 DNA 形成 BPDE-DNA 加合物。之后 BPDA 可被微粒体环氧化物水解酶(EPHX1)、UDP 葡糖醛酸基转移酶(UGT1A)或谷胱甘肽 S-转移酶(GSTM1、GSTP1 和 GSTT1)水解催化而降解为无毒性的物质。为了探讨人群 BaP 易感性,Beranek 等[116]就 BPDE-DNA 加合物与 *CYP1A1*、*CYP1B1*、*EPHX1*、*GSTM1* 和 *UGT1A1* 基因多态性位点之间的关系进行了分析。结果显示,在涂抹含多环芳烃成分的药物的牛皮癣患者中,CYP1B1 * 1/ * 1 野生型($P = 0.031$)和 CYP1B1 * 3/ * 1 杂合子($P = 0.005$)个体血样中 BPDE-DNA 加合物的量比 *CYP1B1* * 3/ * 3 纯合子高。关于 *EPHX1* 基因,*EPHX1* * 3/ * 1 杂合子个体 BPDE-DNA 加合物的量比 *EPHX1* * 1/ * 1 野生型受试者低($P = 0.026$)。其他基因多态性位点对 BPDE-DNA 加合物水平未表现出显著影响。*CYP1B1/EPHX1* 基因分型有助于预测 Bap 致 DNA 损伤的风险。

9.6　小结与展望

通过卫生毒理学研究来详尽地分析空气污染物引起的机体病理改变及其作用机制,为空气污染的精准预防奠定了理论基础和应用基础。在暴露于某种空气污染物的人群中,个体出现的健康损伤效应常随大气污染物的暴露量、暴露时间和个体易感性而改变。精准评价个体空气污染物暴露情况,是判断空气污染物对人体健康损害的重要前提。一般情况下,空气污染对人群的健康影响分为急性作用和慢性作用两种,其相关的健康效应终点包括亚临床症状、发病和死亡等一系列过程,在健康效应谱的各个阶段,都可以选择相应的效应指标进行大气污染健康结局的剂量-反应关系评估。为了有效地控制空气污染对人体健康的危害,提高人群健康水平,可根据不同疾病的自然史,采取相应的措施,从而有效阻止相关疾病的发生、发展或恶化。除了常规疾病防控方法,还应当根据个体的空气污染物暴露情况和健康效应水平制定个性化的疾病预防和治疗方案,即空气污染健康危害的精准预防。为了进一步实现空气污染健康危害的精准预防,我们需要从大气环境、生物医学信息及两者交互作用的角度出发,应用医学前沿技术,在循证医学的基础上分析不同空气污染物暴露条件下大样本人群分子、基因、细胞、临床、行为、生理等不同层次的生物医学信息,精确探索空气污染健康效应的发生机制和治疗靶点,制订科学有效的防治策略和干预措施,最终实现空气污染健康损害的可预防。

9.6.1 启动大气污染前瞻性队列专项研究,支持我国环境管理工作

基于人群的环境流行病学调查是世界各国和世界卫生组织制订、修订环境空气质量标准的首要依据。队列研究结果应用于对污染物年平均浓度标准的制订,时间序列研究结果则应用于日平均标准的制订。前瞻性队列研究在污染物暴露评价、个体健康资料的收集和质量控制更为严格,在支持防治大气污染健康危害、制修订相关环境标准等方面具独特优势,得到了当今各国的高度关注。比如,美国虽已有两项著名队列研究,2004 年美国环保署又在"动脉粥样硬化的多种族队列(MESA)"基础上,启动了历史上投入最大(3 000 万美元)、历时 10 年的大气污染对居民心血管系统影响的前瞻性队列研究。当前,我国环保部门已建立了覆盖全国的大气环境监测网络,卫生部门也建立了全国疾病和死亡监测系统,因此我国完全有条件开展自己的大气污染前瞻性队列研究,进而建立多层次精准医疗知识体系和生物医学大数据平台,形成重大疾病风险评估和预测、早筛分类,个体化治疗及疗效监测的防治方案,这将对我国未来制订、修订环境质量标准提供最重要的本土科学依据。

9.6.2 加强大气污染与健康的基础研究

我国目前大气污染对居民健康危害的特征与作用机制仍未完全阐明,致使制订大气污染暴露相关疾病的防制措施缺乏科学依据。为满足居民对环境和健康的迫切需求,有必要以大气污染与人体交互作用为核心,围绕我国大气污染健康危害特征和作用机制这一关键,在以下方面开展大气污染与健康危害的基础研究:

一是我国代表性地区大气污染的来源、时空分布、暴露特征、居民个体暴露来源解析,以期精准评价空气污染物暴露种类与水平。

二是探索特异性的生物标志物,精准评价空气污染物引起的健康效应改变,并就大

气污染所致机体生物效应、早期健康损害(如肺功能、DNA加合物和DNA损伤、心率变异、炎性与免疫反应)、心肺疾病(如哮喘、肺癌和心血管疾病)和死亡的剂量-效应反应关系与作用机制进行研究。人类基因组计划的完成、组学大数据、生物检测技术、人工智能和大数据分析技术的迅速发展为精准医学时代的来临提供了技术支撑。相应带来了日益增长的海量生物医学数据,包括大量的基因组学、转录组学、蛋白质组学和代谢组学等数据,及大量的临床表现、病理学、生化指标、免疫指标等的数据。研究显示,消耗大量资源的GWAS,将超过3 700个DNA单核苷酸变异指向427种疾病,但已有53%的尝试无功而返,其余的结果也未得到充分利用及转化,未显示出应有的临床价值[117]。如何将临床表型与组学大数据进行关联,实现为患者精准诊断、治疗和预防服务的目的,仍然是我们面临的困难。

三是与政府重大环境干预措施相匹配,开展干预研究,评估健康收益,识别有潜在临床应用价值的标志物和生物靶点,实现空气污染物健康损害的精准治疗。

参考文献

[1] 李湉湉,崔亮亮,陈晨,等.北京市2013年1月雾霾天气事件中PM2.5相关人群超额死亡风险评估[J].疾病监测,2015,30(8):668-671.

[2] 王广鹤.臭氧和大气细颗粒物对大鼠心肺系统的影响及其机制研究[D].复旦大学,2013.

[3] Gurgueira S A, Lawrence J, Coull B, et al. Rapid increases in the steady-state concentration of reactive oxygen species in the lungs and heart after particulate air pollution inhalation [J]. Environmental Health Perspectives,2002,110(8):749-755.

[4] Schaumann F, Borm P J A, Herbrich A, et al. Metal-rich ambient particles (particulate matter 2.5) cause airway inflammation in healthy subjects [J]. American journal of respiratory and critical care medicine,2004,170(8):898-903.

[5] Shukla A, Timblin C, BeruBe K, et al. Inhaled particulate matter causes expression of nuclear factor (NF)-kappaB-related genes and oxidant-dependent NF-kappaB activation in vitro [J]. Am J Respir Cell Mol Biol,2000,23(2):182-187.

[6] Sun Q, Wang A, Jin X, et al. Long-term Air Pollution Exposure and Acceleration of Atherosclerosis and Vascular Inflammation in an Animal Model [J]. JAMA. 2005,294(23):3003-3010.

[7] Sang N, Yun Y, Li H, et al. SO_2 inhalation contributes to the development and progression of ischemic stroke in the brain [J]. Toxicol Sci. 2010,114(2):226-236.

[8] Bai J, Meng Z. Effects of sulfur dioxide on apoptosis-related gene expressions in lungs from rats [J]. Regulatory Toxicology and Pharmacology,2005,43(3):272-279.

[9] Li R, Meng Z, Xie J. Effects of sulfur dioxide derivatives on four asthma-related gene expressions in human bronchial epithelial cells [J]. Toxicol Lett. 2007,175(1-3):71-81.

[10] Qin G, Wu M, Sang N. Sulfur dioxide and benzo(a)pyrene trigger apoptotic and anti-apoptotic signals at different post-exposure times in mouse liver [J]. Chemosphere,2015,139:318-325.

[11] 王晓东.二氧化氮及其衍生物对肺和脑一般毒性的研究[D].山西大学,2014.

[12] Hodgkins S R，Ather J L，Paveglio S A，et al. NO$_2$ inhalation induces maturation of pulmonary CD11c+ cells that promote antigen specific CD4$^+$ T cell polarization [J]. Respir Res，2010，11：102.

[13] 韩明.二氧化氮诱导大鼠哮喘易感性变化的分子机制研究[D].山西大学,2014.

[14] Andre L，Boissière J，Reboul C，et al. Carbon Monoxide Pollution Promotes Cardiac Remodeling and Ventricular Arrhythmia in Healthy Rats [J]. American Journal of Respiratory and Critical Care Medicine，2010，181(6)：587-595.

[15] Iheagwara K N，Thom S R，Deutschman C S，et al. Myocardial cytochrome oxidase activity is decreased following carbon monoxide exposure [J]. Biochim Biophys Acta. 2007，1772(9)：1112-1116.

[16] Loennechen J P，Beisvag V，Arbo I，et al. Chronic carbon monoxide exposure in vivo induces myocardial endothelin-1 expression and hypertrophy in rat [J]. Pharmacol Toxicol，1999，85(4)：192-197.

[17] Jedlińska-Krakowska M，Gizejewski Z，Dietrich G J，et al. The effect of increased ozone concentrations in the air on selected aspects of rat reproduction [J]. Polish journal of veterinary sciences，2006，9(1)：11-16.

[18] Duan X，Buckpitt A R，Pinkerton K E，et al. Ozone-induced alterations in glutathione in lung subcompartments of rats and monkeys [J]. American journal of respiratory cell and molecular biology，1996，14(1)：70-75.

[19] 钱春燕.三种无机铅化合物的肺毒作用研究[D].复旦大学,2011.

[20] 于德娥,魏青,陈易林,等.不同神经发育阶段铅暴露对大鼠海马神经元数目的影响[J].中国卫生检验杂志,2011(11)：2654-2656.

[21] Bourjeily N，Suszkiw J B. Developmental cholinotoxicity of lead：loss of septal cholinergic neurons and long-term changes in cholinergic innervation of the hippocampus in perinatally lead-exposed rats [J]. Brain Research，1997，771(2)：319-328.

[22] Huang F，Schneider J S. Effects of Lead Exposure on Proliferation and Differentiation of Neural Stem Cells Derived from Different Regions of Embryonic Rat Brain [J]. NeuroToxicology，2004，25(6)：1001-1012.

[23] Tang M，Luo L，Zhu D，et al. Muscarinic cholinergic modulation of synaptic transmission and plasticity in rat hippocampus following chronic lead exposure [J]. Naunyn-Schmiedeberg's archives of pharmacology，2009，379(1)：37-45.

[24] Suszkiw J B. Presynaptic Disruption of Transmitter Release by Lead [J]. NeuroToxicology，2004，25(4)：599-604.

[25] Gill K D，Gupta V，Sandhir R. Ca^{2+} calmodulin-mediated neurotransmitter release and neurobehavioural deficits following lead exposure [J]. Cell Biochem Funct，2003，21(4)：345-353.

[26] 吴晓明,周宜开,徐顺清,等.*ERCC1* 反义 RNA 降低肺癌细胞对苯并(a)芘所致 DNA 损伤的修复能力[J].中华预防医学杂志,2003,37(3)：167-170.

[27] Binková B，Giguère Y，Ssner P，et al. The effect of dibenzo [a,l]pyrene and benzo [a]pyrene on human diploid lung fibroblasts：the induction of DNA adducts，expression of p53 and p21WAF1 proteins and cell cycle distribution [J]. Mutation Research/Genetic Toxicology and Environmental Mutagenesis，2000，471(1)：57-70.

[28] Donauer J, Schreck I, Liebel U, et al. Role and interaction of p53, BAX and the stress-activated protein kinases p38 and JNK in benzo(a) pyrene-diolepoxide induced apoptosis in human colon carcinoma cells [J]. Arch Toxicol, 2012, 86(2): 329-337.

[29] 胥美美,贾予平,李国星,等. 北京市某社区空气细颗粒物个体暴露水平初步评价[J]. 环境与健康杂志,2011,28(11): 941-943.

[30] 杜艳君,孙庆华,李湉湉. 不同通勤方式下 PM2.5 个体暴露与固定站点监测的相关性研究[J]. 环境与健康杂志,2015,32(4): 319-323.

[31] Blount R J, Pascopella L, Catanzaro D G, et al. Traffic-Related Air Pollution and All-Cause Mortality during Tuberculosis Treatment in California [J]. Environmental Health Perspectives. 2017, 125(9): 097026.

[32] 杜鹏飞,杜娟,郑筱津,等. 基于 ISC3 模型的南宁市 SO_2 污染控制策略[J]. 清华大学学报(自然科学版),2005(09): 1209-1212.

[33] 杨洪斌,张云海,邹旭东,等. AERMOD 空气扩散模型在沈阳的应用和验证[J]. 气象与环境学报,2006,22(1): 58-60.

[34] 丁峰,李时蓓,赵晓宏,等. 修订版大气导则与现行大气导则推荐模式实例对比验证分析[J]. 环境污染与防治,2008,30(8): 101-104.

[35] 杨多兴,韩永伟,拓学森. 门头沟生态区排放的大气颗粒物输送的模拟研究[J]. 西南大学学报(自然科学版),2007(05): 113-117.

[36] Meng X, Chen L, Cai J, et al. A land use regression model for estimating the NO_2 concentration in shanghai, China [J]. Environmental Research, 2015, 137: 308-315.

[37] 汉瑞英,陈健,王彬. 利用 LUR 模型模拟杭州市 PM2.5 质量浓度空间分布[J]. 环境科学学报. 2016,36(9): 3379-3385.

[38] 江曲图,何俊昱,王占山,等. 基于 LUR/BME 的海岸带地区 PM2.5 时空特性研究[J]. 中国环境科学. 2017,37(2): 424-431.

[39] 夏丰. 中国地区卫星遥感反演地面 PM2.5 相关问题研究[D]. 中国气象科学研究院,2017.

[40] Donkelaar A, Martin R V, Brauer M, et al. Global estimates of ambient fine particulate matter concentrations from satellite-based aerosol optical depth: development and application [J]. Environ Health Perspect, 2010, 118(6): 847-855.

[41] 贺瑶,朱彬,李锋,等. 长江三角洲地区 PM2.5 两种污染来源对比分析[J]. 中国环境科学,2017,37(4): 1213-1222.

[42] 薛文博,付飞,王金南,等. 中国 PM2.5 跨区域传输特征数值模拟研究[J]. 中国环境科学,2014,34(6): 1361-1368.

[43] 常炉予,许建明,周广强,等. 上海典型持续性 PM2.5 重度污染的数值模拟[J]. 环境科学,2016,37(3): 825-833.

[44] Kulkarni N, Pierse N, Rushton L, et al. Carbon in airway macrophages and lung function in children [J]. N Engl J Med, 2006, 355(1): 21-30.

[45] Nordberg G F, Mahaffey K R, Fowler B A. Introduction and summary. International workshop on lead in bone: implications for dosimetry and toxicology [J]. Environ Health Perspect, 1991, 91: 3-7.

[46] Chen R, Yin P, Meng X, et al. Fine Particulate Air Pollution and Daily Mortality. A Nationwide Analysis in 272 Chinese Cities [J]. Am J Respir Crit Care Med, 2017, 196(1): 73-81.

[47] Chen R, Huang W, Wong C, et al. Short-term exposure to sulfur dioxide and daily mortality in 17 Chinese cities: The China air pollution and health effects study (CAPES) [J]. Environmental

Research，2012，118：101-106.

［48］Yin P，He G，Fan M，et al. Particulate air pollution and mortality in 38 of China's largest cities：time series analysis ［J］. 2017，356：j667.

［49］Chen R，Zhang Y，Yang C，et al. Acute effect of ambient air pollution on stroke mortality in the China air pollution and health effects study ［J］. Stroke，2013，44(4)：954-960.

［50］Li H，Chen R，Meng X，et al. Short-term exposure to ambient air pollution and coronary heart disease mortality in 8 Chinese cities ［J］. Int J Cardiol，2015，197：265-270.

［51］Meng X，Wang C，Cao D，et al. Short-term effect of ambient air pollution on COPD mortality in four Chinese cities ［J］. Atmos Environ，2013，77(7)：149-154.

［52］钟梦婷,石辉,王会霞,等. 暴露-反应关系的 Meta 分析与健康效应评价[J].环境科学与技术,2017(05)：171-178.

［53］Tsai S，Chiu H，Liou S，et al. Short-Term Effects of Fine Particulate Air Pollution on Hospital Admissions for Respiratory Diseases：A Case-Crossover Study in a Tropical City ［J］. J Toxicol Environ Health A，2014，77(18)：1091-1101.

［54］Shah A S V，Lee K K，McAllister D A，et al. Short term exposure to air pollution and stroke：systematic review and meta-analysis ［J］. British Medical Journal，2015，350：h1295.

［55］Ye X，Peng L，Kan H，et al. Acute Effects of Particulate Air Pollution on the Incidence of Coronary Heart Disease in Shanghai，China ［J］. PLOS ONE，2016，11(3)：e151119.

［56］Wang X D，Zhang X M，Zhuang S W，et al. Short-term effects of air pollution on acute myocardial infarctions in Shanghai，China，2013-2014 ［J］. J Geriatr Cardiol，2016，13(2)：132-137.

［57］李怡,王雯,杨元琴,等. 2008北京奥运期间污染气象特征对成人哮喘影响的初步研究[G].//中国气象学会. 第 26 届中国气象学会年会论文集.［出版者不详],2009.

［58］Oftedal B，Brunekreef B，Nystad W，et al. Residential ambient air pollution and lung function ［J］. Epidemiology，2006，17(6)：S147.

［59］Jedrychowski W A，Perera F P，Maugeri U，et al. Effect of prenatal exposure to fine particulate matter on ventilatory lung function of preschool children of non-smoking mothers ［J］. Paediatr Perinat Epidemiol，2010，24(5)：492-501.

［60］Adam M，Schikowski T，Carsin A E，et al. Adult lung function and long-term air pollution exposure. ESCAPE：a multicenter cohort study and meta-analysis ［J］. Eur Respir J，2015，45(1)：38-50.

［61］Cosselman K E，Krishnan R，Oron A P，et al. Blood Pressure Response to Controlled Diesel Exhaust Exposure in Human Subjects ［J］. Hypertension，2012，59(5)：943-948.

［62］Brook R D，Urch B，Dvonch J T，et al. Insights Into the Mechanisms and Mediators of the Effects of Air Pollution Exposure on Blood Pressure and Vascular Function in Healthy Humans ［J］. Hypertension，2009，54(3)：659-667.

［63］Dockery D W，Pope C A，Xu X，et al. An Association between Air Pollution and Mortality in Six U. S. Cities ［J］. N Engl J Med，1993，329(24)：1753-1759.

［64］Jerrett M. Spatiotemporal Analysis of Air Pollution and Mortality in California Based on the American Cancer Society Cohort：Final Report ［R］. Berkeley，University of California. 2011.

［65］Fischer P H，Marra M，Ameling C B，et al. Air pollution and mortality in seven million adults：The Dutch Environmental Longitudinal Study (DUELS) ［J］. Environ Health Perspect，2015，123(7)：697-704.

［66］Crouse D L，Peters P A，Hystad P，et al. Ambient PM2. 5，O_3，and NO_2 exposures and associations with mortality over 16 years of follow-up in the Canadian Census Health and Environment Cohort (CanCHEC) [J]. Environmental Health Perspectives, 2015, 123(11): 1180-1186.

[67] Cao J, Yang C, Li J, et al. Association between long-term exposure to outdoor air pollution and mortality in China: A cohort study [J]. Journal of Hazardous Materials, 2011, 186(2-3): 1594-1600.

[68] 薛晓丹. 高浓度大气污染致人群心脑血管疾病死亡的回顾性队列研究[D]. 天津医科大学, 2014.

[69] Samet J M, Dominici F, Zeger S L, et al. The National Morbidity, Mortality, and Air Pollution Study. Part Ⅰ: Methods and methodologic issues [R]. Research report (Health Effects Institute), 2000(94 Pt 1): 5-14, 75-84.

[70] Coogan P F, White L F, Yu J, et al. Long-Term exposure to NO_2 and ozone and hypertension incidence in the Black Women's Health Study [J]. Am J Hypertens. 2017, 30(4): 367-372.

[71] Jung C R, Lin Y T, Hwang B F. Ozone, particulate matter, and newly diagnosed Alzheimer's disease: a population-based cohort study in Taiwan [J]. J Alzheimers Dis, 2015, 44(2): 573-584.

[72] Su Y, Zhao B, Guo F, et al. Interaction of benzo [a] pyrene with other risk factors in hepatocellular carcinoma: a case-control study in Xiamen, China [J]. Annals of Epidemiology, 2014, 24(2): 98-103.

[73] Gehring U, Gruzieva O, Agius R M, et al. Air pollution exposure and lung function in children: The ESCAPE Project [J]. Environmental Health Perspectives, 2013. 121(11-12): 1357-1364.

[74] Jedrychowski W A, Perera F P, Maugeri U, et al. Long term effects of prenatal and postnatal airborne PAH exposures on ventilatory lung function of non-asthmatic preadolescent children. Prospective birth cohort study in Krakow [J]. Sci Total Environ, 2015, 502: 502-509.

[75] Adar S D, Sheppard L, Vedal S, et al. Fine particulate air pollution and the progression of carotid intima-medial thickness: a prospective cohort study from the multi-ethnic study of atherosclerosis and air pollution [J]. PLoS Med, 2013, 10(4): e1001430.

[76] Tarantini L, Bonzini M, Apostoli P, et al. Effects of particulate matter on genomic DNA methylation content and iNOS promoter methylation [J]. Environ Health Perspect. 2009, 117(2): 217-22.

[77] Berhane K, Zhang Y, Linn W S, et al. The Effect of ambient air pollution on exhaled nitric oxide in the Children's Health Study [J]. Eur Respir J. 2011, 37(5): 1029-1036.

[78] 周敏, 陈长虹, 王红丽, 等. 上海秋季典型大气高污染过程中有机碳和元素碳的变化特征[J]. 环境科学学报, 2013, 33(1): 181-188.

[79] 段凤魁, 贺克斌, 马永亮. 北京 PM2.5 中多环芳烃的污染特征及来源研究[J]. 环境科学学报, 2009, 29(7): 1363-1371.

[80] 张弼, 王珍, 郭军. 富集因子法分析贵阳市 PM2.5 主要排放源污染元素[J]. 环境科学导刊, 2016, 35(zl): 172-175.

[81] Chen R, Qiao L, Li H, et al. Fine particulate matter constituents, nitric oxide synthase DNA methylation and exhaled nitric oxide [J]. Environmental Science & Technology, 2015, 49(19): 11859-11865.

[82] Byun H, Panni T, Motta V, et al. Effects of airborne pollutants on mitochondrial DNA Methylation [J]. Particle and Fibre Toxicology, 2013, 10(1): 18.

[83] Bollati V, Marinelli B, Apostoli P, et al. Exposure to metal-rich particulate matter modifies the

expression of candidate microRNAs in peripheral blood leukocytes [J]. Environ Health Perspect, 2010, 118(6): 763-768.

[84] Chen R, Zhao Z, Sun Q, et al. Size-fractionated particulate air pollution and circulating biomarkers of inflammation, coagulation, and vasoconstriction in a panel of young adults [J]. Epidemiology, 2015, 26(3): 328-336.

[85] Bind M, Baccarelli A, Zanobetti A, et al. Air pollution and markers of coagulation, inflammation and endothelial function: Associations and epigene-environment interactions in an elderly cohort [J]. Epidemiology (Cambridge, Mass.), 2012, 23(2): 332-340.

[86] Li H, Cai J, Chen R, et al. Particulate matter exposure and stress hormone levels [J]. Circulation, 2017, 136(7): 618-627.

[87] 倪天茹,韩斌,李彭辉,等.天津市某社区老年人 PM2.5 个体暴露来源解析研究[J].中华预防医学杂志,2016,50(8):698-704.

[88] Shi J, Lin Z, Chen R, et, al. Cardiovascular benefits of wearing particulate-filtering respirators: a randomized crossover trial [J]. Environ Health Perspect, 2017, 125(2): 175-180.

[89] Zhong, Jia. Do nutrients counteract the acute cardiovascular effects of air particles? The role of immuno-epigenetics in observational and intervention studies [D]. 2016. Harvard T. H. Chan School of Public Health.

[90] Winterton D L, Kaufman J, Keener C V, et al. Genetic polymorphisms as biomarkers of sensitivity to inhaled sulfur dioxide in subjects with asthma [J]. Ann Allergy Asthma Immunol, 2001, 86(2): 232-238.

[91] Thompson A M, Zanobetti A, Silverman F, et al. Baseline repeated measures from controlled human exposure studies: associations between ambient air pollution exposure and the systemic inflammatory biomarkers IL-6 and fibrinogen [J]. Environ Health Perspect, 2010, 118(1): 120-124.

[92] Kim J H, Hong Y. GSTM1, GSTT1, and GSTP1 Polymorphisms and associations between air pollutants and markers of insulin resistance in elderly Koreans [J]. 2012, 120(10): 1378-1384.

[93] Castro-Giner F, Künzli N, Jacquemin B, et al. Traffic-related air pollution, oxidative stress genes, and asthma (ECHRS) [J]. Environmental health perspectives, 2009, 117(12): 1919-1924.

[94] Pathmanathan S, Krishna M T, Blomberg A, et al. Repeated daily exposure to 2×10^{-6} nitrogen dioxide upregulates the expression of IL-5, IL-10, IL-13, and ICAM-1 in the bronchial epithelium of healthy human airways [J]. Occup Environ Med, 2003, 60(11): 892-896.

[95] Ezratty V, Guillossou G, Neukirch C, et al. Repeated nitrogen dioxide exposures and eosinophilic airway inflammation in asthmatics: a randomized crossover study [J]. Environmental Health Perspectives, 2014.

[96] 甄龙,顾仁骏,张萍,等.急性一氧化碳中毒后迟发性脑病患者血清中白细胞介素水平及其临床意义[J].中华劳动卫生职业病杂志,2008,26(9):561-562.

[97] 李时光,陈江波,李静.肿瘤坏死因子-α308 基因多态性与汉族人群急性一氧化碳中毒后迟发性脑病的关联研究[J].中国实用神经疾病杂志,2013,16(5):28-30.

[98] 娄涛,李文强,顾家鹏,等.酪氨酸激酶 2 基因多态性与汉族人群急性一氧化碳中毒后迟发性脑病的关联研究[J].中国全科医学,2013,16(24):2806-2809.

[99] 王婵,李文强,李时光,等.白细胞介素-2 受体 α 链和白细胞分化抗原 40 基因多态性与急性一氧化碳中毒后迟发性脑病的关联研究[J].中华行为医学与脑科学杂志,2012,21(11):985-987.

［100］于建华,王运良,潘晓琳. CDH17 和 LRP1B 基因多态性与一氧化碳中毒后迟发性脑病的相关性［J］.中国实用神经疾病杂志,2017,20(12):18-22.

［101］Hancı V, Ayoğlu H, Yurtlu S, et al. Effects of acute carbon monoxide poisoning on the P-wave and QT interval dispersions［J］. Anatol J Cardiol, 2011, 11(1):48-52.

［102］Sari I, Zengin S, Ozer O, et al. Chronic carbon monoxide exposure increases electrocardiographic P-wave and QT dispersion［J］. Inhal Toxicol. 2008, 20(9):879-884.

［103］Davutoglu V, Zengin S, Sari I, et al. Chronic carbon monoxide exposure is associated with the increases in carotid intima-media thickness and C-reactive protein level［J］. The Tohoku Journal of Experimental Medicine, 2009, 219(3):201-206.

［104］Wu X M, Basu R, Malig B, et al. Association between gaseous air pollutants and inflammatory, hemostatic and lipid markers in a cohort of midlife women［J］. Environ Int, 2017, 107:131-139.

［105］Vigeh M, Yunesian M, Shariat M, et al. Environmental carbon monoxide related to pregnancy hypertension［J］. Women Health. 2011, 51(8):724-738.

［106］Poursafa P, Kelishadi R, Haghjooy-Javanmard S, et al. Synergistic effects of genetic polymorphism and air pollution on markers of endothelial dysfunction in children［J］. Journal of Research in Medical Sciences: The Official Journal of Isfahan University of Medical Sciences, 2012, 17(8):718-723.

［107］Bergamaschi E, De P G, Mozzoni P, et al. Polymorphism of quinone-metabolizing enzymes and susceptibility to ozone-induced acute effects.［J］. Am J Respir Crit Care Med. 2001, 163(6):1426-1431.

［108］Chuang K J, Yan Y H, Chiu S Y, et al. Long-term air pollution exposure and risk factors for cardiovascular diseases among the elderly in Taiwan［J］. Occup Environ Med, 2011, 68(1):64-68.

［109］Devlin R B, Duncan K E, Jardim M, et al. Controlled exposure of healthy young volunteers to ozone causes cardiovascular effects［J］. Circulation, 2012, 126(1):104-111.

［110］Gao A, Lu X, Li Q, et al. Effect of the delta-aminolaevulinic acid dehydratase gene polymorphism on renal and neurobehavioral function in workers exposed to lead in China［J］. Science of the Total Environment, 2010, 408(19):4052-4055.

［111］Li C, Xu M, Wang S, et al. Lead exposure suppressed ALAD transcription by increasing methylation level of the promoter CpG islands［J］. Toxicology Letters, 2011, 203(1):48-53.

［112］Wright R O, Schwartz J, Wright R J, et al. Biomarkers of lead exposure and DNA methylation within retrotransposons.［J］. Environ Health Perspect. 2010, 118(6):790-795.

［113］于飞,智绪平,李岩溪,等.二巯基丁二酸与不同营养素联合干预小鼠铅中毒的研究［J］.毒理学杂志,2010,24(06):445-448.

［114］Zhou Y, Sun H, Xie J, et al. Urinary polycyclic aromatic hydrocarbon metabolites and altered lung function in Wuhan, China［J］. Am J Respir Crit Care Med, 2016, 193(8):835-846.

［115］李永红,程义斌,顾珩,等.宫内苯并(a)芘暴露对胎儿癌症相关基因表达的影响［J］.环境卫生学杂志,2012,2(03):101-104.

［116］Beranek M, Fiala Z, Kremlacek J, et al. Genetic polymorphisms in biotransformation enzymes for benzo［a］pyrene and related levels of benzo［a］pyrene-7,8-diol-9,10-epoxide-DNA adducts in Goeckerman therapy［J］. Toxicology Letters, 2016, 255:47-51.

［117］E Pennisi. Disease risk links to gene regulation［J］. Science,2011, 332(6033):1031.

10 生产性粉尘的健康危害与精准预防

生产性粉尘是最常见的职业有害因素之一，也是我国健康危害最严重的职业有害因素，广泛存在于国民经济支柱性行业，接触人群数量巨大。同时，生产性粉尘不仅危害劳动者健康，也是环境空气颗粒物的主要来源之一，可通过空气污染造成更广泛的健康损害。因此，探讨生产性粉尘的健康危害规律，有针对性地进行生产性粉尘健康危害的精准预防十分重要。

本章首先概述了生产性粉尘的特征和来源，汇总了国内外关于生产性粉尘毒性和健康损害的流行病学研究结果，分析了其导致的主要健康危害和控制方法。然后详细论述了生产场所广泛存在且健康危害较严重的典型生产性粉尘：硅尘、煤矿粉尘、石棉尘和金属粉尘的健康危害，结合三级预防的原则论述了精准预防方法，并进一步分析了生产性粉尘和遗传因素的联合作用及其与健康的关联性，以及如何开展生产性粉尘健康风险评价。本章内容包括生产性粉尘的特征、毒理学证据、流行病学健康危害证据、健康风险评价、精准预防原则和防控手段，为预防生产性粉尘的健康危害、保护劳动者健康、促进国民经济可持续发展服务。

10.1 生产性粉尘及其主要健康危害

生产性粉尘作为一种空气颗粒物，是环境空气污染物的重要来源之一。生产性粉尘特指在生产过程中形成或产生的，能长时间飘浮在空气中的固体颗粒物，广泛存在于国民经济支柱行业，如矿山、冶金、建筑、机械等。无论发达国家还是发展中国家，生产性粉尘的危害十分普遍。世界卫生组织估计全球接触粉尘工人超过 11 亿，我国接触生产性粉尘工人超过 1.2 亿。随着工农业生产规模的不断扩大，生产性粉尘的种类和数量也不断增多。生产性粉尘在形成之后，表面往往还能吸附其他的有害物质，成为其他有害物质的载体。生产性粉尘的产生不仅造成作业环境空气的污染，影响劳动者的身心健康，而且其经常扩散到作业点或者车间之外，污染生产点周围的环境空气，带来严重的环境污染问题,可直接或间接地影响周围居民的身心健康。根据粉尘的不同特性,生产性粉尘可引起机体多器官系统的健康损害,其中以呼吸系统损害最为严重,可引起上呼吸道炎症、哮喘、慢性阻塞性肺疾病、肺炎、肺肉芽肿、肺癌,以及生产性粉尘引起的职业病——肺尘埃沉着病(简称"尘肺")、金属及其化合物粉尘肺沉着病等肺部疾病。生产性粉尘一直是我国健康危害最严重的职业有害因素,是造成我国危害最大的职业病肺尘埃沉着病等高发的主要原因。截至 2016 年,我国已累计报道肺尘埃沉着病 83.1万例,占全国职业病总数的 90% 以上。除呼吸系统外,生产性粉尘的接触还可引起局部黏膜刺激、急慢性中毒、肿瘤等健康损害。由于生产性粉尘的致病作用不仅与接触粉尘的性质和剂量有关,而且与粉尘的粒径、接触者遗传特征以及吸烟等生活习惯相关。为减少相关疾病的发生,探讨生产性粉尘的致病规律,开展其所致疾病特别是呼吸系统疾病的精准预防十分必要。

10.1.1 生产性粉尘来源与分类

10.1.1.1 生产性粉尘的来源与接触途径

生产性粉尘的来源十分广泛。传统行业如矿山开采、隧道开凿、建筑、运输等工业过程中都会产生大量粉尘。冶金工业中的原料准备、矿石粉碎、筛分、选矿、配料、运输等;机械制造工业中原料破碎、配料、清砂等;耐火材料、玻璃、水泥、陶瓷等工业的原料加工、打磨、包装;皮毛、纺织工业的原料处理;化学工业中固体颗粒原料的加工处理、包装等过程,由于工艺的需要和防尘措施的不完善,均会产生大量粉尘,造成生产环境中粉尘浓度过高。近年来,新化学物质的开发和生产使用带来了新型粉尘。由碳化硅、硼、碳、氧化锆和氧化铝等制成的陶瓷纤维具有高熔点、耐用性好的特点,可作为新型高温绝缘材料,其潜在健康危害受到关注。随着纳米材料的广泛使用,以纳米材料为代表的超细粉尘颗粒及其潜在的健康问题也日益受到关注。

生产性粉尘的来源决定于粉尘的接触行业和机会。在各种产生生产性粉尘的作业场所,都可能接触到不同性质的粉尘。如在采矿、开山采石、建筑施工、铸造、耐火材料及陶瓷等行业,主要接触的粉尘是以石英为主的混合粉尘;石棉开采、加工制造石棉制品时接触的主要是石棉或含石棉的混合粉尘;焊接、金属加工、冶炼时主要接触金属及其化合物粉尘;农业、粮食加工、制糖工业、动物管理及纺织工业等,主要接触植物性或动物性有机粉尘。

10.1.1.2 生产性粉尘的分类

1) 根据粉尘的性质分类

根据粉尘组成成分的化学特性可以将粉尘分成无机性粉尘和有机性粉尘。

无机性粉尘根据组成成分的来源不同,可分为:① 金属性粉尘,如铝、铁、锡、铅、锰、铜等金属及化合物粉尘。② 非金属的矿物粉尘,如石英、石棉、滑石、煤等。③ 人工合成无机粉尘,如水泥、玻璃纤维、金刚砂等。

有机性粉尘根据组成成分的来源不同,可分为:① 植物性粉尘,如木尘、烟草、棉、麻、谷物、茶、甘蔗、丝等粉尘。② 动物性粉尘,如畜毛、羽毛、角粉、骨质等粉尘。③ 人工有机粉尘,如有机染料、农药、人造有机纤维等。

在生产环境中,大多数情况下存在的是两种或两种以上物质混合组成的粉尘,称为混合性粉尘。由于混合粉尘的组成成分不同,其特性、毒性和对人体的危害程度有很大差异。

2) 根据粉尘颗粒在空气中停留状况分类

由于粉尘颗粒的组成不同,形状不一,比重各异,为了测定和相互比较,目前统一采用空气动力学直径来表示颗粒大小。空气动力学直径是根据粒子在空气中的惯性和受到的地球引力作用确定的,具体表示为不论粉尘粒子 a 的几何形状、大小和比重如何,如果它在空气中与比重为 1 的球型粒子 b 的沉降速度相同,那么球型粒子 b 的直径就是该粒子的空气动力学直径。应用空气动力学直径,根据粉尘颗粒在空气中停留的时间可以将粉尘分为降尘和飘尘。

降尘:一般指空气动力学直径大于 10 μm,在重力作用下可以降落的颗粒状物质。降尘多产生于大块固体的破碎、燃烧残余物的结块及研磨粉碎过程中产生的较大颗粒物。

飘尘:指粒径小于 10 μm 的微小颗粒,包括烟、烟气和雾等在内的颗粒状物质。这些物质粒径小、重量轻,故可以长时间停留在大气中,在大气中呈悬浮状态,分布极为广泛。由于飘尘的粒径较小和在空中停留时间长,被人体吸入呼吸道的机会很大,易对人体造成危害。

粉尘自从生成源排出后,常因空气动力条件的不同、气象条件的差异而发生不同程度的迁移和扩散。降尘受重力作用可以很快降落到地面,而飘尘则可在大气中保持很久。

3) 根据粉尘粒子在呼吸道沉积部位不同分类

不同直径的粉尘粒子进入人体呼吸道的深度和在呼吸道的沉积部位不同,有些粉尘被人体吸入后又被呼出。即使同样粒径的粉尘颗粒进入人体呼吸道的深度也并非完全一样,这里存在一个概率问题,概率大小是依据人体呼吸道的标准解剖结构、气道内气体流量和流速经过实验模拟和计算得到的。为了便于理解和实际应用,通常使用颗粒的空气动力学直径的大小作为粒子进入呼吸道的大致分类标准。

(1) 可吸入粉尘:可吸入粉尘(inhalable dust)是指空气动力学直径小于 15 μm 的粒子,因其可以被吸入呼吸道,进入胸腔范围,又称胸腔性粉尘。医学上的可吸入粉尘则具体指可吸入而且不再呼出的粉尘,它包括沉积在鼻、咽、喉头、气管和支气管及呼吸道深部的所有粉尘。其中,空气动力学直径为 10~15 μm 的粒子主要沉积在上呼吸道。

(2) 呼吸性粉尘:呼吸性粉尘(respirable dust)是指空气动力学直径小于 5 μm 的

粒子，可到达呼吸道深部和肺泡区，进入气体交换的区域。呼吸性粉尘在医学上是指能够达到并且沉积在呼吸性细支气管和肺泡的那一部分粉尘，不包括可呼出的那一部分。

10.1.2　生产性粉尘的健康危害

所有粉尘对身体都是有害的，不同特性特别是不同化学性质的生产性粉尘，可能引起机体的不同损害。如可溶性有毒粉尘进入呼吸道后，能很快被吸收入血流，引起中毒作用；具有放射性的粉尘，则可造成放射性损伤；某些硬质粉尘可机械性损伤角膜及结膜，引起角膜混浊和结膜炎等；粉尘堵塞皮脂腺和机械性刺激皮肤时，可引起粉刺、毛囊炎、脓皮病及皮肤皲裂等；粉尘进入外耳道混在皮脂中，可形成耳垢等。生产性粉尘对机体的损害是多方面的，尤其以呼吸系统损害最为主要。

10.1.2.1　对呼吸系统的影响

粉尘对机体影响最大的是呼吸系统损害，包括肺尘埃沉着病、金属及其化合物粉尘肺沉着病、呼吸道炎症、慢性阻塞性肺疾病和呼吸系统肿瘤等疾病。

1）肺尘埃沉着病

肺尘埃沉着病（pneumoconiosis）是由于在生产环境中长期吸入生产性粉尘而引起的以肺组织纤维化为主的疾病。长期吸入不同种类的粉尘可导致不同类型的肺尘埃沉着病或肺部疾患。它是职业性疾病中影响面最广、危害最严重的一类疾病。据统计，肺尘埃沉着病病例约占我国职业病总人数的 90％以上。截至 2014 年，我国累积已发生肺尘埃沉着病患者约 59 万，其中已有约 14 万病例死亡，另有约 60 万可疑患者，近年来每年新增肺尘埃沉着病患者 1 万名。截至 2016 年，我国已累积报道肺尘埃沉着病患者83.1 万例。目前卫生部的肺尘埃沉着病统计数字仅仅来源于国有厂矿的病例报告，尚未包括乡镇企业中发生的肺尘埃沉着病。专家估计，地方和乡镇厂矿中发生的肺尘埃沉着病病例要远远高于国有大型矿山。全国每年由肺尘埃沉着病造成的直接经济损失达 80 亿元，间接损失约 300 亿到 400 亿元。

我国 2013 年公布实施的《职业病分类目录》中，规定了 12 种肺尘埃沉着病名单，即硅沉着病、石棉沉着病、煤工肺尘埃沉着病、石墨肺尘埃沉着病、炭黑肺尘埃沉着病、滑石肺尘埃沉着病、水泥肺尘埃沉着病、云母肺尘埃沉着病、陶工肺尘埃沉着病、铝肺尘埃沉着病、电焊工肺尘埃沉着病及铸工肺尘埃沉着病。此外，根据《职业性肺尘埃沉着病的诊断》和《职业性肺尘埃沉着病的病理诊断》标准可以诊断的其他肺尘埃沉着病列为第十三种肺尘埃沉着病。

2）金属及其化合物粉肺尘埃沉着病沉着病和硬金属肺病

有些生产性粉尘如锡、铁、锑等粉尘吸入后，主要沉积于肺组织中，呈现异物反应，肺组织以网状纤维增生的间质纤维化为主，在 X 线胸片上可以看到满肺野结节状阴影，主要是这些金属的沉着，这类病变称粉尘沉着症。接触硬金属钨、钛、钴等，可引起硬金属肺病。

3）有机粉尘引起的肺部病变

有机粉尘有着不同于无机粉尘的生物学作用，而且不同类型的有机粉尘作用也不相同。有机性粉尘引起的肺部改变常见有：吸入棉、亚麻或大麻尘引起的棉尘病，常表现为休息后第一天上班末出现胸闷、气急和（或）咳嗽症状，可有急性肺通气功能改变；吸烟又吸入棉尘可引起非特异性慢性阻塞性肺疾病（chronic obstructive pulmonary disease，COPD）；吸入带有霉菌孢子的植物性粉尘，如草料尘、粮谷尘、蔗渣尘等，或者吸入被细菌或血清蛋白污染的有机粉尘可引起职业性变态反应肺泡炎，患者常在接触粉尘 4~8 h 后出现畏寒、发热、气促、干咳等症状，第二天后自行消失，急性症状反复发作可以发展为慢性，并产生不可逆的肺组织纤维增生和 COPD。这些均已纳入我国法定职业病范围。

4）呼吸系统肿瘤

某些粉尘本身是或者含有人类确认致癌物，如石棉、游离二氧化硅、镍、铬、砷等都是国际癌症研究中心（International Agency for Research on Cancer，IARC）提出的人类确认致癌物。吸入含有这些物质的粉尘可能引发呼吸系统和其他系统肿瘤。此外，放射性粉尘也能引起呼吸系统肿瘤。

5）呼吸系统炎症和 COPD

粉尘对人体来说是一种外来异物，因此机体具有本能的排除异物反应，在粉尘进入部位积聚大量巨噬细胞，导致炎性反应，引起粉尘性气管炎、支气管炎、肺炎、哮喘性鼻炎和支气管哮喘等疾病。由于粉尘诱发的纤维化、粉肺尘埃沉着病沉积和炎症作用，还常引起肺通气功能改变，表现为阻塞性肺疾病。COPD 也是粉尘接触作业人员常见疾病。在肺尘埃沉着病患者中还常并发肺气肿、肺心病等疾病。

6）其他呼吸系统疾病

长期的粉尘接触，除局部的损伤外，还常引起机体抵抗功能下降，容易发生肺部非特异性感染，肺结核也是粉尘接触人员易患疾病。

10.1.2.2　局部作用

粉尘作用于呼吸道黏膜，早期引起其功能亢进，黏膜下毛细血管扩张、充血，黏液腺分泌增加，以阻留更多的粉尘，长期则形成黏膜肥大性病变，由于黏膜上皮细胞营养不足，造成萎缩性病变，呼吸道抵御功能下降。皮肤长期接触粉尘可导致阻塞性皮脂炎、粉刺、毛囊炎、脓皮病。金属粉尘还可引起角膜损伤、浑浊。沥青粉尘可引起光感性皮炎。

10.1.2.3　中毒作用

含有可溶性有毒物质的粉尘如含铅、砷、锰等可在呼吸道黏膜很快溶解吸收，导致中毒，呈现出相应毒物的急性中毒症状。

10.1.3 重点生产性粉尘的毒性作用

10.1.3.1 游离二氧化硅粉尘

游离二氧化硅（SiO_2）粉尘俗称硅尘（矽尘），石英（quartz）中游离 SiO_2 含量达 99%，故常以石英尘作为矽尘的代表。游离 SiO_2 按晶体结构分为结晶型、隐晶型和无定型。结晶型 SiO_2 的硅氧四面体排列规则，如石英、磷石英；隐晶型 SiO_2 的硅氧四面体排列不规则，如玛瑙、火石和石英玻璃；无定型 SiO_2 主要存在于硅藻土、硅胶和蛋白石等物质中。晶体结构不同，毒性作用各异，其中以结晶型 SiO_2 毒性作用最为显著。

石英粉尘进入呼吸道后，空气动力学直径超过 10 μm 的粉尘多沉降于上呼吸道，并由黏液纤毛排出；空气动力学直径低于 10 μm 的石英粉尘可沉降于呼吸性细支气管和肺泡，少量沉降的石英粉尘被肺泡巨噬细胞吞噬后经黏液纤毛上行排出体外或渗透进入肺间质或转移至淋巴系统和血液系统，但大部分仍沉积于肺实质。

1) 急性毒性作用

石英粉尘的急性毒性作用主要表现为急性炎性反应。以石英粉尘气道滴注染毒 Wistar 大鼠，染尘后 3 d 肺泡灌洗液中胞浆标志酶乳酸脱氢酶（lactate dehydrogenase，LDH）和总蛋白达到较高水平，前者提示石英暴露致Ⅰ型上皮细胞损伤，而毛细血管内皮细胞损伤则导致毛细血管通透性升高，血浆蛋白渗出至肺泡腔内，使灌洗液中蛋白质含量增加[1]。以 5～100 mg/kg 标准石英粉尘经气道滴入或吸入染毒实验动物（大鼠、小鼠、豚鼠、仓鼠）后 1 d，肺泡灌洗液中性粒细胞达到高峰，表现为以中性粒细胞浸润为主的肺泡炎[2~5]。染尘后 3 d 巨噬细胞开始升高并持续浸润，表现为以巨噬细胞浸润为主的肺泡炎。染尘后 7 d，在粉尘分布较多的区域，炎性细胞在肺泡腔内聚集，形成肉芽肿性肺泡炎[6,7]。除了肺泡炎性反应，肺间质也可见单核细胞、中性粒细胞浸润。在炎性反应中，肺泡巨噬细胞分泌肿瘤坏死因子-α（tumor necrosis factor-α，TNF-α）、白细胞介素-1（interleukin-1，IL-1）、巨噬细胞炎性蛋白-2（macrophage inflammatory protein-2，MIP-2）等炎性因子水平升高，且炎性因子水平随着炎性反应程度的增加而升高[8-10]。

2) 慢性毒性作用

石英粉尘慢性毒性作用主要表现为致纤维化，可引起肺、肾、肝等多器官系统损害。粉尘在肺内发挥作用，可产生大量自由基，使表面活性物质和生物膜脂质上的多不饱和脂肪酸过氧化，形成脂质过氧化物，引起脂质成分和比例改变，上皮细胞受损，粉尘得以进入肺间质，从而直接刺激胶原增生，因此脂质增加可作为粉尘对肺损伤指标或肺纤维化的早期指标。铜蓝蛋白（coeruloplasmin，CP）是重要的细胞外液抗氧化酶，能促进胶原蛋白与弹性蛋白的共价交联和多聚化的氧化过程，导致纤维化的形成，故血清铜蓝蛋白含量可反映机体早期纤维化程度。以 50 mg 标准石英粉尘经气道滴注染毒 Wistar 大鼠,染尘后 3 d 肺泡灌洗液铜蓝蛋白已达到或接近高峰,总脂质在染尘后 15 d 达到高峰[1]。以 5 mg 标准石英粉尘气道滴入染毒 Wistar 大鼠后 3 d Ⅲ型胶原开始增加,染尘后 7 d Ⅰ型胶原开始增加,两种胶原在染尘后 28 d 时增加幅度最大[11]。随着观察时间延长,肺泡灌洗细胞和灌洗液上清羟脯氨酸水平升高,全肺胶原增加。染尘后 4 个月出现典型纤维性结节,染尘后 12 个月可见到硅结节融合乃至大片纤维化[7]。

吸入石英粉尘可致肾小管肾炎及纤维化损害。以 100~120 mg/L 石英粉尘染毒肾小管上皮细胞,石英粉尘通过 DNA 氧化损伤阻断 G_2/M 细胞周期,从而影响细胞增殖诱导细胞凋亡,长期慢性染尘可致肾小管萎缩和间质纤维化[12]。以 2.5 mg 石英粉尘经气道滴注染毒 C57BL/6 小鼠,染尘后 7 d Ⅲ型胶原蛋白、Ⅰ型胶原蛋白、纤维连接蛋白的 mRNA 表达升高,染尘后 28 d 可见肾小管周围胶原蛋白沉积,染尘后 84 d 肾小管显著纤维化[13]。

石英粉尘还可致肝脏炎性反应及肝功能损害。以 35 mg/kg 石英粉尘经静脉注射染毒 Wistar 大鼠,染尘后 13 d 肝脏可见由巨噬细胞、淋巴细胞和成纤维细胞组成的肉芽肿[14]。石英暴露工人血清 γ 谷氨酰转肽酶(gamma glutamyl transferase,GGT)、天冬氨酸转氨酶(aspartate aminotransferase,AST)、碱性磷酸酶(alkaline phosphatase,ALP)、丙氨酸转氨酶(alanine aminotransferase,ALT)水平显著升高[15]。

此外,石英粉尘暴露后期可导致免疫功能降低。以 40 mg 标准石英粉尘经气道滴注染毒 SD 大鼠,外周血和脾 $CD3^+$ 和 $CD4^+$ 淋巴细胞明显下降,$CD8^+$ 淋巴细胞一直维持较高水平,CD4/CD8 值在硅沉着病后期明显倒置,T 细胞亚群分布平衡紊乱[16]。

3) 致癌作用

石英粉尘可致基因突变(碱基置换)、染色体组畸变(非整倍体形成)、DNA 原始损伤等多个遗传终点改变,以及引发细胞恶性转化[17-20]。以 Min-U-Sil 石英(标准石英)染毒仓鼠胚胎细胞,可致微核形成[21]。以 50 mg/kg Min-U-Sil 石英吸入染毒 Wistar 大鼠后 1~5 d,肺组织 8-羟化脱氧鸟苷(8-hydroxylated deoxy guanosine,8-OHdG)水平升高,即存在 DNA 氧化损伤[22]。以 100 μg/ml Min-U-Sil 石英染毒人胚肺成纤维细胞,组蛋白 2A 变异体磷酸化(phosphorylated histone family 2A variant,γH2AX)水平显著升高,提示 DNA 双链断裂[23]。Min-U-Sil 石英引起仓鼠胚胎细胞、小鼠胚胎细胞、小鼠胚肺上皮细胞发生形态转化[24,25]。IARC 将石英粉尘列为人类确认致癌物。

10.1.3.2　煤矿粉尘

煤根据其变质程度高低可分为无烟煤、烟煤及褐煤 3 种,其中无烟煤的变质程度最高。煤尘中 SiO_2 含量影响煤尘在机体的清除率及毒性作用强度。

进入肺泡的煤尘主要经气道排出,煤尘颗粒被肺泡巨噬细胞吞噬,载尘的巨噬细胞到达终末细支气管并由黏液纤毛经气道上行排出。部分煤尘可经上皮细胞间隙或经损伤的上皮细胞或由Ⅰ型上皮细胞胞吐进入肺间质。肺间质中煤尘经淋巴引流进入肺门淋巴结或由肺间质巨噬细胞吞噬带入淋巴管,经淋巴系统运出肺外,同时部分载肺尘埃沉着病间质巨噬细胞可穿过毛细血管壁,从而将煤尘经血液运出肺外[26]。

1) 急性毒性作用

与石英粉尘相似,煤尘急性毒性作用主要表现为急性肺损伤。以 0.3～120 mg/kg 煤尘气道滴注染毒 SD 大鼠,染尘后 48 h 肺泡灌洗液巨噬细胞数目增加,巨噬细胞表面积增加,LDH、ALP、酸性磷酸酶(acid phosphatase,ACP)活性增加,且与染尘剂量和煤尘游离 SiO_2 含量呈现剂量反应关系。随着染尘剂量升高可出现支气管黏膜层杯状细胞、假复层柱状纤毛上皮、支气管上皮细胞和肺间质成纤维细胞增生[27-29]。

2) 慢性毒性作用

煤尘慢性毒性作用主要表现为肺纤维化。以 50 mg 煤尘经气道滴注染毒 Wistar 大鼠,染尘早期(30～90 d)肺泡灌洗液脂质含量升高,早期即出现肺纤维化。随着观察时间延长,全肺胶原蛋白含量升高。染尘后 4 个月可见到肺泡巨噬细胞吞噬煤尘成为煤尘细胞,煤尘细胞及游离煤尘形成煤尘灶分布于呼吸性支气管及周围,尘灶内网状纤维增生,呈松散无固定排列,纤维化程度为Ⅰ、Ⅱ级。染尘后 12 个月,尘灶内出现少量胶原纤维,表现为纤维性结节,未见Ⅲ级及以上纤维化。肺内常并发有中心性、全叶性或不规则性肺气肿。可见肺门淋巴窦扩张,内皮细胞增生[30-32]。

3) 致突变作用

煤尘亚硝基化合物对体细胞和生殖细胞都有致突变作用。以 2～8 g/kg 烟煤或无烟煤尘经灌胃染毒小鼠,骨髓嗜多染红细胞微核试验阳性,精子呈现无定型、胖头、双头、双尾等畸形,且存在剂量反应关系[33]。烟煤和褐煤亚硝化提取物在人外周血淋巴细胞姐妹染色单体交换(sister chromatid exchange,SCE)测定,人外周血淋巴细胞染色体畸变分析,中国仓鼠卵巢细胞 SCE 试验,小鼠骨髓微核试验,小鼠淋巴细胞正向突变试验,Ames 试验和 SOS 显色试验中,均表现出较强的致突变性。这种致突变性不需要代谢活化,煤尘亚硝化提取物中含有的致突变性亚硝基化合物为 C-亚硝基化合物,可直接引起移码突变[34-38]。不同的煤尘所含有的可被亚硝化的有机物种类和数量不同,经亚硝化后生成的亚硝基化合物的量不同,从而在致突变性上表现出质与量的差异。

10.1.3.3 石棉粉尘

石棉(asbestos)属于硅酸盐类矿物,含有氧化镁、铝、钾、铁、硅等成分。按照晶体结构和化学成分划分,石棉可分为蛇纹石类和闪石类。蛇纹石类的代表为温石棉,为银色片状结构,并形成中空的管状纤维丝,柔软可弯曲,具有可织性,温石棉的用量占世界全部石棉产量的 95% 以上;闪石类为硅酸盐链状结构,共有 5 种(青石棉、铁石棉、直闪石、透闪石、阳起石),质硬而脆,其中以青石棉和铁石棉的开采和使用量最大。石棉纤维粗细随品种而异,其直径大小依次为直闪石＞铁石棉＞温石棉＞青石棉。粒径越小则越易沉积于肺组织,在肺组织中的穿透力也越强,毒性作用也越强,故青石棉致纤维化和致癌作用都最强,且出现病变早,形成的石棉小体多。

石棉纤维进入呼吸道后,多通过截留方式沉积,较长的纤维易在支气管交叉处被截留。进入肺泡的石棉纤维大多被巨噬细胞吞噬,小于 5 μm 的纤维可以完全被吞噬。一根长纤维可由两个或多个巨噬细胞吞噬。吞噬后大部分由黏液纤毛系统上行排出肺外,部分经淋巴系统清除,部分截留于肺内,还有部分直而硬的纤维穿过肺组织到达胸膜[39]。

1) 急性毒性作用

石棉粉尘的急性毒性表现为细支气管肺泡炎。以 25 mg 长度≤5 μm 的温石棉悬液经气道滴注染毒 Wistar 大鼠,染尘后 1 d,石棉粉尘在细支气管内沉积最多,伴大量中性粒细胞浸润和局部上皮细胞坏死脱落形成微小溃疡。肺泡腔内同样有大量中性粒细胞伴少数巨噬细胞浸润。染尘后 3 d,细支气管肺泡炎性反应达到高峰,范围扩大,巨噬细胞成为主要的炎性细胞,但较少见巨噬细胞泡沫样改变和坏死破碎。同时伴有Ⅰ型肺泡上皮细胞肿胀坏死。染尘后 7 d,大部分肺泡内炎性反应消散,肺泡内形成巨噬细胞肉芽肿。Ⅱ型肺泡上皮细胞显著增生。染尘后 14 d,肺泡肉芽肿内出现网状纤维,融入终末细支气管管壁并胶原化,逐渐形成附壁纤维化[40]。

2) 慢性毒性作用

与石英粉尘比较,石棉粉尘致纤维化所需时间长,纤维化程度轻。石棉纤维致纤维化作用与其长度有关,长石棉纤维(>10 μm)的致纤维化作用强于短纤维(<5 μm),大量蓄积的短纤维也有一定程度致纤维化作用。以 25 mg 长度<5 μm 的石棉粉尘气道滴入染毒 Wistar 大鼠,染尘后 2 个月可见肺间质增厚;染尘后 3 个月,可见少量Ⅰ型胶原纤维[41]。以 10 mg 长度<5 μm 石棉粉尘气道滴入染毒 Wistar 大鼠,隔周 1 次,连续 15 次,总染尘量 150 mg,染尘后 6 个月粉尘主要沉积在终末细支气管、肺泡隔、支气管壁和血管周围,肺间质增生,淋巴细胞浸润。染尘后 12 个月,粉尘沉积部位纤维增多,肺泡隔、支气管壁和小血管壁明显增宽变厚。染尘后 18 个月间质胶原纤维增生,突破小叶间隔呈片状。纤维化结节主要分布在胸膜下的终末细支气管,早期为Ⅰ型结节;随着染尘时间延长,结节内纤维细胞增多,网状纤维增生形成Ⅱ型结节;继而结节内出现胶原纤维,细胞成分减少形成Ⅲ型结节。以短石棉纤维染毒后 12 个月以Ⅰ、Ⅱ型结节病变为主,染尘后 18 个月以Ⅱ、Ⅲ型结节为主;而以长石棉纤维染毒后 12 个月以Ⅳ、Ⅴ型结节为主[42]。石棉纤维的慢性毒性作用后期表现为气道狭窄,以车间平均浓度为 534.5 mg/m^3 石棉粉尘自然吸入染尘家犬,染尘 1 年后,纤维化由受累终末细支气管呈扇形向远端扩展,巨噬细胞炎或尘细胞肉芽肿形成,致细支气管和终末细支气管管腔狭窄;染尘后 2～3 年,呼吸性支气管平滑肌萎缩退变,由胶原取代,小气道广泛闭塞[43]。

3) 致癌作用

石棉已由 IARC 列为人类确认致癌物,致肺癌和间皮瘤。石棉粉尘的致癌作用与石棉类型、长度及直径有关。致恶性间皮瘤强弱顺序为:青石棉>铁石棉>温石棉。纤维长度>8 μm 有致癌作用,随着纤维长度增加致癌作用增强,长度>20 μm 的石棉纤维致癌性最强。长度>5 μm,直径<1 μm 的石棉纤维也有致癌作用[44]。

以温石棉 100 mg/d,5 d/周,持续 6 个月饲喂染毒 16 只大鼠,1 只出现胃平滑肌肉瘤,对照组未有肿瘤发生[45]。以 50 mg/(kg · d)的温石棉持续饲喂染毒 Wistar 大鼠,肾脏肿瘤、肺癌、肝细胞癌、网状细胞肉癌的发生率显著高于对照组[46]。经吸入染毒,石棉可致小鼠、大鼠胸膜间皮瘤和肺部肿瘤,包括腺癌、网状细胞癌、纤维肉瘤等[47-49]。经气道滴注染毒大鼠和仓鼠,其肺癌发生率较对照组增加[50]。经胸膜注射石棉粉尘染毒大鼠可引发间皮瘤[51, 52]。经腹膜注射石棉粉尘染毒大鼠、小鼠、仓鼠、兔,其胸膜间皮瘤发生率显著高于对照实验动物[53-56]。

10.1.3.4 金属粉尘

1) 铝及其氧化物粉尘

铝(aluminum,Al)及其氧化物粉尘所致慢性毒性作用主要表现为肺泡纤维化。以 50 mg 粒径<5 μm 的氧化铝粉尘经气道滴注染毒大鼠,染尘后 6 个月,由铝尘和含尘巨噬细胞组成的粉尘灶多分布在肺内细支气管和小血管周围,肺泡间隔有散在粉尘灶;粉尘灶周围肺泡轻度肺气肿。染尘后 12 个月肺部胶原纤维显著增生,范围较大,淋巴结粉尘灶中成纤维细胞稍增多[57, 58]。这些胶原纤维不似硅结节呈同心圆样排列,而是杂乱交错疏散排列;硅结节多见尘细胞和尘粒聚集于结节周围,而铝尘和含尘巨噬细胞沉着在纵横交错的胶原纤维之间。铝肺尘埃沉着病较肺硅沉着病进展缓慢,虽有纤维大量增生但未发现结节相互融合。

铝及其氧化物粉尘致纤维化作用强度与暴露剂量有关。以高分散度铝尘经气道滴入染毒大鼠,1.25 mg 铝尘引起肺部可逆性细胞增生反应;10 mg 铝尘引起肺间质不可逆的结节变化,小支气管和血管出现硬化;40 mg 铝尘可引起肺部胶原纤维增生,出现结节样病变。

铝及其氧化物粉尘致纤维化作用强度还与粉尘粒径有关。以 50 mg 不同粒径铝尘经气道滴注染毒 Wistar 大鼠,染尘后 9 个月粒径为 1 μm、5 μm 的铝尘可致肺泡壁轻度肥厚,并可见网状纤维、胶原纤维增多;细支气管周围有炎性细胞浸润和网状纤维、胶原纤维增生;肺门淋巴结内可见粉尘灶和网状纤维增多。粒径为 1 μm、5 μm 的铝尘可引起肺Ⅲ级、Ⅳ级纤维化结节。粒径为 10 μm 的铝尘可致肺泡壁明显增厚并有网状纤维增多,但无胶原纤维增生;细支气管周围有少量网织纤维;肺门淋巴结内只见少数粉尘灶,未见纤维增生。粒径为 15 μm 的铝尘致肺泡壁轻度增厚或只在粉尘沉着处增厚;细支气管周围和淋巴结基本正常。粒径为 10 μm、15 μm 的铝尘引起肺泡壁细胞增生以及轻度肺气肿,但致纤维化作用较弱,只引起Ⅱ级及以下纤维化结节[59]。

2) 铁、锑、锡、钡尘

铁粉尘的急性毒性表现为气管支气管一过性炎性损伤,以 40 mg/kg 铁尘经吸入染毒小鼠,24 h 内支气管肺泡灌洗液嗜酸性粒细胞显著增加,但在 1 周后逐渐好转,16 周后完全恢复[60]。经气道滴入 5 mg 氧化铁染毒仓鼠,染毒 10 次后,气管纤毛细胞大量死亡,非纤毛上皮细胞增生及生长畸形;而染毒停止 7 周后,气管支气管上皮细胞恢复正常生长[61]。

铁尘的慢性毒性作用表现为肺内粉尘沉着和轻度纤维化。以 40 mg 纯氧化铁粉尘经气道滴注染毒大鼠,10 d 后复染 1 次,染尘后 1 个月,肺内细支气管及肺泡有大量吞噬褐色尘粒的肺泡巨噬细胞和游离的尘粒。粉尘沿细支气管及肺泡、伴随的支气管、血管呈散在分布。肺内Ⅱ型细胞和肺泡巨噬细胞增生活跃。染尘后 3 个月,灶中未见网状纤维。染尘后 6~9 个月,尘灶及肺间质纤维母细胞增生,灶中出现少量纤细的网状纤维,并可见少量的胶原纤维。支气管肺淋巴结有粉尘沉着,未见增生的网状纤维和胶原纤维[62]。

锑尘可致急性坏死性间质性肺炎,以 40 mg 锑尘气道滴注染毒大鼠,14 d 内出现口、鼻腔有血性分泌物,两肺明显充血、水肿;镜检可见支气管肺炎,肺充血、水肿、灶性出血及炎性坏死,肺间质有较多尘细胞沉着灶[63]。豚鼠暴露于浓度为 45.4 mg/m³ 的三氧化锑 33~609 h 出现广泛性间质性肺炎、肺淤血性出血[64]。

锑尘慢性毒性作用主要表现为肺内细胞增生性改变。以 40 mg 锑尘气道滴注染毒大鼠,染尘后 9 个月,肺间质尤其是细支气管周围由粉尘、尘细胞及吞噬细胞组成的粉尘灶,粉尘灶及其附近的肺泡间隔稍增厚,未见纤维组织增生[65]。以 50~120 mg/m³ 锑尘,每天 4 h,共 100 d 吸入染毒家兔,染尘 1 个月时,粉尘灶呈圆形、类圆形或不规则形状分布在小血管周围、细支气管及肺泡腔中,肺泡间隔增厚。染尘 3~6 个月时,可见粉尘灶内有网状纤维轻度增生,未见胶原纤维。染尘 9~12 个月时,粉尘灶不典型,病灶内粉尘、巨噬细胞、尘细胞数量明显减少,呈消散状。肺泡间隔内有网状纤维轻度增生,未见胶原纤维增生,但大多数肺泡结构均恢复正常,粉尘大部分自净[66]。

锡尘、钡尘较少导致肺部急性反应,其慢性毒性作用与锑尘类似。

10.1.4 生产性粉尘健康危害的流行病学研究

10.1.4.1 硅尘健康危害的流行病学研究

生产性硅尘是危害各国接触生产性粉尘工人健康的重要因素,也是环境空气颗粒物的重要组分。长期的硅尘接触能导致硅沉着病的发生。在我国,硅沉着病仍是主要职业病。据 2014 年全国职业病报告数据显示,硅沉着病报告病例数占 2014 年职业病报告总例数的 38.27%;肺尘埃沉着病新病例 26 873 例,较 2013 年增加 3 721 例,其中 11 471 例(42.68%)为硅沉着病。硅沉着病发病与接触生产性粉尘时间及浓度密切相关。为全面分析生产性硅尘导致的健康损害种类及程度,国内外均建立了生产性硅尘接触工人队列,其中尤以我国陈卫红等人在中南地区建立的 29 个厂矿的工人队列最为典型[67]。该队列纳入了1960—1974年在上述厂矿（包括10个钨矿、8个瓷厂、1个瓷土矿、2个铁矿、4个铜矿和4个锡矿）注册且工作一年以上所有工人共计7.4万人，通过对1091个作业点进行了420万余次粉尘浓度测定，建立了企业-年代-粉尘浓度的接触生产性粉尘矩阵，结合工人的职业史计算粉尘接触的各类指标，包括累积粉尘接触量，并收集了厂矿历年测定的潜在致癌危险因素如氡、砷、镍、镉、多环芳烃浓度资料；同时收集了历年体检的近80万张胸片，统一标准后诊断肺尘埃沉着病10 995例。为保证流行病学调查资料的准确性和真实性，根据研究设计建立了质量控制体系，调查质量控制系统的执行主要包括工作记录、工作报告和监督。

队列随访至2003年底，涵盖了90％队列成员的终身职业生涯，通过完善的职业有害因素（特别粉尘）接触水平和个人接触量数据库，以及队列成员吸烟和既往疾病史资料，采用队列研究方法，生存分析方法比较各类粉尘接触指标，发现累积粉尘接触量与肺尘埃沉着病发病存在明确的剂量反应关系（见图10-1），即随粉尘累积接触量升高，肺尘埃沉着病发病危险度上升，累积接触粉尘30 mg/(m³·y)时，肺尘埃沉着病危险度为0.9％～1.1％，累积接触粉尘达200 mg/(m³·y)，肺尘埃沉着病危险度为10％～42％。累积接触粉尘量和肺尘埃沉着病的关系是确定作业场所粉尘接触限值的关键科学依据。按正常工作30年，肺尘埃沉着病累积发病率低于1％，由累积接触粉尘量与肺尘埃沉着病剂量反应关系曲线计算出工作场所空气中生产性硅尘接触限值为1 mg/m³，解决了控制粉尘水平的难题，修改了我国原有硅尘限值标准，并成为德国修订《硅尘接触限值法规》依据及美国劳工部修订国家粉尘限值的主要参考。

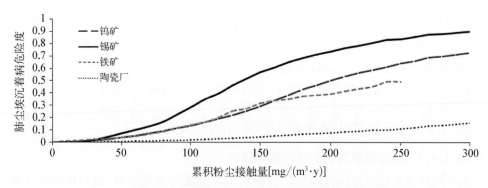

图10-1　累积粉尘接触量与肺尘埃沉着病危险度的剂量反应关系

硅尘的致癌作用一直为各国职业卫生研究者所关注。国外较大的队列对硅尘暴露与肺癌的关联性研究结果并不一致（见表10-1）。而该项目采用病因学研究中公认的、难度大的队列研究方法对7.4万人随访44年，确诊肺癌949例，接触粉尘者肺癌死亡是非接触粉尘者的1.26～1.70倍。低、中、高接触粉尘组肺癌危险度分别是非接触粉

表 10-1 国内外接触粉尘与肺癌研究的大型队列

作者	国家	发表年份	工厂类型	研究设计	纳入人数	死亡人数/病例数	肺癌死亡人数/病例数	随访时间	风险估计值	95%可信区间
Andjelkovich 等	美国	1994	铸造厂	队列研究	5 337	1 695	72	1950—1984	SMR=1.23	0.96~1.54
Chen 等	中国	2006	矿厂	队列研究	7 837	1 094	138	1972—1994	SMR=2.49	2.09~2.94
Chen 等	中国	2012	矿厂和陶瓷厂	队列研究	74 040	19 516	940	1974—2003	SMR=0.90	0.84~0.97
Chen 等	中国	1992	陶瓷厂	队列研究	9 017	1 592	68	1972—1989	SMR=1.10	0.84~1.40
Chen 等	中国	1992	锡矿厂	队列研究	7 858	956	97	1972—1989	SMR=2.10	1.70~2.60
Chen 等	中国	1992	钨矿厂	队列研究	28 481	4 549	135	1972—1989	SMR=0.63	0.53~0.75
Chen 等	中国	1990	铁矿厂	队列研究	6 444	550	29	1970—1982	SMR=3.70	2.50~5.30
Cherry 等	英国	2012	陶瓷厂	队列研究	5 115	1 904	243	1985—2008	SMR=1.15	1.01~1.30
Dong 等	韩国	2011	水泥厂	队列研究	5 146	103	24	1992—2007	SMR=1.05	0.68~1.57
Dong 等	韩国	2011	水泥厂	队列研究	5 596	174	25	1988—2005	SIR=1.08	0.70~1.60
Finkelstein 等	加拿大	2005	建筑厂	队列研究	10 953	836	126	1950—2004	SMR=1.58	1.30~1.90
Graber 等	美国	2013	矿厂	队列研究	8 829	5 907	568	1969—2007	SMR=1.08	1.00~1.18
Graham 等	美国	2004	采石场	队列研究	5 545	1 762	201	1950—1994	SMR=1.18	1.03~1.35
Kauppinen 等	芬兰	2003	铺路	队列研究	5 676	666	51	1964—1994	SMR=1.45	1.03~1.98
Marinaccio 等	意大利	2006	混合	队列研究	14 929	8 521	758	1980—1999	SMR=1.10	1.03~1.18
Miller 等	英国	2009	矿厂	队列研究	17 820	10 698	958	1959—2006	SMR=0.99	0.93~1.05
Sherson 等	丹麦	1991	铸造厂	队列研究	6 144	—	166	1967—1985	SIR=1.30	1.12~1.51
Vacek 等	美国	2010	采石场	队列研究	7 052	3 845	359	1947—2004	SMR=1.37	1.23~1.52
Yeon-Soon 等	韩国	2010	铸造厂	队列研究	17 098	—	61	1992—2005	SIR=1.45	1.11~1.87

注：SMR，standard mortality ratio，标化死亡比；SIR，standardized incidence ratio，标化发病比

尘者的 1.45、1.53 和 1.46 倍[68]。调整吸烟后,34 018 人的分析显示接触粉尘由低至高组肺癌风险分别是非接触粉尘者的 1.26,1.54,1.68 和 1.70 倍,均存在明确的接触-效应关系,证实硅尘引起肺癌危险度升高,预防肺癌的硅尘限值为 0.02 mg/m³。吸烟和接触粉尘的交互作用大于相加,接近相乘,提示戒烟能降低接触粉尘者肺癌的发病率。该研究同时通过长期队列研究发现接触粉尘者心血管疾病的 21.0% 归因为生产线粉尘接触[69]。生产性粉尘浓度每年每升高 0.1 mg/m³,心血管疾病、肺心病和冠心病死亡分别升高 2.2%、6.0% 和 4.2%。研究显示低水平接触硅尘(≤0.1 mg/m³)组冠心病死亡率仍是一般人群的 1.65(1.35~1.99)倍。该项目首次在大样本人群研究中发现非燃烧性粉尘颗粒(硅尘)与心血管疾病死亡升高有关。随着随访时间延长和控尘措施的施行,队列中肺心病的比例从 1974 年的 90.7% 降至 2003 年的 37.8%,心血管疾病的患病率从 5.4% 升至 41.3%,表明接触粉尘引发心血管疾病需要较长的潜伏期。该发现更新了硅尘健康危害的科学认识,为企业和疾病预防机构合理分配医疗资源,加强接触粉尘工人心血管疾病的健康监护和预防提供了科学依据。

10.1.4.2 煤矿粉尘健康危害的流行病学研究

煤矿粉尘职业暴露可以导致煤工肺尘埃沉着病(coal worker pneumoconiosis, CWP)和 COPD 等非恶性呼吸道疾病(nonmalignant respiratory disease, NMRD),这种因果关系已在流行学研究中得到证实。英国肺尘埃沉着病研究(British Pneumoconiosis Field Research, PFR)首次对煤矿粉尘累积暴露量与煤矿工人疾病死亡风险进行了评估。该研究自 1953 年至 1958 年间从英国 20 座煤矿中招募了 26 363 名男性煤矿工人[70],至 2005 年的随访涵括了 10 座煤矿的 18 000 名男性煤矿工人[2]。研究发现煤矿粉尘暴露可显著增加工人煤工肺尘埃沉着病和 COPD 的死亡风险($P<0.05$)。工人若暴露于 100 (g·h)/m³ 的煤矿粉尘环境中(相当于暴露在平均浓度为 2 mg/m³ 的煤矿粉尘环境中 30 年,以每年 1 740 个工时计),其煤工肺尘埃沉着病和 COPD 死亡风险可分别增加 48%[HR(hazard ratio)=1.48,95% CI:1.36~1.60]和 14%(HR=1.14,95% CI:1.08~1.20)[71]。美国的全国煤工肺尘埃沉着病研究(National Study of CWP, NSCWP)也呈现类似的研究结果。该研究从 1969 年起对美国 31 座煤矿共 8 899 名煤矿工人随访了 23 年,结果发现煤矿粉尘的累积暴露量与工人煤工肺尘埃沉着病和 COPD 等 NMRD 的死亡风险升高显著相关($P<0.05$),且存在接触-反应关系,煤矿粉尘的累积暴露量每增加 1 (mg·y)/m³ 则会引起煤矿工人 NMRD 死亡风险增加 0.22%[RR(risk ratio)=1.002 2,95% CI:1.001 1~1.003 2];这种效应在不吸烟工人中更明显,煤矿粉尘的累积暴露量每增加 1 (mg·y)/m³ 可致不吸烟工人的 NMRD 死亡风险增加 1.30%(HR=1.013 0,95% CI:1.007 6~1.018 3)[72]。

煤矿粉尘职业暴露是否会引起癌症这类恶性疾病尚无准确定论,其中肺癌与煤矿粉尘暴露的关系引起了研究人员较为广泛的关注。Kennaway 等人在 1936 年首次对煤矿工人中的肺癌情况进行了有关报道[73],随后也有很多煤矿工人队列进行了相关研究但结果并不一致,其中很多研究忽视了吸烟和健康工人效应等混杂因素的影响。PFR 和 NSCWP 的最新随访研究结果也都未发现煤矿粉尘暴露可引起煤工肺癌死亡率增加($P > 0.05$)[71, 72]。Graber 等人对美国 31 座煤矿共 9 078 名煤矿工人进行了长达 37 年的随访研究[74],在排除了年龄、吸烟和煤级等因素的影响后发现,煤矿粉尘暴露[煤矿粉尘平均累积暴露量为 64.6 mg/(m³·y)]不仅可以导致工人煤工肺尘埃沉着病和 COPD 死亡风险显著升高($P < 0.05$),也可引起工人肺癌死亡风险显著增加($P < 0.05$),煤矿粉尘暴露可分别导致煤工肺尘埃沉着病、COPD 和肺癌死亡风险最高增加 174%($HR = 2.74, 95\% \ CI: 1.92 \sim 3.92$)、93%($HR = 1.93, 95\% \ CI: 1.12 \sim 3.34$)和 70%($HR = 1.71, 95\% \ CI: 1.02 \sim 2.83$)。

10.1.4.3 石棉粉尘健康危害的流行病学研究

石棉粉尘暴露可以引起石棉肺、间皮瘤、喉癌和卵巢癌等疾病的发生,IARC 已将石棉列为人类确认致癌物。Deng 等人对中国四川 586 名男性石棉纺织工人进行了长达 35 年的随访研究,结果表明石棉粉尘累积暴露量与石棉肺存在显著的暴露-反应关系($P < 0.001$),随着累积暴露量(C,单位 fiber·year/mL)的增加,石棉肺发病危险呈指数升高:$RR = (C+1)^{0.63}$,亦即工人若暴露在 1 fiber/mL 浓度石棉粉尘的环境空气中 1 年,其石棉肺的发病风险可增加 55%($RR = 1.55$),并依此类推[75]。石棉粉尘暴露甚至可以导致癌症发生,其中肺癌是最为常见的石棉粉尘暴露相关癌症。1935 年 Lyncht 和 Smith 在石棉粉尘暴露作业工人中报道了首例肺癌病例,1955 年 Doll 首次在石棉粉尘暴露工人中观察到了超高的肺癌患病风险,并认为肺癌是石棉粉尘暴露引起的特定职业危害[76]。Elliott 等人将美国两个石棉纺织工人队列合并研究石棉粉尘暴露与肺癌的关系,队列共纳入 6 136 名工人合计 218 631 人-年数,结果显示与不暴露工人(0 fiber·y/mL)相比,暴露于 100 fiber·y/mL 浓度石棉粉尘的工人肺癌发病风险增加 11%($RR = 1.11, 95\% \ CI: 1.06 \sim 1.16$)[77]。Deng 等人研究发现石棉粉尘累积暴露量与肺癌存在显著的暴露-反应关系($P < 0.001$),随着累积暴露量(C,单位 fiber·y/mL)的增加,肺癌发病危险呈指数升高:危险比 $RR = (C/5+1)^{0.53}$,亦即工人若暴露在 1 fiber/mL 浓度石棉粉尘的环境空气中 1 年,其肺癌的发病风险可增加 10%($RR = 1.10$),并依此类推[75]。对既往 14 项流行病学研究的 meta 分析发现,石棉粉尘暴露可引起男性肺癌患病危险升高 24%(OR = 1.24, 95% CI: 1.18 ~ 1.31),且危险随着暴露时间和暴露量的增加而升高;但这种效应仅在当前吸烟的女性中有统计学意义($P < 0.05$),石棉粉尘暴露可致当前吸烟女性的肺癌患病危险增加 12%(OR = 1.12, 95% CI: 1.01 ~ 1.24),且危险随暴露量的增加而升高[78]。Markowitz 等人发现石棉粉尘暴露与吸烟存在显著交互作用($P < 0.05$)[79],其对美国北部 2 377 名石棉粉尘暴露男性工人随访 27 年的研究结果显示,石棉粉尘暴露可引起不吸烟者肺癌死亡风险升高 2.6 倍($RR = 3.6, 95\%$

CI：1.7～7.6），而吸烟者的肺癌死亡风险增幅巨大，增量达 13.4 倍（$RR=14.4$，95%
CI：10.7～19.4）。

10.1.4.4　其他粉尘健康危害的流行病学研究

除了以上列举的粉尘外，金属粉尘也可导致健康损害，但与前述几种粉尘的危害相
比较轻，发病例数较少。因此国内外研究多以病例报告为主，人群研究并不多见，如表
10-2 所示，列举了部分相关研究。

10.1.5　生产性粉尘的控制方法

基于生产性粉尘的严重健康危害，控制生产场所的粉尘浓度是预防其相关健康损
害的根本措施，在实际工作中，相关的法律法规是控制粉尘措施落实的保证。各行各业
根据其粉尘的产生特点形成了具有各自特色的控制粉尘浓度的技术措施。有效的粉尘
控制措施还需要和定期的劳动者健康监护相结合，以达到有效防控生产性粉尘的目标。
常用粉尘控制措施包括以下 5 点。

1) 改革工艺过程，革新生产设备，减少粉尘接触

工艺改革是消除粉尘危害的主要途径，通过工艺改革减少生产过程中粉尘的产生
或者将产生粉尘的作业进行有效隔离，如使用遥控操纵、计算机控制、隔室监控等措施
可以避免劳动者大量接触粉尘。此外，生产性粉尘中游离 SiO_2（石英）粉尘、石棉粉尘的
毒性和致纤维化能力强，减少使用石英粉尘，或者用石英含量低的原材料代替石英原
料，使用石棉的替代品等均可减少生产性粉尘的危害。

2) 采取除尘措施，降低生产场所粉尘浓度

生产场所的除尘和降尘的方法很多，既可使用除尘器，又可采用喷雾洒水、通风和
负压吸尘等经济而简单实用的方法，降低作业场地的粉尘浓度。后者在露天开采和地
下矿山应用较为普遍。采取湿式作业降尘的场所还应及时进行地面粉尘的清除，避免
二次扬尘。对不能采取湿式作业的场所，可以使用密闭抽风除尘的方法。采用密闭尘
源和局部抽风相结合，防止粉尘外溢。抽出的空气经过除尘处理后排入大气。

除尘器种类繁多，根据除尘器除尘的主要机制可将其分为机械式除尘器、过滤式除
尘器、湿式除尘器、静电除尘器等。根据除尘过程中是否使用水或其他液体可分为湿式
除尘器和干式除尘器。为了提高除尘率，还出现了综合几种除尘机制的新型除尘器，如
声凝集器、热凝集器、高梯度磁分离器等。

3) 使用个体防护用品，重点进行呼吸防护

个人防护是对技术防尘措施的必要补救。在作业现场防、降尘措施难以使粉尘浓
度降至国家卫生标准所要求的水平时，如井下开采的盲端，必须使用个人防护用品。常
用的防尘防护用品包括：防尘口罩、送风口罩、防尘眼镜、防尘安全帽、防尘衣、防尘鞋
等。其中，呼吸防护常用的防尘口罩主要有自吸过滤式防尘口罩、过滤式防毒面具、氧

表10-2　金属粉尘与健康危害的流行病学研究

作者	国家	发表年份	研究对象	研究设计	纳入人数	粉尘浓度	粉尘组成成分	作业时间	健康结局
Van Rooy等	荷兰	2008	铸铝工	横断面研究	151名接触粉尘工人 1000名对照	几何均数: 0.76 mg/m³; 几何标准差: 2.35 mg/m³	铝(47%~90%), 铁(15%~18%), 镁(2%~14%), 钠(1%~15%)	—	肺功能: FEV1下降195 mL; FVC下降142 mL
Larsson等	瑞士	1989	铝厂电解车间工	横断面研究	38名工人 20名对照	1.77(0.49~4.50) mg/m³	铝尘	13.6(1~32)年	暴露组: FEV1%均值为93%, MEF50均值为81% 对照组: FEV1%均值为101%,MEF50值为95%
周树辉等	中国	2014	铁矿工	纵向研究	62名工人	36.59(0.3~171.0) mg/m³	氧化铁为主, 游离SiO₂平均含量为2.49%	10.87 (3.8~21)年	肺铁尘沉着症: 胸片表现双肺直径为1~3 mm斑片状和类圆形小阴影,中央密度高,边缘密度淡,边界清楚,最大直径不超过3 mm,无融合趋势;无明显肺部纤维化,胸膜增厚,肺门增大。在脱离氧化铁粉尘作业8年后类圆形阴影数目减少;11年后肺部小阴影数目均已明显吸收;16年后肺部阴影全部消散
Ahmed等	苏丹	2012	铝铁工	横断面研究	30名铝矿工人 50名铁矿工人 157名未接触粉尘对照	—	铁尘和铝尘	—	异型细胞发生: RR 10.855 (95% CI: 0.5898~199.7815) 鳞状细胞化生: RR 1.8115 (95% CI: 0.8424~3.8956)

气呼吸器、自救器、空气呼吸器等。

4）加强个人卫生，增强体质

接触生产性粉尘的劳动者还应注意生活习惯和个人卫生，如吸烟对呼吸系统损害明确，且可增加粉尘对呼吸系统的损伤，因此，戒烟有助于个人健康。同时，杜绝将接触了粉尘的工作服或工作帽带回家，以免污染居住环境。经常进行体育锻炼，加强营养，增强个人体质均有利于预防粉尘的危害。

5）建立劳动者健康档案，完善健康监护

建立接触生产性粉尘劳动者的健康档案，记录其工作种类、接触粉尘类型和时间。落实卫生保健措施包括粉尘作业人员就业前、在岗期间及离岗时的医学检查以及职业健康信息管理。根据《粉尘作业工人医疗预防措施实施办法》的规定，从事粉尘作业工人必须进行就业前、在岗期间、离岗时的医学检查以及退休后的跟踪健康检查。

在《职业病防治法》和相关法规的支持下，结合我国国情，通过生产过程的工艺改革、管理和宣教等，已经开展了不少行之有效的综合性粉尘防控工作，取得了丰富的经验。综合防尘和降尘措施可以概括为"革、水、密、风、护、管、教、查"八字方针，对控制生产性粉尘的健康危害具有指导意义。具体地说：① 革，即工艺改革和技术革新，这是消除粉尘危害的根本途径；② 水，即湿式作业，可防止粉尘飞扬，降低环境粉尘浓度；③ 风，加强通风及抽风措施，常在密闭、半密闭尘源的基础上，采用局部抽出式机械通风，将工作面的含尘空气抽出，并可同时采用局部送入式机械通风，将新鲜空气送入工作面；④ 密，将尘源密闭，对产生粉尘的设备，尽可能用罩密闭，并与排风结合，经除尘处理后再排入大气；⑤ 护，即个人防护，是防尘、降尘措施的补充，特别在技术措施未能达到的地方必不可少；⑥ 管，经常性地维修和管理工作；⑦ 查，定期检查环境空气中粉尘浓度和接触者的定期体格检查；⑧ 教，加强宣传教育。

10.1.6 生产性粉尘危害与精准预防

生产性粉尘导致的肺尘埃沉着病等呼吸系统职业病是我国患病人数最多的职业病。肺尘埃沉着病以弥漫性肺间质纤维化为主要特征，直接引起肺功能和劳动能力下降，而且肺尘埃沉着病目前尚缺乏有效的治疗手段。因此，有效预防生产性粉尘引起的肺尘埃沉着病等健康损害，可保障劳动者身体健康，促进社会生产的可持续发展。

生产性粉尘引起的健康损害特别是肺尘埃沉着病是完全可以预防的，根据接触的粉尘种类、粉尘水平和接触时间、劳动者个体生活方式和遗传特征有针对性进行生产性粉尘的精准预防，不仅可以节约大量医疗资源，保护劳动者的劳动能力和健康，还可以提高预防效果，促进我国支柱行业的可持续性发展。

开展生产性粉尘的精准预防，首先要有针对性地进行源头和接触预防。掌握接触粉尘的种类、发生方式，在产生粉尘的源头进行粉尘控制。当源头控制之后，还应隔离粉尘源、防止生产性粉尘在环境空气中逸散。对于接触粉尘的劳动者,应根据其头面特征,如脸长、脸宽、鼻突、唇宽等为其选择合适的个体呼吸防护用品,并进行密合性和适合性测试,保证呼吸防护器的防护效果并定期更换。

其次,应定期开展生产性粉尘的工作场所的粉尘浓度测定,将结果和相关限值进行比较。我国职业卫生标准包括 48 类生产性粉尘的时间加权容许接触限值,这些限值多数是通过大样本人群流行病学调查获得的,也就是说在生产过程中生产性粉尘的浓度不应该超过限值,在限值之下进行生产出现健康损害的概率较小。欧美很多国家也制订了生产性粉尘的职业接触限值,严格执行这些限值可有效预防健康损害。

再次,对于长期接触生产性粉尘的劳动者,还应建立健康档案,记录个人的生产性粉尘接触种类、接触水平和接触时间,并且记录家族疾病史、个人疾病和可能影响健康的生活习惯如吸烟、饮酒等。同时,定期进行身体检查,包括拍摄高千伏后前位 X 线胸片,胸片可以发现肺部的早期变化,预防进一步的健康损害。随着技术的进步,精准健康研究工作需借助成熟的全新方法和技术从个体微观层次(基因组、转录组、蛋白质组、代谢组等)发现生产性粉尘早期健康损害的生物标志物,这样可在更早的阶段进行二级预防。此外,个体遗传特征研究也可提示某些遗传特征者对某些种类的生产性粉尘更为敏感,更易受到伤害。将劳动者个人遗传特征、生活习惯、职业粉尘接触特征和早期健康变化的信息进行整合,综合分析影响健康的其他因素,如罹患肺结核者更易发生肺尘埃沉着病,营养和适当的体育锻炼可提高机体防病能力等。最后通过健康风险评价技术估算致病风险,并分析改进或者调整生活和工作方式对降低致病风险的作用,有针对性地进行改进,从而有效阻止肺尘埃沉着病等职业病的发生和发展。

生产性粉尘危害的精准预防还可根据个人体质情况指导患者有效保护呼吸功能,进行身体的康复。虽然肺尘埃沉着病病目前缺乏有效的治疗手段,但可根据个人的营养、体质状况,通过个性化的康复手段保护患者的呼吸功能,预防疾病的恶化。

生产性粉尘的健康损害是典型的传统疾患,基于科技手段的创新,通过大数据的收集和微观研究的不断深入,更早期地识别健康损害,有针对性地改善个人生活及工作习惯,选择适合的个人防护用品等精准预防手段,可望达到更好的预防效果,保障劳动者健康,减轻劳动者家庭和社会的疾病负担,促进经济的可持续发展。

10.2　典型生产性粉尘的精准预防

10.2.1　硅尘与精准预防

10.2.1.1　硅尘定义与作业来源

硅尘,即是游离 SiO_2 粉尘,因石英中的游离 SiO_2 含量达 99%,通常以石英粉尘作为硅尘的代表。游离 SiO_2 按晶体结构分为结晶型、隐晶型和无定型三种。接触游离

SiO_2 粉尘的作业非常广泛,遍及人类生产活动的多个领域,通常将接触含有 10% 以上游离 SiO_2 的粉尘作业称为硅尘作业。

10.2.1.2　硅尘导致的健康危害

硅沉着病(silicosis)是由于工人在生产过程中长期吸入游离 SiO_2 含量较高的粉尘而引起的以肺部弥漫性纤维化为主的全身性疾病。我国硅沉着病病例占肺尘埃沉着病总病例近 50%,位居第一,是肺尘埃沉着病中危害最严重的一种。硅沉着病的基本病理改变是硅结节形成和弥漫性间质纤维化,而硅结节是硅沉着病的特征性病理改变。硅沉着病按照病理形态可分为结节型、弥漫性间质纤维化型、硅蛋白沉积和团块型。根据硅沉着病的发病潜伏期,将其分为普通型、晚发型、激进型和速发型。硅沉着病的发病主要与环境因素和机体因素有关,环境因素包括粉尘中游离 SiO_2 含量、SiO_2 类型、粉尘浓度、分散度和接触时间;机体因素主要是遗传、个体体质和其他呼吸系统疾病等。

10.2.1.3　硅尘与精准预防

接触硅尘的行业非常广泛,如各种矿山开采业、建筑业、冶金、制造和加工业等。硅尘主要引起硅沉着病,导致呼吸系统的功能受损,此外,硅尘还可引起肾、肝、心血管等多个器官系统的损害。游离二氧化硅被 IARC 列为人类确认致癌物。接触生产性粉尘工人发生硅沉着病后,即使脱离粉尘作业,病变仍可继续发展,而目前尚无根治办法。因此,预防管理在硅尘控制和避免或减少硅沉着病病例发生中具有重要意义。

硅沉着病的预防遵循三级预防原则,以保护和促进职业人群的健康。一级预防是消除或控制硅尘对作业工人的作用和损害的根本措施。一级预防是以“革、水、密、风、护、管、教、查”八字方针为指导的综合性防尘和降尘措施。

二级预防,又称“三早预防”,即早发现、早诊断和早治疗,主要包括定期的作业环境硅尘浓度监测和工人健康监护两个方面。所有存在硅尘暴露的作业都应进行定期的粉尘浓度监测,以定量评估接触粉尘工人的健康风险水平。落实卫生保健措施包括粉尘作业人员就业前和定期的医学检查,如肺通气功能的检查和 X 线肺部摄片,常用作评价接触粉尘工人功能性和病理性改变的指标。硅沉着病的诊断参照《肺尘埃沉着病病诊断标准》(GBZ70—2009)进行,由于硅沉着病的发生、发展具有不可逆转性,且无根治办法,寻找特异性的硅沉着病早期病变生物标志物可对未出现临床症状的硅沉着病患者进行筛选和监护,对于硅沉着病的二级预防具有重要意义。大量流行病学研究验证并支持一些可能的硅沉着病生物标志物,包括克拉拉细胞蛋白 16(Clara cell protein 16,CC16)、TNF-α、白细胞介素-8(interleukin-8,IL-8)和血小板衍生生长因子(platelet derived growth factor,PDGF),同时,TNF-α 多态性可作为易感性生物标志物[80, 81]。此外,铜蓝蛋白是重要的细胞外液抗氧化酶,能促进胶原蛋白与弹性蛋白的共价交联和多聚化的氧化过程,导致纤维化的形成。有研究结果显示血清血管紧张素转化酶(angiotensin converting enzyme,ACE)、铜(copper,Cu)和血浆铜蓝蛋白水平可作为硅尘的暴露生物标志物,提供了硅沉着病诊断的早期识别证据[82]。有研究发现,血红素氧合酶-1(heme oxygenase 1,HO-1)是亚铁血红素代谢的限速酶,具有抗氧化、抗凋亡和抗炎的活性。与年龄匹配的对照组或 COPD 患者比较,硅沉着病患者的血清 HO-1 水平显著升高,且与血清 8-OHdG 浓度呈负相关,与肺活量和 FEV1 呈正相关;HO-1 在硅沉着病患者和小鼠模型的肺部中均存在,尤其是硅尘沉积的部位,提示 HO-1 活力下降可能是慢性硅沉着病的潜在生物标志物[83]。另有研究发现,总 LDH 活性和血浆/细胞 LDH 比联合职业暴露史可作为玛瑙加工工人的硅尘暴露所致毒性标志物[84]。

三级预防,即是接触粉尘工人发生硅沉着病后,给予积极的治疗和促进康复的措施。目前尚无根治硅沉着病的办法,有研究探索了大容量肺泡灌洗术和吸入含铝粉尘对于治疗硅沉着病的作用[85, 86],但结果有待于继续观察研究,主要治疗措施仍是对症支持治疗和预防并发症,并及时脱离接触粉尘作业环境,定期复查和随访。

10.2.2　煤矿粉尘与精准预防

10.2.2.1　煤矿粉尘定义、作业来源

煤矿粉尘是煤矿生产和建设过程中产生的各种岩矿微粒的统称。由于自然界中常以煤层和岩层交错存在,故生产过程中工人所暴露的主要是煤岩混合尘(又称煤硅尘),单纯煤尘暴露并不多见。

10.2.2.2　煤矿粉尘导致的健康危害

煤矿作业中长期吸入生产性粉尘所导致的肺尘埃沉着病称为煤工肺尘埃沉着病。根据接触岩石粉尘含量的多少可将煤工肺尘埃沉着病分为硅沉着病、煤肺和煤硅肺病三类。硅沉着病是指长期接触游离 SiO_2 含量在 10% 以上的岩石粉尘所引起的以肺部弥漫性纤维化为主的全身性疾病,危害最为严重;煤肺是长期吸入单纯煤尘(含 5% 以下 SiO_2)引起的肺组织纤维化,其病情进展缓慢,危害较轻,多见于采煤工、选煤工、煤炭装卸工。由于矿工的作业调动频繁,故真正接触单纯煤尘的矿工并不多,大部分工人所接触的粉尘为煤硅尘。长期吸入这种混合尘所引起的以肺纤维化为主的疾病称为煤硅肺病,其病情发展较煤肺迅速,危害相对较重。

煤矿尘所致的病理学改变主要受接触粉尘中 SiO_2 含量的影响。含 10% 以上游离 SiO_2 主要以硅沉着病病理学改变为主,其余多为混合型,兼有间质性弥漫性纤维化和结节型两者特征。主要表现包括煤斑(又称煤尘灶)、灶周肺气肿、煤硅结节、弥漫性纤维化、大块纤维化和含铁小体。煤工肺尘埃沉着病患者早期一般无症状,随着病情发展,可由于广泛肺纤维化、气道狭窄和肺气肿而导致通气功能、弥散功能和气体交换功能的异常,患者可表现为咳嗽、咳痰、胸闷和气短等,严重者可影响患者日常生活。

10.2.2.3　煤矿粉尘和精准预防

煤工肺尘埃沉着病是肺尘埃沉着病的一种,其预防措施和原则主要为三级预防制度。

一级预防,由于其病因明确,故主要措施为综合防尘,目的是将工人接触的粉尘浓度降到国家标准以下(见表 10-3)。

表 10-3　我国对煤矿作业场所的煤矿粉尘职业接触限值

游离 SiO_2 含量	呼吸性粉尘浓度
≤10%	2.5 mg/m³
10%~50%	0.7 mg/m³
50%~80%	0.3 mg/m³
≥80%	0.2 mg/m³

不符合标准的企业应通过改革生产工艺和设备的方法控制粉尘的发生,同时结合个人防尘用品的使用,做好个人防护;并对作业环境的粉尘浓度进行定期检测,对工人进行岗前健康体检工作以及必要的宣教工作,普及防尘的基本知识。同时加强设备的维护和管理,保证其有效的除尘降尘。

二级预防是职业病发生后为控制疾病进一步发展的主要措施。我国对煤工肺尘埃沉着病的诊断和分期主要根据《职业性肺尘埃沉着病病的诊断》(GBZ 70—2015)标准进行。由于煤矿尘暴露人数众多、所导致的疾病潜伏期长、造成的健康危害大,且发病后不可逆转,故煤工肺尘埃沉着病的早期识别显得尤为重要。煤工肺尘埃沉着病的发病机制目前尚不完全清楚,在探究煤工肺尘埃沉着病病因基本机制的同时,寻找到有效的生物标志物可为临床诊疗和干预提供重要信息。近年来国内外不少学者为寻找肺尘埃沉着病早期筛检和肺纤维化进程评价的生物标志物做了不懈努力,并取得一定的成果。大量人群研究已经证实了某些生物标志物如 CC16、TNF-α、IL-8、活性氧、8-异前列烷、谷胱甘肽、谷胱甘肽过氧化物酶(glutathione peroxidase,GPx)、谷胱甘肽 S-转移酶以及 PDGF 等与煤工肺尘埃沉着病的发病存在关联。同时,对于出现某些典型病理学改变(如进行性大块纤维化,progressive massive fibrosis,PMF)的煤工肺尘埃沉着病及不同期别的煤工肺尘埃沉着病,其生物学标志物表现出特征性的变化。Lee 等人将煤工肺尘埃沉着病病例中出现进行性大块纤维化的煤工肺尘埃沉着病患者与健康工人进行对比,发现出现进行性大块纤维化的煤工肺尘埃沉着病患者的血清中,中性粒细胞活化黏附分子 IL-8 和细胞间黏附分子-1(intercellular cell adhesion molecule-1,ICAM-1)表达较高;与未出现进行性大块纤维化的煤工肺尘埃沉着病患者相比,出现该病理特征的患者其血清 IL-8 仍呈高水平表达。将不同期别的煤工肺尘埃沉着病进行比较,Ⅱ和Ⅲ期煤工肺尘埃沉着病患者的 IL-8 水平与Ⅰ期和 0 期相比也呈现显著性的升高[87]。该结果提示 IL-8 可作为一种预警因子,在纤维化水平加重时发生明显变化。Guo 等人通过采用高通量筛选检测法,对不同期别的煤工肺尘埃沉着病患者血清中 microRNA(miRNA)的表达情况进行了测定,发现异常表达的 miRNA 会随着疾病期别的不同而发生变化。比如 miR-18a,miR-149,miR-222 以及 miR71-3P 等随着疾病期别的增加呈现一致的上调或下调趋势。同时,一些 miRNA 基因簇/基因家族如 miR-200 基因家族和 miR-222 基因簇在疾病进程中也发生了异常表达。进一步研究证实了这些 miRNAs 基因簇在行使各种生物学功能上具有重要作用,其异常表达可能与某些疾病的发生如肺部肿瘤的形成存在密切关联[88]。

　　转化生长因子-β(transforming growth factor-β,TGF-β)是调节细胞生长和分化的多功能细胞因子,也是肺尘埃沉着病纤维化过程的重要因子。近期有研究发现,TGF-β 活化的 LncRNA(LncRNA activated by transforming growth factor-β,LncRNA-ATB)在煤工肺尘埃沉着病患者中呈现高表达,研究者们进一步对其诊断效能进行了评价,发现与健康非接触粉尘对照相比,LncRNA-ATB 作为诊断指标的受试者工作特征曲线(receiver operating characteristic curve,ROC)下面积可达 0.84(灵敏度:71.17%,特异度:88.14%);而与健康接触粉尘对照相比,其 ROC 下面积可达 0.83(灵敏度:70.07%,特异度:86.36%)。该结果提示 LncRNA-ATB 有望成为一种诊断煤工肺尘埃沉着病的新型生物学标志物[89]。

　　Ji 等人在 600 名煤工肺尘埃沉着病患者和 605 名健康对照中开展了一项病例对照研究,测定了所有研究对象层粘连蛋白 $β_1$(laminin beta 1,LAMB1)rs4320486 的多态性。结果发现具有 LAMB1 rs4320486 CT/TT 基因型的个体与具有 CC 基因型的个体相比,其患煤工肺尘埃沉着病的风险较低($OR=0.78$)。荧光素酶检测实验进一步发现患病风险降低可能是由于 LAMB1 rs4320486(C>T)的替代可下调 LAMB1 的表达,故与对照组相比,具有肺部纤维化的病例肺组织内 LAMB1 的 mRNA 的表达水平上调。以上结果说明 LAMB1 可能影响煤工肺尘埃沉着病发病的进程,且研究进一步发现,LAMB1 rs4320486 的突变可能通过降低 LAMB1 转录的活化,从而导致煤工肺尘埃沉着病的患病风险下降。LAMB1 有望成为煤工肺尘埃沉着病发病相关的易感性生物学标志物[90]。

　　综上所述,煤工肺尘埃沉着病的发生和发展不可逆转,其危害性不容小觑。在做到严格防控的同时,结合新型的生物学标志物对易感人群进行筛查,对可疑患者做出诊断和及时干预,可有效地治疗和疗养。

10.2.3　石棉尘与精准预防

10.2.3.1　石棉粉尘定义和来源

石棉是一类天然纤维状的硅质矿物的泛称,具有耐酸、耐碱、耐热、绝缘和抗腐蚀等特性,因此在工业上得到广泛应用。工人在从事相关的生产作业如石棉采矿、选矿、纺织、建筑、绝缘、造船、造炉、电焊耐火材料的生产、石棉制品的检修和保温材料的制造和使用的过程中均可接触到不同浓度的石棉纤维粉尘。

10.2.3.2 石棉粉尘导致的健康危害

石棉暴露所导致的健康危害因石棉种类、纤维长度和浓度、接触时间以及接触者的个体差异而略有不同。石棉纤维直径大小依次是直闪石＞铁石棉＞温石棉＞青石棉。粒径越小,在肺内沉积量愈多,对肺组织穿透性越强,故与其他石棉相比,青石棉所致危害最大。温石棉由于其柔软而弯曲的特性故易被阻留于细支气管上部气道并清除;而直而硬的青石棉和铁石棉则可穿透肺组织,达到胸膜,引起胸膜病变。粉尘中石棉纤维含量越高,接触时间越长,越容易引发肺部纤维化。同时,接触者的不良生活习惯(如吸烟)可增加石棉肺的患病风险。

石棉纤维粉尘暴露所引起的病理学改变以肺间质弥漫性纤维化为主,可有石棉小体的形成,以及明显的胸膜改变如胸膜渗出、弥漫性胸膜增厚和胸膜斑(plaque)的形成。由于石棉纤维可吸附多环芳烃类物质、混杂某些稀有金属或放射性物质,故石棉纤维的接触可同时引起肺癌和恶性间皮瘤的发生。

10.2.3.3 石棉粉尘和精准预防

石棉粉尘及其相关疾病的防控重点在于一级预防,即从来源上控制石棉纤维的暴露。一些发达国家已禁止石棉纤维的使用,并在生产和使用中采用石棉替代品。包括我国在内的许多发展中国家也从法律法规上严格控制石棉纤维粉尘的接触水平,尽可能做到安全生产和使用石棉。

石棉纤维暴露可引起石棉相关疾病(asbestos-related diseases,ARDs),如石棉相关肺癌、石棉肺和恶性间皮瘤。全球每年因石棉暴露所导致的死亡人数近11万。据估计,我国接触石棉纤维粉尘的作业工人超过100万。石棉纤维通过呼吸道进入体内可引起机体的炎性反应。有研究者发现石棉暴露可引起炎性相关因子高迁移率族蛋白(high mobility group box-1 protein,HMGB-1)水平的升高。这种因子在石棉暴露的人群体内的含量明显高于非暴露人群,且在患有ARDs的个体血清中的水平显著高于健康或石棉暴露人群,故被认为可用于石棉暴露及石棉相关疾病的早期诊断[91]。

石棉纤维暴露可引发癌症已得到许多研究的证实。IARC已将石棉列为人类确认致癌物。进一步探究石棉致癌的机制对疾病的诊断和干预有着重要作用。石棉相关肺癌是最具破坏性的职业性癌症之一,目前尚缺乏有效的早期诊断技术。Du和Zhang应用系统性方法探索石棉相关肺癌(asbestos-relatedlung carcinoma,ARLC)尤其是与石棉有关的鳞状细胞癌(asbestos-relatedlung carcinoma-squamous cell carcinoma,ARLC-SCC)的潜在生物标志物。他们从Gene Expression Omnibus数据库中获得26个ARLC-SCC和30个非石棉相关的鳞状细胞肺癌(non-asbestos-related lung carcinoma-squamous cell carcinoma，NARLC-SCC)生物芯片(microarray)的相关数据,通过鉴定差异表达的基因(differential expressed genes，DEGs),构建蛋白质-蛋白质相互作用(protein-protein interactions，PPI)网络,并对重要的基因进行途径富集分析,发现 8 种基因的交互作用所形成的 ARLC-SCC 特异信号通路的网状结构。由于这些基因同时涉及多条通路,作用于某个基因的靶向药物可能同时影响到多种途径,故可作为潜在的生物标志物和多效的治疗靶点[92]。随着科学技术的发展,研究者们发现表观遗传学的改变在石棉致肺癌的过程中扮演着重要角色。Kettunen 等人分别对既往有石棉暴露的肺癌患者和无石棉接触的肺癌患者癌组织和正常肺组织的全基因组进行了分析,发现肺癌患者的 *BEND4*、*ZSCAN31* 和 *GPR135* 基因呈现高度甲基化;*RARB*、*GPR135* 和 *TPO* 基因的差异性甲基化区域,以及 *NPTN*、*NRG2*、*GLT25D2* 和 *TRPC3* 基因的差异性甲基化 CpGs 均与石棉纤维暴露存在关联[93]。

恶性胸膜间皮瘤(maglinent pheural mesothelioma，MPM)是一种侵袭性的肿瘤,发生于肺上皮内层。接触石棉是发生恶性胸膜间皮瘤最主要的危险因素。该病潜伏期长,且对传统的化学疗法和放射疗法具有抗性,致使目前的治疗方法预后不佳。因此,开发一种在亚临床阶段的筛查技术及早期诊断方法至关重要。目前研究发现血清生物标志物如骨桥蛋白(osteopontin，OPN)[94]、可溶性间皮素(soluble mesoderm，SM)和巨核细胞增强因子(MPF)可用于诊断、检测和监测恶性胸膜间皮瘤。其中,可溶性间皮素相关肽(soluble mesothelin related peptide，SMRP)已被证实是一种行之有效的生物标志物。Park 等人通过大规模的前瞻性队列研究发现这种蛋白可用于石棉暴露人群恶性胸膜间皮瘤的筛查[95]。De Santi 等人进一步发现与其相关的转录因子如 Staf 和 ZNF143 的结合位点可能受到 rs3764247 的影响,从而对间皮素基因进行调控[96],这说明个体遗传易感性可部分决定该种蛋白的表达水平,进而影响恶性胸膜间皮瘤的发生。

miRNA 是一类由内源基因编码的长度为 20～22 个核苷酸的非编码单链 RNA 分子,其在细胞内具有多种重要的调节作用。每个 miRNA 可以有多个靶基因,而几个 miRNA 也可以调节同一个基因,从而构成复杂的调节网络。一个 miRNA 可以调控多个基因的表达,而一个基因也同时受多个 miRNA 的组合精细调控。近年来,不少研究在恶性胸膜间皮瘤患者的肿瘤细胞和血清中均发现 miRNA 出现表达失调。一项纳入 39 项研究的荟萃分析发现,miR-16-5p,miR-126-3p,miR-143-3p,miR-145-5p,miR-192-5p,miR-193a-3p,miR-200b-3p,miR-203a-3p 和 miR-652-3p 在恶行胸膜间皮瘤患者的组织内异常表达。与之相比,存在于循环 miRNA 更为稳定,且将循环的 miRNA-126-3p,miR-103a-3p 和 miR-625-3p 与间皮素水平相结合进行分析可更有效地诊断出石棉相关恶性胸膜间皮瘤[97]。Bononi 等人通过 microarray 和实时定量聚合酶链反应(real-time quantitative polymerase chain reaction，RT-qPCR)技术对恶性胸膜间皮瘤患者、既往暴露于石棉纤维的工人以及健康对照三组研究对象血清中的

miRNA 水平进行比较分析。结果发现,与健康对照相比,恶性胸膜间皮瘤患者血清中 miR-197-3p、miR-1281 和 miR32-3p 相对表达水平上调;与既往暴露于石棉纤维组相比,仅有 miR-197-3p 和 miR-32-3p 在恶性胸膜间皮瘤患者中上调;而 miR-1281 在恶性胸膜间皮瘤患者组和既往石棉暴露组中的表达水平与健康对照相比均有所上调[98]。以上三种 miRNA 水平异常上调可能成为诊断恶性胸膜间皮瘤的新型标志物。循环 miRNA 源于细胞的被动渗漏和细胞以微囊泡的形式主动分泌,后者是主要的来源途径。这种细胞外囊泡(Extracellular Vesicles,EVs)是从细胞膜上脱落或者由细胞分泌的双层膜结构的囊泡状小体,是近年来被发现的细胞间信号传递的新方式。由于其可作为一种新的核酸药物传递系统,故成为生物医药领域研究的热点。最近一项关于石棉暴露和恶性胸膜间皮瘤的研究通过 OpenArray 筛选出 754 个血浆 EVs 中差异表达的 miRNA。在调整了年龄、性别、体重指数(body mass index,BMI)和吸烟等混杂因素后确定了 55 个 miRNA。研究者们进一步采用 RT-qPCR 对前 20 个差异表达的 miRNA 进行验证,最终确定了 16 个 miRNA。其中,miR-103a-3p 和 miR-30e-3p 被认为可作为潜在的生物学标志物,帮助对既往存在石棉暴露的人群恶性胸膜间皮瘤的发病进行有效诊断,其 ROC 曲线下面积为 0.942(95% CI:0.87~1.00),并具有较高的灵敏度和特异度(灵敏度为 95.5%,特异度为 80.0%)[99]。

10.2.4　金属粉尘与精准预防

生产性金属粉尘经呼吸道进入机体,主要损伤呼吸系统,铁、锑、锡、钡等粉尘主要表现为肺部细胞增生病变,较少伴有肺纤维化,导致肺部粉尘沉着。铝尘有别于其他金属粉尘,主要表现为肺部细胞变性病变,可致肺纤维化,导致肺尘埃沉着病。

10.2.4.1　铝粉尘与精准预防

1) 铝粉尘的来源和定义

铝是一种银灰色、柔软而富于延展性的轻金属。铝在自然界中主要分布在未风化的岩石和硅酸铝黏土中。铝被广泛用于金属加工工业,制造各种金属制品、容器及日用器皿;冶金工业上制造合金,如铝青铜、铝黄铜、硅铝合金等;铝粉用于制造焰火、油漆原料等。我国铝储量丰富,有大量的工人接触铝尘作业。在生产、使用铝粉和冶炼铝等过程中,均可产生金属铝粉尘或氧化铝粉尘。金属铝粉一般分为粒状和片状铝粉,铝含量分别为 96% 和 92%。氧化铝是由铝土矿和其他含铝原料经焙烧后制得,其纯度为98.4%,其中 SiO_2 含量为 0.4%。此外,铝电解时也能产生氧化铝粉尘。

2) 铝粉尘导致的健康危害

铝粉尘经呼吸道暴露所导致的健康危害主要为铝肺尘埃沉着病(aluminosis)。铝肺尘埃沉着病是由于在生产过程中长期暴露于铝及其化合物粉尘而引起的以肺组织纤维化改变为主的疾病。铝肺尘埃沉着病的发病工龄较长,进展缓慢。铝肺尘埃沉着病病理表现主要为肺泡纤维化和肺气肿。粉尘纤维灶多位于呼吸性细支气管周围的肺泡腔内,由黑色粉尘、巨噬细胞、网状纤维及少量胶原纤维构成。粉尘纤维灶向肺泡壁延伸,并使之增厚,病灶呈星芒状。粉尘纤维灶进一步发展形成混合结节,数量较少,范围也小,可仅为一个肺泡腔的纤维化。有些细支气管壁和小血管壁周围也有粉尘性纤维化,呼吸性细支气管和所属肺泡不同程度扩张。胸膜下胶原纤维轻度增生。X线表现为网状纹理和结节影。最早出现双肺下野细网状纹理,随着病情的进展,逐渐向全肺蔓延,并可见粗网状纹理。双肺中下野可见直径1~3 mm的结节状阴影,散在于细网状纹理或血管与支气管肺纹理上,结节多呈圆形或类圆形,密度不高,边缘清楚。肺门影增大,密度增高,结构紊乱,可出现移位,淋巴结可发生钙化。肺泡性或弥漫性肺气肿明显,常可发生自发性气胸。临床表现主要为咳嗽、咳痰、胸闷、气急,可有啰音及肺气肿等体征,肺功能降低。

3) 铝粉尘与精准预防

铝肺尘埃沉着病的预防遵循三级预防原则。一级预防,又称病因预防,铝肺尘埃沉着病系生产性粉尘暴露所致,综合降尘是铝肺尘埃沉着病预防的根本措施。我国《工作场所有害因素职业接触限值 第1部分 化学有害因素》(GBZ 2.1—2007)推荐铝及铝合金粉尘总粉尘时间加权平均容许浓度为3 mg/m³,短时间接触容许浓度为6 mg/m³;氧化铝总粉尘时间加权平均容许浓度为4 mg/m³,短时间接触容许浓度为6 mg/m³。各个铝尘产生行业应通过技术措施控制粉尘浓度,同时做好个人防护。

二级预防,除了应用定期拍摄X线胸片等传统方法监测铝肺尘埃沉着病发病情况,还应结合最新标志物筛查易感人群、发现早期病例,以及为患者提供更为精准的治疗。

氧化应激是铝肺尘埃沉着病重要的病理过程,铝肺尘埃沉着病患者抗过氧化酶葡萄糖-6-磷酸脱氢酶(glucose 6 Phosphate Dehydrogenase,G6PDH)、谷胱甘肽还原酶(glutathione reductase,GR)、6-磷酸葡萄糖脱氢酶(6 - phosphaogluconate dehydrogenase,6PGDH),以及GPx活性降低[100, 101]。在红细胞胞质中,G6PDH、GR和6PGDH以1:1:10结合成复合物,铝离子可与G6PDH结合并改变复合物蛋白质四级结构,从而影响复合物的酶活性。抗过氧化酶活性降低导致脂质过氧化活动增强,从而红细胞丙二醛等脂质过氧化产物含量升高[102, 103]。而脂质过氧化产物是后续多种病理损伤的重要致病因子。早期监测血浆抗过氧化物酶活性有助于早期病例的发现,同时G6PDH缺乏的工人可能对铝尘暴露更为敏感,应受到更多关注。

炎性反应在铝尘致病过程中起着重要作用,铝尘被肺泡巨噬细胞吞噬,被吞噬的铝尘在巨噬细胞内可导致溶酶体肿胀损伤并释放组织蛋白酶B(cathepsin B)。cathepsin B作为第一信号激活NALP3(NACHT,LRR and PYD domains-containing protein 3)炎性体,白细胞介素-1β(interleukin-1β,IL-1β)、白细胞介素-18(interleukin-18,IL-18)等大量炎性因子合成并分泌,导致持续炎性反应及组织损伤。早期阻断NALP3炎性体活化可能降低铝尘对机体的损伤程度[104]。

10.2.4.2 铁粉尘与精准预防

1) 铁粉尘来源和定义

在自然界,铁主要以化合物形式存在于铁矿石中。铁是炼钢、铸铁和锻铁的主要原料或产品,而道路、桥梁、车辆、船只、码头、建筑等建设都离不开钢铁构件,铁及其化合物还是制造磁铁、染料和磨料等的重要工业材料。铁矿开采、矿石粉碎、铸造、轧钢、焊接、电镀、除锈等生产过程中常伴随铁及其氧化物粉尘产生。工业生产中常见的铁化合物包括氧化物(氧化铁、氧化亚铁、四氧化三铁),氢氧化物(氢氧化铁、氢氧化亚铁)和铁盐(硫酸盐、硝酸盐),尤以铁氧化物粉尘最为多见。

2) 铁粉尘导致的健康危害

铁粉尘经呼吸道暴露所导致的健康危害主要为铁沉着病(siderosis)。铁沉着病是由于在生产过程中长期暴露于铁及其化合物粉尘而引起的以粉尘灶为主伴纤维组织轻度增生的肺部疾病。粉尘灶由吞噬含铁粉尘的巨噬细胞和铁尘颗粒沿支气管和血管周围的淋巴管聚集而成。铁沉着病的组织病理学改变主要为粉尘灶在呼吸性支气管及周围肺泡群聚集,粉尘灶内轻度网状纤维增生;肺间质的改变主要表现为肺泡隔、小血管、毛细血管周围形成纤维性尘灶,局部血管周围粉尘灶可连接成片;肺内淋巴结内也有粉尘沉着及轻度纤维增生。X线胸片表现为0.5~2.0 mm点状致密阴影、线状影,无大块融合,部分患者可见膈上横线。肺门淋巴结密度增浓,但不增大。铁沉着病发展缓慢,病程较长,发病早期症状少而轻微,随病程的进展可出现咳嗽、咳痰、胸痛、胸闷、气短等症状,不伴肺功能降低。单纯铁及其氧化物粉尘引发的肺尘埃沉着病在脱离粉尘作业后,其肺部损伤可逐渐恢复。

3) 铁粉尘和精准预防

铁沉着病患者早期血浆及肺泡灌洗液中白细胞介素(IL-1、IL-2、IL-4、IL-5、IL-6、IL-12、IL-23)、TNF-α、干扰素(interferon-γ, INF-γ)、TGF-β等细胞因子水平升高。某些细胞活化标志物如热休克蛋白(heat shock proteins, HSPs)HSP-1a、HSP-8,基质金属蛋白酶(matrix metalloproteinase, MMP)MMP-2、MMP-12、MMP-19、MMP-23,血清淀粉样蛋白A(serum amyloid A)等蛋白的相关mRNA表达水平升高[105-107]。监测接触粉尘者这些生物标志物对早期铁沉着病的诊断具有重要意义。

DNA芯片检测技术对于监测铁及其化合物粉尘的早期健康效应具有重要意义。暴露于电焊烟尘30 d后,机体细胞凋亡(基因库收录号O15519、Q8WVN1、Q96IZ0、Q9H422),炎性反应(基因库收录号O14879、P22301、P26951、Q6DF10),异物代谢(基因库收录号O60449、P34810),氧化应激(基因库收录号Q6UP08),转录调节(基因库收录号O14709、P40763、Q92526、Q92754、Q9H422),以及信号转导(基因库收录号P50150)等相关蛋白的基因表达水平显著升高[108]。

暴露于含铁粉尘的工人体内脂质过氧化标志物丙二醛（malonaldehyde，MDA）、4-羟基壬烯酸（4-hydroxy-trans-nonenale，HNE）、8-异前列腺素，核酸过氧化标志物（8-OHdG）、8-羟基鸟苷（8-hydroxyguanine，8-OHG）、5-羟甲基尿嘧啶［5-(hydroxymethyl)uracil，5-OHMeU］，以及蛋白过氧化标志物 o-酪氨酸（o-tyrosine，o-Tyr）、3-氯酪氨酸（3-chloro-tyrosine，3-ClTyr）、3-硝基酪氨酸（3-nitro-tyrosine，3-NOTyr）的含量显著升高。而过氧化氢酶（catalase，CAT）、超氧化物歧化酶（superoxide dismutase，SOD）、GPx 等抗过氧化酶活性降低[109-111]。Fe^{2+} 经氧化反应（Fenton's reaction、Haber-Weiss reaction）生成 Fe^{3+}，同时释放活性氧［超氧阴离子（O_2^-）、羟自由基（·OH）、过氧化氢（H_2O_2）、一氧化氮（NO）］，活性氧作用超过机体抗过氧能力时，导致脂质、蛋白质、核酸过氧化，从而导致细胞膜损伤、蛋白修饰，以及 DNA 修复受损，导致后续炎性反应、缺血再灌注等多个病理过程[112, 113]。抗氧化损伤对预防铁沉着病发病有着重要作用。

10.3 生产性粉尘和遗传因素联合作用与精准预防

肺尘埃沉着病是由于吸入生产性粉尘引起的一种全身性疾病，但已有研究资料表明，即使接触的粉尘浓度和粉尘中游离 SiO_2 含量接近，不同类型厂矿工人的肺尘埃沉着病发病规律也存在很大差异。在接触粉尘类型和接触量相当的情况下，同一厂矿不同个体间的肺尘埃沉着病发病也存在很大差异，说明肺尘埃沉着病的发病不仅与粉尘接触有关，也受到其他因素如吸烟、呼吸系统疾病、基因型等的影响。国外曾有报道，在粉尘接触条件下工作的孪生兄弟，如果其中一人患肺尘埃沉着病，则另一人也容易患肺尘埃沉着病，说明遗传及个体遗传易感性在肺尘埃沉着病的发病中具有重要作用。随着人类基因组计划的完成，人类对于疾病的研究进入后基因组时代，作为第三代遗传标记的单核苷酸序列多态性被广泛用于复杂疾病的病因学研究。

已有多项研究显示肺尘埃沉着病发病与某些相关分子基因多态性有关。Zhang 等人分别以 225 名中国西南部煤工肺尘埃沉着病患者为实验组及 294 名健康受检者为对照组，发现 HSP-2+1267 与 HSP70-hom+2437 位点等位基因在实验组与对照组分布不同。携带 G 等位基因的 HSP-2+1267 位点及 HSP70-hom+2437 基因多态性与煤工肺尘埃沉着病发生及其严重程度有关[114]。TNF-α 238 位点基因多态性与肺尘埃沉着病易感性相关：携带 GA+AA 基因型的个体患肺尘埃沉着病的风险性高于 GG 基因型个体。携带 A 等位基因的个体患肺尘埃沉着病的风险性高于 G 等位基因个体。分层分析显示，硅沉着病人群、亚洲人群和接触粉尘工人中携带 GA+AA 基因型和 A 等位基因患肺尘埃沉着病的风险性增高[115]。Fan 等人研究发现，TGF-β（−509）CC 为保护性基因型，TGF-β（+915）GC 基因型是肺尘埃沉着病的易感基因型。同时携带 TGF

$-\beta(-509)*T$ 和 $(+915)*C$ 等位基因的接触粉尘人群更易患肺尘埃沉着病[116]。

因此,研究肺尘埃沉着病遗传因素的分子基础(易感基因),并从遗传学角度揭示肺尘埃沉着病发病高危因素,阐明生产性粉尘和遗传因素的交互作用,对于改善肺尘埃沉着病个体化预防提供了新的方向和思路。同时,通过研究肺尘埃沉着病病变的多阶段演进的分子变化,有望为肺尘埃沉着病病变的分子分型和Ⅱ级预防提出新的见解。此外,组学和临床流行病学大数据的积累将为实现肺尘埃沉着病精准医学(防治)奠定重要基础。

10.4 小结与展望

10.4.1 生产性粉尘健康危害的复杂性

10.4.1.1 广泛性

我国是世界上肺尘埃沉着病最为严重的国家,接触粉尘的人数、新发肺尘埃沉着病人数、现患肺尘埃沉着病人数均居世界之首。截至 2016 年,我国卫生部门已报告累计肺尘埃沉着病病例 83.1 万例,仅 2016 年,全国共报告职业病 31 789 例,其中职业性肺尘埃沉着病 27 992 例。职业性肺尘埃沉着病中,95.49%的病例为煤工肺尘埃沉着病和硅沉着病,分别为 16 658 例和 10 074 例。肺尘埃沉着病报告病例数占 2016 年职业病报告总例数的 88.36%"。生产性粉尘来源广泛,在诸多行业如矿山开采、金属冶炼、机械制造、建筑材料的生产加工和运输等行业作业都不可避免地产生和存在生产性粉尘。

10.4.1.2 多因素联合

不同生产场所接触粉尘类型不同,不同来源和性质的粉尘所导致的健康结局也不尽相同。职业接触的生产性粉尘多为以某种粉尘为主的混合性粉尘,单一粉尘较为少见。如长期吸入金属铁尘或铁化合物粉尘可引起的肺内粉尘沉积和纤维组织轻度增生性的肺病变。普遍认为含铁及其化合物粉尘并不导致纤维化,但部分研究发现含铁及其化合物粉尘工人肺部出现明显的肺尘埃沉着病纤维化特征。这很可能是由于作业环境中的粉尘除含有铁及其化合物外,还有其他成分,如石英和石棉等。当吸入铁含量较低的混合粉尘后,机体出现的肺损伤和明显的肺部纤维化主要由铁以外的成分引起。在病理过程中,含铁及其化合物粉尘可催化肺内活性氧释放,进一步增大石棉对肺部的损伤。又如石棉纤维粉尘常含有多环芳烃,某些多环芳烃是 IARC 所列出的人类致癌物,这可能是石棉纤维致癌的重要原因之一。又如铀矿开采时铀矿粉尘中可含氡及氡子体,大量流行病学研究证实氡是一种潜在致癌物。

10.4.1.3 长期性和潜伏性

高浓度的粉尘暴露可导致健康危害已得到证实,为降低工人职业粉尘暴露水平,保护工人健康,国内外对工作场所粉尘浓度的接触限值均做出了相关规定,要求将生产场所粉尘浓度控制在接触限值以下。然而,近期有研究发现,低浓度水平的粉尘暴露仍可对多个器官系统造成影响。Liu 等人进行了一项长达 44 年的随访工作,分别观察了低于 3 种容许接触限值(permissible exposure limit,PELs≤0.05 mg/m³,≤0.10 mg/m³,或≤0.35 mg/m³)的石英暴露与总死因和病因别死亡率的关联性,结果发现无论容许接触限值高低,长期的石英粉尘暴露都与死亡率的升高相关。此外,低浓度生产性粉尘暴露所引起的疾病早期多无症状或症状较轻,随着病程的发展可出现咳嗽、咳痰、胸痛和呼吸困难等症状,严重者多个器官和系统功能受损;且肺尘埃沉着病的发生存在较长的潜伏期,多在 15~20 年后才发病,疾病确诊后即使脱离粉尘作业其病变仍呈进行性发展。肺尘埃沉着病不可逆转,且目前尚无有效的根治方法,一旦发病,终生无法治愈。

10.4.1.4 个体存在差异

既往患有某些疾病如肺结核、慢性呼吸系统疾病的人暴露于硅尘后,其罹患硅沉着病的风险增加。此外,随着科技的发展,人们逐渐发现遗传易感性在肺尘埃沉着病的发生中具有重要作用[117-119],肺尘埃沉着病易感位点不仅为人们认识肺尘埃沉着病的发病机制提供了新的视角,同时还对于临床上肺尘埃沉着病的诊断和高危人群筛查起到重要作用。

10.4.2 生产性粉尘危害风险评估

风险评估(risk assessment)是指量化测评某一事件或事物带来的影响或损失的可能程度,客观地认识事物(系统)存在的风险因素,通过辨识和分析这些因素、判断危害发生的可能性及其严重程度,从而采取合适的措施降低风险概率的过程。现行的《中华人民共和国职业病防治法》已经明确指出职业危害的风险评估工作是我国卫生部门的主要职能之一。但对于开展职业健康风险评估工作,国内尚处于探索阶段,且目前我国并未有相应的评估标准或规范,故开展职业危害风险评估工作主要借鉴国外的方法(见表 10-4)。

生产性粉尘是我国主要的职业危害因素之一,其所致的肺尘埃沉着病是我国危害最严重的职业病。控制或减小生产性粉尘所带来的危害,降低肺尘埃沉着病发生率,需要在对粉尘作业进行风险评估的基础上进行分级分类管理。这项工作有利于安监部门有针对性地抓住肺尘埃沉着病的关键点进行控制,并对粉尘危害严重的作业场所进行重点监察和治理,从而逐步改善我国作业场所粉尘危害现状。

由于我国目前没有公认的企业对粉尘危害防治的评价工具和"金标准",故要从多种影响因素中筛选出既全面又独立的指标来评价其危害实属不易。目前我国关于生产性粉尘危害风险评估主要沿用了表 10-4 所列出的职业健康风险评估法。如石材加工行业采用 ICMM 职业健康风险评估模型,木制家具企业应用新加坡半定量风险评估法进行职业健康风险评估等。有研究者比对了定量分级法和职业危害风险指数法在煤尘

表 10-4　主要在我国应用的职业健康风险评估方法

综合评估方法	定性研究方法	半定量风险评估方法	定量研究方法	其他风险评估方法
检查表法	国际化学平控制工具箱	罗马尼亚职业事故和职业病风险评估法	美国环境保护署（Environmental Protection Agency，EPA）风险评估模型	国际采矿及金属委员会（International Council on Mining and Metals，ICMM）职业健康风险评估模型
类比法		新加坡半定量风险评估法	层次分析法	风险指数评估法
调查和专家打分法		澳大利亚风险评估法		模糊数学综合评价法
影响分析		格雷厄姆-金尼评价法		物质暴露的评价和评估模型
		MES 评价法		

职业健康风险评估中的适用性，发现两种风险评估方法均适用于煤尘职业健康风险评估，且通过两种方法评估得出的煤尘作业岗位风险水平差异无统计学意义，相关性较好。虽然这些评估方法已广泛应用于许多企业，但对于不同作业类型、不同规模的企业，其评估准确性有待进一步研究分析。

生产性粉尘的危害影响因素多种多样，仅凭借一两个指标衡量其风险是不合适的。实际工作中应结合企业自身的特点全面考虑其造成的危害。

10.4.3　生产性粉尘健康损害早期生物标志物筛选

生产性粉尘作为我国职业场所最常见的职业有害因素，严重威胁劳动者健康。长期吸入生产性粉尘不仅引起肺尘埃沉着病（职业病），还引发 COPD、肺结核和自身免疫疾病等多种疾病。生产性粉尘一直是我国最严重的职业危害因素，我国肺尘埃沉着病病例数占报告职业病总数的 90% 左右。肺尘埃沉着病的发病机制仍然不完全清楚，且至今仍无有效治疗方法。预防是阻止肺尘埃沉着病发病的最有效手段。肺尘埃沉着病的一级预防是通过工艺改革，实施控尘和降尘措施来降低作业场所空气中的粉尘浓度，当工艺措施不能有效降尘时，使用个体呼吸防护用品如防尘口罩、防尘面具等是防护粉尘的最后一道防线。我国经过多年实践提出的"革、水、密、封、护、管、教、查"就是要针对性控制生产性粉尘水平，达到劳动者不接触粉尘或少接触粉尘的目标，第一预防是首选，体现了预防为主的根本方针。

　　当工艺和管理措施不能有效控尘时,及早发现粉尘危害的患者是肺尘埃沉着病的二级预防。目前的诊断方法是通过高千伏的 X 线胸片确诊,但出现明确可见的肺部纤维化病变时,劳动者的呼吸功能和劳动力已受到严重损害,因此,进行有效的第二级预防,通过监测敏感的生物标志物,尽早发现生产性粉尘所引起的健康损害,对保护劳动者健康和预防肺尘埃沉着病发病有重要意义。

　　生物标志物(biomarker)是指反映生物系统与外源性化学物、物理因素和生物因素之间相互作用引起的生理、生化、免疫和遗传等多方面的分子水平改变的物质。根据生物标志物代表的意义,可将生产性粉尘生物标志物分为:接触性生物标志物、效应性生物标志物和易感性生物标志物。

10.4.3.1　接触性生物标志物(biomarker of exposure)

　　接触性生物标志物是指反映机体生物材料中外源性化学物或其代谢产物或外源性化学物与某些靶细胞或靶分子互相作用产物的含量。接触生物标志物与外剂量相关或与毒作用效应相关,可评价接触水平或生物接触限值。接触生物标志物可以进一步分为反映内剂量和生物效应剂量的两类标志物。内剂量生物标志物是指直接测定细胞、组织(脏器、骨髓、头发、指甲、脂肪和牙齿)或体液(血液、乳汁、羊水、唾液和胆汁)或排泄物(粪便、尿液、汗液)或呼出气中外源性化学物及其代谢产物的浓度。例如,呼出气中的有机溶剂,血液中的苯乙烯、铅、镉、砷等,脂肪组织中的多氯联苯和多溴联苯、二氯二苯、三氯乙烯、四氯二苯和二噁英,尿中的黄曲霉毒素和苯的代谢物,头发中的砷、铅等重金属,血液中的碳氧血红蛋白、高铁血红蛋白等。生物效应剂量标志物是指到达机体效应部位(组织、细胞和分子)并与其相互作用的外源性化学物或代谢产物的含量,包括外源性化学物或代谢产物与白蛋白、血红蛋白、DNA 等大分子共价结合,或者蛋白与 DNA 交联物的水平。

　　鉴于生产性粉尘的理化性质及其代谢产物的代谢途径,检测机体生产性粉尘的内剂量,可有效地反映体内某种生产性粉尘的暴露水平。目前,很多学者通过检测肺部灌洗液、肺组织、血液或尿液中的生产性粉尘或其主要元素含量,来评测和估算体内生产性粉尘的暴露成分及浓度。检测内剂量的方法有很多种,一方面可以通过化学钼蓝法去检测肺组织中结晶型 SiO_2 的含量,另一方面则是通过电子显微镜外接一个电子探针微量分析仪,来观察组织样本内结晶型的 SiO_2。而目前较为推荐的一种检测方法是通过联合反相电子显微镜、色散谱和 X 射线仪识别肺组织中的粉尘颗粒。早期检测工人肺部灌洗液中粉尘的浓度及其成分,可有效评估工人在生产过程中接触粉尘的类型及其含量。但是,由于目前仍然没有关于内暴露水平和肺尘埃沉着病发病之间的剂量反应关系的可靠研究,并且存在很多局限性,比如许多生物标志物只在实验动物中得到应用,而在实际人群中的应用并不多,且缺乏统一的标准等,因此内剂量标志物的检测仍不被推荐为工人日常体检项目[80]。

10.4.3.2 效应生物标志物

效应生物标志物(biomarker of effect)是指机体中可以测出的生化、生理、行为或其他改变的指标,又可进一步分为早期生物效应、结构功能改变及疾病的三类标志物。其中前两类效应性生物标志物在生物监测中对预防工作具有重要意义。早期生物效应一般是指机体接触有害因素后,出现的早期反应。现将目前研究结果较为一致的效应生物标志物总结如下。

1) 氧化应激反应指标

生产性粉尘如石英颗粒等被吸入肺组织后,肺巨噬细胞将其吞噬并活化,在中性粒细胞和肥大细胞等炎性细胞的协助下,释放活性氧粒子(reactive oxygen species, ROS),包括 O_2^-、H_2O_2、·OH、NO 及单线态氧等,引起脂质过氧化发生、DNA 损伤、一氧化氮的产生等。研究发现,与健康人群相比,肺尘埃沉着病患者血清中 NO 和 MDA 含量明显升高,SOD 活力显著降低,并且随着肺尘埃沉着病期数的增高,血清中 NO 的含量呈增加的趋势[120]。

2) CC16

克拉拉(clara)细胞是位于终末细支气管的非纤毛促分泌上皮细胞,其分泌的 CC16 具有很强的免疫抑制及抗炎活性,并参与肺内一系列生理、病理过程。研究表明,肺上皮细胞衬液中 clara 蛋白含量与 SiO_2 对呼吸道上皮细胞的毒性有关。流行病学研究显示,石英粉尘暴露的工人血清中 CC16 的表达水平明显降低[121, 122]。学者通过石英染尘大鼠后发现,大鼠肺组织灌洗液中 CC16 的表达水平显著下降,并提示 CC16 是硅尘引起的克拉拉细胞、肺泡 II 型细胞、肺泡膜完整性受损的早期生物标志。可作为硅沉着病早期诊断(筛检)以及晚期确诊的辅助指标[123]。

3) 转化生长因子(transforming growth factor, TGF)

TGF-β 在 1978 年首次被鉴定出,并与之后发现的功能类似的物质统一命名为转化生长因子超家族。TGF-β 广泛分布于支气管上皮细胞、增生的肺泡上皮细胞(II型)、巨噬细胞及间质细胞等,在肺纤维化过程中充当重要的刺激信号。TGF-β 是一类生物学活性十分广泛的细胞因子,可引起成纤维细胞活化、胶原合成、沉积并致纤维化,并在多数细胞的免疫调节、创伤修复、胚胎发生、细胞凋亡等方面都发挥着不同的功能。TGF-β 的激活是导致肺纤维化的因素之一,被认为是肺纤维化病程进展的标志,其中又以 TGF-β₁ 的致纤维化作用最强。TGF-β₁ 在机体损伤修复、结构重建等方面的研究已成为焦点。多项研究显示,肺尘埃沉着病患者血清中 TGF-β₁ 含量高于接触粉尘工人,提示 TGF-β₁ 表达水平与肺尘埃沉着病存在密切联系。缪荣明等人通过检测接触粉尘工人和硅沉着病患者诱导痰液中 TGF-β₁ 的表达水平,发现硅沉着病组 TGF-β₁ 水平明显升高,认为 TGF-β₁ 可作为硅沉着病早期生物标志物之一,在硅沉着病发生、发展中有重要作用[124]。

4）新蝶呤

新蝶呤（neopterin，Npt）是人体体液中最重要的一种蝶啶类物质，化学名为 2-胺基-4 羟基-6-（D-赤藓糖基 1，2，3，三羟基丙基）蝶呤，它是三磷酸鸟苷（guanosine triphosphate，GTP）代谢、四氢生物蝶呤生物合成过程中的一种中间代谢产物。Npt 可作为多种递质酶（如苯丙氨酸酶、酪氨酸酶、色氨酸酶）羟化过程中的辅助因子，主要由单核-巨噬细胞在被活化的 T 淋巴细胞所产生的 IFN-γ 刺激下分泌产生，其生物稳定性好，可于体液中检测到，Npt 被认为是一种免疫活力和巨噬细胞增殖的标志物。Npt 表达水平的改变可作为临床疾病向急性、严重形式发展的一个有重要价值的指标。因为在病毒、胞内细菌、寄生虫和其他肺部疾病引起感染的情况下，Npt 的表达水平会升高。Npt 在血清或者尿液中的表达水平通常和临床疾病病程相关，国际有相关组织已将血清中 Npt 水平可作为评价硅粉尘接触和其他职业病影响的生物标志物。因此，可用特殊方法如酶联免疫吸附法（ELISA）或高效液相色谱法（HPLC）检测体液中 Npt 的表达水平，间接地反映硅沉着病的发病进程。

5）血小板衍生生长因子

血小板衍生生长因子（platelet derived growth factor，PDGF）是一种促血管生成因子，并因此而得名。PDGF 是多种间质细胞如成纤维细胞、血管平滑肌细胞、肾小球血管细胞、神经胶质细胞、内皮细胞等的强促有丝分裂剂和趋化因子。PDGF 可介导愈合过程，其过度表达则会产生慢性损伤或者炎症反应，并最终导致病理性组织纤维化。肺局部 PDGF 升高可引起成纤维细胞过度增殖，胶原沉淀，最终导致肺组织结构改变，纤维化产生。研究表明，与健康人群相比，煤工肺尘埃沉着病患者血清中 PDGF 的表达水平明显增加，并且血清中 PDGF 表达水平与肺尘埃沉着病的发生、发展、病理类型及严重程度密切相关，可作为肺尘埃沉着病潜在效应生物标志物[125]。

6）非编码 RNA 生物效应标志物

非编码 RNA（noncoding RNA，ncRNA）是一类能转录但不编码蛋白质且具有特定功能的 RNA 小分子，其种类繁多，以至于产生了“RNA 世界”的概念。除转运 RNA 和核糖体 RNA 外，还包括核小 RNA、核仁小 RNA、核糖核酸酶 P-RNA、端粒酶 RNA、miRNA 和小干扰 RNA（small interfering RNA，siRNA）等。依据长度，ncRNA 分为短链 ncRNA 和长链 ncRNA（Long noncoding RNA，lncRNA）。短链 ncRNA 一般指长度<200 nt 的 ncRNA，如 miRNA，siRNA，Piwi 作用 RNA（Piwi-interacting RNA，piRNA）和核仁小 RNA 等。lncRNA 指长度>200 nt 的 ncRNA。ncRNA 主要参与转录调控、RNA 剪切修饰、信使 RNA 的稳定和翻译、蛋白质的稳定及转运、染色体的形成及结构稳定等。多项研究表明，与健康人群相比，肺尘埃沉着病患者血浆中 miR-21 的相对表达水平明显升高。用 miR-21 的表达水平来诊断肺尘埃沉着病，其灵敏度和特异度分别为 83.9% 和 90.4%。同时，有研究显示，7 种 miRNA（miR-21、miR-200c、 miR-16、miR-206、miR-155、miR-29a、miR-204)在肺尘埃沉着病患者中的相对表达水平明显增加,可作为诊断肺尘埃沉着病的潜在生物标志物。此外,miR-16、miR-29a、miR-200c、miR-204 参与了从粉尘引起机体应激到病变进展为肺纤维化的过程,也可以作为肺尘埃沉着病早期生物标志物。

10.4.3.3　易感性生物标志物

肺尘埃沉着病的发生、发展及病变程度受多种因素影响,比如工人接触粉尘的种类、粉尘的浓度、分散度、接触粉尘的工龄以及个体因素、防护措施等。临床观察发现,相同的劳动暴露条件下,不同个体接触相同粉尘后引起不同的效应;在相同的暴露条件下,工人是否患病、患病早晚及患病严重程度也都有明显的差别。这些研究提示,遗传因素对肺尘埃沉着病发生具有极其重要的影响。肺尘埃沉着病的遗传易感性研究虽然早已受到人们关注,但是,近些年人类基因组计划和相应的分子生物学技术的发展,在基因多态性与肺尘埃沉着病易感性方向不断有新发现和新的成果。

HSPs 是存在于细胞内的一种主要的分子伴侣(molecular chaperons),在维持组织细胞的自身稳定和环境适应性及抵御外界损伤等方面具有保护作用,在生理和应激条件下均可表达。HSPs 按分子量可分为 HSP60、HSP70、HSP90 及小分子 HSPs 等。HSPs 基因多态性与煤工肺尘埃沉着病发生及其严重程度有关[114]。

肿瘤坏死因子(tumor necrosis factor,TNF)在肺尘埃沉着病发生、发展过程中,能够使中性粒细胞聚集,参与炎性反应,损伤内皮细胞,导致肺损伤。TNF-α 238 位点基因多态性与肺尘埃沉着病易感性相关:携带 GA+AA 基因型的个体患肺尘埃沉着病的风险性高于 GG 基因型个体;携带 A 等位基因的个体患肺尘埃沉着病的风险性高于 G 等位基因个体。进一步分层分析显示,硅沉着病人群、亚洲人群和接触粉尘工人中携带 GA+AA 基因型和 A 等位基因患肺尘埃沉着病的风险性增高[115]。

TGF-β 在纤维化中起重要的作用,它可以调控肺成纤维细胞分裂、增殖及胶原蛋白的合成与降解,并且在纤维化性疾病中表达水平增高[116]。

10.4.4　生产性粉尘早期健康损害诊疗新技术

肺尘埃沉着病的三级预防是保护肺尘埃沉着病患者,提高其生活质量,延长其寿命的措施。目前,对于肺尘埃沉着病患者尚无根治办法。我国学者多年来研究了数种治疗硅沉着病药物,在动物模型上具有一定的抑制胶原纤维增生等作用,临床使用中有某种程度上的减轻症状、延缓病情进展的疗效,但有待继续观察和评估。大容量肺泡灌洗术是目前肺尘埃沉着病治疗的一种探索性方法,可排出一定数量的沉积于呼吸道和肺泡中的粉尘及尘细胞,一定程度上缓解患者的临床症状,延缓肺尘埃沉着病的进展,但由于存在术中及术后并发症,因而有一定的治疗风险,远期疗效也有待于继续观察研究。目前有研究显示,运用中西医结合治疗及护理、康复治疗等手段,可以有效地改善其呼吸道症状、提高生理舒适度、降低并发症发生率、改善预后。

10.4.4.1　中医药治疗

对于早期肺尘埃沉着病患者,由于硅尘属金石燥烈之邪,而肺乃喜润恶燥之脏,硅尘沉积凝结于肺,可郁而化热,燥热炼津为痰,痰壅气滞,血行不畅,则瘀血顽痰交结,阻塞肺窍,致肺失清肃而出现咳嗽、喘促气短、咯痰等肺伤症状;若病情迁延日久,燥热、痰瘀必耗气伤阴,导致肺脏气阴俱伤,甚而可影响其他脏器。因此,肺尘埃沉着病早期阶段必须清除肺部的金属,化痰解热,消除气滞、阻塞症状,缓解体内血液运行不通畅状态,以免瘀滞程度加深导致肺部功能进一步恶化。

10.4.4.2　护理

1)营养护理

多数肺尘埃沉着病患者营养不良,可加重患者的呼吸困难,影响机体的免疫防御机制。因此,对于早期肺尘埃沉着病患者,加强营养显得尤为重要。饮食主要以清淡、易消化、高蛋白为主,注意补充维生素和微量元素等,同时鼓励补充水分,每天建议补充1 500 mL 以上。严重的肺尘埃沉着病患者可实行肠内营养支持治疗,可改善患者的生命质量及全身的营养状态。

2)症状护理

肺尘埃沉着病患者的临床症状主要有咳嗽、咳痰、胸痛、胸闷气短、咳血等。早期肺尘埃沉着病患者需做到遵医嘱、预防控制感染,注意保暖,预防并发症。根据患者的个体情况,制订相关的咳痰方式,鼓励患者有效地咳痰,保持呼吸道通畅。

3)行为护理

对于早期肺尘埃沉着病患者,需及时纠正不良生活习惯,比如抽烟、饮酒等。鼓励患者积极参加体育锻炼,少量适宜的运动(慢走、太极等),增强个人免疫力,预防并发症的发生。

4)心理护理

肺尘埃沉着病患者需要对疾病全面了解,清楚知道肺尘埃沉着病的病因、发病机制及症状和治疗等。由于患者长期咳嗽、胸闷等症状严重影响生活质量,使得很多患者失去治疗的信心,对社会、对生活产生悲观的想法。护理人员应对其进行积极正确的指导,以热情的态度树立患者信心,减轻心理压力,乐观接受治疗,预防并发症的发生。

10.4.4.3　物理疗法

1)超短波治疗

王雪玲等人研究结果显示,通过对 90 例肺尘埃沉着病患者进行超短波辅助治疗,可有改善肺功能情况,相关临床症状基本消失。同时发现,采用超短波技术治疗肺尘埃沉着病,可降低不良反应的发生率,患者耐受性较好,痛苦程度较轻,延缓病情发展。

2）岩盐气溶胶治疗

王洋等研究人员在常规治疗措施的基础上，对 200 例肺尘埃沉着病患者实施岩盐气溶胶治疗，结果证实，患者 FEV_1 和 FVC 等指标效果，以及气短和咳嗽等症状控制情况均明显优于仅接受常规治疗的对照组。

参考文献

［1］秦孝发，刘世杰. 大鼠染石英粉尘后不同时间肺灌洗液细胞中羟脯氨酸等指标变化［J］. 工业卫生与职业病，1994，（1）：3-7.

［2］Morgan A, Moores S R, Holmes A, et al. The effect of quartz, administered by intratracheal instillation, on the rat lung. I. The cellular response［J］. Environ Res, 1980，22(1)：1-12.

［3］Lugano E M, Dauber J H, Daniele R P. Acute experimental silicosis. Lung morphology, histology, and macrophage chemotaxin secretion［J］. Am J Pathol, 1982，109(1)：27-36.

［4］Beck B D, Brain J D, Bohannon D E. An in vivo hamster bioassay to assess the toxicity of particulates for the lungs［J］. Toxicol Appl Pharmacol, 1982，66(1)：9-29.

［5］Brown G M, Brown D M, Slight J, et al. Persistent biological reactivity of quartz in the lung：raised protease burden compared with a non-pathogenic mineral dust and microbial particles［J］. Br J Ind Med, 1991，48(1)：61-69.

［6］谭建三，郑志仁，李洪洋，等. 大鼠矽尘性肺泡炎支气管肺泡灌洗液的研究［J］. 华西医科大学学报，1990，（1）：30-33.

［7］谭建三，郑志仁，李洪洋. 大鼠矽尘性肺泡炎的病理特征与分类——细胞学、组织病理学及超微结构研究［J］. 华西预防医学，1987，（3）：9-16.

［8］Driscoll K E, Lindenschmidt R C, Maurer J K, et al. Pulmonary response to silica or titanium dioxide：inflammatory cells, alveolar macrophage-derived cytokines, and histopathology［J］. Am J Respir Cell Mol Biol, 1990，2(4)：381-390.

［9］Driscoll K E, Hassenbein D G, Carter J, et al. Macrophage inflammatory proteins 1 and 2：expression by rat alveolar macrophages, fibroblasts, and epithelial cells and in rat lung after mineral dust exposure［J］. Am J Respir Cell Mol Biol, 1993，8(3)：311-318.

［10］Yuen I S, Hartsky M A, Snajdr S I, et al. Time course of chemotactic factor generation and neutrophil recruitment in the lungs of dust-exposed rats［J］. Am J Respir Cell Mol Biol, 1996，15(2)：268-274.

［11］李宏伟，高秀霞，杜海科，等. 染矽尘大鼠肺组织 I、III 型胶原表达的变化［J］. 武警医学院学报，2005，（6）：457-460,547.

［12］Mascarenhas S, Mutnuri S, Ganguly A. Deleterious role of trace elements-Silica and lead in the development of chronic kidney disease［J］. Chemosphere, 2017，177：239-249.

［13］Guo J, Shi T, Cui X, et al. Effects of silica exposure on the cardiac and renal inflammatory and fibrotic response and the antagonistic role of interleukin-1 beta in C57BL/6 mice［J］. Arch Toxicol, 2016，90(2)：247-258.

［14］Novikova M S, Potapova O V, Shkurupy V A. Cytomorphological study of the development of fibrotic complications in chronic SiO_2 granulomatosis in the liver during radon treatment［J］. Bull Exp Biol Med, 2008，146(3)：279-282.

[15] Zawilla N，Taha F，Ibrahim Y. Liver functions in silica-exposed workers in Egypt：possible role of matrix remodeling and immunological factors [J]. Int J Occup Environ Health，2014，20(2)：146-156.

[16] 李春红，董磊，李柏青，等.实验性矽肺大鼠外周血和脾 T 淋巴细胞亚群的动态变化[J].环境与职业医学,2007,(5)：494-497.

[17] 张绪超,刘秉慈,尤宝荣,等.石英对大鼠肺上皮细胞和成纤维细胞的增殖抑制及致 hprt 基因突变的研究[J].中华劳动卫生职业病杂志,2002,(3)：17-19.

[18] 袭著革,晁福寰,孙咏梅,等.标准石英粉尘及青石棉直接诱导 8-羟基脱氧鸟苷加合物形成的研究[J].环境科学学报,2001,(4)：481-485.

[19] 顾祖维.二氧化硅粉尘的遗传毒性[J].职业医学,1994,(4)：35-37.

[20] 刘秉慈,关然,周培宏,等.石英的人类致癌性在 DNA 分子水平的证据[J].卫生研究,1999,(5)：257-258.

[21] Hesterberg T W，Oshimura M，Brody A R，et al. Asbestos and silica induce morphological transformation of mammalian cells in culture：a possible mechanism [J]. Silica, silicosis and cancer：controversy in occupational medicine. New York，Praeger，1986：177-190.

[22] Yamano Y，Kagawa J，Hanaoka T，et al. Oxidative DNA damage induced by silica in vivo [J]. Environ Res，1995，69(2)：102-107.

[23] 刘海峰,王秀英,田晓娟,等.石英粉尘的 DNA 损伤作用研究[J].医学动物防制,2012,(2)：146-147,237.

[24] Williams A O，Knapton A D，Ifon E T，et al. Transforming growth factor beta expression and transformation of rat lung epithelial cells by crystalline silica (quartz) [J]. Int J Cancer，1996，65(5)：639-649.

[25] Hesterberg T W，Barrett J C. Dependence of asbestos- and mineral dust-induced transformation of mammalian cells in culture on fiber dimension [J]. Cancer Res，1984，44(5)：2170-2180.

[26] 陈善湘,孔润莲.煤尘在大鼠肺中清除途径的电镜观察[J].工业卫生与职业病,1991,(3)：133-136.

[27] 李枫,孟志红,钱峰高,等.淮北煤矿煤尘的急性肺部反应实验研究[J].劳动医学,1998,(2)：15-18.

[28] 李枫,顾学箕,边兆华,等.煤尘大鼠染毒的呼吸毒理学研究[J].职业医学,1998,(3)：7-10.

[29] 叶淑英,万恩新,刘桂香.煤尘对肺巨噬细胞酸性磷酸酶活性的影响[J].职业医学,1989,(1)：63-65,8-9.

[30] 苍恩志,刘树春.煤尘对呼吸系统影响的研究[J].哈尔滨医科大学学报,1988,(S1)：12-14.

[31] 范雪云,赵伯阳,韩向午,等.褐煤尘细胞毒性和致纤维化作用[J].中华劳动卫生职业病杂志,1997,(4)：21-23.

[32] 杨莉,袁秀玲,林秀月,等.不同品位煤尘对大鼠肺冲洗液中脂质含量的影响[J].广西预防医学,2000,(2)：65-68.

[33] 樊晶光,刘志艳,孙天佑,等.4 种煤尘对小鼠骨髓细胞微核率及精子畸形率的影响[J].山西医学院学报,1993,(2)：117-120.

[34] 戚亦宁,祝寿芬,许静,等.五种煤尘提取物的遗传毒性研究[J].卫生毒理学杂志,1993,(1)：24-26.

[35] 戚亦宁,许静,祝寿芬.煤尘遗传毒性研究进展[J].山西医学院学报,1991,(1)：66-70.

[36] 祝寿芬,雷铃,赵淑杰,等.煤尘提取物的遗传毒性研究[J].癌变畸变突变,1998,(4)：16-22.

[37] Wu Z L，Chen J K，Ong T，et al. Induction of morphological transformation by coal-dust extract

in BALB/3T3 A31-1-13 cell line [J]. Mutat Res，1990，242(3)：225-230.

[38] Lewis T R，Green F H，Moorman W J，et al. A chronic inhalation toxicity study of diesel engine emissions and coal dust，alone and combined [J]. Dev Toxicol Environ Sci，1986，13：361-380.

[39] Miserocchi G，Sancini G，Mantegazza F，et al. Translocation pathways for inhaled asbestos fibers [J]. Environ Health，2008，7：4.

[40] 郑志仁,曾林,谭建三,等. 不同粉尘诱发大鼠肺泡炎的病理研究[J]. 临床与实验病理学杂志，1991，(1)：47-50,44.

[41] 陈莉,王迎春,富博,等. 染石英及石棉尘大鼠肺灌洗液 SDS-PAGE 测定[J]. 中国工业医学杂志，1998，(2)：21-23.

[42] 关砚生,刘铁民,张岩松,等. 铁石棉粉尘对大鼠肺部影响的病理观察[J]. 中国职业医学，2002，(2)：31-33.

[43] 李洪洋,郑志仁,曾习明,等. 石棉车间自然染尘犬的小气道病变及其病因学研究[J]. 华西医科大学学报，1991，(1)：46-50.

[44] 杨美玉,章吉芳,富博,等. 不同长度的石棉诱发大鼠胸膜间皮瘤的比较[J]. 中华劳动卫生职业病杂志，1990，(5)：292-294,319-320.

[45] Wagner J C，Berry G，Cooke T J，et al. Animal experiments with talc [J]. Inhaled Part，1975，4 Pt 2：647-654.

[46] Gibel W，Lohs K，Horn K H，et al. Experimental study on cancerogenic activity of asbestos filters (author's transl) [J]. Arch Geschwulstforsch，1976，46(6)：437-442.

[47] Davis J M，Addison J，Bolton R E，et al. Inhalation studies on the effects of tremolite and brucite dust in rats [J]. Carcinogenesis，1985，6(5)：667-674.

[48] Davis J M，Addison J，Bolton R E，et al. Inhalation and injection studies in rats using dust samples from chrysotile asbestos prepared by a wet dispersion process [J]. Br J Exp Pathol，1986，67(1)：113-129.

[49] Lynch K M，Mciver F A，Cain J R. Pulmonary tumors in mice exposed to asbestos dust [J]. AMA Arch Ind Health，1957，15(3)：207-214.

[50] 杨美玉,许贵华,富博,等. 四种石棉纤维对大鼠肺脏的作用[J]. 工业卫生与职业病，1992，(5)：268-271.

[51] 朱惠兰,邹昌淇,杨贵春,等. 石棉致大鼠恶性间皮瘤的实验研究[J]. 卫生研究，1982，(4)：41-48.

[52] Stanton M F，Layard M，Tegeris A，et al. Relation of particle dimension to carcinogenicity in amphibole asbestoses and other fibrous minerals [J]. J Natl Cancer Inst，1981，67(5)：965-975.

[53] Suzuki Y，Kohyama N. Malignant mesothelioma induced by asbestos and zeolite in the mouse peritoneal cavity [J]. Environ Res，1984，35(1)：277-292.

[54] Bolton R E，Davis J M，Donaldson K，et al. Variations in the carcinogenicity of mineral fibres [J]. Ann Occup Hyg，1982，26(1-4)：569-582.

[55] Pott F，Huth F，Spurny K. Tumour induction after intraperitoneal injection of fibrous dusts [J]. IARC Sci Publ，1980，(30)：337-342.

[56] Pott F，Matscheck A，Ziem U，et al. Animal Experiments with Chemically Treated Fibres [J]. Ann Occup Hyg，1988，32(inhaled_particles_VI)：353-359.

[57] 孙明山. 金属铝粉致病性实验研究[J]. 卫生研究，1977，(2)：122-125.

[58] 赵福洪,张启英,张学德,等. 实验性氧化铝肺尘埃沉着病致病性研究[J]. 铁道劳动卫生通讯，1982，(3)：22-23.

[59] 周倩,陈洪权. 不同粒径铝尘致肺脏纤维化的实验研究[J]. 中华劳动卫生职业病杂志，1989，(2)：

12-14,63-64.

[60] Solano-Lpez C，Zeidler-Erdely P C，Hubbs A F，et al. Welding fume exposure and associated inflammatory and hyperplastic changes in the lungs of tumor susceptible A/J mice [J]. Toxicol Pathol，2006，34(4)：364-372.

[61] Nordberg G F，Folwer B A，Nordberg M. Handbook on the toxicology of metals [M]. London：Academic Press，2014：174-178.

[62] 邹昌淇,陈丹.含铁粉尘致大鼠肺纤维化的病理观察[J].卫生研究,1993,22(1):7-10.

[63] 刘敏谷,吴开国,乐承艺,等.锑、锡、铝三种金属粉尘对肺脏影响的实验观察[J].广西医学,1982,(1):3-5,2.

[64] Dernehl C U，Nau C A，Sweets H H. Animal studies on the toxicity of inhaled antimony trioxide [J]. J Ind Hyg Toxicol，1945，27：256-262.

[65] 锑、锡、铝三种金属尘末对大白鼠肺脏影响的观察[J].广西医学院学报,1982,(1):19-26.

[66] 辛业志,何滔,周旭,等.工业锑尘对肺脏致纤维化作用的初步探讨[J].山西医药杂志,1981,(1):6-9.

[67] Chen W H，Liu Y，Wang H，et al. Long-term exposure to silica dust and risk of total and cause-specific mortality in Chinese workers：a cohort study [J]. PLoS Med，2012，9(4)：e1001206.

[68] Liu Y，Steenland K，Rong Y，et al. Exposure-response analysis and risk assessment for lung cancer in relationship to silica exposure：a 44-year cohort study of 34,018 workers [J]. Am J Epidemiol，2013，178(9)：1424-1433.

[69] Liu Y，Rong Y，Steenland K，et al. Long-term exposure to crystalline silica and risk of heart disease mortality [J]. Epidemiology，2014，25(5)：689-696.

[70] Miller B G，Jacobsen M. Dust exposure，pneumoconiosis，and mortality of coalminers [J]. Br J Ind Med，1985，42(11)：723-733.

[71] Miller B G，Maccalman L. Cause-specific mortality in British coal workers and exposure to respirable dust and quartz [J]. Occup Environ Med，2010，67(4)：270-276.

[72] Attfield M D，Kuempel E D. Mortality among U. S. underground coal miners：a 23-year follow-up [J]. Am J Ind Med，2008，51(4)：231-245.

[73] Kennaway N M，Kennaway E L. A study of the incidence of cancer of the lung and larynx [J]. J Hyg (Lond)，1936，36(2)：236-267.

[74] Graber J M，Stayner L T，Cohen R A，et al. Respiratory disease mortality among US coal miners：results after 37 years of follow-up [J]. Occup Environ Med，2014，71(1)：30-39.

[75] Deng Q，Wang X，Wang M，et al. Exposure-response relationship between chrysotile exposure and mortality from lung cancer and asbestosis [J]. Occup Environ Med，2012，69(2)：81-86.

[76] Doll R. Mortality from lung cancer in asbestos workers [J]. Br J Ind Med，1955，12(2)：81-86.

[77] Elliott L，Loomis D，Dement J，et al. Lung cancer mortality in North Carolina and South Carolina chrysotile asbestos textile workers [J]. Occup Environ Med，2012，69(6)：385-390.

[78] Olsson A C，Vermeulen R，Schuz J，et al. Exposure-Response Analyses of Asbestos and Lung Cancer Subtypes in a Pooled Analysis of Case-Control Studies [J]. Epidemiology，2017，28(2)：288-299.

[79] Markowitz B，Levin S M，Miller A，et al. Asbestos，asbestosis，smoking，and lung cancer. New findings from the North American insulator cohort [J]. Am J Respir Crit Care Med，2013，188(1)：90-96.

[80] Gulumian M，Borm P J，Vallyathan V，et al. Mechanistically identified suitable biomarkers of

exposure, effect, and susceptibility for silicosis and coal-worker's pneumoconiosis: a comprehensive review [J]. J Toxicol Environ Health B Crit Rev, 2006, 9(5): 357-395.

[81] Fubini B, Hubbard A. Reactive oxygen species (ROS) and reactive nitrogen species (RNS) generation by silica in inflammation and fibrosis [J]. Free Radic Biol Med, 2003, 34(12): 1507-1516.

[82] Beshir S, Aziz H, Shaheen W, et al. Serum Levels of Copper, Ceruloplasmin and Angiotensin Converting Enzyme among Silicotic and Non-Silicotic Workers [J]. Open Access Maced J Med Sci, 2015, 3(3): 467-473.

[83] Sato T, Takeno M, Honma K, et al. Heme oxygenase-1, a potential biomarker of chronic silicosis, attenuates silica-induced lung injury [J]. Am J Respir Crit Care Med, 2006, 174(8): 906-914.

[84] Aggarwal B D. Lactate dehydrogenase as a biomarker for silica exposure-induced toxicity in agate workers [J]. Occup Environ Med, 2014, 71(8): 578-582.

[85] Kennedy M C. Aluminium powder inhalations in the treatment of silicosis of pottery workers and pneumoconiosis of coal-miners [J]. Br J Ind Med, 1956, 13(2): 85-101.

[86] Idec-Sadkowska I, Andrzejak R, Antonowicz-Juchniewicz J, et al. Trials of casual treatment of silicosis [J]. Med Pr, 2006, 57(3): 271-280.

[87] Lee J S, Shin J H, Choi B S. Serum levels of IL-8 and ICAM-1 as biomarkers for progressive massive fibrosis in coal workers' pneumoconiosis [J]. J Korean Med Sci, 2015, 30(2): 140-144.

[88] Guo L, Ji X, Yang S, et al. Genome-wide analysis of aberrantly expressed circulating miRNAs in patients with coal workers' pneumoconiosis [J]. Mol Biol Rep, 2013, 40(5): 3739-3747.

[89] Ma J, Cui X, Rong Y, et al. Plasma lncRNA-ATB, a potential biomarker for diagnosis of patients with coal workers' pneumoconiosis: a case-control study [J]. Int J Mol Sci, 2016, 17(8).

[90] Ji X, Wu B, Han R, et al. The association of LAMB1 polymorphism and expression changes with the risk of coal workers' pneumoconiosis [J]. Environ Toxicol, 2017, 32(9): 2182-2190.

[91] Ying S, Jiang Z, He X, et al. Serum HMGB1 as a potential biomarker for patients with asbestos-related diseases [J]. Dis Markers, 2017, 2017: 5756102.

[92] Du J, Zhang L. Pathway deviation-based biomarker and multi-effect target identification in asbestos-related squamous cell carcinoma of the lung [J]. Int J Mol Med, 2017, 39(3): 579-586.

[93] Kettunen E, Hernandez-Vargas H, Cros M P, et al. Asbestos-associated genome-wide DNA methylation changes in lung cancer [J]. Int J Cancer, 2017, 141(10): 2014-2029.

[94] Pass H I, Lott D, Lonardo F, et al. Asbestos exposure, pleural mesothelioma, and serum osteopontin levels [J]. N Engl J Med, 2005, 353(15): 1564-1573.

[95] Park E K, Sandrini A, Yates D H, et al. Soluble mesothelin-related protein in an asbestos-exposed population: the dust diseases board cohort study [J]. Am J Respir Crit Care Med, 2008, 178(8): 832-837.

[96] De Santi C, Pucci P, Bonotti A, et al. Mesothelin promoter variants are associated with increased soluble mesothelin-related peptide levels in asbestos-exposed individuals [J]. Occup Environ Med, 2017, 74(6): 456-463.

[97] Micolucci L, Akhtar M M, Olivieri F, et al. Diagnostic value of microRNAs in asbestos exposure and malignant mesothelioma: systematic review and qualitative meta-analysis [J]. Oncotarget, 2016, 7(36): 58606-58637.

[98] Bononi I, Comar M, Puozzo A, et al. Circulating microRNAs found dysregulated in ex-exposed

asbestos workers and pleural mesothelioma patients as potential new biomarkers [J]. Oncotarget，2016，7(50)：82700-82711.

[99] Cavalleri T，Angelici L，Favero C，et al. Plasmatic extracellular vesicle microRNAs in malignant pleural mesothelioma and asbestos-exposed subjects suggest a 2-miRNA signature as potential biomarker of disease [J]. PLoS One，2017，12(5)：e0176680.

[100] 郭智勇，朱启星.铝接触对工人脂质过氧化水平的影响[J].中华劳动卫生职业病杂志,2001,(6)：37-39.

[101] Bulat P，Potkonjak B，Dujic I. Lipid peroxidation and antioxidative enzyme activity in erythrocytes of workers occupationally exposed to aluminium [J]. Arh Hig Rada Toksikol，2008，59(2)：81-87.

[102] Rosemeyer M A，Cohen P，Pearse B M F，et al. Comparison between physical properties of glutathione reductase and NADP-linked dehydrogenases [J]. Mechanisms of oxidizing enzymes. Amsterdam：Elsevier North Holland，1978：23-28.

[103] Cho S W，Joshi J G. Time-dependent inactivation of glucose-6-phosphate dehydrogenase from yeast by aluminum [J]. Toxicol Lett，1989，47(3)：215-219.

[104] Hornung V，Bauernfeind F，Halle A，et al. Silica crystals and aluminum salts mediate NALP3 inflammasome activation via phagosomal destabilization [J]. Nat Immunol，2008，9(8)：847-856.

[105] Gobba N，Hussein Ali A，EL Sharawy D E，et al. The potential hazardous effect of exposure to iron dust in Egyptian smoking and nonsmoking welders [J]. Arch Environ Occup Health，2017，4：1-14.

[106] Palmer K T，Mcneill Love R M，Poole J R，et al. Inflammatory responses to the occupational inhalation of metal fume [J]. Eur Respir J，2006，27(2)：366-373.

[107] Park E J，Kim H，Kim Y，et al. Inflammatory responses may be induced by a single intratracheal instillation of iron nanoparticles in mice [J]. Toxicology，2010，275(1-3)：65-71.

[108] Rim K T，Park K K，Kim Y H，et al. Gene-expression profiling of human mononuclear cells from welders using cDNA microarray [J]. J Toxicol Environ Health A，2007，70(15-16)：1264-1277.

[109] Pelclova D，Zdimal V，Kacer P，et al. Oxidative stress markers are elevated in exhaled breath condensate of workers exposed to nanoparticles during iron oxide pigment production [J]. J Breath Res，2016，10(1)：016004.

[110] Malekirad A A，Mirabdollahi M，Pilehvarian A A，et al. Status of neurocognitive and oxidative stress conditions in iron-steel workers [J]. Toxicol Ind Health，2015，31(7)：670-676.

[111] Pandeh M，Fathi S，Zare Sakhvidi M J，et al. Oxidative stress and early DNA damage in workers exposed to iron-rich metal fumes [J]. Environ Sci Pollut Res Int，2017，24(10)：9645-9650.

[112] 曹小立.铁过载巨噬细胞体外模型的建立及氧化应激对铁过载巨噬细胞的损伤作用[J].中华医学杂志,2016,96(2)：129-133.

[113] Emerit J，Beaumont C，Trivin F. Iron metabolism，free radicals，and oxidative injury [J]. Biomed Pharmacother，2001，55(6)：333-339.

[114] Zhang H，Jin T，Zhang G，et al. Polymorphisms in heat-shock protein 70 genes are associated with coal workers' pneumoconiosis in southwestern China [J]. In Vivo，2011，25(2)：251-257.

[115] 刘乾,苏文珍,单永乐,等.肿瘤坏死因子-α和转化生长因子-β基因多态性与尘肺易感性的Meta分析[J].中华劳动卫生职业病杂志,2012,30(8)：587-592.

［116］范雪云,李娟,王欣荣,等.转化生长因子-β(－509、＋869、＋915)位点基因多态性与肺尘埃沉着病易感性［J］.中华劳动卫生职业病杂志,2007,25(01)：1-4.

［117］Yucesoy B, Luster M I. Genetic susceptibility in pneumoconiosis［J］. Toxicol Lett,2007,168(3)：249-254.

［118］Deng C W, Zhang X X, Lin J H, et al. Association between genetic variants of transforming growth factor-beta1 and susceptibility of pneumoconiosis：a meta-analysis［J］. Chin Med J (Engl),2017,130(3)：357-364.

［119］Chu M, Ji X, Chen W, et al. A genome-wide association study identifies susceptibility loci of silica-related pneumoconiosis in Han Chinese［J］. Hum Mol Genet,2014,23(23)：6385-6394.

［120］王素华,杜茂林,张翼翔,等.肺尘埃沉着病患者血中一氧化氮、丙二醛、超氧化物歧化酶浓度变化的研究［J］.中国职业医学,2009,36(1)：40-42.

［121］Wang S X, Liu P, Wei M T, et al. Roles of serum clara cell protein 16 and surfactant protein-D in the early diagnosis and progression of silicosis［J］. J Occup Environ Med,2007,49(8)：834-839.

［122］Bernard A M, Gonzalez-Lorenzo J M, Siles E, et al. Early decrease of serum Clara cell protein in silica-exposed workers［J］. Eur Respir J,1994,7(11)：1932-1937.

［123］刘萍.二氧化硅粉尘对人、大鼠 CC16 和 SP-D 的影响及其机制［D］.重庆医科大学,2008.

［124］缪荣明,丁帮梅,张雪涛,等.矽肺患者诱导痰中转化生长因子-β₁ 和肿瘤坏死因子-α 的变化［J］.中国疗养医学,2013,22(12)：1057-1058.

［125］王桂芝,王明君,刘林洪,等.接尘工人和肺尘埃沉着病患者痰细胞表面标记物［J］.中华劳动卫生职业病杂志,2011,29(11)：837－840.

11 水污染的健康危害与精准预防

　　水是人类环境的重要组成部分，是人类赖以生存和发展的物质基础，是地球上不可替代的自然资源。水在人类生活和生产活动中具有极其重要的作用。随着当今工业化的高速发展和城市化进程的加快，人为因素对水的污染日益加重，大量污染物排放入水体，当污染物数量超过水体的自净能力，使水和水体底质的理化特性和水环境中的生物特性、组成等发生改变时，不仅可影响水的使用价值，造成水质恶化乃至危害健康或破坏生态环境，甚至在地域范围内造成重大水环境污染事件，引发严重的公共危机。

　　本章首先对中国水污染现状、水污染来源和特点，以及水污染的危害进行概述，而后重点瞄准当今最受关注的两类水污染物展开，包括饮用水消毒副产物和水体藻毒素，它们是目前饮用水和水体环境中分布最广泛、开展相关研究最多、有的还是我国优先控制的污染物。本章将从外环境污染水平与人体内负荷水平、毒理学证据、流行病学证据、精准健康和展望等方面向读者逐一介绍，为今后开展这些污染物所致健康危害的精准预防和治疗提供参考。重金属也是水环境中的重要污染物，鉴于土壤污染的健康危害与精准健康一章已对重金属有详细介绍，这里不再赘述。本章撰写思路如图 11-1所示。

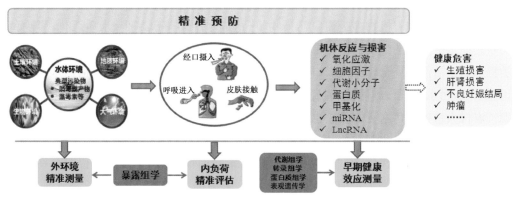

图 11-1　水污染的健康危害与精准健康撰写思路

11.1　概述

11.1.1　中国水污染现状

我国是一个水资源严重受污染的国家,由于经济的快速发展和治污工作的相对滞后,全国很多河流和不少城市地表水和地下水均受到不同程度的污染。长期环境污染的累积效应,使得我国地表水环境污染突出。根据中国环境保护部中国环境状况公报[1],2016 年,全国地表水 1 940 个评价、考核、排名断面中,Ⅰ类、Ⅱ类、Ⅲ类、Ⅳ类、Ⅴ类和劣Ⅴ类水质断面分别占 2.4%、37.5%、27.9%、16.8%、6.9%和 8.6%;6 124 个地下水水质监测点中,水质为优良级、良好级、较好级、较差级和极差级的监测点分别占 10.1%、25.4%、4.4%、45.4%和 14.7%;112 个重要湖泊(水库)中,水质为Ⅰ类、Ⅱ类、Ⅲ类、Ⅳ类、Ⅴ类和劣Ⅴ类的比例分别为 7.1%、25.0%、33.9%、20.5%、5.4%和 8.0%;108 个监测营养状态的湖泊(水库)中,贫营养的 10 个,中营养的 73 个,轻度营养的 20 个,中度富营养的 5 个;近岸海域 417 个点位中,Ⅰ类、Ⅱ类、Ⅲ类、Ⅳ类和劣Ⅳ类分别占 32.4%、41.0%、10.3%、3.1%和 13.2%。我国七大流域中大部分流域超过 40%的地表水不适合居民饮用,饮用水安全问题比较突出,近年来水源污染更是致使供水水质的突发公共卫生事件频发。据有关部门初步估计,目前全国尚有 3 亿农村人口喝不上符合标准的饮用水。地表水的微生物污染、重金属污染、有机有毒物污染仍然突出。

11.1.2　水污染来源和特点

11.1.2.1　水污染来源

水污染来源主要有工业废水、生活污水、农业污水及其他污水,如废物堆放、掩埋和倾倒、垃圾处理等形成的污水、船舶污水等。

生活污水包括粪尿污水和洗涤污水,主要含病原生物、有机物和无机物。生活污水所含生物可降解的有机物多为需氧污染物,可造成水中溶解氧减少,水质恶化,影响鱼类和其他水生生物的生长。医疗单位污水含大量病原体及各种医疗、诊断用废物,是一类特殊的生活污水。全球城市人口密度不断增加,城市范围不断扩大,生活污水排放量迅速增加,污水处理设施不能满足需要,导致城市生活污水成为水体污染的一个重要来源。农村大量生活污水无序排放也是重要的水体污染源。

农业污水主要含化肥、农药、各种病原体、悬浮物、难溶性固体物和盐分等。随着农业生产的规模化和现代化,农业污水数量剧增,影响面增大,污染现象已普遍存在。现代化农业的一个特点是大量使用化肥及杀虫剂、杀菌剂、除草剂、植物生长调节剂,残存的化肥和农药经农田径流进入地表水,成为农业污水的重要来源。

工业废水种类繁多、成分复杂。可分为无机废水、有机废水、兼含无机物和有机物的混合废水、重金属废水、含放射性物质的废水和仅造成热污染的冷却水。也可分为造纸废水、纺织废水、制革废水、农药废水、电镀废水、冶金废水、炼油废水等。对水体污染影响较大的工业废水主要来自冶金、化工、电镀、造纸、印染、制革等企业。不同工业所排放的废水污染物不同，造成的污染性质也不同，主要有化学毒物污染、重金属污染、有机需氧物质污染、无机固体悬浮物污染、酸污染、碱污染、植物营养物质污染、热污染、病原体污染等。

11.1.2.2　水污染特点

复合污染是我国水体污染的主要特点，表现为化学性、生物性和物理性共存、有机和无机污染物等多种污染物共存。

化学性污染是我国目前水污染最显著的特征，水体化学性污染主要来自工业废水、生活污水和农业污水。水体化学性污染主要有无机物污染和有机物污染两大类型。水中的无机污染物危害较大的属重金属，如镉、汞、铅、铬、砷等。重金属具有高毒性、持久性、难降解性等特点，一旦污染了水环境，可在水环境中长期滞留，并可通过水环境向土壤环境转移，进入农作物，人们通过饮水、食用农产品和水产品而暴露这类污染物。

水中的有毒有机污染物种类繁多，常见的有有机氯农药、有机磷农药、多氯联苯、邻苯二甲酸酯类、多环芳烃类、烷烃类、取代苯类等。它们的共同特点是大多数为难降解有机物，或持久性有机污染物（persistent organic pollutants，POPs）和内分泌干扰物，它们在水中的含量虽不高，但因在水体中性质稳定，难以降解，通过食物链富集，其浓度可提高数倍乃至上百倍，对人群健康构成潜在威胁。水体中的有机物污染已成为当今极受关注的环境问题。根据有关报道，全世界水体中已检出有机物 2 000 多种。我国主要的江河湖泊均受到不同程度的有机物污染，可检出的有机物多达数百种，其中不少都属于我国和美国优先控制的污染物。

由于水源水质的恶化，在生活饮用水的消毒过程中还可产生一系列有毒有害的消毒副产物，许多消毒副产物被证实具有遗传毒性、致癌性和生殖毒性，它们的存在大大增加了水污染的健康风险，许多国家和国际组织对其在饮水中的含量进行重点控制，以预防和控制长期暴露的健康危害。迄今，仍有大量非受控消毒副产物的毒性和人群长期暴露的健康风险亟待阐明，以制定受控策略，保证饮用水的安全[2]。

水体富营养是当今全球性的水域环境污染问题，我国 60％ 以上的湖泊处于富营养化状态。水体富营养化的根本原因是因农业化肥的施用和城市人口的增长，以及由城市居民生活污水等所造成水体中磷和氮污染所致。藻类污染是我国富营养化湖泊生物性污染的重要特征。

11.1.3 水污染的危害

许多水环境中的污染物不仅可引起急性、慢性中毒或死亡,还具有致癌、致畸、致突变等远期效应,危害当代及后代的健康,如我国淮河污染严重地区肿瘤高发现象等,有的水环境污染物甚至引起公害病[3]。目前全球仍有 14 亿人生活在缺乏洁净饮水的地区或正在饮用不安全的水,每年因缺水或饮用不洁水而死亡的人数达 700 万,水质的好坏与健康息息相关。当今,水污染危害最常见的是由有机性污染和重金属污染造成的危害。

11.1.3.1 水有机性污染的危害

水有机性污染带来的远期健康危害(致突变、致癌、致畸)是近年来国内外学者关注的热点。对我国长江、黄河、珠江、松花江、黄浦江、淮河、巢湖、东湖等的水源水和自来水有机提取物进行的致突变检测表明,大多数为致突变可疑阳性或阳性,有的还可引起哺乳动物细胞 DNA 的损伤和微核效应,具有明显的遗传毒性作用。研究还表明,水源水和自来水有机提取物致突变性强,其居民中胃癌、肝癌、肠癌的死亡率也明显升高。近年来,在淮河上游出现的“癌症村”中,村民长期饮用有机污染严重的水。一项基于全国生活饮用水水质调查资料和中国恶性肿瘤资料进行的分析研究表明,全国大范围内饮用水有机污染的程度与肝癌死亡率的分布相关,提示饮水有机污染可能是肝癌致病的重要原因之一。水中常见的有毒有机污染物中,许多都具有内分泌干扰效应和生殖毒性。目前,在我国很多地区的地表水和饮水中都能检测到一些内分泌干扰物,如邻苯二甲酸酯、壬基酚、双酚 A、苯并(a)芘、有机锡、有机氯农药等,其中邻苯二甲酸酯和壬基酚的污染较为突出,邻苯二甲酸酯是一类重要的内分泌干扰物,也是典型的生殖毒物。

饮用水消毒是保证城市供水安全的重要步骤,饮用水消毒时使用的消毒剂,尤其是化学消毒剂,不仅具有强效的杀菌作用,也能与水中的其他成分反应,形成新的对人体健康有长期潜在危害的化合物——消毒副产物(如有机卤代产物)。一些消毒副产物被证实具有遗传毒性和(或)致癌性、或生殖发育毒性。许多国家和国际机构,如中国、美国和 WHO 都对一些健康风险较高的消毒副产物在水中的含量规定了限值,以保证饮用水的安全性。

富营养化的水体中藻类大量繁殖,藻及其毒素不仅会破坏水体的生态环境,某些藻类产生的毒素还可引起人畜中毒,甚至死亡。一些藻类(如蓝藻)在代谢过程中产生藻毒素,已被证明是肝肿瘤强促进剂之一,可引起肝损伤甚至肝坏死。

11.1.3.2 水体重金属污染的危害

重金属对人的危害主要通过直接饮用被重金属污染的水,或食用被污染的农产品和水产品,通过食物链威胁人体健康。危害较大的重金属有镉、汞、铅、铬、镍、钒、锑、锰等,砷由于其毒性和某些性质与重金属类似,也归为危害大的重金属之列。重金属进入人体后不易排出,逐渐蓄积,可导致机体急、慢性中毒,甚至导致癌变、畸变和突变等远期危害效应。重金属污染水体后,由于受到稀释,往往呈现低浓度长期污染的特点,其造成的危害常常通过食物链的富集而实现,因此接触者往往需要经过较长时间的积累后才出现中毒症状。

水体重金属污染致慢性中毒最典型的事例是日本的公害病,即水俣病(Minamata disease)。水俣病最早发现在日本熊本县水俣湾而因此得名,该病是由含汞和甲基汞的废水污染水体,并通过海产品(鱼贝类)的长期富集进入人体所造成,甲基汞主要损害中枢神经系统,母亲在妊娠期摄入的甲基汞可通过胎盘侵入胎儿脑组织,造成后代中枢神经系统障碍性疾病。一些重金属还具有致突变作用(如铅、镍、砷)、致癌作用(如铬、镍、砷)和致畸作用(如汞、铅),如长期饮用含砷量高的水可致皮肤癌的发病率增加。

11.1.3.3 水污染事件

近年来,我国水污染事件频繁发生,根据文献报道,在2001—2004年期间我国发生水污染事故3 988起,2005年693起,2007年178起。造成事故的原因,以企业违法排污和泄漏事故为主。重大水污染事故接连发生,给地方经济和居民健康造成重大危害,引发了城市水危机事件,给饮水安全造成重大影响。如2005年11月发生在松花江的重大水污染事件,由于事故性爆炸造成大量对人体健康有害的苯类污染物流入松花江,引发松花江流域重大水污染事件。事故产生的约100吨苯、苯胺和硝基苯等有机污染物流入松花江,严重影响到沿江数百万居民的饮水安全;2005年12月发生在广东北江的镉污染事故,由于工厂超标排放含镉废水,致使北江韶关段镉浓度最大超标倍数达12.8倍,严重影响到北江下游三个大中型城市的饮用水安全;2007年5月发生在太湖的蓝藻水污染事件,因天气连续高温少雨,造成太湖水严重的富营养化,引发太湖蓝藻的大面积暴发,太湖水的污染直接影响到自来水水源地水质,致使当地数百万居民家中的自来水无法正常饮用。

11.2 饮用水消毒副产物污染与健康危害

11.2.1 外环境污染水平

消毒副产物(disinfection by-products,DBPs)是饮用水中广泛存在的一类污染物,主要来自饮用水消毒过程中消毒剂与水体中有机物发生的反应。目前,饮用水中已鉴定的DBPs种类超过600种,主要包括三卤甲烷类(trihalomethanes,THMs)、卤代乙酸类(haloacetic acids, HAAs)、卤代酮类 haloketones, HKs)、卤代乙腈类(haloacetonitriles, HANs)、卤代硝基甲烷类(halonitromethanes, HNMs)、卤代羟基呋喃类(halofuranones, HFs)、卤代乙酰胺类(haloamides, HAMs)、亚硝胺类(nitrosamines, NAs)等。自1974

年 Rook 第一次在荷兰鹿特丹自来水厂处理后的饮用水中发现 THMs 以来，DBPs 污染已经成为饮用水安全领域面临的一个主要问题。世界卫生组织、美国环境保护局以及包括中国在内的世界主要国家均对饮用水中的某些 DBPs 做了限值标准，称为受控消毒副产物（regulated DBPs），而对没有限值标准和推荐限值的 DBPs 称为未受控消毒副产物（unregulated DBPs）。

11.2.1.1 受控消毒副产物

饮用水中的受控 DBPs 主要包括 THMs、HAAs、HANs 等（见表 11-1）。目前，THMs 和 HAAs 是饮用水中检出频率与检出含量最高的两类受控 DBPs。我国针对饮用水中受控 DBPs 污染水平的调查始于 20 世纪 80 年代初。1983 年，一项针对全国 24 个大中城市饮用水中三氯甲烷（trichloromethane，TCM）浓度的调查结果显示，大部分城市管网水中的 TCM 浓度低于 60 μg/L[4]。2010—2011 年，一项针对中国 31 个城市 70 个自来水厂饮用水中 28 种 DBPs 污染状况的调查显示，THMs 和 HAAs 的检出含量最高，4 种 THMs 的总中位数浓度［TCM、一溴二氯甲烷（bromodichloromethane，BDCM）、二溴一氯甲烷（bibromo-monochloro-methane，DBCM）和三溴甲烷（bromoform，TBM）之和］为 10.53 μg/L，其中 TCM 和 BDCM 的检出率均为 100%，DBCM 和 TBM 的检出率分别 94% 和 54%；6 种 HAAs 的总中位数浓度［二氯乙酸（dichloroacetic acid，DCAA）、三氯乙酸（trichloro-acetic acid，TCAA）、二溴乙酸（dibromoacetic acid，DBAA）、一溴一氯乙酸（bromochloroacetic acid，BCAA）、一溴二氯乙酸（bromodichloroaceticacid，BDCAA）和二溴一氯乙酸（dibromochloroacetic acid，DBCAA）之和］为 10.95 μg/L，其中 DCAA 和 TCAA 的检出率最高，分别为 91% 和 83%；HANs 的检出含量较低，7 种 HANs 的总中位数浓度（一氯乙腈、二氯乙腈、三氯乙腈、一溴乙腈、二溴乙腈、三溴乙腈与碘乙腈之和）为 1.11 μg/L，其中二氯乙腈的检出率最高（86%），碘乙腈的检出率最低（7%）[5]。与美国一项全国性的 DBPs 调查比较[6]，我国本次调查的饮用水中 THMs、HAAs 和 HANs 浓度处于相对较低的水平。

表 11-1　饮用水中主要的受控消毒副产物

DBPs 类别	化 学 物
三卤甲烷类（THMs）	三氯甲烷（TCM）、一溴二氯己烷（BDCM）、二溴一氯甲烷（DBCM）、三溴甲烷（TBM）
卤代乙酸类（HAAs）	一溴乙酸（MBAA）、二溴乙酸（DBAA）、一氯乙酸（MCAA）、二氯乙酸（DCAA）、三氯乙酸（TCAA）
卤代乙腈类（HANs）	二氯乙腈（DCAN）、二溴乙腈（DBAN）
其他	水合氯醛（CH）、氯化氰（CNC）、溴酸盐、亚氯酸盐

饮用水中其他受控 DBPs 如水合氯醛（chloral hydrate，CH）、氯化氰（cyanogen chloride，CNC）、溴酸盐、亚氯酸盐在我国饮用水中的污染状况大都较轻，其含量一般低于我国生活饮用水卫生标准限值。如一项针对上海市自来水中水合氯醛浓度的调查显示，81%的水样中水合氯醛浓度低于我国生活饮用水卫生标准规定的 10 μg/L。一项针对北京市采用液氯消毒的饮用水中溴酸盐的调查显示，大部分饮用水中溴酸盐浓度为未检出，而在检出溴酸盐的饮用水中其浓度平均为 0.5～2.2 μg/L，低于我国生活饮用水卫生标准规定的 10 μg/L。一项针对北方某城市采用二氧化氯消毒的饮用水调查结果也显示亚氯酸盐浓度均低于 0.05 mg/L。然而在一些水源污染严重的地区，某些受控 DBPs 的检出含量已经超过了生活饮用水卫生限值标准。如一项针对南方某城市饮用水中亚氯酸盐的调查显示其浓度已超过了我国生活饮用水卫生标准规定的 0.07 mg/L。

11.2.1.2　非受控消毒副产物

饮用水中非受控 DBPs 种类繁多，并且随着分析检测技术的不断发展而不断增加。目前，饮用水中主要检出的非受控 DBPs 包括 HKs、HNMs、HFs、HAMs、NAs 等（见表 11-2）。据调查资料显示，我国各地区饮用水中主要检出的 HKs 是二氯丙酮和三氯丙酮，但其检出的中位数浓度大多低于 1 μg/L，在某些个别地区的饮用水中可检出超过 10 μg/L 的水平。我国饮用水中主要检出的 HNMs 是一氯硝基甲烷。2010—2011 开展的一项全国性调查显示，我国饮用水中一氯硝基甲烷的检出率为 80%，而一溴一氯硝基甲烷和三溴硝基甲烷均未检出，4 种 HNMs（一氯硝基甲烷、三氯硝基甲烷、一溴一氯硝基甲烷和三溴硝基甲烷）的总中位数浓度和最大浓度分别为 0.05 μg/L 和 0.96 μg/L[4]。HFs 中以 3-氯-4-(二氯甲基)-5-羟基-2(5H)-呋喃酮（3-chloro-4-(dichloromethyl)-5-hydroxy-2(5H)-furanone，MX）为代表，被认为是迄今为止最强的诱变物之一。目前，MX 已在美国、日本、英国、俄罗斯等国家的饮用水中广泛检测出，其浓度大都在几纳克每升到几十纳克每升。我国的一些调查资料也显示饮用水中 MX 浓度大都在纳克每升水平，但也有研究报道在我国某些地区饮用水中 MX 的检出含量也已超过百纳克每升水平。

表 11-2　饮用水中主要的非受控消毒副产物

DBPs 类别	化　学　物
卤代酮类（HKs）	二氯丙酮、三氯丙酮、五氯丙酮、六氯丙酮、1,3-二氯丙酮、1,1,1-三氯丙酮、1,1,3-三氯丙酮、1,1,3,3-四氯丙酮、1,1-二溴丙酮、1,1,3,3-四溴丙酮
卤代硝基甲烷类（HNMs）	一氯硝基甲烷（CNM）、二氯硝基甲烷（DCNM）、三氯硝基甲烷（TCNM）、一溴硝基甲烷（BNM）、二溴硝基甲烷（DBNM）、三溴硝基甲烷（TMNM）、一溴一氯硝基甲烷（BCNM）、二溴一氯硝基甲烷（DBCNM）、二氯一溴硝基甲烷（BDCNM）

（续表）

DBPs 类别	化 学 物
卤代羟基呋喃酮类（HFs）	3-氯-4-二氯甲基-5-羟基-2(5H)-呋喃酮(MX)、3,4-二氯-5-羟基-2(5H)-呋喃酮(MCA)、3-氯-4-甲基-5-羟基-2(5H)-呋喃酮(MCF)、3-氯-4-氯溴甲基-5-羟基-2(5H)呋喃酮(BMX-1)、3-氯-4-二溴甲基-5-羟基-2(5H)呋喃酮(BMX-2)、3-溴-4-二溴甲基-5-羟基-2(5H)呋喃酮(BMX-3)
卤代乙酰胺类（HAMs）	一氯乙酰胺(CAcAm)、二氯乙酰胺(DCAcAm)、三氯乙酰胺(TCAcAm)、一溴乙酰胺(BAcAm)、二溴乙酰胺(DBAcAm)、三溴乙酰胺(TBAcAm)、一溴一氯乙酰胺(BCAcAm)、二溴一氯乙酰胺(DBCAcAm)、二氯一溴乙酰胺(BDCAcAm)
亚硝胺类(NMs)	N-亚硝基二甲胺(NDMA)、N-亚硝基二乙胺(NDEA)、N-亚硝基二丙胺(NDPA)、N-亚硝基二丁胺(NDBA)、N-亚硝基二苯胺(NDPhA)、N-亚硝基甲基乙基胺(NEMA)、N-亚硝基吗啉(NMOR)、N-亚硝基吡咯烷(NPYR)、N-亚硝基哌啶(NPIP)

    饮用水中的 HAMs 是美国 EPA 在 2000—2002 年组织的一次全国性饮用水 DBPs 污染状况调查中第一次检出，检出的 HAMs 主要包括一氯乙酰胺、一溴乙酰胺、二氯乙酰胺、二溴乙酰胺和三氯乙酰胺，其中二氯乙酰胺和三氯乙酰胺的检出浓度较高。我国目前还较少有针对饮用水中 HAMs 的调查。NAs 是一类含氮消毒副产物（nitrogen-containing DBPs，N-DBPs），其首次检出是在 1994 年的加拿大安大略湖饮用水中。目前，在英国、德国、日本等发达国家的饮用水中检出的 NAs 含量大都在几纳克每升到几十纳克每升。2012 年，一项针对中国 23 个省 44 个城市的自来水厂饮用水 NAs 污染状况调查显示，N-亚硝基二甲胺、N-亚硝基二乙胺、N-亚硝基二丙胺、N-亚硝基二丁胺、N-亚硝基二苯胺、N-亚硝基甲基乙基胺、N-亚硝基吗啉、N-亚硝基吡咯烷、N-亚硝基哌啶均有不同程度的检出，其中 N-亚硝基二甲胺的检出率最高，在出厂水和末梢水中的检出率分别为 33% 和 41%，平均浓度分别为 11 ng/L 和 13 ng/L，但在某些地区的出厂水和末梢水中其检出浓度超过了 100 ng/L[7]。与美国 EPA 开展的一项全国性调查相比较[8]，我国本次调查的饮用水中 NAs 浓度较高。

11.2.2　人体内负荷水平

    人群在日常生活中主要通过饮水、洗澡、游泳、洗衣和洗手等多种途径暴露 DBPs。呼出气体和血液中的 THMs 浓度，以及尿液中的 HAAs 浓度可以用来反映人体内负荷水平，已作为主要的内暴露生物标志广泛应用于人群流行病学研究。

11.2.2.1　呼出气 THMs 浓度

    呼出气 THMs 浓度已被广泛用于人群流行病学研究以评估个体用水活动过程中

暴露的 THMs 水平。研究表明,游泳和淋浴等用水活动可显著增加呼出气中 THMs 浓度,并且淋浴后呼出气中的 THMs 浓度与饮用水中的 THMs 浓度呈显著的相关性。呼出气生物样本的采集对研究对象不具有侵害性,在流行病学中可以提高研究人群的参与率。Caro 等在 12 名西班牙成人中观察到呼出气中 TCM 平均浓度从游泳前的 4 $\mu g/m^3$ 上升到游泳 2 h 后的 33 $\mu g/m^{3[9]}$。Font-Ribera 等测定了 48 名健康成人游泳前呼出气中 THMs 水平,发现 TCM、BDCM、DBCM 和 TBM 浓度均值分别为 0.72 $\mu g/m^3$、0.25 $\mu g/m^3$、0.13 $\mu g/m^3$ 和 0.10 $\mu g/m^3$,游泳后呼出气中 THMs 平均浓度增加了近 7 倍[10]。Gordon 等在 7 名美国健康成人中发现,淋浴或泡澡可导致呼出气中 TCM 浓度显著增加,但其他用水活动(如饮水、洗衣服、洗手)却并不能显著增加 TCM 浓度。尽管呼出气 THMs 浓度可用来反映个体游泳和淋浴等用水活动过程中机体 THMs 负荷水平,但其在日常用水活动之前的呼出气中大部分为未检出,因此流行病学研究中很难通过检测呼出气 THMs 浓度来反映个体用水活动前的基础暴露水平。

11.2.2.2 血液 THMs 浓度

与呼出气 THMs 浓度相比,血液 THMs 浓度能在大部分日常用水活动之前的人群血液中检出,因此血 THMs 水平对低浓度暴露更为敏感。大量研究显示日常用水活动如淋浴、盆浴、洗手均可显著增加血液中的 THMs 水平。研究还表明,血 THMs 浓度能有效评估个体的基础暴露水平,可以综合反映个体经多途径暴露 THMs 的水平。Rivera-Nunez 等在 150 名美国产妇中人发现,管网水中 THMs 浓度与血液中基础水平的 THMs 浓度存在显著的正相关[11]。目前,血 THMs 已被广泛运用于人群研究以评估个体 DBPs 内负荷水平。Riederer 等测定了美国国家健康与营养调查研究(the National Health and Nutrition Examination Survey,NHANES)中的 5 600 名成人血 THMs 浓度,发现 TCM、BDCM、DBCM 和 TBM 分别可在 95%、79%、56% 和 49% 人的血样中检出,4 种 THMs 中位数浓度分别为 12.9 ng/L、1.6 ng/L、0.6 ng/L 和 0.8 ng/L[12]。在我国人群中,Zeng 等测定了 401 名来医院生殖中心就诊的男性血中 THMs 浓度,发现 TCM 和 BDCM 分别可在 99% 和 80% 人的血样中检出,研究人群基础水平血 TCM、BDCM、DBCM 和 TBM 平均浓度分别为 57.68 ng/L、1.98 ng/L、0.58 ng/L 和 2.43 ng/L[13];Cao 等测定了 1 184 名来医院待产的孕晚期孕妇血 THMs 浓度,发现 TCM 和 BDCM 分别可在 93% 和 57% 的人血样中检出,孕妇血 TCM、BDCM、DBCM 和 TBM 平均浓度分别为 50.7 ng/L、2.5 ng/L、0.5 ng/L 和 1.4 ng/L[14]。由于血液样本采集具有侵害性,血样中的 THMs 浓度在大规模人群调查中应用仍具有一定的难度。

11.2.2.3 尿液 HAAs 浓度

HAAs 作为一类非挥发性和皮肤渗透性低的 DBPs,人群在日常生活中主要通过饮水经口途径暴露。尿液中的 TCAA 被认为是饮用水 DBPs 的可靠候选暴露生物标志物。许多研究证明尿液中的 TCAA 与经口摄入的饮用水 TCAA 含量存在显著的剂量-反应关系。目前,研究者已采用 TCAA 评估人群经口暴露饮用水 DBPs 的内负荷水平。Calafat 等测定了 402 名美国普通成人尿液中 TCAA 浓度,发现可在 76% 的男性尿样中检出,最高浓度超过 $100\ \mu g/L$,中位数浓度为 $3.3\ \mu g/L$[15]。国内一项以 2 009 名来医院生殖医学中心寻求精液分析的男性为研究对象,发现超过 98% 的受检者尿液中可检出 TCAA,最高浓度为 $81.74\ \mu g/L$,中位数浓度为 $7.97\ \mu g/L$[16]。国内另一项针对 398 名孕期妇女的调查也显示,超过 90% 的受检者尿液中可检出 TCAA,最高浓度为 $57.7\ \mu g/L$,中位数浓度为 $6.1\ \mu g/L$[17]。由于 DCAA 在人体内的生物半衰期极短,早期的一些研究认为尿液中 DCAA 不适宜作为饮用水 DBPs 的暴露生物标志物。汪一心等全面测定了 11 名健康成年男性 3 个月内 8 d 的点尿($n=529$)、晨尿($n=88$)和 24 h 尿($n=88$)中 DCAA 浓度,发现 DCAA 可在 99% 的尿液样本中检出,点尿、晨尿和 24 h 尿 DCAA 浓度几何均值分别为 $4.42\ \mu g/L$、$5.10\ \mu g/L$ 和 $4.47\ \mu g/L$,肌酐校正浓度几何均值分别为 $4.66\ \mu g/g\ Cr$、$3.36\ \mu g/g\ Cr$ 和 $4.56\ \mu g/g\ Cr$,尿排泄率几何均值分别为 $0.23\ \mu g/h$、$0.15\ \mu g/h$ 和 $0.22\ \mu g/h$[18]。该研究进一步比较了点尿、晨尿和 24 h 尿 DCAA 和 TCAA 浓度的变异大小,发现尿中 DCAA 浓度的个体内变异较 TCAA 低,同时用单个或者多个尿样预测个体 3 个月平均高暴露 DCAA 水平的灵敏度(实际处于高暴露组的个体用单次或多次尿样被正确地归类到高暴露组的准确性)和特异度(实际处于低暴露组的个体用单次或双次尿样被正确地归类到低暴露组的准确性)也并不低于 TCAA,提示尿液 DCAA 也可用作饮用水 HAAs 的暴露生物标志物。该研究还发现尿液 DCAA 和 TCAA 浓度彼此之间存在显著正相关关系($r^2=0.72, p<0.01$),提示尿 DCAA 浓度可以反映 TCAA 暴露水平。

尿 DCAA 和 TCAA 在流行病学研究中可用以评估个体 HAAs 暴露状况,但也需要注意此类暴露生物标志物可能高估或者低估个体的实际暴露水平。一方面,暴露饮用水 DBPs 不是尿液中 DCAA 和 TCAA 的唯一来源,一些其他的化学物质如三氯乙烯、四氯乙烯和 1,1,1-三氯乙烷等在人体内也会代谢为 DCAA 和 TCAA。另一方面,尿液中 DCAA 和 TCAA 仅仅反映的是经口途径暴露的 DBPs 水平,而不能反映经洗澡和游泳等经皮肤和呼吸途径暴露的水平。

11.2.3 毒理学研究

THMs 和 HAAs 是氯消毒饮用水中最常见的氯化副产物,由一系列氯化和溴化形式的物质组成。饮用水中 4 种 THMs 和 5 种 HAAs 目前已被纳入中国或美国、欧盟的饮用水水质卫生标准,是公认的对人类健康潜在威胁最大的几种 DBPs。目前饮用水中已鉴别的 DBPs 约 700 个,更多的在不断发现。除了上述被调控的 DBPs 外,其他副产物的毒性数据非常有限,对人类健康的影响研究更是极其缺乏。

11.2.3.1 THMs 的毒理学研究

TCM、BDCM、DBCM 和 TBM 是氯化饮用水中 4 种最常见的 THMs，尤其以 TCM 为主。短期或长期暴露于高剂量的 THMs 均可引发多种非肿瘤毒性作用。TCM、BDCM、DBCM 和 TBM 对啮齿动物有致癌作用。

1) TCM

基于肝损伤伴随的血清化学指标升高，急性经口大鼠肝毒性的最小有害作用水平（lowest observed adverse effect level，LOAEL）为 60 mg/（kg 体重），未观察到损害作用水平（no observed adverse effect level，NOAEL）为 30 mg/（kg 体重）[19]。大鼠胚胎培养试验提示，母鼠血液中 TCM 浓度需要达到致死或接近致死的浓度水平才能导致胚胎毒性[20]。TCM 直接的体内外遗传毒性证据缺乏，因而直接的 DNA 反应性、致突变性不被认为是 TCM 致癌作用的关键因素。大量研究数据支持 TCM 通过细胞毒性作用在啮齿动物中引发癌症，即 TCM 引起细胞凋亡、再生细胞增殖，继而导致致癌效应。如在啮齿动物致癌性检测试验中，TCM 仅在诱导肝、肾细胞毒性的剂量水平引起肝、肾肿瘤[21]。TCM 的器官毒性和致癌性取决于氧化代谢和细胞色素 P450（cytochrome P450，CYP450）2E1 的水平。CYP2E1 对 TCM 的氧化代谢产生高反应性的代谢物（光气、氯化氢）[22]，从而导致细胞毒性和再生增加。

2) BDCM

BDCM 对小鼠的急性口服半数致死剂量（median lethal dose，LD50）为 450 mg/（kg 体重）雄性和 900 mg/（kg 体重）雌性[23]，对大鼠的 LD50 为 916 mg/（kg 体重）雄性和 969 mg/（kg 体重）雌性[24]。高剂量 BDCM（500 mg/kg）暴露引起试验动物共济失调、呼吸困难和麻醉[25]。基于血清酶浓度升高，BDCM 水溶液的急性口服 NOAEL 和 LOAEL 分别为 41 mg/（kg 体重）和 82 mg/（kg 体重）[19]。单次低剂量 BDCM（200 mg/kg 体重）给予的大鼠观察到肾毒性[26]。研究显示，BDCM 是比 TCM 毒性稍高一些的急性口服肾毒性物质[27]。与 TCM、DBCM 和 TBM 相比，BDCM 是最强烈的肝毒性物质。BDCM 通过饮用水给予大鼠 52 周平均剂量[22 mg/（kg·d）和 39 mg/（kg·d）]，组织学检查未发现大鼠生殖器官出现严重损伤，但显著降低附睾中精子的平均直线速率、平均路径速率和曲线速率[28]。致畸试验中，[50 mg/（kg·d）、100 mg/（kg·d）和 200 mg/（kg·d）]的 BDCM 剂量不会在母鼠、胎鼠中产生任何致畸作用或与剂量有关的组织病理学变化[29]。相似的致畸试验观察到[50 mg/（kg·d）、100 mg/（kg·d）和 200 mg/（kg·d）]的 BDCM 诱导胚胎吸收[30]。每天给予小鼠 100 mg/kg 或 400 mg/kg 的 BDCM 共 60 d，观察到小鼠操作行为试验测试的反应率降低[31]。与已知的直接 DNA 诱变剂黄曲霉毒素 B1 和二溴乙烯相比，BDCM 的诱变性相对较弱。饮用水中 4 种常见的 THMs 中，BDCM 似乎是最强烈的啮齿动物致癌物质，在较低的剂量、更多的靶点引起癌症（肝、肾和大肠）。THMs 的有害作用是由生物转化产生的活性代谢产物引起的。CYP2E1 和 CYP2B1/2 参与 BDCM 在大鼠体内的代谢。CYP2E1 明显参与 BDCM 诱导的大鼠肝毒性,但其在肾毒性反应中的作用较少。由于 CYP2E1 在哺乳动物物种间保守性很高,似乎人类同型物有可能参与人体 BDCM 代谢,虽然这还有待证明。CYP2B1/2 在人体中不表达,但基于与 CYP2B1/2 的底物相似性,人体 CYP2A6、2D6 和 3A4 似乎可能参与 BDCM 代谢。THMs 的代谢是其相关毒性和致癌性的重要条件。由于 THMs 的主要靶组织是其代谢的活性位点,增加或减少生物转化也倾向于引起 THMs 毒性增加或减少。经溴代 THMs 代谢途径产生的反应中间体与生物体大分子反应引起细胞毒性和基因毒性。BDCM 直接致突变性与导致再生增生的细胞毒相关可能解释一些但不是全部的致癌作用。在用 BDCM 灌胃 2 年的大鼠中观察到与肾小管细胞癌一致的肾小管细胞增生,但坏死和增生与 BDCM 在小鼠中诱导的肝肿瘤无关[25]。在美国国家毒理学项目(National Toxicology Program,NTP)的 BDCM 致癌研究中,没有观察到致肠道细胞毒性的证据,但出现肠癌的高发生率[25]。因此,虽然高剂量 BDCM 的细胞毒性作用可能增强 BDCM 对某些啮齿动物组织的致癌效应,但通过 BDCM 代谢物直接诱导突变也可能起致癌作用。

3) DBCM

急性经口大小鼠的 LD50 为 800~1 200 mg/(kg・d)[20];500 mg/(kg・d) DBCM 给予小鼠观察到共济失调、镇静和麻醉作用[20];在亚致死剂量下没有发现明显的肝脏或肾脏毒性[32]。用 DBCM 的玉米油溶液管饲(每周 5 d,持续 104 周)F344/N 大鼠[0、80 mg/(kg・d) DBCM]和 B6C3F1 小鼠[0、50 或 100 mg/(kg・d) DBCM]。观察到雄、雌性大鼠肝损伤现象(脂肪积累、细胞质变化和改变的嗜碱性染色);雄性小鼠呈现肝脏肿大和局灶性坏死,雌性小鼠出现肝钙化;在雄性小鼠和雌性大鼠观察到肾毒性[33]。利用 ICR 瑞士小鼠进行 DBCM 的两代繁殖试验:给予 9 周龄的雄性、雌性小鼠含有 DBCM 0、0.1 mg/ml、1.0 mg/ml 或 4.0 mg/ml 的饮用水,导致每天平均的 DBCM 暴露剂量为 0、17 mg/kg、171 mg/kg 或 685 mg/kg。F1 代高剂量组小鼠的生育能力、妊娠指数均下降;F2 只有高剂量组小鼠生育力下降;F1 代、F2 代的中、高剂量组小鼠的产仔数、生存指数均下降;其他影响还包括胎仔出生体重减少;F1、F2 代没有观察到明显的致死或致畸作用[34]。DBCM 在采用密闭系统(克服挥发性问题)的体外测试中大多显示出诱变性;来自体内研究的遗传毒性结论模棱两可。1999 年国际癌症研究机构评估了 DBCM 的致癌性,认为人类致癌性证据不足,实验动物致癌性有限(可诱导雌性小鼠肝细胞腺瘤和肝癌)[35]。CYP2E1、CYP2B1/2 和谷胱甘肽参与 DBCM 体内代谢。DBCM 的毒作用机制与 BDCM 类似。

4) TBM

在溴化 THMs 中,TBM 是最弱的急性口服致死毒物。每天将 TBM 在饮用水(含 0.25%乳化剂)中给予雄性 F344 大鼠(6.2 mg/kg、29 mg/kg、57 mg/kg)和 B6C3F1 小鼠(8.3 mg/kg、39 mg/kg 或 73 mg/kg),持续 1 年。衡量肾小管和肾小球损伤的几个指标的水平在每个 TBM 处理组小鼠都升高[36]。小鼠对 TBM 的肾毒性作用比对 BDCM 的肾毒性作用更敏感。TBM 玉米油溶液管饲 F344/N 大鼠和雌性 B6C3F1 小鼠(0、100 mg/kg 或 200 mg/kg),每周 5 d,持续 103 周;雄性小鼠每天接受 0、50 mg/kg 或 100 mg/kg 的剂量。在雌性、雄性大鼠观察到剂量依赖性的肝脏点状或弥漫性脂肪改变;雌性小鼠肝脏脂肪变化的发生率升高;观察到高剂量组雌性小鼠甲状腺滤泡细胞增生[37]。TBM 通过水和玉米油给予的两个研究相比,TBM 毒性的主要作用器官分别为肾脏和肝脏,提示载体和给药方式可以影响 TBM 的靶组织。对 TBM 进行的繁殖试验显示,TBM 对瑞士 CD1 小鼠生育力、每窝胎崽数量、每窝活产幼崽比例、活崽的性别或幼崽体重没有可检测的影响[38]。对怀孕的 F344 大鼠,在妊娠(6~15 d)经口服 150 mg/(kg·d)和 200 mg/(kg·d)的 TBM 诱导胚胎吸收,比产生相同毒性所需的 BDCM 的剂量高[39]。TBM 100 mg/kg 或 400 mg/kg 共 60 d 的小鼠在操作行为测试中表现出反应率降低[31]。TBM 在密闭系统中进行的细菌致突变测试结果基本呈阳性,体内遗传毒性研究结果不一致。TBM 可诱导大鼠肠癌[35]。TBM 的毒作用机制与 BDCM 相似。

11.2.3.2　HAAs 的毒理学研究

氯化消毒饮用水中二卤代乙酸盐和三卤代乙酸盐的浓度显著高于单卤代乙酸盐,是主要的 HAAs。

1) DCAA

尽管 DCAA 被广泛称为二氯乙酸,该物质作为盐存在于饮用水中。由于没有认识到这一点,导致许多测试系统使用游离酸进行 DCAA 的研究。DCAA 暴露在试验动物中产生发育、生殖、神经和肝脏毒性作用。一般来说,当 DCAA 以高剂量作用时,会出现这些影响;在这些情况下,有证据表明 DCAA 的代谢清除基本被抑制。这些信息对尝试将 DCAA 导致的动物毒性作用与饮用水中低剂量 DCAA 可能导致的潜在危险相关联具有重要意义。DCAA 作为钠盐对啮齿动物进行急性处理,毒性不大,大鼠和小鼠的 LD50 分别为 4.5 g/kg 和 5.5 g/kg[40]。当通过饮用水进行高剂量 DCAA 给药时,DCAA 产生睾丸毒性;12.5 mg/(kg·d)的暴露剂量组的狗睾丸上皮、合胞体巨细胞出现变性[41]。每天管饲给予 Long-Evans 大鼠 0、31 mg/kg、62 mg/kg 或 125 mg/kg 的 DCAA 共 10 d,31 mg/(kg·d)的剂量组大鼠观察到附件器官附睾、前列腺重量减少;62 mg/(kg·d)及以上的剂量组大鼠出现附睾精子数量减少与形态异常;125 mg/(kg·d)的剂量组大鼠生育能力抑制[42]。DCAA 抑制 B5D2F1 小鼠配子体外受精的能力比 TCAA 更强。在妊娠 6~15 d 间通过管饲法给予母鼠 DCAA 水溶液(每天 140 mg/kg)可诱导胎儿软组织异常;心脏是最常见的靶器官,多见升主动脉、右心室室间隔缺损[43]。通过饲料以每天 322~716 mg/kg DCAA 给予 2~4 周的大鼠产生后肢无力和异常步态,这些效应与神经传导速度降低和胫神经横截面积减少有关[44]。DCAA 是一种非常强的肝肿瘤诱导物质。在 2 年致癌试验研究中,浓度低至 0.5 g/L 的 DCAA 导致约 80% 的肝脏肿瘤发生率[45]。基于现有的证据,DCAA 的遗传毒性很可能在低剂量 DCAA 诱导啮齿动物肝癌中起的作用很小(如果有的话)。DCAA 能够作为肿瘤启动子在所有致癌剂量下对细胞复制或细胞凋亡产生影响;在体内产生基因毒性作用所需的 DCAA 浓度和体内检测最小基因毒性作用所必需的血液水平比诱导 80% 肿瘤发生所需的血液水平高 3 个数量级[46~48]。虽然致癌剂量的 DCAA 在靶器官中诱导细胞毒性损伤,会导致增生修复。然而,有证据显示 DCAA 差异影响正常肝细胞和已经启动的肝细胞的复制率。DCAA 可能通过肿瘤促进而不是细胞毒性致肝肿瘤。雄性 F344 大鼠在饮用水中以 0.05 g/L、0.5 g/L 或 1.6g/L 的 DCAA 浓度暴露 2 年,病理检查发现,DCAA 产生神经系统、肝脏和心肌的毒性作用[49]。

2) TCAA

像 DCAA 一样,TCAA 几乎完全以盐形式存在于饮用水中。在饮用水中以 7.5 g/L TCAA 的浓度(相当于每天 785 mg/kg)给予雄性 SD 大鼠 90 d,组织病理学检查发现产生肝脏毒性的证据有限[50]。然而,饮用水中比此更低的浓度已显示会严重损害试验动物的水分、食物消耗。因此难以确定,获得的试验数据与氯化饮用水中发现的低浓度 TCAA 的潜在影响的关系[51, 52]。TCAA 体内小于 300 mg/kg 的剂量或体外高达 5 mmol/L 的剂量暴露没有产生明显的细胞毒性作用[53, 54]。1 000 mg/L TCAA 抑制 B6D2F1 小鼠配子的体外受精,但 100 mg/L TCAA 无效[55]。人类饮用水中 TCAA 浓度低于 TCAA 动物研究 NOEL 的 0.1%,非常高剂量 TCAA 对试验动物的影响不大可能用于评估饮用水中 TCAA 暴露的风险。管饲妊娠 6~15 d[0、330 mg/(kg·d)、800 mg/(kg·d)、1 200 mg/(kg·d)和 1 800 mg/(kg·d)体重的 TCAA]的怀孕大鼠,800 mg/(kg·d)或以上剂量组的大鼠产生剂量依赖性的幼仔体重和身长减少[56]。TCAA 诱导小鼠肝细胞癌[57]。此外,TCAA 具有一些促肿瘤活性;TCAA 在 N-甲基-N-亚硝基脲启动的小鼠中增加了肝细胞腺癌和肝细胞癌的发生[48]。TCAA 诱导肿瘤的机制尚不清楚。在与诱导肝肿瘤相同的剂量范围内,TCAA 诱导雄性 B6C3F1 小鼠肝脏过氧化物酶体增殖[58]。TCAA 在 B6C3F1 小鼠肝脏中的致瘤作用似乎与其诱导过氧化物酶体和相关蛋白质合成的能力密切相关。其他机制也可能参与 TCAA 的诱导作用。如除了 DCAA 之外,还有一些 TCAA 的代谢物可能产生毒性[59]。目前数据表明,TCAA 在饮用水中发现的低浓度下对人类几乎没有致癌危害。

3) 溴化卤代乙酸(DBAA、BCAA、BDCAA)

在与 DCAA 和 TCAA 诱导毒性作用大致相同的浓度范围内可观察到 DBAA、BCAA、BDCAA 的毒性作用[60]。DBAA、BCAA、BDCAA 对小鼠的主要毒性靶器官为肝脏,但对于每种化合物而言,肝脏毒作用表现似乎有所不同。DBAA、BCAA、BDCAA

均可导致试验动物肝肿大,但是 BCAA 和 BDCAA 的糖原积累比 DBAA 更突出[60]。在水中给予单次剂量 30 mg/kg 的 BDCAA、BCAA 和 DBAA 诱导雄性 B6C3F1 小鼠肝脏硫代巴比妥酸反应物质增加,增加细胞核 DNA 的 8-OH-dG 含量[59]。以单次剂量 100 mg/kg 或以 25 mg/kg 每天给予大鼠连续 14 d,MBAA 不影响与雄性生殖功能相关的参数[61];相比之下,DBAA 在 1 000~2 000 mg/kg 范围内单剂量给予,产生退行性、畸形的附睾精子。给予大鼠连续 14 d 的 0、10 mg/(kg·d)、30 mg/(kg·d)、90 mg/(kg·d) 或 270 mg/(kg·d) DBAA 剂量,在最高剂量下组大鼠观察到对附睾精子数量和精子形态有明显影响[62]。

11.2.4 流行病学研究

作为一类高健康风险的环境污染物,饮用水 DBPs 长期暴露所带来的人群健康危害一直是环境流行病学中的一个主要关注焦点。自 20 世纪 70 年代以来,国内外研究者围绕饮用水 DBPs 暴露的人群健康危害(癌症、不良妊娠结局、精液质量等)开展了大量的流行病学调查。但由于研究设计不同(生态学研究、横断面研究、病例对照研究、队列研究)、暴露评估限制(采用氯化饮用水、饮用水中监测的 DBPs 浓度或结合个体日常用水活动信息作为外暴露标志物)、缺少混杂因素控制等因素的影响,目前有关饮用水 DBPs 暴露致人群健康危害的研究结论大都不一致,关注的 DBPs 种类也主要集中在一些受控 DBPs 如 THMs 和 HAAs,而对一些高毒性的非受控 DBPs 的 HNMs、HFs、HAMs、NAs 等研究却很少。

11.2.4.1 DBPs 与癌症

自美国国立癌症研究所发现 TCM 具有致癌性以来,有关饮用水 DBPs 暴露是否造成人群癌症风险增加就引起了世界各国的广泛关注。早期的流行病学调查主要采用生态学研究和病例对照研究分析饮用水 DBPs 暴露与癌症风险之间的关系,采用的暴露评估方法主要是是否饮用氯化消毒饮用水。如 1978 年,Alavanja 等人对美国纽约州 7 个县进行的病例对照研究发现,饮用氯化消毒饮用水与居民胃肠道和尿道癌症的风险增加有关[63]。随后在 1982 年,Gottlieb 和 Carr 在美国路易斯安那州开展的一项病例对照研究发现,饮用氯化消毒饮用水与居民结肠癌和脑癌的风险增加有关[64]。加拿大在安大略省开展的一项病例对照研究发现,饮用氯化消毒饮用水超过 35 年的居民患膀胱癌的风险要显著高于饮用氯化消毒饮用水小于 10 年的居民[65]。我国研究人员在这一时期也开展了这一领域的流行病学调查。如李国光等人采用回顾性定群研究分析了中国武汉市饮用以东湖和长江为水源的氯化自来水对居民癌症风险的影响,结果发现饮用东湖氯化自来水组的男性人群肝癌、胃癌、肠癌合计死亡率及女性肠癌死亡率明显高于饮用长江氯化自来水的人群[66]。徐祥宽等人采用病例对照研究分析了饮用氯化消毒饮用水与人群癌症风险之间的关系,结果显示长期饮用氯化消毒饮用水的人群死于消化系统和泌尿系统癌症的危险性要大于非饮用氯化消毒饮用水人群[67]。

后期的流行病学调查相继采用病例对照研究、队列研究以及荟萃分析探讨了饮用水 DBPs 暴露与癌症风险之间的关系，采用的暴露评估方法主要是饮用水中监测的 DBPs 浓度或结合个体日常用水活动信息。如 King 等人在安大略省开展的一项病例对照研究发现，饮用氯化消毒水中 THMs 浓度为 75 μg/L 并且暴露时间超过 35 年以上的男性居民患结肠癌的风险是暴露时间小于 10 年者的 2 倍多[68]。Doyle 等人采用前瞻性队列研究在爱荷华州的绝经妇女人群中发现，暴露饮用水 TCM 与结肠癌和总癌症风险增加之间存在显著的剂量-反应关系[69]。2003 年，Villanueva 等人采用 Meta（包括 6 项病例对照研究和 2 项队列研究）分析了氯化消毒饮用水暴露与膀胱癌风险之间的关系，结果发现饮用氯化自来水与男性和女性膀胱癌风险增加有关[70]。2011 年，Rahman 等人也采用 Meta（包括 10 项病例对照研究和 3 项队列研究）分析了饮用水 DBPs 暴露与结肠癌和直肠癌风险之间的关系，结果发现饮用水 DBPs 暴露与结肠癌和直肠癌风险增加有关[71]。然而，最近一项在欧洲西班牙和意大利开展的多中心病例对照研究发现长期暴露饮用水总 THMs 并没有与结肠癌风险增加有关，反而发现长期暴露饮用水 TCM 与结肠癌风险降低有关[72]。也有流行病学调查分析了饮用水 DBPs 暴露与胰腺癌、肾癌、乳腺癌、食管癌、肺癌、白血病等癌症风险之间的关系，但这些研究资料还较为缺乏，并且研究结论也并不一致。总之，目前流行病学研究证据有关饮用水 DBPs 暴露与人群癌膀胱风险增加的研究结论较为一致，而与其他癌症的研究结论并不明确，需要更进一步的研究。

11.2.4.2　DBPs 与不良妊娠结局

早在 20 世纪 70 年代，Aschengrau 等人在美国马萨诸塞州开展的一项病例对照研究就发现，女性饮用氯化消毒饮用水与胎儿死产之间呈现弱相关[73]。Klotz 等人在美国新泽西州开展的一项病例对照研究发现，妊娠期暴露饮用水中的总 THMs 与胎儿神经管缺陷有关[74]。随后的一些回顾性的队列研究也发现饮用水 DBPs 暴露与不良妊娠结局有关。如 Dodds 等人在加拿大开展的一项大型的回顾性队列调查发现，怀孕期暴露饮用水中的总 THMs 与死产、染色体异常、神经管缺陷的风险增加有关，在 4 种 THMs 中，发现暴露饮用水中的 TCM 浓度在 75～99 μg/L 时与产下染色体变异婴儿的风险增加有关，暴露饮用水中 BDCM 浓度高于 20 μg/L 与胎儿神经管缺陷风险增加有关[75]。近期中国一项采用血液 THMs 作为内暴露标志物的队列研究发现，妊娠晚期血液中总 THMs 与胎儿出生体重降低和小于胎龄儿风险增加有关，同时还发现血液中 BDCM 和 DBCM 与胎儿出生身长降低有关[14]。但也有流行病学研究并没有发现饮用水中的 THMs 暴露与不良妊娠结局之间有关联。如意大利的一项病例对照研究发现，饮用水中的 THMs 暴露与早产和小于胎龄儿之间没有显著性相关[76]。Hwang 等人用 Meta 分析方法对 1966—2001 年间有关饮用水 DBPs 暴露与出生缺陷的流行病学调查论文进行综合分析,结果显示饮用水中的 DBPs 与呼吸系统、心脏缺损、唇裂之间的研究结论并不一致[77]。Grellier 等人也用 Meta 分析方法对 1980—2007 年间有关饮用水 THMs 暴露与胎儿生长和早产的流行病学调查论文进行综合分析,结果显示妊娠晚期饮用水 THMs 暴露与胎儿低出生体重、足月低出生体重和早产并没有关联[78]。近期,一项欧洲 5 国(法国、希腊、立陶宛、西班牙和英国)的大规模队列研究也发现,妊娠期暴露饮用水 THMs 与胎儿出生体重、早产、低体重和小于胎龄儿风险之间并没有统计学关联[79]。

流行病学调查也分析了饮用水 HAAs 暴露对不良妊娠结局的影响。如美国的一项大规模的回顾性队列研究发现,妊娠晚期暴露高浓度饮用水中的 DCAA($\geqslant$8 μg/L)和(TCAA$\geqslant$6 μg/L)与胎儿宫内发育迟缓有关,暴露高浓度饮用水中的 DBAA($\geqslant$5 μg/L)与低出生体重有显著性相关。中国一项回顾性队列研究也发现,妊娠早期($>$12.52 μg/L)和妊娠中期($>$10.93 μg/L)暴露高浓度的饮用水 DCAA 与胎儿低出生体重风险增加有关,同时也发现妊娠早期($>$11.44 μg/L)暴露高浓度的饮用水 TCAA 与胎儿低出生体重风险增加有关,但没有发现妊娠期暴露饮用水 DCAA 与小于胎龄儿风险增加有关[80]。近期,美国 EPA 的科研人员在马萨诸塞州开展的一项有关饮用水 DBPs 暴露与胎儿出生心脏缺陷的病例对照研究发现,妊娠早期暴露饮用水 DCAA、TCAA、HAA5(MCAA、MBAA、DBAA、DCAA 与 TCAA 之和)与胎儿出生法洛四联征风险增加有关[81]。一些流行病学研究也采用尿液中 TCAA 作为内暴露标志物,分析了饮用水 HAAs 暴露与不良妊娠结局之间的关系。如 Costet 等人在法国开展的一项巢式病例对照研究,发现孕妇尿 TCAA 与胎儿生长受限风险增加有关,但并没有发现孕妇尿 TCAA 与胎儿早产有关[82]。Zhou 等人在中国武汉开展的一项队列研究,发现孕妇高浓度的尿 TCAA 与胎儿出生体重降低有关[17]。同样地,也有流行病学研究并没有发现饮用水中的 HAAs 暴露与不良妊娠结局之间有关联。如美国的一项前瞻性队列研究发现,妊娠期暴露饮用水 HAAs 与小于胎龄儿和低出生体重均无显著性相关[83]。加拿大的一项病例对照研究也发现,在调整总 THMs 后,妊娠期暴露 HAAs 与死产之间并无显著性关联[84]。目前,有关饮用水其他 DBPs(如 HANs、MX)暴露与不良妊娠结局的流行病学研究资料还较少,已有的研究结果也大都报道没有统计学关联。

11.2.4.3 DBPs 与精液质量

20 世纪 80 年代以来,大量毒理学研究显示 DBPs(特别是 HAAs)具有雄性生殖毒性,但直到 21 世纪初,才有流行病学调查第一次报道了饮用水 DBPs 暴露与男性精液质量的关系。2003 年,Fenster 等人采用前瞻性研究首次在美国健康人群中调查了饮用水 THMs 暴露与精液质量之间的关系,结果虽然没有发现饮用水总 THMs 暴露与精液质量降低之间有显著性关联,但是发现经口暴露高浓度[总 THMs$>$160 μg/(L·d·杯)]与正常精子形态百分率降低、精子头部畸形百分率增加有显著性相关,同时还发现暴露饮用水 BDCM 与精子直线性存在显著的负相关[85]。随后，Luben 等人采用队列研究在美国健康人群中发现饮用水 THMs 和 HAAs 暴露与精子浓度、精子总数和精子形态并无显著性相关，但发现总有机卤化物（TOX）与精子密度存在显著的负相关[86]。2013年，Iszatt 等人在英国开展的一项以医院为基础的大规模横断面调查研究，结果发现管网水中总 THMs、TCM 和溴代 THMs（BDCM、DBCM 与 TBM 之和）暴露均与精子密度和精子活力之间没有统计学关联[87]。中国 Zeng 等人在武汉开展的一项以医院为基础的前瞻性研究，调查了不同途径（经口和经洗澡）暴露饮用水 THMs 与男性精液质量之间的关系，结果发现经口暴露 THMs 与精子密度和精子总数降低有关，经洗澡暴露TCM 与精子直线性降低有关，但没有发现经洗澡暴露 THMs 与精液质量降低有关[88]。

近期一些流行病学研究也采用尿液中 TCAA 作为内暴露标志物，开展了饮用水DBPs 暴露与男性精液质量的横断面调查。Xie 等人在一项以医院为基础的小规模中国人群中发现在未校正混杂因素时，尿 TCAA 与精子活力存在显著的负相关，但经校正混杂因素后发现尿 TCAA 与精子密度、精子总数和精子形态参数之间没有显著性关联[89]。在随后的一项以医院为基础的大规模中国人群中，Zeng 等人发现与第一分位数尿 TCAA 水平相比（$\leqslant 6.01$ $\mu g/L$），第二分位（$6.01 \sim 7.97$ $\mu g/L$）和第四分位数（>10.96 $\mu g/L$）尿 TCAA 水平使低于精子密度正常参考值风险增加；第二分位和第三分位数（$7.97 \sim 10.96$ $\mu g/L$）尿 TCAA 水平使低于精子活力正常参考值风险增加；第二分位数尿 TCAA 水平使低于精子总数正常参考值风险增加[16]。此外，Zeng 等人也采用血 THMs 作为内暴露标志物，分析了饮用水 THMs 暴露与精液质量之间的关系，结果发现血液中总 THMs 和 TCM 与的精子总数降低之间存在建议性的剂量-反应关系[13]。在此基础上，Zeng 等人还第一次报道了联合暴露 TCAA 与溴代 THMs 对降低的精子总数具有叠加效应，显示了饮用水多种 DBPs 同时暴露可能增加对男性生殖健康危害的影响[90]。

11.2.5　消毒副产物的精准健康和研究展望

DBPs 产生的原因复杂、种类繁多；外环境 DBPs 的分离、检测手段还不够完善；对已知 DBPs 的毒理研究也大多集中于饮用水中含量最高的两大类 DBPs（THMs 和HAAs），而对 HANs 及 MX 等非受控 DBPs 的毒性研究较少。目前已有的围绕饮用水DBPs 环境暴露对人群健康影响的人群流行病学研究极少应用基因组学、蛋白组学和代谢组学等新技术识别新的效应生物标志物，进而筛选疾病易感人群。

11.2.5.1　外环境不同种类 DBPs 污染水平的精准测定

DBPs 污染的精准预防有赖于外环境不同种类 DBPs 污染水平的精准测定。尽管全球目前已检测到 600 多种饮用水 DBPs，但在消毒的饮用水中仍有超过 60% 的 DBPs难以精确定性和定量。未知 DBPs 的鉴定需要依赖更加先进的样品前处理技术和灵敏的分析检测仪器。到目前为止,国内外学者围绕 DBPs 的种类鉴定做了大量研究工作,已经发展了一系列鉴定和检测饮用水中 DBPs 的样品前处理技术和分析检测方法。DBPs 的样品前处理技术主要有顶空和吹扫-捕集气相萃取法、液液萃取法、固相萃取法、固相微萃取法、膜萃取法以及衍生技术法。这些样品前处理技术目前主要针对饮用水中的挥发性、半挥发性以及部分难挥发性、低分子量和低极性的 DBPs。然而,对于饮用水中大量非挥发性、高极性和高分子量的 DBPs,目前的样品前处理技术还很难获得有效的分离效果。今后的研究应不断充实、改进与完善现有的各项新技术的功能,扩大应用范围,加强多单元处理方法与技术的应用,继续开发新型适应性广、萃取效率高的处理单元与技术。已有的 DBPs 分析检测方法主要有气相色谱法、液相色谱法、毛细管电泳法以及相应与质谱联用的方法。这些分析检测方法虽然具有分离效率高、分析速度快、适用范围广的特点,但对于那些含量极低以及化学结构较为复杂的 DBPs,目前的分析方法还存在灵敏度和特异度较差的瓶颈。近年来,一些新的分析技术如电喷雾与高场非对称波形离子淌度分光光度计质谱联用、基质辅助激光解吸离子化质谱等,可以提高仪器的检测灵敏度,每升检出限可达纳克级。但这些分析方法对于高极性和大分子量的 DBPs 还是不能很好地检测。因此,将来的研究需要发展用于大分子量的 DBPs 检测方法。

11.2.5.2 人体内负荷水平的精准评估

DBPs 内暴露标志物受个体用水习惯、饮食、日常活动、机体代谢状态等因素影响可能会存在显著的个体内变异。国内 Wang 等开展了一项 11 名成年健康男性尿 DCAA 和 TCAA 浓度的时间变异研究,发现个体尿 DCAA 和 TCAA 浓度在 3 个月内的变异较大(见图 11-2),进一步证实了人群体内 DBPs 暴露水平存在显著的时间变异;使用单次测量的浓度可导致暴露分类错误,通过采集个体不同时点多次样本可以提高暴露评估的准确性。另外,收集和样本分析过程中也很难完全避免外界环境污染对测定结果的影响。此外,使用内暴露生物标志物也需要考虑个体体重指数、遗传、年龄等因素对标志物代谢的影响。有研究还发现体重指数较高的人群体内血液中 THMs 浓度相对于体重指数较小者要高,同时发现个体基因型与血液中 THMs 浓度有关,如 CYP2D6 或者 GSTT1 缺失型基因与血液中 TCM 浓度增加存在相关,而 CYP2D6 杂合型基因能抑制血液中 TCM 和 BDCM 浓度的增加。为了精确评估人体内负荷水平,今后的研究需要全面了解特定 DBPs 暴露标志物吸收、分布、代谢和排泄的特征,以及暴露途径、暴露频率和代谢前体物浓度对机体暴露水平的影响;全面了解特定 DBPs 暴露标志物生物半衰期以及个体代谢差异;全面了解各种 DBPs 毒性大小及作用机制;探索反映长期慢性 DBPs 暴露水平的生物标志物,如 DNA 和蛋白加合物等;探寻能同时反映多种 DBPs 整体暴露水平的暴露标志物;建立 DBPs 暴露标志物样本采集和存储标准化方案;探寻其他可用作 DBPs 暴露评估的生物样本,如唾液、汗液等。

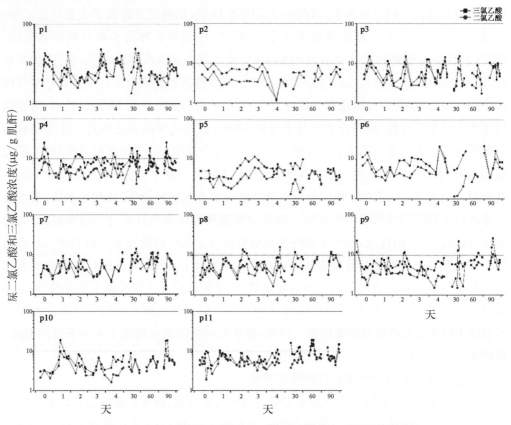

图 11-2　成年男性尿二氯乙酸和三氯乙酸浓度在 3 个月内的变化

注：图片修改自"Wang YX, Zeng Q, Wang L, et al. Temporal variability in urinary levels of drinking water disinfection byproducts dichloroacetic acid and trichloroacetic acid among men. Environ Res, 2014, 135：126-132 (Figure 1)"

11.2.5.3　消毒副产物的精准健康

基因组学、蛋白组学和代谢组学等新技术的出现和应用为识别新的效应生物标志物提供了可能性。这些新技术与传统毒理学和流行病学相结合，使得分析环境污染物暴露所引起的数以千计的效应相关基因、蛋白质和代谢物变化成为可能，这将有助于发现早期生物效应标志物、筛选出疾病易感人群、探究毒物暴露导致疾病的分子机制，进而为饮用水消毒副产物致健康危害的"早期发现、早期诊断、早期治疗"提供科学依据。以基因组学为例，大量毒理学和流行病学研究显示 DBPs 暴露与人群健康损害之间存在关联，但很少有研究关注遗传因素在 DBPs 暴露致健康损害过程中的作用。DBPs 在体内的代谢途径与 CYP450 和谷胱甘肽转移酶（GST）有关。既往研究发现 CYP2E1、CYP1A2、CYP3A4 和 CYP2A6 参与体内 TCM 和 BDCM 的代谢；GSTT1 可活化体内溴代 THMs 类，使前毒性物质或致癌物质与嗜电子衍生物结合，引起细胞毒性、死亡甚至癌变;GSTZ1 可催化 DCAA 转化成乙醛酸,且在 α-卤代酸的代谢中起重要作用。CYP450 和 GST 都具有遗传多态性,且存在多个等位基因,携带不同基因型的个体对 DBPs 代谢能力不同,进而可能对个体健康产生不同的影响。已经有研究显示,携带有 CYP2D6 或者 GSTT1 缺失型基因的个体与血液中 TCM 浓度增加存在相关,而携带有 CYP2D6 杂合型基因的个体能抑制血液中 TCM 和 BDCM 浓度的增加。一些人群流行病学调查也发现与 DBPs 代谢有关的基因型与一些疾病的发生有关。如有研究发现携带有 CYP2E1 变异型的孕妇或新生儿暴露 DBPs 后宫内发育迟缓风险增高;携带有 GSTT1 纯合型或杂合型基因的人群暴露 THMs 与膀胱癌的发生风险较携带有 GSTT1 缺失型基因的人群要高。这些研究提示着遗传因素在 DBPs 暴露致健康损害过程中也扮演着重要作用。与此同时,大量研究发现表观遗传学、蛋白质组学和代谢组学与疾病发生存在重大关联。但目前围绕 DBPs 暴露与表观遗传学、蛋白质组学和代谢组学变化关联的毒理学和人群研究尚十分匮乏。在今后的研究中,需要将这些新技术与传统毒理学和流行病学相结合,筛选出疾病易感人群,达到精准健康的目的。

使用更为敏感的效应指标将有助于发现早期健康危害。以男性生殖健康流行病学研究为例,目前有关 DBPs 暴露与男性生殖健康关系人群流行病学研究主要还是采用精液质量常规参数(例如精子总数、精子密度和精子活力)作为生殖效应指标,但低剂量的 DBPs 暴露对背景值很大的精液质量常规参数可能不是很敏感。精子彗星参数是反映精子 DNA 损伤程度的指标,主要包括尾矩、彗星长度和尾部 DNA 百分含量。研究显示精子彗星参数是一项比精液质量常规参数更能反映精子功能的客观效应标志物。目前,已有大量流行病学研究显示人群环境暴露一些生殖毒物(例如多氯联苯、有机氯农药、双酚 A、邻苯二甲酸酯类和重金属等)与精子彗星参数之间存在显著的剂量-反应关系。生殖毒物引起精子 DNA 损伤的可能机制包括精子发生过程中染色质组装异常、精子细胞在发育过程中异常凋亡以及产生氧化应激反应。体内和体外实验均已显示暴露 DBPs 能引起氧化应激。精子膜蛋白 SP22 是近年来发现的一种与男性生育力高度相关的生殖蛋白,由常染色体的持家基因编码,以睾丸组织中含量分布最高。精子膜蛋白 SP22 具有酶活性,能与卵子透明带结合,辅助精子正常进入卵子直接参与顶体反应。睾丸或者附睾性生殖毒物可导致精子表面 SP22 脱落,进而降低生殖能力。近来的研究显示低剂量的卤代乙酸类暴露与降低的精子膜蛋白 SP22 存在显著的剂量-反应关系。因此,将来的人群流行病学研究可以采用彗星参数和精子膜蛋白 SP22 作为效应指标探讨 DBPs 暴露与男性生殖健康的关系。

11.3　水体藻毒素污染与健康危害

自 19 世纪 70 年代产毒蓝藻水华事件被首次报道以来,受水体富营养化加剧和全球气候变暖的影响,水华事件日益增多,已成为导致水体尤其是淡水水体污染的全球性问题。约一半以上的水华能够产生一种或多种藻毒素,它们随着藻细胞的破裂释放到水环境中。藻毒素大多性质稳定,常规饮用水处理工艺以及加热煮沸不能将之有效去除。人类和野生动物通过饮水、饮食等途径暴露于一定量的藻毒素可发生急慢性危害,甚至出现致癌等远期效应。因此,正确认识水体和饮用水藻类污染的危害并采取必要有效的精准预防措施对于保障居民健康具有重要意义。

能够产生藻毒素的淡水藻类主要包括微囊藻、鱼腥藻、念珠藻、拟柱孢藻、节球藻、颤藻、束丝藻、项圈藻、鞘丝藻、软管藻等蓝藻。此外,一些绿藻、甲藻和硅藻也能够分泌藻毒素。蓝藻毒素按照其化学结构分为三类:环肽、生物碱和脂多糖。按照其毒性作用类型主要分为:肝毒素、神经毒素、脂多糖内毒素等。藻类毒素中的肝毒素和神经毒素因毒性强、危害大,受到较多关注。具有肝毒性的淡水藻毒素主要包括具有环肽结构的微囊藻毒素(microcystin,MC)和节球藻毒素(nodularin,NOD),具有生物碱结构的拟柱孢藻毒素(cyclindrospermopsin,CYN);具有神经毒性的淡水藻毒素主要包括具有生物碱结构的类毒素-a(anatoxin-a,ATX)及其同系物高类毒素-a(homoanatoxin-a,HTX)、拟类毒素-a(anatoxin-a(S),ATX-s)、石房蛤毒素(saxitoxin,STX)等。其中微囊藻毒素和节球藻毒素这两类肝毒素是水华中检出频率最高的蓝藻毒素。

11.3.1 外环境污染水平

本部分围绕微囊藻毒素、节球藻毒素这两类代表性肝毒素和类毒素-a 这一类代表性神经毒素在淡水水体、饮用水以及生活于其中的水生生物的污染水平进行介绍。

11.3.1.1 微囊藻毒素

微囊藻毒素具有环七肽结构,相对分子量约为 1 000,已发现微囊藻毒素有 90 多种异构体。微囊藻毒素化学结构如图 11-3 所示,1 位是 D-丙氨酸,2、4 位为可变左旋氨基酸基团,3 位是特殊氨基酸[D-赤-β-甲基天冬氨酸(methylaspartate,MeAsp)],5 位是(2S,3S,8S,9S)-3-氨基-9-甲基氧-2,6,8-三甲基-10-苯基-4,6-二烯酸(Adda 基团),6 位是 γ 连接 D-谷氨酸,7 位是 N-甲基脱氢丙氨酸(N-methyldehydroalanine,Mdha)。整个结构表示为:环 D-Ala-X-D-MeAsp-Z-Adda-D-Glu-Mdha,2、4 位取代基(X、Z)的差异导致毒性不同。微囊藻毒素的异构体 MC-LR、RR 和 YR 毒性较大、分布较广、研究较多,L、R、Y 分别代表不同氨基酸:亮氨酸(leucine,Leu)、精氨酸(arginine,Arg)和酪氨酸(tyrosine,Tyr)。微囊藻毒素因最初发现于铜绿微囊藻而得名,主要来自鱼腥藻、微囊藻、颤藻、隐球藻、念珠藻、陆生软管藻、项圈藻等藻属。我国水体中主要存在MC-LR、MC-RR、MC-YR 等亚型。

我国各大湖泊、水库、河流大多受到藻类及其释放毒素的污染。湖泊中尤以滇池、太湖和巢湖藻类污染最为严重,此外江西鄱阳湖、武汉东湖、上海淀山湖等较重要的淡

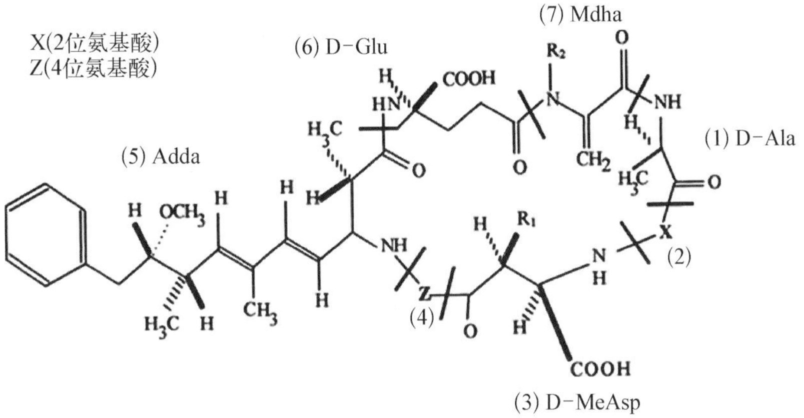

图 11-3 微囊藻毒素化学结构

注：图片修改自"Strachan G, McElhiney J, Drever M R, et al. Rapid selection of anti-hapten antibodies isolated from synthetic and semi-synthetic antibody phage display libraries expressed in Escherichia coli. FEMS Microbiol Lett, 2002, 210(2): 257-261 (Figure 1)"

水湖泊也均发生过严重的水华事件,主要水系如:长江、黄河、松花江等也曾发生蓝藻水华并有微囊藻毒素检出。滇池水华以微囊藻为主要优势藻,MC-LR 在每克干藻细胞中的含量可高达 200 μg 以上,水样中胞内微囊藻毒素可达 7.19 μg/L。另有研究检测到滇池水样中胞外微囊藻毒素平均值为 0.5 μg/L[91]。研究发现太湖水华高发湖区梅梁湾水中微囊藻毒素含量于夏季 8 月份最高,MC-LR 和 MC-RR 为主要污染类型,两者共占 80% 以上。另有研究在太湖水样中检测到 MC-LR 浓度高达 2.558 μg/L,已超过我国对集中式供水地表水源地的限值要求。巢湖水样中 MC-LR 和 MC-YR 为主要污染类型,MC-LR、MC-YR、MC-RR 3 种异构体的胞内/胞外总浓度可高达 8.86 μg/L。受到地表水污染的影响,巢湖流域地下水中也检出了微囊藻毒素,最高浓度可达 1.07 μg/L[92]。

饮用水水源和自来水也不同程度地受到了微囊藻毒素的污染。北京市主要饮用水水源密云水库中曾检出多种微囊藻毒素,但主要是毒性较低的 MC-RR,可达微克每升水平,溶解性 MC-LR 含量较低。北京官厅水库曾是重要饮用水水源,因污染严重早已停止使用,于停用后检测微囊藻毒素浓度高达数十微克每升。上海市主要饮用水水源青草沙水库水样中溶解性微囊藻毒素最高可超过 0.4 μg/L。三峡库区局部水域可检测到微囊藻毒素,但浓度较低。洱海水样中总微囊藻毒素和胞外微囊藻毒素检出率分别为 95.2% 和 33.3%,总微囊藻毒素最高为 2.17 μg/L,胞外微囊藻毒素最高为 0.41 μg/L。珠江广州个别河段微囊藻毒素浓度大于国家标准 1 μg/L。环太湖水源水中 MC-LR 检出率高达 60%。多个城市自来水中 MC-LR 浓度接近或超过国家标准,如:部分环太湖城市出厂水、黄河三门峡段出厂水等都曾超过国家标准。甚至在环太湖地区的市售饮用水中也可检测到较低浓度的 MC-LR。

一些研究报道了微囊藻毒素在我国肿瘤高发区尤其是肝癌高发区的污染状况。在江苏海门、启东等肝癌高发区的农村,沟塘水中微囊藻毒素检出率大于河水和浅井水,在部分水样中的浓度超过 1 μg/L。福建同安饮用水中微囊藻毒素阳性率高达 60.0%～100%,水库水中微囊藻毒素含量接近 1 μg/L。在淮河某肿瘤高发区开展的地表水和地下水等不同水体类型中微囊藻毒素污染特征研究发现,部分水样中微囊藻毒素含量超过以往报道中启东肝癌高发区的水平,淮河流域周围的地下水也受到了不同程度的污染,MC-RR 是该地地下水中的主要微囊藻毒素类型,地下水中的藻毒素污染来自被藻毒素污染的河水[93]。

水生生物也受到了微囊藻毒素的污染。在巢湖鱼类的肌肉、内脏、体液中均可检出微囊藻毒素,早期研究发现 MC-LR 含量为 2.64～49.7 μg/(100 g 鱼肉),是世界卫生组织推荐每天容许摄入量的 1.3～25 倍。最新的研究结果表明,45.4% 的巢湖鱼类肌肉组织样本会使人摄入的微囊藻毒素量超过世界卫生组织的每天容许摄入量[94]。太湖鲫鱼和鲤鱼内脏中微囊藻毒素含量较高,以肠壁为最高,鲤鱼肠壁以 MC-LR 为主,其他脏器均以 MC-RR 为主,鲫鱼肠壁中微囊藻毒素高达 2 042.9±4 426.0 ng/g(干重),是其他脏器和鱼肉中含量的数十倍。重庆涪陵地区池塘鱼肉和鸭肉中 MC-LR 含量为纳克每千克水平,鸭肝中 MC-LR 含量高于鸭肉。此外,在淀山湖、鄱阳湖等多处水体的水生生物中均检测到不同程度的微囊藻毒素污染。

11.3.1.2　节球藻毒素

节球藻毒素是具有环五肽结构的肝毒素,目前已分离获得 7 种异构体,主要来源于泡沫节球藻,其结构表示为环 D-MeAsp/D-Asp-L-Arg-Adda-D-Glu-Mdhb。节球藻毒素分布较为广泛,在水华爆发的水体中经常可以检测到,在世界范围内分布很广,在水体中的检出浓度可高达 95 μg/L,在我国某些地区水源水中曾检测到 55.4 μg/L 的浓度。节球藻毒素可在水生生物体内富集,在甲壳类动物中含量较高,可达微克每克湿重水平。

11.3.1.3　拟柱孢藻毒素

拟柱孢藻毒素具有三环生物碱结构,由一个三环胍基团与羟甲基尿嘧啶联合组成,其分子式是 $C_{15}H_{21}N_5O_7S$。它易溶于水和有机溶剂,性质稳定,耐高温,耐酸碱,经光照作用后迅速分解,在天然水体中降解周期为 11～15 天。拟柱孢藻毒素主要由拟柱孢藻、尖头藻、鱼腥藻、颤藻、束丝藻等产生。1979 年拟柱孢藻毒素在世界上被首次报道,当时澳大利亚棕榈岛索罗摩水库暴发蓝藻水华,导致肝因性肠炎爆发,共计 149 人中毒,原因是此次水华优势藻为拟柱孢藻,其产生的拟柱孢藻毒素污染了当地的饮用水供水系统。此后,美国等其他国家也先后出现拟柱孢藻水华并检测到拟柱孢藻毒素,在沙特阿拉伯一处干旱的湖泊样品中检测到拟柱孢藻毒素浓度为 173 μg/L,这也是目前在环境中检测到的最高值,在台湾地区的自来水水样中也曾检出过浓度范围为 0.69～2.2 μg/L 的拟柱孢藻毒素[95]。拟柱孢藻毒素在鱼肉中的含量很低。

11.3.1.4 类毒素-a

类毒素-a 为低分子量生物碱，鱼腥藻是类毒素-a 的主要产毒藻属，水溶性好，性质稳定，光照后转化为无毒形式。类毒素-a 广泛分布于热带、温带和寒带地区的淡水环境中。美国内布拉斯加州水库 46.3% 的水样均可检出类毒素-a，最高浓度达数十微克每升。淀山湖类毒素-a 污染程度较轻，基本上处于纳克每升水平，7 月份浓度相对较高。上海市以青草沙水库为水源的两水厂原水中类毒素-a 达亚微克每升水平，在出厂水中未检出[96]。我国内蒙古达赉湖地区曾出现类毒素-a 污染导致的家畜急性中毒。类毒素-a 不易在鱼类等水产品中检测到。

11.3.2 人体内负荷水平

关于藻类毒素的人体内负荷研究较少。据报道，巴西肾透析用水被藻毒素污染事件中的患者暴露于致死剂量的微囊藻毒素，其血清中微囊藻毒素浓度为 2.2 μg/L（酶联免疫吸附测定法），也有报道均数为 20 μg/L（液相色谱质谱联用法）。另有研究表明肾透析用水被藻毒素污染的患者在事件发生 8 周后血清中 MC-LR 水平为 <0.16 μg/L。我国西南地区开展的一项微囊藻毒素与肝癌关系的病例对照研究中，病例组血清中 MC-LR 中位数为 0.63 μg/L，对照组中位数为 0.56 μg/L[97]。在三峡库区开展的关于微囊藻毒素暴露与儿童肝损伤关系的横断面研究中，高暴露组儿童血清 MC-LR 检出率高达 91.9%，均值为 1.3 μg/L，低暴露组检出率为 84.2%，均值为 0.4 μg/L，对照组检出率仅为 1.9%[98]。我国巢湖地区开展的一项慢性暴露研究中，渔夫血清微囊藻毒素范围为 0.045~1.832 μg/L[99]。

11.3.3 毒理学研究

11.3.3.1 微囊藻毒素

微囊藻毒素是毒性最强的一类藻毒素，不同异构体间毒性大小存在差异，以 MC-LR 急性毒性最强，小鼠经口染毒 MC-LR 的半数致死剂量（lethal dose 50，LD_{50}）为 5~10.9 mg/(kg 体重)。微囊藻毒素不同异构体经小鼠腹腔注射的 LD_{50} 变化范围从数十微克每千克体重至上百微克每千克体重，MC-LR 为 32.5~158 μg/kg，MC-YR 为 70 μg/kg，MC-RR 急性毒性较弱为 111~650 μg/kg。微囊藻毒素急性毒性的主要靶器官为肝脏，在急性中毒的临床病例中还观察到神经系统受到影响，主要症状包括：昏迷、肌肉痉挛、呼吸急促、腹泻、肝功能受损、肝衰竭以至死亡等。此外，研究发现甲状腺、肺等器官也可受到微囊藻毒素急性暴露的影响。

由大鼠 28 天经饮水重复染毒 MC-LR 的研究确定 MC-LR 的最低可观察到有害效应剂量水平（lowest observed adverse effect level，LOAEL）为 50 μg/(kg · d)。在一个通过饮水给小鼠染毒一年 MC-LR 的研究中，在 1 μg/L 染毒组即可观察到肺部细胞线粒体基因表达的改变[100]。小鼠经口染毒 13 周实验表明，MC-LR 的未观察到有害效应剂量水平（no-observed adverse effect level，NOAEL）为 40 μg/kg[101]，这也是世界卫生组织制定饮用水基准值的依据。

微囊藻毒素的遗传毒性研究主要集中于致突变性和 DNA 损伤等方面。目前主要认为 MC-LR 在体外的致突变性为阴性，虽然在一些达到细胞毒性剂量水平的研究中为阳性结果。研究发现微囊藻毒素能够导致细胞 DNA 氧化损伤，导致 8-羟基脱氧鸟苷增加，且具有时间和剂量依赖性。在实验动物的肝脏、肾脏、肺等器官均能检测到 MC-LR 引起的 DNA 损伤。但一般认为这种损伤并不是 MC-LR 与 DNA 的直接作用造成的，而是与氧化应激有关。

微囊藻毒素除了能够引起急慢性肝损伤，同时还是一种肝癌促进剂。实验动物经口或腹腔注射染毒 MC-LR 并未发现直接的致癌作用，但对于经过肿瘤启动剂染毒的实验动物能够促进肿瘤生长。经肿瘤启动剂二乙基亚硝胺诱导后，低于急性毒性剂量水平的 MC-LR 能够增加大鼠肝脏中胎盘型谷胱甘肽巯基转移酶阳性灶的数量和面积占比，促进肝癌发生，且具有剂量依赖性[102]。在给予适当的肿瘤启动剂后，微囊藻毒素长期暴露还能促进皮肤癌和肠癌的发生。鉴于其对实验动物的促癌作用，国际癌症研究机构将 MC-LR 列为人类可能致癌物（2B）。

微囊藻毒素具有生殖发育毒性。在雌性动物的卵和雄性动物的生精小管内可检测到微囊藻毒素，体外实验证实 MC-LR 能够进入精原细胞。性腺也是微囊藻毒素的主要靶器官，同时微囊藻毒素可能通过生殖细胞向子代传递。长期染毒微囊藻毒素对雄性大鼠生殖系统造成损伤可能与 MC-LR 改变了机体和睾丸细胞氧化压力，进而导致睾丸功能受损，并对生殖产生影响有关。睾丸中的生精细胞和支持细胞可能是微囊藻毒素雄性生殖毒性的主要作用靶点。微囊藻毒素作用于胎盘屏障，使孕鼠胎盘细胞水肿、变性，细胞间质疏松变形。微囊藻毒素更易于通过受损的胎盘屏障，继而引起胎鼠脏器发育受损、畸胎率增加。MC-LR 的毒性作用可通过亲代进行传递，例如成年斑马鱼染毒 MC-LR，F1 子代出现体重、体长下降等生长抑制和免疫功能紊乱[103]。

微囊藻毒素具有肾毒性。急性毒性实验发现微囊藻毒素可导致肾小球和肾小管细胞自噬、凋亡、坏死。小鼠腹腔注射 10 μg/kg 微囊藻毒素，导致肾小球毛细血管簇被破坏，近曲小管、远曲小管管腔增大，管腔内红细胞增多，肾小管上皮细胞脱落或消失，胞质中出现液泡，胞间淋巴细胞浸润。小鼠离体灌注染毒 MC-LR，肾小管钠转运效率下降，肾脏浓缩功能下降，肾小球过滤受损，出现蛋白尿。MC-LR 可在鲤鱼肾近端小管细胞内累积，导致 P2 段上皮细胞出现空泡，细胞凋亡、脱落，肾皮质、髓质连接处出现蛋白质样脱落物。

微囊藻毒素可在实验动物大脑内蓄积。微囊藻毒素染毒 48 h 后的小鼠全脑细胞中微囊藻毒素水平具有暴露浓度依赖性。此外微囊藻毒素还具有一定免疫毒性，可导致脾脏肿大，同时导致巨噬细胞吞噬力、B 淋巴细胞抗体产生能力、T 淋巴细胞增殖力下降，自然杀伤细胞对肿瘤细胞的杀伤能力降低。此外，微囊藻毒素与其他物质的联合作用的毒理学研究也有所开展,例如 MC-LR 与消毒副产物 MX 联合作用时遗传毒性增强,氧化应激反应在遗传毒性增强中发挥重要作用[104]。

微囊藻毒素的毒作用机制主要与其能够抑制蛋白质丝氨酸/苏氨酸磷酸酶 1 (protein phosphatase 1,PP1)和蛋白磷酸酶 2A(Aprotein phosphatase 2A,PP2A)的活性,抑制体内蛋白的正常去磷酸化,使蛋白的磷酸化与去磷酸化失衡、生化过程紊乱有关。MC-LR 的具体毒作用机制(见图 11-4),通过抑制 PP2A/PP1,激活丝裂原活化蛋白激酶(mitogen-activated protein kinase,MAPK)通路,使 Tau 等微丝蛋白处于超磷酸化状态,改变细胞骨架,引起肝内出血、凋亡等改变;通过 Ca^{2+}/钙调蛋白依赖蛋白激酶ⅡCa^{2+}/(calmodulin-dependent protein kinaseⅡ,CaMKⅡ)、P53 通路等诱导氧化应激、引起细胞骨架改变、凋亡和 DNA 损伤,导致基因组不稳定;作用于 DNA 依赖性蛋白激酶(DNA-dependent protein kinase,DNA-PK)减少 DNA 损伤修复,影响基因组稳定性;通过核因子(κBnuclear factorkappaB,NF-κB)、肿瘤坏死因子 α(tumor necrosis factor alpha,TNFα)等促进细胞增殖,在基因组不稳定与促细胞增殖的共同作用下产生促癌作用,不同信号通路之间存在交叉对话[95]。微囊藻毒素毒性作用具有明显的器官选择性,目前认为这与其通过细胞膜的载体——有机阴离子转运多肽类(organic anion transporting polypeptides,OATP)在不同器官的分布差异有关。

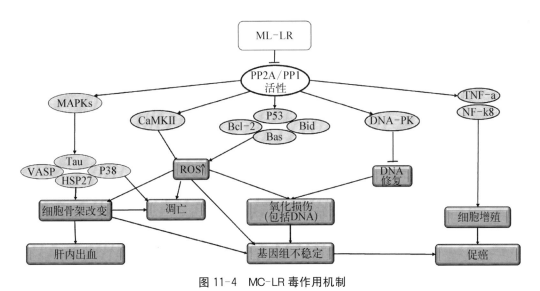

图 11-4 MC-LR 毒作用机制

注:图片修改自"Buratti FM, Manganelli M, Vichi S, et al. Cyanotoxins: producing organisms, occurrence, toxicity, mechanism of action and human health toxicological riskevaluation. Arch Toxicol, 2017, 91(3): 1049-1130 (Figure 4)"

11.3.3.2 节球藻毒素

1878 年,节球藻对牲畜的影响首次报道。研究表明 OATP 可能是节球藻毒素通过细胞膜的载体。与微囊藻毒素类似,节球藻毒素也是一种强烈的肝毒物,引起啮齿类动物急性肝损伤,具体表现为肝脏出血、坏死、肝血窦被破坏。小鼠经腹腔注射节球藻毒素的 LD_{50} 为 30～50 μg/kg。与微囊藻毒素相比,节球藻毒素吸收、代谢更慢,对小鼠的致死时间稍长,但肝脏出血面积更大。10 μg/(kg·d)节球藻毒素染毒 3 周可导致小鼠肝脏出现"草莓状表面"改变,肝细胞嗜酸性病变、炎症,肝板结构严重破坏。节球藻毒素具有肝癌促进剂的作用,在两阶段致癌模型中,实验大鼠经肿瘤启动剂诱导后,腹腔注射 25 μg/kg 的节球藻毒素能够诱导胎盘型谷胱甘肽巯基转移酶阳性灶的面积和体积增加。节球藻毒素的毒性机制也是主要通过抑制 PP-1 和 PP2A 的活性,导致胞内蛋白高度磷酸化,中间丝不可逆过度磷酸化,细胞骨架解体,引起肝细胞氧化应激反应,改变氧化应激相关酶的活性。除了促癌作用,节球藻毒素也是一种很强的水环境直接致癌物。总之,节球藻毒素是一种广泛分布的、肝毒性很强的环境毒素。然而,由于资料不足,国际癌症研究机构将节球藻毒素列为第 3 组物质,即对人体致癌性尚未归类的物质。

节球藻毒素还具有免疫毒性和生殖发育毒性。体外染毒能够抑制脂多糖引起的小鼠脾细胞多克隆抗体形成细胞反应和淋巴增生,抑制刀豆球蛋白 A 诱导的 T-淋巴细胞增殖。体内实验中,腹腔注射染毒能够降低羊血红细胞引起的激素免疫反应。在节球藻毒素的促癌研究中发现它能够降低睾酮水平,引起睾丸支持细胞溶酶体增多,睾丸间质细胞过氧化物酶体增加。节球藻毒素能够降低斑马鱼胚胎孵化率、增加死亡率和畸形率,对斑马鱼早期发育有一定抑制效应,高浓度暴露可导致死亡。

11.3.3.3　拟柱孢藻毒素

拟柱孢藻毒素具有肝毒性,其尿嘧啶结构与毒性有关。小鼠经腹腔注射拟柱孢藻毒素的 LD_{50} 为 2 100 μg/kg。肝脏和肾脏是其急性毒性的主要靶器官。拟柱孢藻毒素能够不可逆地抑制蛋白合成,引起细胞死亡,这是其肝肾毒性的主要机制。拟柱孢藻毒素还具有胎儿毒性、肿瘤启动作用和遗传毒性。拟柱孢藻毒素的遗传毒性主要表现为诱导微核、引起 DNA 链断裂和染色体丢失。

11.3.3.4　类毒素-a 和高类毒素-a

类毒素-a 是一种很强的突触前和突触后去极化物质,在神经肌肉连接处和中枢神经系统与乙酰胆碱竞争烟碱型和蕈毒碱型受体,影响血压、心率和气体交换,导致缺氧、呼吸衰竭乃至死亡。类毒素-a 致死效应强,经小鼠腹腔注射的 LD_{50} 为 260～315 μg/kg,2～6 min 内死亡,有"非常快速致死因子(very fast deathfactor,VFDF)"之称。按照世界卫生组织和联合国欧洲经济委员会的毒性分级标准属于极毒类物质。

高类毒素-a 由颤藻、项圈藻、尖头藻、席藻等属的蓝藻产生,与类毒素-a 属于同系物,类毒素-a 中的乙酰基被丙酰基替代后即为高类毒素-a。小鼠经腹腔注射高类毒素-a 的 LD_{50} 为 250 μg/kg,在致死剂量水平出现严重的肢体麻木、抽搐,7～12 min 内即可因呼吸停止而死亡。其作用机制与类毒素-a 类似,是一种强肌肉和神经元烟碱型乙酰胆碱受体激动剂。

11.3.3.5 拟类毒素-a

拟类毒素-a 属于低分子量生物碱,结构不同于类毒素-a,为 N-羟基鸟嘌呤的单磷酸酯,主要来自鱼腥藻。拟类毒素-a 为极性物质,可溶于水、甲醇等,能够不可逆地抑制乙酰胆碱酯酶对乙酰胆碱的降解,导致肌肉痉挛。拟类毒素-a 与类毒素-a 的中毒症状类似,但致死作用更强,小鼠经腹腔注射拟类毒素-a 粗提取物的 LD_{50} 为 $20\sim50\ \mu g/kg$,染毒小鼠流涎、流泪、肌束震颤、尿失禁,于数小时内发生呼吸衰竭而死亡。

11.3.3.6 石房蛤毒素

石房蛤毒素又名贻贝毒素,是一种四氢嘌呤衍生物,属生物碱类毒素,目前已发现五十多种同系物,统称为麻痹性贝毒(paralytic shellfish toxins,PST)。石房蛤毒素主要由海洋中的真核甲藻产生,淡水蓝藻如鱼腥藻、束丝藻、拟柱孢藻等也能合成该毒素。石房蛤毒素水溶性和热稳定性好,能够在淡水贝类中蓄积,罐头加工过程仅能降解 70%。

石房蛤毒素能够可逆地阻断电压门控型钠离子通道,阻碍神经和肌肉纤维形成正常动作电位,导致神经肌肉麻痹,引起窒息、死亡。石房蛤毒素是低分子毒物中毒性最强的物质,小鼠经腹腔注射的 LD_{50} 为 $5\sim10\ \mu g/kg$,经口染毒的 LD_{50} 为 $260\sim263\ \mu g/kg$。人体摄入 $1\ mg$ 即可导致死亡,无特异性解毒药物,已被国际条约列为化学武器。石房蛤毒素的同系物因结构不同毒性差异较大。

11.3.4 流行病学研究

藻类毒素的流行病学研究主要围绕微囊藻毒素开展,其他藻类毒素的人群资料较少。人类通过消化道、皮肤和呼吸道暴露于微囊藻毒素污染的水,可出现消化道症状、流感症状、皮疹、黏膜刺激症状和肝肾损害。微囊藻毒素引起人类中毒死亡的事件曾有报道。1996 年巴西某医疗机构因透析用水污染导致肾透析患者微囊藻毒素中毒,造成一百多人急性、亚急性肝中毒,76 人死于肝衰竭。此外,还发生过由于饮用水污染导致人类中毒死亡的事件。

研究提示,饮用水微囊藻毒素污染与我国某些地区的肝癌高发有关。我国东南沿海地区特别是江苏海门、启东,福建同安、广西扶绥、绥远等地部分居民曾经长期饮用受微囊藻毒素污染的沟塘水、河水等浅表水,水中微囊藻毒素含量与当地原发性肝癌发病率两者之间具有正相关关系。以沟塘水为饮用水的人群肝癌发病率是以深井水为饮用水人群的数倍。长期摄入平均浓度低于 $0.3\ \mu g/L$ 微囊藻毒素的饮用水,即可升高一些血清肝功能酶。在海门和启东,以被微囊藻毒素污染的河沟水为饮用水的居民患肝癌的相对危险度约是以井水和自来水为饮用水居民的 2 倍。此外,微囊藻毒素还与其他消化道肿瘤如胃癌、大肠癌等有一定相关性。研究表明,饮用水微囊藻毒素暴露等级与男性胃癌标化死亡率呈正相关。我国大肠癌高发区浙江海宁各乡镇大肠癌发病率与当地浅表水源的微囊藻毒素含量呈正相关。近期在我国西南地区开展的一项微囊藻毒素与肝癌的病例-对照研究,首次提供了血清 MC-LR 是肝细胞癌独立危险因素的人类研究证据,发现 MC-LR 与乙肝病毒、酒精、黄曲霉毒素间存在一定交互作用,微囊藻毒素可能会增加乙肝病毒、黄曲霉毒素联合暴露导致的肝损伤风险,同时它也是引起肾功能损伤的危险因素[97]。

微囊藻毒素暴露能够引起人群肝损伤。在我国三峡库区开展的横断面调查表明,慢性微囊藻毒素暴露可导致儿童肝脏血清谷草转氨酶和碱性磷酸酶水平的显著性增加[99]。在淀山湖地区开展的研究发现在淀山湖区生活 10 年以上且常年接触淀山湖水的居民血清谷草转氨酶、乳酸脱氢酶和谷氨酰转肽酶活性均高于不接触淀山湖水且无肝脏损伤的对照人群[105]。

11.4　小结与展望

　　饮用水 DBPs 和水体藻毒素是广泛存在的两大类污染物,本章从外环境污染水平与人体内负荷水平、毒理学证据、流行病学证据、精准健康和展望等方面对这两大类污染物作了介绍。人类在日常生活中不可避免地通过各种途径长期暴露这类污染物,由此带来的潜在健康风险不容小觑。对这些污染物的环境存在和健康危害进行早期识别和早期干预是防治污染和精准预防的重要基础。围绕这个“重要基础”,未来要进一步开展以下工作: ① 建立高灵敏度、高准确度、高自动化程度的检测方法,以实现对 DBPs 和藻毒素在环境中的存在进行精确定性和定量。饮用水 DBPs 和水体藻毒素的种类繁多,尤其是 DBPs 已超过 600 余种,许多虽是“微量存在”,但其“高健康风险”的特性和人群的终生暴露,对其在环境中的存在进行早期定性和定量,将可有的放矢地采取控制措施。② 深入阐明相关毒性及机制,以发现污染物的敏感作用靶点和剂量-反应关系,寻找敏感“预警”指标。饮用水 DBPs 和水体藻毒素因种类繁多,毒作用类型和毒性强度差异很大,目前还缺乏足够的毒理学资料。多种混合物的毒性研究、由高剂量转向环境水平的毒理学研究,以及毒效应相关的分子生物标志物的识别将为这些污染物健康危害的早期识别提供坚实的依据。③ 开展设计良好的流行病学研究,以确立暴露与效应之间的因果联系,实现污染物健康危害的早期发现和早期干预。暴露评估一直是饮用水 DBPs 和水体藻毒素流行病学研究中的一个主要挑战,准确的暴露评估和灵敏的效应标志将有助于准确确立环境暴露与人群健康效应之间的关系。此外,个体遗传变异和表观遗传是否在污染物暴露致健康危害中起作用,这些都需要在今后的流行病学研究中做深入调查,以便为将来饮用水 DBPs 和水体藻毒素暴露的健康风险评价以及预防策略制订提供更加有意义的科学依据。

水中藻毒素种类繁多,分布广泛,毒作用类型和毒性强度差异很大。藻毒素饮用水卫生标准的制定对于精准地预防该类污染物所致健康危害有至关重要的意义。出于保护健康的考虑,针对其中毒性强、人类接触机会大、暴露量高的藻毒素提出了一些建议值和标准。世界卫生组织对饮用水微囊藻毒素 MC-LR 的建议指导浓度为 $1\,\mu g/L$。我国现行《生活饮用水卫生标准》采用了相同限值。目前缺乏节球藻毒素的 NOAEL 值和相关环境标准限值,鉴于其与微囊藻毒素具有类似的毒性和作用机制,有学者建议节球藻毒素采用与微囊藻毒素相同的限值。美国环境保护署将节球藻毒素与微囊藻毒素 MC-YR、RR、LA 一起列入非受控污染物监控法规。拟柱孢藻已被世界卫生组织《饮用水水质准则》列为产生蓝藻毒素的藻种之一。利用经口染毒拟柱孢藻毒素 11 周的小鼠试验推导 NOAEL 值为 $30\,\mu g/(kg \cdot d)$,有学者由此提出其饮用水限值为 $1\,\mu g/L$。澳大利亚和新西兰均采用 $1\,\mu g/L$ 的饮用水拟柱孢藻毒素限值,巴西设为 $15\,\mu g/L$。美国环境保护署则针对不同年龄段提出了饮用水中非监管性的 10 天健康建议值,小于 6 岁的儿童为 $0.7\,\mu g/L$,6 岁及以上儿童和成人为 $3\,\mu g/L$。目前,世界卫生组织尚未制定饮用水类毒素-a 的限值标准,美国俄勒冈州提出饮用水中暂定最大值为 $3\,\mu g/L$,新西兰则规定为 $6\,\mu g/L$。由此可见,对于藻毒素很多机构、国家和地区饮用水标准中仅纳入了微囊藻毒素,还有很多危害大的藻毒素尚无健康基准值,藻毒素的标准制定工作有待加强,这有赖于暴露水平的精准定量和健康效应方面的精准研究。

对于藻毒素来说,微囊藻毒素的检测发展得相对较为完善。由于在检测样品中浓度低、基质复杂,其前处理尤为关键。传统上多采用固相萃取的方法,此外,免疫色谱法和近年来发展起来的浊点萃取法和固相微萃取法等方法也有所应用。固相萃取操作简单、方法成熟、应用范围广;免疫色谱法特异选择性强,灵敏度高,成本高;固相微萃取样品用量少,不需要有机溶剂和清洗;浊点萃取法采用无毒有机溶剂,操作时间较短。今后应大力发展操作简单快速、萃取效果好的环境友好型前处理技术。微囊藻毒素的检测方法主要有色谱法、生物毒理法、生物化学法、免疫学检测法、分子生物学检测方法、生物传感器等。色谱-质谱法灵敏度高、特异性佳、分析速度快、重复性好,可实现精确定性和定量。高效液相色谱法是一些国际组织和许多国家的推荐检测方法,但成本较高,并受标准品的限制。生物传感器是近年发展起来的新技术,操作简单、灵敏度高、成本低,可实现在线实时检测,对于污染物预警具有重要意义,但仍需要解决传感器稳定性和重复性,以及复杂样品中杂质干扰的问题。

在毒理学研究方面,许多毒性较强的藻毒素尚缺乏足够的毒理学资料或缺乏设计严谨的毒理学实验以获得 NOAEL 值或基准剂量,仍需进一步开展相关毒性及机制研究,发现其敏感作用靶点和剂量反应关系。另外,鉴于以往毒理学研究多在大剂量染毒情况下观察毒性终点,今后应更多地关注环境浓度相关剂量的毒理学效应,以及不同藻毒素之间和与其他环境化学物之间的交互作用。除了微囊藻毒素 MC-LR，其他藻毒素的人群流行病学研究鲜有开展，有待优先开展其中一些人类接触机会和健康影响较大的藻毒素的人群暴露评估，寻找敏感有效的生物标志物，确定暴露与人群健康效应的关系，为早期识别和预防藻毒素相关人群的健康服务。

参考文献

［1］中华人民共和国环境保护部. 2016 年中国环境状况公报［EB/OL］. http：//www. gov. cn/xinwen/2017-06/06/content_5200281. htm.

［2］周宜开,刘德培. 中华医学百科全书环境卫生学［M］.北京：中国协和医科大学出版社. 2017.

［3］周宜开,鲁文清. 水污染与健康［M］.武汉：湖北科学技术出版社,2015.

［4］黄君礼,范启祥,寇广中等. 国内主要水厂卤仿的调查［J］,环境化学,1987,6：80-86.

［5］Ding H，Meng L，Zhang H，et al. Occurrence，profiling and prioritization of halogenated disinfection by-products in drinking water of China［J］. Environ Sci Process Impacts，2013，15：1424-1429.

［6］Krasner S W，Weinberg H S，Richardson S D，et al. Occurrence of a new generation of disinfection byproducts［J］. Environ Sci Technol，2006，40：7175-7185.

［7］Bei E，Shu Y，Li S，et al. Occurrence of nitrosamines and their precursors in drinking water systems around mainland China［J］. Water Res，2016，98：168-175.

［8］USEPA［EB/OL］. http：//water. epa. gov/lawsregs/rulesregs/sdwa/ucmr/data.

［9］Caro J，Gallego M，Alveolar，et al. Air and urine analyses as biomarkers of exposure to trihalomethanes in an indoor swimming pool［J］. Environ Sci Technol，2008，42：5002-5007.

［10］Font-Ribera L，Kogevinas M，Zock J P，et al. Short-term changes in respiratory biomarkers after swimming in a chlorinated pool［J］. Environ Health Perspect，2010，118：1538-1544.

［11］Rivera-Núñez Z，Wright J M，Blount B C，et al. Comparison of trihalomethanes in tap water and blood：a case study in the United States［J］. Environ Health Perspect，2012，120：661-667.

［12］Riederer A M，Dhingra R，Blount B C，et al. Predictors of blood trihalomethane concentrations in NHANES 1999-2006［J］. Environ Health Perspect，2014，122：695-702.

［13］Zeng Q，Li M，Xie S H，et al. Baseline blood trihalomethanes，semen parameters and serum total testosterone：a cross-sectional study in China［J］. Environ int，2013，54：134-140.

［14］Cao W C，Zeng Q，Luo Y，et al. Blood biomarkers of late pregnancy exposure to trihalomethanes in drinking water and fetal growth measures and gestational age in a Chinese cohort［J］. Environ Health Perspect，2016，124：536-541.

［15］Calafat A M，Kuklenyik Z，Caudill S P，et al. Urinary levels of trichloroacetic acid，a disinfection by-product in chlorinated drinking water，in a human reference population［J］. Environ Health Perspect，2003，111：151-154.

［16］Zeng Q，Wang Y X，Xie S H，et al. Drinking-water disinfection by-products and semen quality：a cross-sectional study in China［J］. Environ Health Perspect，2014，122：741-746.

［17］Zhou W S，Xu L，Xie S H，et al. Decreased birth weight in relation to maternal urinary trichloroacetic acid levels［J］. Sci Total Environ，2012，416：105-110.

［18］Wang Y X，Zeng Q，Wang L，et al. Temporal variability in urinary levels of drinking water disinfection byproducts dichloroacetic acid and trichloroacetic acid among men [J]. Environ Res, 2014, 135: 126-132.

[19] Keegan T E, Simmons J E, Pegram R A, et al. NOAEL and LOAEL determinations of acute hepatotoxicity for chloroform and bromodichloromethane delivered in an aqueous vehicle to F344 rats [J]. J Toxicol Environ Health A, 1998, 55: 65-75.

[20] Brown-Woodman P D, Hayes L C, Huq F, et al. In vitro assessment of the effect of halogenated hydrocarbons: chloroform, dichloromethane, and dibromoethane on embryonic development of the rat [J]. Teratology, 1998, 57: 321-333.

[21] Fawell J, Robinson D, Bull R, et al. Disinfection by-products in drinking water: critical issues in health effects research [J]. Environ Health Perspect, 1997, 105: 108-109.

[22] Testai E, Di M S, Domenico A. di, et al. An in vitro investigation of the reductive metabolism of chloroform [J]. Arch Toxicol, 1995, 70: 83-88.

[23] Bowman F J, Borzelleca J F, Munson A E, et al. The toxicity of some halomethanes in mice [J]. Toxicol Appl Pharmacol, 1978, 44: 213-215.

[24] Chu I, I Secours I, Marino I, et al. The acute toxicity of four trihalomethanes in male and female rats [J]. Toxicol Appl Pharmacol, 1980, 52: 351-353.

[25] NTP Toxicology and Carcinogenesis Studies of Bromodichloromethane (CAS No. 75-27-4) in F344/N Rats and B6C3F1 Mice (Gavage Studies), Natl Toxicol Program Tech Rep Ser, 1987, 321: 1-182.

[26] Lilly P D, Simmons J E, Pegram R A, et al. Dose-dependent vehicle differences in the acute toxicity of bromodichloromethane [J]. Fundam Appl Toxicol, 1994, 23: 132-140.

[27] Kroll R B, Robinson G D, Chung J H, et al. Characterization of trihalomethane (THM)-induced renal dysfunction in the rat. I: Effects of THM on glomerular filtration and renal concentrating ability [J]. Arch Environ Contam Toxicol, 1994, 27: 1-4.

[28] Klinefelter G R, Suarez J D, Roberts N L, et al. Preliminary screening for the potential of drinking water disinfection byproducts to alter male reproduction [J]. Reprod Toxicol, 1995, 9: 571-578.

[29] Ruddick J A, Villeneuve D C, Chu I, et al. A teratological assessment of four trihalomethanes in the rat [J]. J Environ Sci Health B, 1983, 18: 333-349.

[30] Narotsky M G, Pegram R A, Kavlock R J, et al. Effect of dosing vehicle on the developmental toxicity of bromodichloromethane and carbon tetrachloride in rats [J]. Fundam Appl Toxicol, 1997, 40: 30-36.

[31] Balster R L, Borzelleca J F. Behavioral toxicity of trihalomethane contaminants of drinking water in mice [J]. Environ Health Perspect, 1982, 46: 127-136.

[32] Hewitt W R, Brown E M, Plaa G L, et al. Acetone-induced potentiation of trihalomethane toxicity in male rats [J]. Toxicol Lett, 1983, 16: 285-296.

[33] NTP Toxicology and Carcinogenesis Studies of Chlorodibromomethane (CAS No. 124-48-1) in F344/N Rats and B6C3F1 Mice (Gavage Studies), Natl Toxicol Program Tech Rep Ser, 1985, 282: 1-174.

[34] Borzelleca J F. Effects of selected organic drinking water contaminants on male reproduction. Research Triangle Park, North Carolina, US Environmental Protection Agency (EPA 600/1-82-009, 1982; NTIS PB82-259847).

[35] Re-evaluation of some organic chemicals, hydrazine and hydrogen peroxide. Proceedings of the

IARC Working Group on the Evaluation of Carcinogenic Risks to Humans [J]. IARC Monogr Eval Carcinog Risks Hum, 1999, 71 Pt 1: 1-315.

[36] Moore T C, Pegram R A. Renal toxicity of bromodichloromethane and bromoform administered chronically to rats and mice in drinking water [J]. Toxicologist, 1994, 14: 281.

[37] NTP Toxicology and Carcinogenesis Studies of Tribromomethane (Bromoform)(CAS No. 75-25-2) in F344/N Rats and B6C3F1 Mice (Gavage Studies), Natl Toxicol Program Tech Rep Ser, 1989, 350: 1-194.

[38] NTP, Bromoform: Reproduction and fertility assessment in Swiss CD-1 mice when administered by gavage. Research Triangle Park, North Carolina, US Department of Health and Human Services, National Toxicology Program (1989, NTP-89-068,).

[39] HB Narotsky M G, Mitchell D S. Bromoform requires a longer exposure period than carbon tetrachloride to induce pregnancy loss in F-344 rats [J]. Toxicologist, 1993, 13: 255.

[40] Woodard G, Lange S, Nelson K W, et al. The acute oral toxicity of acetic, chloroacetic, dichloroacetic and trichloroacetic acids [J]. J Ind Hyg Toxicol, 1941, 23: 78-82.

[41] Cicmanec J L, Condie L W, Olson G R, et al. 90-Day toxicity study of dichloroacetate in dogs [J]. Fundam Appl Toxicol, 1991, 17: 376-389.

[42] Toth G P, Kelty K C, George E L, et al. Adverse male reproductive effects following subchronic exposure of rats to sodium dichloroacetate [J]. Fundam Appl Toxicol, 1992, 19: 57-63.

[43] Smith M K, Randall J L, Read E J, et al. Developmental toxicity of dichloroacetate in the rat [J]. Teratology, 1992, 46: 217-223.

[44] Yount E A, Felten S Y, O'Connor B L, et al. Comparison of the metabolic and toxic effects of 2-chloropropionate and dichloroacetate [J]. J Pharmacol Exp Ther, 1982, 222: 501-508.

[45] Daniel F B, DeAngelo A B, Stober J A, et al. Hepatocarcinogenicity of chloral hydrate, 2-chloroacetaldehyde, and dichloroacetic acid in the male B6C3F1 mouse [J]. Fundam Appl Toxicol, 1992, 19: 159-168.

[46] Snyder R D, Pullman J, Carter J H, et al. In vivo administration of dichloroacetic acid suppresses spontaneous apoptosis in murine hepatocytes [J]. Cancer Res, 1995, 55: 3702-3705.

[47] Miller J H, Minard K, Wind R A, et al. In vivo MRI measurements of tumor growth induced by dichloroacetate: implications for mode of action [J]. Toxicology, 2000, 145: 115-125.

[48] Pereira M A, Phelps J B. Promotion by dichloroacetic acid and trichloroacetic acid of N-methyl-N-nitrosourea-initiated cancer in the liver of female B6C3F1 mice [J]. Cancer Lett, 1996, 102: 133-141.

[49] DeAngelo A B, Daniel F B, Most B M, et al. The carcinogenicity of dichloroacetic acid in the male Fischer 344 rat [J]. Toxicology, 1996, 114: 207-221.

[50] Bhat H K, Kanz M F, Campbell G A, et al. Ninety day toxicity study of chloroacetic acids in rats [J]. Fundamental and applied toxicology : official journal of the Society of Toxicology, 1991, 17: 240-253.

[51] Davis M E. Subacute toxicity of trichloroacetic acid in male and female rats [J]. Toxicology, 1990, 63: 63-72.

[52] DeAngelo A B, Daniel F B, Stober J A, et al. The carcinogenicity of dichloroacetic acid in the male B6C3F1 mouse [J]. Fundam Appl Toxicol, 1991, 16: 337-347.

[53] Acharya S, Mehta K, Rodrigues S, et al. Administration of subtoxic doses of t-butyl alcohol and trichloroacetic acid to male Wistar rats to study the interactive toxicity [J]. Toxicol Lett, 1995,

80：97-104.

[54] Bruschi S A, Bull R J. In vitro cytotoxicity of mono-, di-, and trichloroacetate and its modulation by hepatic peroxisome proliferation [J]. Fundamental and applied toxicology, 1993, 21: 366-375.

[55] Cosby N C, Dukelow W R. Toxicology of maternally ingested trichloroethylene (TCE) on embryonal and fetal development in mice and of TCE metabolites on in vitro fertilization [J]. Fundam Appl Toxicol, 1992, 19: 268-274.

[56] Smith M K, Randall J L, Read E J, et al. Teratogenic activity of trichloroacetic acid in the rat [J]. Teratology, 1989, 40: 445-451.

[57] Herren-Freund, Pereira M A, Khoury M D, et al. The carcinogenicity of trichloroethylene and its metabolites, trichloroacetic acid and dichloroacetic acid, in mouse liver [J]. Toxicol Appl Pharmacol, 1987, 90: 183-189.

[58] DeAngelo A B, Daniel F B, McMillan L, et al. Species and strain sensitivity to the induction of peroxisome proliferation by chloroacetic acids [J], Toxicol Appl Pharmacol, 1989, 101: 285-298.

[59] Austin E W, Parrish J M, Kinde D H, et al. Lipid peroxidation and formation of 8-hydroxydeoxyguanosine from acute doses of halogenated acetic acids [J]. Fundam Appl Toxicol, 1996, 31: 77-82.

[60] Stauber A J, Bull R J, Thrall B D, et al. Dichloroacetate and trichloroacetate promote clonal expansion of anchorage-independent hepatocytes in vivo and in vitro [J]. Toxicol Appl Pharmacol, 1998, 150: 287-294.

[61] Linder R E, Klinefelter G R, Strader L F, et al. Acute spermatogenic effects of bromoacetic acids [J]. Fundam Appl Toxicol, 1994, 22: 422-430.

[62] Linder R E, Klinefelter G R, Strader L F, et al. Spermatotoxicity of dibromoacetic acid in rats after 14 daily exposures [J]. Reprod Toxicol, 1994, 8: 251-259.

[63] Alavanja M, Goldstein I, Susser M, et al. Case control study of gastrointestinal and urinary tract cancer mortality and drinking water chlorination [J]. Conference on the Environmental Impact of Water Chlorination, 2, Ann Arbor Science, 1981, 395-409.

[64] Gottlieb M S, Carr J K. Case-control cancer mortality study and chlorination of drinking water in Louisiana [J]. Environ Health Perspect, 1982, 46: 169-177.

[65] King W D, Marrett L D. Case-control study of bladder cancer and chlorination by-products in treated water (Ontario, Canada) [J]. Cancer Causes Control, 1996, 7: 596-604.

[66] 李国光,何尚浦,施侣元,等. 饮用 D 湖自来水的人群癌症危险度的回顾性定群研究[J]. 同济医科大学学报,1992,21: 181-184.

[67] 徐祥宽,毛超云,蔡建民,等. 氯消毒饮水与癌症关系的病例对照研究[J]. 环境与健康,1988,5: 40-43.

[68] King W D, Marrett L D, Woolcott C G, et al. Case-control study of colon and rectal cancers and chlorination by-products in treated water [J]. Cancer Epidemiol Biomarkers Prev, 2000, 9: 813-818.

[69] Doyle T J, Zheng W, Cerhan J R, et al. The association of drinking water source and chlorination by-products with cancer incidence among postmenopausal women in Iowa: a prospective cohort study [J]. Am J Public Health, 1997, 87: 1168-1176.

[70] Villanueva C, Fernandez F, Malats N, et al. Meta-analysis of studies on individual consumption of chlorinated drinking water and bladder cancer [J]. J Epidemiol Community Health, 2003, 57: 166-173.

[71] Rahman M B, Driscoll T, Cowie C, et al. Disinfection by-products in drinking water and colorectal cancer: a meta-analysis [J]. Int J Epidemiol, 2010, 39: 733-745.

[72] Villanueva C M, Gracia-Lavedan E, Bosetti C, et al. Colorectal cancer and long-term exposure to trihalomethanes in drinking water: a multicenter case-control study in Spain and Italy [J]. Environ Health Perspect, 2017, 125: 56-65.

[73] Aschengrau A, Zierler S, Cohen A, et al. Quality of community drinking water and the occurrence of late adverse pregnancy outcomes [J]. Arch Environ Health, 1993, 48: 105-113.

[74] Klotz J B, Pyrch L A. Neural tube defects and drinking water disinfection by-products [J]. Epidemiology, 1999, 10: 383-390.

[75] Dodds L, King W, Woolcott C, et al. Trihalomethanes in public water supplies and adverse birth outcomes [J], Epidemiology, 1999, 10: 233-237.

[76] Aggazzotti G, Righi E, Fantuzzi G, Chlorination by-products (CBPs) in drinking water and adverse pregnancy outcomes in Italy [J]. J Water Health, 2004, 2: 233-247.

[77] Hwang B F, Jaakkola J J. Water chlorination and birth defects: a systematic review and meta-analysis [J]. Arch Environ Health, 2003, 58: 83-91.

[78] Grellier J, Bennett J, Patelarou E, et al. Exposure to disinfection by-products, fetal growth, and prematurity: a systematic review and meta-analysis [J]. Epidemiology, 2010, 21(3): 300-313.

[79] Kogevinas M, Bustamante M, Gracia-Lavedán E, et al. Drinking water disinfection by-products, genetic polymorphisms, and birth outcomes in a European mother-child cohort study [J]. Epidemiology, 2016, 27: 903-911.

[80] 罗彦. 妊娠期氯化消毒副产物暴露与低出生体重及小于胎龄儿的联系[D]. 武汉: 华中科技大学, 2013.

[81] Wright J M, Evans A, Kaufman J A, et al. Disinfection by-product exposures and the risk of specific cardiac birth defects [J]. Environ Health Perspect, 2017, 125: 269-277.

[82] Costet N, Garlantézec R, Monfort C, et al. Environmental and urinary markers of prenatal exposure to drinking water disinfection by-products, fetal growth, and duration of gestation in the PELAGIE birth cohort (Brittany, France, 2002-2006) [J]. Am J Epidemiol, 2011, 175: 263-275.

[83] Hoffman C S, Mendola P, Savitz D A, et al. Drinking water disinfection by-product exposure and fetal growth [J]. Epidemiology, 2008, 19: 729-737.

[84] King W, Dodds L, Allen A, et al. Haloacetic acids in drinking water and risk for stillbirth [J]. Occup Environ Med, 2005, 62: 124-127.

[85] Fenster L, Waller K, Windham G, et al. Trihalomethane levels in home tap water and semen quality [J]. Epidemiology, 2003, 14: 650-658.

[86] Luben T J, Olshan A F, Herring A H, et al. The healthy men study: an evaluation of exposure to disinfection by-products in tap water and sperm quality [J]. Environ Health Perspect, 2007, 115: 1169-1176.

[87] Iszatt N, Nieuwenhuijsen M J, Bennett J N. Chlorination by-products in tap water and semen quality in England and Wales [J]. Occup Environ Med, 2013, 70: 754-760.

[88] Zeng Q, Chen Y Z, Xu L, et al. Evaluation of exposure to trihalomethanes in tap water and semen quality: a prospective study in Wuhan, China [J]. Reprod Toxicol, 2014, 46: 56-63.

[89] Xie S H, Li Y F, Tan Y F, et al. Urinary trichloroacetic acid levels and semen quality: a hospital-based cross-sectional study in Wuhan, China [J]. Environ Res, 2011, 111: 295-300.

[90] Zeng Q，Zhou B，He D L，et al. Joint effects of trihalomethanes and trichloroacetic acid on semen quality：A population-based cross-sectional study in China [J]. Environ Pollut，2016，212：544-549.

[90] Strachan G，McElhiney J，Drever M R，et al. Rapid selection of anti-hapten antibodies isolated from synthetic and semi-synthetic antibody phage display libraries expressed in Escherichia coli. FEMS Microbiol Lett，2002，210(2)：257-261.

[91] Wu Y，Li L，Gan N，et al. Seasonal dynamics of water bloom-forming Microcystis morphospecies and the associated extracellular microcystin concentrations in large，shallow，eutrophic Dianchi Lake [J]. J Environ Sci (China). 2014，26(9)：1921-1929.

[92] Yang Z，Kong F，Zhang M. Groundwater contamination by microcystin from toxic cyanobacteria blooms in Lake Chaohu，China [J]. Environ Monit Assess，2016，188(5)：280.

[93] Tian D，Zheng W，Wei X，et al. Dissolved microcystins in surface and ground waters in regions with high cancer incidence in the Huai River Basin of China [J]. Chemosphere，2013，91(7)：1064-1071.

[94] Jiang Y，Yang Y，Wu Y，et al. Microcystin bioaccumulation in freshwater fish at different trophic levels from the eutrophic lake Chaohu，China [J]. Bull Environ Contam Toxicol. 2017，99(1)：69-74.

[95] Buratti F M，Manganelli M，Vichi S，et al. Cyanotoxins：producing organisms，occurrence，toxicity，mechanism of action and human health toxicological risk evaluation [J]. Arch Toxicol，2017，91(3)：1049-1130.

[96] 张红梅，付梓淳，刘晓琳，等. 高效液相色谱法检测上海市两水厂原水和出厂水中神经类毒素-a污染水平[J]. 卫生研究，2012，41(6)：98-102，107.

[97] Zheng C，Zeng H，Lin H，et al. Serum microcystins level positively linked with risk of hepatocellular carcinoma：a case-control study in Southwest China [J]. Hepatology，2017，66(5)：1519-1528.

[98] Li Y，Chen J，Zhao Q，et al. A Cross-Sectional Investigation of Chronic Exposure to Microcystin Relationship to Childhood Liver Damage in the Three Gorges Reservoir Region，China [J]. Environ Health Perspect，2011，119(10)：1483-1488.

[99] Chen J，Xie P，Li L，et al. First identification of the hepatotoxic microcystins in the serum of a chronically exposed human population together with indication of hepatocellular damage [J]. Toxicol Sci，2009，108(1)：81-89.

[100] Li X，Xu L，Zhou W，et al. Chronic exposure to microcystin-LR affected mitochondrial DNA maintenance and caused pathological changes of lung tissue in mice [J]. Environ Pollut，2016，210：48-56.

[101] Fawell J K，Mitchell R E，Everett D J，et al. The toxicity of cyanobacterial toxins in the mouse：I. Microcystin-LR [J]. Hum Exp Toxicol，1999，18：162-167.

[102] Nishiwaki-Matsushima R，Ohta T，Nishiwaki S，et al. Liver tumor promotion by the cyanobacterial cyclic peptide toxin microcystin-L [J]R. J Cancer Res Clin Oncol. 1992，118(6)：420-424.

[103] Liu W，Qiao Q，Chen Y，et al. Microcystin-LR exposure to adult zebrafish (Danio rerio) leads to growth inhibition and immune dysfunction in F1 offspring，a parental transmission effect of toxicity [J]. Aquat Toxicol. 2014，155：360-367.

[104] Wang S，Tian D，Zheng W，et al. Combined exposure to 3-chloro-4-dichloromethyl-5-

hydroxy-2(5H)-furanone and microsytin-LR increases genotoxicity in Chinese hamster ovary c ells through oxidative stress [J]. Environ Sci Technol. 2013，47(3)：1678-1687.

[105] 郁晞,高红梅,彭丽霞,等. 淀山湖微囊藻毒素-LR 的污染状况及居民肝功能的调查[J]. 环境与职业医学,2010,27(3)：153-155.

12 土壤污染的健康危害与精准预防

  土壤是人类环境的重要组成部分,是人类赖以生存和发展的物质基础。作为环境基本要素之一,土壤是联系自然环境中各要素的枢纽,它不仅是陆地生态系统的核心及其食物链的首端,同时又是许多有害废弃物处理和容纳的场所。当今,随着工业化、城市化、农业集约化快速发展,资源开发利用度日益增长,人为因素对土壤的污染和破坏日益加重,当污染负荷超出土壤所能承载的环境容量时,将会引起不同程度的土壤污染,进而影响土壤中生存的动植物,最后通过生态系统食物链危害人类健康。

  本章首先对中国土壤污染现状、土壤污染来源和特点,以及土壤污染的危害进行概述,而后重点瞄准当今土壤环境中最受关注的污染物-重金属展开。重金属是目前土壤环境中分布最广泛、开展相关研究最多,也是目前国家优先控制的污染物。本章将从外环境污染水平与人体内负荷水平、毒理学证据、流行病学证据、精准健康和展望等方面向读者逐一介绍,为今后开展重金属污染所致健康危害的精准预防和治疗提供参考。本章撰写思路如图 12-1 所示。

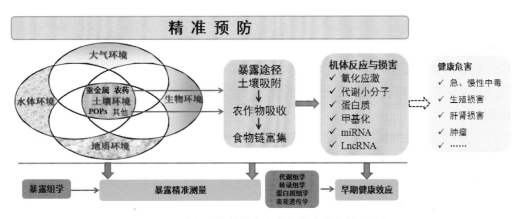

图 12-1 土壤污染的健康危害与精准健康撰写思路

12.1 概述

12.1.1 中国土壤污染现状

据 2014 年《全国土壤污染状况调查公报》公布的数据显示,我国土壤环境状况总体不容乐观,部分地区土壤污染较重,工矿业、农业等人为活动以及土壤环境背景值高是造成土壤污染或超标的主要原因。全国土壤总超标率为 16.1%,其中轻微、轻度、中度和重度污染点位比例分别为 11.2%、2.3%、1.5% 和 1.1%。污染类型以无机型为主,有机型次之,复合型污染比重较小,无机污染物超标点位占全部超标点位的 82.8%。从污染分布情况看,南方土壤污染重于北方;长江三角洲、珠江三角洲、东北老工业基地等部分区域土壤污染问题较为突出,西南、中南地区土壤重金属超标范围较大;镉、汞、砷、铅 4 种无机污染物含量分布呈现从西北到东南、从东北到西南方向逐渐升高的态势[1]。

在我国土壤污染的类型中,重金属污染是最突出的问题。随着我国工业和城市化的不断发展,工业和生活废水排放、污水灌溉、汽车废气排放等造成的土壤重金属污染问题日益严重。研究表明,我国耕地的土壤重金属污染概率为 16.67% 左右,据此推断我国耕地重金属污染的面积占耕地总量的 1/6 左右[2]。近年来,我国电子垃圾产量迅猛增加,电子垃圾污染日趋严重。由于我国某些地区处理电子垃圾的手段落后,通常采用破碎、焚烧、倾倒、酸洗等比较原始的方法提取贵重金属,致使电子垃圾中的重金属、化学阻燃剂、二噁英等释入环境,对当地的土壤和水体造成严重污染。研究显示,我国南方某地电子垃圾拆解区的土壤中,重金属铜、锌、铅、镉的含量是本底值的 2~200 倍。汞和铬的含量也比对照区土壤中含量高出一倍以上[3]。

12.1.2 土壤污染来源和特点

12.1.2.1 土壤污染来源

按照污染物进入土壤的途径,可将土壤污染源分为农业污染源、工业污染源、生活污染源、交通污染源和灾害污染源。

农业污染来源主要包括出于农业生产需要而施入土壤的化肥、化学农药,以及其他农用化品和残留于土壤中的农用地膜等。农业污染具有剂量低、面积大等特点,属于面源污染。

工业污染源主要包括工矿企业排放的废水、废气和废渣等。工业废水未经合理处置直接排放可导致土壤、地下水和作物的污染。随着经济的发展,工农业用水资源紧缺状况日益严重,污水资源已经成为我国重要的灌溉水资源。根据我国农业部进行的全国污灌区调查,在约 140 万公顷的污灌区中,遭受重金属污染的土地面积占污灌区面积的 64.8%。污灌区主要污染物质为镉,其次为镍、汞和铜。此外,工业废气中的污染物可随大气飘尘降落地面,造成土壤环境的二次污染。工业废渣在陆地环境中的堆积以及不合理处置可使重金属污染物随雨水冲刷而进入土壤。一般来讲,由工业"三废"引起的土壤污染仅限于工业区周围数十公里范围,属于点源污染。

生活污染源主要包括未经处理而作为肥料施于土壤的人粪尿及畜禽排泄物,主要引起土壤的生物性污染。城市垃圾的不合理处置是居民生活引起土壤污染的另一个主要途径。随着城市化进程的不断发展,城市生活垃圾产量迅速增长,由于缺乏足够的处理设施,大量的生活垃圾被集中堆放在城市的周围,对土壤环境造成严重影响。来自日常生活的电子电器产品的废弃物(俗称电子垃圾),也是土壤受污染的重要来源。电子垃圾含有铅、镉、汞、六价铬、聚氯乙烯塑料、溴化阻燃剂等大量有毒有害物质,危害远大于城市生活垃圾。

交通污染源主要来自汽车尾气。汽车尾气中的各种有毒有害物质可通过大气沉降造成对土壤的污染。污染物主要有含铅汽油燃烧产生的重金属和石油副产品,以及汽车轮胎磨损产生的含锌粉尘。

灾害污染源由某些自然灾害或人为灾害造成的土壤污染。如火山喷发区的土壤和富含某些重金属或放射性元素的矿床附近地区的土壤;石油管道泄漏、化学品泄漏、核电站放射性元素等造成的土壤污染。

12.1.2.2 土壤污染特点

土壤环境的多介质、多界面、多组分以及非均一性和复杂多变的特点,决定了土壤环境污染具有区别于大气环境污染和水环境污染的特点,表现为隐蔽性、累积性、不可逆转性和长期性。

土壤污染相对大气污染和水体污染而言更隐蔽持久,因为各种有害物质可与土壤结合,通过植物和农作物,以及通过食物链损害人体,而土壤本身可能还会继续保持其生产能力,且土壤对机体健康产生危害以慢性、间接危害为主,所以,土壤污染具有隐蔽性;土壤中的有害物质不像在大气和水体中那样容易扩散和稀释,土壤可对污染物进行吸附、固定,其中也包括植物吸收,使有害物质不断积累达到很高的浓度,长久保存在土壤中,表现为很强的累积性特点;重金属污染物和持久性有机污染物(persistent organic pollutants,POPs)在土壤中需要很长的时间才能降解,因此对土壤的污染几乎是不可逆转的,成为顽固的环境污染问题。由于土壤污染的累积性和不可逆转性,土壤环境一旦被污染,仅仅依靠切断污染源的方法往往很难自我修复,有些重金属污染的土壤可能需要几百年时间才能修复。治理土壤污染往往需要较高的治理成本和较长的治理周期。

12.1.3 土壤污染的危害

12.1.3.1 土壤重金属污染的危害

土壤中的重金属不能为土壤微生物所分解,易于积累或转化为毒性更大的化合物。

残留在土壤中的重金属可渗入地下水,或者是通过不同途径进入食物链,在食物链不同营养级中累积放大。这些重金属元素,不但对土壤环境本身和农产品质量产生影响,也将严重危害人类和动物健康。土壤重金属污染可对人体健康造成多方面的危害,如引起急慢性中毒、致癌、致畸、致突变作用等。土壤重金属污染已经成为土壤污染中备受关注的公共问题之一。可通过土壤影响人体健康的重金属主要有汞、镉、铅、砷、铜等。日本的公害病痛痛病(itai-itai disease)就是由于含镉的废水污染水体,进而污染土壤而造成稻米中的镉含量富集,人长期食用而引起的慢性镉中毒,是土壤镉污染引起健康危害的典型事例。痛痛病又称骨痛病,发生在日本富山县神通川河流域,因为患者患病后全身剧烈疼痛,终日喊痛不止,因而取名"痛痛病"。

12.1.3.2　土壤有机化合物污染的危害

造成土壤污染的有机化合物主要来自污水灌溉、农药喷洒、化肥施用、固体废弃物的淋滤等,对人体影响较大的主要有化学农药、酚、苯并(a)芘与油类等有机化合物。部分有机化合物被土壤吸附,滞留在土壤中,而生物难降解的有机化合物,如POPs会通过食物链进入人体,危害人体健康,且具有远期危害效应。如有机氯农药可在人体内蓄积,它不但是神经和实质性脏器毒物,而且对酶系统、内分泌系统、生殖系统均有影响,在某些实验动物中具有致癌、致畸和致突变作用。

12.1.3.3　土壤生物性污染的危害

土壤中的生物性污染物主要来自人畜粪便、垃圾、生活污水和医院污水等。土壤历来被当作粪便处理的场所,经常受到致病微生物和寄生虫卵的污染。土壤被致病微生物污染能传播多种疾病,如肠道传染病、寄生虫病、钩端螺旋体病、炭疽病、破伤风、肉毒中毒等。

12.2　土壤镉污染与健康危害

12.2.1　外环境污染水平

镉(cadmium,Cd)在土壤中的本底值约为 0.06×10^{-6},一般不超过 $0.3\sim0.5\times10^{-6}$,超过 1.0×10^{-6} 时可认为土壤被镉污染。镉污染主要来源有:① 矿山开采和冶炼。镉大部分存在于闪锌矿内,铜矿、铅矿和其他含有锌矿物的矿石中也有镉的存在。这些矿在开采、冶炼过程中,通过冲刷溶解和挥发作用,镉可释放到水体和大气中。大气中的镉,在风的作用下逐渐向周围扩散,并自然沉降,蓄积于冶炼厂周围的土壤中,并以污染源为中心,波及周围数公里远的土壤。这种污染即为气型污染。② 工业生产。电镀、电池、颜料、塑料、涂料等工业需用镉作原料,生产过程均排放一定浓度的含镉废水。利用矿山开采和冶炼,以及上述工业生产含镉废水灌溉或施用含镉污泥,均可使土壤环境被镉污染。这种污染即为水型污染。③ 农业施肥。施用磷肥也可能带来镉的污染。多数磷矿石含镉量为 5～100 mg/kg，大部分或全部镉都进入肥料中。有资料显示，在美国，普通过磷酸钙是矿质肥料中镉的主要来源。据测定，我国磷肥的含镉量在 0.1～2.93 mg/kg，其中普钙平均（均值±标准差）含镉量为 0.75±0.05 mg/kg，钙镁磷肥为 0.11±0.03 mg/kg，低于国际上大多数国家生产的磷肥[5]。

12.2.2 人体内负荷水平

镉是人体非必需的有毒重金属元素[6]。人体环境镉暴露的主要途径有：① 经食物摄入。根据农作物物种、耕作方式、施肥情况和生长季节，各种农作物的含镉量不同。一般情况下，大多数食品中均含镉。如主食类（米、面粉）含镉量一般低于 0.1 mg/kg，鱼和肉的含镉量为 5～10 μg/kg 湿重。动物内脏（肝、肾）的含镉量较一般食物高，可达 1～2 mg/kg 湿重，这可能与肝、肾是镉在生物体内的主要蓄积器官有关。经食物摄入是一般人群镉暴露的主要途径，其他途径只占镉摄入总量的小部分[7]。镉通过食物进入消化道，主要在小肠吸收，镉化合物在胃肠道可吸收 5%～7%，其余由粪便排出。② 经饮水摄入。镉污染土壤，通过雨水或灌溉用水的冲刷及土壤的渗透作用，可使镉通过农田径流进入地面水和地下水，污染饮用水源。大多数情况下，天然水的镉浓度在 1 μg/L 以下。③ 吸烟摄入。呼吸道镉吸收率约为 30%，烟草能蓄积大量的镉，尤其是污染区所产烟草含镉量更高，它是吸烟者镉暴露的主要来源。每支卷烟含镉 1～2 μg，吸烟时约 10% 的镉被吸入体内。一般正常人每天经呼吸道吸入 0～1.5 μg 镉，而吸烟者吸收的镉更多。④ 其他如手接触灰尘或土壤后，可通过手-口途径食入镉。研究表明，室内灰尘平均含镉 6.9 mg/kg。儿童通过此途径每天食入镉量约为 0.7 μg。铅冶炼厂附近的室内灰尘中镉含量有的高达 193 mg/kg，若每天食入 100 mg 这种灰尘，则摄入镉量为 20 μg。

镉在体内的蓄积性很强[8]，其生物半衰期一般为 10～30 年。镉在人体各器官的半衰期是不同的。肾镉的生物半衰期为 17.6 年，肝为 6.2 年，全身镉的生物半衰期为 9～18 年。肝和肾是镉的最大储存库。镉接触量增大时，人体内较大部分的镉存在于肝脏中，肝内镉含量随时间延长递减，而肾脏镉含量则逐渐增多。长期低剂量接触镉时，体内负荷约一半集中在肾脏和肝脏，其中肾脏中镉的浓度比肝脏高数倍之多。除肝、肾外，能蓄积镉的器官还有：睾丸、肺、胰、脾、甲状腺和肾上腺，但较肝、肾的浓度低很多。骨、脑、心、肠、肌肉和脂肪组织中镉含量更低。毛发中也含有镉，含量一般为 0.5～3.5 mg/kg。婴儿体内一般检不出镉，20 岁左右体内的镉开始有蓄积现象，50 岁时蓄积最高，60 岁以后逐渐减少。血液中的镉主要存在于红细胞中，血浆中的镉仅占血镉的 1%～7%，但通过血液循环，血浆中的镉可释放到全身各组织中。

12.2.3 毒理学研究

镉是一种二价金属，因其离子半径与电荷均与钙离子（Ca^{2+}）近似，因而能够在生物

体内与 Ca^{2+} 竞争一些生物活性结合位点,如膜钙通道及钙转运蛋白。镉可以占据钙调蛋白上 Ca^{2+} 结合点,激活钙调蛋白,从而使得一系列依赖钙调蛋白的靶酶活性异常升高,造成钙调蛋白(calmodulin,CaM)信息系统调节失调,干扰细胞正常生理生化功能,从而介导肝细胞损伤。镉通过对钙信使系统的作用,降低钙的胃肠吸收,损害肾细胞引发维生素 D 内源性缺失,影响骨胶原蛋白代谢,引起成骨过程及正常骨代谢的紊乱。镉可能直接作用于蛋白激酶 C(Cprotein kinase C,PKC),也可能借助于 Ca^{2+} 的作用,间接激活 PKC,抑制胶原合成。低剂量镉对免疫系统的影响既有抑制作用,又有刺激作用,似与实验动物的种属、接触剂量、接触时间等因素有关。某些种系的动物(如 C3HA 系和 WAG 系大鼠)对镉的毒性较敏感,而另一些种系动物(如 DBA 系小鼠等)则能耐受镉的毒性作用。镉对中枢神经系统的毒性作用,主要是抑制一些含巯基酶的活性及影响中枢神经递质的含量。长期低浓度、慢性接触镉,可导致去甲肾上腺素、5-羟色胺、乙酰胆碱水平下降,对脑代谢产生不利的影响。镉还可引起记忆障碍和智力下降。有研究发现给予小鼠低剂量镉可使单胺类递质降低,而给予较高剂量镉时则与对照组相近,可能是不同剂量的镉作用机制不同所致。低剂量镉通过拮抗 N-和 L-型电压敏感性钙通道,而减少单胺类递质的合成和释放,使发育期小鼠大脑皮质单胺类递质含量降低;而高剂量镉对细胞结构产生损害作用,从而阻止单胺类递质的代谢过程。

镉在哺乳动物体内可被生殖系统如性腺和子宫吸收,对生殖系统和后代发育有明显的毒副作用[9]。镉能明显损害睾丸和附睾,使精子减少甚至消失。实验表明,吸入 $0.1\,mg/m^3$ 浓度的镉能使大鼠的活精子数明显减少,活动障碍,渗透性和抗酸性减弱。慢性镉接触可使大鼠子宫和卵巢的小血管壁变厚,卵巢萎缩。镉对卵巢的影响虽不如对睾丸敏感,但镉可干扰排卵、转运和受精过程,引起暂时性不孕。另外,镉还可明显地抑制胚胎的生长发育,敏感期内染镉可引起各种畸胎和死胎。睾丸是镉毒作用的最敏感器官之一,急性毒作用可引起睾丸出血、水肿和坏死;慢性毒作用可致生殖能力下降、异常精子率增高以及致癌作用。镉能引起实验动物睾丸损伤、坏死、精子畸形等,从而导致不育症、性功能障碍等一系列改变。镉对睾丸的毒性机制比较复杂,一般认为,睾丸血管系统致毒和金属硫蛋白(metallothionein,MT)的缺乏可能是镉对睾丸损伤的主要原因,但也不排除其对酶和其他生物过程的影响。镉导致睾丸损伤的机制可能为:① 对血管的损伤。目前认为镉首先损害哺乳动物睾丸和附睾的血管系统,然后导致曲细精管和附睾管的损伤,由于镉损害了睾丸和附睾的毛细血管内皮细胞,使血管通透性增高、血液浓缩、血流缓慢甚至停滞,以致形成血栓,从而引起组织的缺氧、坏死;② 对睾丸内活性氧生成的诱发作用。低剂量镉可以导致睾丸间质细胞谷胱甘肽(glutathione,GSH)水平显著升高,而较高剂量镉则导致 GSH 显著下降,这种情况的发生可能与镉诱导的致癌作用有关。

镉具有发育毒性。根据欧共体(European Economic Community,EEC)和经合组

织(Organization for Economic Co-operation and Development，OECD)致畸物的分类，镉属于潜在的致畸物。经不同途径将镉盐投予妊娠哺乳动物后，可引起胚胎吸收、死亡和各种畸形。畸形发生率最高的部位有颅脑、四肢和骨骼。镉的发育毒性表现在以下几个方面：① 改变母体内的锌水平。锌是保证胚胎正常发育的必需微量元素，锌缺乏可导致胚胎发育异常。锌是许多金属酶的正常组成成分，缺锌可抑制这些金属酶的活性，从而影响碳水化合物、脂类、蛋白质及核酸的合成与降解；镉可直接作用于 MT 基因的启动子，从而诱导肝脏或肾脏中 MTmRNA 的大量合成。MT 被诱导后可迅速与锌离子结合，使母体血浆锌的浓度降低进而造成胚胎锌供应不足。镉可能通过诱导肝和肾内 MT 的合成而使母体血中锌离子浓度下降，导致胚胎锌缺乏。② 干扰胎盘的正常结构和功能。胎盘是镉的靶器官之一，镉可通过干扰胎盘的子宫胎盘血流量、物质转运和内分泌及物质代谢等功能而影响胚胎的正常发育。镉除了能够诱导母体肝和肾脏中 MT 合成外，也可诱导胎盘滋养层细胞 MT 的合成。MT 在胎盘内被诱导合成后，可通过与锌结合而导致锌的转运障碍。此外，镉还可抑制维生素 B$_{12}$(vitamin B$_{12}$，VB$_{12}$)的胎盘转运。③ 改变卵黄囊的功能。卵黄囊是人体造血干细胞的发源地，人体原始生殖细胞也来源于卵黄囊尾侧的内胚层细胞，这些细胞可分化为生殖细胞并诱导生殖腺的形成。卵黄囊的功能改变与胚胎发育异常有关。在胚胎发育早期，镉可透过卵黄囊并干扰其物质转运功能。④ 诱导氧化损伤。胚胎的抗氧化能力很低，对氧化损伤有较高的敏感性。镉的发育毒性可能与其诱导的氧化损伤有关。镉可通过诱导氧化损伤而导致早期胚胎发育异常。

国际癌症机构(International Agency for Research on Cancer，IARC)将镉归类为人类致癌物。有关镉的致癌作用，涉及 DNA 损伤、基因调节和细胞信号传导、细胞凋亡等方面。镉可与 DNA 共价结合，引起链断裂、移码以及复制中的失真，并有碱基修饰产物 8-羟基脱氧鸟苷(8-hydroxy-2 deoxyguanosine，8-OHDG)的生成。镉还能影响哺乳动物基因调节和细胞信号传导，也能诱导多个细胞系的凋亡。图 12-2 所示为镉诱导细胞凋亡的机制示意图。镉通过对细胞内 Ca^{2+}、CaM 和钙调素依赖性蛋白激酶 2(calmodulin-dependent protein kinase II，CaMK-II)的改变启动凋亡和促生存级联反应。镉可经由外部通路激活 CaM 及与其关联的 Fas 和 Fas 相关死亡域蛋白(Fas-associated with death domain protein，FADD)，也可以经由线粒体依赖(细胞色素酶 C 和凋亡诱导因子释放)和不依赖线粒体(钙蛋白酶活化)途径。促生存信号可由 CaMK-II 活化的细胞外调节蛋白激酶(extracellular regulated protein kinase，ERK)来介导。镉还作用于其他许多金属酶，因其可以改变包括核酸代谢酶在内的多数酶的活性，故可直接作用于基因的调节，增加与 X 染色体相关联的基因位点的突变率。金属化合物因其理化及生物特性间的差异在致癌性和诱变性方面相差悬殊。镉的分子毒理学研究已经取得了比较深入的进展。

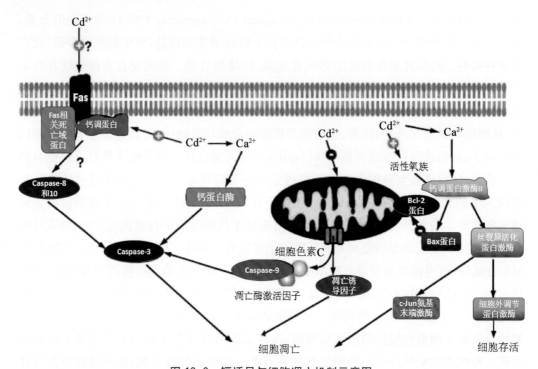

图 12-2　镉诱导与细胞凋亡机制示意图

注：图片修改自"Choong G, Liu Y, Templeton D M. Interplay of calcium and cadmium in mediating cadmium toxicity. ChemBiol Interact, 2014, 211(1): 54-65 (Figure 2)"

12.2.4　流行病学研究

　　肾脏是长期镉暴露时,慢性镉损伤的主要靶器官,其靶部位是近曲小管,主要改变在质膜、线粒体、溶酶体等细胞器,临床特征是管型蛋白尿。据文献报道,即使是脱离镉接触多年,镉所致肾功能损害仍不可逆转。长期吸入镉所导致的肾脏损害,其早期变化是低分子蛋白尿排出增加,初期呈间歇性,以后发展为持续性。随着镉对肾的进一步损害,还可出现大分子蛋白尿。其特点是肾小球滤过功能正常,而肾小管重吸收功能有所下降。除有蛋白尿外,还可出现糖尿、氨基酸尿,钙排出量增加。镉引起的尿钙增多是由肾重吸收钙障碍造成的,可能与镉引起的肾脏钠泵、环核苷酸、GSH 和脂质过氧化等改变有关,可能的原因有：① 肾重吸收钙减少,使尿镉排泄增多；② 肾细胞内钙代谢障碍,进一步影响肾功能；③ 镉影响甲状腺素对肾小管重吸收钙的促进作用。镉染毒可诱发肾脏皮质和髓质的脂质过氧化,并且肾脏髓质中蓄积的镉为了对抗机体的应激作用可以通过加强脂质过氧化反应,从而增强镉对肾脏的损害。钠泵和钙泵活性降低可能与镉的直接作用、GSH 消耗和脂质过氧化作用有关。生活在镉污染区的居民发生的肾小管功能障碍是不可逆的,通常预后不良,最终将会导致肾病和心脏衰竭的死亡危险增加。

镉的慢性毒性对骨骼的损害主要表现为骨质密度降低,骨小梁减少,骨骼中矿物质含量降低,进而表现出骨质疏松现象[11]。一般认为,镉所致的骨损伤继发于肾损害。镉中毒时,肾脏对钙、磷的重吸收率下降,对维生素 D 的代谢异常。镉也可损伤成骨细胞和软骨细胞,镉致骨损伤时所需的组织镉含量低于镉致肾损害时的肾镉阈值数千倍。镉对骨骼的影响典型病例为"痛痛病"。"痛痛病"是因摄食被镉污染的水源而引起的一种慢性镉中毒。镉慢性中毒时肾损伤、骨骼改变等的综合表现,是十大公害病之一。镉引起的骨质疏松、软骨症和骨折不仅发生于长期镉环境污染暴露人群,在长期接触镉的职业人群中也有发生。痛痛病患者活检的骨结构和形成参数显示髂骨的矿物质含量、壁厚度显著下降,骨质量严重减少。

镉摄入过多时,体内的镉能置换锌,干扰某些需要锌的酶,如碳酸酐酶、血管紧张素转换酶等,导致细胞膜破坏,体内自由基过多,从而诱发冠心病。高血压患者血清镉显著提高。高血压患者肾组织内含镉量明显增多,锌/镉比值降低。研究表明肾脏内锌/镉比值越小,高血压发病率越高,反之,发病率低[12]。慢性染镉或长期接触镉可产生血液系统的毒性,表现为贫血、血红蛋白减少,这可能与胃肠道铁吸收减少和镉直接影响骨髓造血细胞有关。由于红细胞脆性增加而大量破坏,临床上可出现中度贫血。镉接触者可出现低色素性贫血。红细胞是镉的主要靶器官之一,血液中约 90% 以上的镉是与红细胞结合的。

中枢神经系统对镉的敏感性随着脑组织发育的成熟而降低。由于儿童脑组织发育不够完善,镉可引起新生儿及幼儿脑出血和脑病。长期接触镉的工人,可发生嗅觉减退或丧失,可能的机制是镉损害了嗅觉中枢。

镉的性腺毒、胚胎毒和致突变效应非常明显,但镉化合物的致癌研究结论尚不一致[13,14]。镉的致癌性具有高度组织特异性,肺脏和前列腺是镉对人致癌的靶器官[15,16],也有关于镉暴露增加女性乳腺癌发生风险增高的报道[17]。通常认为 MT 与镉具有高度亲和力而解除镉的毒性,故对刺激缺乏 MT 反应性就可使更多的染毒镉与引发肿瘤的关键靶分子发生相互作用。长期吸入氯化镉可引起肺部各种病变,如肺部炎症、支气管炎、肺气肿、肺纤维化,甚至肺癌。镉引起肺损害的一个重要机制是肺的炎症反应以及活化的炎症细胞释放的细胞因子所产生的氧化损伤。由于镉毒性的作用,肺泡膨胀、肺泡壁增厚。一般病程进展缓慢,多有慢性支气管炎的病史。患者有进行性呼吸困难,活动加重,并伴有心悸,在 X 线片上可有典型的肺气肿表现。

此外,接触镉可导致鼻部损害。镉所致的鼻部改变以干性鼻炎最为普遍,其次为萎缩性鼻炎,再次为鼻中隔黏膜溃疡、鼻出血。这种次序一定程度上反映了鼻部改变的发展趋势。镉对鼻部的损害是一种慢性中毒,由长期接触较高浓度的镉尘粒、镉蒸汽引起。吸入镉尘粒和镉蒸汽含量较高的空气,可使鼻黏膜受到长期的直接刺激,促使鼻部微血管扩张、充血、红肿。特别是鼻中隔克氏区为吸入气流变更方向之处,尘粒极易沉淀于此,因而易损伤其黏膜,使之糜烂、溃疡,甚至产生鼻出血。尘粒沉积于鼻黏膜后,可阻塞黏膜处腺管,影响黏液毯和纤毛的正常运动,引起黏膜干燥、萎缩。若病变累及嗅区黏膜,则可引起嗅觉减退或丧失。

12.3　土壤铅污染与健康危害

12.3.1　外环境污染水平

铅(lead,Pb)被广泛用于工业生产。环境铅污染主要来自矿山开采、有色金属冶炼、电子元件回收、电子垃圾、橡胶生产、染料、印刷、陶瓷、铅玻璃、焊锡、电缆及铅管等生产废水和废弃物。汽车尾气曾是大气铅污染的重要来源,但随着含铅汽油被无铅汽油取缔,其已不是大气铅的主要来源。一些加铅做稳定剂的塑料制品、厨具以及搪瓷、陶瓷制品的釉彩里也含铅。儿童玩具以及蜡笔、涂改笔等学习用具中含铅现象比较普遍。儿童啃咬手指和所持玩具或学习用品是十分普遍的现象,会增加铅暴露风险。在一些国家和地区,含铅油漆涂料也是土壤铅的重要来源。我国油漆中的铅含量平均高达 5%;美国大多数儿童常见的铅暴露来源是旧住宅的含铅室内涂料、含铅屋尘及土壤;马来西亚 66% 的油漆涂料铅含量达到或超过 0.5%、78% 的涂料铅含量达到或超过 0.06%。

大气中的铅可通过沉降作用,迁移到土壤中。城市、矿山和冶炼厂附近的土壤含铅量因大气降尘而增加。随着无铅汽油的广泛使用,大气中铅的含量已明显下降。世界范围内,目前还在使用含铅汽油的国家绝大部分是位于非洲和中东的发展中国家。在我国,燃煤大气铅排放仍是值得关注的大气铅降尘来源。1986—1995 年 10 年间,燃煤大气铅排放量是汽车尾气铅排放量的 35 倍,是工业废水铅排放量的 4.2 倍。汽油无铅化后,燃煤大气的铅排放问题更加突出,2001—2005 年燃煤大气铅排放总量达 4.5 万吨。污水灌溉可能造成农田土壤铅污染。我国约 1/5 的耕地($2.0×10^7$ 公顷)受到不同程度的铅、镉等重金属污染,其中污水灌溉的农田面积是 $3.3×10^6$ 公顷。在其他一些国家(如伊朗、墨西哥等),污水灌溉也导致一些地区耕地受到不同程度的铅污染。

12.3.2　人体内负荷水平

儿童是铅污染的敏感人群,血铅水平升高是铅健康损害的明显证据,国内外一般将儿童血铅≥100 μg/L 设为健康损害的阈值。由于环境铅负荷较高,我国儿童血铅水平偏高问题较为明显。1994—2004 年我国儿童血铅平均为 92.9 μg/L(37.2～254.2 μg/L),33.8%(9.6%～80.5%)的儿童血铅超过 100 μg/L[18]。27 个省份中有 9 个省份报道的儿童血铅平均值大于 100 μg/L。男童血铅平均为 96.4 μg/L,高于女童(89.4 μg/L)。

6 岁及以下儿童血铅水平随年龄增长而增高。来自工业和城市地区的儿童血铅水平高于郊区及农村儿童。研究结果提示,中国儿童血铅水平高于其他国家的水平。铅暴露控制在中国仍具有非常重要的意义。2001—2007 年中国儿童血铅平均为 80.7 μg/L(45.5～165.3 μg/L),平均有 23.9%(3.2%～80.7%)的儿童血铅超过 100 μg/L[19]。与 1994—2004 年儿童血铅情况相比,中国儿童血铅平均水平及血铅超标率都有明显的降低。24 个省市中有 4 个省市报道的儿童血铅和血铅超标率高于 1994—2004 年的水平。居住于工业区的儿童血铅水平高于城区和郊区儿童,郊区儿童血铅高于城区儿童。男童血铅平均为 79.3 μg/L,高于女童(76.9 μg/L)。总的来说,中国自 2000 年 7 月 1 日禁止使用含铅汽油后,儿童血铅有明显降低,但与世界其他发达国家相比,中国儿童血铅仍处于较高水平。

我国儿童铅暴露状况与多个因素有关:① 食物铅水平。我国儿童食物铅摄入量远高于发达国家水平,有报告认为约为美国的 6 倍,澳大利亚的 2 倍。2000 年我国膳食调查估算学龄前儿童铅摄入量达 54.9 μg/d。② 孕妇血铅水平。孕产妇血铅是新生儿血铅的重要来源。美国孕产妇血铅平均水平为 25 μg/L,而我国南京、贵阳、深圳、北京、池州、广州、佛山、乌鲁木齐等地的调查表明,孕妇血铅水平在 41～87 μg/L。

12.3.3 毒理学研究

肾近曲小管是铅毒性作用的靶部位。铅毒性肾损害不仅损害肾小体,使肾小球增大、毛细血管充血,肾小球和间质出现纤维化增生,而且损害肾小管上皮细胞,导致线粒体变性、内质网扩张、溶酶体增多、核包涵体出现等,这些反应会导致一系列的细胞损害效应,可引起细胞凋亡,最终导致肾脏损害、肾衰竭。

骨骼也是铅毒性作用的重要靶器官。人体内绝大部分铅储存在骨骼和牙齿中。铅滞留于骨骼中可长达数十年之久。骨骼铅可被再吸收重新分布于血液中(例如儿童生长发育阶段,妇女妊娠期、哺乳期等),从而充当潜在的铅内暴露来源。铅一方面通过损伤内分泌器官而间接影响骨功能和骨矿物代谢的调节能力,另一方面通过毒化细胞、干扰基本细胞过程和酶功能、改变成骨细胞-破骨细胞耦联关系并影响钙使系统从而直接干扰骨细胞的功能。动物实验表明,铅对成骨细胞有毒性作用,可抑制其增殖、分化,可能是铅暴露影响骨骼发育的机制之一。

铅对红细胞的直接毒性作用。铅可抑制红细胞膜三磷酸腺苷酶的活性,使细胞内外钾、钠离子分布异常,红细胞膜皱缩、弹性降低、脆性增大,不能耐受机械性损伤,从而在通过毛细血管时破裂而发生溶血。铅还可抑制血红蛋白合成过程中的某些关键酶,如 δ-氨基乙酰丙酸脱水酶(δ-aminolevulinic acid dehydratase,ALAD),使 δ-氨基乙酰丙酸(δ-aminolevulinic acid,ALA)形成叶胆原减少;还可抑制粪卟啉原氧化酶和铁络合酶,阻碍粪卟啉原Ⅲ以及原卟啉Ⅳ与亚铁离子结合形成血红素,血红蛋白合成受阻;致使血液中 ALA 和粪卟啉（coproporphyrin,CP）增多,经尿液排出的量增多。同时红细胞内游离原卟啉（free erythrocyte protoporphyrin,FEP）也增多。尿中 ALA 和 CP,血中 FEP 增多是铅中毒的早期征象。由于血红蛋白合成障碍,骨髓内幼红细胞代谢性增生,外周血液中嗜碱性点彩红细胞、网织红细胞和嗜多色性红细胞增多。铅可引起小动脉痉挛,可能与其使卟啉代谢障碍、抑制疏基酶、干扰植物神经有关,也可能与铅直接作用于平滑肌有关。

有关铅致癌的基因毒性和非基因毒性机制研究表明,铅在大多数毒性测试中为阴性,只有少数报道,体外培养细胞和暴露人群外周血淋巴细胞染色体检测为阳性。非基因毒性测试中,有资料表明,铅可抑制体外细胞 DNA 修复,引起 DNA 氧化损伤,改变基因表达,引起肿瘤抑制蛋白 p53 翻译后的改变等。分析提示,铅的致癌机制不是直接引起 DNA 的改变,而是通过降低细胞的 DNA 修复能力来增加肿瘤发生的危险性。

12.3.4　流行病学研究

铅可导致两种肾病:一种是常在儿童中观察到的急性肾病,它是由于短期高水平铅暴露,造成线粒体呼吸及磷酸化被抑制,致使能量传递功能受到损坏。这种损坏作用一般是不可逆的。另一种肾病是由于长期铅暴露导致肾小球滤过率降低以及肾小管的不可逆萎缩。

慢性铅中毒尸检病例常见有细小动脉硬化性固缩肾报告。急性铅中毒病例,可发生明显的中毒性肾病,近曲小管上皮有广泛颗粒变性、脂肪变性乃至坏死。铅中毒时,肾小管上皮细胞核内常出现包涵体,核内包涵体也可见于肝细胞和脑的星形胶质细胞。同时还伴有氨基酸尿、糖尿和过磷酸盐尿。此外,肾小管上皮细胞还可出现包括呼吸与磷酸化能力受到损伤等形态与功能的改变。急性铅中毒可导致急性肾病甚至急性肾衰竭,慢性铅暴露和慢性铅中毒可引发慢性肾病、痛风甚至肾衰竭。慢性铅暴露人群血铅浓度的增高与肾脏肌酐清除率的下降密切相关,提示慢性铅暴露可能造成肾脏渐进性损伤。有研究发现,高血压患者体内铅负荷与慢性肾脏疾病的发生具有相关性,而血压正常者其体内铅负荷与此无相关,表明铅负荷增高能促进高血压病患者慢性肾脏疾病的发生和发展。

研究发现,铅高暴露儿童头骨、第 3 和第 4 颈椎骨矿物质密度高于低暴露儿童,可能是由于铅抑制了甲状旁腺素相关肽的作用,间接导致骨骼过早成熟,而儿童稍大后又出现骨质疏松。根据 Ignasiak 等的研究,铅暴露可抑制骨骼生长发育,血铅每增高 $10\,\mu g/dL$,儿童身高平均降低 5 cm,其中胫骨受铅毒性最明显[20]。

贫血是急性或慢性铅中毒的一个早期表现,而且是慢性低水平铅接触的重要临床表现,为幼红细胞核血红蛋白过少性贫血。有关铅中毒患者的血红素与卟啉代谢的研究表明,铅所致贫血是成熟红细胞直接被溶血的结果,与血红素的生物合成无关。更多的资料认为铅可影响血红素、血红蛋白的合成，ALAD 受到抑制，血红素和血红蛋白合成障碍，从而造成血液中 ALA 和 CP 增高，以及尿液中的相关成分改变。

铅对心血管系统的伤害主要表现在：① 心血管病死亡率与动脉中铅过量密切相关，心血管疾病患者血铅和 24 h 尿铅水平明显高于非心血管疾病患者；② 铅暴露能引起高血压；③ 铅暴露能引起心脏病变和心脏功能变化。铅暴露可诱发人体血压升高，心血管疾病发生概率增大，这可能与铅导致反应氧族合成增多以及一氧化氮生物利用度降低有关。

铅具有免疫毒性。血铅对学龄前儿童 T 淋巴细胞有损害作用；另有研究发现血铅负荷对儿童 T 细胞亚群表达具有影响，使外周血分化簇 3（cluster of differentiation 3，CD3）的表达，以及分化簇 4（cluster of differentiation 4，CD4）与分化簇 8（cluster of differentiation 8，CD8）的比值下降，儿童免疫功能下降。但也有研究称长期低水平铅暴露并不会对人体的免疫系统产生毒性作用。

铅对多个中枢和外围神经系统中的特定神经结构有直接的毒害作用。在中枢神经系统中，大脑皮质和小脑是铅毒性作用的主要靶组织。铅可能干扰脑组织的代谢。在铅中毒早期或在铅的轻微影响下，大脑皮质兴奋和抑制过程发生紊乱，皮质-内脏的调节也发生障碍，进一步则可发生神经系统组织（包括大脑、小脑、脊髓、周围神经）结构改变。此外，铅还可影响脑发育过程中必需的调节因子，如激素、氨基酸、微量元素、生物因子等的释放、合成或摄入，具有较强的神经发育毒性。在周围神经系统中，运动神经轴突是铅毒害的主要靶组织。铅对中枢神经系统的毒害主要表现为：① 使中毒者的心理行为发生变化。成人铅中毒会出现忧郁、烦躁、性格改变等症状，儿童则表现为多动；② 铅中毒会导致智力下降，儿童会出现学习障碍。据报道高铅负荷儿童的智商值较低铅负荷儿童平均低 4～6 分；③ 铅中毒者可发生感觉功能障碍，出现视觉功能障碍，视网膜水肿、球后视神经炎、盲点、眼外展肌麻痹、视神经萎缩、眼球运动障碍、瞳孔调节异常、弱视或视野改变，或嗅觉、味觉障碍等。

当人体暴露于高浓度铅时，最明显的临床病症是脑部疾病。表现为易怒、注意力不集中、头痛、肌肉发抖、失忆以及产生幻觉，严重的将导致死亡。通常在血铅水平超过 $100\ \mu g/dL$ 时可观察到其他一些针对中枢神经系统的间歇作用，这种综合征常发生在儿童，特别是当血铅水平超过 $30\ \mu g/dL$ 时，神经传导速度的降低常被认为与之有关。铅对周围神经系统的损害可降低运动功能和神经传导速度，导致肌肉损害。铅中毒时，桡神经特别容易受累，表现非对称性腕下垂。受损神经的病理学变化，可见明显的轴索周围改变，髓鞘崩解成颗粒状或块状，有时完全溶解。

铅可降低成年男性精子活性，使精子数量减少。职业铅高暴露男性精子数量减少，精子活力降低，形态异常精子增加，且与人体铅吸收量增加呈剂量-效应关系。中等剂量铅暴露（血铅范围：10～40 $\mu g/dL$）即可影响黄体生成素（luteotropic hormone，LH）、卵泡刺激素(follicle-stimulating hormone，FSH)等性激素的分泌。也有证据表明铅负荷增高可造成成年男性精子数量减少，但并不改变精子形态、活动力以及性激素，还有学者的研究中指出铅负荷增加并不影响人体生殖系统。铅暴露对女性也具有生殖毒性。体内铅负荷增高的孕妇易发生流产、早产、死产，以及生产低体重婴儿。妇女孕期体内铅负荷累及胎儿及儿童的发育。众多研究表明，妊娠期妇女骨骼发生重塑，骨骼中的铅可被重吸收释放至血液中，引起胎儿母体内铅暴露。有研究表明，产妇血铅浓度与脐带血铅浓度具有很强的相关性，提示母体中的铅可迁移至胎儿；且女性孕期血铅升高，则发生流产的风险增加。

12.4　土壤砷污染与健康危害

12.4.1　外环境污染水平

砷(arsenic，As)是多种金属矿物的伴生物，当开采这些矿物时，砷元素由地层深处转至地表，改变了它们迁移的地球化学条件，变得十分活跃，在地表进行重新分配，形成了局部地区的砷浓度升高。自然条件下含砷化合物可通过风化、氧化、还原和溶解等反应释放砷到环境中。土壤砷浓度平均为 5 mg/kg，河水为 0～0.01 mg/kg。砷如果进入地下水，可导致地下水砷浓度升高，有的矿泉水含砷 6～10 mg/L 或更高。台湾西南沿海某些地区的泉水砷浓度为 0.01～1.82 mg/L，其中多数为 0.4～0.6 mg/L。国内另外一些主要河道干流中砷含量为 0.01～0.6 mg/L。自然界的砷多为五价化合物，而毒性则以砷的氧化物为高。水中的砷，多为无机砷，且常为五价砷。但深井水中的砷，多为三价砷。除自然风化外，含砷化合物在工农业生产中有广泛应用也可造成砷对环境尤其是水体的污染。

有色冶金行业被公认是其周围环境中各种重金属重要的污染源，冶炼过程中砷及其他重金属通过废水、废气、废渣等途径被释放到周围环境中，致使周围环境中重金属超过环境背景值形成潜在的生态危害。加拿大、波兰、马其顿和中国等国家某些冶炼厂周边土壤均出现过重金属的严重污染。我国湖南、云南、广西、贵州及包括湖北一些地区也面临着严重的砷污染问题。广西、湖南两省受到砷污染的土壤至少有 1 000 km²。这些地区除地质因素造成的砷污染外，矿藏开采中忽略了对环境的保护，使得这些矿区周围 30～40 km 都受到砷污染物的影响。

亚洲是砷污染最为严重的地区，尤其是在孟加拉国、印度和中国，以砷污染地下水为主。砷的环境暴露按来源分为地球化学性砷暴露和环境污染性砷暴露两种。国外报道以饮水型地球化学性砷暴露居多[21]。全球有印度、孟加拉国、泰国、智利、阿根廷、美国、加拿大、英国、法国、德国、匈牙利、芬兰、秘鲁西、墨西哥、巴西、玻利维亚、加纳、尼日利亚、南非等 20 余个国家曾发生砷中毒。在这些地方性砷中毒地区，地下水砷的含量远远超过该地区饮用水中砷的标准。据英国地质调查局报道,孟加拉国地下水砷污染面积达 150 000 km²,地下水质量浓度为 0.5~2 500 μg/L,最高砷含量是该国饮用水砷标准(50 μg/L)的 50 倍。来自印度的调查称印度孟加拉邦地下水砷的质量浓度为 10~3 200 μg/L,污染区面积为 23 000 km²。

我国地球化学性砷暴露类型多,地方性砷中毒流行严重。在 2004 年 11 月太原召开的《减轻砷中毒危害国际研讨会》上,世界卫生组织(WHO)官员公布,地方性砷中毒正威胁着至少 22 个国家和地区的 5 003 多万人口。其中多数为亚洲国家,以中国最为严重。2002 年,我国地方性砷中毒分布调查结果表明,除台湾外,中国内陆地方性砷中毒病区主要分布在 10 个省(区)、32 个县(市)、1 189 个自然村,影响人口 267 万多人,地方性砷中毒患者 8 676 例。

近年来国内严重的砷污染事件时有发生。如 2008 年 6 月云南省高原湖泊阳宗海遭到砷污染,沿湖近 10 万名群众饮水困难。污染事件是因为云南澄江锦业工贸有限公司违反国家规定,未建生产废水处理设施,大量含砷废水在厂内循环,又由于没有做防渗处理,多年积累的砷污染物逐步渗漏释放,污染地下水,导致了阳宗海水体严重污染。经检测,阳宗海砷浓度值竟高达 0.128 mg/L,远远超过《生活饮用水卫生标准 GB5749-2006》的限值规定。2009 年 1 月 5 日和 10 日,淮河水利委员会的两次例行监测表明:发源于山东临沂、流经邳州市的邳苍分洪道河水砷浓度分别为 1.987 mg/L 和 0.512 mg/L,超出地表水三类标准最高(0.05 mg/L)的 38.6 倍和 9.24 倍。广西河池地区地质矿产丰富,是中国著名的有色金属之乡,因以岩溶地貌为主,岩石孔隙、裂隙和溶洞中的地下水易与地下河、泉、溪等相互贯通,废渣废水处理不善,极易造成地下水和地表水化学品的交叉污染。河南民权县大沙河上游成城化工有限公司为降低生产成本,违规采购含砷量高的硫砷铁矿代替硫铁矿,用于生产硫酸,而公司自备污水处理工艺中没有砷处理一项,导致大量的砷随着废水直接流入大沙河中。河水砷浓度均值最高值超过国家地表水三类水质标准的百倍以上。

除了无机砷污染外,有机砷的污染也越来越受到重视。有机砷制剂是一种在畜牧业中被广泛应用的饲料添加剂。主要有阿散酸和洛克沙砷这两种形式。它们既可以刺激动物生长提高体重,又可抗菌、抗球虫,还能提高饲料利用率,降低养殖成本,因此具有良好的经济效益。所以,在我国应用十分广泛。有机砷化合物进入动物机体后,先是以五价砷形式存在,之后五价砷被还原成三价砷,三价砷在酶作用下进一步甲基化和二甲基化,最终代谢成甲砷酸和二甲次砷酸等甲基化产物随尿排出体外。这些化合物对畜禽基本没有毒性,但是进入环境后,能通过多种作用转化为迁移能力更强、毒性更大的化合物,从而对环境造成污染。在我国,洛克沙砷已非常普遍地应用于养猪业和养鸡业,因而必定有大量洛克沙砷随着动物排泄物进入环境。由于洛克沙砷绝大部分以原型随粪便排出,因而施用粪肥的农田及粪便堆肥的周围土壤便受到洛克沙砷的污染。

我国的很多养殖场,对畜禽的排泄物未进行干湿分离,只经过简单的处理便排入环境,对周围的土壤及水环境造成污染。

12.4.2　人体内负荷水平

环境中的砷可随食物和饮水进入人体,也可经皮肤侵入机体。人类暴露的有机砷化物主要为海产品,包括海藻类和鱼贝类,其中以砷糖和砷甜菜碱类为主,目前认为这些有机砷化物是无毒或低毒的。毒性较大的砷化物主要为无机砷化物。常见的无机砷化物主要为砷的氧化物和盐类,如三氧化二砷、五氧化二砷、砷酸铅、砷酸钙、亚砷酸钠、砷化氢等。引起砷中毒的主要是砷的氧化物。无机砷及其化合物经消化道进入机体时,其吸收取决于溶解度,以砷的氧化物及其盐类可溶性大,在胃肠道可被迅速吸收,硫化砷溶解度低,吸收则少,元素砷基本不能吸收。饮食成分可影响砷在胃肠的吸收率,动物实验表明,砷加谷类饲料组的砷吸收率明显高于砷加奶粉饲料组。

进入体内的砷,被吸收入血液后,其中 $95\%\sim99\%$ 在红细胞内与血红蛋白中的珠蛋白结合,然后迅速随血流分布到脑、肺、脾、肾、胸腺、前列腺、甲状腺、骨骼、肌肉、卵巢、子宫、肠壁、皮肤、毛发、指甲等全身各组织和器官中,但主要集中在肝、脾、肾等处。砷的蓄积性很高,可与头发和指甲角蛋白中的巯基结合而被固定,固定后的砷可保持在头发和指甲的整个生存期中,这既是砷的一种排泄途径,也可通过测定毛发、指甲中砷的含量反映机体的受累程度。

无机砷的甲基化是机体内砷降解的主要途径,这个过程存在于人体大多数器官中,但主要在肝脏中进行。图 12-3 所示为肝脏细胞摄取、代谢和排泄砷的机制示意图。三价砷由甘油水通道和己糖酶转运至细胞内,而五价砷可由磷酸盐转运至细胞内。后三价砷在砷甲基化酶[arsenic($^{+3}$ oxidation state)methyltransferase,As3MT]催化下与 GSH 形成共轭,生成单甲基砷酸盐(monomethylarsine,MMA)和二甲基砷酸盐(dimethylarsine,DMA)代谢产物。无机砷及其代谢产物可经由尿液和粪便排出,DMA 是主要的排出形式,占 $60\%\sim80\%$,还有 $10\%\sim20\%$ 以 MMA 形式排出,$10\%\sim30\%$ 直接以无机砷的形式排出。过去一直认为砷在体内的甲基化是一种解毒过程,但是近年来有学者对此提出异议,有证据表明,DMA 可致染色体改变,DNA 损伤以及基因改变,具有遗传毒性和致癌性。一般认为,无机砷化合物的毒性大于有机砷化合物,而无机砷中又以三价砷毒性最强,因为三价砷较五价砷更易进入细胞内。吸收入体内的三价砷可氧化成五价砷,这一过程可能发生在肝脏及胃肠道。肾脏生成尿液时,五价砷还可还原成三价砷。

砷从体内排出较缓慢。据研究,人体内静脉注射 ^{74}As 后,可在血浆和红细胞内存在 200 多天。砷主要经肾脏随尿液排出,一次投入较大剂量砷时,在前 4 天内尿砷排泄量最高,10 天后尿中仍可发现少量砷,大约 70 天后尿砷才恢复到原来水平。由于砷主要

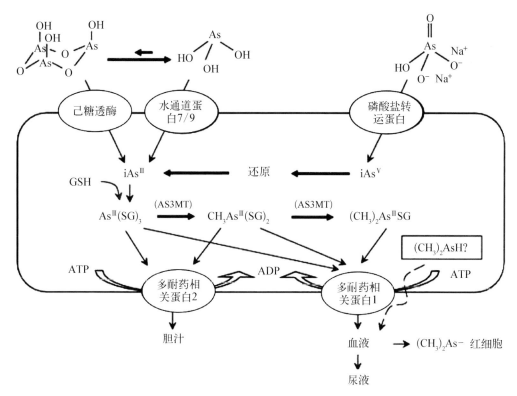

图 12-3　肝细胞对无机砷的摄取、代谢和排出

注：图片修改自"Watanabe T, Hirano S. Metabolism of arsenic and its toxicological relevance. Arch Toxicol, 2013, 87(6)：969-79 (Figure 1)"

经尿液排出，且在近期达到较高的排泄量，因而人们常以尿砷作为近期接触砷量的一个检测指标。非食入砷在粪便中排出不多。此外，少部分砷还能经皮肤、汗腺、毛发、指甲、乳汁及肺等排出。

12.4.3　毒理学研究

砷是一种类金属元素，长期慢性砷暴露可造成多器官、组织损害。IARC 将其归为 I 类致癌物。皮肤损害是发现最早、研究较多的危害之一[23]。无机砷可显著抑制人皮肤成纤维细胞缝隙连接通信，在癌症发生的促长阶段很可能扮演重要角色。地方性砷中毒患者皮肤损害中往往存在抑癌基因表达异常，DNA 氧化损伤也是砷导致细胞癌变的潜在机制之一。砷可导致心肌细胞的溶酶体膜破坏，溶酶体酶释放，使细胞不可逆损伤，最终导致心肌细胞的破坏崩解。砷对血管损害的机制十分复杂，动脉粥样硬化可能是其中最重要的机制之一。动脉粥样斑块中最主要的细胞类型是血管平滑肌细胞，砷导致的平滑肌细胞 DNA 链断裂可能是动脉粥样斑块细胞中突变率较高的原因，由基因所产生的细胞异常增殖在动脉粥样斑块的发病机制中也发挥着一定的作用。砷具有神经(包括中枢神经和周围神经)毒性。砷可通过血脑屏障进入脑实质;慢性砷暴露的豚鼠和大鼠,脑中砷浓度与暴露量呈显著正相关。大脑中海马神经细胞是学习和记忆的结构基础,砷可能通过影响海马细胞凋亡,对学习记忆等功能的正常发挥产生影响。砷还可影响中枢神经系统递质(如乙酰胆碱、儿茶酚胺)的浓度发挥神经毒性作用。砷还具有生殖和发育毒性,使促性腺激素(促黄体生成素,促卵泡生成素)、性激素水平下降,精子受到抑制,卵巢类固醇脱氢酶活性减弱,发情期延迟。高剂量无机砷染毒可使小鼠和大鼠睾丸及其附件性器官重量下降、精子发生受损。砷通过胎盘屏障进入胎儿体内,影响胚胎发育,导致先天畸形,严重时可发生流产、死产。除此,砷可造成肝脏损伤,长期摄入高砷水可导致小鼠非硬化性肝纤维化。砷暴露导致肝脏抗氧化系统发生变化可能是砷致肝脏损伤的重要机制。

12.4.4 流行病学研究

进入人体的砷主要经尿液排出,因此不可避免地对肾脏产生一定的影响[24]。肾脏的形态和功能均可出现异常。慢性砷接触可造成明显的肾脏病理改变,如小管细胞空泡变性、炎性细胞渗入、肾小球肿胀、间质肾炎和小管萎缩,重复腹腔注射三价砷,炎性病变加重,慢性经口接触则主要表现为变性病变。砷中毒患者血液和尿液中 β_2 微球蛋白显著增高,而血肌酐和尿素氮无明显改变,表明砷暴露可引起肾小球滤过膜通透性下降和肾小球上皮细胞受损。

砷可引起皮肤癌、肺癌、膀胱癌和肾癌[25]。有学者报道无机砷的摄入也可诱发肝癌和其他器官的癌症[26, 27]。肺脏是砷致癌的主要靶器官之一,长期砷暴露可导致肺癌发病率升高。无论是燃煤型砷中毒还是长期饮水型砷暴露,都可出现肺功能受损的临床表现。燃煤型砷暴露对呼吸系统的影响,尤以肺间质损害显著,临床上主要表现为限制性通气功能的异常。我国新疆饮水型高砷地区人群肺功能检查结果显示,男性功能残气量(forced vital capacity,FVC)、1s 用力呼气容积(forced expiratory volume-one second,FEV1)、FVC%、呼气高峰流量(peak expiratory flow rate,PEFR)、75%肺活量用力呼气流速比,女性 FVC、FVC%、75%肺活量用力呼气流速比均显著降低。燃煤型砷中毒肺功能受损,可能与燃烧高砷煤所产生的含砷颗粒物对呼吸道长期的刺激作用有关;饮水型砷暴露如何对肺功能产生影响,其机制尚待阐明。

砷的摄入会对机体免疫功能产生抑制作用。慢性地方性砷中毒患者外周血 T 淋巴细胞亚群 CD2、CD4、CD4/CD8 较正常人显著降低。原因可能与砷抑制淋巴细胞增殖,诱导淋巴细胞凋亡有关。此外还有一些研究证实,无机砷暴露还可导致儿童唾液溶菌酶活性显著降低,并且可以降低嗜菌细胞吞噬和消化微生物等外来抗原的活性。

长期砷暴露可使自然流产、早产、死产发生率以及低出生体重危险度显著上升[28]。

人群研究发现环境砷暴露与男性精子质量下降、精子 DNA 损伤之间存在关联[29]。Meeker 等在 219 名来医院门诊就诊的男性中发现血砷浓度升高与精子活力低于参照值风险增加有关[30]。鲁文清教授课题组发现尿和精浆砷浓度与精子前向运动活力和总活力下降之间存在关联,精浆砷浓度与精子 DNA 损伤有关,而与睾酮无关[31,32]。

12.5　土壤重金属污染的精准预防

基因组学(genomics)、转录组学(trascriptomics)、蛋白质组学(proteomics)、代谢组学(metabolomics)等新技术的出现和应用为识别新的,具有更高的灵敏度和特异度的重金属暴露后效应生物标志物提供了可能。这些新技术与传统毒理学和病理学相结合,衍生了毒物基因组学(toxicogenomics)、毒物表观遗传学(toxicoepigenetics)、毒物转录组学(toxicotranscriptomics)、毒物蛋白组学(toxicoproteomics)、毒物代谢组学(toxicometabolomics)等,使研究者得以分析环境或职业毒物暴露时,数以千计的效应相关蛋白质、基因和代谢物,在发现毒物早期生物效应标志物,筛选疾病易感人群和探究毒物暴露导致疾病的分子机制等方面发挥重要作用,最终实现环境相关疾病的早期预防和干预,达到精准健康的目的。

12.5.1　重金属基因组学

目前关于重金属暴露生物学效应的基因组学研究主要涉及单核苷酸序列多态性(single nucleotide polymorphisms,SNPs)、基因拷贝数变异(copy-number variations,CNV)、染色体变异、表观遗传等方面。一项基于孟加拉国砷暴露人群的 GWAS 研究发现,As3MT 基因附近具有与尿 MMA 比例和 DMA 水平相关的 SNP 变异,且有 5 个遗传变异与机体甲基化水平具有独立关联性[33]。研究者同时还发现其中 1 个 SNP 变异与砷导致的皮肤损害风险具有关联。由此推测,经尿液排出 MMA 和 DMA 剂量可能受到 As3MT 基因遗传变异调控。另一项基于美国低剂量饮水砷暴露人群的 GWAS 研究,鉴别得到了 2 个新的遗传易感位点,分别位于纤维鞘互作蛋白 1(fibrous sheath interacting protein 1,FSIP1)基因编码区和溶质载体家族 39 成员 2(solute carrier family 39 member 2,SLC39A2)蛋白编码区[34]。研究者推测,FSIP1 蛋白和 SLC39A2 蛋白参与金属运输,可能与砷暴露致膀胱癌的发生风险增高相关。

另有染色体变异的研究证据表明,体内砷高负荷膀胱癌患者肿瘤染色体异常数量高于低负荷患者,提示前者具有较高的肿瘤染色体不稳定性;控制肿瘤分期后,高度恶变肿瘤染色体异常发生率高于低度恶变肿瘤,染色体 17p 全部或部分缺失与体内砷负荷具有统计学关联,并且该关联与肿瘤抑制因子 p53 蛋白的改变或过度表达无关[35,36]。Martinez 等对砷暴露和无砷暴露的鳞状细胞肺癌患者癌组织的研究发现,砷暴露癌组织具有若干基因拷贝数变异，并且与吸烟或遗传基因变异无关，砷暴露和无砷暴露癌组织具有不同的基因变异[37]。

此外，重金属暴露相关的表观遗传学机制也是该领域的研究热点。基因的表观遗传学改变是通过改变基因甲基化修饰、组蛋白和染色体结构化修饰、非编码 RNA 等，在并不影响基因 DNA 序列的基础上，参与调控基因功能结构和基因表达。研究证据提示，基因表观遗传学修饰可能通过沉默抑癌基因和 DNA 修复基因表达，参与重金属致癌效应的发生。基于全基因组甲基化水平检测的流行病学调查研究发现，先天（胎儿期）镉暴露与血细胞 DNA 甲基化水平具有关联[38]。镉暴露导致长散在重复序列（又称长散在元件）-1(long interspersed nuclear elment-1，LINE-1)DNA 甲基化水平增高，提示镉暴露导致的机体血细胞 DNA 甲基化水平升高，可能改变基因组遗传表达，与后天慢性不良健康损害的发生有关[39,41]。

12.5.2　重金属转录组学

转录组学技术可用于检测重金属暴露时组织或外周血中 mRNA 表达谱改变。有研究发现，镉暴露可上调肺组织细胞葡萄糖转运蛋白 1（glucose transporter 1，GLUT1)基因表达，下调转录激活因子 DNA 结合（结构域 1、胶原 α2IV）亚基前体（collagen type IV alpha 2，COL4A2)、谷胱甘肽过氧化物酶（glutathione peroxidase，GSHPX1)、肝癌衍生生长因子（hepatoma-derived growth factor，HDGF)和细胞色素 P4501B1(cytochrome P450 1B1，CYP1B1)等基因表达[42]。Wu 等基于台湾地方性砷暴露人群的研究发现，62 个转录子在中血砷浓度（4.64~9.00 mg/L)、高血砷浓度（9.60~46.5 mg/L)暴露者与低血砷浓度（0~4.32 mg/L)暴露者相比具有统计学差异；这些转录子功能涉及炎症细胞因子和生长因子，提示砷暴露引起的基因表达谱改变可能与该人群动脉粥样硬化和心血管疾病发病风险增高有关[43]。Argos 等对孟加拉国砷暴露人群的研究发现，468 个转录子在砷致皮肤损害组和无损害组存在表达差异[44]。另有一项对美国低剂量砷暴露人群的研究发现，砷暴露相关的表达差异基因，功能涉及防卫反应、免疫应答、细胞生长、凋亡、细胞周期调控、T 细胞信号和糖尿病发生等[45]。

12.5.3　重金属蛋白质组学

高通量检测技术的发展和应用，使得细胞、组织乃至一个生物体系中完整蛋白质谱的检测得以实现，由此产生了蛋白质组学。常用的蛋白质组学检测技术包括二维凝胶电泳分离（two-dimensional polyacrylamide gel electrophoresis，2D-PAGE)和质谱分析（mass spectrometry，MS);其中质谱分析包括表面增强激光解吸离子化飞行时间质谱（surface-enhanced laser desorption/ionization mass spectrometry，SELDI-TOF-MS)，基质辅助激光解吸电离飞行时间质谱（matrix-assisted laser desorption/ionization time of flight mass spectrometry，MALDI-TOF-MS)和电喷雾电离质谱(electrospray ionization mass spectrometry，ESI-MS)等。重金属暴露时蛋白质丰度、结构或功能的改变可揭示重金属导致疾病发生的分子生物学机制，并可提示疾病临床症状发生前机体异常的病理学改变，在疾病诊断和预后评价方面具有较好的应用前景。由于环境重金属低剂量暴露时，单一标志物与重金属的非特异效应常缺乏直接关联，因此可联合应用多个标志物指示其急性和长期暴露时的生物学效应。多个标志物的联合使用还可提高重金属暴露导致疾病早期诊断的灵敏度[46,51]。

蛋白质组学技术将在重金属暴露生物标志物和临床诊断研究方面有广泛应用。将蛋白质组学技术应用于重金属毒理学筛查和预后方面主要有两大方面：① 检测重金属对蛋白质表达的效应有助于揭示重金属毒理学作用机制；② 有助于鉴别得到特异性重金属暴露和效应生物标志物[52]。但由于研究个体的敏感性和易感性变异较大，观察到的生物标志物和效应结局之间的关联特异性不强[53]。鉴于重金属毒理作用的多样性，可将多个生物标志物联合使用，从而有效监测和诊断重金属低剂量暴露对人体健康的早期效应。多种生物标志物联合构成了重金属暴露生物效应谱，灵敏度更高，并有助于早期识别急性毒性效应，及至长期暴露导致疾病发生的分子变化谱。目前蛋白组学技术在重金属暴露健康效应研究方面的应用还很少。未来关于环境和职业重金属暴露的蛋白组学生物标志物研究亟待发展。Hegedus 等采用 SELDI-TOF-MS 技术，检测 Nevada 地区经饮水高砷(尿砷＞100 g/L)和低砷(尿砷＜100 g/L)暴露组的人群尿液蛋白谱变化发现，仅见高暴露组男性尿中分子量为 2 210 和 4 370 的蛋白多肽低于低暴露组男性[54]。Harezlak 等采用 SELDI-TOF-MS 技术基于孟加拉国砷暴露人群的研究发现了 17 种超蛋白与高砷暴露有关，这 17 种超蛋白对应 31 个蛋白峰；控制协变量后，筛选到 14 个有统计学意义的超蛋白，对应 24 种蛋白质[55]。

12.6 小结与展望

重金属是土壤环境中广泛存在且属于高健康风险的一大类污染物，本章从外环境污染水平与人体内负荷水平、毒理学证据、流行病学证据、精准健康和展望等方面对几种重金属(镉、铅)做了介绍。由于土壤环境多介质和多界面的特点，人类可通过多种途径长期暴露重金属，由此带来的健康风险需高度关注。迄今，已有大量的毒理学研究和人群流行病学研究显示金属暴露可造成诸如急、慢性中毒、生殖损害、致癌、致畸、致突变等多方面的危害，为了对重金属的环境存在和健康危害进行早期识别和早期干预，未来还需要重点开展以下工作：① 各种组学技术的应用。组学技术在鉴别重金属暴露的早期效应标志物方面，以及重金属作用于机体后产生的效应机制方面有很好的应用前景。要注意的是，人体对绝大部分环境污染物的暴露往往是多来源和多途径的，且造成的危害常常是多系统、多器官损伤,因此需要利用各种新技术寻找和建立起具有高灵敏度和特异度的效应标志物,尤其需要注意不同来源和不同途径暴露时,效应生物标志物在灵敏度和特异度方面的差异性。② 多金属暴露的联合作用研究。在实际环境中,人类同时暴露于多种金属的共同作用已是不容忽视的事实,在探究多重金属暴露的联合作用时,应关注是否存在共同的效应途径,即表现为某些共有的 mRAN、蛋白质和代谢物水平的改变,以及是否出现更多的毒性终点,以更好地评价多金属联合暴露的健康风险。③ 特定金属的环境或职业暴露时,其"组学"标志物效应界值取决于对该标志物,以及标志物与生物学效应结局(暴露、易感性或健康效应)关联的定性和定量评价。一系列高灵敏度、特异度标志物的识别可有助于进一步阐释多种来源的重金属暴露对相关疾病的病因学效应,并为重金属暴露毒性效应的早期识别提供可能性,从而达到早期诊断和干预的目的,最终为重金属污染的防治和精准健康服务。

参考文献

[1] 中华人民共和国环境保护部,中华人民共和国国土资源部. 全国土壤污染状况调查公报[N]. 中国国土资源报,2014-04-18(2).

[2] 宋伟,陈百明,刘琳. 中国耕地土壤重金属污染概况[J]. 水土保持研究,2013,20(2):293-298.

[3] 于敏,牛晓君,魏玉芹,等. 电子垃圾拆卸区域重金属污染的空间分布特征[J]. 环境化学,2010,29(3):553-554.

[4] 周宜开,王琳. 土壤污染与健康[M]. 武汉:湖北科学技术出版社,2015.

[5] 周宜开,陈建伟. 环境重金属污染人群健康风险和损害评估技术[M]. 武汉:湖北科学技术出版社,2015.

[6] 周宜开,叶临湘. 环境流行病学基础与实践[M]. 北京:人民卫生出版社,2013.

[7] Hu Y, Cheng H, Tao S. The challenges and solutions for cadmium-contaminated rice in China: a critical review [J]. Environ Int, 2016, 92-93:515-532.

[8] 环境保护自然生态保护司. 土壤污染与人体健康[M]. 北京:中国环境科学出版社,2013.

[9] Rani A, Kumar A, Lal A,et al. Cellular mechanisms of cadmium-induced toxicity: a review [J]. Int J Environ Health Res, 2014, 24(4):378-399.

[10] Choong G, Liu Y, Templeton D M. Interplay of calcium and cadmium in mediating cadmium toxicity. Chemico-Biological Interaction, 2014, 211(1):54-65.

[11] James K A, Meliker J R. Environmental cadmium exposure and osteoporosis: a review [J]. Int J Public Health, 2013, 58(5):737-745.

[12] Tellez-Plaza M, Jones M R, Dominguez-Lucas A, et al. Cadmium exposure and clinical cardiovascular disease: a systematic review [J]. Curr Atheroscler Rep, 2013, 15(10):356.

[13] de Angelis C, Galdiero M, Pivonello C,et al. The environment and male reproduction: the effect of cadmium exposure on reproductive function and its implication in fertility [J]. Reprod Toxicol, 2017, 73:105-127.

[14] Luevano J, Damodaran C. A review of molecular events of cadmium-induced carcinogenesis [J]. J Environ Pathol Toxicol Oncol, 2014, 33(3):183-194.

[15] Feki-Tounsi M, Hamza-Chaffai A. Cadmium as a possible cause of bladder cancer: a review of accumulated evidence [J]. Environ Sci Pollut Res Int, 2014, 21(18): 10561-10573.

[16] Chen C, Xun P, Nishijo M, et al. Cadmium exposure and risk of lung cancer: a meta-analysis of cohort and case-control studies among general and occupational populations [J]. J Expo Sci Environ Epidemiol, 2016, 26(5): 437-444.

[17] Van Maele-Fabry G, Lombaert N, Lison D. Dietary exposure to cadmium and risk of breast cancer in postmenopausal women: a systematic review and meta-analysis [J]. Environ Int, 2016, 86: 1-13.

[18] Wang S, Zhang J. Blood lead levels in children, China [J]. Environ Res, 2006, 101(3): 412-418.

[19] He K, Wang S, Zhang J. Blood lead levels of children and its trend in China. Sci Total Environ, 2009, 407(13): 3986-3993.

[20] IgnasiakZ, Sławińska T, Rozek K, et al. Lead and growth status of school children living in the copper basin of south-western Poland: different effects on bone growth [J]. Ann Hum Biol, 2006, 33(4): 401-414.

[21] Shakoor M B, Nawaz R, Hussain F, et al. Human health implications, risk assessment and remediation of As-contaminated water: A critical review [J]. Sci Total Environ, 2017, 601-602: 756-769.

[22] Watanabe T, Hirano S. Metabolism of arsenic and its toxicological relevance. Archives of toxicology, 2013, 87(6): 969-979.

[23] Mayer J E, Goldman R H. Arsenic and skin cancer in the USA: the current evidence regardingarsenic-contaminated drinking water [J]. Int J Dermal, 2016, 55(11): e585-e591.

[24] Orr S E, Bridges C C. Chronic kidney disease and exposure to nephrotoxic metals [J]. Int J Mol Sci, 2017, 18(5). pii: E1039.

[25] Bhattacharjee P, Paul S, Bhattacharjee P. Risk of occupational exposure to asbestos, silicon and arsenic on pulmonary disorders: Understanding the genetic-epigenetic interplay and future prospects [J]. Environ Res, 2016, 147: 425-434.

[26] Gamboa-Loira B, Cebrián M E, Franco-Marina F, et al. Arsenic metabolism and caner risk: a meta-analysis [J]. Environ Res, 2017, 156: 551-558.

[27] Khanjani N, Jafarnejad A B, Tavakkoli L. Arsenic and breast cancer: a systematic review of epidemiologic studes. Rev Environ Health, 2017, 32(3): 267-277.

[28] Milton A H, Hussain S, Akter S, et al. A Review of the Effects of ChronicArsenicExposure on Adverse Pregnancy Outcomes [J]. Int J Environ Res Public Health, 2017, 14(6): piiE556.

[29] Zeng Q, Feng W, Zhou B, et al. Urinary metal concentrations in relation to semen quality: a cross-sectional study in China [J]. Environ Sci Technol, 2015, 49(8): 5052-5059.

[30] Meeker J D, Rossano M G, Protas B, et al. Cadmium, lead, and other metals in relation to semen quality: human evidence for molybdenum as a male reproductive toxicant [J]. Environ Health Perspect, 2008, 116(11): 1473-1479.

[31] Wang Y X, Wang P, Feng W, et al. Relationships between seminal plasma metals/metalloids and semen quality, sperm apoptosis and DNA intergrity [J]. Environ Pollut, 2017, 224: 224-234.

[32] Zeng Q, Zhou B, Feng W, et al. Association of urinary metal concentrations and circulating testosterone in Chinese men [J]. Reprod Toxicol, 2013, 41: 109-114.

[33] Pierce B L, Kibriya M G, Tong L, et al. Genome-wide association study identifies chromosome

10q24. 32 variants associated with arsenic metabolism and toxicity phenotypes in Bangladesh [J]. PLos Genet, 2012, 8(2): e1002522.

[34] Karagas M R, Andrew A S, Nelson H H, et al. SLC39A2 and FSIP1 polymorphisms as potential modifiers of arsenic-related bladder cancer [J]. Hum Genet, 2012, 131(3): 453-461.

[35] Moore L E, Smith A H, Eng C, et al. P53 alterations in bladder tumors from arsenic and tobacco exposed patients [J]. Carcinogenesis, 2003, 24(11): 1785-1791.

[36] Hsu L I, Chiu A W, Pu Y S, et al. Comparative genomic hybridization study of arsenic-exposed and non-arsenic-exposed urinary transitional cell carcinoma [J]. Toxicol Appl Pharmacol, 2008, 227(2): 229-238.

[37] Martinez V D, Buys T P, Adonis M, et al. Arsenic-related DNA copy-number alterations in lung squamous cell carcinomas [J]. Br J Cancer, 2010, 103(8): 1277-1283.

[38] Vilahur N, Vahter M, Broberg K. The epigenetic effects of prenatal cadmium exposure [J]. Curr Envir Health Rpt, 2015, 2(2): 195-203.

[39] Barchitta M, Quattrocchi A, Maugeri A, et al. LINE-1 hypomethylation in blood and tissue samples as an epigenetic marker for cancer risk: a systematic review and meta-analysis [J]. PLos One, 2014, 9(10): e109478.

[40] Bellavia A, Urch B, Speck M, et al. DNA hypomethylation, ambient particulate matter, and increased blood pressure: findings from controlled exposure experiments [J]. J Am Heart Assoc, 2013, 2(3): e000212.

[41] Kippler M, Engstrom K, Mlakar S J, et al. Sex-specific effects of early life cadmium exposure on DNA methylation and implications for birth weight [J]. Epigenetics, 2013, 8(5): 494-503.

[42] Andrew A S, Warren A J, Barchowsky A, et al. Genomic and proteomic profiling of responses to toxic metals in human lung cells [J]. Environ Health Perspect, 2003, 111(6): 825-835.

[43] Wu M M, Chiou H Y, Ho I C, et al. Gene expression of inflammatory molecules in circulation lymphocytes from arsenic-exposed human subjects [J]. Environ Health Perspect, 2003, 111(11): 1429-1438.

[44] Argos M, Kibriya M G, Parvez F, et al. Gene expression profiles in peripheral lymphocytes by arsenic exposure and skin lesion status in a Bangladeshi population [J]. Cancer Epidemiol Biomarkers Prev, 2006, 15(7): 1367-1375.

[45] Andrew A S, Jewell D A, Mason R A, et al. Drinking-water arsenic exposure modulates gene expression in human lymphocytes from a U. S. population [J]. Environ Health Perspect, 2008, 116(4): 524-531.

[46] Muñoz B, Albores A. The role of molecular biology in the biomonitoring of human exposure to chemicals [J]. Int J Mol Sci, 2010, 11(11): 4511-4525.

[47] Harezlak J, Wu M C, Wang M, et al. Biomarker discovery for arsenic exposure using functional data. Analysis and feature learning of mass spectrometry proteomic data [J]. J Proteome Res, 2008, 7(1): 217-224.

[48] Luque-Garcia J L, Cabezas-Sanchez P, Camara C. Proteomics as a tool for examining toxicity of heavy metals [J]. Trends Anal Chem, 2011, 30(5): 703-716.

[49] Nesatyy V J, Suter MJ-F. Analysis of environmental stress response on the proteome level. Mass [J]. Spectrom Rev, 2008, 27(6): 556-74.

[50] Xiao Z, Prieto D, Conrads T P, et al. Proteomic patterns: their potential for disease diagnosis [J]. Mol Cell Endocrinol, 2005, 230(1-2): 95-106.

［51］ Zhai R，Su S，Lu X，et al. Proteomic profiling in the sera of workers occupationally exposed to arsenic and lead: identification of potential biomarkers ［J］. BioMetals，2005，18(6)：603-613.

［52］ Kossosska B，Dudka I，Gancarz R，et al. Application of classic epidemiological studies and proteomics in research of occupational and environmental exposure to lead，cadmium and arsenic ［J］. Int J Hyg Environ Health，2013，216(1)：1-7.

［53］ Ryan P B，Burke T A，Cohen Hubal E A，et al. Using biomarkers to inform cumulative risk assessment ［J］. Environ Health Perspect，2007，115(5)：833-840.

［54］ Hegedus C M，Skibola C F，Warner M，et al. Decreased urinary beta-defensin-1 expression as a biomarker of response to arsenic ［J］. Toxicol Sci，2008，106(1)：74-82.

［55］ Harezlak J，Wu M C，Wang M，et al. Biomarker discovery for arsenic exposure using functional data. Analysis and feature learning of mass spectrometry proteomic data ［J］. J Proteome Res，2008，7(1)：217-224.

13 复合环境因素与精准预防

随着我国经济的持续高速发展,众多污染物被排入环境,致使复合环境因素带来的生态环境问题和健康问题日趋显现。如今,医疗理念已从传统的"以疾病为导向"向"以健康为导向"的新医疗理念转变,医疗服务模式也从传统的"以精准医疗的方法为导向"向"以精准健康的目的为导向"转变。为了探讨广泛存在的环境复合污染对健康的影响,本章首先介绍了复合污染、复合污染物、精准健康等相关概念。其次,阐述了环境因素(侧重介绍物理性复合污染、化学性复合污染、环境-遗传因素的联合作用)与精准健康的研究进。最后,讨论了环境复合污染与精准健康研究所面临的主要挑战。

13.1 概述

13.1.1 生态和生态环境

生态是指一切生物(原核生物、原生生物、动物、真菌、植物)的生存状态,以及生物彼此间和生物与其周围环境间的相互联系与相互作用。生态环境(ecological environment)是指影响生物及其生存繁衍的各种自然因素、条件的总和,包括水资源、土地资源、生物资源以及气候资源数量与质量等。

13.1.2 生态环境问题

生态环境问题(ecological environmental problems)是指人类为其生存和发展,在利用自然和改造自然过程中破坏了自然资源,引起了环境污染并对人类生存产生的各种负面效应。在严格意义上的生态环境是有别于自然环境的,因为自然环境包括各种天然因素的总体,其外延较广,而生态环境仅指具有一定生态关系构成的系统整体。仅有非生物因素组成的整体不属此范畴。

13.1.3 复合污染和复合污染物

复合污染(combined pollution)是指多种环境污染因素并存,对周围环境(包括非生物环境和生物环境)和生物体产生综合性污染的现象。复合污染可产生负面的环境效应、生态效应和健康效应,即直接破坏和影响生态环境(如大气、水体、土壤、生物),并可对各种生物体(包括人类)的生存和发展产生间接的、潜在的和远期的影响与危害。例如,颗粒物、硫氧化物(包括二氧化硫和三氧化二硫等)、碳氧化物(二氧化碳和一氧化碳)、氮氧化物(一氧化氮、二氧化氮和三氧化二氮等)、碳氢化合物(甲烷、乙烷等烃类气体)以及重金属类、含氟和含氯气体等大气污染物可影响植物生长、天气和气候,对机体多个系统和器官造成急性、慢性和远期危害。现实中的环境污染多属此类污染。自然界同一环境介质的复合污染可以某类污染因素为主,但在多数情况下是伴随其他类污染因素。光化学烟雾是多种复杂因素共同作用的结果,其所致的健康危害程度相对其中单一污染物的健康危害更严重。通常,因多种化学污染物并存而产生的复合污染是最多见的。

同源复合污染是指来自同一环境介质的多种污染物所致的复合污染。根据复合污染物所在环境介质分为大气复合污染型、水复合污染型和土壤复合污染型。目前研究多涉及同源复合污染所致的生态效应和健康效应。异源复合污染是指来自不同环境介质的同一种污染物或不同种污染物所致的复合污染。根据复合污染物的来源可分为大气-土壤复合型、大气-水体复合型、水体-土壤复合型和大气-水体-土壤复合型等类型。

多种污染物在一定条件下发生相互作用会引起复合污染,其作用方式一般分为以下几种类型:① 相加作用(additive effect),多种污染物共存产生的毒性效应等于各污染物单独作用的毒性效应之和。② 拮抗作用(antagonism),多种污染物共存产生的毒性效应小于各污染物单独作用的毒性效应之和。③ 协同作用(synergism),多种污染物共存产生的毒性效应大于各污染物单独作用的毒性效应之和。

13.1.4 毒物兴奋效应

毒物兴奋效应(hormesis)是一种以双相剂量-反应曲线为特征的适应性反应。该剂量-反应曲线在刺激反应的幅度、刺激域的范围呈现相似的定量特征,它可由生物过程直接诱发或是对生物过程的代偿,最终导致内环境稳态的紊乱。某些环境污染因素(如有毒化学物、辐射、热刺激等)在高剂量时对生物体有害,但在低剂量时则对生物体有益,即对机体内稳态产生微干扰,并启动一系列修复和维持机制,如激活转录因子和激酶,增加抗氧化酶、伴侣蛋白、生长因子、免疫因子等细胞保护和修复性蛋白的表达等。

13.1.5 精准健康

精准健康(precision health)是综合、有效的21世纪健康模式,其含义是通过适宜的综合性策略来预防健康有关问题,从而将机体的健康损害降到最低限度。为促进公众的身心健康,提高全民健康水平,减轻国家、家庭和个人的疾病负担,新医疗服务模式的转变已刻不容缓,即推进"以疾病为导向"的传统医疗理念向"以健康为导向"的新医疗理念转变,以及"以精准医疗的方法导向"传统医疗服务模式向"以精准健康的目的导向"的转变。

病前的积极预防胜于病后的急于求治。随着人类基因组计划实施完成,医学发展的特征凸显,即人们认识生命与健康规律趋向整体,实施控制疾病的策略趋向系统,促进了"4P"新医学模式的形成。"4P"医学模式即预防性(preventive)、预测性(predictive)、个体化(personalized)和参与性(participatory)。概言之,预防性(preventive)是提前预防未发生疾病的风险;预测性(predictive)即预测疾病的发生与发展,其重点是加强疾病的早期监测,并能及时预测健康变化趋势;个体化(personalized)即个体化医学,包括个体化诊断与治疗;参与性(participatory)是指个体应对自身的健康尽责,积极参与疾病的防控和健康促进。有学者在"4P"基础上提出增加"健康促进(promotion)",即"5P"医学模式。

13.1.6　复合污染与精准健康研究的重要性

暴露组的概念是伴随人们对更客观地评估人体暴露环境污染物的需求应运而生的,即人从胚胎至生命终止一生中内暴露和外暴露的总量,它涉及环境污染、社会因素、个人生活方式以及个体的响应。

表征暴露组的研究方法两种:①"自下而上"法。基于同一环境介质中污染物浓度可长期监测的特点,通过监测每种类外暴露(包括大气、水、日常饮食、辐射和生活方式等)的污染物浓度来估算个人暴露组,由此消除或减小估测人体暴露量的误差,但此法因需监测各环境介质中大量的未知污染物,同时对内在暴露的信息也被丢失。②"自上而下"法。用基因组、蛋白质组和代谢组学等非靶性组学方法确定生物的暴露特征,基于血或尿等生物样本中基因表达、蛋白质加合物和代谢产物水平等评价机体的暴露程度。该法是用单一生物样本(如血液)的检测来反映内在的和外在的污染物暴露量,利于结合疾病人群和健康人群的组学特点开展全基因组关联分析(http://blog.sciencenet.cn/blog-528739-1032459.html)。

科学技术是经济和社会发展的动力。伴随人口老龄化的加剧,现代生活方式已发生明显变化,我国人口中慢性非传染病比例呈明显上升趋势。慢性非传染性疾病(noninfectious chronic disease)是指从发现之日起算超过3个月的非传染性疾病,如肿瘤、心脏血管疾病、慢性阻塞性肺疾病和精神疾病等。慢性非传染性疾病一般无传染性,遗传因素、环境因素和生活行为方式是其重要的危险因素。世界卫生组织(World Health Organization,WHO)的数据显示,2015年全球前10位疾病死因顺位为:缺血性心脏病、脑卒中、下呼吸道感染、慢性阻塞性肺疾病、肺癌(包括气管和支气管癌)、糖尿病、阿尔茨海默病、腹泻、结核病和车祸;在全球5 640万死亡者中,前10位疾病死因者占总死亡人数的 54%。全球缺血性心脏病和脑卒中已持续位居疾病死因前位达 15 年之久,是全人类的最大杀手。在 2015 年全球此两种疾病死亡人数达 1 500 万(http://www.who.int/mediacentre/factsheets/fs310/en/)。另据 WHO 估计,有 80% 以上的慢性非传染性疾病和 40% 的肿瘤是可预防的。若能结合患者的生活环境、生活方式和临床数据,并运用现代基因遗传技术、分子影像技术和生物信息技术则可实现精准的疾病风险评估、预警和诊断。因此,制定指导疾病的防控和治疗的精准的个性化健康管理方案是我国医疗保健关口全面前移,卫生资源整体下移,卫生工作重点逐步前移(即从治疗疾病的中晚期转向疾病的预防与预测)的重大举措,也是顺应实践、变被动等待为主动防控这一新型医学模式的重要体现。

精准健康是将个体的基因组、蛋白质组以及代谢组等各种分子数据与临床信息、社会行为和环境等不同层级、不同维度的数据进行整合,构建一个巨大的"疾病知识网络",并以此来支持精确诊断和个体化治疗的一种医学模式。其目的是获取决定个体健康状态的极端复杂的影响因子或发病机制。推进精准健康的研究工作,需借助成熟的全新方法和技术从个体微观层次(基因组、转录组、蛋白质组、代谢组、肠道菌群等)、个体宏观层次(分子影像、行为方式、电子健康档案等)以及个体外部层次(物理环境、社会条件等)采集和管理电子健康档案、健康保险信息、问卷调查表、可穿戴设备健康信息采集以及生物学数据(各种组学数据、肠道菌群数据)等核心数据,然后利用各种信息分析技术整合不同层次的数据,形成一个各个信息层之间不同类型数据有着高度连接的疾病知识网络,如"征兆和症状"与基因突变相连,基因突变与代谢缺陷相连,暴露组与表观基因组相连等,即构建"疾病知识网络"。

WHO 和联合国已列出全球 4 种主要慢性非传染性疾病,即心血管疾病(如冠心病和脑卒中)、癌症、慢性呼吸系统疾病(如慢性阻塞性肺疾病)和糖尿病。这些疾病约占所有非传染性疾病死亡的 80%。数据显示,中国慢性病患者比例约占总人口的 20%。在我国城乡人群死因中,恶性肿瘤、心脏病和脑血管疾病所占比例已超过 60%。在中国居民死亡总数中,有 85% 的死因是慢性病,慢性病所致的疾病负担已占疾病总负担的 70%。据《2015 年中国癌症统计》报告的数据显示,2015 年中国肿瘤发病率和死亡率仍呈上升趋势。2015 年中国预计有 429.2 万例心肺肿瘤病例和 281.4 万例死亡病例,发病人数位居前十位的肿瘤依次为:肺癌、胃癌、食管癌、肝癌、肠癌、乳腺癌、脑癌和宫颈癌。与 2010 年相比,我国癌症发病率和死亡率均增加了 30%。研究表明,癌症、糖尿病、神经和精神疾病等重大慢性疾病是环境-遗传-生活方式多种因素共同作用所致,使用烟草、缺乏运动、过度饮酒以及不健康饮食是慢性病最主要的风险因素。显而易见,尽量解析这些慢性非传染性疾病发生与发展相关的复杂危险因素,发挥人的主动性,早期诊断、早期治疗,强化对个体生活行为的干预则可达到预防疾病、控制疾病发展的目的。

13.2 复合环境因素与精准预防

国外学者通过计算比较作为内因的干细胞分裂能力与环境等外部因素在不同类型肿瘤发生中的贡献后发现,在癌症发生风险中,内在风险因素仅占 $10\%\sim30\%$,而外部风险因素却在癌症形成中起主要作用。显然,针对复杂性疾病的精确医学对环境等复杂外部因素(包括物理环境、化学因素、生物因素、生活方式和社会文化因素等)的整合研究是不容忽视的。

相对单一化学物质而言,环境污染物的复合暴露对人体构成的健康风险是相当复杂性的,主要表现在:① 特定情况下,环境污染物联合作用会影响毒性的整体水平;② 化学物的联合效应可能高于单种化学物的效应;③ 混合物的安全阈值与某单一化学物或成分的安全值范围的关联性有待解析;④ 繁杂的环境污染物的复合暴露组合对人类和环境健康的影响难以逐一确定,应考虑设定优先进行风险评估的混合物清单;⑤ 有关多种化学物在体内暴露和联合作用的数据尚缺乏。高通量组学技术为研究环境污染物的复合暴露及彼此间的联合作用研究提供了全新的研究手段。

13.2.1 物理性复合污染与精准健康

物理性污染(physical pollution)是指破坏环境生态平衡,引起环境污染并对人体健康造成危害的物理因素,包括气象条件(气温、气湿、气流、气压)、噪声和振动、电磁辐射(可见光、紫外线、红外线、射频辐射、激光)、放射性辐射和光污染等物理因素。通常,物理因素对人体的损害效应与物理参数之间并非呈直线相关关系,而是在某一定范围对人体无害,低于或超出此范围则引起负面健康效应。人们在日常生产和生活环境中都不可避免复合暴露物理有害因素,如冶金工业的炼焦、炼钢和轧钢、机械铸造业的锻造和热处理、陶瓷和玻璃等工业的炉窑以及轮船的锅炉间等处的作业工人的高温和强热辐射暴露,造纸、印染和纺织业中蒸煮作业人员的高温和高湿暴露。

13.2.1.1 高温和高湿

劳力性热射病(exertional heat stroke, EHS)是重症中暑,是指因高温引起的人体体温调节功能失调,体内热量过度积蓄,从而引发神经器官受损。该病通常发生在夏季高温同时伴有高湿的天气。证据提示,该病是一种热损伤后继发的全身炎性反应综合征(systemic inflammatory response syndrome, SIRS),继而发展为"类脓毒症"反应,导致脏器功能障碍的过程。

炎性细胞因子与热射病的发病机制有密切相关。热应激刺激机体巨噬细胞等炎症细胞释放促炎性细胞因子,如肿瘤坏死因子 α(tumor necrosis factorα, TNF-α)、白细胞介素-1β(interleukin-1β)、干扰素(interferon, IFN)等,进而介导发热、白细胞聚集、急性时相蛋白质的合成增多、肌肉分解代谢、下丘脑-垂体-肾上腺轴的兴奋、白细胞和内皮细胞的活化等。热应激过程中,最初是局部的炎症损伤,当炎性因子和抗炎因子之间失衡,即炎性因子介导的促炎作用大于内源性抗炎因子的抵消作用时,炎症介质介导的级联放大反应出现,最终导致全身炎症反应综合征甚至多器官功能障碍综合征。弥散性血管内凝血(disseminated intravasculoar coaguon, DIC)和血管内皮改变可能是热射病的一个重要病理机制。研究发现,野外训练及作业、抗洪救灾中易出现的劳力性热射病患者可发生不同程度的昏迷及意识障碍,继发性颅脑损害的标志物血清 S-100B 蛋白和基质金属蛋白酶-9(matrix metalloproteinase,MMP-9)含量水平与患者意识状态存在相关性。因此,应采取降低核心体温,改善凝血机制,控制炎性反应,保护内皮细胞功能等治疗手段来减轻中枢神经系统的损伤。另外,在不同组织中存在的一种酸性蛋白 S-100 蛋白是一组低分子量钙结合蛋白,它可调节细胞内和细胞外 Ca^{2+},在细胞增生、分化、基因表达和细胞凋亡中表现出广泛的生物学活性。S-100B 作为一种 EF 手型钙结合蛋白对神经系统损伤有较高的敏感性和特异性,是反映脑损伤的一个量化指标,在临床上有助于首发脑梗死患者和新生儿缺氧缺血性脑病的早期诊断。因此,研发热射病基因治疗技术可能成为未来治疗热射病以及早期判定神经系统损伤的手段之一。

13.2.1.2　噪声、照明和温度、湿度

暴露模拟船舱中多种物理因素(噪声、照明和温度、湿度)不同水平的人群研究显示,温湿度变化明显影响人的视、听反应,且有规律性。温度由 25℃升至 30℃时,听反应时间显著延长,说明人体神经运动功能受到影响;高温高湿条件下,噪声级的升高延长了人体视、听反应时间。

一项对 46 名男性 18～50 岁核潜艇远航员的研究显示,与远航前 1 天相比,艇员在航行第 1 天和潜航第 12 天的动脉血清血红蛋白、pH、Na^+、K^+、Ca^{2+} 水平是无明显变化,但在潜航第 23 天和第 34 天其动脉血清血红蛋白水平却明显升高,Na^+ 和 pH 值虽无明显变化,但 K^+ 和 Ca^{2+} 水平显著降低,提示随着核潜艇潜航时间的延长,艇员动脉血清血红蛋白水平呈升高趋势,K^+、Ca^{2+} 水平呈下降趋势。显然,艇内特殊环境中适宜的温湿度和噪声、辐射强度对维持机体健康甚为重要。

动物实验研究表明,当成年雄性 Sprague-Dawley 大鼠复合暴露噪声或辐射后,大鼠体重是显著性降低的,但血浆促肾上腺皮质激素(adrenocorticotropic hormone,ACTH)和皮质酮(corticosterone)均未发生改变,但血浆 8-羟基脱氧鸟苷(8-hydroxy-2'-deoxyguanosine,8-OHdG)水平增加。当成年雄性 Sprague-Dawley 大鼠复合暴露噪声和辐射后血浆大内皮素(big-endothelin-1, Big ET-1)水平增加,由此提示:尽管其体重受影响,但其对慢性噪声的适应是与下丘脑-垂体-肾上腺轴(hypothalamic pituitary adrenal,HPA)反应水平有关,电离辐射暴露诱导的机体应激反应可能独立或伴随着健康结局[1]。

人类生物学反应及信号通路数据库显示,声外伤相关的特指性23条通路分子通路中有21条通路与噪声性听力损伤有关,不过细胞的应激反应包括热休克反应,一些小区域的免疫功能过强,如 miRNA、lncRNA、基因拷贝数变异(copy number variations, CNVs)、RNA 序列和人全基因组关联研究等的遗传学改变有待探索[2]。

13.2.1.3 物理因素和其他环境因素的协同作用

最近一项研究揭示:在环境温度和金属污染胁迫下,紫贻贝(mytilus galloprovincialis)生命早期阶段的生物学反应是不同的。例如,在不同温度下(18℃、20℃ 和 22℃),用贻贝幼虫(mussels larvae)单独暴露于亚致死浓度(sub-lethal concentration)的铜(9.54 μg/L)或银(2.55 μg/L)以及复合暴露这两种金属[Cu(6.67 μg/L)+Ag(1.47 μg/L)]48 h 后发现,复合暴露于金属(铜或银)与中等升高的温度(20~22℃)明显增加氧化氢酶(catalase,CAT)、谷胱甘肽巯基转移酶(glutathione-S-transferase,GST)等抗氧化酶的活性,并致其体内金属浓度和金属硫蛋白(metallothionein)增加,但未见硫代巴比妥酸反应物(thiobarbituric acid reactive substrates,TBARS),脂质过氧化物浓度发生显著性变化,提示在贻贝体早期生命阶段可能存在着在多种环境胁迫下的早期抗氧化防御调控机制及有效保护效应[3];此外,还发现复合暴露亚致死剂量(2.5 muM)镍和高温(26℃)72 h 后,catalase(CAT)、superoxide dismutase(SOD)和 glutathione-S-transferase(GST)等抗氧化酶活性是明显降低的,并致贻贝(mussels)的脂褐素(lipofuscin)和中性脂质(neutral lipid,NL)的积累明显增加。但是,镍的摄入量与其暴露时限及其间温度有关。例如,暴露热刺激一天的紫贻贝与对照组贻贝体(18℃)比较可见其 sod、cat、gst、mt-10 和 mt20 基因表达水平呈现持续性增加。当暴露于 18℃、22℃或26℃3 天后,cat、gst 和 sod 的 mRNA 水平降低,并在一定温度条件下(22℃和26℃),金属硫蛋白靶点是下调的。由此提示:在热刺激和亚致死剂量(2.5 mmol/L)镍的胁迫下,贻贝体存在氧化应激相关的基因表达及调控的早期保护效应[4]。但是,在合成皮革制造业工人中未观察到复合暴露噪声与 N,N-二甲基甲酰胺(N,N-dimethylformamide,DMF)甲苯(toluene)对其 24 h 动态血压的影响[5]。

体外研究发现,Jurkat 细胞用 1 mT 50 Hz power frequency 磁场 MF 和对苯二酚(hydroquinone)共培养后呈现明显遗传毒效应;而且,Jurkat 细胞用 1 mT MF 和 1,2,4-苯三酚(1,2,4-benzenetriol)联合染毒后增大了苯终末代谢产物的遗传毒性[6]。UV-A 和 BaP 联合处理细胞有协同效应,可诱导细胞内活性氧簇(ROS)生成增多,8-OHdG 形成,导致 DNA 损伤[7]。

13.2.2 化学性复合污染与精准健康

化学性污染指化学物质进入环境后造成的环境污染。随着工农业的发展,越来越多的污染物进入环境中并同时存在,造成化学性复合污染。Bliss 于 1939 年提出了两种毒物联合作用的毒性并提出了毒物间存在加和作用、拮抗作用和协同作用,从而对机体造成生物效应。

13.2.2.1　无机复合污染与精准健康

无机复合污染指 2 种或 2 种以上无机污染物同时作用所形成的环境污染现象。重金属元素之间的复合污染是当前无机复合污染研究的重点。研究发现,铬可以导致人体肾功能下降,但同时暴露于铅和镉时能加快铬导致肾功能下降[8]。硒能抵抗汞导致的神经毒性,目前人群研究报道,高硒也能抵抗高汞引起的心脑血管疾病风险[9]。体外细胞实验提示锌抑制镉引起的凋亡可能是通过抑制线粒体凋亡途径,抑制镉诱导的活性氧物质的产生[10]。铅和镉均能导致人体血红蛋白水平下降,而二者联合暴露可能存在交互作用,引起人体血红蛋白水平下降[11]。而氟砷暴露对人群骨代谢早期影响存在交互作用[12]。最新的一项基于前瞻性队列研究的结果表明高水平的血浆钛和砷能增加冠心病发生风险,而高水平血浆硒能降低冠心病发生风险[13]。

13.2.2.2　有机复合污染与精准健康

有机复合污染是指由 2 种或 2 种以上有机污染物共存所形成。目前研究较多的是 2 种农药之间的复合污染。在儿童的研究人群中,发现多环芳烃、苯和甲苯分别与 DNA 氧化损伤均呈剂量-效应关系,并对儿童 DNA 氧化损伤,呈相加作用[13]。在人类的乳腺癌 MVLN 细胞和中国仓鼠卵巢 K1 细胞中的研究发现,同时暴露于联苯三唑醇、丙环唑、氯氰菊酯和特丁津等农药表现为内分泌干扰作用,而这种作用可能是通过介导雌激素受体和芳香化酶的活性引起[14]。在鼠多能干间充质细胞的体外实验发现,同时暴露于双酚 A、邻苯二甲酸酯和三甲基锡可以干扰脂质生成,促进脂肪细胞的生成并使脂肪生成相关基因的表达上升[15]。斑马鱼胚胎同时暴露于双酚 A 和壬基酚对机体抗氧化水平起着相加作用[16]。有研究发现 4 种在人体组织中存在的持久性有机氯的混合物可以促进 MCF-7 乳腺癌细胞的增殖[17],而苯并(a)芘与滴滴涕联合暴露能产生协同效应,可以导致小鼠的肝脏蛋白差异表达,从而影响肝脏的正常功能[18]。最新的一项研究基于美国 NHANES 的实验室数据,采用一种称为频繁项集挖掘(Frequent Itemset Mining,FIM)的方法确认生活中最常存在的复合化合物暴露情况[20]。

13.2.2.3　有机-无机复合污染与精准健康

有机污染物和无机污染物在同一环境中同时存在所形成的环境污染现象。目前研究较多的是重金属与农药、芳香类化合物、石油烃和洗涤剂等之间的复合污染及其对人体健康的影响。同时暴露于环境中的砷和苯并(a)芘十分常见,二者均有致癌性。鼠肝癌细胞研究发现,低浓度的亚砷酸盐能使苯并(a)芘-DNA 加合物水平上升 18 倍,提示砷和苯并(a)芘在癌症发生中可能存在交互作用[19]。人群可以同时暴露来源于空气、水、食物,甚至药物中的铅和苯并(a)芘,二者均具有神经毒性,能诱导神经元细胞凋亡,通过对大鼠动物实验证实,铅和苯并(a)芘复合暴露对神经元细胞凋亡产生协同作用,从而引起神经系统损伤[20]。BDE-209是广泛应用的多氯联苯醚之一,具有甲状腺干扰作用和神经毒性,能诱导神经元的氧化应激损伤,从而导致神经元的程序性死亡。铅作为一种重金属,具有神经毒性,铅暴露也可以导致氧化应激,使动物神经传递功能受损。在斑马鱼中的研究发现,同时暴露于BDE-209和铅对可以改变甲状腺激素水平,二者具有协同作用[21];进一步对斑马鱼幼体的研究发现,同时暴露于BDE-209可以增加铅的摄入,而当同时暴露于铅时,斑马鱼幼体对BDE-209的代谢能力降低。同时暴露于铅和BDE-209可以通过增加活性氧的产生而干扰神经发育,具有协同作用[22]。

环境污染日益复杂,化学性复合污染广泛存在。目前对化学性复合污染的研究从表观的现象观察逐步深入到内在的作用机制,特别是复合环境因素相互作用机制的探索。找寻适合的复合暴露环境污染物的易感性生物标志物、接触生物标志物和效应生物标志物对三级预防策略的有效实施及促进精准健康具有重要的科学意义,也是探讨化学性复合污染对健康影响的重要组成部分。

13.2.3 环境–遗传因素的联合作用与精准健康

13.2.3.1 环境–遗传因素与疾病

目前绝大多数研究多关注DNA甲基化和miRNAs的差异性表达,少量研究涉及环境因素引起的组蛋白修饰。研究报道,暴露空气颗粒物、空气中苯系物、空气悬悬浮微粒中重金属元素(如镍、铅、镉和砷)与DNA甲基化的变化有关。在暴露苯、持久性有机物、汽车尾气、铅和砷的健康个体,用短散布元件Alu序列和长散布元件(long interspersed nucleotide elements,LINE-1)技术检测出DNA重复元件甲基化水平下降,因此LINE-1元件可能动员外显子甚至整个基因来异常地将其邻近的非LINE-1 DNA复制到新的位点(即LINE-1转导),这种"跳跃基因"的调控机制尽管少见,但却可能引起肿瘤。暴露不同类型空气污染物(如富含金属、苯和元素碳的颗粒物)的个体中DNA重复元件亚群(Alus、LINE和HERs)的甲基化水平存在差异性,这种差异可能与重复元件的不同敏感性有关[23,24]。

MicroRNA(smiRNAs)是一类保守的非编码小分子RNA,在翻译水平调控基因的表达,其组织特异性和时序性决定了组织和细胞的功能特异性。miRNAs能调节细胞的生长和发育以及机体感染的过程。研究表明,饮食和生活方式与miRNA的表达调控有关。结肠组织和癌旁组织中250种miRNAs差异表达与糖类(碳水化合物)摄入量有关,198种miRNAs差异表达与蔗糖摄入水平有关。在这些差异表达的miRNA中,有166种miRNAs的差异表达既与糖类摄入量有关,也与蔗糖摄入量有关,99种miRNAs的表达差异与可经正常结肠黏膜吸收的全麦食物摄入量有关。直肠癌和癌旁组织中137种miRNAs差异表达与氧化应激评分水平有关。当调整了多种混杂因素后,并未见其他饮食因素、体质指数、腰臀比和长期锻炼对 miRNAs 表达的影响[25]。

表观遗传流行病学是研究表观变化与疾病风险的学科。机体暴露外源性因素后，在 DNA 甲基化、组蛋白修饰和 miRNA 表达的协同作用下可发生遗传表达模式和生物学功能的变化。表观遗传变化反映出机体的急性或慢性暴露外源性刺激引起的机体反应并非都是线性关系，机体的非线性应激反应主要受个体生命阶段的影响。如婴幼儿期机体对急性低浓度暴露环境致敏源的反应性也许比成年期的反应性高。然而，由于表观遗传改变是累积的机体遗传特质，因而难以确认环境刺激、表观遗传变异与潜在疾病风险间的因果或效应关系。

13.2.3.2　环境因素协同作用与疾病

在人的一生中，表观遗传机制在介导生活方式或环境暴露对健康影响中有重要作用。每一个体同时暴露多种环境因素后可通过多种方式影响机体的表观遗传模式。例如，复杂疾病哮喘的病情取决于生活环境（空气污染、居住灰尘和吸烟等）和职业环境（工作条件）以及生活方式等因素的共同作用[1]。

13.3　小结与展望

复合污染引与精准健康研究正面临着新的挑战。

13.3.1　环境污染物复合暴露的复杂性

复合暴露环境污染物的毒性作用及其调控机制受诸多因素的影响，表现在：① 环境污染物对复合暴露量的影响。机体复合暴露环境污染物取决于环境污染物的理化性质和生物学特点、联合作用特点以及气候和地理等因素。文化、风俗和个体行为等因素影响个体复合暴露环境污染物水平。通常，环境中污染物的浓度较低，人们对环境污染物的暴露不易感知，致其累积暴露量增加。② 复合暴露环境污染物的毒性作用。进入机体内的多种环境污染物原型和（或）代谢可产生局部和全身的影响，表现为在分子水平、细胞水平、组织水平的多样毒性作用，如生化指标的改变、炎性免疫反应、表观遗传变化和 DNA 的氧化性损伤等。

13.3.2　复合暴露者的机体反应多样性

复合暴露者的机体反应受诸多因素影响，包括：

（1）机体复合暴露环境污染物的途径。人体既可单一途径，也可多途径暴露生活和职业环境中的多种污染物；既可暴露某一环境介质中的多种污染物，也可暴露多种环境介质中的同一种污染物。通常，环境污染物复合暴露量是受个体遗传特征、环境和个人行为的影响而因人而异。生物有效剂量（biologically effective dose）是指环境污染物经吸收代谢与转化最终抵达组织、器官、细胞、亚细胞或分子等靶部位或替代性靶部位的污染物量。因此,不应限于评估接触剂量(exposure dose,又称染毒剂量 administrated dose),即动物毒理实验时给予的染毒量或给药量或外剂量(external dose,人体对外来化合物的接触量)的健康效应,而应探索生物标志物来解析不同靶部位污染物的生物有效剂量所致的早期生物效应是采取精细干预的重要基础。然而,如何客观反映机体经各途径复合暴露环境污染物的生物有效剂量仍是有待解决的科学问题。

(2) 复合暴露人群的个体反应差异性。复合暴露同一环境的个体的生物反应既可是生理性变化,也可是病理性改变;既可在单一部位发生,也可在多部位发生;既可是分子水平的,也可以是整体水平的。由于复合暴露所致的生物反应表现形式缤纷多样,这对评估疾病发生的风险以及察觉疾病的复发提出了更高的技术要求。疾病的高危人群是指在生理上和心理上具有发生某种疾病的高危险性特征的人群组合。例如,多发性肠息肉和慢性溃疡患者易发生癌症;糖尿病和高血压患者易发生冠心病。如有长期炎症、息肉、囊肿、癌症家族史的人群尽管定期体检,然而一旦查出生物标志物升高并伴有肿块形成时,多已处于肿瘤的中晚期,究其原因是现代生物指标检测和影像学无法早期发现癌细胞的生成。据报道,获美国 CAP 认证的美国癌症分子诊断中心的 Trimed 基因检测技术因能通过癌基因突变及抑癌基因甲基化的分析来早期发现癌细胞,并用于高危人群、癌症康复者和癌症患者的干预,由此来降低高危人群发生癌症的风险,提早发现癌症康复者体内残余潜伏的肿瘤细胞,采用靶向治疗手段控制癌细胞的骨转移和脑转移,控制癌症的复发和转移,对癌症患者制订个性化治疗方案,使其可以选择地接受"同癌异治"和"异癌同治"的精准治疗,提升疾病的治疗效果,降低药物对机体的伤害。

13.3.3　风险评估生物标志物的筛选

生物学标志(biomarker)是指生物体内发生的与发病机制有关联的关键事件的指示物,是外源化学物通过生物学屏障并进入机体的组织或体液后所引起的机体器官、细胞、亚细胞的生化、生理、免疫和遗传等可以测定的变化的指标,分为接触生物标志物、效应生物标志物和易感生物标志物三类。基于生物学的风险评估方法不仅极大提高了靶组织有害物剂量的估计精度,而且通过生物反应或效应标记及其与相应疾病间的关联机制来更好地描述疾病的风险特征。人们可基于肉眼无法观察到的剂量-反应曲线形态来加强公共卫生的干预,从潜在的敏感人群中鉴定出可供未来研究的靶分子。

在风险评估体系中,应区分作用模式和作用机制这两个重要概念。前者居于风险评估体系中最重要的地位,它是致病因素与疾病发生各环节的一种关联模式,而此模式通常始于有害因素促发细胞发生了功能和解剖学改变,继而发展为疾病。作用机制是指疾病发生过程中的分子变化过程。为揭示环境污染物的毒性作用,需要探寻疾病发生中的各事件环节,用生物标志来反映可检测的关键事件(如代谢指标、受体-配体改变、细胞异常增殖、细胞生长速率、器官重量、生理功能紊乱、异常增生等)显得尤为重要。生物标志物主要分为:

(1)易感生物标志物。个体对环境相关性疾病的易感性受年龄、健康状况和饮食等遗传和非遗传因素的影响。易感性生物学标志(biomarker of susceptibility)是反映机体先天性或后天获得的对接触外源性物质产生反应能力的指标,接触者体内代谢酶、修复酶及靶分子相关的基因多态性均属遗传易感性标志。环境因素刺激引起机体的神经、内分泌和免疫系统的反应及适应能力可影响机体的易感性。易感性生物学标志可用于筛检易感人群,保护高危人群。基因多态性是易感性生物标志物。因为某些单基因或成群基因会影响细胞的分化、凋亡、周期和DNA的修复、细胞信号转导等。因此,研究易感性生物标志物有助于预测机体暴露环境污染物的反应性。如今,基因芯片等新技术已用于对基因表达模式的大规模研究,但是人们亟待弄清这些遗传多态性所对应的生理功能以及遗传多态性变化是如何导致疾病的发生,这就需要整合基础实验、临床实验和流行病学研究数据来解谜。

(2)接触生物标志物。接触性生物标志物(biomarker of exposure)是机体外部暴露量和体内接触剂量的纽带。接触性生物学标志是通过测定组织、体液或排泄物中吸收的外源化学物、其代谢物或与内源性物质的反应产物来反映暴露环境污染物的吸收剂量或靶剂量。接触性生物标志物分为内剂量(如化学物原型或其代谢物)和生物效应剂量(如蛋白质加合物、DNA加合物等)两类。因接触性生物标志物较客观地反映了机体暴露环境污染物水平,故与外剂量相关或与毒效应强度相关的接触生物学标志可用于评价接触水平或建立生物阈限值,特别是综合反映不同接触模式的生物标志物对复合暴露的健康危害研究尤为适用。

(3)效应生物标志物。效应生物标志物(biomarker of response)指机体内可测定的生化、生理、行为或其他方面的改变,包括早期生物效应标志、结构和(或)功能改变标志以及疾病标志,根据其改变的程度可判断为确证的或潜在的健康损害或疾病。它可反映与不同靶部位外源化学物或其代谢物的生物有效剂量相关联的健康有害效应的信息。

13.3.4　构建综合评估复合暴露者疾病风险新方法的需求性

大数据具备海量的数据规模(vast)、快速的数据流转和动态的数据体系(velocity)、多样的数据类型(variety)和巨大的数据价值(value)这四大特征。在当今大数据时代,基于大数据的疾病诊疗将面临新挑战。人们处理数据的思维应发生相应改变,即从样本数据变成全部数据,并由此不得不接受数据的混杂性而放弃追求精确性以及放弃对因果关系的渴求而关注相互联系。因此,基于相关大数据,探索综合评估复合暴露污染物的健康风险方法,对综合性健康防护,尽早采取有效的疾病诊疗干预措施对降低经济成本,提高医疗工作和卫生工作不同层面的社会效益以及提升公民健康都极为重要。

13.3.5 研发复合暴露者疾病诊疗新技术

当今,科学技术的飞速发展催生了各种疾病早期诊疗新技术,极大地推动了新的生物标志物及评估早期健康效应指标的研究。筛选与获得的生物标志物不仅在疾病诊断、发展、治疗以及疗效监测中是一种直接快速有效的诊断手段,而且也是药物开发的重要靶标。寻找和发现有价值的生物标志物已成为目前研究的重要热点之一。探索复杂性疾病的暴露组学(exposomics)、代谢组学(metabonomics)、宏基因组学(metagenomics)、表观遗传学(epigenetics)、基因组学(genomics)、转录组学(transcriptomics)、蛋白质组学(proteomics)、肽组学(peptideomics)等组学平台以及生物信息学(bioinformatics)、纳米技术(nanotechnology)、抗体芯片(antibody array)、高内涵筛选技术(high content screening)等现代分析手段和前沿方法为快速获得及筛选生物标志物提供了多种技术平台。此外,代谢通量组学(fluxomics)、离子组学(ionomics)、相互作用组学(interactomics)、生理组学以及表型组学已成为系统生物学研究的重要方向。然而,我们还期待更多无创、快捷、经济、实用的相关新技术不断问世。

值得关注的是,机体的复合暴露常是多途径的,评估的复合污染的暴露水平的视野应从经典的血和尿样分析生物标志物向各种体液(如唾液、汗液、乳液、精液等)、人体微生物组以及组织学和细胞学如循环肿瘤细胞(circulating tumor cell,CTC)检测技术中拓展,在细胞、蛋白、外体、表观遗传、DNA 和 RNA 遗传等多层面开展生物标志物研究。

精准健康涵盖疾病的精准预防、诊断、治疗和预后 4 个方面,而发现生物标志物并在临床实践中加以确证是精准健康发展的关键。因此,发现和应用生物标志物已在国际上列入较高的战略地位。2016 年美国国家癌症研究所(National Cancer Institute,NCI)已财政年度拨款 550 万美元资助建立多家实验室用于研发多种快速上升肿瘤(包括乳腺癌、前列腺癌、肺癌、泌尿生殖器官癌等)的生物标志物及其检测方法,并且生物标志物开发实验室(Biomarker Developmental Laboratories,BDLs)将被纳入 NCI 早期检测研究网络(Early Detection Research Network)。

参考文献

[1] Michaud D, Miller S, Ferrarotto C, et al. Exposure to chronic noise and fractionated X-ray radiation elicits biochemical changes and disrupts body weight gain in rat [J]. Int J Radiat Biol, 2005, 81(4): 299-307.

[2] Clifford R E, Hoffer M, Rogers R. The Genomic Basis of Noise-induced Hearing Loss: A Literature Review Organized by Cellular Pathways [J]. Otol Neurotol. 2016, 37(8): e309-e316.

［3］ Boukadida K，Cachot J，Clérandeaux C，et al. Early and efficient induction of antioxidant defense system in Mytilusgalloprovincialis embryos exposed to metals and heat stress［J］. Ecotoxicol Environ Saf，2017，138：105-112.

［4］ Banni M，Hajer A，Sforzini S，et al. Transcriptional expression levels and biochemical markers of oxidative stress in Mytilus galloprovincialis exposed to nickel and heat stress［J］. Comp Biochem Physiol C Toxicol Pharmacol，2014，160：23-29.

［5］ Chang T Y，Wang V S，Lin S Y，et al. Co-exposure to noise，N，N-dimethylformamide，and toluene on 24-hourambulatory blood pressure in synthetic leather workers. J Occup Environ Hyg. 2010，7(1)：14-22.

［6］ Moretti M，Villarini M，Simonucci S，et al. Effects of co-exposure to extremely low frequency (ELF)magnetic fields and benzene or benzene metabolites determined in vitro by the alkaline comet assay［J］. Toxicol Lett，2005，157(1)：119-128.

［7］ Zhang X，Wu R S，Fu W，et al. Production of reactive oxygen species and 8-hydroxy-2′ deoxyguanosine in KB cells co-exposed to benzo［a］pyrene and UV-A radiation［J］. Chemosphere，2004，55(1)：1303-1308.

［8］ Tsai T L，Kuo C C，Pan W H，et al. The decline in kidney function with chromium exposure is exacerbated with co-exposure to lead and cadmium［J］. Kidney Int，2017，92(1)：710-720.

［9］ Hu X F，Eccles K M，Chan H M. High selenium exposure lowers the odds ratios for hypertension，stroke，and myocardial infarction associated with mercury exposure among Inuit in Canada［J］. Environ Int，2017，102：200-206.

［10］ Rahman M M，Ukiana J，Uson-Lopez R，et al. Cytotoxic effects of cadmium and zinc co-exposure in PC12 cells and the underlying mechanism［J］. Chem Biol Interact，2017，269：41-49.

［11］ Chen X，Zhou H，Li X，et al. Effects of lead and cadmium co-exposure on hemoglobin in a Chinese population［J］. Environ Toxicol Pharmacol，2015，39(1)：758-763.

［12］ 曾奇兵,刘云,张爱华,等. 氟砷污染对暴露人群骨代谢的影响［J］.中华地方病学杂志,2011,30(4)：393-395.

［13］ Li J，Lu S，Liu G，et al. Co-exposure to polycyclic aromatic hydrocarbons，benzene and toluene and their dose-effects on oxidative stress damage in kindergarten-aged children in Guangzhou，China［J］. Sci Total Environ，2015，524-525：74-80.

［13］ Yuan Y，Xiao Y，Feng W，et al. Plasma Metal Concentrations and Incident Coronary Heart Disease in Chinese Adults：The Dongfeng-Tongji Cohort［J］. Environ Health Perspect，2017，125(10)：107007.

［14］ Li J，Lu S，Liu G，et al. Co-exposure to polycyclic aromatic hydrocarbons，benzene and toluene and their dose-effects on oxidative stress damage in kindergarten-aged children in Guangzhou，China［J］. Sci Total Environ，2015，524-525：74-80.

［15］ Kjeldsen L S，Ghisari M，Bonefeld-Jørgensen E C. Currently used pesticides and their mixtures affect the function of sex hormone receptors and aromatase enzyme activity［J］. Toxicol. Appl. Pharmacol，2013，272：453-464.

［16］ Biemann R，Fischer B，Navarrete Santos A. Adipogenic effects of a combination of the endocrine-disrupting compounds bisphenol a，diethylhexylphthalate，and tributyltin［J］. Obes. Facts，2014，7(1)：48-56.

［17］ Wu M，Xu H，Shen Y，et al. Oxidative stress in zebrafish embryos induced by short-term exposure to bisphenol A，nonylphenol，and their mixture［J］. Environ. Toxicol. Chem，2011，

30：2335-2341.

[18] Payne J, Scholze M, Kortenkamp A. Mixtures of four organochlorines enhance human breast cancer cell proliferation [J]. Environ Health Perspect，2001，109(4)：391-397.

[19] 赵苒，王娟，郑芳，等.苯并[a]芘与滴滴涕联合暴露所致的小鼠肝脏蛋白差异表达[J].2011 年全国环境卫生学术年会论文集.

[20] Maier A, Schumann B L, Chang X, et al. Arsenicco-exposure potentiates benzo [a] pyrene genotoxicity [J]. Mutat Res, 2002, 517(1-2)：101-111.

[21] Kapraun D F, Wambaugh J F, Ring C L, et al. A method for identifying prevalent chemical combinations in the U.S. population [J]. Environ Health Perspect，2017，125(8)：087017.

[22] 殷金珠，牛侨.铝与苯并[a]芘联合作用致神经细胞损伤的作用机制[J].中国药理学与毒理学杂志，2013,27(S1)：22-23.

[23] Zhu B, Wang Q, Wang X, et al. Impact of co-exposure with lead and decabromodiphenyl ether (BDE-209) on thyroid function in zebrafish larvae [J]. Aquat Toxicol, 2014，157：186-195.

[24] Zhu B, Wang Q, Shi X, et al. Effect of combined exposure to lead and decabromodiphenyl ether on neurodevelopment of zebrafish larvae [J]. Chemosphere, 2016，144：1646-1654.

[25] Motta V, Bonzini M, Grevendonk L, et al. Epigenetics applied to epidemiology：investigating environmental factors and lifestyle influence on human health [J]. Med Lav, 2017, 108(1)：10-23.

[26] Tubio J M C, Li Y, Ju Y S, et al. Mobile DNA in cancer. Extensive transduction of nonrepetitive DNA mediated by L1 retrotransposition in cancer genomes [J]. Science, 2014, 345 (6196)：1251343.

[27] Slattery M L, Herrick J S, Mullany L E, et al. Diet and lifestyle factors associated with miRNA expression in colorectal tissue [J]. Pharmgenomics Pers Med, 2016, 10：1-16.

索　引